Pré-Cálculo

3ª edição revista e ampliada

Dados Internacionais de Catalogação na Publicação (CIP)
(Câmara Brasileira do Livro, SP, Brasil)

Caldeira, André Machado
 Pré-cálculo / André Machado Caldeira, Luiza Maria Oliveira da Silva, Maria Augusta Soares Machado ; Valéria Zuma Medeiros, (coord.) {in memoriam}. - 3. ed. revista e ampliada. - São Paulo : Cengage Learning, 2019.

 3. reimpr. da 3. ed. de 2013.
 ISBN 978-85-221-1612-6

 1. Álgebra 2. Matemática 3. Trigonometria I. Silva, Luiza Maria Oliveira da. II. Machado, Maria Augusta Soares. III. Medeiros, Valéria Zuma.
 IV. Título.

13-09889   CDD-516.24

Índice para catálogo sistemático:
 1. Pré-Cálculo : Matemática 516.24

Pré-Cálculo

3ª edição revista e ampliada

André Machado Caldeira

Luiza Maria Oliveira da Silva

Maria Augusta Soares Machado

Valéria Zuma Medeiros (coord.)

Austrália • Brasil • México • Cingapura • Reino Unido • Estados Unidos

Pré-Cálculo

3ª edição revista e ampliada

André Machado Caldeira, Luiza Maria Oliveira da Silva, Maria Augusta Soares Machado e Valéria Zuma Medeiros (coord.) *{in memoriam}*

Gerente Editorial: Patricia La Rosa

Supervisora editorial: Noelma Brocanelli

Editora de desenvolvimento: Marileide Gomes

Supervisora de produção gráfica: Fabiana Alencar Albuquerque

Revisão : Mônica de Aguiar Rocha

Diagramação: Casa de Ideias

Correções da 3ª edição : Triall Composição Editorial

Editora de direitos de aquisição e iconografia: Vivian Rosa

Capa: Cynthia Braik

© 2014 Cengage Learning Edições Ltda.

Todos os direitos reservados. Nenhuma parte deste livro poderá ser reproduzida, sejam quais forem os meios empregados, sem a permissão, por escrito, da Editora. Aos infratores aplicam-se as sanções previstas nos artigos 102, 104, 106, 107 da Lei nº 9.610, de 19 de fevereiro de 1998.

Para informações sobre nossos produtos, entre em contato pelo telefone **0800 11 19 39**

Para permissão de uso de material desta obra, envie seu pedido para **direitosautorais@cengage.com**

© 2014 Cengage Learning. Todos os direitos reservados.

ISBN-13: 978-85-221-1612-6
ISBN-10: 85-221-1612-1

Cengage Learning
Condomínio E-Business Park
Rua Werner Siemens, 111 – Prédio 11
Torre A – Conjunto 12 – Lapa de Baixo
CEP 05069-900 – São Paulo – SP
Tel.: (11) 3665-9900 – Fax: (11) 3665-9901
SAC: 0800-11 19 39

Para suas soluções de curso e aprendizado, visite www.cengage.com.br

Impresso no Brasil
Printed in Brazil
3. reimpr. – 2019

Sobre os Autores

André Machado Caldeira

- Atualmente ocupa a posição de diretor de Fusões e Aquisições, Riscos e Atuária da SulAmérica. Já ocupou diversas posições estratégicas na mesma empresa desde 2004, incluindo nas áreas de finanças corporativas e planejamento estratégico.
- Participou da coordenação da abertura de capital da SulAmérica.
- Graduado em Estatística pela Escola Nacional de Ciências Estatísticas, possui MBA em Gestão pelo Ibmec, Pós-MBA em Avaliação de Ativos pela FGV, Mestrado e Doutorado em Modelos Estatísticos na PUC-RIO (Engenharia Elétrica).
- Possui publicação de livros e artigos nacionais e internacionais.

Luiza Maria Oliveira da Silva

- Graduada em Matemática pela Universidade Federal Fluminense em 1987, mestra em Engenharia de Produção pela Universidade Federal Fluminense em 1996 e doutora em Inteligência Computacional Aplicada pela Pontifícia Universidade Católica do Rio de Janeiro.
- Docente das Faculdades Ibmec-RJ desde 1995, onde ministra aulas de Matemática, Estatística e Métodos de Previsão no curso de graduação.
- Possui publicação de livros e artigos nas áreas de Matemática, Estatística, Pesquisa Operacional e Inteligência Computacional Aplicada.

Maria Augusta S. Machado

- Graduada em Matemática pela Universidade Santa Úrsula em 1972, mestra em Matemática pela Universidade Federal Fluminense em 1978 e doutora em Engenharia Elétrica pela Pontifícia Universidade Católica do Rio de Janeiro em 2000, com pós-doutorado em Inteligência Computacional Aplicada, em 2003, pela Pontifícia Universidade Católica do Rio de Janeiro.

- Trabalhou em empresas nas áreas de modelagem matemática, validação estatística de experimentos e logística. Professora das Faculdades Ibmec-RJ desde 2000, onde ministra aulas de Matemática, Estatística, Métodos Quantitativos e Inteligência Computacional Aplicada na Graduação e Mestrado em Administração.
- Coordenadora Pibic e El Paso, dentre outros projetos de P&D.
- Participa do Comitê Editorial da *Revista Pesquisa Naval* e tem livros e artigos publicados em revistas e congressos nacionais e internacionais nas áreas de Matemática, Estatística, Pesquisa Operacional e Inteligência Computacional Aplicada.
- Consultora nas áreas de Estatística, Matemática Aplicada e Inteligência Computacional.

Valéria Zuma Medeiros (Coord.) [11/03/1962-07/11/2012]

- Graduada em Matemática pela Universidade Federal Fluminense em 1984 e mestra em Engenharia de Produção pela Universidade Federal Fluminense, em 2003. Trabalhou em diversas faculdades particulares, como na Universidade Santa Úrsula e na Universidade Veiga de Almeida, entre outras.
- Foi Professora da Universidade Federal Fluminense desde 1985, onde ministrou aulas de Cálculo e Equações Diferenciais em diversos cursos de graduação.
- Possui outros livros publicados sobre o tema Cálculo.

Sumário

Capítulo 1 – Conjunto 1
1.1 Definição de conjuntos 1
1.2 Relação de pertinência 1
1.3 Descrição ou representação de um conjunto 1
1.4 Conjunto unitário... 2
1.5 Conjunto vazio... 2
1.6 Diagrama de Euler-Venn....................................... 2
1.7 Subconjuntos – relação de inclusão 3
    1.7.1 Observações importantes 3
    1.7.2 Conjunto das partes..................................... 3
1.8 Operações com conjuntos 4
    1.8.1 União (reunião) de conjuntos............................. 4
    1.8.2 Interseção de conjuntos.................................. 4
    1.8.3 Conjunto diferença....................................... 5
    1.8.4 Conjunto universo ou universo (U) 5
    1.8.5 Conjunto complementar.................................... 5
    1.8.6 Diferença simétrica 6
    1.8.7 Conjunto complementar em relação a U 6
    1.8.8 Algumas propriedades 6
1.9 Exercícios resolvidos 7
1.10 Exercícios propostos 10
1.11 Respostas dos exercícios propostos 12

Capítulo 2 – Conjuntos numéricos......................... 15
2.1 Tipos de números.. 15
    2.1.1 Números naturais ($\mathbb{N}$).......................... 15
    2.1.2 Números inteiros ($\mathbb{Z}$) 15
    2.1.3 Números fracionários ou racionais ($\mathbb{Q}$) 16
    2.1.4 Números irracionais (decimais infinitos) ($\mathbb{I} = \mathbb{Q}'$) 16
    2.1.5 Números reais ($\mathbb{R}$) 16
    2.1.6 Números complexos ($\mathbb{C}$)......................... 16
2.2 Números reais 17
    2.2.1 Operações.. 17
    2.2.2 Propriedades estruturais 17
    2.2.3 Outras operações 18

2.3 Exercícios resolvidos 19
2.4 Exercícios propostos 21
2.5 Respostas dos exercícios propostos 22
2.6 Intervalos numéricos 23
    2.6.1 Números reais e a reta numerada 23
    2.6.2 Ordenação dos reais................................24
    2.6.3 Definições..24
    2.6.4 Algumas propriedades..............................24
    2.6.5 Intervalos numéricos...............................25
    2.6.6 Desigualdades....................................26
        2.6.6.1 Definições..................................26
        2.6.6.2 Propriedades................................27
    2.6.7 Exercícios resolvidos...............................28
    2.6.8 Exercícios propostos...............................31
2.7 Respostas dos exercícios propostos 32

Capítulo 3 – Potenciação 35
3.1 Definição 35
3.2 Propriedades 35
3.3 Exercícios resolvidos 38
3.4 Exercícios propostos 39
3.5 Respostas dos exercícios propostos 39
3.6 Valor absoluto ou módulo 40
    3.6.1 Definição 40
    3.6.2 Teoremas...40
    3.6.3 Raiz quadrada.....................................42
    3.6.4 Exercícios resolvidos...............................43
    3.6.5 Exercícios propostos...............................44
3.7 Respostas dos exercícios propostos 45
3.8 Polinômios 45
    3.8.1 Definição 45
    3.8.2 Valor numérico...................................46
    3.8.3 Polinômio nulo...................................47
    3.8.4 Grau...47
    3.8.5 Igualdade..47
    3.8.6 Operações..48
        3.8.6.1 Adição de polinômios.........................48
        3.8.6.2 Diferença de polinômios......................48
        3.8.6.3 Multiplicação por um número real (ou escalar)...48

3.8.6.4 Multiplicação de polinômios...................49
3.8.6.5 Divisão de polinômios....................49
3.8.7 Produtos notáveis e fatoração....................52
    3.8.7.1 Produtos notáveis....................52
    3.8.7.2 Completar quadrados....................53
    3.8.7.3 Fatoração....................54
3.8.8 Equações polinomiais....................54
    3.8.8.1 Leis de cancelamento....................55
    3.8.8.2 Equação do 1º grau....................55
    3.8.8.3 Equação do 2º grau....................56
3.8.9 Exercícios resolvidos....................57
3.8.10 Exercícios propostos....................59
3.9 Respostas dos exercícios propostos....................61

Capítulo 4 – Relações....................65

4.1 Par ordenado....................65
4.2 Sistema cartesiano ortogonal....................66
4.3 Produto cartesiano....................68
4.4 Simetria de pontos....................70
4.5 Distância entre dois pontos....................71
4.6 Relação binária....................72
4.7 Domínio e imagem....................75
4.8 Relação inversa....................76
4.9 Exercícios resolvidos....................79
4.10 Exercícios propostos....................82
4.11 Respostas dos exercícios propostos....................85
4.12 Funções....................88
    4.12.1 Definição....................90
    4.12.2 Notação....................91
    4.12.3 Domínio e imagem....................91
    4.12.4 Funções iguais....................93
    4.12.5 Gráfico de uma função....................93
    4.12.6 Exercícios resolvidos....................95
    4.12.7 Exercícios propostos....................98
4.13 Respostas dos exercícios propostos....................100

Capítulo 5 – Funções do 1º grau....................101

5.1 Definição....................101

5.2 Função constante 101
5.3 Exercícios resolvidos 102
5.4 Função identidade 104
5.5 Função linear 105
5.6 Exercícios resolvidos 106
5.7 Função afim 107
5.8 Exercícios resolvidos 108
5.9 Coeficientes e zero da função afim 111
5.10 Exercícios resolvidos 111
5.11 Funções crescentes e decrescentes 113
5.12 Exercícios resolvidos 114
5.13 Sinais de uma função 117
5.14 Exercícios resolvidos 118
5.15 Equação de uma reta 120
5.16 Retas paralelas e perpendiculares 122
5.17 Interseção entre duas retas 124
5.18 Exercícios resolvidos 125
5.19 Exercícios propostos 138
5.20 Respostas dos exercícios propostos 142

Capítulo 6 – Relações quadráticas 155
6.1 Definição 155
6.2 Circunferência 155
6.3 Elipse 159
6.4 Parábola 163
6.5 Hipérbole 167
    6.5.1 Hipérbole equilátera 170
6.6 Exercícios resolvidos 173
6.7 Exercícios propostos 199
6.8 Respostas dos exercícios propostos 200

Capítulo 7 – Inequações do 2º grau 209
7.1 Conceitos iniciais 209
7.2 Resolução de uma inequação do 2º grau 213
7.3 Exercícios resolvidos 214

7.4 Exercícios propostos 227
7.5 Respostas dos exercícios propostos 229
7.6 Função modular 232
    7.6.1 Função definida por várias sentenças 232
    7.6.2 Função modular 233
    7.6.3 Exercícios resolvidos 234
    7.6.4 Exercícios propostos 245
7.7 Respostas dos exercícios propostos 247

Capítulo 8 – Outras funções 255
8.1 Função par e função ímpar 255
8.2 Função $f(x) = x^3$ 256
8.3 Função $f(x) = \frac{1}{x}$ ou função recíproca 257
8.4 Função máximo inteiro 258
8.5 Função composta 259
8.6 Funções injetora, sobrejetora e bijetora 260
8.7 Função inversa e função simétrica 263
8.8 Função exponencial 267
8.9 Função logarítmica 270
8.10 Exercícios resolvidos 274
8.11 Exercícios propostos 302
8.12 Respostas dos exercícios propostos 306

Capítulo 9 – Trigonometria 319
9.1 Introdução 319
9.2 Arcos e ângulos 319
9.3 Ciclo trigonométrico 321
9.4 Funções periódicas 323
9.5 Funções trigonométricas ou circulares 324
9.6 Função seno 325
9.7 Função cosseno 329
9.8 Função tangente 332
9.9 Função cotangente 335
9.10 Função secante e função cossecante 339
9.11 Relações fundamentais 344

9.12 Propriedades trigonométricas em triângulos 347
9.13 Funções trigonométricas simétricas (funções arco) 349
9.14 Exercícios resolvidos 354
9.15 Exercícios propostos 367
9.16 Respostas dos exercícios propostos 368

Capítulo 10 – Aplicações 375
10.1 Conceitos econômicos 375
10.2 Exercícios resolvidos 380
10.3 Exercícios propostos 398
10.4 Respostas dos exercícios propostos 402

Capítulo 11 – Álgebra matricial 409
11.1 Definições iniciais 409
11.2 Matrizes especiais 410
11.3 Igualdade de matrizes 412
11.4 Adição de matrizes 412
11.5 Multiplicação de um escalar por uma matriz 414
11.6 Matriz transposta 415
11.7 Produto de matrizes 416
11.8 Inversa de uma matriz 418
11.9 Determinante de uma matriz 419
    11.9.1 Determinante de 1ª ordem 419
    11.9.2 Determinante de 2ª ordem 419
    11.9.3 Determinante de 3ª ordem 420
11.10 Exercícios resolvidos 425
11.11 Exercícios propostos 434
11.12 Respostas dos exercícios propostos 437

Capítulo 12 – Sistemas lineares 441
12.1 Introdução 441
12.2 Matrizes de um sistema 442
12.3 Solução de um sistema linear 442
12.4 Determinante do sistema 443
12.5 Regra de Cramer 444
12.6 Sistemas equivalentes 446

12.7 Escalonamento de sistemas.................................. 447
12.8 Exercícios resolvidos 450
12.9 Exercícios propostos 452
12.10 Respostas dos exercícios propostos 454

Capítulo 13 – Binômio de Newton.......................... 457
13.1 Fatorial.. 457
13.2 Coeficientes binomiais..................................... 457
13.3 Triângulo de Pascal.. 459
13.4 Binômio de Newton.. 462
13.5 Termo geral 463
13.6 Exercícios resolvidos 464
13.7 Exercícios propostos 468
13.8 Respostas dos exercícios propostos 471

Capítulo 14 – Análise combinatória........................ 473
14.1 Introdução 473
14.2 Princípio fundamental da contagem 474
14.3 Exercícios resolvidos 476
14.4 Agrupamentos 481
14.5 Arranjo simples 481
14.6 Exercícios resolvidos 482
14.7 Arranjo com repetição 484
14.8 Exercícios resolvidos 485
14.9 Permutação simples....................................... 486
14.10 Exercícios resolvidos 488
14.11 Combinação simples 490
14.12 Exercícios resolvidos 491
14.13 Permutação com elementos repetidos 493
14.14 Exercícios resolvidos 495
14.15 Exercícios propostos 496
14.16 Respostas dos exercícios propostos 502

Capítulo 15 – Números complexos 505
15.1 Introdução 505
15.2 Representação algébrica (forma de Gauss)................ 506

15.3 Exercícios resolvidos 507
15.4 Igualdade de números complexos 507
15.5 Adição e subtração de números complexos 508
15.6 Multiplicação de números complexos 508
15.7 O conjugado de um número complexo 509
15.8 O quociente entre números complexos 510
15.9 As potências de i 511
15.10 Raiz quadrada de números negativos 512
15.11 Exercícios resolvidos 512
15.12 Representação algébrica (forma de Hamilton) 515
15.13 Módulo de um número complexo 515
15.14 Exercícios resolvidos 516
15.15 Inverso de um número complexo 517
15.16 Exercícios resolvidos 517
15.17 Representação geométrica – plano complexo ou plano de Argand-Gauss 519
15.18 Forma trigonométrica ou polar 520
15.19 Exercícios resolvidos 521
15.20 Produto e potenciação 522
15.21 Radiciação 523
15.22 Equações binômias e trinômias 525
15.23 Exercícios resolvidos 526
15.24 Exercícios propostos 530
15.25 Respostas dos exercícios propostos 535

Capítulo 16 – Progressão aritmética e progressão geométrica ..539
16.1 Sequências numéricas 539
16.2 Exercícios resolvidos 539
16.3 Progressão aritmética 541
16.4 Exercícios resolvidos 541
16.5 Tipos de progressões aritméticas 542
16.6 Exercícios resolvidos 542
16.7 Termo geral de uma progressão aritmética 543
16.8 Exercícios resolvidos 544
16.9 Soma dos termos de uma progressão aritmética finita 545

16.10 Exercícios resolvidos 545
16.11 Progressão geométrica 547
16.12 Exercícios resolvidos 547
16.13 Tipos de progressões geométricas...................... 548
16.14 Exercícios resolvidos 549
16.15 Termo geral de uma progressão geométrica............ 550
16.16 Exercícios resolvidos 550
16.17 Produto dos termos de uma progressão geométrica finita 551
16.18 Exercícios resolvidos 551
16.19 Soma dos termos de uma progressão geométrica finita 552
16.20 Exercícios resolvidos 553
16.21 Soma dos termos de uma progressão geométrica infinita 553
16.22 Exercícios resolvidos 553
16.23 Exercícios propostos 554
16.24 Respostas dos exercícios propostos 556

Material de apoio on-line

No site da Cengage (www.cengage.com.br), na página do livro, estão disponibilizados os seguintes materiais de apoio:

- Para o professor: slides em PPT e em PDF e solução dos exercícios propostos.
- Para o aluno: exercícios para incrementar o aprendizado.

capítulo 1
Conjunto

Este capítulo tem por objetivo habilitar o aluno para lidar com os conjuntos numéricos e suas operações, principalmente pela sua importância para o processo de contagem. Além disso, uma grande parte da matemática é desenvolvida a partir de conjuntos.

1.1 Definição de conjuntos

Trata-se de uma noção primitiva, sem definição própria, podendo o conjunto ser considerado qualquer coleção de objetos ou entidades.

Os objetos que compõem a coleção são os *elementos* do conjunto. Designamos, normalmente, por letras maiúsculas os conjuntos e por letras minúsculas seus elementos.

1.2 Relação de pertinência

Relaciona elemento com conjunto. Para indicarmos que um objeto x é elemento do conjunto A, escrevemos $x \in A$ (lê-se: x pertence a A). Se o objeto x não for elemento do conjunto A, escrevemos $x \notin A$ (lê-se: x não pertence a A).

1.3 Descrição ou representação de um conjunto

Para a descrição de um conjunto, são utilizados dois recursos principais:

1º Enumeração:

Quando escrevemos entre chaves, e separados por vírgulas, os seus elementos formadores do conjunto.

Exemplos:
a) A = {a,b,c}
b) B = {1,2,3,4,5}
c) C = {2,3,5,7,11,...}

2º Compreensão:

Quando escrevemos, entre chaves, uma característica comum a todos os elementos formadores do conjunto.

Exemplos:
a) A = {x | x é divisor inteiro de 7} = {−7,−1,1,7}
b) B = {x | x é vogal} = {a,e,i,o,u}

1.4 Conjunto unitário

É o conjunto que possui apenas um elemento.

Exemplos:
a) A = {x | x é par compreendido entre 9 e 11} = {10}
b) B = {x | x é satélite natural da Terra} = {Lua}

1.5 Conjunto vazio

É o que não possui elementos e denota-se por { } ou ∅.

Exemplos:
a) A = {x | x^2 = 9 e x é par} = ∅
b) B = {x | x é ímpar e múltiplo de 2} = ∅

1.6 Diagrama de Euler-Venn

Uma boa maneira de visualizar as relações entre conjuntos é por meio dos diagramas de Euler-Venn. Os conjuntos são representados por regiões planas interiores a uma curva fechada e simples.

Exemplo:

A = {1, 2, 3, 4}

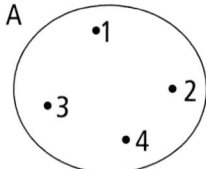

1.7 Subconjuntos – relação de inclusão

Se todo elemento de um conjunto **A** também for um elemento de um conjunto **B**, então podemos dizer que **A** é um *subconjunto* de **B**.

Para indicarmos que A é subconjunto de B, escreveremos:

- $A \subset B$ (lê-se: A está contido em B).
- $B \supset A$ (lê-se: B contém A).
- A é parte de B.

Se o conjunto A não for subconjunto de B, escreveremos $A \not\subset B$ (lê-se: A não está contido em B).

1.7.1 Observações importantes

- Todo conjunto é subconjunto dele mesmo ($A \subset A$).
- $\varnothing$ é subconjunto de qualquer conjunto ($\varnothing \subset A$).
- O total de subconjuntos que podemos formar a partir de um conjunto A, constituído por n elementos, é dado por 2^n, e denota-se por # A (# $A = 2^n$).
- $A \subset B$ e $B \subset A$ se, e somente se, $A = B$.
- A é *subconjunto próprio* de B se, e somente se, $A \subset B$ e $A \neq B$.

1.7.2 Conjunto das partes

Consideremos um conjunto A. Denominamos *conjunto das partes* (P(A)) o conjunto formado por *todos* os subconjuntos de A.

Exemplo:
Seja $A = \{1,2,3\}$. Então:
$P(A) = \{\emptyset, \{1\}, \{2\}, \{3\}, \{1,2\}, \{1,3\}, \{2,3\}, \{1,2,3\}\}$.
Observe que, por exemplo, $\{1,2\} \subset A$, mas $\{1,2\} \in P(A)$.

1.8 Operações com conjuntos

1.8.1 União (reunião) de conjuntos

O conjunto **P** é a união dos conjuntos **A** e **B**, se todos os elementos de **A** e **B**, e apenas estes, estiverem presentes em **P**.

$$P = A \cup B = \{x \mid x \in A \text{ ou } x \in B\}$$

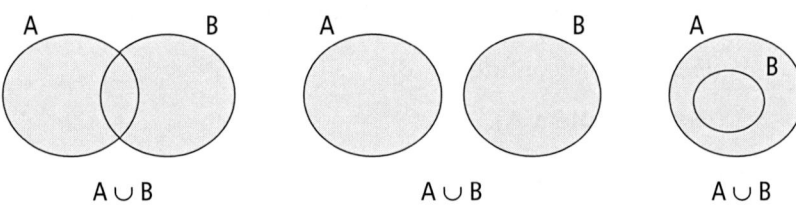

Exemplos:

a) Se $A = \{1,2,3,4\}$ e $B = \{2,4,6\}$, então $A \cup B = \{1,2,3,4,6\}$.

b) Se $A = \{1,2,3,4\}$ e $B = \{1,4\}$, então $A \cup B = \{1,2,3,4\} = A$.

c) Se $A = \{1,2,3\}$ e $B = \{4,5,6\}$, então $A \cup B = \{1,2,3,4,5,6\}$.

1.8.2 Interseção de conjuntos

P é o conjunto interseção de **A** e **B**, se ele for composto por todos os elementos comuns a **A** e **B**, ao mesmo tempo.

$$P = A \cap B = \{x \mid x \in A \text{ e } x \in B\}$$

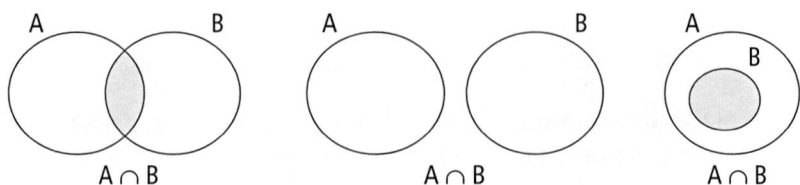

Exemplos:

a) Se $A = \{1,2,3,4\}$ e $B = \{2,4,6\}$, então $A \cap B = \{2,4\}$.

b) Se $A = \{1,2,3,4\}$ e $B = \{1,4\}$, então $A \cap B = \{1,4\} = B$.

c) Se $A = \{1,2,3\}$ e $B = \{4,5,6\}$, então $A \cap B = \varnothing$. Nesse caso, A e B são chamados *conjuntos disjuntos*.

1.8.3 Conjunto diferença

P é o conjunto diferença de **A** e **B**, se for composto pelos elementos de **A** que não são elementos de **B**.

$$P = A - B = \left\{ x \mid x \in A \text{ e } x \notin B \right\}$$

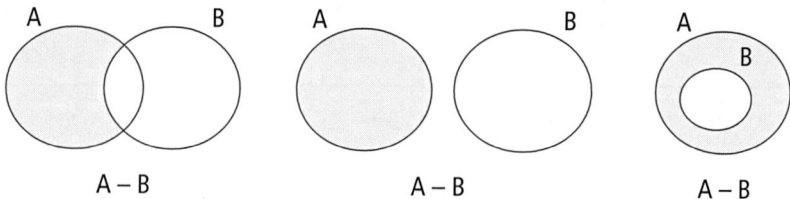

A – B   A – B   A – B

Exemplo:

Se $A = \{1,2,3,4\}$ e $B = \{2,4,6\}$, então $A - B = \{1,3\}$ e $B - A = \{6\}$.

1.8.4 Conjunto universo ou universo (U)

É um conjunto especificado que contém todos os elementos de interesse para um determinado problema.

1.8.5 Conjunto complementar

- Se $B \subset A$, então o complementar de **B** em relação a **A** é o conjunto $A - B$, denotado por $C_A^B = A - B$.

- $C_U^A = A' = \overline{A} = U - A$.

Exemplo:

Se $A = \{1,2,4\}$ e $B = \{0,1,2,4,6,9\}$, então $C_B^A = \{0,6,9\}$.

1.8.6 Diferença simétrica

Dados dois conjuntos A e B, chamamos diferença simétrica entre A e B o conjunto denotado por $A \Delta B$ e definido por $A \Delta B = (A - B) \cup (B - A)$.

Exemplo:

Se $A = \{1,2,4,7\}$ e $B = \{1,3,6,7,10\}$, então $A \Delta B = \{2,4\} \cup \{3,6,10\} = \{2,3,4,6,10\}$.

1.8.7 Conjunto complementar em relação a U

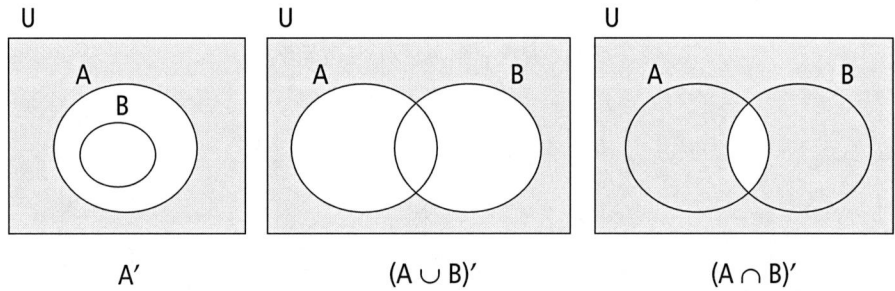

A' (A ∪ B)' (A ∩ B)'

1.8.8 Algumas propriedades

União 1	$A \cup A = A$
União 2	$A \cup \emptyset = A$
União 3	$A \cup B = B \cup A$
União 4	$A \cup U = U$
Interseção 1	$A \cap A = A$
Interseção 2	$A \cap \emptyset = \emptyset$
Interseção 3	$A \cap B = B \cap A$
Interseção 4	$A \cap U = A$
Diferença 1	$A - A = \emptyset$
Diferença 2	$A - \emptyset = A$
Diferença 3	$A - B \neq B - A$, em geral
Diferença 4	$U - A = A'$

Complementar 1	$(A')' = A$
Complementar 2	$\varnothing' = U$
Complementar 3	$U' = \varnothing$
Complementar 4	$(A \cup B)' = A' \cap B'$
Complementar 5	$(A \cap B)' = A' \cup B'$

1.9 Exercícios resolvidos

1) Dados os conjuntos $A = \{1,2,3,4\}$ e $B = \{2,4,5\}$, pede-se para escrever simbolicamente as sentenças a seguir, classificando-as em verdadeiras (V) ou falsas (F):

a) 2 é elemento de A.

b) 4 pertence a B.

c) B é parte de A.

d) 1 não é elemento de B.

e) A é igual a B.

Solução:

a) $2 \in A$. É verdadeira.

b) $4 \in B$. É verdadeira.

c) $B \subset A$. É falsa, pois $5 \in B$, mas $5 \notin A$.

d) $1 \notin B$. É verdadeira.

e) $A = B$. É falsa (pode-se usar o mesmo elemento 5 para verificar a falsidade).

2) Classifique em verdadeiras (V) ou falsas (F) as sentenças a seguir:

a) $\{1\} \in \{1\}$

b) $\{1\} \subset \{1\}$

c) $1 \in \{1\}$

d) $\{1\} \in \{\{1\},\{2\}\}$

e) $\varnothing \subset \varnothing$

f) $\{1\} \subset \{\{1\},\{2\}\}$

g) $\{1\} \subset \{1,\{1\}\}$

h) $\varnothing \in \{1,2,\{1\}\}$

i) $\varnothing \subset \{1,2,\{1\}\}$

j) $\{\{1\}\} \subset \{1,2,\{1\}\}$

k) $\varnothing \in \{\varnothing,1,\{1\}\}$

l) $\varnothing \subset \{\varnothing,1,\{1\}\}$

Solução:
a) F
b) V
c) V
d) V
e) V
f) F
g) V
h) F
i) V
j) V
k) V
l) V

3) Sendo $A = \{a,b,c,d\}$, determine $P(A)$.

Solução:

Como A tem quatro elementos, $P(A)$ tem $2^4 = 16$ elementos.
Daí, $P(A) = \{\varnothing, \{a\}, \{b\}, \{c\}, \{d\}, \{a,b\}, \{a,c\}, \{a,d\}, \{b,c\}, \{b,d\}, \{c,d\},$
$\{a,b,c\}, \{a,b,d\}, \{a,c,d\}, \{b,c,d\}, \{a,b,c,d\}\}$.

4) Dados os conjuntos $A = \{2,4,6,8,10,12\}$, $B = \{3,6,9,12,15\}$ e $C = \{0,5,10,15,20\}$, determine:

a) $A \cap B$
b) $A \cup B$
c) $A \cap C$
d) $C - A$
e) $B \cup C$
f) $B - C$
g) $A \cap B \cap C$
h) $A \cup B \cup C$
i) $A \cap (B \cup C)$
j) $(A \cap B) \cup (B - A)$
k) $(A - B) \cap (C - A)$
l) $(A \cap B) \cap (B \cup C)$
m) $(A - B) \cap (B \cup C)$
n) $(B - C) \cup (A - C) \cup (B - A)$

Solução:
a) $A \cap B = \{6,12\}$
b) $A \cup B = \{2,3,4,6,8,9,10,12,15\}$
c) $A \cap C = \{10\}$
d) $C - A = \{0,5,15,20\}$
e) $B \cup C = \{0,3,5,6,9,10,12,15,20\}$
f) $B - C = \{3,6,9,12\}$
g) $A \cap B \cap C = \{6,12\} \cap \{0,5,10,15,20\} = \{\ \} = \varnothing$

h) $A \cup B \cup C = \{2,3,4,6,8, 9,10,12,15\} \cup \{0,5,10,15,20\} =$
   $= \{0,2,3,4,5, 6,8,9,10, 12,15,20\}$
i) $A \cap (B \cup C) = \{2,4,6,8,10,12\} \cap \{0,3,5,6,9, 10,12,15,20\} = \{6,10,12\}$
j) $(A \cap B) \cup (B - A) = \{6,12\} \cup \{3,9,15\} = \{3,6,9,12,15\}$
k) $(A - B) \cap (C - A) = \{2,4,8,10\} \cap \{0,5,12,20\} = \{\ \}$
l) $(A \cap B) \cap (B \cup C) = \{6,12\} \cap \{0,3,5,6,9,10,12,15,20\} = \{6,12\}$
m) $(A - B) \cap (B \cup C) = \{2,4,8,10\} \cap \{0,3,5,6,9,10,12,12,20\} = \{10\}$
n) $(B - C) \cup (A - C) \cup (B - A) = \{3,6,9,12\} \cup \{2,4,6,8,12\} \cup \{3,9,15\} =$
   $= \{2,3,4,6,8,9,12,15\}$

5) Dados $A = \{1,2,3\}$, $B = \{1,2,3,4,5\}$ e $C = \{2,3\}$, determine:
a) C_B^A b) C_B^C c) C_A^C

Solução:
a) $C_B^A = B - A = \{4,5\}$
b) $C_B^C = B - C = \{1,4,5\}$
c) $C_A^C = A - C = \{1\}$

6) A parte hachurada no diagrama representa:
a) $A \cap (B \cup C)$ d) $A \cup (B \cap C)$
b) $(A \cap B) \cup C$ e) $A \cap B \cap C$
c) $(A \cup B) \cap C$

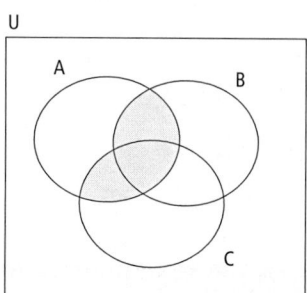

Solução:
Letra *a*.

7) Dados os conjuntos A = {x ∈ ℕ | x é ímpar}, B = {x ∈ ℕ | x é par} e C = {x ∈ ℕ | x é múltiplo de 3}, determine se as afirmativas a seguir são verdadeiras, justificando:

a) $3 \in A$
b) $-3 \in B$
c) $-12 \in C$
d) $15 \notin C$
e) $A \not\subset B$
f) $A \not\subset C$
g) $B \cap C = \varnothing$
h) $(A \cap C) \cap B = \varnothing$
i) $A \cup B = \mathbb{N}$

Solução:

a) Verdadeiro, pois 3 é um número natural ímpar.
b) Falso, pois (–3) não é um número natural.
c) Falso, pois (–12) não é um número natural.
d) Falso, pois 15 é um número natural múltiplo de 3.
e) Verdadeiro, pois nenhum número natural é ímpar e par, ao mesmo tempo.
f) Verdadeiro, pois existem números naturais ímpares que não são múltiplos de 3.
g) Falso, pois existem números naturais pares que são múltiplos de 3, por exemplo, 12.
h) Verdadeiro, pois $A \cap C$ = {x ∈ ℕ | x é ímpar e múltiplo de 3}.
i) Verdadeiro, pois ℕ é formado por todos os números positivos pares e ímpares.

1.10 Exercícios propostos

1) Dado $A = \{1, \{3,2\}, 4\}$, determine se as afirmações a seguir são verdadeiras (V) ou falsas (F):

a) $\{3,2\} \subset A$
b) $\{3,2\} \not\subset A$
c) $\{2\} \subset A$
d) $\{4\} \subset A$
e) $\{2,3\} \in A$
f) $\{1,\{3\}\} \subset A$
g) $\{1,\{2,3\}\} \subset A$

2) Dentre as relações a seguir, determine as que são corretas. Para as que forem falsas, determine um contraexemplo:

a) $A \subset B$ e $B \subset C \Rightarrow A \subset C$
b) $A \not\subset B$ e $B \not\subset C \Rightarrow A \not\subset C$
c) $A = B$ e $B = C \Rightarrow A = C$
d) $A \neq B$ e $B \neq C \Rightarrow A \neq C$

3) Um conjunto A tem 18 subconjuntos. Determine o número de elementos de A.

4) Uma urna contém sete bolas de cores distintas. Determine o número de conjuntos distintos, não vazios, que podem ser formados com as bolas da urna.

5) Sendo dado um conjunto A com n elementos, indiquemos por a o número de subconjuntos de A. Seja B o conjunto que se obtém acrescentando um novo elemento a A, e indiquemos por b o número de subconjuntos de B. Qual a relação entre a e b?

6) Sejam os conjuntos $A = \{0,2\}$, $B = \{-1,4,5\}$, $C = \{0,3,6\}$ e $D = \{2,3,4,5,6\}$, determine $(A-B) \cap (C-D)$.

7) Se A e B são dois conjuntos não vazios, tais que $A - B = \{1,3,6,7\}$, $B - A = \{4,8\}$ e $A \cup B = \{1,2,3,4,5,6,7,8\}$, determine o conjunto $A \cap B$.

8) Dados os conjuntos $A = \{2,3\}$ e $B = \{3,4,5\}$, determine o conjunto C, tal que $A \cap C = \{2\}$, $B \cap C = \{4\}$ e $A \cup B \cup C = \{2,3,4,5,6\}$.

9) Sejam A, B e A ∩ B conjuntos com 90, 50 e 30 elementos, respectivamente. Determinar o número de elementos do conjunto A ∪ B.

10) Um conjunto A tem 13 elementos, A ∩ B tem oito elementos e A ∩ B tem 15 elementos. Determinar o número de elementos de B.

11) Sejam A, B e C conjuntos finitos. O número de elementos de A ∩ B é 45; o número de elementos de A ∩ C é 40; e o número de elementos de A ∩ B ∩ C é 25. Determinar o número de elementos de A ∩ (B ∪ C).

12) Um curso possui 40 estudantes dos quais: 13 estudam física; 30, matemática; e 10, as duas disciplinas. Quantos não estudam nem física nem matemática?

13) Em uma escola ensinam-se inglês e alemão. Sabe-se que cem alunos estudam as duas línguas; 130, só inglês; e 170, só alemão. Quantos alunos estudam inglês? E quantos alunos há na escola?

14) Em uma cidade há mil famílias, das quais 470 assinam o jornal A; 420, o jornal B; 315, o jornal C; 140, B e C; 220, A e C; 110, A e B; e 75 assinam os três. Determinar:

a) quantas famílias não assinam jornal;
b) quantas famílias assinam só um dos jornais;
c) quantas famílias assinam só dois jornais;
d) quantas famílias assinam pelo menos dois jornais;
e) quantas famílias assinam no máximo dois jornais.

15) Em uma cidade constatou-se que as famílias que consomem arroz não consomem macarrão. Sabe-se que 40% consomem arroz, 30% macarrão, 15% arroz e feijão, 20% macarrão e feijão e 60% consomem feijão. Determinar a porcentagem correspondente às famílias que não consomem esses produtos.

1.11 Respostas dos exercícios propostos

1) a) F b) V c) F d) V e) V f) F g) V

2) a e c estão corretas. Um contraexemplo para a letra b poderia ser os conjuntos $A = \{1,2\}$, $B = \{2,3\}$ e $C = \{1,2,4\}$. Um contraexemplo para a letra d poderia ser os conjuntos $A = \{1,2\} = C$, $B = \{2,3\}$.

3) Não existe um conjunto com tais condições.

4) $2^7 - 1 = 127$

5) Se $\# A = n$, então $a = 2^n$. Se $\# B = n + 1$, então $b = 2^{n+1} = 2.2^n = 2.a$. Daí, $b = 2.a$.

6) $\{0\}$

7) $\{2,5\}$

8) $\{2,4,6\}$

9) 110

10) 10

11) 60

12) 7

13) 230 / 400

14) 190 / 490 / 245 / 320 / 925

15) 5%

capítulo 2
Conjuntos numéricos

O objetivo deste capítulo é habilitar o aluno com a operação com os conjuntos numéricos e suas propriedades.

2.1 Tipos de números

2.1.1 Números naturais ($\mathbb{N}$)

O conjunto dos números naturais é de grande importância pelo seu uso na contagem. Por exemplo, o número de dedos da mão de um ser humano, o número de animais em uma fazenda etc.

Sua notação é $\mathbb{N} = \{0,1,2,...\}$.

Quando não se considera o elemento zero (0), a notação utilizada é $\mathbb{N}^* = \mathbb{N} - \{0\} = \{1,2,3,...\}$

2.1.2 Números inteiros ($\mathbb{Z}$)

O conjunto dos números inteiros é formado pelos elementos do conjunto dos naturais acrescidos de seus simétricos. Por exemplo, as temperaturas positivas podem ser representadas por números inteiros positivos ou pelo conjunto dos números naturais. As temperaturas negativas são representadas por números negativos.

A notação utilizada para o conjunto de números inteiros é $\mathbb{Z} = \{...,-2,-1,0,1,2,...\}$.

Quando o elemento zero (0) não pertence ao conjunto, a notação se torna $\mathbb{Z}^* = \mathbb{Z} - \{0\}$.

Quando se considera somente o conjunto dos números inteiros positivos (que é equivalente ao conjunto dos números naturais), a notação é $\mathbb{Z}_+ = \mathbb{N}$ (inteiros não negativos).

Quando o elemento zero (0) não pertence ao conjunto dos números inteiros positivos, temos $\mathbb{Z}_+^* = \mathbb{N}^*$ (inteiros positivos).

Quando se considera somente o conjunto dos números inteiros negativos, a notação é $\mathbb{Z}_- = \{..., -2, -1, 0\}$ (inteiros não positivos).

Quando o elemento zero (0) não pertence ao conjunto dos números inteiros negativos, a notação se transforma em $\mathbb{Z}_-^* = \{..., -3, -2, -1\}$ (inteiros negativos).

2.1.3 Números fracionários ou racionais ($\mathbb{Q}$)

$$\mathbb{Q} = \left\{ \frac{p}{q} \mid p \in \mathbb{Z} \wedge q \in \mathbb{Z}^* \right\}$$

São todos os números que podem ser escritos sob a forma de fração de números inteiros. Têm representação decimal finita ou periódica.

Exemplos:

a) 2

b) –7

c) $\frac{2}{3}$

d) 0,6

e) 1,37

f) 0,222...

g) 1,5999...

h) 0,212121...

i) $\sqrt{36}$

2.1.4 Números irracionais (decimais infinitos) ($\mathbb{I} = \mathbb{Q}'$)

São os números cuja representação decimal não é exata nem periódica, consequentemente não podendo ser escritos sob a forma de fração.

Exemplos:

a) $\pi = 3{,}14159265...$ b) $\sqrt{2} = 1{,}4142135624...$ c) $e = 2{,}718281828...$

2.1.5 Números reais ($\mathbb{R}$)

$\mathbb{R} = \mathbb{Q} \cup \mathbb{I}$, onde $\mathbb{Q} \cap \mathbb{I} = \emptyset$

2.1.6 Números complexos ($\mathbb{C}$)

São os números que não são reais, isto é, as raízes de números negativos.
$\mathbb{N} \subset \mathbb{Z} \subset \mathbb{Q} \subset \mathbb{R} \subset \mathbb{C}$

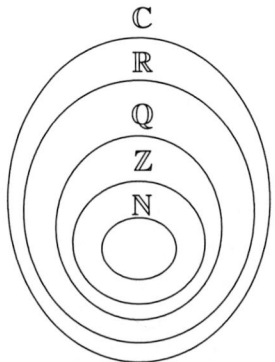

2.2 Números reais

2.2.1 Operações

Existem quatro operações básicas possíveis com o conjunto dos números reais:

- Adição $a + b$
- Multiplicação $a \times b$ ou $a \cdot b$
- Subtração $a - b$ ou $[a + (-b)]$
- Divisão a/b ou $a \cdot \dfrac{1}{b}$

2.2.2 Propriedades estruturais

As propriedades das quatro operações com o conjunto dos números reais são:

- Fechamento

  Se $a, b \in \mathbb{R}$, então $(a + b) \in \mathbb{R}$
  Se $a, b \in \mathbb{R}$, então $(a \times b) \in \mathbb{R}$

- Propriedade comutativa

  $a + b = b + a$

  $a \times b = b \times a$

- Propriedade associativa

  $a + (b + c) = (a + b) + c$

  $a \times (b \times c) = (a \times b) \times c$

- Propriedade distributiva

  $a \times (b + c) = (a \times b) + (a \times c)$

- Elemento neutro

  Na adição $a + 0 = a$

  Na multiplicação $a \times 1 = a$

- Existência de simétrico ou oposto

  $a + (-a) = 0$ Todo número real tem oposto.

- Existência de inverso ou recíproco

  Se $a \neq 0$, então $a \times \dfrac{1}{a} = a \times a^{-1} = 1$.

2.2.3 Outras operações

Além das operações básicas, podem ser utilizadas as propriedades anteriormente descritas, para se obter:

- Subtração

  $a - b = a + (-b)$, onde $(-b)$ é o simétrico de b.

- Divisão

  $\dfrac{a}{b} = a \times \dfrac{1}{b}$, onde $\dfrac{1}{b}$ é o inverso de b.

2.3 Exercícios resolvidos

1) Determine se é verdadeira (V) ou falsa (F) cada uma das afirmações, justificando sua resposta:

a) $\dfrac{1}{5} = 0{,}555\ldots$

b) $\dfrac{2}{7} + \dfrac{3}{5} = \dfrac{5}{12}$

c) $\sqrt{2} + \sqrt{3} = \sqrt{5}$

d) $\sqrt{2} \cdot \sqrt{3} = \sqrt{6}$

Solução:

a) Falsa, pois $0{,}555\ldots = \dfrac{5}{9}$.

b) Falsa, pois $\dfrac{2}{7} + \dfrac{3}{5} = \dfrac{2.5 + 3.7}{7.5} = \dfrac{10 + 21}{35} = \dfrac{31}{35}$.

c) Falsa, pois $\sqrt{2} \cong 1{,}41$, $\sqrt{3} \cong 1{,}73$ e $\sqrt{2} + \sqrt{3} \cong 3{,}14$, que é diferente de $\sqrt{5} \cong 2{,}24$.

d) Verdadeira, pois $\sqrt{2} \cong 1{,}41$ e $\sqrt{3} \cong 1{,}73$. Logo, $\sqrt{2} \cdot \sqrt{3} \cong 1{,}41 \cdot 1{,}73 \cong 2{,}45$ e $\sqrt{6} \cong 2{,}45$.

2) Determine a fração irredutível que é a geratriz de cada uma das dízimas periódicas:

a) $0{,}6666\ldots$

b) $0{,}325325325\ldots$

c) $0{,}3252525\ldots$

d) $2{,}888\ldots$

e) $2{,}95888\ldots$

Solução:

a) Como a parte inteira do número decimal é zero (0) e a parte periódica (número repetido), somente o algarismo 6, coloca-se no numerador esse número e no denominador um único algarismo 9, isto é, $0{,}666\ldots = \dfrac{6}{9} = \dfrac{2}{3}$.

b) Como a parte inteira do número decimal é zero (0) e a parte periódica (os números repetidos), 325 (três algarismos), coloca-se no numerador esses três algarismos e no denominador três algarismos 9, isto é, $0{,}325325325\ldots = \dfrac{325}{999}$.

c) Como a parte inteira do número decimal é zero (0) e a parte periódica, 25 (dois algarismos), e o algarismo 3 aparece sem repetição, coloca-se no numerador esses três algarismos subtraídos do algarismo 3 (que não está repetido) e no denominador dois algarismos 9 (apontando a repetição de 2 e 5) e zero (0), indicando a não repetição do algarismo 3, isto é, $0{,}3252525\ldots = \dfrac{325-3}{990} = \dfrac{322}{990} = \dfrac{161}{495}$.

d) Como a parte inteira do número decimal é 2 e a parte periódica, somente o algarismo 8, tem-se o número $2{,}888\ldots = 2\dfrac{8}{9}$ (2 representando a parte decimal, 8 no numerador representando o algarismo repetido e um único algarismo 9 para indicar a repetição do 8, isto é, $2{,}888\ldots = 2\dfrac{8}{9} = \dfrac{18+8}{9} = \dfrac{26}{9}$.

e) Como a parte inteira do número decimal é 2 e a parte periódica, somente o algarismo 8, e os algarismos 95 não são repetidos, tem-se, no numerador, 925 subtraído da parte não repetida, 95. No denominador, o algarismo 9, para indicar a parte periódica, e dois zeros para indicar a parte não periódica, isto é, $2{,}95888\ldots = 2\dfrac{958-95}{900} = 2\dfrac{863}{900} = \dfrac{2.663}{900}$.

3) Calcule:

a) $\sqrt{3}\cdot(\sqrt{3}+2)$

b) $(5+\sqrt{2})\cdot(5-\sqrt{2})$

c) $(3\sqrt{2}+7\sqrt{3})\cdot(\sqrt{2}-\sqrt{3})$

d) $(3+\sqrt{2})^2$

e) $\dfrac{\sqrt{2}}{\sqrt{6}}$

Solução:

a) Aplicando-se a propriedade distributiva, tem-se:

$\sqrt{3}\cdot(\sqrt{3}+2) = (\sqrt{3}\cdot\sqrt{3})+(\sqrt{3}\cdot 2) = (\sqrt{3})^2 + 2\sqrt{3} = 3+2\sqrt{3}$

b) Aplicando-se a propriedade distributiva, tem-se:

$(5+\sqrt{2})\cdot(5-\sqrt{2}) = (5\cdot 5)-(5\sqrt{2})+5\sqrt{2}-(\sqrt{2}\cdot\sqrt{2}) = 5^2-(\sqrt{2})^2 = 25-2 = 23$

c) Aplicando-se a propriedade distributiva, tem-se:
$$(3\sqrt{2}+7\sqrt{3})\cdot(\sqrt{2}-\sqrt{3}) = 3\sqrt{2}\cdot\sqrt{2} - 3\sqrt{2}\cdot\sqrt{3} + 7\sqrt{3}\cdot\sqrt{2} - 7\sqrt{3}\cdot\sqrt{3} =$$
$$= 3\cdot 2 - 3\sqrt{6} + 7\sqrt{6} - 7\cdot 3 = 4\sqrt{6} - 15$$

d) $(3+\sqrt{2})^2 = 9 + 2\cdot 3\cdot\sqrt{2} + 2 = 11 + 6\sqrt{2}$

e) $\dfrac{\sqrt{2}}{\sqrt{6}} = \dfrac{\sqrt{2}}{\sqrt{2}\cdot\sqrt{3}} = \dfrac{1}{\sqrt{3}} = \dfrac{1}{\sqrt{3}}\cdot\dfrac{\sqrt{3}}{\sqrt{3}} = \dfrac{\sqrt{3}}{3}$

2.4 Exercícios propostos

1) Determine se é verdadeira (V) ou falsa (F) cada uma das afirmações:

a) $-7 \in \mathbb{N}$
b) $\sqrt{2} \in \mathbb{Q}$
c) $5 \in \mathbb{Z}$
d) $-8 \in \mathbb{Q}$
e) $\sqrt{9} \in \mathbb{I}$
f) $3\pi \in \mathbb{R}$
g) $-\pi \in \mathbb{I}$
h) $\dfrac{12}{2} \in \mathbb{Z}$
i) $\sqrt{-7} \in \mathbb{I}$
j) $\sqrt[3]{64} \in \mathbb{N}$
k) $-7 \in \mathbb{Z}$
l) $\pi^3 \in \mathbb{I}$
m) $\pi^3 \in \mathbb{Q}$

2) Quais das proposições a seguir são verdadeiras:

a) $0 \in \mathbb{N}$
b) $0 \notin \mathbb{Z}$
c) $-15 \notin \mathbb{Z}$
d) $\mathbb{N} \subset \mathbb{Z}_+$
e) $\mathbb{N} \cap \mathbb{Z}_- = \emptyset$
f) $\left(2-\dfrac{7}{8}\right) \notin \mathbb{Q}$
g) $\dfrac{15}{7} \in (\mathbb{Q}-\mathbb{Z})$
h) $\mathbb{Z} \cap \mathbb{I} = \emptyset$
i) $\mathbb{Q}_+^* \cap \mathbb{Z} = \mathbb{N}$
j) $\{0\} \subset \mathbb{Q}$

3) Determine $A \cup B$, $A \cap B$ e $A - B$, sabendo-se que $A = \{x \in \mathbb{N} \mid 2 \leq x < 9\}$ e $B = \{x \in \mathbb{N} \mid x \leq 7\}$.

4) Quantas unidades devemos diminuir de 5 para chegarmos a (−7)? E de (−7) para chegarmos a (−15)? E de 14 para chegarmos a 18?

5) Qual é o valor de $x = \sqrt{0,444...} + \dfrac{16}{0,888...}$?

6) Desenvolva:

a) $(3+\sqrt{5})^2$
b) $(3-\sqrt{5})^2$
c) $(3+\sqrt{5})\cdot(3-\sqrt{5})$

7) Determine se as sentenças são verdadeiras (V) ou falsas (F):
a) O conjunto dos números naturais é finito.
b) A soma de dois números irracionais pode ser um número irracional.
c) A soma de dois números irracionais é sempre um número irracional.
d) O produto de dois números irracionais pode ser um número racional.
e) O produto de dois números irracionais é sempre um número racional.

8) Dada a equação $x = \sqrt{7+4\sqrt{3}} + \sqrt{7-4\sqrt{3}}$, determine o número natural x que satisfaz essa equação.

9) Calcule o valor das expressões:

a) $\left(2+\dfrac{1}{3}\right):\left(2-\dfrac{1}{3}\right)$

b) $\dfrac{6-2,25\cdot 0,2}{(2,2)^2+0,71}$

c) $\dfrac{(-2)^0 \cdot \left(-(-2)^3\right)\cdot 5}{(-3)^{-1}\cdot\left(-(-5)^{-2}\right)}$

d) $0,0666... : 0,060606... + 3 : \dfrac{\frac{2}{9}}{\frac{2}{3}} \cdot 0,1$

e) $512^{0,555...}$

2.5 Respostas dos exercícios propostos

1) F, F, V, V, F, V, V, V, F, V, V, V, F

2) a, d, g, h, j

3) $A\cup B = \{x\in\mathbb{N}\mid x\leq 8\}$, $A\cap B = \{x\in\mathbb{N}\mid 2\leq x\leq 7\}$ e $A-B = \{8\}$.

4) 12; 8; (– 4)

5) $\dfrac{56}{3}$

6) a) $2\cdot(7+3\sqrt{5})$; b) $2\cdot(7-3\sqrt{5})$; c) 4

7) a) F

   b) V $(\pi+\pi=2\pi \in \mathbb{I})$

   c) F $(\pi+(-\pi)=0 \notin \mathbb{I})$

   d) V $(\sqrt{5}\cdot\sqrt{20}=\sqrt{100}=10 \in \mathbb{Q})$

   e) F $(\sqrt{2}\cdot\sqrt{3}=\sqrt{6} \in \mathbb{I})$

8) 4 (Sugestão: Eleve os dois membros ao quadrado.)

9) a) $\dfrac{7}{5}$ c) 3.000   e) 32

   b) 1   d) 2

2.6 Intervalos numéricos

2.6.1 Números reais e a reta numerada

Existe uma correspondência biunívoca (um a um) entre o conjunto dos números reais e o conjunto dos pontos da reta numerada.

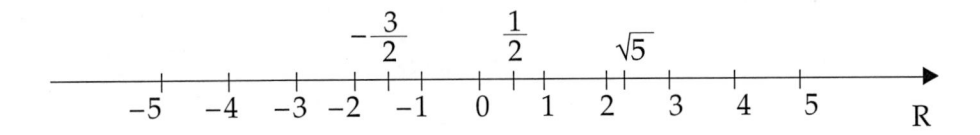

O conjunto de todos os números reais pode ser representado por uma reta horizontal, chamada eixo orientado.

Na reta real, os números estão ordenados. Um número a é menor que qualquer número x, colocado à sua direita e maior que qualquer número y, colocado à sua esquerda.

2.6.2 Ordenação dos reais

No conjunto dos números reais, existe um subconjunto denominado números positivos, tal que:

- Se **a** for um número real, então *exatamente* uma das três afirmativas será verdadeira:
  - **a** = 0;
  - **a** é positivo;
  - (–a) é positivo.

- A soma de dois números positivos é outro número positivo.

- O produto de dois números positivos é outro número positivo.

2.6.3 Definições

- O número real **a** é **negativo** se, e somente se, (–a) **for positivo**.
- Símbolo < significa *é menor que*.
  - a < b se, e somente se, b – a for positivo.
- Símbolo > significa *é maior que*.
  - a > b se, e somente se, a – b for positivo.
- Símbolo ≤ significa *é menor ou igual a que*.
- **a** ≤ **b** se, e somente se, **a < b** ou **a = b**.
- Símbolo ≥ significa *é maior ou igual a que*.
- **a** ≥ **b** se, e somente se, **a > b** ou **a = b**.

2.6.4 Algumas propriedades

Propriedades de operações dos números reais, onde a, b, c, d ∈ $\mathbb{R}$:
1) $a = b \Leftrightarrow a \pm c = b \pm c$
2) $a = b \Leftrightarrow a \cdot c = b \cdot c$
3) $a \cdot b = 0 \Leftrightarrow a = 0$ ou $b = 0$
4) $a < b$ e $b < c \Rightarrow a < c$

5) $a < b \Leftrightarrow a \pm c < b \pm c$
6) $a < b$ e $c < d \Rightarrow a + c < b + d$
7) $a < b$ e $c > 0 \Rightarrow a \cdot c < b \cdot c$
8) $a > 0 \Rightarrow \dfrac{1}{a} > 0$
9) $a < b$ e $c < 0 \Rightarrow a \cdot c > b \cdot c$
10) $a \cdot b > 0 \Leftrightarrow (a > 0$ e $b > 0)$ ou $(a < 0$ e $b < 0)$
11) $a \cdot b < 0 \Leftrightarrow (a > 0$ e $b < 0)$ ou $(a < 0$ e $b > 0)$
12) $0 < b < a \Leftrightarrow 0 < \dfrac{1}{a} < \dfrac{1}{b}$

2.6.5 Intervalos numéricos

São subconjuntos de $\mathbb{R}$, determinados por desigualdades.

- Intervalo **aberto** de **a** a **b**, denotado por **(a, b)**, é o conjunto de todos os números reais, tais que **a < x < b**.

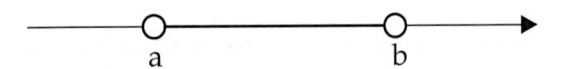

- Intervalo **fechado** de **a** a **b**, denotado por **[a, b]**, é o conjunto de todos os números reais, tais que **a ≤ x ≤ b**.

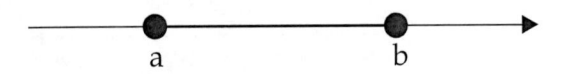

- Intervalo **semiaberto** à esquerda de **a** a **b**, denotado por **(a, b]**, é o conjunto de todos os números reais, tais que **a < x ≤ b**.

- Intervalo **semiaberto** à direita de **a** a **b**, denotado por **[a, b)**, é o conjunto de todos os números reais, tais que **a ≤ x < b**.

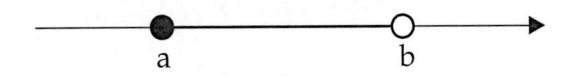

- Outros intervalos:

a) $\mathbb{R}_+ = [0, +\infty) = [0, +\infty[$

b) $\mathbb{R}_+^* = (0, +\infty) = \,]0, +\infty[$

c) $\mathbb{R}_- = (-\infty, 0] = \,]-\infty, 0]$

d) $\mathbb{R}_-^* = (-\infty, 0) = \,]-\infty, 0[$

e) $\mathbb{R} = (-\infty, +\infty) = \,]-\infty, +\infty[$

f) $[a, +\infty) = [a, +\infty[= \{x \in \mathbb{R} \mid x \geq a\}$

g) $(-\infty, a] = \,]-\infty, a] = \{x \in \mathbb{R} \mid x \leq a\}$

h) $(a, +\infty) = \,]a, +\infty[= \{x \in \mathbb{R} \mid x > a\}$

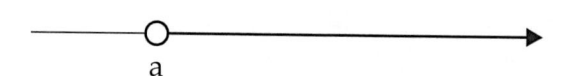

i) $(-\infty, a) = \,]-\infty, a[= \{x \in \mathbb{R} \mid x < a\}$

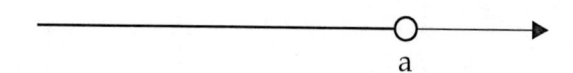

2.6.6 Desigualdades

2.6.6.1 Definições

- Expressões do tipo:
  $a < b, a > b, a \leq b, a \geq b$ são chamadas *desigualdades*.

2.6.6.2 Propriedades

- Se $a < b$ e $b < c$, então $a < c$.
  Exemplo: $5 < 7$ e $7 < 20$, então $5 < 20$.

- Se $a > b$, e $b > c$ então $a > c$.
  Exemplo: $7 > 5$ e $5 > 3$, então $7 > 3$.

- Se $a < b$, então $a + c < b + c$.
  Exemplo: $2 < 8$, então $2 + (-7) < 8 + (-7)$, isto é, $-5 < 1$.

- Se $a > b$, então $a + c > b + c$.
  Exemplo: $8 > 2$, então $8 + (-10) > 2 + (-10)$, isto é, $-2 > -8$.

- Se $a < b$ e $c < d$, então $a + c < b + d$.
  Exemplo: $-2 < 5$ e $3 < 6$, então $(-2) + 3 < 5 + 6$, isto é, $1 < 11$.

- Se $a > b$ e $c > d$, então $a + c > b + d$.
  Exemplo: $10 > 5$ e $3 > -1$, então $10 + 3 > 5 + (-1)$, isto é, $13 > 4$.

- Se $a < b$ e $c > 0$, então $ac < bc$.
  Exemplo: $-2 < 2$ e $4 > 0$, então $(-2) \times 4 < 2 \times 4$, isto é, $-8 < 8$.

- Se $a > b$ e $c > 0$, então $ac > bc$.
  Exemplo: $3 > -2$ e $4 > 0$, então $3 \times 4 > (-2) \times 4$, isto é, $20 > -8$.

- Se $a < b$ e $c < 0$, então $ac > bc$.
  Exemplo: $-5 < 1$, então $(-5) \times (-2) > 1 \times (-2)$, isto é, $10 > -2$.

- Se $a > b$ e $c < 0$, então $ac < bc$.
  Exemplo: $3 > -2$ e $-4 < 0$, então $3 \times (-4) < (-2) \times (-4)$, isto é, $-12 < 8$.

- Se $0 < a < b$ e $0 < c < d$, então $ac < bd$.
  Exemplo: $0 < 2 < 8$ e $0 < 3 < 7$, então $2 \times 3 < 8 \times 7$, isto é, $6 < 56$.

- Se $a > b > 0$ e $c > d > 0$, então $ac > bd$.
  Exemplo: $8 > 2 > 0$ e $7 > 3 > 0$, então $8 \times 7 > 2 \times 3$, isto é, $56 > 6$.

2.6.7 Exercícios resolvidos

1) Represente graficamente os intervalos a seguir e verifique se os números $5, \pi, \sqrt{5}, \dfrac{5}{2}, \left(-\dfrac{15}{7}\right)$ pertencem a cada intervalo:

a) $[-2,5)$ b) $(2,7)$ c) $(6,+\infty)$

Solução:

Graficamente, temos:

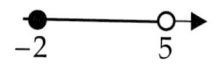

a) $5 \notin [-2,5)$, pois tem-se o intervalo aberto em 5 (excluindo o algarismo 5 de pertencer ao conjunto); como $\pi = 3,1416$, $\pi \in [-2,5)$; $\sqrt{5} \cong 2,2361 \in [-2,5)$; $\dfrac{5}{2} = 2,5 \in [-2,5)$; $-\dfrac{15}{7} \cong -2,1429 < -2$, isto é, $-\dfrac{15}{7} \notin [-2,5)$.

b) $5 \in (2,7); \pi \in (2,7); \sqrt{5} \in (2,7); \dfrac{5}{2} \in (2,7); -\dfrac{15}{7} \notin (2,7)$.

c) $5 \notin (6,+\infty); \pi \notin (6,+\infty); \sqrt{5} \notin (6,+\infty); \dfrac{5}{2} \notin (6,+\infty); -\dfrac{15}{7} \notin (6,+\infty)$.

2) Dados os intervalos $A = [-2,2), B = (0,+\infty)$ e $C = (-\infty,1]$, determinar:

a) $A \cap B$
b) $A \cap C$
c) $B \cap C$
d) $A \cap B \cap C$
e) $A \cup B$
f) $A \cup C$
g) $B \cup C$
h) $A \cup B \cup C$
i) $A - B$
j) $A - C$
k) $B - C$

Solução:

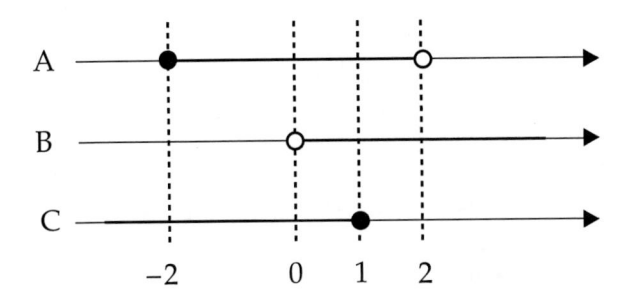

```
A  ———•————————○————————▶
B  ————————○————————————▶
C  ————————————•————————▶
        -2    0  1    2
```

a) Graficamente, podemos visualizar que os elementos do conjunto A estão no intervalo de todos os números entre –2 e 2 (excluindo o elemento 2). Os elementos do conjunto B estão no intervalo de todos os números maiores que zero, excluindo o zero. Logo, o elemento comum entre $A = [-2, 2)$ e $B = (0, +\infty]$ é o intervalo $(0, 2)$.

b) Graficamente, podemos visualizar que os elementos do conjunto A estão no intervalo de todos os números entre –2 e 2 (excluindo o elemento 2). Os elementos do conjunto C estão no intervalo de todos os números menores ou iguais a 1. Logo, o elemento comum entre $A = [-2, 2)$ e $C = (-\infty, 1]$ é o intervalo $[-2, 1)$.

c) Graficamente, podemos visualizar que os elementos do conjunto B estão no intervalo de todos os números maiores que zero, excluindo o zero. Os elementos do conjunto C estão no intervalo de todos os números menores ou iguais a 1. Logo, o elemento comum entre $B = (0, +\infty)$ e $C = (-\infty, 1]$ é o intervalo $(0, 1]$.

d) Graficamente, podemos visualizar que os elementos do conjunto A estão no intervalo de todos os números entre –2 e 2 (excluindo o elemento 2). Os elementos do conjunto B estão no intervalo de todos os números maiores que zero, excluindo o zero. Os elementos do conjunto C estão no intervalo de todos os números menores ou iguais a 1. Logo, o elemento comum entre $A = [-2, 2)$, $B = (0, +\infty)$ e $C = (-\infty, 1]$ é o intervalo $(0, 1]$.

e) Graficamente, podemos visualizar que os elementos do conjunto A estão no intervalo de todos os números entre –2 e 2 (excluindo o elemento 2). Os elementos do conjunto B estão no intervalo de todos os números maiores que zero, excluindo o zero. Logo, o elemento comum de todo o conjunto $A = [-2,2)$ e do conjunto $B = (0,+\infty)$ é o intervalo $[-2,+\infty)$.

f) Explicação análoga às anteriores, nos levando ao conjunto $(-\infty, 2)$.

g) Explicação análoga às anteriores, nos levando ao conjunto $\mathbb{R}$.

h) Unindo-se todos os elementos dos três conjuntos A, B e C, temos o conjunto $\mathbb{R}$.

i) A diferença entre os conjuntos $A = [-2,2)$ e $B = (0,+\infty)$ é obtida por todos os elementos de A que não são elementos de B, ou seja, $[-2,2) - (0,\infty) = [-2,0]$.

j) Explicação análoga à anterior, nos levando ao conjunto (1,2).

k) Explicação análoga à anterior, nos levando ao conjunto $(1,+\infty)$.

3) Sejam a, b ∈ $\mathbb{R}$. Determine se as afirmações são verdadeiras (V) ou falsas (F), justificando sua resposta:

a) $a^2 > 0 \Rightarrow a > 0$

b) $a^3 > 0 \Rightarrow a > 0$

c) $a^7 < 0 \Rightarrow a < 0$

d) $a > 5 \Rightarrow a \geq 5$

e) $a \geq 5 \Rightarrow a > 5$

f) $a^2 = b^2 \Rightarrow a = b$

g) $a^7 = b^7 \Rightarrow a = b$

h) $a^4 = 81b^4 \Rightarrow a = 3b$ ou $a = -3b$

i) $a^2 + b^2 = 0 \Rightarrow a = b = 0$

j) $a^3 + b^3 = 0 \Rightarrow a = b = 0$

Solução:

a) $F\left((-5)^2 = 25 > 0\right)$

b) V, pois se um número está elevado a um expoente ímpar, o resultado dessa potência mantém seu sinal, ou seja, $2^3 = 8 > 0 \Rightarrow a > 0$ e $(-2)^3 = -8 < 0 \Rightarrow a < 0$.

c) V, pela mesma explicação do item anterior.

d) V (se um número é maior que outro, então ele é maior ou igual ao outro).

e) F ($5 \geq 5$, mas não é maior que ele mesmo).

f) F $\left(2^2 = (-2)^2, \text{mas } 2 \neq -2\right)$.

g) V, pois como a potência ímpar não altera o sinal do número, então a = b.

h) V, pois $a^4 = 81b^4 \Rightarrow a^4 = 3^4 b^4 \Rightarrow a^4 = (3b)^4 \Rightarrow a = \pm \sqrt[4]{(3b)^4} = \pm 3b$.

i) V, pois como $a^2 \geq 0$ e $b^2 \geq 0$, então $a^2 + b^2 \geq 0$. Para $a^2 + b^2 = 0$ ser verdadeiro, só teremos o caso onde a = b = 0.

j) F $\left(1^3 + (-1)^3 = 0, \text{mas } 1 \neq 0 \text{ e } (-1) \neq 0\right)$

2.6.8 Exercícios propostos

1) Usando a notação de desigualdade, escreva as seguintes relações:

a) x está à direita de 15 na reta real.

b) y está entre (–3) e 8 na reta real.

c) z está situado à esquerda de (–5) na reta real.

d) w é um número positivo, situado à esquerda de 1 na reta real.

e) r é um número negativo, situado à direita de (–6) na reta real.

f) a é um número positivo.

g) b é um número negativo.

h) a é maior que b.

i) b é menor que c.

j) a está compreendido entre b e c, sendo b menor que c.

k) a é um número não negativo.

l) b é um número não positivo.

m) c não é menor que a.

2) Usando a notação de intervalo, escreva o subconjunto de $\mathbb{R}$ formado pelos números reais:
a) maiores que 3.
b) menores que (-1).
c) maiores ou iguais a 2.
d) menores ou iguais a π.
e) maiores que 2 e menores ou iguais a 7.

3) Usando a notação de conjuntos, escreva os intervalos:
a) $[5, 11]$
b) $(-7, 3]$
c) $(-8, 0)$
d) $[2, +\infty)$
e) $(-\infty, 5)$
f) $[-2, 3)$
g) $(-\infty, 9]$

4) Dados os intervalos $A = [\pi, +\infty)$, $B = (-\infty, \sqrt{17})$ e $C = \left(\dfrac{8}{3}, 4\right]$, determinar:
a) $A \cap B$
b) $A \cap C$
c) $B \cap C$
d) $A \cap B \cap C$
e) $A \cup B$
f) $A \cup C$
g) $B \cup C$
h) $A \cup B \cup C$
i) $A - B$
j) $A - C$
k) $B - C$

2.7 Respostas dos exercícios propostos

1) a) $x > 15$
b) $-3 < y < 8$
c) $z < -5$
d) $0 < w < 1$
e) $-6 < r < 0$
f) $a > 0$

g) $b < 0$
h) $a > b$
i) $b < c$
j) $b < a < c$
k) $a \geq 0$
l) $b \leq 0$
m) $c \geq a$

2) a) $(3, +\infty)$
b) $(-\infty, -1)$
c) $[2, +\infty)$
d) $(-\infty, \pi]$
e) $(2, 7]$

3) a) $\{x \in \mathbb{R} \mid 5 \leq x \leq 11\}$
b) $\{x \in \mathbb{R} \mid -7 < x \leq 3\}$
c) $\{x \in \mathbb{R} \mid -8 < x < 0\}$
d) $\{x \in \mathbb{R} \mid x \geq 2\}$
e) $\{x \in \mathbb{R} \mid x < 5\}$
f) $\{x \in \mathbb{R} \mid -2 \leq x < 3\}$
g) $\{x \in \mathbb{R} \mid x \leq 9\}$

4) a) $[\pi, \sqrt{17})$
b) $[\pi, 4]$
c) C
d) $[\pi, 4]$
e) $\mathbb{R}$
f) $\left(\dfrac{8}{3}, +\infty\right)$
g) B
h) $\mathbb{R}$
i) $[\sqrt{17}, +\infty)$
j) $(4, +\infty)$
k) $\left(-\infty, \dfrac{8}{3}\right] \cup \left(4, \sqrt{17}\right)$

capítulo 3
Potenciação

Este capítulo possibilita ao aluno o entendimento das operações de potenciação, radiciação, valor absoluto. Permite, também, o manejo com as inequações do 1º grau e com polinômios.

3.1 Definição

Calcular a potência n de um número real a equivale a multiplicar a, por ele mesmo, n vezes. A notação da operação de potenciação é equivalente a:

$$a^n = \underbrace{a \cdot a \cdot a \cdot \ldots \cdot a}_{n \text{ vezes}}$$

Exemplos:

a) $2^3 = 2 \cdot 2 \cdot 2 = 8$

b) $7^2 = 7 \cdot 7 = 49$

c) $9^1 = 9$

3.2 Propriedades

a) $a^m \cdot a^n = a^{m+n}$

Exemplo:

$3^3 \cdot 3^2 = 3^{3+2} = 3^5$

b) $\dfrac{a^m}{a^n} = a^{m-n}$; $a \neq 0$

Exemplo:

$$\frac{2^3}{2^5} = 2^{3-5} = 2^{-2};\ 2 \neq 0$$

c) $a^0 = 1$ (faça m = n na propriedade anterior)

Exemplo:

$$\frac{4^2}{4^2} = 4^{2-2} = 4^0 = 1\,;\,4 \neq 0$$

d) $(a^m)^n = a^{m \cdot n}$

Exemplo:

$$(3^2)^3 = 3^{2 \cdot 3} = 3^6$$

e) $a^{m^n} = a^{\overbrace{m \cdot m \cdot m \cdots m}^{n\ vezes}}$

Exemplo:

$$3^{3^2} = 3^3 \cdot 3^3$$

f) $(a \cdot b)^n = a^n \cdot b^n$

Exemplo:

$$(5 \cdot 2)^3 = 5^3 \cdot 2^3 = 125 \cdot 8 = 1.000$$

g) $\left(\dfrac{a}{b}\right)^n = \dfrac{a^n}{b^n}\,;\ b \neq 0$

Exemplo:

$$\left(\frac{2}{3}\right)^3 = \frac{2^3}{3^3}\,;\ 3 \neq 0$$

h) $b^{-n} = \dfrac{1}{b^n}\,;\ b \neq 0$

Exemplo:

$$2^{-3} = \frac{1}{2^3}\,;\ 2 \neq 0$$

i) $\sqrt[n]{a} = a^{\frac{1}{n}}$, $n > 0$

Exemplo:

$\sqrt[3]{4} = 4^{\frac{1}{3}}$, $3 > 0$

j) $\sqrt[n]{a^m} = a^{\frac{m}{n}}$, $n > 0$

Exemplo:

$\sqrt[5]{6^8} = 6^{\frac{8}{5}}$, $5 > 0$

Outros exemplos:

Utilizando as propriedades anteriores, verificamos que:

1) $1^{43} = 1$

2) $0^{15} = 0$

3) $(-3)^2 = 9$

4) $-3^2 = -9$

5) $(-3)^3 = -27$

6) $4^3 \cdot 4^8 = 4^{3+8} = 4^{11}$

7) $(4 \cdot 5)^2 = 4^2 \cdot 5^2 = 16 \cdot 25 = 400$

8) $\dfrac{4^8}{4^3} = 4^{8-3} = 4^5$

9) $\dfrac{4^3}{4^8} = 4^{3-8} = 4^{-5} = \dfrac{1}{4^5}$

10) $\left(4^2\right)^3 = 4^{2 \cdot 3} = 4^6$

11) $4^{2^3} = 4^8$

12) $(-45)^0 = 1$

13) $8^{\frac{4}{3}} = \sqrt[3]{8^4} = \left(\sqrt[3]{8}\right)^4 = 2^4 = 16$

14) $\left(\dfrac{3}{4}\right)^{-2} = \dfrac{1}{\left(\dfrac{3}{4}\right)^2} = \dfrac{1}{\dfrac{3^2}{4^2}} = \dfrac{1}{\dfrac{9}{16}} = 1 \cdot \dfrac{16}{9} = \dfrac{16}{9}$

15) $\dfrac{1}{(-7)^{-5}} = (-7)^5 = -7^5$

3.3 Exercícios resolvidos

1) Resolva as equações:

a) $3^x = 6.561$

b) $2^{x+1} - 2^{x-1} + 2^{x-3} - 2^{x-4} = 50$

Solução:

a) Fatorando-se 6.561, em fatores primos, encontramos que $6.561 = 3^8$ e $3^x = 6.561$. Sabendo-se que duas potências da mesma base são iguais, se, e somente se, os expoentes são iguais, temos que $3^x = 6.561 \Rightarrow$
$\Rightarrow 3^x = 3^8 \Rightarrow x = 8$.

b) $2^{x+1} - 2^{x-1} + 2^{x-3} - 2^{x-4} = 50$.

Colocando-se o termo de menor expoente em evidência(2^{x-4}), temos:

$2^{x+1} - 2^{x-1} + 2^{x-3} - 2^{x-4} = 50 \Rightarrow 2^{x-4} \cdot (2^5 - 2^3 + 2^1 - 1) = 50 \Rightarrow$

$\Rightarrow 2^{x-4} \cdot (32 - 8 + 2 - 1) = 50 \Rightarrow 2^{x-4} \cdot 25 = 50 \Rightarrow 2^{x-4} = 2 \Rightarrow$

$\Rightarrow x - 4 = 1 \Rightarrow x = 5$

2) Simplifique as expressões:

a) $\dfrac{5^{-7} \cdot 5^5}{5^{-8} \cdot 5^{-3}}$ b) $\dfrac{6^8 \cdot 3^2 \cdot 2^{-3}}{8^{-7} \cdot 9^{-3}}$ c) $\dfrac{16 \cdot 28 \cdot 21 \cdot 125 \cdot 45}{8 \cdot 12 \cdot 25 \cdot 35}$

Solução:
a) Utilizando as propriedades das páginas anteriores, temos:

$\dfrac{5^{-7} \cdot 5^5}{5^{-8} \cdot 5^{-3}} = \dfrac{5^{-7+5}}{5^{-8-3}} = \dfrac{5^{-2}}{5^{-11}} = 5^{-2-(-11)} = 5^{-2+11} = 5^9$

b) Fatorando os termos e utilizando as propriedades anteriores, temos:

$$\frac{6^8 \cdot 3^2 \cdot 2^{-3}}{8^{-7} \cdot 9^{-3}} = \frac{(2 \cdot 3)^8 \cdot 3^2 \cdot 2^{-3}}{(2^3)^{-7} \cdot (3^2)^{-3}} = \frac{2^8 \cdot 3^8 \cdot 3^2 \cdot 2^{-3}}{2^{3 \cdot (-7)} \cdot 3^{2 \cdot (-3)}} = \frac{2^8 \cdot 3^8 \cdot 3^2 \cdot 2^{-3}}{2^{-21} \cdot 3^{-6}} =$$

$$= \frac{2^{8-3} \cdot 3^{8+2}}{2^{-21} \cdot 3^{-6}} = \frac{2^5 \cdot 3^{10}}{2^{-21} \cdot 3^{-6}} = 2^{5-(-21)} \cdot 3^{10-(-6)} = 2^{26} \cdot 3^{16}$$

c) Fatorando em fatores primos, temos:

$$\frac{16 \cdot 28 \cdot 21 \cdot 125 \cdot 45}{8 \cdot 12 \cdot 25 \cdot 35} = \frac{2^4 \cdot (2^2 \cdot 7) \cdot (3 \cdot 7) \cdot 5^3 \cdot (3^2 \cdot 5)}{2^3 \cdot (2^2 \cdot 3) \cdot 5^2 \cdot (5 \cdot 7)} = \frac{2^{4+2} \cdot 3^{1+2} \cdot 5^{3+1} \cdot 7^{1+1}}{2^{3+2} \cdot 3 \cdot 5^{2+1} \cdot 7} =$$

$$= \frac{2^6 \cdot 3^3 \cdot 5^4 \cdot 7^2}{2^5 \cdot 3 \cdot 5^3 \cdot 7} = 2^{6-5} \cdot 3^{3-1} \cdot 5^{4-3} \cdot 7^{2-1} = 2 \cdot 3^2 \cdot 5 \cdot 7$$

3.4 Exercícios propostos

1) Simplifique as expressões:

a) $\dfrac{10^{-3} \cdot 10^{-5}}{10^{-4} \cdot 10^{-2}}$

b) $\dfrac{10^4 \cdot 10^{-6}}{10^3 \cdot 10^8}$

c) $\dfrac{8 \cdot 10 \cdot 125 \cdot 1.296}{256 \cdot 25 \cdot 30}$

d) $\dfrac{10^4 \cdot 8^{-2}}{10^{-1} \cdot 2^4}$

e) $\dfrac{3^{\frac{5}{3}} \cdot 3^{\frac{7}{2}}}{3^{\frac{1}{6}}}$

2) Resolva as equações:

a) $7^x = \dfrac{1}{2.401}$

b) $5^{3x-7} = 25$

c) $2^{6x+7} = 128$

d) $3^{x+2} - 3^{x+1} + 3^{x-2} + 3^{x-3} = 1.494$

e) $(5^x)^x = (25^2)^9$

f) $2^{3^{4^x}} = 512$

3.5 Respostas dos exercícios propostos

1) a) 10^{-2} b) 10^{-13} c) $2^{-1} \cdot 3^3 \cdot 5$ d) $(2^{-1} \cdot 5)^5$ e) 3^5

2) a) $x = -4$ b) $x = 2$ c) $x = 0$ d) $x = 5$ e) $x = \pm 6$

f) $x = \dfrac{1}{2}$

3.6 Valor absoluto ou módulo

3.6.1 Definição

- O valor absoluto ou módulo, denotado por $|x|$, é definido por:

$$|x| = \begin{cases} x & \text{se} \quad x \geq 0 \\ -x & \text{se} \quad x < 0 \end{cases}$$

- $|x|$ é sempre nulo ou positivo, isto é, não negativo.

Exemplos:

1) $|7| = 7$
2) $|-7| = -(-7) = 7$
3) $|0| = 0$

3.6.2 Teoremas

- $|x| \geq 0$, ou seja, o valor absoluto de um número é sempre positivo.

Exemplo:

$|5| = 5 \geq 0$ e $|-5| = 5 \geq 0$.

- $|x| = 0 \Leftrightarrow x = 0$, ou seja, o valor absoluto de um número é nulo se, e somente se, esse número for zero.
- $|x|^2 = x^2$, ou seja, o valor absoluto de um número ao quadrado é igual ao quadrado desse número.

Exemplo:

$|9|^2 = 9^2$ e $|-9|^2 = (-9)^2$

- $|-x| = |x|$, ou seja, o valor absoluto de um número é igual ao valor absoluto de seu simétrico.

Exemplo:

$|-2| = 2 = |2|$

- $|x| < a \Leftrightarrow -a < x < a$, onde $a > 0$.

Se o valor absoluto de um número for menor que a quantidade positiva "a", então ele está entre "a" e o simétrico de "a" (−a).

Exemplo:

$|x| < 8$ se, e somente se, $-8 < x < 8$.

- $|x| \leq a \Leftrightarrow -a \leq x \leq a$, onde $a > 0$.

  Se o valor absoluto de um número for menor ou igual à quantidade positiva "a", então ele está entre "a" e o simétrico de "a" (−a), incluindo esses valores.

Exemplo:

$|x| \leq 6$ se, e somente se, $-6 \leq x \leq 6$.

- $|x| > a \Leftrightarrow x > a$ ou $x < -a$, onde $a > 0$.

  Se o valor absoluto de um número for maior que a quantidade positiva "a", então ele é maior que "a" ou menor que o simétrico de "a" (−a).

Exemplo:

$|x| > 4$ se, e somente se, $x > 4$ ou $x < -4$.

- $|x| \geq a \Leftrightarrow x \geq a$ ou $x \leq -a$, onde $a > 0$.

Exemplo:

$|x| \geq 15$ se, e somente se, $x \geq 15$ ou $x \leq -15$.

- $|a \cdot b| = |a| \cdot |b|$, ou seja, o valor absoluto do produto de dois números é igual ao produto dos valores absolutos desses números.

Exemplo:

$|4 \cdot (-2)| = |-8| = 8$ e $|4| \cdot |-2| = 4 \cdot 2 = 8$.

- $\left|\dfrac{a}{b}\right| = \dfrac{|a|}{|b|}$; $b \neq 0$, ou seja, o valor absoluto do quociente de dois números é igual ao quociente dos valores absolutos desses números.

Exemplo:

$$\left|\frac{-7}{10}\right| = \frac{7}{10} = \frac{|-7|}{|10|}.$$

- $-|a| \le a \le |a|$.

Exemplo:

$-|-5| \le -5 \le |-5| \, (-5 \le -5 \le 5)$

$-|7| \le 7 \le |7| \, (-7 \le 7 \le 7)$.

- $|a| = |b| \Leftrightarrow a = \pm b$.

Exemplo:

$|11| = |11| \quad e \quad |11| = |-11|$

- $|a + b| \le |a| + |b|$.

Exemplo:

$|7 + (-20)| = |-13| = 13 \, e \, |7| + |-20| = 7 + 20 = 27$. Daí, $13 \le 27$.

3.6.3 Raiz quadrada

Definição:

Considere a um número real, tal que $a \ge 0$. A *raiz quadrada* de a, indicada por $\sqrt{a}$, é um número real b, $b \ge 0$, tal que $b^2 = a$.

Exemplos:

1) $\sqrt{7^2} = \sqrt{49} = 7$
2) $\sqrt{(-7)^2} = \sqrt{49} = 7$

Propriedades:

1) $\sqrt{a^2} = |a|$

2) Se $a \ge 0$, então $\sqrt{a^2} = \left(\sqrt{a}\right)^2 = a$

3) Se $a, b \ge 0$, então $\sqrt{a} \le \sqrt{b} \Leftrightarrow a \le b$

Observações importantes:

1) Se $x = \sqrt{49}$, então $x = 7$.

2) Se $x^2 = 49$, então $x = \pm\sqrt{49} = \pm 7$.

3) Se $a \geq 0$ e $x^2 \leq a$, então $-\sqrt{a} \leq x \leq \sqrt{a}$.

De fato: $x^2 \leq a \Rightarrow \sqrt{x^2} \leq \sqrt{a} \Rightarrow |x| \leq \sqrt{a} \Rightarrow -\sqrt{a} \leq x \leq \sqrt{a}$.

3.6.4 Exercícios resolvidos

1) Simplifique a expressão $\dfrac{|x-1|}{x-1}$.

Solução:

Pela definição de valor absoluto, $|x-1| = \begin{cases} x-1 & \text{se } x > 1 \\ 1-x & \text{se } x < 1 \end{cases}$.

Se $|x-1| = x-1$, a expressão inicial se torna:

$\dfrac{x-1}{x-1} = 1$, sendo $x-1 \neq 0$ (para não anular o denominador).

Se $|x-1| = 1-x$, a expressão inicial se torna:

$\dfrac{1-x}{x-1} = \dfrac{-(-1+x)}{x-1} = -\dfrac{x-1}{x-1} = -1$, com $x-1 \neq 0$.

Resumindo:

$\dfrac{|x-1|}{x-1} = \begin{cases} \dfrac{x-1}{x-1} ; x > 1 \\ \dfrac{1-x}{x-1} ; x < 1 \end{cases} = \begin{cases} 1 ; x > 1 \\ -1 ; x < 1 \end{cases}$.

2) Resolva as equações:

a) $|5-3x| = 4$ b) $|5x+1| = |3x+17|$ c) $|x| + |x-3| = 5$

Solução:

a) $|5-3x| = 4 \Rightarrow 5-3x = 4$ ou $5-3x = -4 \Rightarrow x = \dfrac{1}{3}$ ou $x = 3$.

b) $|5x+1| = |3x+17| \Rightarrow 5x+1 = 3x+17$ ou $5x+1 = -(3x+17) \Rightarrow$

$\Rightarrow x = 8$ ou $x = -\dfrac{9}{4}$

c) $|x| + |x-3| = 5$

Sabemos que $|x| = \begin{cases} x\,;\, x \geq 0 \\ -x\,;\, x < 0 \end{cases}$ e $|x-3| = \begin{cases} x-3\,;\, x \geq 3 \\ -x+3\,;\, x < 3 \end{cases}$

Então:

$\begin{cases} x < 0 \quad \Rightarrow\; |x|+|x-3|=5 \;\Rightarrow\; -x-x+3=5 \;\Rightarrow\; x=-1 \\ 0 < x < 3 \;\Rightarrow\; |x|+|x-3|=5 \;\Rightarrow\; x-x+3=5 \;\Rightarrow\; 3=5\,(\text{absurdo}) \\ x > 3 \quad \Rightarrow\; |x|+|x-3|=5 \;\Rightarrow\; x+x-3=5 \;\Rightarrow\; x=4 \end{cases}$

Logo, $S = \{-1, 4\}$.

3.6.5 Exercícios propostos

1) De acordo com a definição, calcule:

a) $|4-6|$

b) $|-4+6|$

c) $|-4-6|$

d) $|-2|+|-7|$

e) $|-4-6|+|6|$

f) $|-9|+|4-2|$

g) $13+|-9|-|-2-4|$

h) $|-|-6||$

i) $||-3|-|-11||$

2) Supondo $\pi = 3{,}141592$, determine $|3-\pi|$.

3) Simplifique as expressões:

a) $\dfrac{|x-3|}{x-3}$, sendo $x < 3$

b) $1 + \dfrac{|x-2|}{x-2}$, sendo $x > 2$

c) $\dfrac{|x|}{x} + \dfrac{|x-4|}{x-4}$, sendo $0 < x < 4$

4) Resolva as expressões a seguir:

a) $|x-1|=5$

b) $|2x-1|>9$

c) $|x+5| \leq 3$

d) $|3x-1| \geq 5$

e) $|2x+3| < 3$

5) Determine o conjunto solução das seguintes equações:

a) $|x-5|=8$

b) $|5-x|=4$

c) $|2x-3|=9$

d) $|3x+5|=10$

e) $\left|\dfrac{x-2}{3}\right|=5$

f) $\left|\dfrac{1-x}{4}\right| = 6$

g) $|2x - 3| = |4x + 5|$

h) $|5x - 4| = |3x + 6|$

i) $|2x + 5| = |x - 11|$

j) $|x - 3| + |x + 4| = 7$

k) $|x - 3| + |x - 4| = 1$

l) $||x - 5| - 8| = 6$

3.7 Respostas dos exercícios propostos

1) a) 2
   b) 2
   c) 10
   d) 9
   e) 16
   f) 11
   g) 16
   h) 6
   i) 8

2) 0,141592

3) a) −1
   b) 2
   c) 0

4) a) x = 6 ou x = −4
   b) x > 5 ou x < −4
   c) −8 ≤ x ≤ −2
   d) $x \geq 2$ ou $x \leq \dfrac{4}{3}$
   e) −3 < x < 0

5) a) {−3, 13}
   b) {1, 9}
   c) {−3, 6}
   d) $\left\{-5, \dfrac{5}{3}\right\}$
   e) {−13, 17}
   f) {−23, 25}
   g) $\left\{-4, -\dfrac{1}{3}\right\}$
   h) $\left\{-\dfrac{1}{4}, 5\right\}$
   i) {−16, 2}
   j) [−4, 3]
   k) [3, 4]
   l) {−9, 3, 7, 19}

3.8 Polinômios

3.8.1 Definição

Um polinômio na variável real x é uma expressão composta da soma de produtos de constantes por potências inteiras positivas de x e sempre pode ser escrito na forma:

$$P(x) = a_n x^n + a_{n-1} x^{n-1} + \cdots + a_2 x^2 + a_1 x + a_0,$$

onde $n \in \mathbb{N}$, a_i, $i = 0, 1, \ldots, n$ são números reais chamados *coeficientes* e as parcelas $a_i x^i$, $i = 0, 1, \ldots, n$, *termos* do polinômio. Cada termo é denominado *monômio*.

Exemplos:

a) $P(x) = 5x^4 - 3x^2 + x + 5$

c) $P(x) = -7x + \pi$

b) $P(x) = 2x^7 + \sqrt{3}x^2 - 2$

d) $P(x) = 0$

Contraexemplos:

a) $f(x) = x - 3x^{\frac{1}{2}} + 5$

b) $f(x) = x^{-7} + 2x + 15$

Nos dois casos, temos expoentes que não são números naturais. Logo, essas expressões não representam polinômios.

3.8.2 Valor numérico

Quando é atribuído um valor fixo para x, digamos $x = \alpha$ ($\alpha \in \mathbb{R}$), e calculamos $P(\alpha) = a_n\alpha^n + a_{n-1}\alpha^{n-1} + \cdots + a_2\alpha^2 + a_1\alpha + a_0$, dizemos que $P(\alpha)$ é o valor numérico do polinômio para $x = \alpha$.

Exemplos:

Determinar o valor numérico do polinômio $P(x) = x^3 - 4x^2 + 6x - 4$ para:

a) $x = 1$

Substituindo o valor 1 no lugar da variável x, temos:
$$P(1) = 1^3 - 4(1)^2 + 6(1) - 4 = 1 - 4 + 6 - 4 = -1$$

b) $x = -\dfrac{1}{2}$

Do mesmo modo, substituindo o valor $\left(-\dfrac{1}{2}\right)$ no lugar da variável x, temos:

$$P\left(-\frac{1}{2}\right) = \left(-\frac{1}{2}\right)^3 - 4\left(-\frac{1}{2}\right)^2 + 6\left(-\frac{1}{2}\right) - 4 = -\frac{1}{8} - 4 \cdot \frac{1}{4} + 6 \cdot \left(-\frac{1}{2}\right) - 4 = -\frac{65}{8}$$

c) $x = 0$

$$P(0) = 0^3 - 4(0)^2 + 6(0) - 4 = -4$$

d) $x = 2$

$$P(2) = 2^3 - 4(2)^2 + 6(2) - 4 = 8 - 16 + 12 - 4 = 0$$

Observação: Quando $P(\alpha)=0$, dizemos que α é raiz do polinômio $P(x)$. Assim, no exemplo d anterior, temos que $x = 2$ é raiz do polinômio dado.

3.8.3 Polinômio nulo

Polinômio nulo ou *polinômio identicamente nulo* é aquele em que *todos* os seus coeficientes são iguais a zero $(P(x)=0)$.

Exemplo:

Supondo que o polinômio $P(x)=(a-7)x^3 - 4(2-b)x^2 + 6(c+2)x - 4d$ é identicamente nulo, concluímos que:

$$\begin{cases} a-7=0 \Rightarrow a=7 \\ -4(2-b)=0 \Rightarrow b=2 \\ 6(c+2)=0 \Rightarrow c=-2 \\ -4d=0 \Rightarrow d=0 \end{cases}$$

3.8.4 Grau

Dado $P(x)=a_n x^n + a_{n-1}x^{n-1} + \cdots + a_2 x^2 + a_1 x + a_0$, não identicamente nulo, com $a_n \neq 0$, dizemos que o grau do polinômio corresponde a mais alta potência de x presente nesse polinômio e denotamos por $\mathrm{gr}(P(x)) = n$.

Exemplos:
a) $P(x) = 4x^3 - 2x + 5 \Rightarrow \mathrm{gr}(P(x)) = 3$
b) $P(x) = -2x^8 + 5 \Rightarrow \mathrm{gr}(P(x)) = 8$
c) $P(x) = -7x + 15 \Rightarrow \mathrm{gr}(P(x)) = 1$
d) $P(x) = 5 \Rightarrow \mathrm{gr}(P(x)) = 0$

3.8.5 Igualdade

Dois polinômios $P(x)$ e $Q(x)$ são iguais ou *idênticos*, $P(x) = Q(x)$, quando todos os seus coeficientes são ordenadamente iguais.

Exemplo:

$P(x) = ax^5 + bx^4 + cx^3 + dx^2 + ex + f$ e $Q(x) = 3x^4 - 7x^3 + 2x + 1$ serão iguais ou idênticos se, e somente se, $a = 0$, $b = 3$, $c = -7$, $d = 0$, $e = 2$ e $f = 1$.

3.8.6 Operações

Sejam $P(x)$ e $Q(x)$, tais que $P(x) = a_n x^n + a_{n-1} x^{n-1} + \cdots + a_2 x^2 + a_1 x + a_0$ e $Q(x) = b_n x^n + b_{n-1} x^{n-1} + \cdots + b_2 x^2 + b_1 x + b_0$ e $k \in \mathbb{R}$.

3.8.6.1 Adição de polinômios

$$P(x) + Q(x) = (a_n + b_n) x^n + (a_{n-1} + b_{n-1}) x^{n-1} + \cdots + (a_1 + b_1) x + (a_0 + b_0)$$

Observação: $P(x) + Q(x) = (P + Q)(x)$

Exemplo:

$P(x) = 3x^3 - 2x^2 + 7$ e $Q(x) = 3x^4 - 7x^3 + 2x + 1$.

Somando-se os coeficientes dos termos de mesmo grau, obtemos:
$$P(x) + Q(x) = (0+3) x^4 + (3-7) x^3 + (-2+0) x^2 + (0+2) x + (7+1) =$$
$$= 3x^4 - 4x^3 - 2x^2 + 2x + 8$$

3.8.6.2 Diferença de polinômios

$$P(x) - Q(x) = (a_n - b_n) x^n + (a_{n-1} - b_{n-1}) x^{n-1} + \cdots + (a_1 - b_1) x + (a_0 - b_0)$$

Observação: $P(x) - Q(x) = (P - Q)(x)$

Exemplo:

$P(x) = 3x^3 - 2x^2 + 7$ e $Q(x) = 3x^4 - 7x^3 + 2x + 1$.

Subtraindo-se os coeficientes dos termos de mesmo grau, obtemos:
$$P(x) - Q(x) = (0-3) x^4 + (3+7) x^3 + (-2-0) x^2 + (0-2) x + (7-1) =$$
$$= -3x^4 + 4x^3 - 2x^2 - 2x + 6$$

3.8.6.3 Multiplicação por um número real (ou escalar)

$k \cdot P(x) = (k \cdot a_n) x^n + (k \cdot a_{n-1}) x^{n-1} + \cdots + (k \cdot a_1) x + (k \cdot a_0)$
Observação: $k \cdot P(x) = (k \cdot P)(x)$

Exemplo:

$P(x) = 3x^3 - 2x^2 + 7$ e $k = -4$.

Multiplicando-se os coeficientes dos termos do polinômio pela constante (–4), obtemos:

$$k \cdot P(x) = (-4) \cdot 3x^3 + (-4) \cdot (-2)x^2 + (-4) \cdot 7 = -12x^3 + 8x^2 - 28$$

3.8.6.4 Multiplicação de polinômios

Pode ser feita pela propriedade distributiva pela multiplicação ou por um dispositivo prático (uma espécie de conta).

Observação: $P(x) \cdot Q(x) = (P \cdot Q)(x)$

Exemplo:

$P(x) = 3x^3 - 2x^2 + 7$ e $Q(x) = 3x^4 - 7x^3 + 2x + 1$.

1) Propriedade distributiva:

$$P(x) \cdot Q(x) = (3x^3 - 2x^2 + 7) \cdot (3x^4 - 7x^3 + 2x + 1) =$$
$$= 3x^3 \cdot (3x^4 - 7x^3 + 2x + 1) +$$
$$-2x^2 \cdot (3x^4 - 7x^3 + 2x + 1) +$$
$$+7 \cdot (3x^4 - 7x^3 + 2x + 1) =$$
$$= (9x^7 - 21x^6 + 6x^4 + 3x^3) +$$
$$+(-6x^6 + 14x^5 - 4x^3 - 2x^2) +$$
$$+(21x^4 - 49x^3 + 14x + 7) =$$
$$= 9x^7 - 27x^6 + 14x^5 + 27x^4 - 50x^3 - 2x^2 + 14x + 7$$

2) Dispositivo prático:

$3x^4$	$-7x^3$		$+2x$	$+1$				←	$Q(x)$
$3x^3$	$-2x^2$		$+7$					←	$P(x)$
$9x^7$	$-21x^6$		$+6x^4$	$+3x^3$				←	$3x^3 \cdot Q$
	$-6x^6$	$+14x^5$		$-4x^3$	$-2x^2$			←	$-2x^2 \cdot Q$
			$21x^4$	$-49x^3$		$-14x$	$+7$	←	$7 \cdot Q$
$9x^7$	$-27x^6$	$+14x^5$	$+27x^4$	$-50x^3$	$-2x^2$	$-14x$	$+7$	←	$P \cdot Q$

3.8.6.5 Divisão de polinômios

A divisão de $D(x)$ (dividendo) por $d(x)$ (divisor), não nulo, significa determinar polinômios $q(x)$ (quociente) e $r(x)$ (resto), tais que:

a) $D(x) = d(x) \cdot q(x) + r(x)$.   b) $gr(r(x)) < gr(d(x))$ ou $r(x) = 0$.

Observação: Se $r(x) = 0$, dizemos que $D(x)$ é *divisível* por $d(x)$ ou que a divisão é *exata*.

A divisão pode ser feita por meio de algoritmo simples, que simula a divisão de números inteiros (método da chave):

a) divide-se o termo de mais alto grau do dividendo pelo termo de maior grau do divisor;
b) multiplica-se o quociente pelo divisor e subtrai-se este resultado do dividendo;
c) repete-se o processo até se obter um polinômio de grau menor que o divisor. Este último polinômio será o resto da divisão.

No caso do divisor ser um polinômio de grau 1, também podemos utilizar o dispositivo prático de Briot-Ruffini (veremos no exemplo).

Observação: $\dfrac{D(x)}{d(x)} = \left(\dfrac{D}{d}\right)(x)$

Exemplos:

1) $D(x) = 3x^5 - 6x^4 + 13x^3 - 9x^2 + 11x - 1$ e $d(x) = x^2 - 2x + 3$.

```
D  →    3x⁵  −6x⁴  +13x³  −9x²  +11x  −1  | x²  −2x  +3     ←  d
        −3x⁵  +6x⁴   −9x³                   | 3x³  +4x   −1   ←  q
                     4x³   −9x²  +11x  −1
                    −4x³   +8x²  −12x
                            −x²   −x   −1
                             x²   −2x  +3
   r  →                           −3x  +2
```

a) $(3x^5):(x^2) = 3x^3$
b) $(3x^3)\cdot(x^2 - 2x + 3) = 3x^5 - 6x^4 + 9x^3$
c) $(3x^5 - 6x^4 + 13x^3 - 9x^2 + 11x - 1) - (3x^5 - 6x^4 + 9x^3) =$
   $= 4x^3 - 9x^2 + 11x - 1$
d) Recomeça-se o processo. Visualize-o na chave anterior.
   Assim:

$$3x^5 - 6x^4 + 13x^3 - 9x^2 + 11x - 1 = (x^2 - 2x + 3)\cdot(3x^3 + 4x - 1) + (-3x + 2)$$

2) $D(x) = x^4 - 3x^2 + 5x + 1$ e $d(x) = x - 2$

a) Método da chave:

```
 x⁴    +0x³    −3x²    +5x     +1    | x      −2
−x⁴    +2x³                          | x³    +2x²    +x    + 7
─────────────
       2x³    −3x²    +5x     +1
      −2x³    +4x²
      ─────────────
               x²    +5x     +1
              −x²    +2x
              ─────────────
                     7x     +1
                    −7x    +14
                    ─────────────
                           15
```

$$x^4 - 3x^2 + 5x + 1 = (x-2) \cdot (x^3 + 2x^2 + x + 7) + 15$$

b) Briot-Ruffini:

$$d(x) = x - 2 = 0 \Rightarrow x = 2 \text{ (raiz do divisor)}$$

	coeficientes de D(x)		1	0	−3	5	1
d(x) = 0		2					

O dispositivo é o seguinte:
a) Repete-se o 1º número para a linha de baixo (no caso 1).
b) Multiplica-se a raiz por ele e soma-se ao próximo ($2 \cdot 1 + 0 = 2$).
c) Coloca-se esse resultado abaixo do zero.
d) Multiplica-se a raiz por esse número e soma-se ao próximo
   ($2 \cdot 2 + (-3) = 1$).
e) Coloca-se esse resultado abaixo do (−3).

E assim sucessivamente, até terminarem os coeficientes de $D(x)$.

A tabela, então, fica assim:

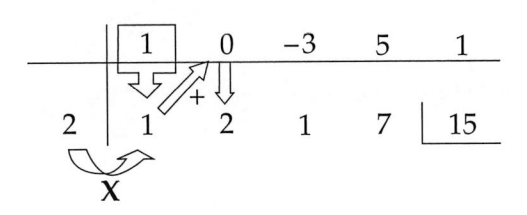

```
       | 1    0    −3    5    1
     2 | 1    2     1    7  | 15
```

O resultado da divisão se encontra no meio da tabela e o número separado (15) é o resto, isto é, $x^4 + 0x^3 - 3x^2 + 5x + 1 = (x-2) \cdot (x^3 + 2x^2 + x + 7) + 15$.

3.8.7 Produtos notáveis e fatoração

3.8.7.1 Produtos notáveis

Os produtos notáveis são multiplicações entre polinômios, muito conhecidas em virtude de seu uso extenso.

Igualdade	Exemplo
$(a+b)^2 = a^2 + 2ab + b^2$	$(x+2)^2 = x^2 + 4x + 4$
$(a-b)^2 = a^2 - 2ab + b^2$	$(3x-2)^2 = 9x^2 - 12x + 4$
$a^2 - b^2 = (a+b) \cdot (a-b)$	$x^2 - 5 = (x + \sqrt{5}) \cdot (x - \sqrt{5})$
$(a+b)^3 = a^3 + 3a^2b + 3ab^2 + b^3$	$(x+1)^3 = x^3 + 3x^2 + 3x + 1$
$(a-b)^3 = a^3 - 3a^2b + 3ab^2 - b^3$	$(3x-1)^3 = 27x^3 - 27x^2 + 9x - 1$
$a^3 + b^3 = (a+b) \cdot (a^2 - ab + b^2)$	$x^3 + 1 = (x+1) \cdot (x^2 - x + 1)$
$a^3 - b^3 = (a-b) \cdot (a^2 + ab + b^2)$	$8x^3 - 27 = (2x-3) \cdot (4x^2 + 6x + 9)$
$(a+b+c)^2 = a^2 + b^2 + c^2 + 2ab + 2ac + 2bc$	$(x^2 + x + 1)^2 = x^4 + x^2 + 1 + 2x^3 + 2x^2 + 2x$
$(x-a) \cdot (x-b) = x^2 - (a+b)x + ab$	$(x-5) \cdot (x-2) = x^2 - 7x + 10$
$(x+a) \cdot (x+b) = x^2 + (a+b)x + ab$	$(x+5) \cdot (x+2) = x^2 + 7x + 10$
$(x+a) \cdot (x-b) = x^2 + (a-b)x - ab$	$(x+5) \cdot (x-2) = x^2 + 3x - 10$ $(x+2) \cdot (x-5) = x^2 - 3x - 10$

3.8.7.2 Completar quadrados

O processo de completar quadrados tem base nas duas primeiras fórmulas de produtos notáveis, ou seja, $(a+b)^2$ e $(a-b)^2$, fazendo-se uma comparação direta entre os termos. É uma operação muito utilizada em polinômios de grau 2.

Exemplos:

Completar os quadrados:

a) $x^2 + 6x$

Podemos comparar essa expressão com $(a+b)^2$, pois o coeficiente do termo de grau 1 é positivo. Assim:

$$(a+b)^2 \;=\; a^2 \;+2ab\; +b^2$$
$$ x^2 \;+6x$$

Comparando, diretamente, temos que $a = x$ e que $2ab = 6x$. Daí, $2b = 6 \Rightarrow b = 3$. Logo, $b^2 = 9$.

$$(a+b)^2 \;=\; a^2 \;+2ab\; +b^2$$
$$(x+3)^2 \;=\; x^2 \;+6x\; +9$$

Assim:

$$x^2 + 6x = x^2 + 6x + 0 = x^2 + 6x + (9-9) = \left(x^2 + 6x + 9\right) - 9 = (x+3)^2 - 9$$

b) $x^2 - x + 2 = \left(x^2 - x\right) + 2$

Para analisarmos este exemplo, vamos, inicialmente, desconsiderar a constante. Podemos comparar essa expressão com $(a-b)^2$, pois o coeficiente do termo de grau 1 é negativo. Assim:

$$(a-b)^2 \;=\; a^2 \;-2ab\; +b^2$$
$$ x^2 \;-x$$

Comparando, diretamente, temos que $a = x$ e que $2ab = x$. Daí, $2b = 1 \Rightarrow b = \dfrac{1}{2}$. Logo, $b^2 = \dfrac{1}{4}$.

$$(a-b)^2 = a^2 - 2ab + b^2$$
$$\left(x - \frac{1}{2}\right)^2 = x^2 - x + \frac{1}{4}$$

Assim:

$$x^2 - x + 2 = \left(x^2 - x\right) + 2 = \left(x^2 - x\right) + 2 + \frac{1}{4} - \frac{1}{4} = \left(x^2 - x + \frac{1}{4}\right) + 2 - \frac{1}{4} = \left(x - \frac{1}{2}\right)^2 + \frac{7}{4}$$

3.8.7.3 Fatoração

Fatorar polinômio significa reescrevê-lo como produto de outros polinômios.

Exemplos:

1) $x^3 - x = x\left(x^2 - 1\right) = x(x+1)(x-1)$

2) $x^4 - 5x^2 = x^2\left(x^2 - 5\right) = x^2\left(x + \sqrt{5}\right)\left(x - \sqrt{5}\right)$

3) $x^4 - 1 = \left(x^2 + 1\right)\left(x^2 - 1\right) = \left(x^2 + 1\right)(x+1)(x-1)$

4) $x^3 + 8 = (x+2)\left(x^2 + 2x + 4\right)$

5) $x^6 - 27 = \left(x^2 - 3\right)\left(x^4 + 3x^2 + 9\right) = \left(x + \sqrt{3}\right)\left(x - \sqrt{3}\right)\left(x^4 + 3x^2 + 9\right)$

3.8.8 Equações polinomiais

Uma *equação* é uma igualdade na qual figura uma incógnita.

Uma *equação polinomial* é uma igualdade de polinômios e pode ser escrita na forma $P(x) = a_n x^n + a_{n-1} x^{n-1} + \cdots + a_2 x^2 + a_1 x + a_0 = 0$.

Chama-se *raiz* da equação todo número que, substituído no lugar de x, torna a sentença verdadeira, isto é, se $P(\alpha) = 0$, então α é raiz da equação e $P(x)$ é divisível por $x - \alpha$.

Chama-se *conjunto solução* o conjunto de todas as raízes da equação.
Resolver uma equação polinomial é determinar o seu conjunto solução.

3.8.8.1 Leis de cancelamento

São propriedades importantes para auxiliar na simplificação e resolução de equações polinomiais.

Adição	$a + b = a + c \Leftrightarrow b = c$
Multiplicação	$a \neq 0 \Rightarrow (a \times b = a \times c \Leftrightarrow b = c)$

Exemplos:

1) $4x + 7 = a + 7 \Leftrightarrow 4x = a$
2) $3a = 3b \Leftrightarrow a = b$

Observação: Tome cuidado ao fazer o cancelamento na multiplicação, para não simplificar por zero:

Exemplo:

$4x = 2x \Leftrightarrow 4 = 2$, o que é *absurdo*!

A forma correta seria: $4x = 2x \Leftrightarrow 4x - 2x = 0 \Leftrightarrow 2x = 0 \Leftrightarrow x = 0$.

Uma consequência muito importante da lei do cancelamento na multiplicação é:

$$a \times b = 0 \Leftrightarrow a = 0 \text{ ou } b = 0$$

Exemplos:

1) $3(x - 5) = 0 \Leftrightarrow x = 5$ já que $3 \neq 0$.

2) $x(x + 3) = 0 \Leftrightarrow x = 0$ ou $x + 3 = 0 \Leftrightarrow x = 0$ ou $x = -3$

3) $(x + 1)(x - 2)(2x + 6) = 0 \Leftrightarrow x = -1$ ou $x = 2$ ou $x = -3$

4) $5(|x| - 1)(|x| + 1) = 0 \Leftrightarrow |x| - 1 = 0 \Leftrightarrow |x| = 1 \Leftrightarrow x = \pm 1$

   (**obs:** $|x| + 1 \geq 1$)

3.8.8.2 Equação do 1º grau

É uma equação da forma $ax + b = 0$, com $a, b \in \mathbb{R}$ e $a \neq 0$.

Nesse caso, a solução é extremamente simples. Como a ≠ 0:

$$\left(ax+b=0 \Leftrightarrow ax=-b \Leftrightarrow x=-\frac{b}{a}\right) \Rightarrow S=\left\{-\frac{b}{a}\right\}$$

Exemplos:

1) $x-5=0 \Leftrightarrow x=5 \quad \therefore S=\{5\}$

2) $3x+18=0 \Leftrightarrow 3x=-18 \Leftrightarrow x=-6 \quad \therefore S=\{-6\}$

3) $5x+6=2x-5 \Leftrightarrow 3x=-11 \Leftrightarrow x=-\frac{11}{3} \quad \therefore S=\left\{-\frac{11}{3}\right\}$

3.8.8.3 Equação do 2º grau

É uma equação da forma $ax^2+bx+c=0$, com $a, b, c \in \mathbb{R}$ e $a \neq 0$.
As soluções dessa equação são as suas raízes.
Observando o Exercício 5 dos Exercícios Resolvidos, temos:

$$ax^2+bx+c=0 \Rightarrow a\left(\left(x+\frac{b}{2a}\right)^2 - \frac{b^2-4ac}{4a^2}\right)=0 \Rightarrow$$

$$\Rightarrow \left(x+\frac{b}{2a}\right)^2 - \frac{b^2-4ac}{4a^2}=0 \Rightarrow \left(x+\frac{b}{2a}\right)^2 = \frac{b^2-4ac}{4a^2} \Rightarrow$$

$$\Rightarrow x+\frac{b}{2a}=\pm\sqrt{\frac{b^2-4ac}{4a^2}} \Rightarrow x=-\frac{b}{2a}\pm\frac{\sqrt{b^2-4ac}}{2|a|} \Rightarrow$$

$$\Rightarrow x=-\frac{b}{2a}\pm\frac{\sqrt{b^2-4ac}}{2a} \Rightarrow x=\frac{-b\pm\sqrt{b^2-4ac}}{2a}=\frac{-b\pm\sqrt{\Delta}}{2a}$$

Daí, as raízes são:

$$x_1=\frac{-b+\sqrt{b^2-4ac}}{2a} \quad e \quad x_2=\frac{-b-\sqrt{b^2-4ac}}{2a}$$

Observações:

1) $\Delta=b^2-4ac$ é chamado *descriminante* da equação $ax^2+bx+c=0$.

2) Se $\Delta=b^2-4ac \geq 0$, então a equação tem duas soluções reais.

3) Se $\Delta = b^2 - 4ac < 0$, então a equação não tem solução real (tem duas soluções complexas conjugadas).

4) Se $\Delta > 0$, então x_1 e x_2 são as duas soluções da equação $ax^2 + bx + c = 0$ e podemos escrever:

$$ax^2 + bx + c = a(x - x_1)(x - x_2) = 0$$

5) Se $\Delta = 0$, então $x_1 = x_2 = -\dfrac{b}{2a}$ são as duas soluções (iguais) da equação $ax^2 + bx + c = 0$ e podemos escrever:

$$ax^2 + bx + c = a(x - x_1)^2 = 0$$

3.8.9 Exercícios resolvidos

1) Determine o valor de r no polinômio $P(x) = x^3 + 4x^2 + rx - 3$, sabendo-se que $x = -2$ é raiz.
   Determine a equação deste polinômio.

Solução:

Substituindo o valor (-2) no lugar da variável x e sabendo-se que a raiz do polinômio anula o mesmo polinômio, tem-se:

$$P(-2) = 0 \Rightarrow (-2)^3 + 4(-2)^2 + r(-2) - 3 = 0 \Rightarrow 5 - 2r = 0 \Rightarrow r = \frac{5}{2}$$

$$\Rightarrow P(x) = x^3 + 4x^2 + \frac{5}{2}x - 3$$

2) Dado o polinômio $P(x) = (m^2 - 1) \cdot x^2 + (m - 1) \cdot x + 7$, discuta, em função de *m*, o seu grau.

Solução:

a) Para o grau ser 2, devemos ter $m^2 - 1 \neq 0$.

$m^2 - 1 \neq 0 \Rightarrow m^2 \neq 1 \Rightarrow \boxed{m \neq \pm 1}$

b) Para o grau ser 1, devemos ter $m^2 - 1 = 0$ *e* $m - 1 \neq 0$.

$m^2 - 1 = 0$ *e* $m - 1 \neq 0 \Rightarrow m = \pm 1$ *e* $m \neq 1 \Rightarrow \boxed{m = -1}$

c) Para o grau ser **0**, devemos ter $m^2 - 1 = 0$ e $m - 1 = 0$.

$m^2 - 1 = 0$ e $m - 1 = 0 \Rightarrow m = \pm 1$ e $m = 1 \Rightarrow \boxed{m = 1}$

3) Dados os polinômios $P(x) = 10x^4 - 3x^2 + 3x + 10$ e $Q(x) = 2x^2 - 5x$, determine o que se pede:

a) $(P+Q)(x)$

b) $(P-Q)(x)$

c) $(-5) \cdot P(x)$

d) $(P \cdot Q)(x)$

e) $\dfrac{P(x)}{2x+6}$

Solução:

a) $\left(10x^4 - 3x^2 + 3x + 10\right) + \left(2x^2 - 5x\right) = 10x^4 - x^2 - 2x + 10$

b) $\left(10x^4 - 3x^2 + 3x + 10\right) - \left(2x^2 - 5x\right) = 10x^4 - 5x^2 + 8x + 10$

c) $(-5) \cdot \left(10x^4 - 3x^2 + 3x + 10\right) = -50x^4 + 15x^2 - 15x - 50$

d) $\left(10x^4 - 3x^2 + 3x + 10\right) \cdot \left(2x^2 - 5x\right)$

	$10x^4$	$-3x^2$	$+3x$	$+10$		
	$2x^2$	$-5x$				
	$20x^6$		$-6x^4$	$+6x^3$	$+20x^2$	
		$-50x^5$		$+15x^3$	$-15x^2$	$-50x$
	$20x^6$	$-50x^5$	$-6x^4$	$+21x^3$	$+5x^2$	$-50x$

e) $\dfrac{P(x)}{2x+6} = \dfrac{10x^4 - 3x^2 + 3x + 10}{2x+6}$

$10x^4$	$+0x^3$	$-3x^2$	$+3x$	$+10$	$2x$	$+6$		
$-10x^4$	$-30x^3$				$5x^3$	$-15x^2$	$\dfrac{+87}{2}x$	-129
	$-30x^3$	$-3x^2$	$+3x$	$+10$				
	$30x^3$	$90x^2$						
		$87x^2$	$+3x$	$+10$				
		$-87x^2$	$-261x$					
			$-258x$	$+10$				
			$258x$	$+774$				
				784				

4) Calcule $\dfrac{8x^4 - 5x^3 + 3x + 9}{x + 6}$, usando Briot-Ruffini:

Solução:

$x + 6 = 0 \Rightarrow x = -6$

	8	-5	0	3	9
-6	8	-53	318	-1.905	11.439

5) Complete o quadrado da expressão $ax^2 + bx + c$, sendo $a \neq 0$.

Solução:

$$ax^2 + bx + c = a\left(x^2 + \frac{b}{a}x + \frac{c}{a}\right)$$

Comparando com $(u+v)^2$, temos que $u = x$ e que $2uv = \dfrac{b}{a}x$, ou seja, $v = \dfrac{b}{2a}$. Assim, $v^2 = \dfrac{b^2}{4a^2}$ e a expressão se transforma em:

$$ax^2 + bx + c = a\left(x^2 + \frac{b}{a}x + \frac{c}{a}\right) = a\left(x^2 + \frac{b}{a}x + \frac{b^2}{4a^2} - \frac{b^2}{4a^2} + \frac{c}{a}\right) =$$

$$= a\left(\left(x + \frac{b}{2a}\right)^2 - \frac{b^2 - 4ac}{4a^2}\right)$$

3.8.10 Exercícios propostos

1) Determine quais expressões são polinômios:

a) $3x^6 + 2x^4 - 4x + 7^{-2}$

b) $x^{\frac{2}{5}} - 5x + 3$

c) $(4x^2 - 1)^{15}$

d) $(a+3)x^4 - (a^2 - 3)x^3 - \sqrt{3}$

e) $3x^{-3} + 2x^{-2} - 7x^{-1} - 5$

f) π

2) Determine o valor de r no polinômio $P(x) = x^3 - rx^2 + 2$, sabendo-se que $x = 1$ é a raiz desse polinômio. Determine a equação do polinômio.

3) Seja o polinômio $P(x) = x^4 - 3x^2 - 5$. Calcule $P(-1) - \dfrac{1}{7}P(3)$.

4) Determine m e n no polinômio $P(x) = mx^3 - 2x^2 + nx - 1$, sabendo-se que 1 é a raiz do polinômio e que $P(-2) = -21$.

5) Determinar o polinômio $P(x) = ax^2 + bx + c$, sabendo-se que $P(0) = 5$, $P(1) = 6$ e $P(-2) = -9$.

6) Determine a, b e c, de modo que $(a+b-1)x^2 + (b-2c)x + (2c-1) = 0$.

7) Dado o polinômio $P(x) = (2a+b-3)x^2 - (a+2b+8)x + 2$, determine a e b, de modo que $P(x)$ tenha grau 1.

8) Determine a, b e c de modo que os polinômios $P(x) = 15x + 3$ e $Q(x) = (a-b)x^2 + (3a+2b)x + (2a-c)$ sejam iguais.

9) Determine a e b de modo que $\begin{vmatrix} x & a \\ 3x-2 & x-b \end{vmatrix} = x^2 - 4$.

10) Determine quais afirmações são verdadeiras:
a) A soma de dois polinômios de grau 5 é sempre um polinômio de grau 5.
b) O produto de dois polinômios de graus 5 e 8, respectivamente, é um polinômio de grau 13.
c) A diferença de dois polinômios de grau 9 pode ser um polinômio de grau 5.

11) Dados os polinômios $P(x) = 8x^5 - 5x^4 + 7x^3 - 3x + 4$ e $Q(x) = 4x^2 - 5$, determine:

a) $(P+Q)(x)$
b) $(P-Q)(x)$
c) $\dfrac{(-2) \cdot P(x)}{Q(x)}$
d) $(P \cdot Q)(x)$
e) $\dfrac{P(x)}{x+2}$

12) Seja o polinômio $P(x) = 2x^2 - 3x + 5$. Determine os seguintes polinômios:

a) $P(x+1)$ c) $P(x^2-2x)$

b) $P(1-x)$

13) Completar os quadrados:
a) x^2-4x d) $x-9x^2$
b) x^2+2x+7 e) x^4-2x^2+2
c) $3+8x-x^2$ f) x^4-3x^2+1

14) Fatorar os seguintes polinômios:
a) $y=6x+x^2$ d) $y=x^7-1$
b) $y=x^2-25$ e) $y=x^6+2x^4+x^2$
c) $y=16x^4-a^4$ f) $y=x^5-6x^3+9x$

15) Utilizando a resolução do exercício anterior, determine onde cada polinômio se anula $(P(x)=0)$.

16) Resolva as equações do 1º grau:
a) $2-x=0$ c) $5-7x=0$
b) $3x+8=0$ d) $3x-7=9-5x$

17) Encontre as raízes reais das equações a seguir:
a) $x^2-2x+1=0$ c) $2x^2-2x+3=0$
b) $-x^2-4x+60=0$ d) $x^2-2x-2=0$

3.9 Respostas dos exercícios propostos

1) a, c, d, f
2) $P(x)=x^3-3x^2+2$
3) -14
4) $m=1$ e $n=2$
5) $P(x)=-2x^2+3x+5$
6) $a=-1, b=2$ e $c=\dfrac{1}{2}$

7) $a = 5$ e $b = -7$

8) $a = b = c = 3$

9) $a = -2$ e $b = 6$

10) b, c

11) a) $(P+Q)(x) = 8x^5 - 5x^4 + 7x^3 + 4x^2 - 3x - 1$

b) $(P-Q)(x) = 8x^5 - 5x^4 + 7x^3 - 4x^2 - 3x + 9$

c) $\dfrac{(-2) \cdot P(x)}{Q(x)} = -4x^3 + \dfrac{5}{2}x^2 - \dfrac{17}{2}x + \dfrac{25}{8}$ resto: $r(x) = -\dfrac{73}{2}x + \dfrac{61}{8}$

d) $(P \cdot Q)(x) = 32x^7 - 20x^6 - 12x^5 + 25x^4 - 47x^3 + 16x^2 + 15x - 20$

e) $\dfrac{P(x)}{x+2} = 8x^4 - 21x^3 + 49x^2 - 98x + 193$ resto: $r(x) = -382$

12) a) $P(x+1) = 2x^2 + x + 4$

b) $P(1-x) = 2x^2 - x$

c) $P(x^2 - 2x) = 2x^4 - 8x^3 + 5x^2 + 6x + 5$

13) a) $(x-2)^2 - 4$

b) $(x+1)^2 + 6$

c) $19 - (x-4)^2$

d) $\dfrac{1}{36} - 9\left(x - \dfrac{1}{18}\right)^2$

e) $(x^2 - 1)^2 + 1$

f) $\left(x^2 - \dfrac{3}{2}\right)^2 - \dfrac{5}{4}$

14) a) $x(x+6)$

b) $(x+5)(x-5)$

c) $(4x^2 + a^2)(2x+a)(2x-a)$

d) $(x-1)(x^6 + x^5 + x^4 + x^3 + x^2 + x + 1)$

e) $x^2(x^2+1)^2$

f) $x(x+\sqrt{3})^2(x-\sqrt{3})^2$

15) a) $x = 0$ ou $x = -6$ d) $x = 1$

b) $x = -5$ ou $x = 5$ e) $x = 0$

c) $x = -\dfrac{a}{2}$ ou $x = \dfrac{a}{2}$ f) $x = 0$ ou $x = -\sqrt{3}$ ou $x = \sqrt{3}$

16) a) $S = \{2\}$ c) $S = \left\{\dfrac{5}{7}\right\}$

b) $S = \left\{-\dfrac{8}{3}\right\}$ d) $S = \{2\}$

17) a) $S = \{1\}$ c) $S = \{\ \}$

b) $S = \{-10, 6\}$ d) $S = \{1-\sqrt{3},\ 1+\sqrt{3}\}$

capítulo 4

Relações

Este capítulo possibilita ao aluno o entendimento e o manuseio das relações e funções. Observemos que o cálculo pode, de maneira simplificada, ser definido como um estudo de funções. Logo, este e alguns dos próximos capítulos são de extrema importância para um estudo de pré-cálculo.

4.1 Par ordenado

Par é todo conjunto formado por dois elementos, isto é, $\{3, 4\}$, $\{-7, \pi\}$ e $\{u,v\}$ são pares. Se lembrarmo-nos do conceito de igualdade de conjuntos, verificaremos que inverter a ordem dos elementos de um par não produz um novo par, ou seja:

$$\{3,4\} = \{4,3\};\ \{-7,\pi\} = \{\pi,-7\};\ \{u,v\} = \{v,u\}.$$

Existem situações em que a ordem dos elementos do par se faz necessária como, por exemplo, na solução de um sistema de equações. Se tivermos o sistema:

$$\begin{cases} 2x + 3y = 4 \\ x - 3y = -7 \end{cases}$$

verificamos, por meio de um cálculo simples, que $x = -1$ e $y = 2$ é a solução, ao passo que $x = 2$ e $y = -1$ não é a solução.

Sendo assim, não podemos representar a solução desse sistema na forma de conjunto, pois teríamos $\{-1,2\} = \{2,-1\}$, o que seria uma contradição, porque o primeiro conjunto seria a solução do sistema e o segundo, não.

Por causa disso, dizemos que a solução é o par ordenado (como o nome já diz, são dois elementos onde a ordem faz a diferença) (−1,2), onde o primeiro elemento refere-se à primeira variável e o segundo elemento corresponde à segunda.

Propriedade: $(a,b) = (c,d) \Leftrightarrow a = c$ e $b = d$.

Exemplos:

Determinar a e b:

a) $(a,b) = (1,3) \Leftrightarrow a = 1$ e $b = 3$

b) $(a+2, 18) = (0, 3b) \Leftrightarrow \begin{cases} a+2 = 0 \Rightarrow a = -2 \\ 3b = 18 \Rightarrow b = 6 \end{cases}$

4.2 Sistema cartesiano ortogonal

É um sistema formado por dois eixos, x e y, perpendiculares entre si.

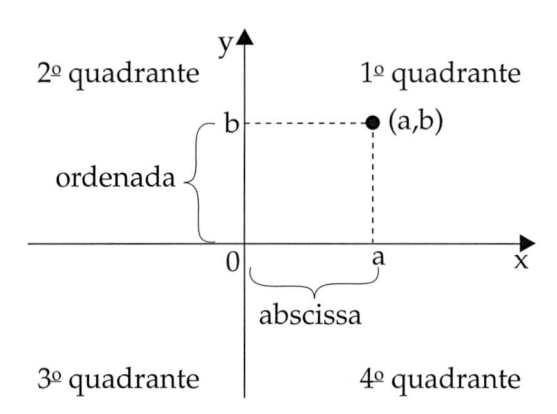

O eixo x é denominado eixo das *abscissas* e o eixo y é o eixo das *ordenadas*. Esses eixos dividem o plano em quatro regiões, chamadas *quadrantes*.

Esse sistema é utilizado para localizar um ponto no plano. Assim, o ponto (a,b), indicado na figura, tem abscissa a e ordenada b.

Um ponto no 1º quadrante tem abscissa e ordenada positivas; um ponto no 2º quadrante possui abscissa negativa e ordenada positiva; um ponto no 3º quadrante contém abscissa negativa e ordenada negativa; e um ponto no 4º quadrante tem abscissa positiva e ordenada negativa.

Exemplo:

Localizar, no plano cartesiano, os pontos $A(3,0)$, $B(0,-2)$, $C(2,2)$, $D(-2,-3)$, $E(1,-1)$, $F(-3,4)$, $G\left(-\dfrac{3}{2},2\right)$, $H\left(2,-\dfrac{3}{2}\right)$.

Solução:

O ponto $A(3,0)$ tem abscissa positiva e ordenada nula. Logo, ele se localiza na parte positiva do eixo x.

O ponto $B(0,-2)$ tem abscissa nula e ordenada negativa. Logo, ele se localiza na parte negativa do eixo y.

O ponto $C(2,2)$ tem abscissa positiva e ordenada também positiva. Logo, ele se localiza no 1º quadrante.

O ponto $D(-2,-3)$ tem abscissa negativa e ordenada também negativa. Logo, ele se localiza no 3º quadrante.

O ponto $E(1,-1)$ tem abscissa positiva e ordenada negativa. Logo, ele se localiza no 4º quadrante.

O ponto $F(-3,4)$ tem abscissa negativa e ordenada positiva. Logo, ele se localiza no 2º quadrante.

O ponto $G\left(-\dfrac{3}{2},2\right)$ tem abscissa negativa e ordenada positiva. Logo, ele se localiza no 2º quadrante.

O ponto $H\left(2,-\dfrac{3}{2}\right)$ tem abscissa positiva e ordenada negativa. Logo, ele se localiza no 4º quadrante.

A figura a seguir ilustra os pontos no eixo cartesiano.

4.3 Produto cartesiano

Definição: Dados dois conjuntos não vazios A e B, denomina-se *produto cartesiano* de A por B o conjunto $A \times B$ (lê-se "A cartesiano B" ou "produto cartesiano de A por B"), cujos elementos são todos os pares ordenados (x, y), onde o primeiro elemento pertence a A e o segundo, a B.

$$A \times B = \{(x,y) \mid x \in A \ e \ y \in B\}.$$

Observação: Se $A = \varnothing$ ou $B = \varnothing$, então $A \times B = \varnothing$.

Exemplos:

1) $A = \{1,2,3\}$ e $B = \{1,4\}$.

   a) $A \times B$.

   Tomando-se o primeiro elemento do par, o elemento do conjunto A, e o segundo do par, o elemento do conjunto B, todas as combinações possíveis são:

   $$A \times B = \{(1,1),(1,4),(2,1),(2,4),(3,1),(3,4)\}$$

   Isso pode ser visualizado no diagrama de Venn e no gráfico ilustrado a seguir.

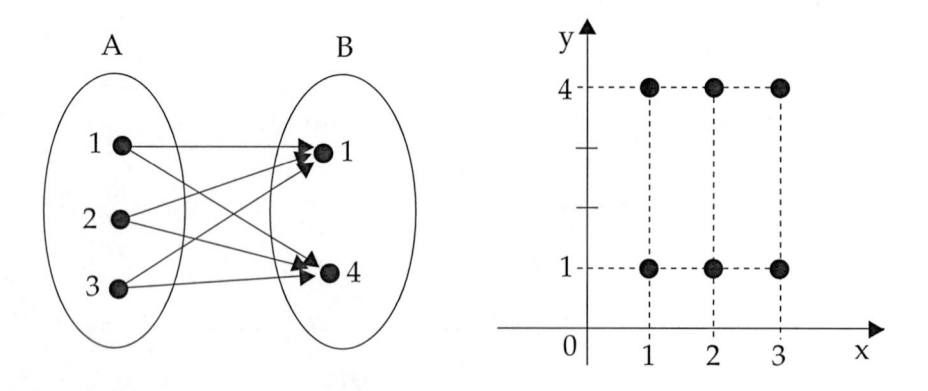

   b) $B \times A = \{(1,1),(1,2),(1,3),(4,1),(4,2),(4,3)\}$

4 Relações

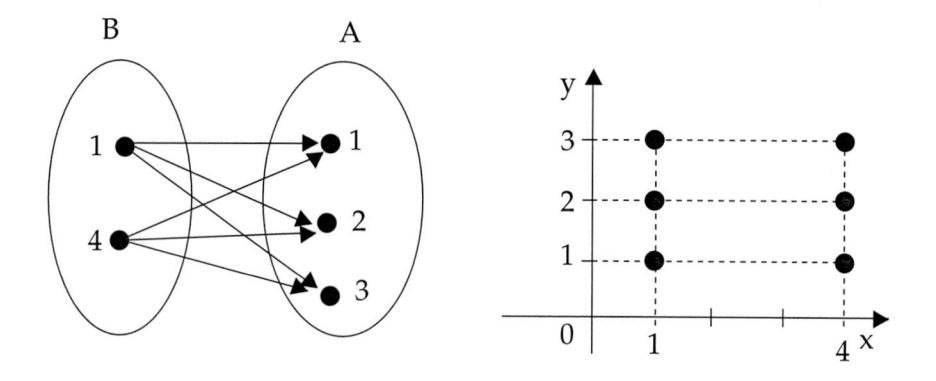

2) $A = [1,3)$ e $B = \{1,4\}$.

Só podemos representar $A \times B$ graficamente, pois tem-se um intervalo de números reais (existindo um número infinito de valores possíveis a serem representados).

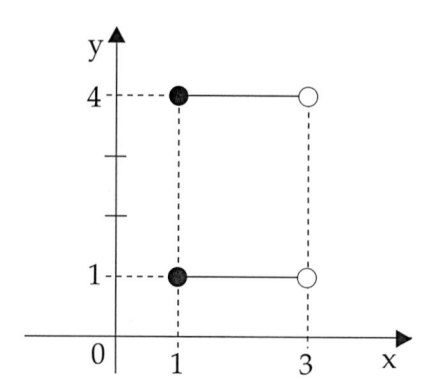

3) $A = [1,3)$ e $B = [1,4]$.

Da mesma forma que o exemplo anterior, só podemos representar $A \times B$ graficamente:

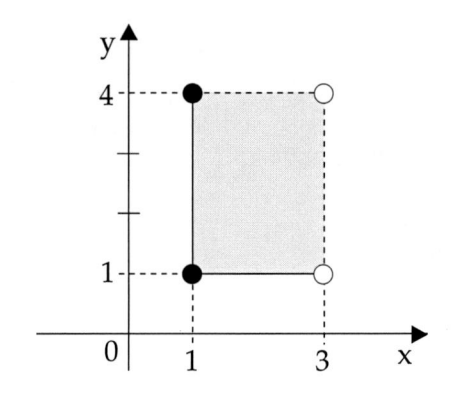

Observações:

1) $A \times A = A^2$.

2) O produto cartesiano não é comutativo, isto é, se $A \neq B$, então $A \times B \neq B \times A$.

3) Se $\#A = n$ e $\#B = m$, então $\#(A \times B) = n \cdot m$.

4.4 Simetria de pontos

Considere o ponto $P(a,b)$ no 1º quadrante. Temos que, o simétrico a P com relação:

1) ao eixo x, é $(a, -b)$;
2) ao eixo y, é $(-a, b)$;
3) à origem, é $(-a, -b)$;
4) à reta bissetriz do 1º e 3º quadrantes, é (b, a).

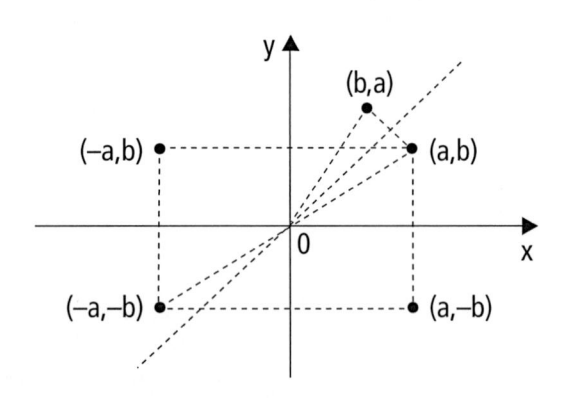

4.5 Distância entre dois pontos

Sejam $P_1(x_1,y_1)$ e $P_2(x_2,y_2)$ dois pontos do plano. Vamos determinar a *distância* entre P_1 e P_2, indicada por $d(P_1,P_2)$, utilizando a figura a seguir:

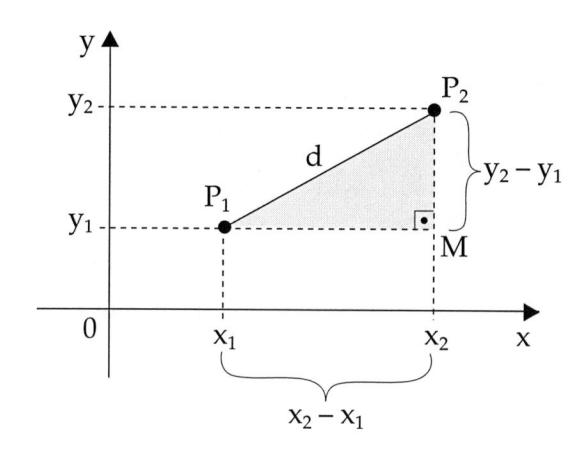

Inicialmente, observemos que:

a) $d(P_1,M) = |x_2 - x_1| = \sqrt{(x_2 - x_1)^2}$

b) $d(M,P_2) = |(y_2 - y_1)| = \sqrt{(y_2 - y_1)^2}$

Daí, e usando o Teorema de Pitágoras no triângulo $P_1 M P_2$, temos:

$$d^2 = d^2(P_1,P_2) = d^2(P_1,M) + d^2(M,P_2) = (x_2 - x_1)^2 + (y_2 - y_1)^2.$$

Logo,

$$\boxed{d(P_1,P_2) = |\overline{P_1P_2}| = \sqrt{(x_2 - x_1)^2 + (y_2 - y_1)^2}}$$

Observações:

1) A distância de um ponto $P(x,y)$, à origem do sistema, é $d(0,P) = \sqrt{x^2 + y^2}$.

2) Os pontos $(x_1,0)$ e $(x_2,0)$ são denominados *projeções ortogonais* dos pontos P_1 e P_2 sobre o eixo x; $(0,y_1)$ e $(0,y_2)$ são chamados *projeções ortogonais* dos pontos P_1 e P_2 sobre o eixo y.

3) As coordenadas do *ponto médio* são dadas pela média aritmética das coordenadas dos pontos extremos do segmento de reta, ou seja,
$x_m = \dfrac{x_1 + x_2}{2}$ e $y_m = \dfrac{y_1 + y_2}{2}$.

4.6 Relação binária

Sejam os conjuntos A = {1, 2, 3, 4} e B = {2, 4, 6, 8}.

O produto cartesiano desses conjuntos é:

A×B = {(1,2), (1,4), (1,6), (1,8), (2,2), (2,4), (2,6), (2,8), (3,2), (3,4), (3,6), (3,8) (4,2), (4,4), (4,6), (4,8)}.

Esse produto pode ser representado pelo diagrama de Venn e, graficamente, como a seguir:

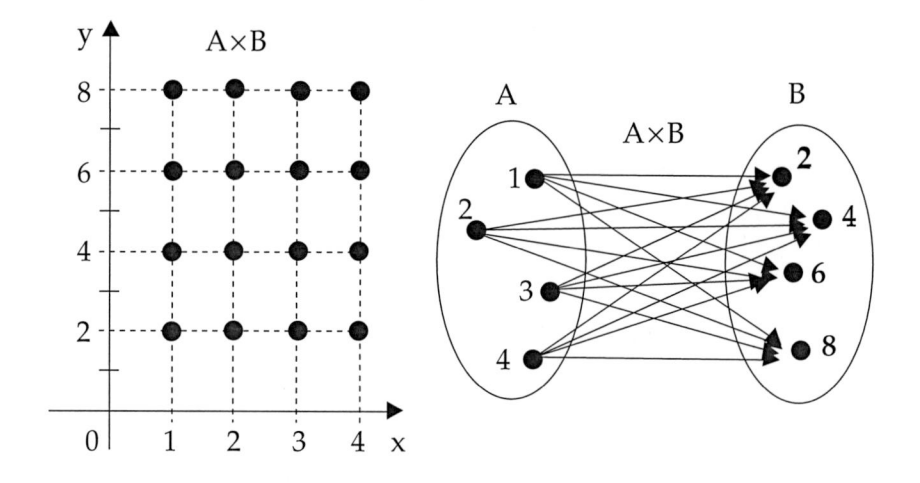

Vamos considerar, agora, alguns subconjuntos desse produto cartesiano:

$R_1 = \{(x,y) \in A \times B \mid y = 2x\}$.

Esse conjunto representa todos os valores y obtidos pelo dobro de x.

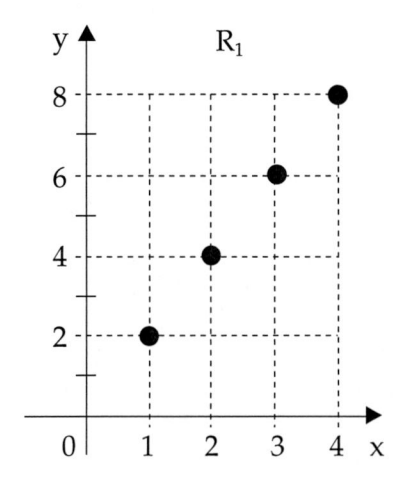

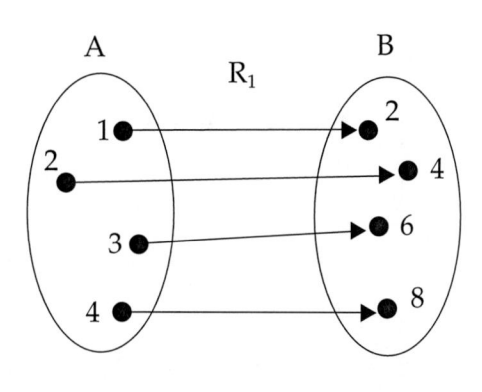

$R_2 = \{(x,y) \in A \times B \mid y = x\}$.

Esse conjunto representa todos os valores de y que são iguais a x.

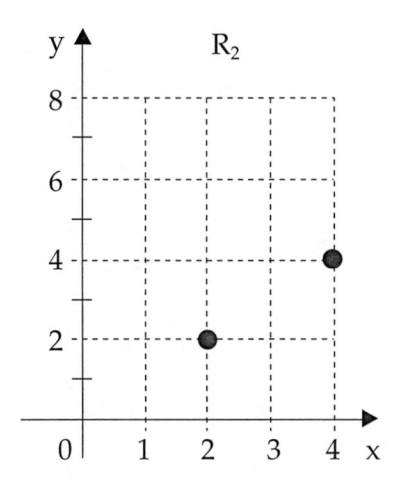

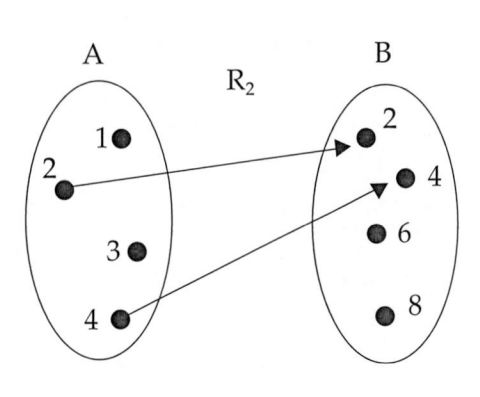

$R_3 = \{(x,y) \in A \times B \mid y = 6\}$.

Esse conjunto representa um único valor para y (que é 6), para qualquer valor de x.

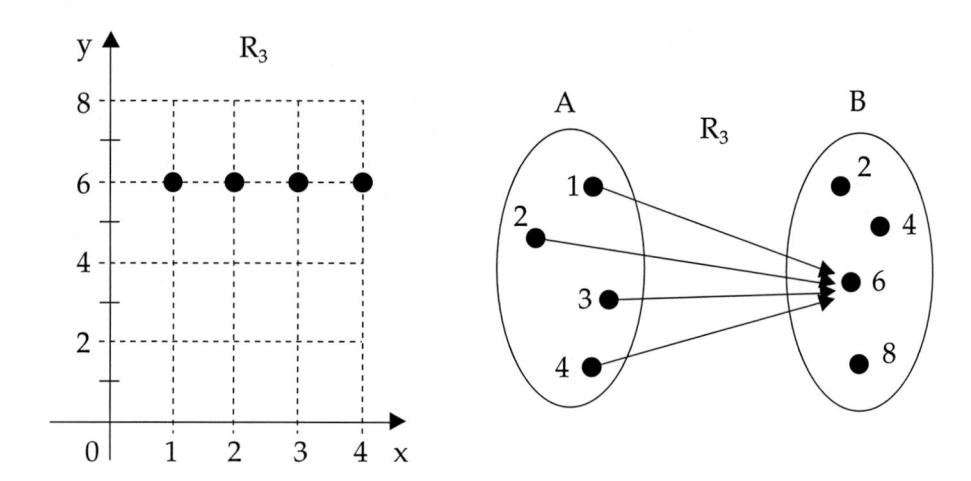

$R_4 = \{(x,y) \in A \times B \mid x = 2\}$.

Esse conjunto representa um único valor para *x* (que é 2), para qualquer valor de *y*.

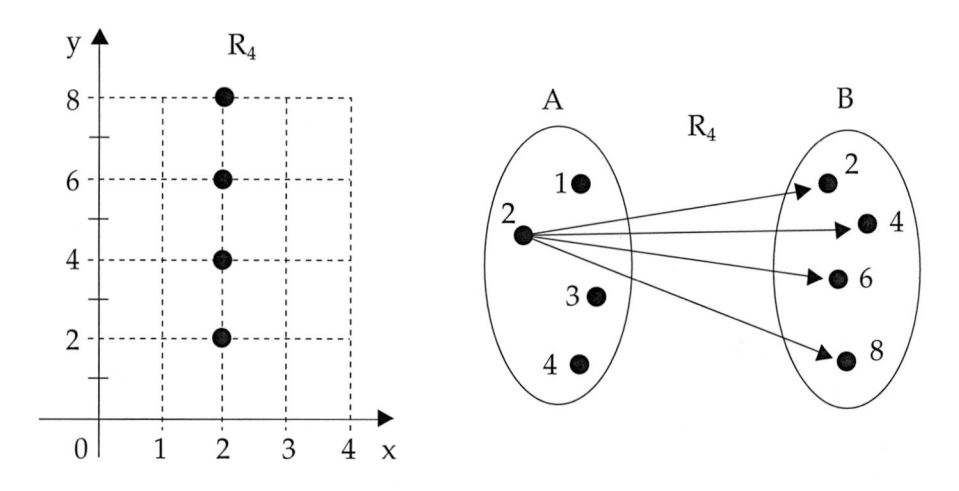

Cada um dos conjuntos R_1, R_2, R_3 e R_4 nos mostra uma relação entre os elementos de A e B. Eles são denominados *relação* ou *relação binária* de A em B.

Definição: R é uma *relação binária* de A em B $\Leftrightarrow R \subset A \times B$.

Os conjuntos R_1, R_2, R_3 e R_4 estão contidos em $A \times B$ e são formados por pares ordenados (x,y) em que o elemento x de A é "associado" ao elemento y de B, mediante certo critério de "relacionamento" ou "correspondência".

Observações:
1) A é o conjunto de partida da relação R.
2) B é o conjunto de chegada ou contradomínio da relação R.
3) Quando o par ordenado (x,y) pertence à relação R, escrevemos xRy, e se o par não pertence à relação, escrevemos $x\not R y$.

4.7 Domínio e imagem

Definição: Seja R uma relação de A em B.

Chama-se *domínio* de R o conjunto D(R) de todos os primeiros elementos dos pares ordenados pertencentes a R, isto é,

$$\boxed{x \in D(R) \Leftrightarrow \exists y \in B \mid (x,y) \in R}$$

Denomina-se *imagem* de R o conjunto Im(R) de todos os segundos elementos dos pares ordenados pertencentes a R, isto é,

$$\boxed{y \in Im(R) \Leftrightarrow \exists x \in A \mid (x,y) \in R}$$

Como consequência da definição anterior, temos que $D(R) \subset A$ e $Im(R) \subset B$.

Exemplo:
Dados os conjuntos $A = \{0,1,2,3\}$ e $B = \{1,2,3,5,6\}$, determinar o domínio e imagem da relação $R = \{(x,y) \in A \times B \mid y = x+1\}$.

Solução:
Como o domínio é o conjunto dos primeiros elementos dos pares ordenados e a imagem é o conjunto dos segundos elementos dos pares ordenados, essa relação pode ser escrita como:

Para o elemento zero (0), tem-se $y = 0 + 1 = 1$; para o elemento 1, tem-se

$y = 1+1 = 2$; para o elemento 2, tem-se $y = 2+1 = 3$; e para o elemento 3, tem-se $y = 3+1 = 4$.

A relação é o conjunto $R = \{(0,1) ; (1,2) ; (2,3) ; (3,4)\}$.

Como o conjunto B não tem o elemento 4, o par ordenado $(3, 4)$ não pode pertencer ao produto cartesiano $A \times B$.

A relação viável é, então, $R = \{(0,1) ; (1,2) ; (2,3)\}$.

Como o primeiro elemento do par ordenado define o domínio e o segundo, a imagem, tem-se que o domínio é formado pelos elementos 0, 1 e 2. A imagem é o conjunto dos elementos 1, 2 e 3.

Veja a figura a seguir:
$D(R) = \{0,1,2\} \subset A$ e $Im(R) = \{1,2,3\} \subset B$.

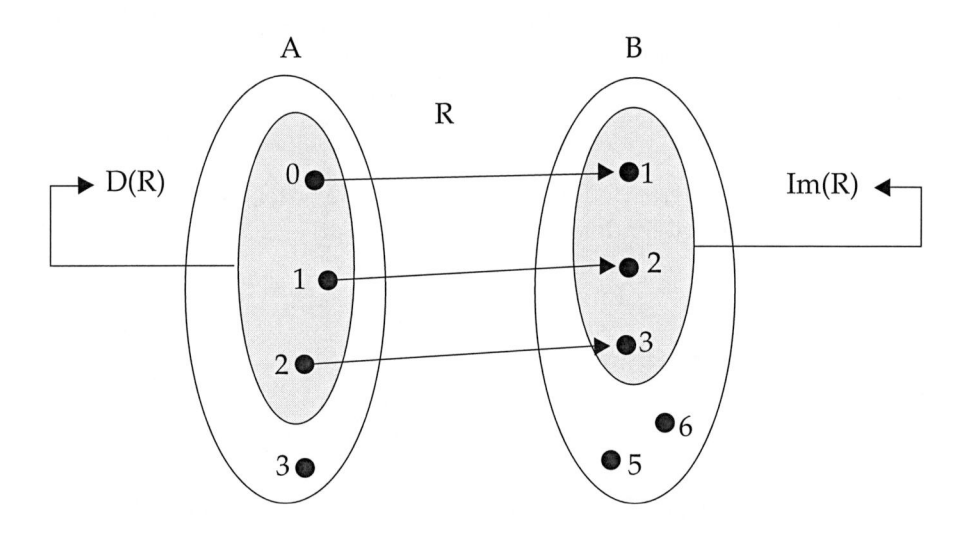

4.8 Relação inversa

Definição: Dada uma relação binária R de A em B, consideremos o conjunto:

$$R^{-1} = \{(y,x) \in B \times A \mid (x,y) \in A \times B\}$$

Como R^{-1} é subconjunto de $B \times A$, temos que é uma relação binária de

B em A. Essa relação será denominada *relação inversa de R.*

Exemplos:

1) $A = \{0,1,2,3\}$, $B = \{1,2,3,5,6\}$ e $R = \{(x,y) \in A \times B \mid y > 2x+1\}$.

   $R = \{(0,2) ; (0,3) ; (0,5) ; (1,5) ; (1,6) ; (2,6)\}$.

   A relação inversa é $\{(2,0) ; (3,0) ; (5,0) ; (5,1) ; (6,1) ; (6,2)\}$, ou seja, os primeiros elementos dos pares ordenados da relação R passam a ser os segundos elementos da relação inversa e os segundos elementos da relação inversa são os primeiros da relação inicial.

   $R = \{(0,2),(0,3),(0,5),(0,6),(1,5),(1,6),(2,6)\}$

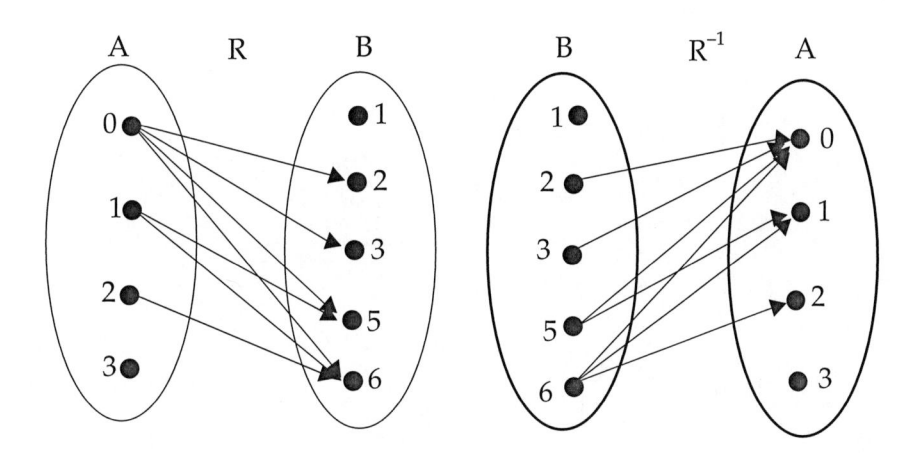

$R^{-1} = \{(2,0),(3,0),(5,0),(5,1),(6,0),(6,1),(6,2)\} = \left\{(y,x) \in B \times A \mid x < \dfrac{y-1}{2}\right\}$

$D(R) = \{0,1,2\}$ e $\operatorname{Im}(R) = \{2,3,5,6\}$

$D(R^{-1}) = \{2,3,5,6\} = \operatorname{Im}(R)$ e $\operatorname{Im}(R^{-1}) = \{0,1,2\} = D(R)$

2) $A = [1,4)$, $B = [2,9]$ e $R = \{(x,y) \in A \times B \mid y \le 2x\}$.

A relação R é o conjunto de pares ordenados cujos primeiros elementos pertencem ao conjunto A, e os segundos elementos são obtidos calculando-se todos os números menores ou iguais ao dobro de todos os primeiros elementos de A.

Por exemplo, para o valor **1** do conjunto A, tem-se y = 2×1 = 2. O primeiro ponto da relação R é o ponto (1, 2) e o último, o ponto (4, 8).

A relação inversa terá como primeiro ponto o par (2, 1) e o último (8, 4).

Pode-se observar que a relação inversa é obtida por pares do tipo $\left(x\,;\,y=\dfrac{x}{2}\right)$.

Isso pode ser visualizado no gráfico a seguir.
$D(R) = A$ e $Im(R) = [2,8]$

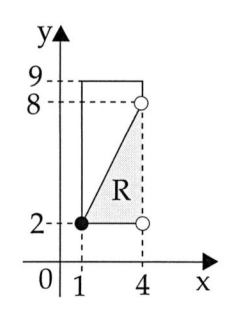

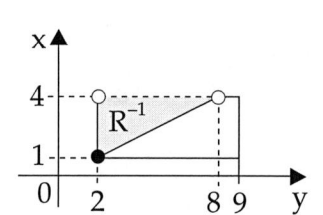

$R^{-1} = \left\{ (y, x) \in B \times A \,\middle|\, x \geq \dfrac{y}{2} \right\}$

$D(R^{-1}) = [2,8)$ e $Im(R^{-1}) = A$

Propriedades:

1) $D(R^{-1}) = Im(R)$

2) $Im(R^{-1}) = D(R)$

3) $(R^{-1})^{-1} = R$

4.9 Exercícios resolvidos

1) Calcular a distância entre os pontos $A(-2,-1)$ e $B(6,7)$. Quais as coordenadas do ponto médio do segmento que liga esses dois pontos?

Solução:

A distância é dada por:

$$d(A,B) = \sqrt{(6-(-2))^2 + (7-(-1))^2} = \sqrt{64+81} = \sqrt{145}.$$

O ponto médio é:

$$P_m(x_m, y_m) = P_m\left(\frac{6+(-2)}{2}, \frac{7+(-1)}{2}\right) = P_m(2,3)$$

2) Dados os pontos $A(6,0)$, $B(6,3)$ e $C(2,3)$:
a) Calcular o perímetro do triângulo ABC.
b) Verificar se esse triângulo é retângulo e calcular sua área.

Solução:

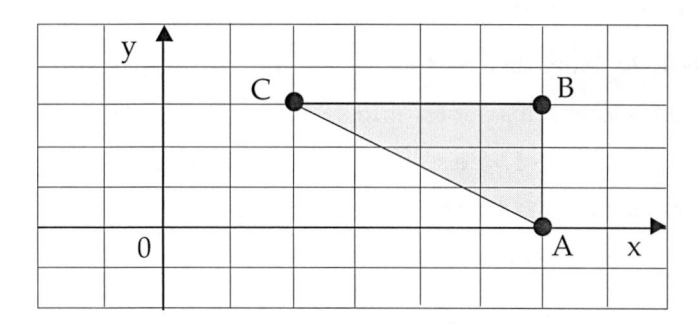

a) O perímetro do triângulo é a soma de seus lados. Obtendo-se as distâncias entre os seus vértices e somando-se, tem-se o perímetro:

$$d(A,B) = \sqrt{(6-6)^2 + (3-0)^2} = 3; \quad d(B,C) = \sqrt{(2-6)^2 + (3-3)^2} = 4;$$

$$d(A,C) = \sqrt{(2-6)^2 + (3-0)^2} = 5$$

$$2p = d(A,B) + d(B,C) + d(A,C) = 3+4+5 = 12$$

b) Usando o Teorema de Pitágoras, verificamos que ABC é um triângulo retângulo, pois $d^2(A,C) = d^2(B,C) + d^2(A,B)$, isto é, $5^2 = 4^2 + 3^2$.

A área de um triângulo retângulo é igual à metade do produto das medidas de seus catetos. Daí, $S = \dfrac{4 \cdot 3}{2} = 6$ unidades de área.

(Os triângulos retângulos de lados 3, 4 e 5 são chamados *triângulos pitagóricos*.)

3) Sejam $A = [1,3)$ e $B = [1,2]$. Represente graficamente $A \times B$ e as relações $R_1 = \{(x,y) \in A \times B \mid y = x\}$ e $R_2 = \{(x,y) \in A \times B \mid y = x - 1\}$.

Solução:

$A \times B$ é formado por todos os elementos (x,y), tais que $x \in [1,3)$ e $y \in [1,2]$.

A relação R_1 é formada por todos os elementos dentro do retângulo definido por $A \times B$, onde os valores de x são iguais aos valores de y. Por exemplo, se $x = 1$, $y = 1$; se $x = 1{,}4$, $y = 1{,}4$; e assim sucessivamente até o ponto $x = 2$, $y = 2$ (é um segmento de reta que passa pelos pontos $(1,1)$ e $(2,2)$).

A relação R_2 é obtida a partir do retângulo definido por $A \times B$, onde os valores de y são obtidos subtraindo-se 1 dos valores de x. Por exemplo, se $x = 2$, tem-se $y = 2 - 1 = 1$ e se $x = 3$, $y = 3 - 1 = 2$ (é um segmento de reta que passa pelos pontos $(2, 1)$ e não chega ao ponto $(3, 2)$).

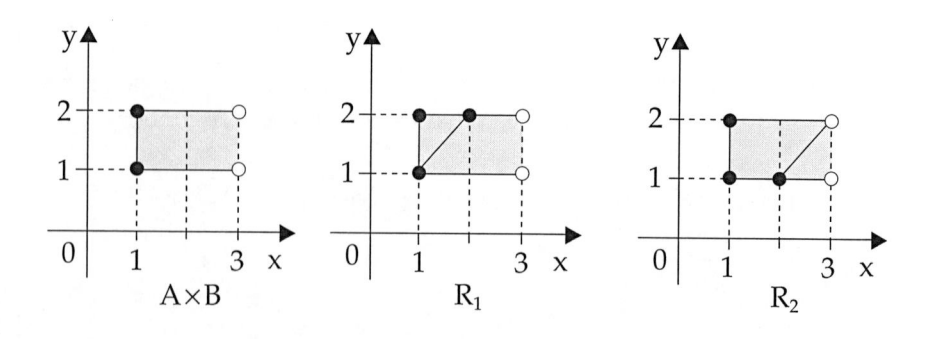

4) Sejam os conjuntos $A = \{1, 2, 3, 4\}$ e $B = \{2, 4, 6, 8\}$. Determinar o domínio e imagem das seguintes relações (veja no item Relação binária):

a) $R_1 = \{(x, y) \in A \times B \mid y = 2x\}$
c) $R_3 = \{(x, y) \in A \times B \mid y = 6\}$
b) $R_2 = \{(x, y) \in A \times B \mid y = x\}$
d) $R_4 = \{(x, y) \in A \times B \mid x = 2\}$

Solução:

a) A relação R_1 é o conjunto $\{(1, 2), (2, 4), (3, 6), (4, 8)\}$. O domínio dessa relação são os primeiros elementos dos pares, ou seja, 1, 2, 3, 4. A imagem da relação são os segundos elementos dos pares, ou seja, 2, 4, 6, 8. Logo:

$D(R_1) = A$ e $Im(R_1) = B$.

b) A relação R_2 é o conjunto $\{(2, 2), (4, 4)\}$. Logo:

$D(R_2) = \{2, 4\}$ e $Im(R_2) = \{2, 4\}$.

c) A relação R_3 é o conjunto $\{(1, 6), (2, 6), (3, 6), (4, 6)\}$. Logo:
$D(R_3) = A$ e $Im(R_3) = \{6\}$.

d) A relação R_4 é o conjunto $\{(2, 2), (2, 4), (2, 6), (2, 8)\}$. Logo:
$D(R_4) = \{2\}$ e $Im(R_4) = B$.

5) No exercício 3, resolvido anteriormente, determine o domínio e a imagem das relações R_1 e R_2.

Solução:

Os domínios das relações podem ser obtidos pelos valores viáveis no eixo x e a imagem, pelos valores viáveis no eixo y.

$D(R_1) = [1, 2]$ e $Im(R_1) = [1, 2]$

$D(R_2) = [2, 3)$ e $Im(R_2) = [1, 2)$

4.10 Exercícios propostos

1) Determinar a e b, de modo que os pares ordenados a seguir sejam iguais:

a) $(2a-2, b+3)$ e $(3a+5, 2b-7)$.

b) $(2a, a-8)$ e $(1-3b, b)$.

c) $(a^2+a, 2b)$ e $(6, b^2)$.

d) $(b^2, |a|)$ e $(4, 3)$.

2) Dados os pares ordenados $(3, 2)$, $(0, 4)$, $(-1, 6)$, $(2, 0)$ e $\left(-\dfrac{1}{2}, -5\right)$, determinar quais deles pertencem ao conjunto S dos pares (x, y), tais que $y = 2x - 4$.

3) Sabendo-se que $x \in \{0, 1, 2, 3\}$ e $y \in \{0, 1, 2\}$, determinar:

a) O conjunto S_1 dos pares (x, y), tais que $y + x = 1$.

b) O conjunto S_2 dos pares (x, y), tais que $2y - x = 0$.

c) $S_1 \cap S_2$.

4) Determinar as coordenadas de cada ponto, na figura a seguir:

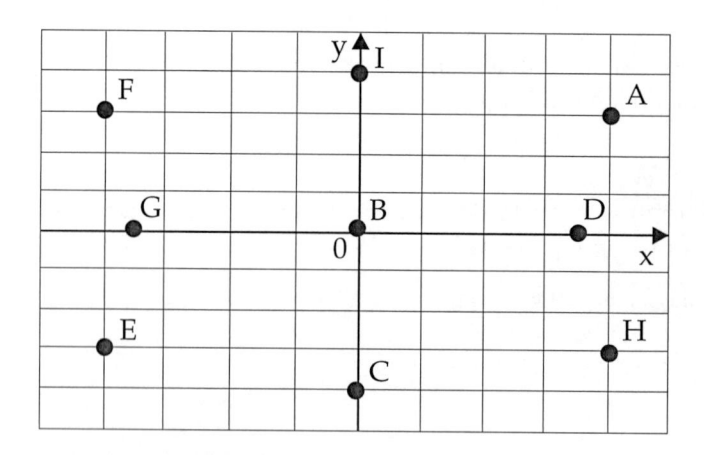

5) Determinar se as sentenças são verdadeiras (V) ou falsas (F):

a) $(1, 5) = \{1, 5\}$
b) $\{7, -10\} = \{-10, 7\}$
c) $(7, -10) = (-10, 7)$
d) $(-5, 4) \in 3º$ quadrante
e) $4 \in \{(0, 1), (1, 4), (4, 4)\}$
f) $(5, -4) \in 3º$ quadrante
g) $(1, 4) \in \{(0, 1), (1, 4), (4, 4)\}$
h) $(-5, -4) \in 3º$ quadrante
i) $(0, 5) \in$ eixo x
j) $\{(0, 1), (1, 4)\} = \{(1, 4), (0, 1)\}$

6) Determinar o valor de a, de modo que:
a) $(5a - 3, -4a + 2)$ pertença ao 1º quadrante.
b) $(a + \sqrt{3}, -2a - 4)$ pertença ao 4º quadrante.

7) Dados os conjuntos $A = \{1, 3, 5\}$, $B = \{-2, 1\}$ e $C = \{-1, 0, 1\}$, representar, pelos elementos, os seguintes produtos:

a) $A \times B$
b) $B \times A$
c) $A \times C$
d) $C \times A$
e) B^2
f) C^2

8) Dados os conjuntos $A = [1, 3]$, $B = [-3, 1)$ e $C = (-2, 1]$, representar graficamente os produtos:

a) $A \times B$
b) $B \times A$
c) $A \times C$
d) $C \times B$
e) B^2

9) Sabendo-se que $\{(0, 2), (2, 1)\} \subset A^2$ e que $\#(A^2) = 9$, represente, pelos elementos, o conjunto A^2.

10) Considerando-se $A \subset B$, $\{(2, 3), (0, 1), (1, 0)\} \subset A \times B$ e $\#(A \times B) = 12$, represente $A \times B$ pelos seus elementos.

11) Calcular as distâncias entre os pontos:
a) $A(2, -1)$ e $B(-1, 2)$

b) $A(2,3)$ e $B(-3,-4)$

12) Determinar as coordenadas do ponto médio do segmento que liga os pontos:

a) $A(2,-1)$ e $B(-1,2)$

b) $A(2,3)$ e $B(-3,-4)$

13) Dados os pontos $A(3,8)$, $B(7,5)$ e $C(-1,5)$, provar que o triângulo ABC é isósceles.

14) Determinar a, de modo que a distância de $(a,-1)$ e $(1,2)$ seja cinco unidades.

15) Determinar a, de forma que o ponto $(5,a)$ seja equidistante (a mesma distância) dos pontos $(2,1)$ e $(1,2)$.

16) Dados os conjuntos $A = \{-4, -3, -2, -1, -0, 1, 2, 3, 4\}$ e $B = \{0, 2, 4, 6, 8\}$, determinar as seguintes relações de A em B:

a) $R_1 = \{(x,y) \in A \times B \mid y = 2x\}$

b) $R_2 = \{(x,y) \in A \times B \mid y = 2x + 1\}$

c) $R_3 = \{(x,y) \in A \times B \mid y = x^2\}$

d) $R_4 = \{(x,y) \in A \times B \mid y = |x|\}$

17) Seja $A = \left\{0, \dfrac{1}{3}, \dfrac{1}{2}, 1, 2, 3\right\}$. Determine:

a) $R_1 = \{(x,y) \in A^2 \mid y = x^{-1}\}$

b) $R_2 = \left\{(x,y) \in A^2 \,\middle|\, y = x - \dfrac{1}{2}\right\}$

18) Dados os conjuntos $A = \{2, 3, 4, 5, 6\}$ e $B = \{3, 4, 5, 6, 7\}$, determine as seguintes relações:

a) $R_1 = \{(x,y) \in A \times B \mid x + y < 9\}$

b) $R_2 = \{(x,y) \in A \times B \mid x \cdot y = 12\}$

c) $R_3 = \{(x,y) \in A \times B \mid x^2 + y^2 \leq 20\}$

19) Dados $A = [1,9]$, $B = (2,8]$ e a relação $R = \{(x,y) \in A \times B \mid y = 2x - 6\}$, representar, no mesmo plano cartesiano, $A \times B$ e R.

20) Determinar o domínio e a imagem das relações binárias definidas a seguir, sendo os conjuntos:
$A = \{-3, -2, -1, 0, 1, 2\}$ e $B = \{-4, -3, -2, -1, 0, 1, 2, 3, 4\}$:

a) $R_1 = \{(x,y) \in A \times B \mid x + y = 3\}$

b) $R_2 = \{(x,y) \in A \times B \mid y = x^2 - 1\}$

c) $R_3 = \{(x,y) \in A \times B \mid x^2 = y^2\}$

d) $R_4 = \{(x,y) \in A \times B \mid x + y > 4\}$

e) $R_5 = \{(x,y) \in A \times B \mid (x-y)^2 = 1\}$

21) Determine o domínio e a imagem da relação R, definida no exercício proposto 19.

22) Determine o domínio e a imagem das relações inversas das relações binárias, definidas no exercício proposto 20.

23) O mesmo para o exercício proposto 21.

4.11 Respostas dos exercícios propostos

1) a) $a = -7$ e $b = 10$
   b) $a = 5$ e $b = -3$
   c) $a = -3$ ou $a = 2$ e $b = 0$ ou $b = 2$
   d) $a = \pm 3$ e $b = \pm 2$

2) $(3, 2)$, $(2, 0)$ e $\left(-\dfrac{1}{2}, -5\right)$.

3) a) $\{(0,1);(1,0)\}$ b) $\{(0,0);(2,1)\}$ c) $\{\ \}$

4) $A(4,3)$, $B(0,0)$, $C(0,-4)$, $D\left(\dfrac{7}{2},0\right)$, $E(-4,-3)$, $F(-4,3)$, $G\left(-\dfrac{7}{2},0\right)$, $H(4,-3)$, $I(0,4)$

5) F, V, F, F, F, F, V, V, F, V

6) a) $\dfrac{3}{5}<a<\dfrac{3}{4}$ b) $a>-\sqrt{3}$

7) a) $A\times B=\{(1,-2),(1,1),(3,-2),(3,1),(5,-2),(5,1)\}$

b) $B\times A=\{(-2,1),(-2,3),(-2,5),(1,1),(1,3),(1,5)\}$

c) $A\times C=\{(1,-1),(1,0),(1,1),(3,-1),(3,0),(3,1),(5,-1),(5,0),(5,1)\}$

d) $C\times A=\{(-1,1),(-1,3),(-1,5),(0,1),(0,3),(0,5),(1,1),(1,3),(1,5)\}$

e) $B^2=\{(-2,-2),(-2,1),(1,-2),(1,1)\}$

f) $C^2=\{(-1,-1),(-1,0),(-1,1),(0,-1),(0,0),(0,1),(1,-1),(1,0),(1,1)\}$

8) a) A × B 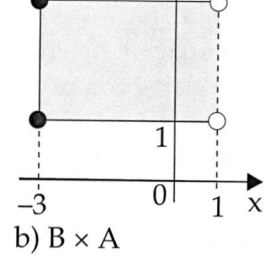 b) B × A 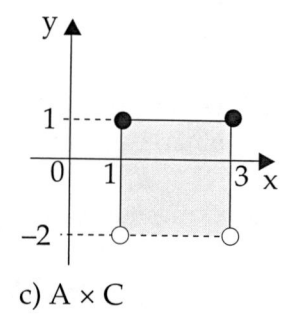 c) A × C

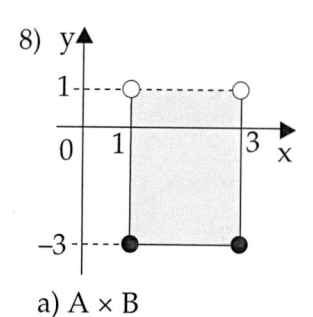

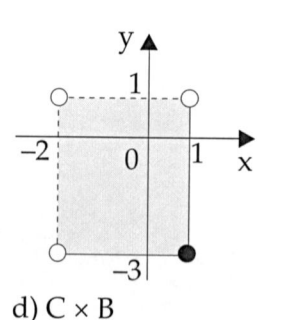

d) C × B 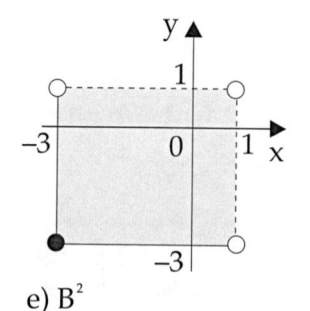 e) B^2

9) $A^2 = \{(0,0),(0,1),(0,2),(1,0),(1,1),(1,2),(2,0),(2,1),(2,2)\}$

10) $A \times B = \{(0,0),(0,1),(0,2),(0,3),(1,0),(1,1),(1,2),(1,3),(2,0),(2,1),(2,2),(2,3)\}$

11) a) $3\sqrt{2}$ b) $\sqrt{74}$

12) a) $\left(\dfrac{1}{2}, \dfrac{1}{2}\right)$ b) $\left(-\dfrac{1}{2}, -\dfrac{1}{2}\right)$

14) $a = -3$ ou $a = 5$

15) $a = 5$

16) a) $R_1 = \{(0,0),(1,2),(2,4),(3,6),(4,8)\}$

    b) $R_2 = \{\ \}$

    c) $R_3 = \{(-2,4),(0,0),(2,4)\}$

    d) $R_4 = \{(-4,4),(-2,2),(0,0),(2,2),(4,4)\}$

17) a) $R_1 = \left\{\left(\dfrac{1}{3}, 3\right), \left(\dfrac{1}{2}, 2\right), (1,1), \left(2, \dfrac{1}{2}\right), \left(3, \dfrac{1}{3}\right)\right\}$

    b) $R_2 = \left\{\left(\dfrac{1}{2}, 0\right), \left(1, \dfrac{1}{2}\right)\right\}$

18) a) $R_1 = \{(2,3),(2,4),(2,5),(2,6),(3,3),(3,4),(3,5),(4,3),(4,4),(5,3)\}$

    b) $R_2 = \{(2,6),(3,4),(4,3)\}$

    c) $R_3 = \{(2,3),(2,4),(3,3)\}$

19)

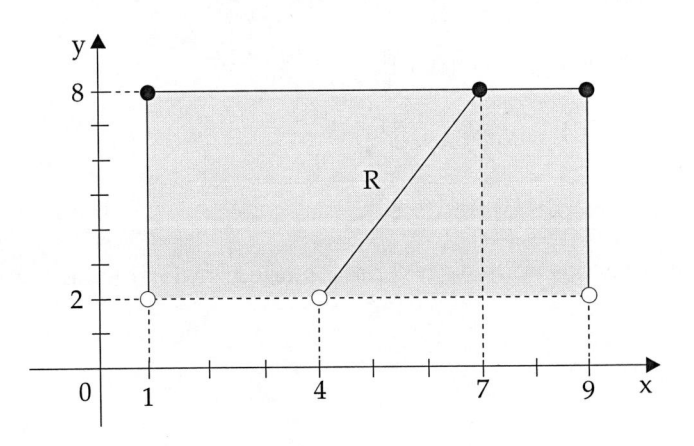

20) a) $D(R_1) = \{-1, 0, 1, 2\}$ e $Im(R_1) = \{1, 2, 3, 4\}$
   b) $D(R_2) = \{-2, -1, 0, 1, 2\}$ e $Im(R_2) = \{-1, 0, 3\}$
   c) $D(R_3) = A$ e $Im(R_3) = \{-3, -2, -1, 0, 1, 2, 3\}$
   d) $D(R_4) = \{1, 2\}$ e $Im(R_4) = \{3, 4\}$
   e) $D(R_5) = A$ e $Im(R_5) = \{-4, -3, -2, -1, 0, 1, 2, 3\}$

21) $D(R) = (4, 7]$ e $Im(R) = B$

22) a) $D(R_1^{-1}) = \{1, 2, 3, 4\}$ e $Im(R_1^{-1}) = \{-1, 0, 1, 2\}$
   b) $D(R_2^{-1}) = \{-1, 0, 3\}$ e $Im(R_2^{-1}) = \{-2, -1, 0, 1, 2\}$
   c) $D(R_3^{-1}) = \{-3, -2, -1, 0, 1, 2, 3\}$ e $Im(R_3^{-1}) = A$
   d) $D(R_4^{-1}) = \{3, 4\}$ e $Im(R_4^{-1}) = \{1, 2\}$
   e) $D(R_5^{-1}) = \{-4, -3, -2, -1, 0, 1, 2, 3\}$ e $Im(R_5^{-1}) = A$

23) $D(R^{-1}) = B$ e $Im(R^{-1}) = (4, 7]$

4.12 Funções

Sejam os conjuntos $A = \{a, b, c, d\}$ e $B = \{e, f, g, h, i\}$ e as relações binárias R_1, R_2, R_3, R_4 e R_5, representadas pelos conjuntos a seguir:

$R_1 = \{(a, g); (b, h), (c, i)\}$;

$R_2 = \{(a, f); (b, e), (b, g), (c, h), (d, i)\}$;

$R_3 = \{(a, f); (b, e), (c, i), (d, g)\}$;

$R_4 = \{(a, i); (b, h), (c, g), (d, f)\}$;

$R_5 = \{(a, g); (b, g), (c, g), (d, g)\}$.

Essas relações podem ser representadas, graficamente, como:

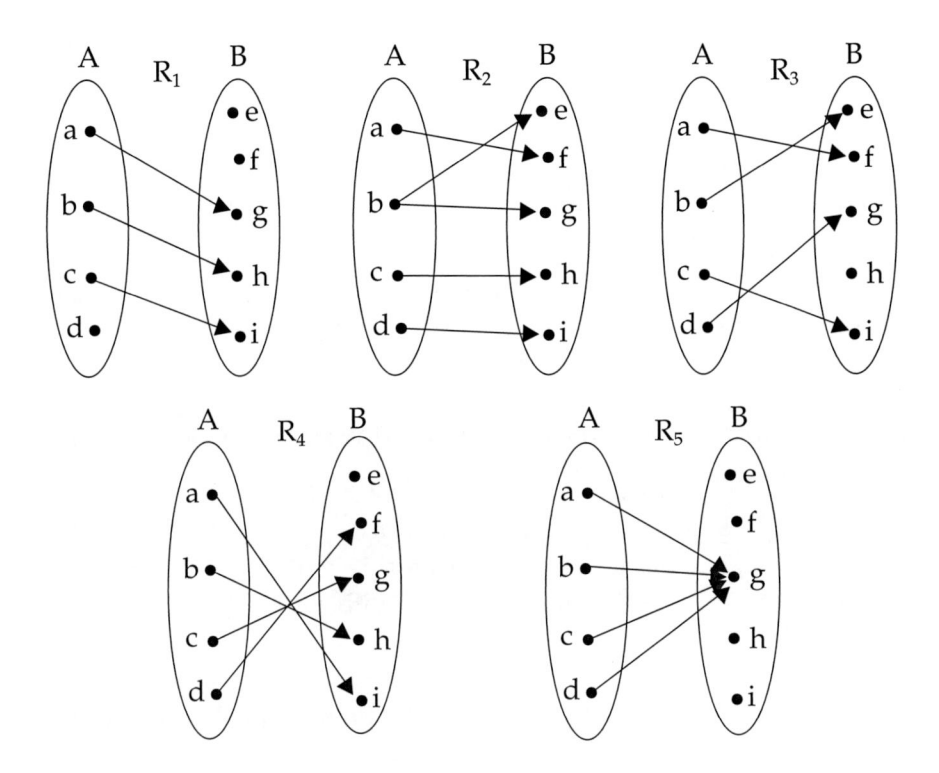

Analisemos cada uma das relações:
a) O domínio da relação é $D(R_1) = \{a, b, c\} \neq A$ e a imagem é o conjunto $Im(R_1) = \{g, h, i\}$.

O domínio dessa relação é diferente de A, pois o conjunto A possui o elemento d e a relação R_1 tem origem nos elementos a,b e c.
Observa-se, nesse caso, que nem todos os elementos dos conjuntos A (elemento d) e B (elementos e e f) são usados.
$\forall x \in D(R_1), \exists! y \in B$, tal que $(x,y) \in R_1$.

($\exists!$ significa "existe um único")

b) O domínio da relação é $D(R_2) = \{a, b, c, d\} = A$ e a imagem é o conjunto $Im(R_2) = \{e, f, g, h, i\} = B$.

O domínio dessa relação é igual a A, pois todos os elementos de A são originários da relação R_2.
Observa-se, nesse caso, que todos os elementos dos conjuntos A e B são usados. O elemento b do conjunto A tem duas imagens (e e g).

$\forall x \in D(R_2)$, $\exists y \in B$, tal que $(x,y) \in R_2$, mas não é imagem única, pois $(b,e) \in R_2$ e $(b,g) \in R_2$.

c) O domínio da relação é $D(R_3) = \{a, b, c, d\} = A$ e a imagem é o conjunto $\text{Im}(R_3) = \{e, f, g, i\}$.
O domínio da relação R_3 é igual a A.
Observa-se, nesse caso, que os elementos do conjunto A são todos usados e o elemento h, do conjunto B, não é utilizado.
$\forall x \in D(R_3)$, $\exists! y \in B$, tal que $(x,y) \in R_3$.

d) O domínio da relação é $D(R_4) = \{a, b, c, d\} = A$ e a imagem é o conjunto $\text{Im}(R_4) = \{f, g, h, i\}$.
O domínio da relação R_4 é igual a A.
Observa-se, nesse caso, que os elementos do conjunto A são todos usados e o elemento e do conjunto B não é utilizado.
$\forall x \in D(R_4)$, $\exists! y \in B$, tal que $(x,y) \in R_4$.

e) O domínio da relação é $D(R_5) = \{a, b, c, d\} = A$ e a imagem é o conjunto $\text{Im}(R_5) = \{g\}$.
O domínio da relação R_5 é igual a A.
Observa-se, nesse caso, que os elementos do conjunto A são todos usados e somente o elemento g do conjunto B é utilizado.
$\forall x \in D(R_5)$, $\exists! y \in B$, tal que $(x,y) \in R_5$.

As relações R_3, R_4 e R_5 apresentam a particularidade de, para todo elemento de A, associar um único elemento de B. Essas relações recebem o nome de *aplicação de A em B* ou *função definida em A com imagens em B* ou, simplesmente, *função de A em B*.

4.12.1 Definição

Dados dois conjuntos A, B $\subset \mathbb{R}$, não vazios, uma relação f de A em B recebe o nome de *aplicação de A em B* ou *função definida em A com imagens em B* ou, simplesmente, *função de A em B* se, e somente se, para todo elemento x de A existir um único elemento y em B, tal que $(x, y) \in f$.

$$\boxed{f \text{ é função de A em B} \Leftrightarrow \forall x \in A, \exists! y \in B, \text{ tal que } (x, y) \in f}$$

4.12.2 Notação

Como toda função é uma relação binária de A em B, existe, geralmente, uma sentença aberta $y = f(x)$ que expressa a lei de correspondência entre os elementos dos dois conjuntos.

Para indicarmos uma função f, definida em A com imagens em B, segundo a lei de correspondência $y = f(x)$, usaremos a notação:

$$f : A \subset \mathbb{R} \to B \subset \mathbb{R}$$
$$x \mapsto f(x) = y$$

Por motivo de simplificação, muitas vezes usaremos somente a lei de correspondência, $y = f(x)$, para indicar a função, ficando claro que $x \in A \subset \mathbb{R}$ e $y \in B \subset \mathbb{R}$, sendo f uma função de A em B.

Exemplos:

1) $f : A \subset \mathbb{R} \to B \subset \mathbb{R}$
   $x \mapsto f(x) = y = 7x$

2) $f : A \subset \mathbb{R} \to B \subset \mathbb{R}$
   $x \mapsto f(x) = y = \dfrac{1}{2x+4}$

3) $f : A \subset \mathbb{R} \to B \subset \mathbb{R}$
   $x \mapsto f(x) = y = x^3 - 1$

4) $f : A \subset \mathbb{R} \to B \subset \mathbb{R}$
   $x \mapsto f(x) = y = \sqrt{x-8}$

Observações:
1) x é denominada *variável independente* da função (varia sem depender de nenhuma outra variável).
2) y é chamada *variável dependente* da função (como $y = f(x)$, temos que y depende da variação da variável x).

4.12.3 Domínio e imagem

Seja $f : A \subset \mathbb{R} \to B \subset \mathbb{R}$ uma função.
$x \mapsto f(x) = y$

Definimos $D(f) = A$ como o *domínio*, $CD(f) = B$, *o contradomínio* e $Im(f) \subset CD(f) = B$, o conjunto imagem da função f.

Como a função é uma relação, esse conceito é uma extensão do anterior.

Pré-cálculo

Para determinarmos o domínio (leia "o maior domínio") de uma função, estaremos procurando qual o maior conjunto possível $A \subset \mathbb{R}$ que satisfaça a lei de correspondência definida (lembremo-nos de que, para termos uma função, *todos* os elementos do conjunto A têm de estar associados a um elemento em B).

Exemplos:

Seja $f : \underset{x}{A \subset \mathbb{R}} \rightarrow \underset{f(x)=y}{B \subset \mathbb{R}}$ uma função. Vamos determinar o (maior) domínio das seguintes leis de correspondência:

a) $f(x) = y = 7x$.

Nesse caso, não existe nenhum valor de $x \in \mathbb{R}$ que não possa ser multiplicado por 7. Logo, qualquer $x \in \mathbb{R}$ terá um valor $y \in \mathbb{R}$ associado a ele. Daí, $D(f) = A = \mathbb{R}$.

b) $f(x) = y = \dfrac{1}{2x+4}$.

Como a divisão por zero é impossível, $2x + 4 \neq 0$.

Temos, então, que $x \neq -2$.
Logo, $D(f) = A = \mathbb{R} - \{-2\}$.

c) $f(x) = y = x^3 - 1$.

Da mesma forma que no exemplo da letra (a), não existe nenhuma restrição para x.
Então, $D(f) = A = \mathbb{R}$.

d) $f(x) = y = \sqrt{x-8}$.

Sabemos que só existe raiz de índice par (no caso 2) de números positivos ou iguais a zero.

$x - 8 \geq 0 \Rightarrow x \geq 8$.
Daí, $D(f) = A = [8, +\infty)$.

Observação: Uma função f com valores em $\mathbb{R}$ só está bem definida quando sabemos seu (maior) domínio e sua lei de correspondência.

4.12.4 Funções iguais

Duas funções $f : \underset{x}{A \subset \mathbb{R}} \to \underset{f(x)=y_1}{B \subset \mathbb{R}}$ e $g : \underset{x}{C \subset \mathbb{R}} \to \underset{g(x)=y_2}{D \subset \mathbb{R}}$ são iguais se, e somente se, $A = C$, $B = D$ e $f(x) = g(x)$, $\forall x \in A$.

Exemplos:

1) $f : \underset{x}{\mathbb{R}} \to \underset{f(x)=|x|}{\mathbb{R}}$ e $g : \underset{x}{\mathbb{R}} \to \underset{g(x)=\sqrt{x^2}}{\mathbb{R}}$ são iguais, pois $|x| = \sqrt{x^2}$ $\forall x \in \mathbb{R}$.

2) $f : \underset{x}{\mathbb{R}_+} \to \underset{f(x)=|x|}{\mathbb{R}}$ e $g : \underset{x}{\mathbb{R}_+} \to \underset{g(x)=x}{\mathbb{R}}$ são iguais, pois $|x| = x$ para valores de $x \in \mathbb{R}_+$.

3) $f : \underset{x}{\mathbb{R}} \to \underset{f(x)=|x|}{\mathbb{R}}$ e $g : \underset{x}{\mathbb{R}} \to \underset{g(x)=x}{\mathbb{R}}$ são diferentes para valores de x negativos. Por exemplo, se $x = -5$, $f(-5) = |-5| = 5$ e $g(-5) = -5$.

4.12.5 Gráfico de uma função

Dada a função $f : \underset{x}{A \subset \mathbb{R}} \to \underset{f(x)=y}{B \subset \mathbb{R}}$, construir seu gráfico é representar, no sistema cartesiano ortogonal (ou plano xy), o conjunto de pontos $\{(x, y) \mid x \in A \text{ } e \text{ } y = f(x)\}$.

Faremos, agora, alguns exemplos apenas como ilustração. A partir do próximo capítulo, estudaremos as funções de maneira mais aprofundada.

Exemplos:

Construir os gráficos das funções:

1) $f : \underset{x}{A \subset \mathbb{R}} \to \underset{f(x)=y=\frac{x}{2}}{B \subset \mathbb{R}}$

O gráfico dessa função é uma reta, onde $D(f) = \mathbb{R}$ e $\text{Im}(f) = \mathbb{R}$.

Na tabela a seguir, assume-se os valores para a variável x, na primeira coluna; na segunda coluna, calcula-se o valor da função $f(x) = y = \frac{x}{2}$; e na terceira coluna, tem-se o ponto correspondente a ser colocado no gráfico.

x	$y = \dfrac{x}{2}$	(x,y)
−4	−2	(−4,−2)
−2	−1	(−2,−1)
0	0	(0,0)
2	1	(2,1)
4	2	(4,2)

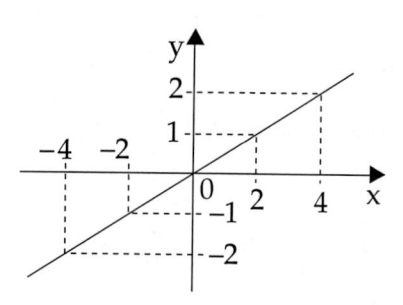

2) $f : \underset{x}{A \subset \mathbb{R}} \underset{\mapsto}{\to} \underset{f(x)=y=\frac{x^2}{2}}{B \subset \mathbb{R}}$

O gráfico dessa função é uma curva chamada parábola, onde $D(f) = \mathbb{R}$ e $\text{Im}(f) = \mathbb{R}_+$.

x	$y = \dfrac{x^2}{2}$	(x,y)
−2	2	(−2,2)
−1	$\dfrac{1}{2}$	$(-1,\dfrac{1}{2})$
0	0	(0,0)
1	$\dfrac{1}{2}$	$(1,\dfrac{1}{2})$
2	2	(2,2)

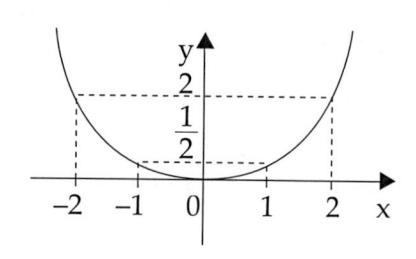

3) $f : \underset{x}{A \subset \mathbb{R}} \underset{\mapsto}{\to} \underset{f(x)=y}{B \subset \mathbb{R}}$, onde $f(x) = \begin{cases} -2 & \text{se} \quad x \leq -1 \\ 1 & \text{se} \quad -1 < x \leq 1 \\ 2 & \text{se} \quad x > 1 \end{cases}$

O gráfico dessa função é um conjunto de retas, ou seja, para valores de $x \leq -1$, o valor da função é −2; para valores de x entre −1 e 1, o valor da função é 1; e para valores de $x > 1$, o valor da função é 2, podendo ser visualizado no gráfico a seguir, onde $D(f) = \mathbb{R}$ e $\text{Im}(f) = \{-2, 1, 2\}$.

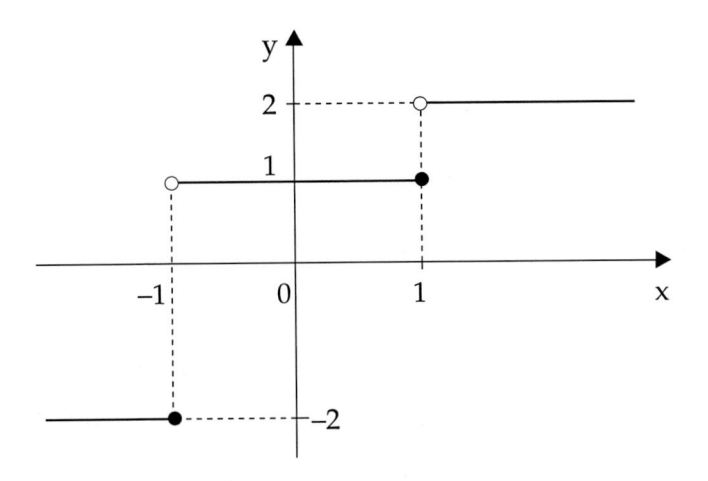

4.12.6 Exercícios resolvidos

1) Determinar se cada um dos esquemas das relações a seguir define ou não uma função de A em B, justificando sua resposta:

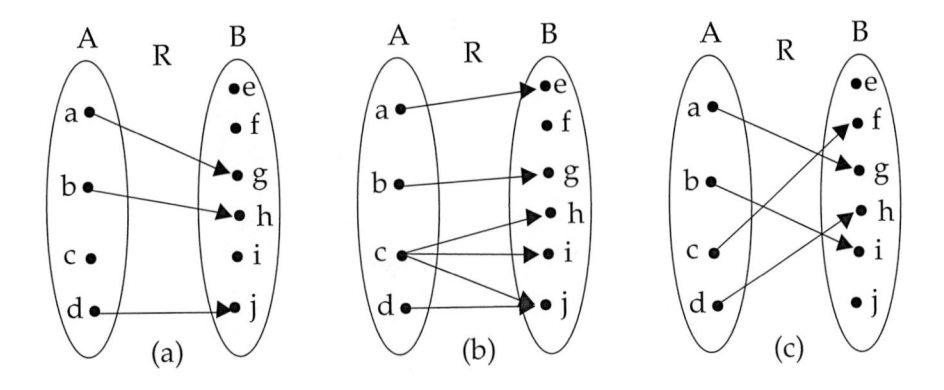

Solução:

a) Não é função, pois c∈ A não está associado a nenhum elemento do conjunto B, isto é, $D(R) = \{a, b, d\} \neq A$.
b) Não é função, pois c∈ A está associado a três elementos do conjunto B.
c) É função, pois todo elemento de A está associado a um único elemento em B.

2) Determinar as relações de $\mathbb{R}$ em $\mathbb{R}$, cujos gráficos aparecem a seguir, que são funções:

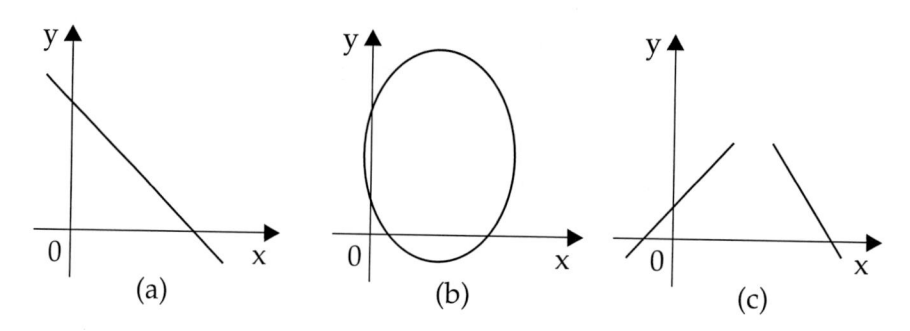

(a) (b) (c)

Solução:

a) É função, pois todo elemento de x está associado a um único elemento em y.
b) Não é função, pois existem vários valores de x com mais de um y associado a eles.
c) A relação tem um "buraco". Isso significa que $D(R) \neq A = \mathbb{R}$.

3) Sabendo que o diagrama a seguir representa uma função de A em B, pede-se:

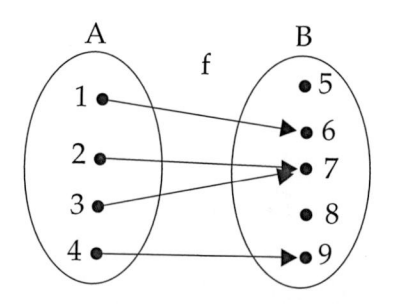

a) $f(1), f(2), f(3)$ e $f(4)$.   b) $D(f), CD(f)$ e $Im(f)$.

Solução:

a) $f(1) = 6$, que é o valor da função para o elemento 1. O elemento $f(2) = 7$, $f(3) = 7$ e $f(4) = 9$.

b) $D(f) = A = \{1, 2, 3, 4\}$, $CD(f) = B = \{5, 6, 7, 8, 9\}$ e $Im(f) = \{6, 7, 9\}$.

4) Dada a função f : $A \subset \mathbb{R} \to B \subset \mathbb{R}$, determine:
   $\quad\quad\quad\quad\quad\quad\quad x \mapsto f(x)=y=5x-8$

a) $D(f)$

b) $f(0), f(-2), f\left(\dfrac{3}{5}\right)$ e $f\left(-\dfrac{4}{7}\right)$.

Solução:

a) $D(f) = \mathbb{R}$, pois $A \subset \mathbb{R}$.

b) O valor da função nos pontos desejados é obtido a partir da expressão da função. Como a expressão da função é $f(x) = 5x - 8$, temos:

$$\begin{cases} f(0) = 5 \cdot 0 - 8 = -8 \\ f(-2) = 5 \cdot (-2) - 8 = -18 \\ f\left(\dfrac{3}{5}\right) = 5 \cdot \left(\dfrac{3}{5}\right) - 8 = 3 - 8 = -5 \\ f\left(-\dfrac{4}{7}\right) = 5 \cdot \left(-\dfrac{4}{7}\right) - 8 = -\dfrac{20}{7} - 8 = \dfrac{-20-56}{7} = -\dfrac{76}{7} \end{cases}$$

5) Dada a função f : $A \subset \mathbb{R} \to B \subset \mathbb{R}$, determine os valores de x
   $\quad\quad\quad\quad\quad\quad\quad x \mapsto f(x)=y=3x-7$
   para que:

a) $f(x) = 0$ \quad\quad\quad\quad b) $f(x) = -\dfrac{3}{4}$

Solução:

a) $f(x) = 0$ significa que se deseja calcular o(s) valor(es) de x que anula(m) a função. Logo, $3x - 7 = 0 \Rightarrow x = \dfrac{7}{3}$.

b) $f(x) = -\dfrac{3}{4}$ significa que se deseja calcular o(s) valor(es) de x que faz(em) a função ser igual a $-\dfrac{3}{4}$. Logo, $\Rightarrow 3x - 7 = -\dfrac{3}{4} \Rightarrow x = \dfrac{25}{12}$.

6) Determinar o domínio das seguintes funções f : $A \subset \mathbb{R} \to B \subset \mathbb{R}$:
   $\quad\quad\quad\quad\quad\quad\quad\quad\quad\quad\quad\quad\quad\quad\quad x \mapsto f(x)=y$

a) $f(x) = 5x^4 + 4x^2 + 2x - 1$

b) $f(x) = \dfrac{3}{x^3}$

c) $f(x) = \sqrt{x-2}$

d) $f(x) = \dfrac{2}{\sqrt{4-x}}$

e) $f(x) = \dfrac{\sqrt{x-2}}{\sqrt{4-x}}$

Solução:

a) $D(f) = \mathbb{R}$, pois A é um subconjunto de $\mathbb{R}$.

b) $x \neq 0 \Rightarrow D(f) = \mathbb{R}^*$, pois não se pode ter denominador nulo.

c) $x - 2 \geq 0$, pois a raiz quadrada é um número positivo. Daí, $x \geq 2 \Rightarrow D(f) = [2, +\infty)$.

d) $4 - x > 0 \Rightarrow x < 4 \Rightarrow D(f) = (-\infty, 4)$.

e) $x - 2 \geq 0 \, e \, 4 - x > 0 \Rightarrow x \geq 2 \, e \, x < 4 \Rightarrow 2 \leq x < 4 \Rightarrow D(f) = [2, 4)$.

4.12.7 Exercícios propostos

1) Determinar se cada um dos esquemas das relações a seguir define ou não uma função de A em B, justificando sua resposta.

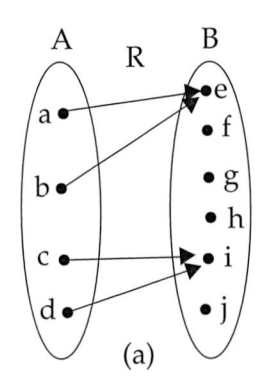

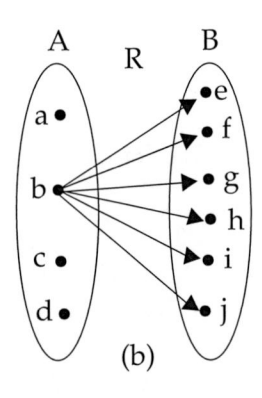

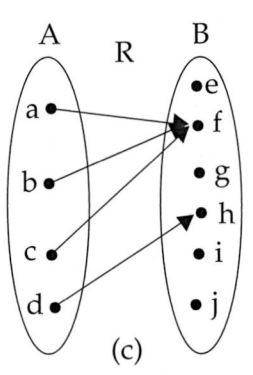

2) Determinar as relações de $\mathbb{R}$ em $\mathbb{R}$, cujos gráficos aparecem a seguir, que são funções:

(a) (b) (c)

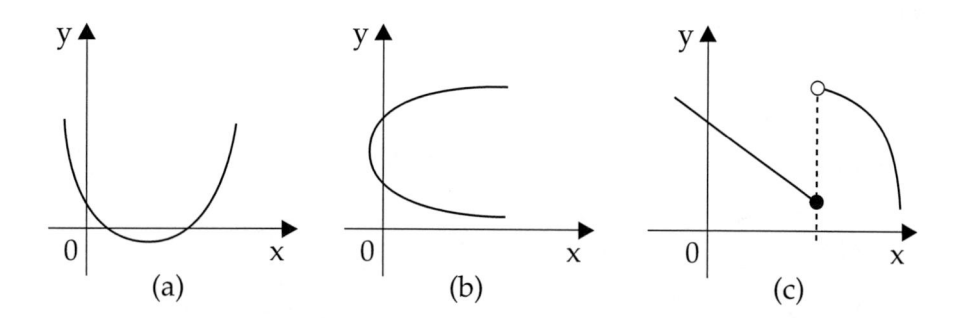

3) Determinar se as sentenças a seguir são verdadeiras (V) ou falsas (F):
a) Toda relação é uma função.
b) Toda função é uma relação.
c) Se a relação R de A em B é uma função, então o domínio de R é A.

4) Dados os conjuntos $A = \{0, 1, 2, 3\}$ e $B = \{0, 1, 2, 3, 4, 5\}$, determine as relações de A em B que são funções:

a) $R_1 = \{(0, 2), (1, 3), (2, 4), (3, 5)\}$

b) $R_2 = \{(0, 3), (1, 3), (2, 3), (3, 3)\}$

c) $R_3 = \{(0, 1), (0, 2), (1, 1), (1, 2), (2, 1), (2, 2), (3, 1), (3, 2)\}$

d) $R_4 = \{(0, 4), (1, 5), (2, 0)\}$

5) O mesmo para os conjuntos $A = \{-2, -1, 0, 1\}$ e $B = \{0, 1, 2, 3, 4\}$ e as relações:

a) $R_1 = \{(x, y) \in A \times B \mid y = 2x\}$

b) $R_2 = \{(x, y) \in A \times B \mid y = x^2\}$

c) $R_3 = \{(x, y) \in A \times B \mid y = x + 2\}$

d) $R_4 = \{(x, y) \in A \times B \mid y = |x|\}$

6) Dada a função $f : A \subset \mathbb{R} \to B \subset \mathbb{R}$, $x \mapsto f(x) = y = x^2 - 2x - 2$, determine:

a) $D(f)$

b) $f(0), f(-2), f\left(\dfrac{3}{5}\right)$ e $f\left(-\dfrac{4}{7}\right)$.

7) Determinar o domínio das seguintes funções $f : A \subseteq \mathbb{R} \to B \subseteq \mathbb{R}$:
$x \mapsto f(x)=y$

a) $f(x) = x^2 + 2x$

b) $f(x) = \dfrac{x}{2x-7}$

c) $f(x) = \dfrac{\sqrt{x-2}}{\sqrt[3]{4-x}}$

d) $f(x) = \dfrac{2x+1}{x^2-9}$

e) $f(x) = \sqrt[7]{x^2-9}$

f) $f(x) = \sqrt{x-1} + \sqrt{x-2}$

g) $f(x) = \sqrt{x-2} - \dfrac{x+1}{x-3}$

h) $f(x) = \dfrac{x+1}{\sqrt{x^2-4}}$

4.13 Respostas dos exercícios propostos

1) a) É função   b) Não é função   c) É função

2) a) É função   b) Não é função   c) É função

3) a) F   b) V   c) V

4) a) Função   b) Função   c) Só relação   d) Só relação

5) a) Não é função   b) É função   c) É função   d) É função

6) a) $\mathbb{R}$ b) $-2; 6; -\dfrac{71}{25}; -\dfrac{138}{49}$

7) a) $\mathbb{R}$

b) $\mathbb{R} - \left\{\dfrac{7}{2}\right\}$

c) $[2,4) \cup (4,+\infty)$

d) $\mathbb{R} - \{-3, 3\}$

e) $\mathbb{R}$

f) $[2, +\infty)$

g) $[2, 3) \cup (3, +\infty)$

h) $(-\infty, -2) \cup (2, +\infty)$

capítulo 5
Funções do 1º grau

Este capítulo habilita o leitor a trabalhar com a reta sob várias formas de apresentação. São as primeiras funções específicas com as quais vamos trabalhar.

5.1 Definição

Sejam $a, b \in \mathbb{R}$, com $a \neq 0$. Chama-se *função polinomial do 1º grau* a função
$f : \underset{x}{A \subset \mathbb{R}} \underset{\mapsto}{\to} \underset{f(x) = y = ax+b}{B \subset \mathbb{R}}$.

Observação: O domínio de uma função polinomial do 1º grau é $\mathbb{R}$.

Exemplos:

Seja $f : \underset{x}{A \subset \mathbb{R}} \underset{\mapsto}{\to} \underset{f(x) = y}{B \subset \mathbb{R}}$.

1) $f(x) = y = 3x + 15$, onde $a = 3$ e $b = 15$.

2) $f(x) = y = -7x$, onde $a = -7$ e $b = 0$.

5.2 Função constante

Seja $f : \underset{x}{A \subset \mathbb{R}} \underset{\mapsto}{\to} \underset{f(x) = y = ax+b}{B \subset \mathbb{R}}$. Se, particularmente, tivermos $a = 0$, essa função polinomial se torna de grau zero e é chamada *função constante*.

Observações: O domínio da função é o conjunto $\mathbb{R}$ e a imagem da função, o conjunto $\{b\}$. Seu gráfico é uma reta paralela ao eixo x, passando pelo ponto $(0, b)$.

Pré-cálculo

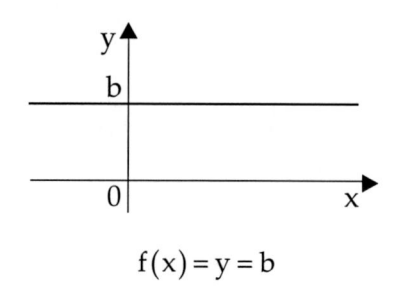

$$f(x) = y = b$$

Exemplo:
Determine o domínio, a imagem e esboce o gráfico da função
$f : \underset{x}{A \subset \mathbb{R}} \underset{\mapsto}{\to} \underset{f(x)=y=6}{B \subset \mathbb{R}}$.

Como o valor da função é 6, independentemente do valor de x, o domínio é $\mathbb{R}$ e a imagem, $\{6\}$.

Gráfico:

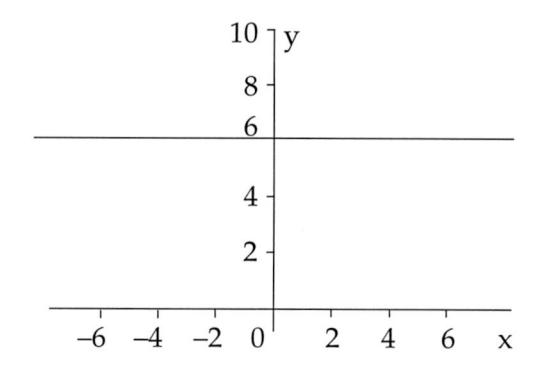

5.3 Exercícios resolvidos

Seja $f : \underset{x}{A \subset \mathbb{R}} \underset{\mapsto}{\to} \underset{f(x)=y}{B \subset \mathbb{R}}$. Determine o domínio, imagem e esboce o gráfico da função, sendo:

1) $f(x) = y = -8$

Solução:

Como o valor da função é (-8), independentemente do valor de x, $D(f) = \mathbb{R}$ e $\text{Im}(f) = \{-8\}$.

Gráfico:

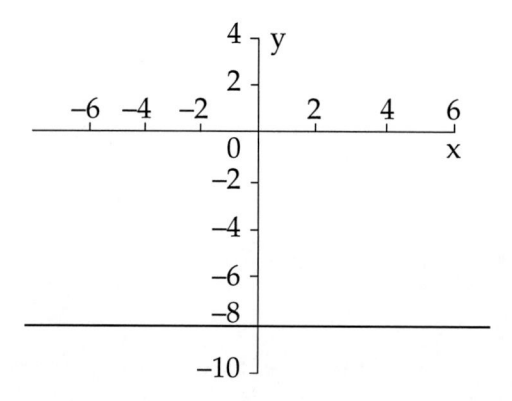

2) $f(x) = y = 4$

Solução:

$D(f) = \mathbb{R}$ e $\text{Im}(f) = \{4\}$.

Gráfico:

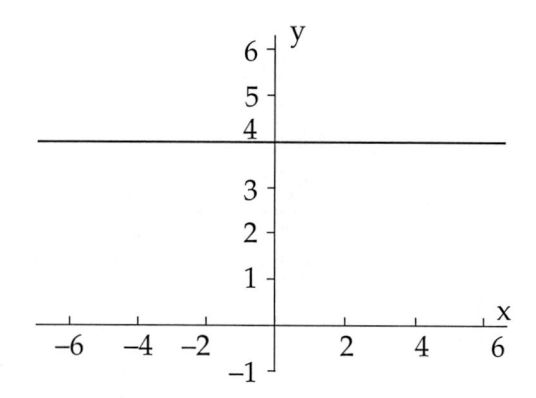

3) $f(x) = y = \dfrac{5}{4}$

Solução:

$D(f) = \mathbb{R}$ e $\text{Im}(f) = \left\{\dfrac{5}{4}\right\}$.

Gráfico:

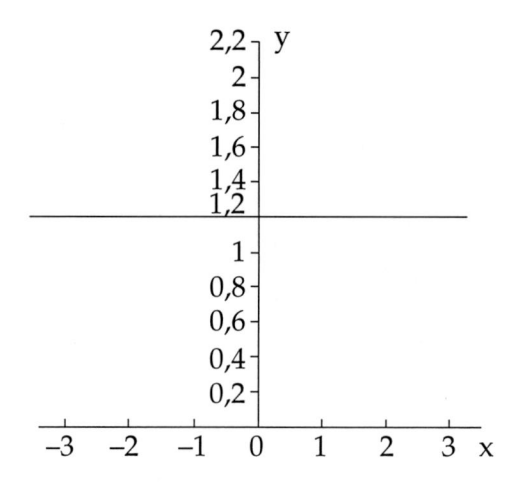

[Gráfico de reta horizontal em y = 1,2, com eixo y marcado de 0,2 a 2,2 e eixo x de -3 a 3.]

4) $f(x) = y = 0$

Solução:

$D(f) = \mathbb{R}$ e $Im(f) = \{0\}$.

Nesse caso, a reta será o próprio eixo das abscissas.

Gráfico:

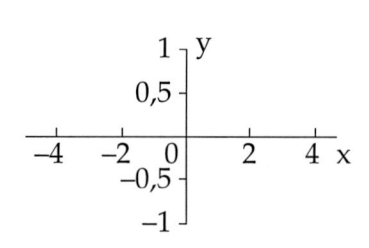

[Gráfico do eixo x, com eixo y de -1 a 1 e eixo x de -4 a 4.]

5.4 Função identidade

Seja a função $f : \underset{x}{A \subset \mathbb{R}} \to \underset{f(x)=y=ax+b}{B \subset \mathbb{R}}$. Se $a = 1$ e $b = 0$, a função se torna $f : \underset{x}{A \subset \mathbb{R}} \to \underset{f(x)=y=x}{B \subset \mathbb{R}}$, e é chamada *função identidade*.

Observações: Veremos, mais tarde, que essa função tem uma importância muito grande para o estudo de outras funções. Seu gráfico é uma reta que contém as bissetrizes do 1º e 3º quadrantes e $Im(f) = \mathbb{R}$.

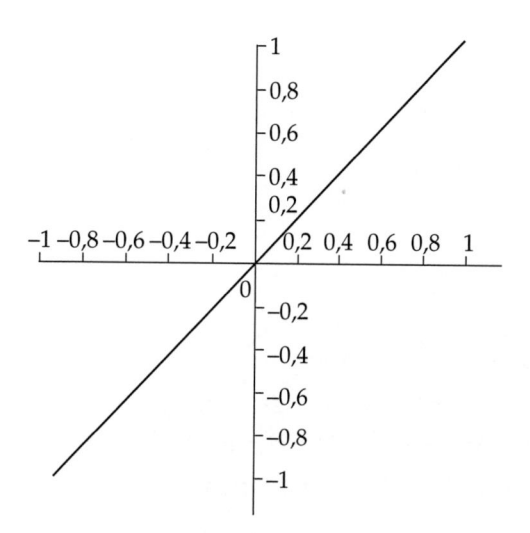

5.5 Função linear

Seja a função f : $\underset{x}{A \subset \mathbb{R}} \to \underset{f(x)=y=ax+b}{B \subset \mathbb{R}}$. Se $a \neq 0$ e $b = 0$, a função se torna f : $\underset{x}{A \subset \mathbb{R}} \to \underset{f(x)=y=ax}{B \subset \mathbb{R}}$, e é chamada *função linear*.

Exemplos:

1) $f(x) = y = 3x$, onde $a = 3$.

2) $f(x) = y = -5x$, onde $a = -5$.

3) $f(x) = y = -x$, onde $a = -1$.

4) $f(x) = y = \frac{\sqrt{2}}{3}x$, onde $a = \frac{\sqrt{2}}{3}$.

Observações: É natural observar que a função identidade é um caso particular de função linear, onde $a = 1$.

O gráfico de uma função linear é uma reta que passa pela origem.

$D(f) = \mathbb{R}$ e $\text{Im}(f) = \mathbb{R}$.

Para esboçarmos o gráfico, que é uma reta que passa pela origem, basta determinarmos outro ponto além de $(0, 0)$.

5.6 Exercícios resolvidos

Seja $f : A \subseteq \mathbb{R} \to B \subseteq \mathbb{R}$, $x \mapsto f(x)=y$. Determine o domínio, imagem e esboce o gráfico da função, sendo:

1) $f(x) = y = 3x$

Solução:

Como o gráfico é uma reta que passa pelo ponto $(0,0)$, determinemos um segundo ponto pertencente a essa função, por exemplo, (para $x=1$ o valor da função é $y = 3 \times 1 = 3$) o ponto $(1; f(1)) = (1; 3)$ e, unindo esses dois pontos, vamos desenhar este gráfico:

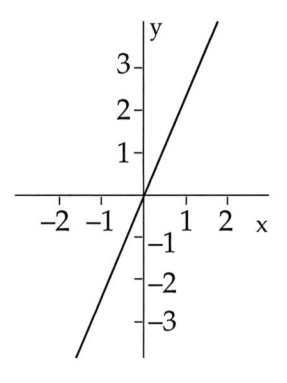

$D(f) = \mathbb{R}$ e $\text{Im}(f) = \mathbb{R}$.

2) $f(x) = y = -3x$

Solução:

Como o gráfico é uma reta que passa pelo ponto $(0,0)$, determinemos um segundo ponto pertencente a essa função; por exemplo, $(1; f(1)) = (1; -3)$ e, unindo esses dois pontos, vamos desenhar este gráfico:

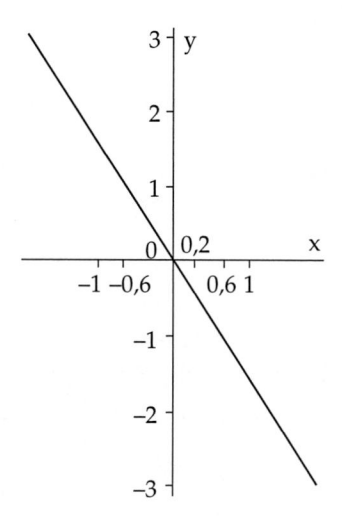

$D(f) = \mathbb{R}$ e $Im(f) = \mathbb{R}$.

5.7 Função afim

Seja a função $f : \underset{x}{A \subset \mathbb{R}} \underset{\mapsto}{\to} \underset{f(x)=y=ax+b}{B \subset \mathbb{R}}$. Se $a \neq 0$, ela é chamada *função afim*.

Exemplos:

1) $f(x) = y = 3x - 5$, onde $a = 3$ e $b = -5$.

2) $f(x) = y = -2x + 3$, onde $a = -2$ e $b = 3$.

3) $f(x) = y = -\sqrt{2}\,x$, onde $a = -\sqrt{2}$ e $b = 0$.

4) $f(x) = y = x$, onde $a = 1$ e $b = 0$.

Observações: É natural observar que as funções identidade e linear são casos particulares da função afim.

O gráfico de uma função afim é uma reta inclinada.

$D(f) = \mathbb{R}$ e $Im(f) = \mathbb{R}$.

A função afim é também denominada *função do 1º grau*. Para esboçarmos seu gráfico, que é uma reta, basta determinarmos dois pontos da função.

5.8 Exercícios resolvidos

1) Seja $f: \underset{x}{A \subseteq \mathbb{R}} \underset{\mapsto}{\to} \underset{f(x)=y}{B \subseteq \mathbb{R}}$. Determine o domínio, imagem e esboce o gráfico da função, sendo:

a) $f(x) = y = 3x - 6$

Solução:

Como o gráfico é uma reta, determinemos dois pontos dessa curva:

x	f(x) = y
0	$3 \times 0 - 6 = -6$
2	$3 \times 2 - 6 = 0$

Unindo esses dois pontos, temos o gráfico:

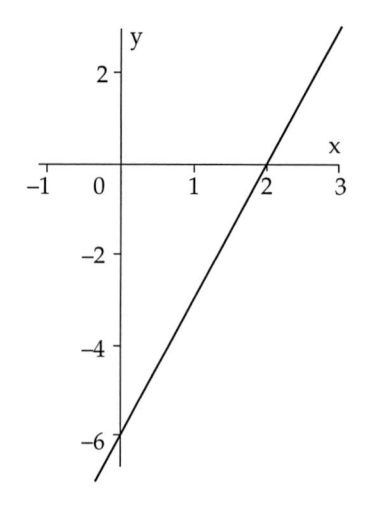

$D(f) = \mathbb{R}$ e $Im(f) = \mathbb{R}$.

b) $f(x) = y = -2x + 6$

Solução:

Como o gráfico é uma reta, determinemos dois pontos dessa curva:

x	f(x) = y
0	6
3	0

Unindo esses dois pontos, temos o gráfico:

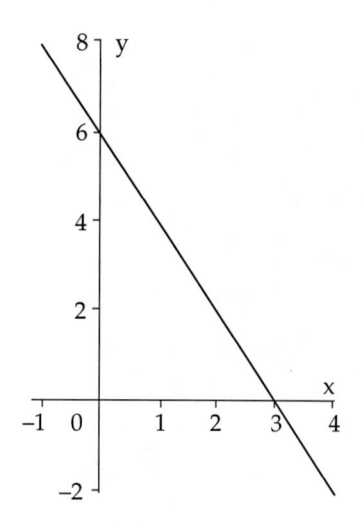

$D(f) = \mathbb{R}$ e $\text{Im}(f) = \mathbb{R}$.

c) $f(x) = y = 2x + 7$

Solução:

Como o gráfico é uma reta, determinemos dois pontos dessa curva:

x	f(x) = y
0	7
–1	5

Unindo esses dois pontos, temos o gráfico:

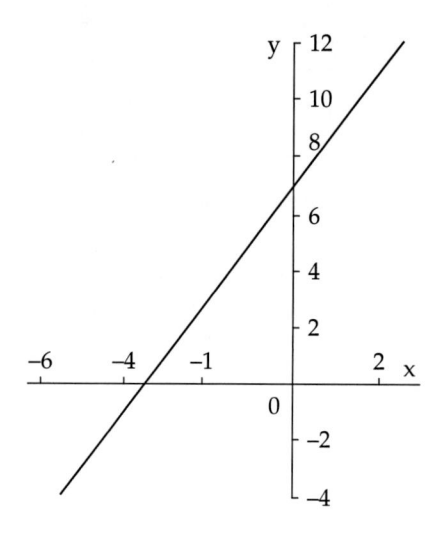

$D(f) = \mathbb{R}$ e $\text{Im}(f) = \mathbb{R}$.

2) Dada a função $f : \underset{x}{A \subset \mathbb{R}} \underset{\mapsto}{\to} \underset{f(x) = y = 3x-1}{B \subset \mathbb{R}}$, calcular:

a) $f(4)$ \hspace{3cm} b) $f(2x+1)$

Solução:

a) $f(x) = 3x - 1 \Rightarrow f(4) = 3 \cdot 4 - 1 = 12 - 1 = 11$

b) $f(x) = 3x - 1 \Rightarrow f(2x+1) = 3 \cdot (2x+1) - 1 = 6x + 3 - 1 = 6x + 2$

3) Seja $f(2x+7) = -4x + 9$. Determinar $f(-5)$.

Solução:

$2x + 7 = -5 \Rightarrow 2x = -12 \Rightarrow x = -6$

Assim, $f(-5) = -4 \cdot (-6) + 9 = 24 + 9 = 33$.

4) Seja $f(x-8) = 2x - 5$. Determine, em função de x, $f(4x+1)$.

Solução:

Seja $w = x - 8 \Rightarrow x = w + 8$.

Assim, $f(x-8) = f(w) = 2 \cdot (w+8) - 5 = 2w + 16 - 5 = 2w + 11$

Logo, $f(x) = 2x + 11$

Daí, $f(4x+1) = 2 \cdot (4x+1) + 11 = 8x + 2 + 11 = 8x + 13$.

5.9 Coeficientes e zero da função afim

Definição: Seja $f : \underset{x}{A \subset \mathbb{R}} \to \underset{f(x)=y=ax+b}{B \subset \mathbb{R}}$ uma função afim. O número real a é denominado *coeficiente angular* ou *declividade* da reta e o número real b é dito *coeficiente linear*.

Observação: O coeficiente linear é a ordenada do ponto em que a reta corta o eixo y, ou seja, $(0\,;b)$.

Definição: Seja $f : \underset{x}{A \subset \mathbb{R}} \to \underset{f(x)=y=ax+b}{B \subset \mathbb{R}}$. Chama-se *zero* ou *raiz* da função do 1º grau ao valor de x para o qual $f(x) = y = 0$.

Assim, $f(x) = y = 0 \Rightarrow ax + b = 0 \Rightarrow ax = -b \Rightarrow x = -\dfrac{b}{a}$, isto é, o zero ou raiz de uma equação de 1º grau é o ponto $\left(-\dfrac{b}{a}\,;0\right)$.

Graficamente falando, o zero de uma função do 1º grau é o ponto onde a reta corta o eixo das abscissas.

5.10 Exercícios resolvidos

1) Determinar a equação da reta que passa pelo ponto $(2\,;1)$ e tem coeficiente angular igual a 3.

Solução:

Se a reta passa pelo ponto $(2\,;1)$, tem-se que $x = 2$ e $y = 1$. Como o coeficiente angular é igual a **3**, tem-se que $a = 3$.

A forma geral da função é $y = ax + b$.

Daí, como $(2;1) \in$ reta e $a = 3 \Rightarrow 1 = 3 \cdot 2 + b \Rightarrow b = -5$.

Substituindo-se os valores de a e b na forma geral, temos que $y = 3x - 5$.

2) Determinar a equação da reta que passa pelo ponto $(-3;-1)$ e tem coeficiente linear igual a 1.

Solução:

$y = ax + b$; $b = 1$; $(-3;-1) \in$ reta

$(-3;-1) \in$ reta e $b = 1 \Rightarrow -1 = a \cdot (-3) + 1 \Rightarrow a = \dfrac{2}{3}$

Daí, $y = \dfrac{2}{3}x + 1$.

3) Calcule o zero da função $f : \underset{x}{A \subset \mathbb{R}} \to \underset{f(x) = y = -7x+2}{B \subset \mathbb{R}}$.

Solução:

Calcular o zero de uma função significa calcular o(s) valor(es) de x que anula(m) a função.

Igualando-se a função a zero, temos:

$y = -7x + 2 = 0 \Rightarrow -7x = -2 \Rightarrow x = \dfrac{2}{7}$

4) Determinar o ponto $(x;y)$ em que o gráfico da função $f : \underset{x}{A \subset \mathbb{R}} \to \underset{f(x) = y = \frac{x}{5} - \frac{2}{3}}{B \subset \mathbb{R}}$ corta o eixo x.

Solução:

O ponto em que o gráfico da função corta o eixo x é o ponto no qual a função se anula.

$y = \dfrac{x}{5} - \dfrac{2}{3} = 0 \Rightarrow \dfrac{x}{5} = \dfrac{2}{3} \Rightarrow x = \dfrac{10}{3} \Rightarrow \left(\dfrac{10}{3}; 0\right)$

5.11 Funções crescentes e decrescentes

Definição: A função $f : \underset{x}{A \subset \mathbb{R}} \to \underset{f(x)=y}{B \subset \mathbb{R}}$ é *crescente* em um intervalo $I \subset A$ se, $\forall x_1, x_2 \in I$, se $x_1 < x_2 \Rightarrow f(x_1) < f(x_2)$.

Definição: A função $f : \underset{x}{A \subset \mathbb{R}} \to \underset{f(x)=y}{B \subset \mathbb{R}}$ é *decrescente* em um intervalo $I \subset A$ se, $\forall x_1, x_2 \in I$, se $x_1 < x_2 \Rightarrow f(x_1) > f(x_2)$.

Exemplo:

Seja a função $f : \underset{x}{A \subseteq \mathbb{R}} \to \underset{f(x)=y}{B \subset \mathbb{R}}$ cujo gráfico é:

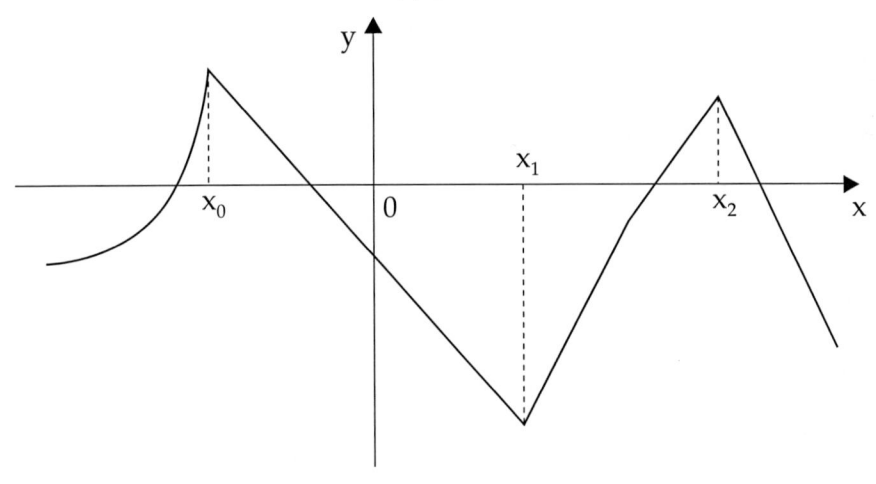

f é crescente em $(-\infty\,;x_0) \cup (x_1\,;x_2)$

f é decrescente em $(x_0\,;x_1) \cup (x_2\,;+\infty)$

Teorema: A função afim $f : \underset{x}{A \subseteq \mathbb{R}} \to \underset{f(x)=y=ax+b}{B \subset \mathbb{R}}$ é crescente (decrescente) se, e somente se, o coeficiente angular for positivo (negativo), isto é, se, e somente se, $a > 0$ $(a < 0)$.

Exemplos:

Seja $f : \underset{x}{A \subseteq \mathbb{R}} \to \underset{f(x)=y}{B \subset \mathbb{R}}$.

1) $f(x) = 5x - 3$ é uma função crescente, pois a = 5 > 0.

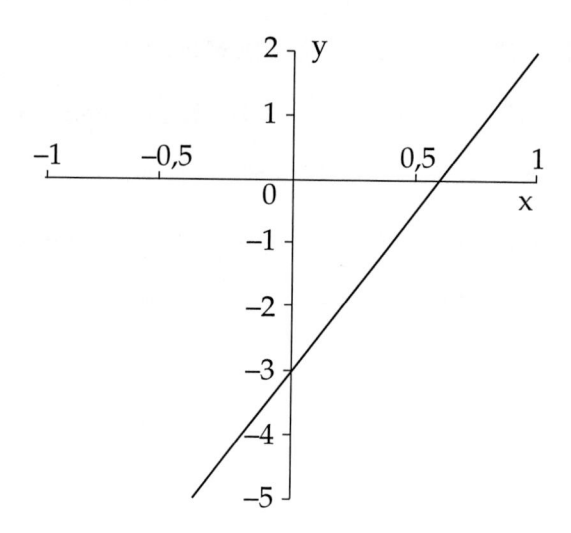

2) $f(x) = -2x + 7$ é uma função decrescente, pois $a = -2 < 0$.

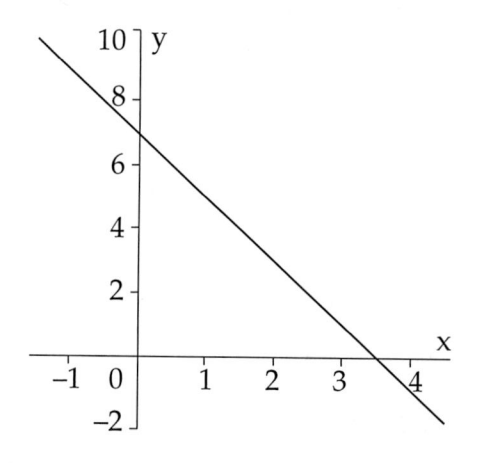

5.12 Exercícios resolvidos

1) Determine p para que a função $f(x) = (2p+3)x + 2$ seja decrescente.

Solução:
Para que uma função linear seja decrescente, o coeficiente angular tem de ser negativo. Logo, $2p + 3 < 0 \Rightarrow p < -\dfrac{3}{2}$.

2) Seja a função f : $A \subset \mathbb{R}_x \to B \subset \mathbb{R}_{f(x)=y=3x+4}$. Analise a função e esboce seu gráfico.

Solução:

É uma função linear crescente, pois o coeficiente angular é positivo. O domínio e a imagem da função são o conjunto dos números reais. O gráfico é apresentado a seguir:

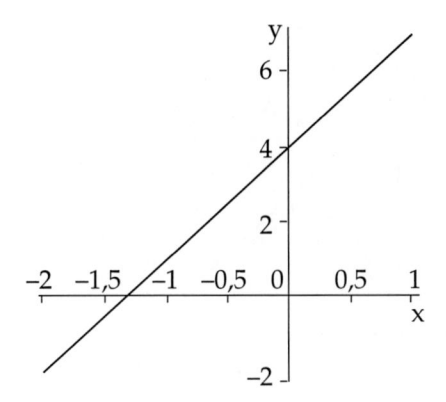

3) Seja a função f : $A \subset \mathbb{R}_x \to B \subset \mathbb{R}_{f(x)=y=\frac{1}{2}x-3}$. Analise a função e esboce seu gráfico.

Solução:

É uma função linear crescente, pois o coeficiente angular é positivo. O domínio e a imagem da função são o conjunto dos números reais. O gráfico é apresentado a seguir:

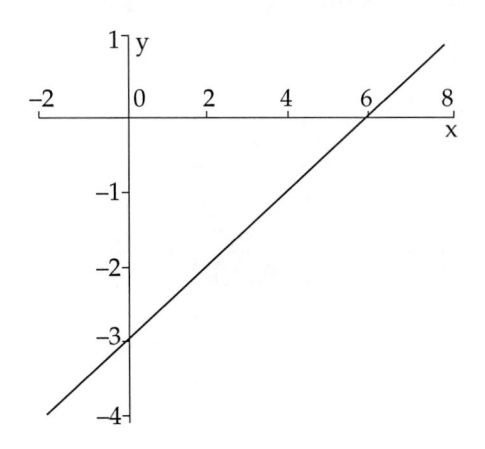

4) Seja a função f : $A \subset \mathbb{R} \to B \subset \mathbb{R}$, $x \mapsto f(x) = y = -\frac{4}{7}x+6$. Analise a função e esboce seu gráfico.

Solução:

É uma função linear decrescente, pois o coeficiente angular é negativo. O domínio e a imagem da função são o conjunto dos números reais. O gráfico é apresentado a seguir:

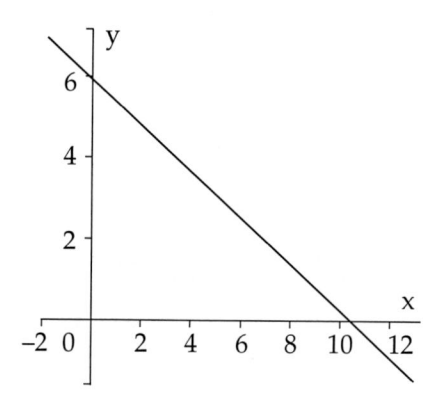

5) Seja a função f : $A \subset \mathbb{R} \to B \subset \mathbb{R}$, $x \mapsto f(x) = y = -\frac{1}{4}x-1$. Analise a função e esboce seu gráfico.

Solução:

É uma função linear decrescente, pois o coeficiente angular é negativo. O domínio e a imagem da função são o conjunto dos números reais. O gráfico é apresentado a seguir:

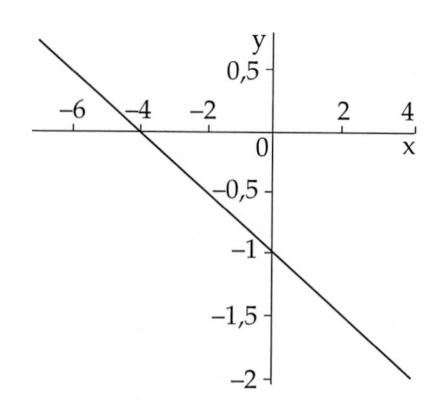

5.13 Sinais de uma função

Seja a função $f : \underset{x}{A \subset \mathbb{R}} \underset{\mapsto}{\to} \underset{f(x)=y}{B \subset \mathbb{R}}$.

Para que valores de x temos $f(x) > 0$, $f(x) = 0$ ou $f(x) < 0$?

Resolver essa questão é estudar o sinal da função.

Para saber quando $f(x) > 0$, temos de determinar os valores de x, onde y > 0, ou seja, os valores de x em que o gráfico está acima do eixo x.

Para sabermos quando $f(x) = 0$, devemos determinar as raízes da função, ou seja, os valores de x onde o gráfico corta esse eixo.

Para sabermos quando $f(x) < 0$, temos de determinar os valores de x onde y < 0, ou seja, os valores de x onde o gráfico está abaixo do eixo x.

Se tivermos, por exemplo, uma função cujo gráfico é:

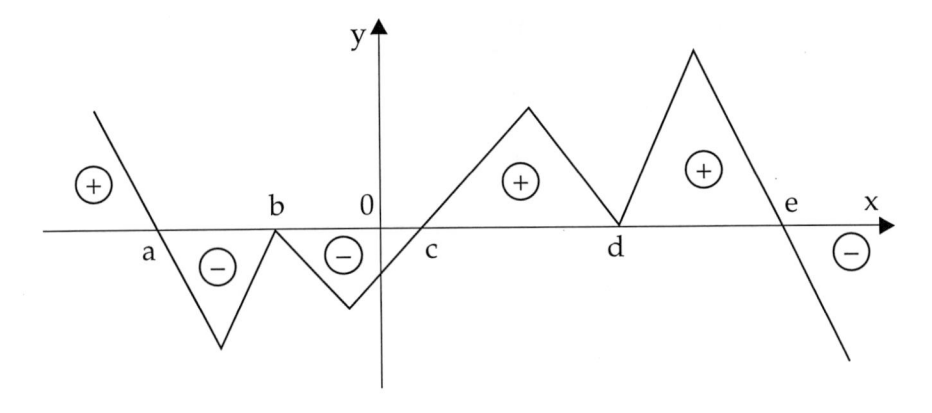

Conclusão:

$f(x) = 0 \Leftrightarrow x = a$ ou $x = b$ ou $x = c$ ou $x = d$ ou $x = e$

$f(x) > 0 \Leftrightarrow x < a$ ou $c < x < d$ ou $d < x < e$

$f(x) < 0 \Leftrightarrow a < x < b$ ou $b < x < c$ ou $x > e$

Quando estamos falando, especificamente, da função afim $f : \underset{x}{A \subset \mathbb{R}} \underset{\mapsto}{\to} \underset{f(x)=y=ax+b}{B \subset \mathbb{R}}$, considerando-se que o zero da função $\left(f(x) = 0\right)$ seja $x = -\dfrac{b}{a}$, podemos verificar que:

a) Se a função for crescente, isto é, se a > 0:

$$\begin{cases} f(x) = ax + b > 0 \Leftrightarrow ax > -b \Leftrightarrow x > -\dfrac{b}{a} \\ f(x) = ax + b < 0 \Leftrightarrow ax < -b \Leftrightarrow x < -\dfrac{b}{a} \end{cases}$$

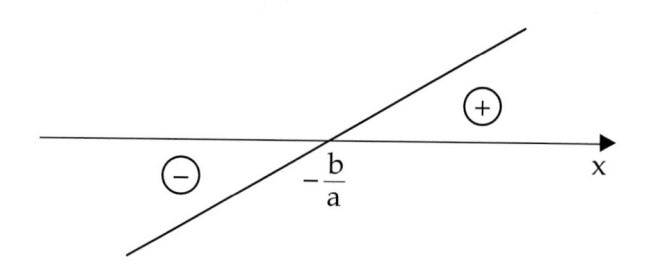

b) Se a função for decrescente, isto é, se a < 0:

$$\begin{cases} f(x) = ax + b > 0 \Leftrightarrow ax > -b \Leftrightarrow x < -\dfrac{b}{a} \\ f(x) = ax + b < 0 \Leftrightarrow ax < -b \Leftrightarrow x > -\dfrac{b}{a} \end{cases}$$

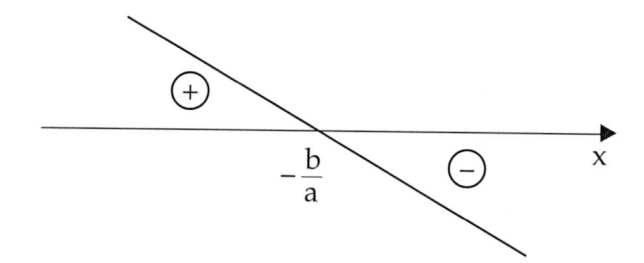

5.14 Exercícios resolvidos

1) Estudar o sinal da função $f : \underset{x}{A \subset \mathbb{R}} \underset{\mapsto}{\to} \underset{f(x) = y = 4x - 5}{B \subset \mathbb{R}}$.

Solução:

Para se estudar o sinal de uma função, deve-se, inicialmente, determinar o(s) valor(es) de x que anula(m) a função, ou seja, fazer $f(x) = 0$, que é o ponto que a função corta o eixo x.

$f(x) = 0 \Rightarrow 4x - 5 = 0 \Rightarrow x = \dfrac{5}{4}$

Deve-se, então, verificar qual o sinal da função à direita e à esquerda desse ponto. Considere à direita o ponto $x = 2$ $\left(\text{pois } 2 > \dfrac{5}{4}\right)$. Substituindo $x = 2$ na expressão $y = 4x - 5$, tem-se $y = 4 \times 2 - 5 = 3$, que é um número positivo. Pode-se, então, afirmar que, à direita de $x = \dfrac{5}{4}$, a função é positiva.

Do mesmo modo, toma-se um valor à esquerda de $x = \dfrac{5}{4}$, por exemplo, $x = 0$ $\left(\text{pois } 0 < \dfrac{5}{4}\right)$. Substituindo na expressão $y = 4x - 5$, tem-se $y = 4 \times 0 - 5 = -5$, que é um número negativo. Pode-se, então, afirmar que à esquerda de $x = \dfrac{5}{4}$, a função é negativa.

Também poderia ser visto usando-se o coeficiente linear positivo. Como $a = 4 > 0$, a função é crescente e:

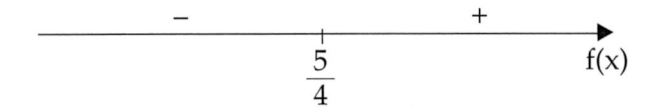

$$\xrightarrow[\underset{\frac{5}{4}}{|}f(x)]{\quad -\quad\quad\quad\quad +\quad\quad}$$

Assim,

$$\begin{cases} f(x) < 0 \text{ se } x < \dfrac{5}{4} \\ f(x) = 0 \text{ se } x = \dfrac{5}{4} \\ f(x) > 0 \text{ se } x > \dfrac{5}{4} \end{cases}$$

2) Estudar o sinal da função $f : \underset{x}{A \subset \mathbb{R}} \underset{\mapsto}{\rightarrow} \underset{f(x) = y = -4x+5}{B \subset \mathbb{R}}$.

Solução:

$f(x) = 0 \Rightarrow -4x + 5 = 0 \Rightarrow x = \dfrac{5}{4}$.

Como a = – 4 < 0, a função é decrescente e:

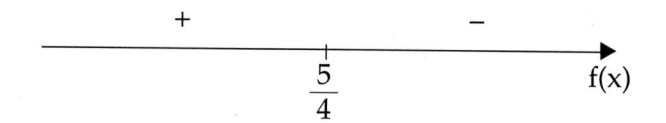

```
        +              –
────────┼──────────────────────▶
       5/4                    f(x)
```

Assim,

$$\begin{cases} f(x) > 0 \text{ se } x < \dfrac{5}{4} \\ f(x) = 0 \text{ se } x = \dfrac{5}{4} \\ f(x) < 0 \text{ se } x > \dfrac{5}{4} \end{cases}$$

3) Para que valores de $x \in \mathbb{R}$, a função $f : A \subset \mathbb{R} \to B \subset \mathbb{R}$, $x \mapsto f(x) = y = 7x+5$ é negativa?

Solução:

$f(x) < 0 \Rightarrow 7x + 5 < 0 \Rightarrow x < -\dfrac{5}{7}$

5.15 Equação de uma reta

Toda reta está associada a uma equação da forma ax + by + c = 0, chamada *equação geral da reta*, onde *a*, *b* e *c* são números reais, a ≠ 0 ou b ≠ 0 e (x, y) representa um ponto genérico da reta.

Podemos determinar a equação de uma reta a partir de algumas situações. Vejamos:

a) *Dois pontos* – a equação da reta que passa pelos pontos $(x_1; y_1)$ e $(x_2; y_2)$ é dada por:

$$\boxed{\dfrac{y - y_1}{x - x_1} = \dfrac{y_2 - y_1}{x_2 - x_1}} \quad ou \quad \boxed{y - y_1 = \dfrac{y_2 - y_1}{x_2 - x_1} \cdot (x - x_1)}$$

Exemplo:

Determine a equação da reta que passa pelos pontos $(4;3)$ e $(-3;2)$.

$(x_1;y_1) = (4;3) \Rightarrow x_1 = 4$ e $y_1 = 3$

$(x_2;y_2) = (-3;2) \Rightarrow x_2 = -3$ e $y_2 = 2$

$\dfrac{y-3}{x-4} = \dfrac{2-3}{-3-4} \Rightarrow \dfrac{y-3}{x-4} = \dfrac{1}{7} \Rightarrow y-3 = \dfrac{1}{7} \cdot (x-4) \Rightarrow y = \dfrac{x}{7} + \dfrac{17}{7}$

O coeficiente angular (ou declividade) é $\dfrac{1}{7}$.

O gráfico é apresentado na figura a seguir:

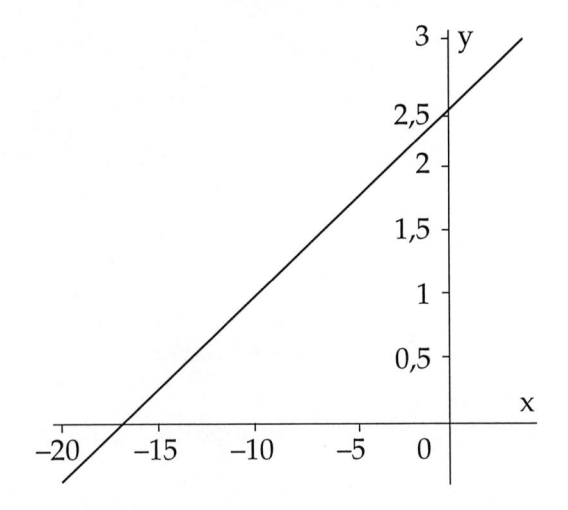

b) *Um ponto e o coeficiente angular* – a equação da reta, que passa por um ponto $(x_1;y_1)$ e tem coeficiente angular m, é dada por:

$$y - y_1 = m \cdot (x - x_1)$$

Exemplo:

Determine a equação da reta que passa pelo ponto $(4;2)$ e tem coeficiente angular $m = \dfrac{6}{5}$.

$(x_1;y_1) = (4;2) \Rightarrow x_1 = 4$ e $y_1 = 2$ e $m = \dfrac{6}{5}$.

$$y - 2 = \frac{6}{5} \cdot (x - 4) \Rightarrow y = \frac{6x}{5} - \frac{14}{5}$$

O gráfico é apresentado na figura a seguir:

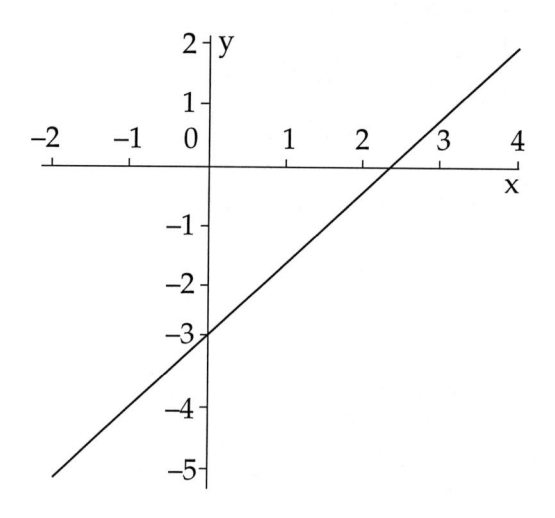

5.16 Retas paralelas e perpendiculares

Dadas as retas $y_1 = m_1 x + b_1$ e $y_2 = m_2 x + b_2$, teremos as seguintes definições:

Definição 1: Duas retas, não verticais, são *paralelas* se, e somente se, elas têm o mesmo coeficiente angular, isto é, $m_1 = m_2$.

Definição 2: Duas retas, não verticais, são *perpendiculares* se, e somente se, seus coeficientes angulares são simétricos e inversos, isto é, $m_1 = -\dfrac{1}{m_2}$.

Exemplos:

1) As retas $y_1 = 3x + 2$ e $y_2 = 3x - 2$ são paralelas (o coeficiente angular das duas é 3).

   Veja o gráfico a seguir:

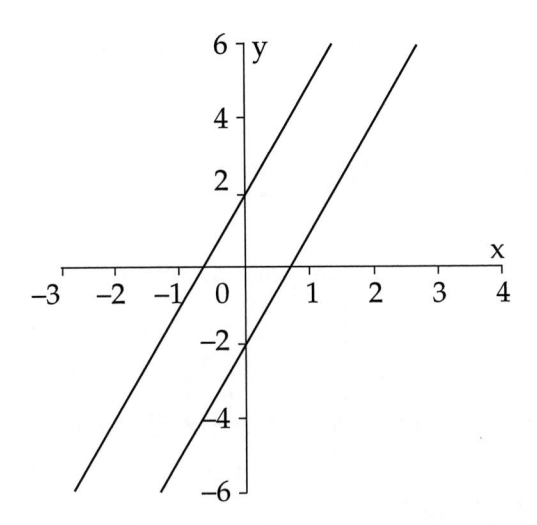

2) As retas $y_1 = 3x + 2$ e $y_2 = -\dfrac{1}{3}x + 2$ são perpendiculares (os coeficientes angulares são 3 e $-\dfrac{1}{3}$).

Veja o gráfico a seguir:

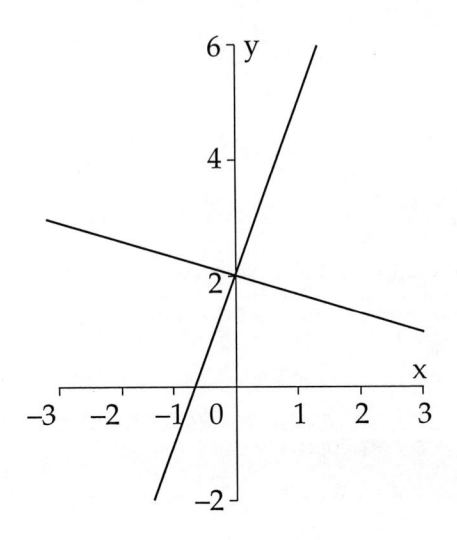

3) Determinar a equação da reta, perpendicular à reta $y = 4x + 5$, que passa pelo ponto $(1; -3)$.

O coeficiente angular da reta dada é $m_1 = 4$. Logo, o coeficiente angular da reta perpendicular à reta dada é $m_2 = -\dfrac{1}{m_1} = -\dfrac{1}{4}$.

A equação da reta, que passa por um ponto $(x_1; y_1) = (1; -3)$ e tem coeficiente angular $m = -\dfrac{1}{4}$ dado, é:

$$y - y_1 = m \cdot (x - x_1) \Rightarrow y + 3 = -\dfrac{1}{4} \cdot (x - 1) \Rightarrow y = -\dfrac{1}{4}x - \dfrac{11}{4}.$$

Veja o gráfico a seguir:

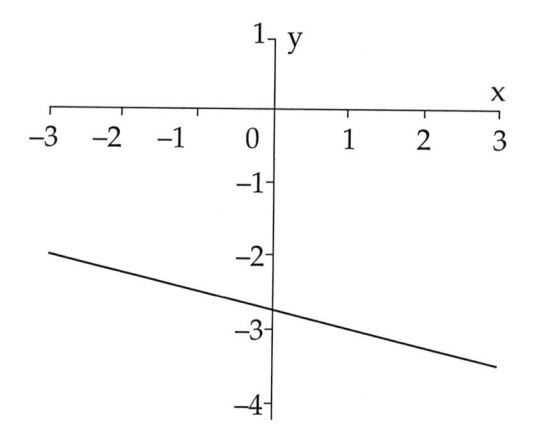

5.17 Interseção entre duas retas

A interseção entre duas retas é o ponto onde as retas se interceptam, se houver tal ponto.

Exemplo:

Dadas as retas $y_1 = 3x + 1$ e $y_2 = -4x + 1$, a interseção entre elas é o ponto do plano onde $y_1 = y_2$, ou seja:

$$3x + 1 = -4x + 1 \Rightarrow 7x = 0 \Rightarrow x = 0 \Rightarrow y = 1$$

(pode-se substituir em qualquer das equações, já que o ponto é a interseção de ambas).

Daí, o ponto $(0; 1)$ e a interseção das duas retas.

Veja o gráfico a seguir:

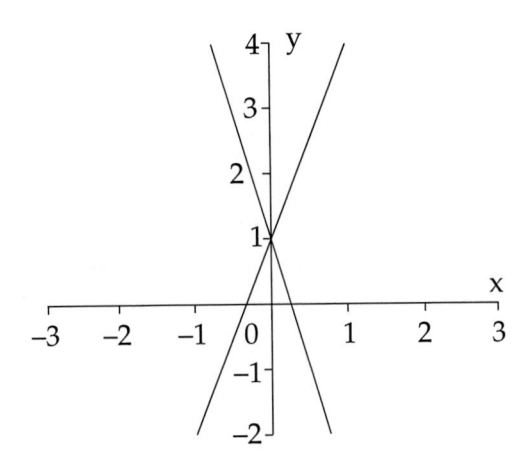

5.18 Exercícios resolvidos

1) Determine a equação da reta que passa por dois pontos $(x_1; y_1)$ e $(x_2; y_2)$ dados, o coeficiente angular (ou declividade) da reta, trace o gráfico e determine o domínio e a imagem:

a) $(x_1, y_1) = (-3; -5)$ e $(x_2, y_2) = (-1; 1)$
b) $(x_1, y_1) = (0; 3)$ e $(x_2, y_2) = (-1; 5)$
c) $(x_1, y_1) = (-3; -1)$ e $(x_2, y_2) = (2; 3)$
d) $(x_1, y_1) = (0; 0)$ e $(x_2, y_2) = (-1; -2)$
e) $(x_1, y_1) = (-3; -2)$ e $(x_2, y_2) = (-1; 1)$

Solução:

a) Como $(x_1, y_1) = (-3; -5)$, tem-se que $x_1 = -3$ e $y_1 = -5$.
Como $(x_2, y_2) = (-1; 1)$, tem-se que $x_2 = -1$ e $y_2 = 1$.

A fórmula a ser utilizada é $\dfrac{y - y_1}{x - x_1} = \dfrac{y_2 - y_1}{x_2 - x_1}$.

Daí, substituindo-se os valores de x_1, x_2, y_1 e y_2 nessa fórmula, e fazendo-se as operações devidas, temos que:

$\dfrac{y+5}{x+3} = \dfrac{1+5}{-1+3} \Rightarrow \dfrac{y+5}{x+3} = \dfrac{6}{2} = 3 \Rightarrow$

$\Rightarrow y + 5 = 3 \cdot (x + 3) \Rightarrow y = 3x + 4$

O coeficiente angular é 3. Daí, a reta é crescente.
Para traçar o gráfico:

x	$f(x) = y = 3x + 4$
0	4
$-\dfrac{4}{3}$	0

$D(f) = \mathbb{R}$ e $\text{Im}(f) = \mathbb{R}$.

Gráfico:

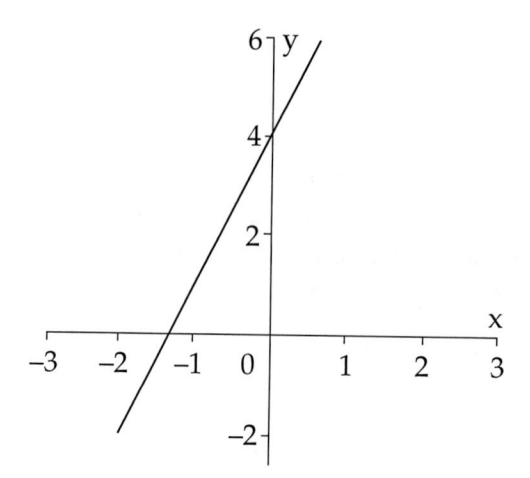

b) $(x_1, y_1) = (0; 3) \Rightarrow x_1 = 0$ e $y_1 = 3$

$(x_2, y_2) = (-1; 5) \Rightarrow x_2 = -1$ e $y_2 = 5$

$\dfrac{y-3}{x-0} = \dfrac{5-3}{-1-0} \Rightarrow \dfrac{y-3}{x} = \dfrac{2}{-1} = -2 \Rightarrow y - 3 = -2x \Rightarrow y = -2x + 3$

O coeficiente angular é $(-2) \Rightarrow$ a reta é decrescente.

Para traçar o gráfico:

x	$f(x) = y = -2x + 3$
0	3
$\frac{3}{2}$	0

$D(f) = \mathbb{R}$ e $Im(f) = \mathbb{R}$.

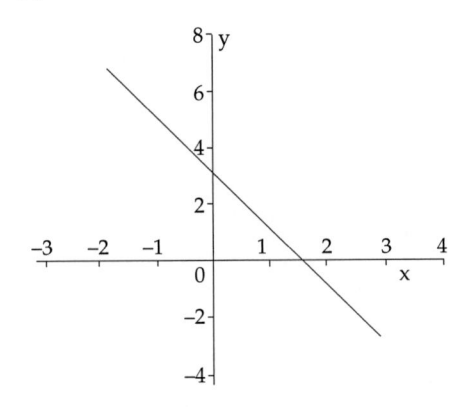

Gráfico:

c) $(x_1, y_1) = (-3; -1) \Rightarrow x_1 = -3$ e $y_1 = -1$

$(x_2, y_2) = (2; 3) \Rightarrow x_2 = 2$ e $y_2 = 3$

$\dfrac{y+1}{x+3} = \dfrac{3+1}{2+3} \Rightarrow \dfrac{y+1}{x+3} = \dfrac{4}{5} \Rightarrow y+1 = \dfrac{4}{5} \cdot (x+3) \Rightarrow y = \dfrac{4}{5}x + \dfrac{7}{5}$

O coeficiente angular é $\dfrac{4}{5} \Rightarrow$ a reta é crescente.

Para traçar o gráfico:

x	$f(x) = y = \dfrac{4}{5}x + \dfrac{7}{5}$
0	$\dfrac{7}{5}$
$-\dfrac{7}{4}$	0

$D(f) = \mathbb{R}$ e $Im(f) = \mathbb{R}$.

Gráfico:

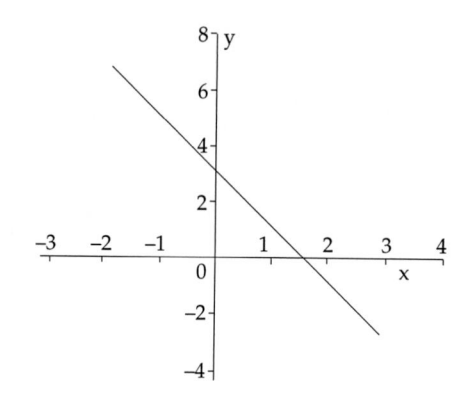

d) $(x_1, y_1) = (0;0) \Rightarrow x_1 = 0$ e $y_1 = 0$

$(x_2, y_2) = (-1;-2) \Rightarrow x_2 = -1$ e $y_2 = -2$

$\dfrac{y-0}{x-0} = \dfrac{-2-0}{-1-0} \Rightarrow \dfrac{y}{x} = \dfrac{-2}{-1} = 2 \Rightarrow y = 2x$

O coeficiente angular é $2 \Rightarrow$ a reta é crescente.
Para traçar o gráfico:

x	$f(x) = y = 2x$
0	0
1	2

$D(f) = \mathbb{R}$ e $Im(f) = \mathbb{R}$.

Gráfico:

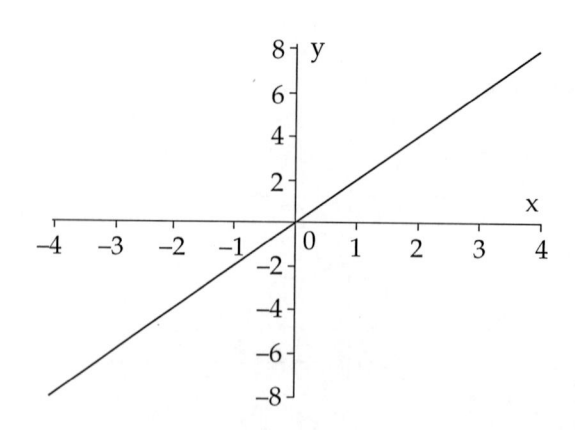

e) $(x_1, y_1) = (-3; -2) \Rightarrow x_1 = -3$ e $y_1 = -2$

$(x_2, y_2) = (-1; 1) \Rightarrow x_2 = -1$ e $y_2 = 1$

$\dfrac{y+2}{x+3} = \dfrac{1+2}{-1+3} \Rightarrow \dfrac{y+2}{x+3} = \dfrac{3}{2} \Rightarrow y+2 = \dfrac{3}{2} \cdot (x+3) \Rightarrow y = \dfrac{3}{2}x + \dfrac{5}{2}$

O coeficiente angular é $\dfrac{3}{2} \Rightarrow$ a reta é crescente.

Para traçar o gráfico:

x	$f(x) = y = \dfrac{3}{2}x + \dfrac{5}{2}$
0	$\dfrac{5}{2}$
$-\dfrac{5}{3}$	0

$D(f) = \mathbb{R}$ e $Im(f) = \mathbb{R}$.

Gráfico:

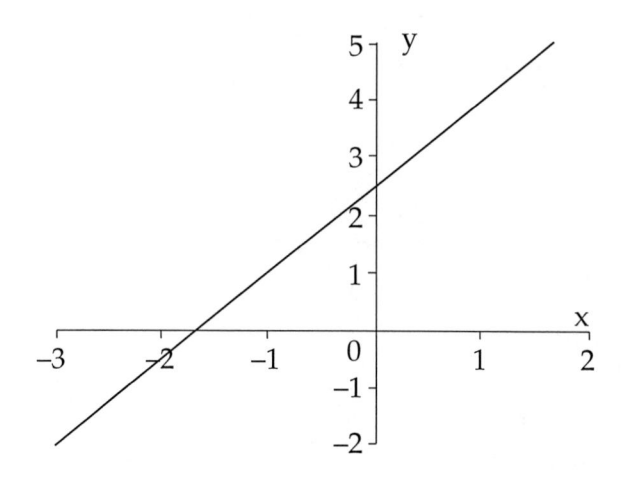

2) Determine a equação da reta, dado o coeficiente angular (ou declividade) m passando pelo ponto $(x_1; y_1)$, trace o gráfico e determine o domínio e a imagem:

a) $m = -\dfrac{1}{5}\ e\ (x_1\ ;\ y_1) = (2\ ;\ -4)$

b) $m = 5\ e\ (x_1\ ;\ y_1) = (0\ ;\ 0)$

c) $m = 0\ e\ (x_1\ ;\ y_1) = (4\ ;\ -5)$

d) $m = 3\ e\ (x_1\ ;\ y_1) = (-3\ ;\ -2)$

e) $m = \dfrac{3}{4}\ e\ (x_1\ ;\ y_1) = (2\ ;\ 1)$

Solução:

a) $m = -\dfrac{1}{5}\ e\ (x_1\ ;\ y_1) = (2\ ;\ -4)$

A fórmula a ser utilizada é $y - y_1 = m \cdot (x - x_1)$.

Substituindo-se os valores de m, x_1 e y_1, tem-se:

$y + 4 = \left(-\dfrac{1}{5}\right) \cdot (x - 2) \Rightarrow y = -\dfrac{1}{5}x - \dfrac{18}{5}$

Para traçar o gráfico:

x	$f(x) = y = -\dfrac{1}{5}x - \dfrac{18}{5}$
0	$-\dfrac{18}{5}$
-18	0

$D(f) = \mathbb{R}$ e $Im(f) = \mathbb{R}$.

Gráfico:

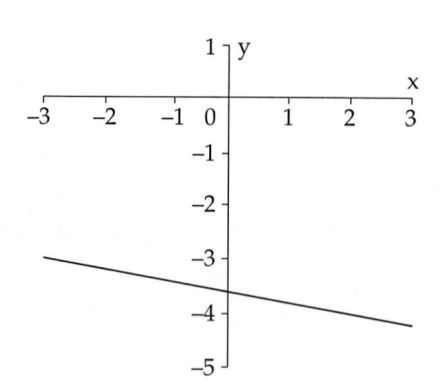

b) $m = 5$ e $(x_1; y_1) = (0; 0)$

$y - 0 = 5 \cdot (x - 0) \Rightarrow y = 5x$

Para traçar o gráfico:

x	$f(x) = y = 5x$
0	0
1	5

$D(f) = \mathbb{R}$ e $\text{Im}(f) = \mathbb{R}$.

Gráfico:

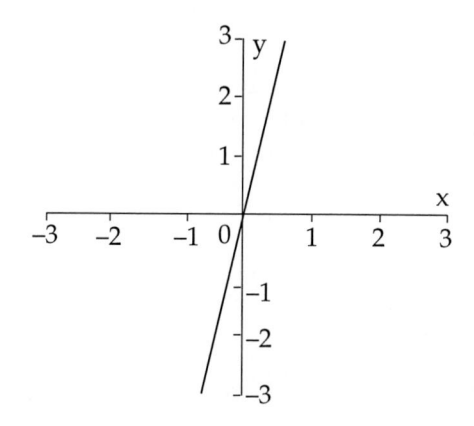

c) $m = 0$ e $(x_1; y_1) = (4; -5)$

$y + 5 = 0 \cdot (x - 4) \Rightarrow y = -5$

$D(f) = \mathbb{R}$ e $\text{Im}(f) = \{-5\}$

Gráfico:

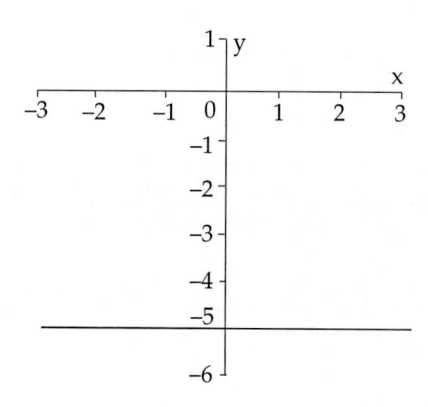

d) $m = 3$ e $(x_1; y_1) = (-3; -2)$
$y + 2 = 3 \cdot (x + 3) \Rightarrow y = 3x + 7$

Para traçar o gráfico:

x	$f(x) = y = 3x + 7$
0	7
$-\dfrac{7}{3}$	0

$D(f) = \mathbb{R}$ e $Im(f) = \mathbb{R}$.

Gráfico:

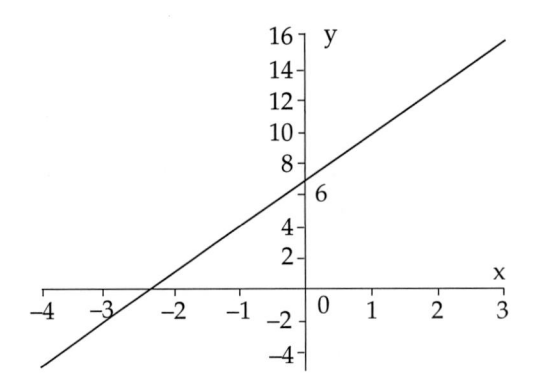

e) $m = \dfrac{3}{4}$ e $(x_1; y_1) = (2; 1)$
$y - 1 = \dfrac{3}{4} \cdot (x - 2) \Rightarrow y = \dfrac{3}{4}x - \dfrac{1}{2}$

Para traçar o gráfico:

x	$f(x) = y = \dfrac{3}{4}x - \dfrac{1}{2}$
0	$-\dfrac{1}{2}$
$\dfrac{2}{3}$	0

$D(f) = \mathbb{R}$ e $Im(f) = \mathbb{R}$.

Gráfico:

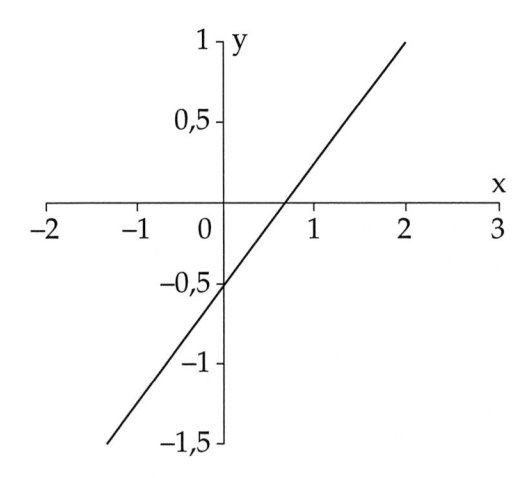

1) y axis shown with values 1, 0.5, -0.5, -1, -1.5; x axis from -2 to 3. Line passes increasing.

3) Determine a equação da reta perpendicular à reta dada, que passa pelo ponto $(x;y)$. Encontre o domínio e a imagem e esboce o gráfico das retas:

a) $x-y-7=0;\ (x;y)=(-2;-3)$

b) $3x+y-4=0;\ (x;y)=(0;-5)$

c) $\dfrac{x}{2}+\dfrac{y}{3}-1=0;\ (x;y)=(2;3)$

d) $-3x+5y-1=0;\ (x;y)=(1;1)$

e) $\dfrac{x}{4}-\dfrac{y}{5}+\dfrac{1}{3}=0;\ (x;y)=(2;1)$

Solução:

a) $x-y-7=0 \Rightarrow -y=-x+7 \Rightarrow y=x-7$

$m_1=1 \Rightarrow m_2=-\dfrac{1}{m_1}=-1$

Como a reta passa pelo ponto $(-2;-3)$ e seu coeficiente angular é (-1), a equação pedida é:

$y+3=(-1)\cdot(x+2) \Rightarrow y=-x-5$

Para traçar o gráfico:

x	$f(x) = y = -x - 5$
0	−5
−5	0

$D(f) = \mathbb{R}$ e $Im(f) = \mathbb{R}$.

x	$f(x) = y = x - 7$
0	−7
7	0

$D(f) = \mathbb{R}$ e $Im(f) = \mathbb{R}$.

Gráfico:

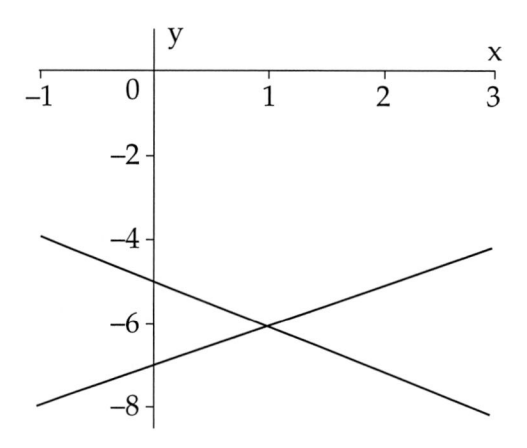

b) $3x + y - 4 = 0 \Rightarrow y = -3x + 4$

$m_1 = -3 \Rightarrow m_2 = -\dfrac{1}{m_1} = \dfrac{1}{3}$

Como a reta passa pelo ponto $(0; -5)$ e seu coeficiente angular é $\dfrac{1}{3}$, a equação pedida é:

$y + 5 = \dfrac{1}{3} \cdot (x - 0) \Rightarrow y = \dfrac{1}{3}x - 5$

Para traçar o gráfico:

x	$f(x) = y = \dfrac{1}{3}x - 5$
0	−5
15	0

$D(f) = \mathbb{R}$ e $\text{Im}(f) = \mathbb{R}$.

x	$f(x) = y = -3x + 4$
0	4
$\dfrac{4}{3}$	0

$D(f) = \mathbb{R}$ e $\text{Im}(f) = \mathbb{R}$.

Gráfico:

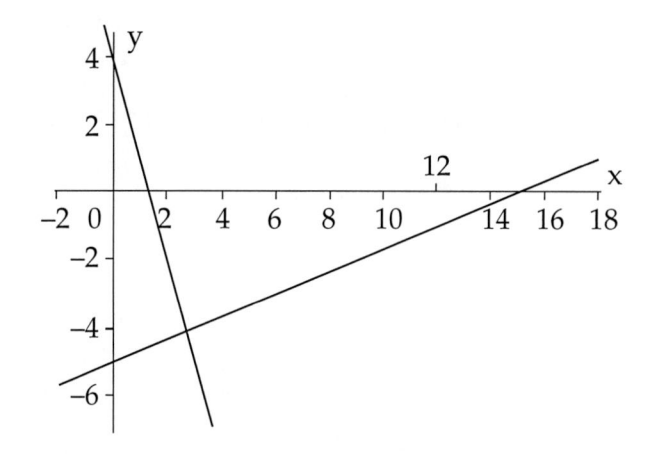

c) $\dfrac{x}{2} + \dfrac{y}{3} - 1 = 0 \Rightarrow \dfrac{y}{3} = -\dfrac{x}{2} + 1 \Rightarrow y = -\dfrac{3x}{2} + 3$

$m_1 = -\dfrac{3}{2} \Rightarrow m_2 = -\dfrac{1}{m_1} = \dfrac{2}{3}$

Como a reta passa pelo ponto $(2\,;3)$ e seu coeficiente angular é $\dfrac{2}{3}$, a equação pedida é:

$y - 3 = \dfrac{2}{3} \cdot (x - 2) \Rightarrow y = \dfrac{2x}{3} + \dfrac{5}{3}$

Para traçar o gráfico:

x	$f(x) = y = \dfrac{2x}{3} + \dfrac{5}{3}$
0	$\dfrac{5}{3}$
$-\dfrac{5}{2}$	0

$D(f) = \mathbb{R}$ e $Im(f) = \mathbb{R}$.

x	$f(x) = y = -\dfrac{3x}{2} + 3$
0	3
2	0

$D(f) = \mathbb{R}$ e $Im(f) = \mathbb{R}$.

Gráfico:

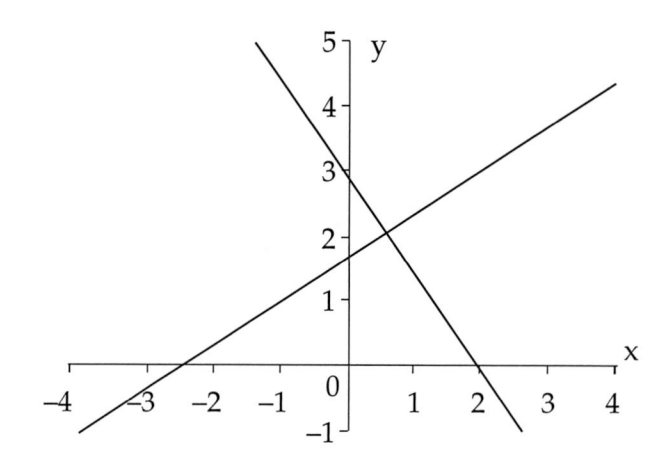

d) $-3x + 5y - 1 = 0 \Rightarrow 5y = 3x + 1 \Rightarrow y = \dfrac{3x}{5} + \dfrac{1}{5}$

$m_1 = \dfrac{3}{5} \Rightarrow m_2 = -\dfrac{1}{m_1} = -\dfrac{5}{3}$

Como a reta passa pelo ponto $(x\,;y) = (1\,;1)$ e seu coeficiente angular é $\left(-\dfrac{5}{3}\right)$, a equação pedida é:

$y - 1 = \left(-\dfrac{5}{3}\right) \cdot (x - 1) \Rightarrow y = -\dfrac{5x}{3} + \dfrac{8}{3}$

Para traçar o gráfico:

x	$f(x) = y = -\dfrac{5x}{3} + \dfrac{8}{3}$
0	$\dfrac{8}{3}$
$\dfrac{8}{5}$	0

$D(f) = \mathbb{R}$ e $\text{Im}(f) = \mathbb{R}$.

x	$f(x) = y = \dfrac{3x}{5} + \dfrac{1}{5}$
0	$\dfrac{1}{5}$
$-\dfrac{1}{3}$	0

$D(f) = \mathbb{R}$ e $\text{Im}(f) = \mathbb{R}$.

Gráfico:

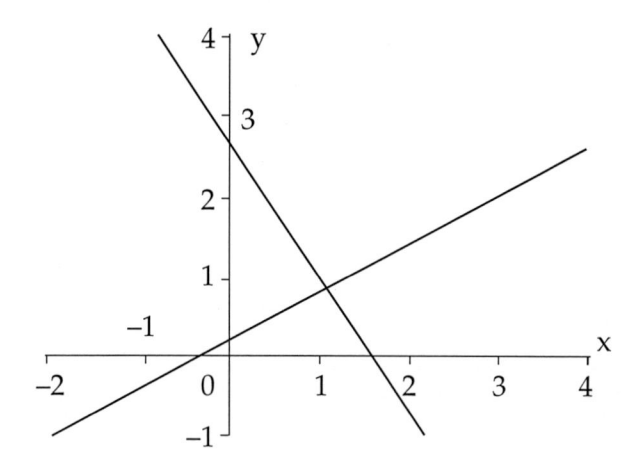

e) $\dfrac{x}{4} - \dfrac{y}{5} + \dfrac{1}{3} = 0 \Rightarrow -\dfrac{y}{5} = -\dfrac{x}{4} - \dfrac{1}{3} \Rightarrow y = \dfrac{5x}{4} + \dfrac{5}{3}$

$m_1 = \dfrac{5}{4} \Rightarrow m_2 = -\dfrac{1}{m_1} = -\dfrac{4}{5}$

Como a reta passa pelo ponto $(2\,;1)$ e seu coeficiente angular é $\left(-\dfrac{4}{5}\right)$, a equação pedida é:

$y - 1 = \left(-\dfrac{4}{5}\right) \cdot (x - 2) \Rightarrow y = -\dfrac{4x}{5} + \dfrac{13}{5}$

Para traçar o gráfico:

x	$f(x) = y = -\dfrac{4x}{5} + \dfrac{13}{5}$
0	$\dfrac{13}{5}$
$\dfrac{13}{4}$	0

$D(f) = \mathbb{R}$ e $\text{Im}(f) = \mathbb{R}$.

x	$f(x) = y = \dfrac{5x}{4} + \dfrac{5}{3}$
0	$\dfrac{5}{3}$
$-\dfrac{4}{3}$	0

$D(f) = \mathbb{R}$ e $\text{Im}(f) = \mathbb{R}$.

Gráfico:

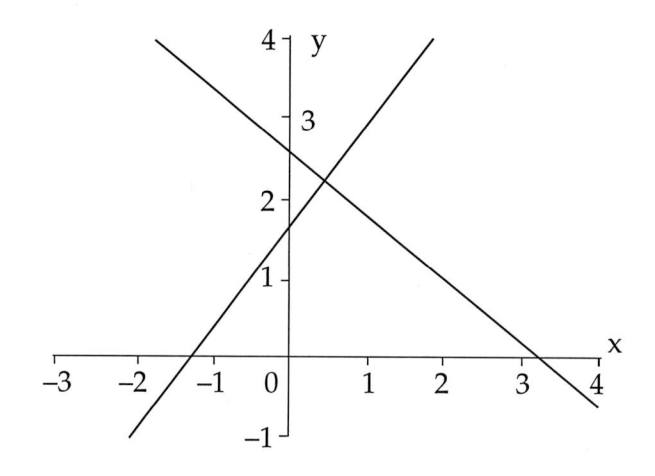

5.19 Exercícios propostos

1) Seja $f : \underset{x}{A \subseteq \mathbb{R}} \underset{\mapsto}{\to} \underset{f(x)=y}{B \subseteq \mathbb{R}}$. Determine o domínio, imagem e esboce o gráfico da função, sendo:

a) $f(x) = y = -\dfrac{4}{7}$

b) $f(x) = y = 9$

c) $f(x) = y = \pi$

2) Sejam $f(x) = 3$ e $g(x) = -2$. Representar no plano cartesiano os pontos (x, y) que satisfazem $g(x) < y \leq f(x)$ (ou $-2 < y \leq 3$).

3) Representar no plano cartesiano os pontos (x, y) que satisfazem $-1 \leq y < 2$.

4) Sejam $f(x) = 3$ e $g(x) = x$. Representar no plano cartesiano os pontos (x, y) que satisfazem $g(x) \leq f(x)$.

5) Sejam $f(x) = -4$, $g(x) = 3$ e $h(x) = x$. Representar no plano cartesiano os pontos (x, y) que satisfazem $f(x) \leq h(x) < g(x)$.

6) Seja $f : \underset{x}{A \subseteq \mathbb{R}} \to \underset{f(x)=y}{B \subseteq \mathbb{R}}$. Determine o domínio, imagem e esboce o gráfico da função, sendo:
   a) $f(x) = y = \dfrac{x}{3}$
   b) $f(x) = y = -\dfrac{x}{3}$

7) Sejam $f(x) = -4$, $g(x) = 3$ e $h(x) = -2x$. Representar no plano cartesiano os pontos (x, y) que satisfazem $f(x) \leq h(x) < g(x)$.

8) Seja $f : \underset{x}{A \subseteq \mathbb{R}} \to \underset{f(x)=y}{B \subseteq \mathbb{R}}$. Determine o domínio, imagem e esboce o gráfico da função, sendo:
   a) $f(x) = y = 3x - 1$
   b) $f(x) = y = 3x + 1$
   c) $f(x) = y = -3x + 1$
   d) $f(x) = y = -3x - 1$

9) Dada a função $f : \underset{x}{A \subseteq \mathbb{R}} \to \underset{f(x) = y = 5x - 6}{B \subseteq \mathbb{R}}$, determine:
   a) $f(0)$
   b) $f\left(-\dfrac{3}{5}\right)$
   c) $f(\sqrt{2})$
   d) $f(x + 7)$
   e) $f(3x - 4)$
   f) O ponto $(x ; 0)$
   g) O ponto $(x ; 1)$

10) Seja $f(3x - 4) = 2x + 7$. Determine:
    a) $f(0)$
    b) $f(-16)$
    c) $f(x)$
    d) $f(5x + 1)$

11) Determinar a equação da reta que passa pelo ponto $(-1;3)$ e tem coeficiente angular igual a (-5).

12) Determinar a equação da reta que passa pelo ponto $\left(-\dfrac{3}{8};-1\right)$ e tem coeficiente linear igual a $\left(-\dfrac{1}{2}\right)$.

13) Calcule o zero da função $f : \underset{x}{A \subset \mathbb{R}} \to \underset{f(x)=y=\frac{x}{3}+1}{B \subset \mathbb{R}}$.

14) Determinar o ponto $(x;y)$ em que o gráfico da função $f : \underset{x}{A \subset \mathbb{R}} \to \underset{f(x)=y=-\frac{2x}{9}+\frac{3}{7}}{B \subset \mathbb{R}}$ corta o eixo x.

15) Dados os gráficos a seguir, das funções $f : \underset{x}{A \subset \mathbb{R}} \to \underset{f(x)=y}{B \subset \mathbb{R}}$, determinar os intervalos onde as funções são crescentes e onde são decrescentes:

a)

b)

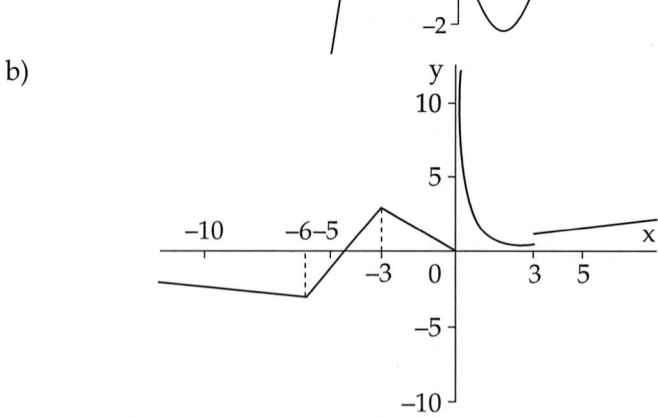

16) Determine se as funções $f : A \subset \mathbb{R}_x \to B \subset \mathbb{R}_{f(x)=y=ax+b}$ a seguir são crescentes ou decrescentes:

a) $f(x) = 3x - 1$
b) $f(x) = 1 - 3x$
c) $f(x) = -7x$
d) $f(x) = \dfrac{3x}{5}$

17) Determine p para que a função $f(x) = (5p - 7)x + 2p$ seja crescente.

18) Determine a equação da reta que passa por dois pontos $(x_1 ; y_1)$ e $(x_2 ; y_2)$ dados, o coeficiente angular (ou declividade) da reta, esboce o gráfico, determine o domínio e a imagem:

a) $(x_1 ; y_1) = (-3 ; 1); (x_2 ; y_2) = (4 ; 0)$
b) $(x_1 ; y_1) = (-2 ; 0); (x_2 ; y_2) = (-1 ; -3)$
c) $(x_1 ; y_1) = (2 ; 1); (x_2 ; y_2) = (-2 ; 0)$
d) $(x_1 ; y_1) = (-3 ; 1); (x_2 ; y_2) = (-1 ; 2)$
e) $(x_1 ; y_1) = (-5 ; -2); (x_2 ; y_2) = (-1 ; -1)$

19) Determine a equação da reta, dado o coeficiente angular (ou declividade) m, que passa pelo ponto $(x_1 ; y_1)$, trace o gráfico, determine o domínio e a imagem:

a) $m = -3; (x_1 ; y_1) = (3 ; 2)$
b) $m = -4; (x_1 ; y_1) = (-5 ; 0)$
c) $m = 0; (x_1 ; y_1) = (2; -4)$
d) $m = -5; (x_1 ; y_1) = (2; -1)$
e) $m = -\dfrac{2}{5}; (x_1 ; y_1) = (2; -1)$

20) Determine a equação da reta perpendicular à reta dada, que passa pelo ponto $(x ; y)$ dado, determine o domínio e a imagem e esboce o gráfico das retas:

a) $3x - y = 4; (x;y) = (-1;-2)$
b) $x - 2y = 3; (x;y) = (0;-1)$
c) $\dfrac{2x}{5} + \dfrac{3y}{4} - 2 = 0; (x;y) = (-1;1)$
d) $x + 3y - 1 = 0; (x;y) = (-2;0)$
e) $\dfrac{x}{3} - \dfrac{y}{3} = 0; (x;y) = (0;1)$

5.20 Respostas dos exercícios propostos

1) a) $D(f) = \mathbb{R}$ e $\text{Im}(f) = \left\{-\dfrac{4}{7}\right\}$.

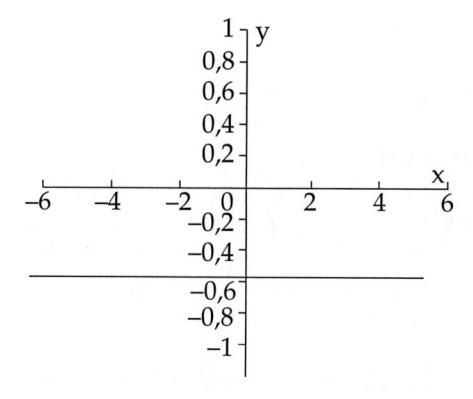

b) $D(f) = \mathbb{R}$ e $\text{Im}(f) = \{9\}$.

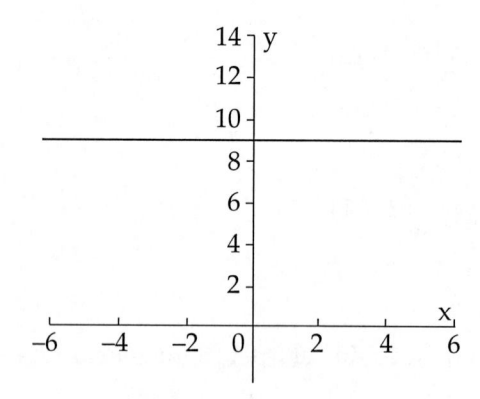

c) $D(f) = \mathbb{R}$ e $Im(f) = \{\pi\}$.

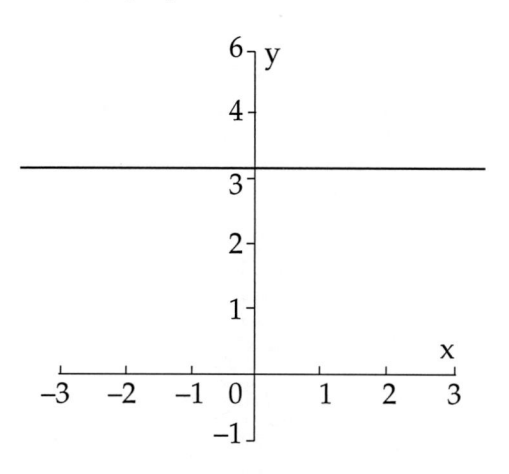

2)

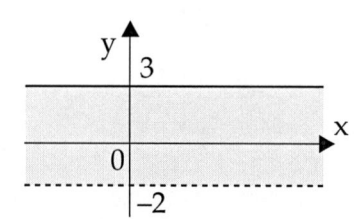

3)

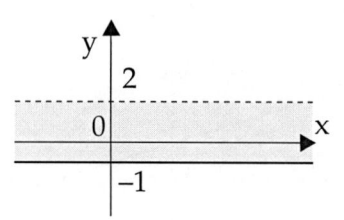

4)

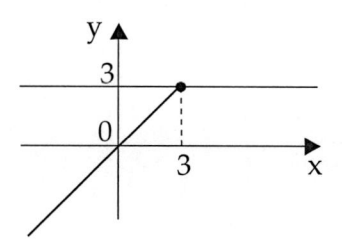

5)

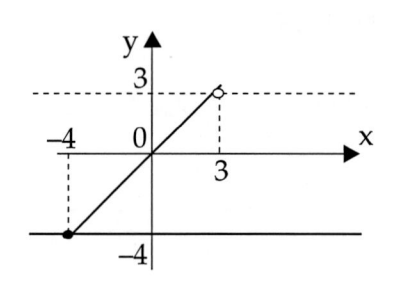

6) a) $D(f) = \mathbb{R}$ e $\text{Im}(f) = \mathbb{R}$.

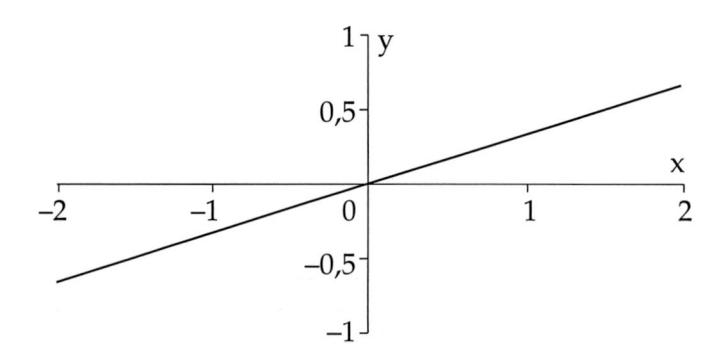

b) $D(f) = \mathbb{R}$ e $\text{Im}(f) = \mathbb{R}$.

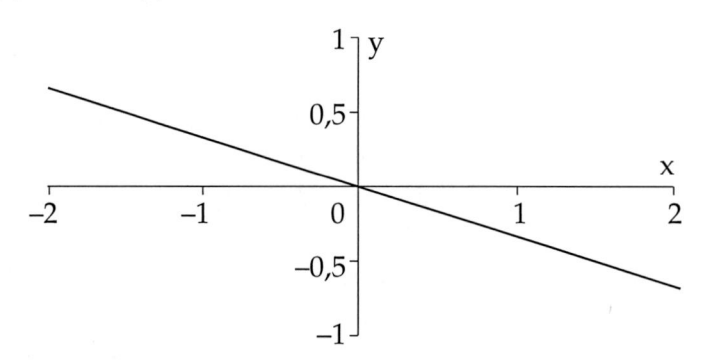

7)

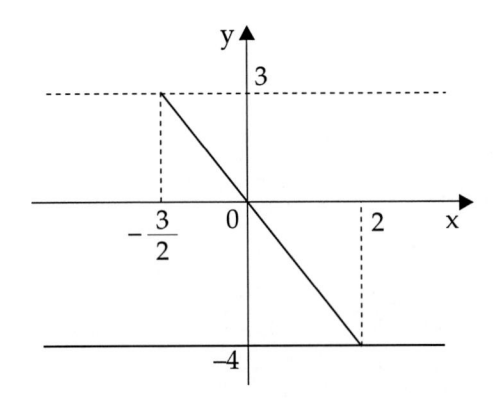

8) a) $D(f) = \mathbb{R} = \text{Im}(f)$.

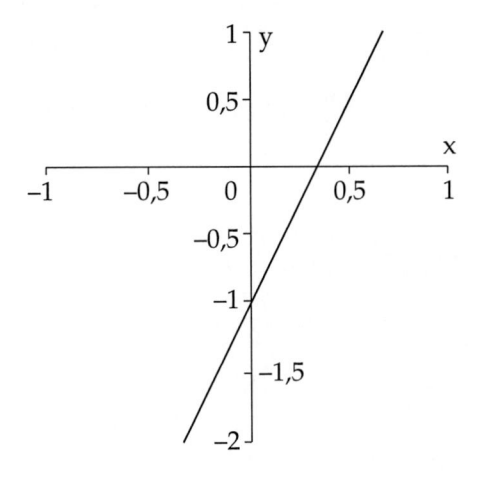

b) $D(f) = \mathbb{R} = \text{Im}(f)$.

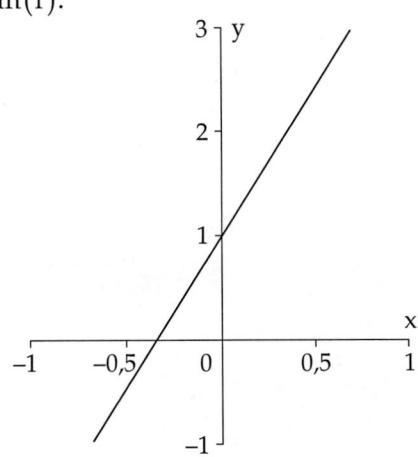

c) $D(f) = \mathbb{R} = \text{Im}(f)$.

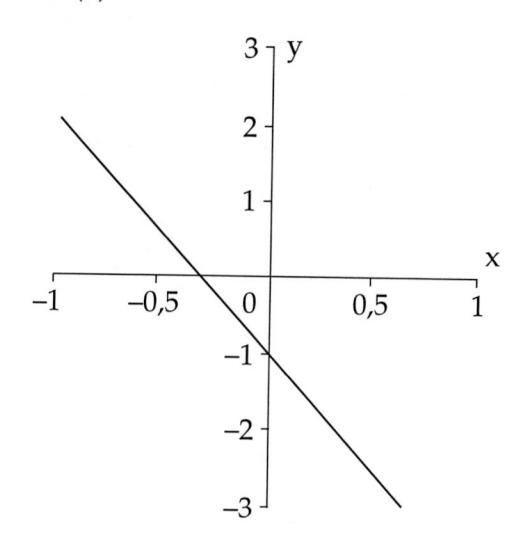

d) $D(f) = \mathbb{R} = \text{Im}(f)$.

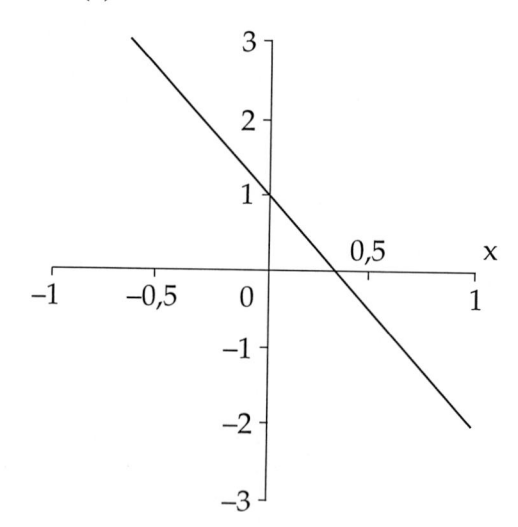

9) a) -6
   b) -9
   c) $5\sqrt{2} - 6$
   d) $5x + 29$
   e) $15x - 26$
   f) $\left(\dfrac{6}{5}; 0\right)$
   g) $\left(\dfrac{7}{5}; 1\right)$

10) a) $\dfrac{57}{8}$ c) $\dfrac{2x+29}{3}$

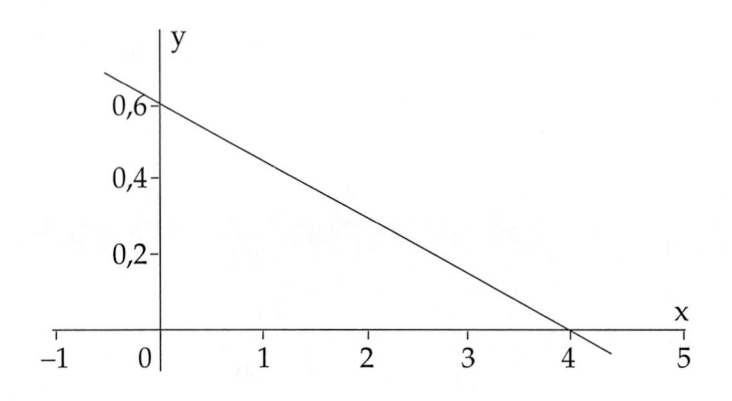

b) -1 d) $\dfrac{10x+89}{3}$

11) $y = -5x - 2$

12) $y = \dfrac{4x}{3} - \dfrac{1}{2}$

13) $x = -3$

14) $\left(\dfrac{27}{14}\, ;\, 0\right)$

15) a) f é crescente em $(-\infty\,;\,-2) \cup \left(\dfrac{3}{2}\,;\,+\infty\right)$ e f é decrescente em $\left(-2\,;\,\dfrac{3}{2}\right)$.

b) f é crescente em $(-6\,;\,-3) \cup (3\,;\,+\infty)$ e f é decrescente em $(-\infty\,;\,-6) \cup (-3\,;\,0) \cup (0\,;\,3)$.

16) a) crescente   c) decrescente

b) decrescente   d) crescente

17) $p > \dfrac{7}{5}$

18) a) $f(x) = -\dfrac{x}{7} + \dfrac{4}{7}$; $D(f) = \text{Im}(f) = \mathbb{R}$.

b) $f(x) = y = -3x - 6$; $D(f) = \text{Im}(f) = \mathbb{R}$.

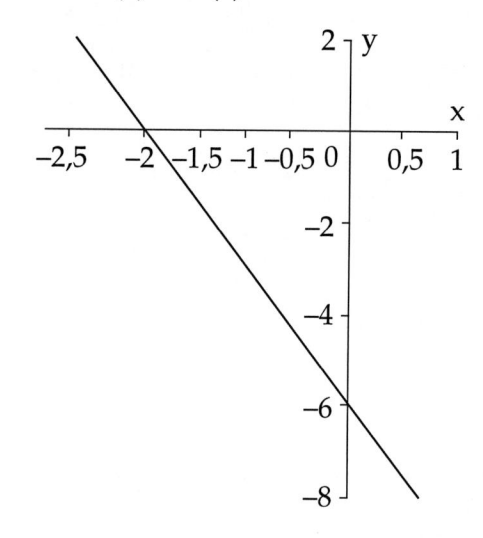

c) $f(x) = y = 1$; $D(f) = \mathbb{R}$; $\text{Im}(f) = \{1\}$.

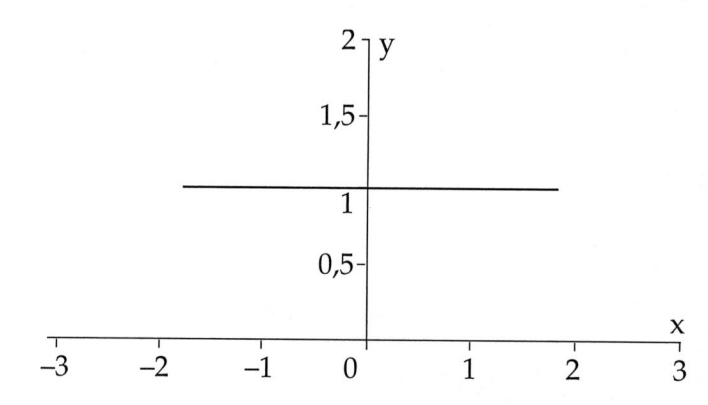

d) $f(x) = y = \dfrac{x}{4} + \dfrac{7}{4}$; $D(f) = \text{Im}(f) = \mathbb{R}$.

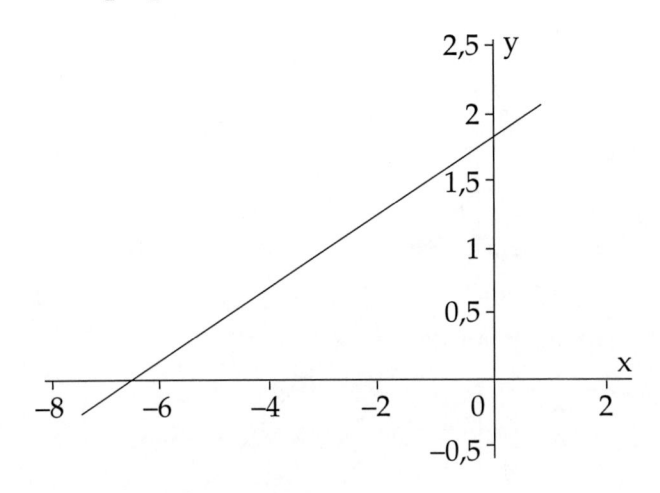

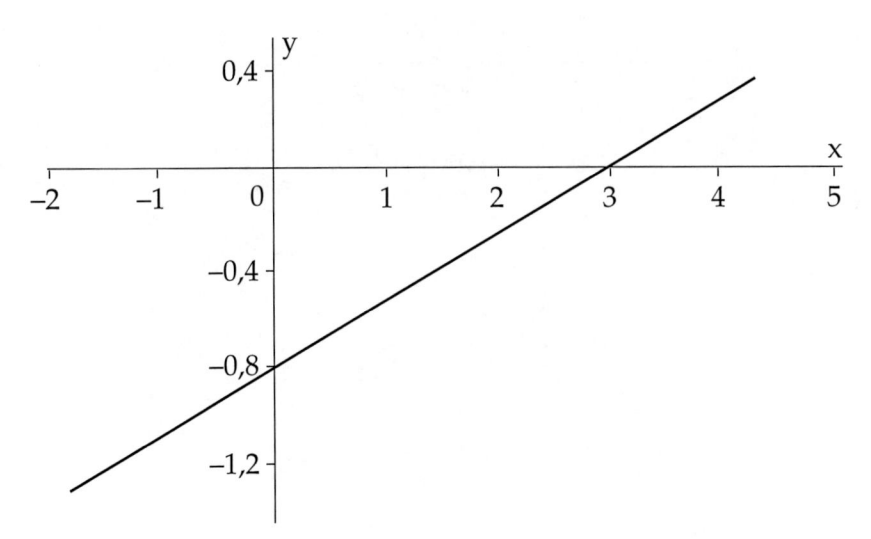

e) $f(x) = y = \dfrac{x}{4} - \dfrac{3}{4}$; $D(f) = \text{Im}(f) = \mathbb{R}$.

19) a) $f(x) = y = -3x + 11$; $D(f) = Im(f) = \mathbb{R}$.

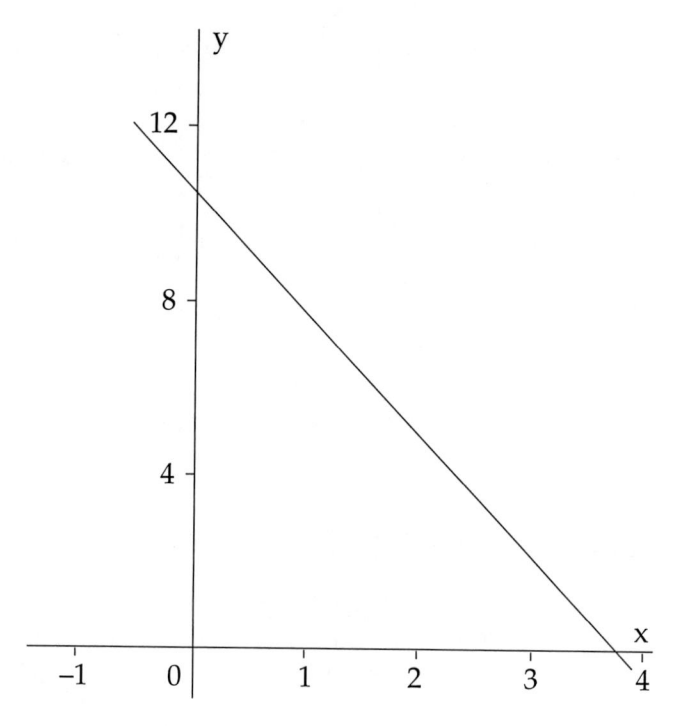

b) $f(x) = y = -4x - 20$; $D(f) = Im(f) = \mathbb{R}$.

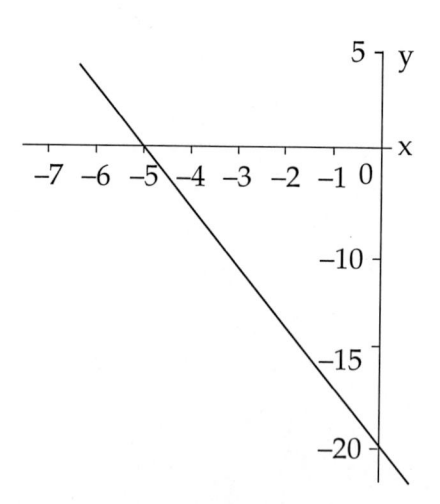

c) $f(x) = y = -4$; $D(f) = \mathbb{R}$; $\text{Im}(f) = \{-4\}$.

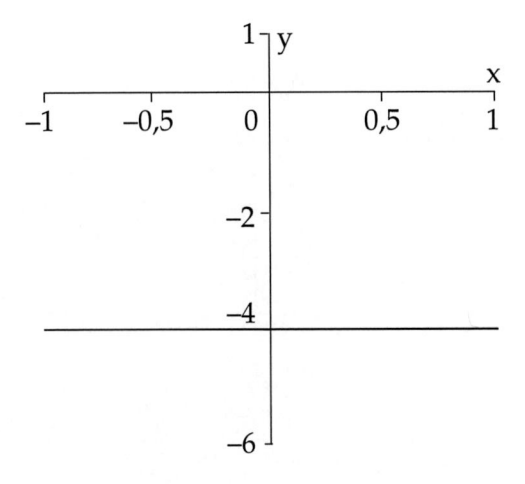

d) $f(x) = y = -5x + 9$; $D(f) = \text{Im}(f) = \mathbb{R}$.

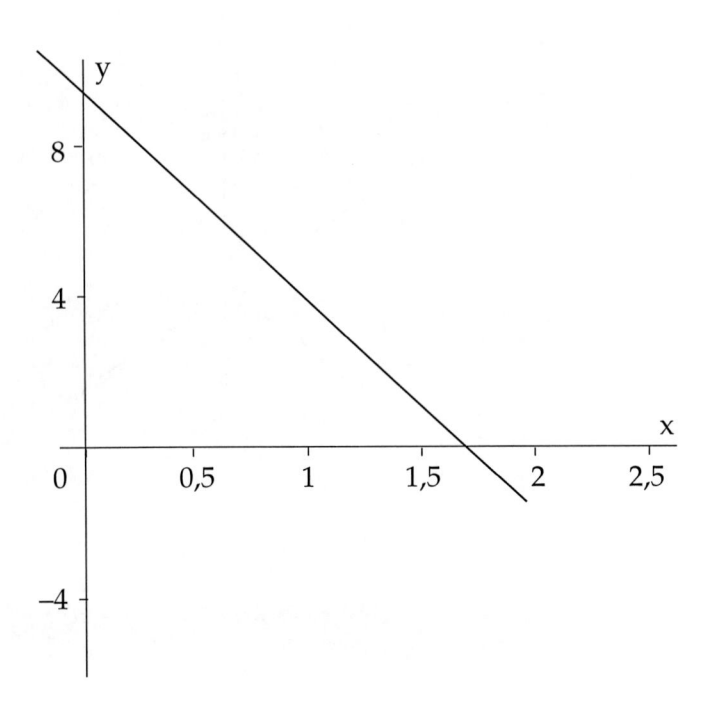

e) $f(x) = y = -\dfrac{2}{5}x - \dfrac{1}{5}$; $D(f) = Im(f) = \mathbb{R}$.

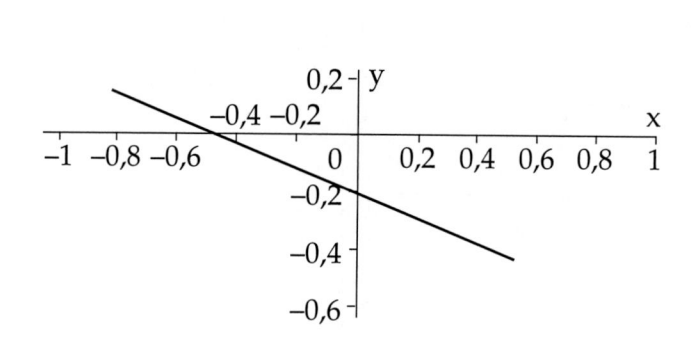

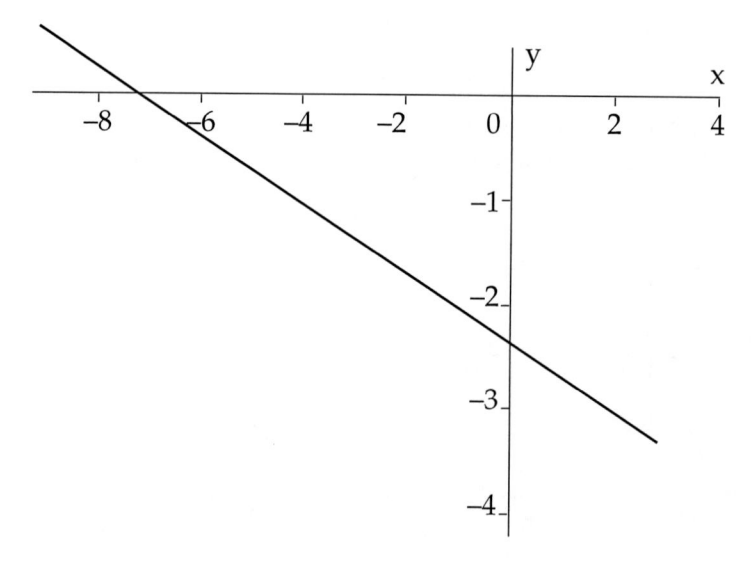

20) a) $f(x) = y = -\dfrac{x}{3} - \dfrac{7}{3}$; $D(f) = Im(f) = \mathbb{R}$.

b) $f(x) = y = -2x - 1$; $D(f) = Im(f) = \mathbb{R}$.

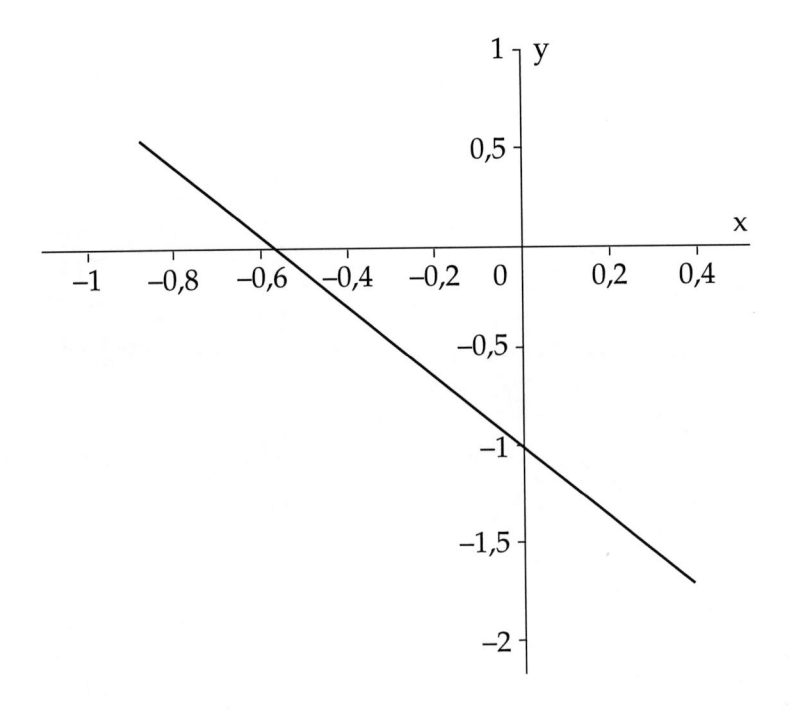

c) $f(x) = y = \dfrac{15}{8}x + \dfrac{23}{8}$; $D(f) = Im(f) = \mathbb{R}$.

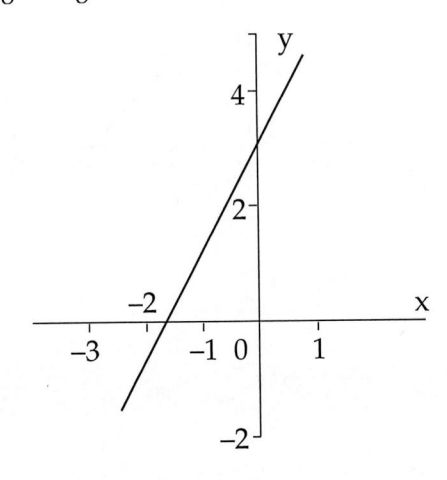

d) $f(x) = y = 3x + 6$; $D(f) = Im(f) = \mathbb{R}$.

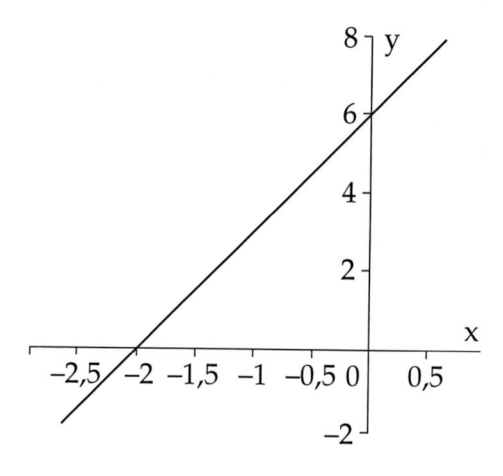

e) $f(x) = y = -x + 1$; $D(f) = Im(f) = \mathbb{R}$.

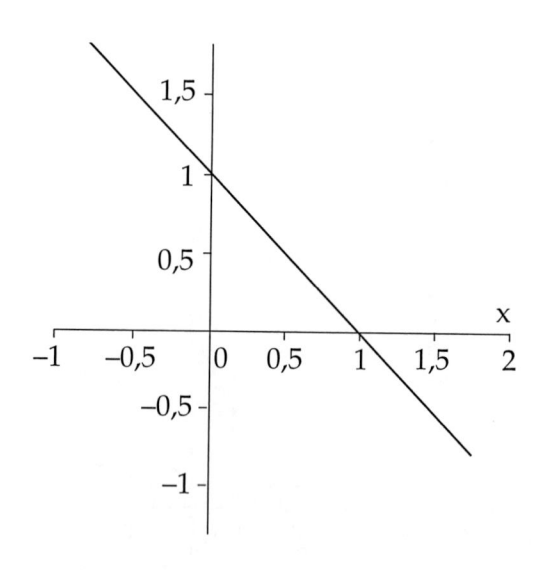

capítulo 6
Relações quadráticas

Este capítulo habilita o aluno a identificar e desenvolver um trabalho com as circunferências, elipses, hipérboles e parábolas, a partir de uma equação chamada "Modelo Matemático Geral".

6.1 Definição

Uma *relação quadrática* é aquela que satisfaz a igualdade

$$Ax^2 + Bxy + Cy^2 + Dx + Ey + F = 0$$ (equação 1)

denominada *modelo matemático geral*, onde A, B, C, D, E, F são constantes.

Dessa equação, originam-se os gráficos das seguintes curvas: circunferência, elipse, parábola e hipérbole, dependendo de certas condições iniciais, que estudaremos a seguir.

6.2 Circunferência

Definição: Dados um ponto C, pertencente a um plano, e uma distância r não nula, chama-se *circunferência* o conjunto dos pontos P, do plano, que estão à distância r do ponto C.

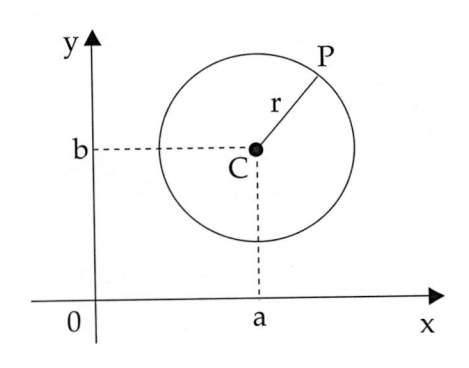

Pré-cálculo

Seja a circunferência de centro em $C(a, b)$ e raio r. Um ponto $P(x, y)$ pertence à circunferência se, e somente se, $\overline{PC} = r$.

Daí, $\overline{PC} = r \Rightarrow \sqrt{(x-a)^2 + (y-b)^2} = r \Rightarrow \boxed{(x-a)^2 + (y-b)^2 = r^2}$ (equação 2), que é chamada *equação reduzida* (ou forma canônica) da circunferência.

Exemplo:

A circunferência de centro $C(2,-1)$ e raio $r = 3$ tem como equação $(x-2)^2 + (y+1)^2 = 9$; a circunferência de centro $C(0,0)$ e raio $r = 5$ tem como equação $x^2 + y^2 = 25$. Elas estão representadas nos gráficos a seguir.

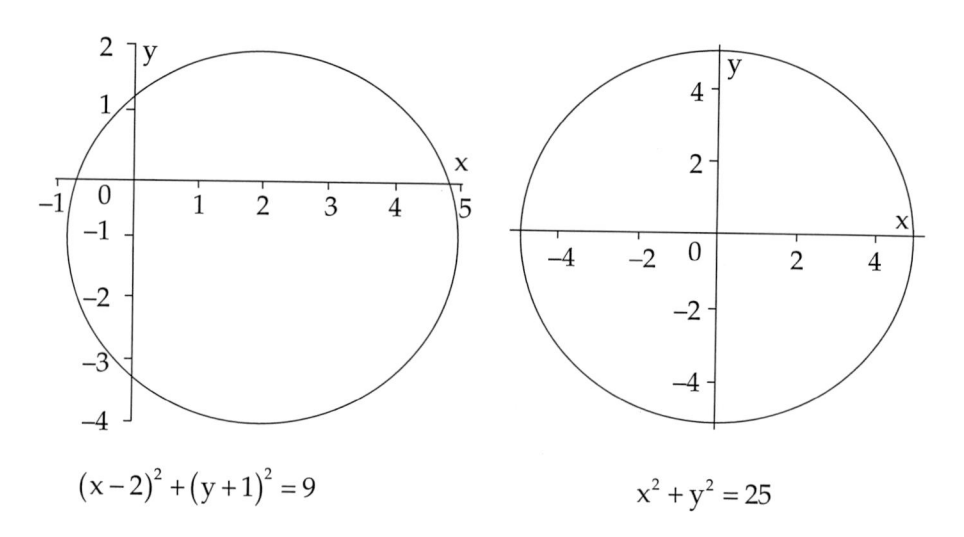

$(x-2)^2 + (y+1)^2 = 9$

$x^2 + y^2 = 25$

Reconhecimento:

Dado o *modelo matemático geral* $Ax^2 + Bxy + Cy^2 + Dx + Ey + F = 0$, quais as condições que as constantes devem obedecer para que representem uma circunferência? Quais as coordenadas do centro? Qual o raio?

Essas perguntas serão facilmente respondidas quando desenvolvermos a equação (2) e compararmos com a equação (1).

$$(x-a)^2 + (y-b)^2 = r^2 \Rightarrow (x^2 - 2ax + a^2) + (y^2 - 2by + b^2) - r^2 = 0 \Rightarrow$$

$$\Rightarrow \boxed{x^2 + y^2 - 2ax - 2by + (a^2 + b^2 - r^2) = 0} \text{ (equação 3).}$$

6 Relações quadráticas

Comparando as duas equações, temos:

$$\begin{cases} x^2 + \dfrac{B}{A}xy + \dfrac{C}{A}y^2 + \dfrac{D}{A}x + \dfrac{E}{A}y + \dfrac{F}{A} = 0 \\ x^2 + y^2 - 2ax - 2by + \left(a^2 + b^2 - r^2\right) = 0 \end{cases} \Rightarrow \begin{cases} \dfrac{B}{A} = 0 \Rightarrow B = 0 \\ \dfrac{C}{A} = 1 \Rightarrow C = A \ne 0 \\ \dfrac{D}{A} = -2a \Rightarrow a = -\dfrac{D}{2A} \\ \dfrac{E}{A} = -2b \Rightarrow b = -\dfrac{E}{2A} \\ \dfrac{F}{A} = a^2 + b^2 - r^2 \end{cases}$$

Como $\dfrac{F}{A} = a^2 + b^2 - r^2$, temos:

$$\dfrac{F}{A} = a^2 + b^2 - r^2 \Rightarrow r^2 = a^2 + b^2 - \dfrac{F}{A} \Rightarrow r^2 = \left(-\dfrac{D}{2A}\right)^2 + \left(-\dfrac{E}{2A}\right)^2 - \dfrac{F}{A} \Rightarrow$$

$$\Rightarrow r^2 = \dfrac{D^2}{4A^2} + \dfrac{E^2}{4A^2} - \dfrac{F}{A} = \dfrac{D^2 + E^2 - 4AF}{4A^2} > 0 \text{ (pois o raio não pode ser zero)}$$

$$\Rightarrow \boxed{D^2 + E^2 - 4AF > 0}.$$

Assim, vamos responder às perguntas feitas:

a) Condições: $C = A \ne 0$, $B = 0$ e $D^2 + E^2 - 4AF > 0$

b) $C\left(-\dfrac{D}{2A}, -\dfrac{E}{2A}\right)$

c) $r = \dfrac{\sqrt{D^2 + E^2 - 4AF}}{2|A|}$

Logo, o *modelo matemático* é $Ax^2 + Cy^2 + Dx + Ey + F = 0$, com $C = A \ne 0$ e $D^2 + E^2 - 4AF > 0$.

A circunferência não vai existir se o modelo matemático não for satisfeito.

O domínio da relação é o intervalo $[a - r; a + r]$ e a imagem da relação é o conjunto $[b - r; b + r]$.

Exemplo:
Seja a equação $x^2 + y^2 + 4x - 4y - 41 = 0$.

Para obter a forma canônica da circunferência, devem-se determinar dois produtos notáveis (um em x e outro em y):

$$\left(x^2+4x\right)+\left(y^2-4y\right)-41=0 \Rightarrow \left(x^2+4x\right)+\left(y^2-4y\right)=41.$$

Para se obter o quadrado perfeito em x, a partir do termo (x^2+4x), deve-se somar uma constante. Essa constante está denominada por k_1^2. Do mesmo modo, para se obter um quadrado perfeito em y, a partir do termo (y^2-4y), deve-se somar uma constante. Essa constante está denominada por k_2^2.

Para não alterar a igualdade matemática, adiciona-se essas constantes no lado direito da equação:

$$(x^2+4x+k_1^2)+(y^2-4y+k_2^2)=41+k_1^2+k_2^2$$

Tem-se, então, que: $2k_1=4 \Rightarrow k_1=2$ e $2k_2=-4 \Rightarrow k_2=-2$.

Daí,

$$(x^2+4x+k_1^2)+(y^2-4y+k_2^2)=41+2^2+2^2 \Rightarrow (x+2)^2+(y-2)^2=49 \Rightarrow$$

$$\Rightarrow (x+2)^2+(y-2)^2=49.$$

Comparando-se essa equação com a equação (2), $(x-a)^2+(y-b)^2=r^2$, tem-se que $a=-2$, $b=2$ e $r^2=49 \Rightarrow r=7$.

Logo, o centro da circunferência é o ponto $(-2, 2)$ e o raio é igual a 7.

Graficamente:

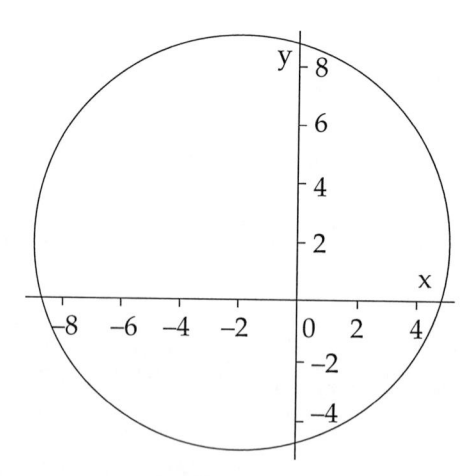

O domínio da relação é o intervalo $[-9, 5]$ e a imagem é o intervalo $[-5, 9]$.

6.3 Elipse

Definição: Dados dois pontos distintos F_1 e F_2, pertencentes a um plano, seja $2c$ a distância entre eles. *Elipse* é o conjunto dos pontos P, do plano cuja soma das distâncias a F_1 e F_2 é a constante $2a$.

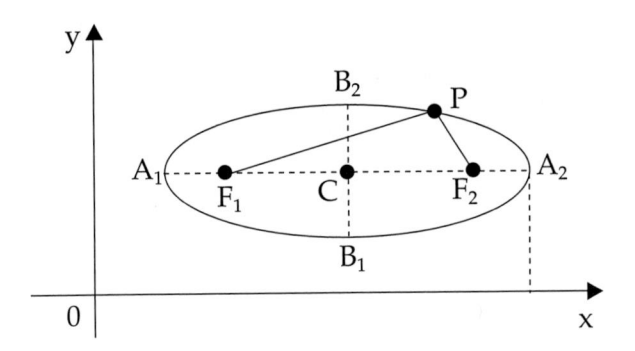

$\overline{F_1F_2} = 2c$ e $\overline{F_1P} + \overline{PF_2} = 2a$.

$\overline{A_1A_2} = \overline{A_1F_1} + \overline{F_1F_2} + \overline{F_2A_2} = \overline{A_1F_1} + \overline{F_1F_2} + \overline{A_1F_1} = \overline{F_1A_1} + \overline{A_1F_2} = 2a$

Sejam F_1 e F_2 os focos, C o centro, $A_1 A_2$ o eixo maior, $B_1 B_2$ o eixo menor, $2c$ a distância focal, $2a$ a medida do eixo maior, $2b$ a medida do eixo menor e $\frac{c}{a}$ a excentricidade.

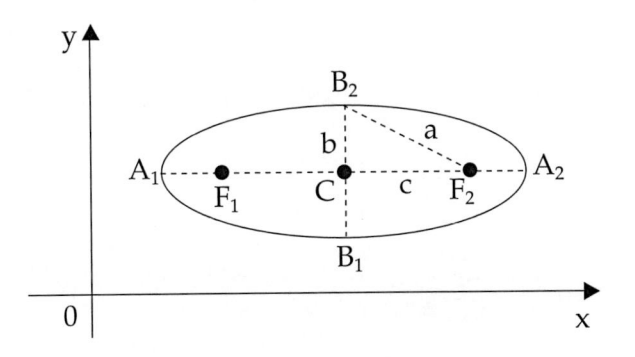

$a^2 = b^2 + c^2$

Pré-cálculo

Seja a elipse de centro em $C(0,0)$, $A_1(-a,0)$, $A_2(a,0)$, $B_1(0,-b)$, $B_2(0,b)$, $F_1(-c,0)$ e $F_2(c,0)$. Um ponto $P(x,y)$ pertence à elipse se, e somente se, $\overline{F_1P} + \overline{PF_2} = 2a$.

$$\overline{F_1P} + \overline{PF_2} = 2a \Rightarrow \sqrt{(x+c)^2 + (y-0)^2} + \sqrt{(x-c)^2 + (y-0)^2} = 2a \Rightarrow$$

$$\Rightarrow \sqrt{(x+c)^2 + y^2} = 2a - \sqrt{(x-c)^2 + y^2} \Rightarrow$$

$$\Rightarrow x^2 + 2cx + c^2 + y^2 = 4a^2 - 4a\sqrt{(x-c)^2 + y^2} + x^2 - 2cx + c^2 + y^2 \Rightarrow$$

$$\Rightarrow 4cx = 4a^2 - 4a\sqrt{(x-c)^2 + y^2} \Rightarrow a\sqrt{(x-c)^2 + y^2} = a^2 - cx \Rightarrow$$

$$\Rightarrow a^2(x-c)^2 + a^2y^2 = (a^2 - cx)^2 \Rightarrow$$

$$\Rightarrow a^2x^2 - 2a^2cx + a^2c^2 + a^2y^2 = a^4 - 2a^2cx + c^2x^2 \Rightarrow$$

$$\Rightarrow a^2x^2 - c^2x^2 + a^2y^2 = a^4 - a^2c^2 \Rightarrow (a^2 - c^2)\cdot x^2 + a^2y^2 = a^2\cdot(a^2 - c^2) \Rightarrow$$

$$\Rightarrow b^2 \cdot x^2 + a^2y^2 = a^2 \cdot b^2 \Rightarrow \boxed{\frac{x^2}{a^2} + \frac{y^2}{b^2} = 1}, \text{ que é chamada } \textit{equação reduzida}$$

da elipse (ou equação na forma canônica).

Analogamente, se $C(0,0)$, $A_1(0,-a)$, $A_2(0,a)$, $B_1(-b,0)$, $B_2(b,0)$, $F_1(0,-c)$ e $F_2(0,c)$, a equação reduzida da elipse será $\frac{y^2}{a^2} + \frac{x^2}{b^2} = 1$.

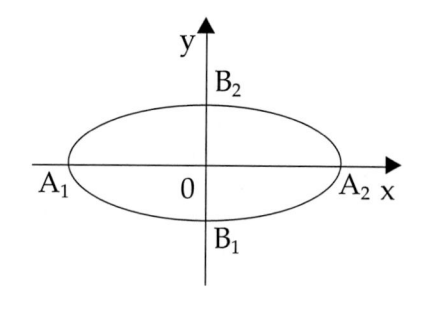

6 Relações quadráticas

$$\frac{x^2}{a^2}+\frac{y^2}{b^2}=1 \qquad \frac{y^2}{a^2}+\frac{x^2}{b^2}=1$$

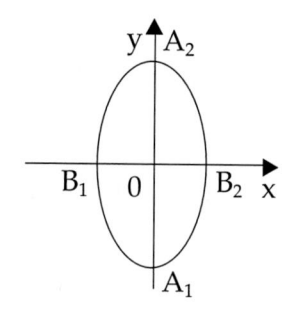

Se $C(h, k)$, teremos:

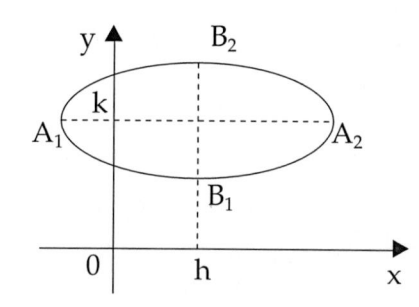

$$\frac{(x-h)^2}{a^2}+\frac{(y-k)^2}{b^2}=1 \qquad \frac{(y-k)^2}{a^2}+\frac{(x-h)^2}{b^2}=1$$

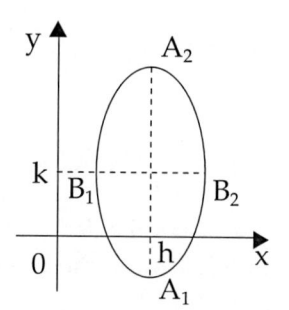

Exemplo:

A elipse de centro $C(2,-1)$, semieixo maior $a=5$ e semieixo menor $b=4$, apresenta as equações $\frac{(x-2)^2}{25}+\frac{(y+1)^2}{16}=1$ e $\frac{(x-2)^2}{16}+\frac{(y+1)^2}{25}=1$.

$$\frac{(x-2)^2}{25} + \frac{(y+1)^2}{16} = 1 \qquad \frac{(x-2)^2}{16} + \frac{(y+1)^2}{25} = 1$$

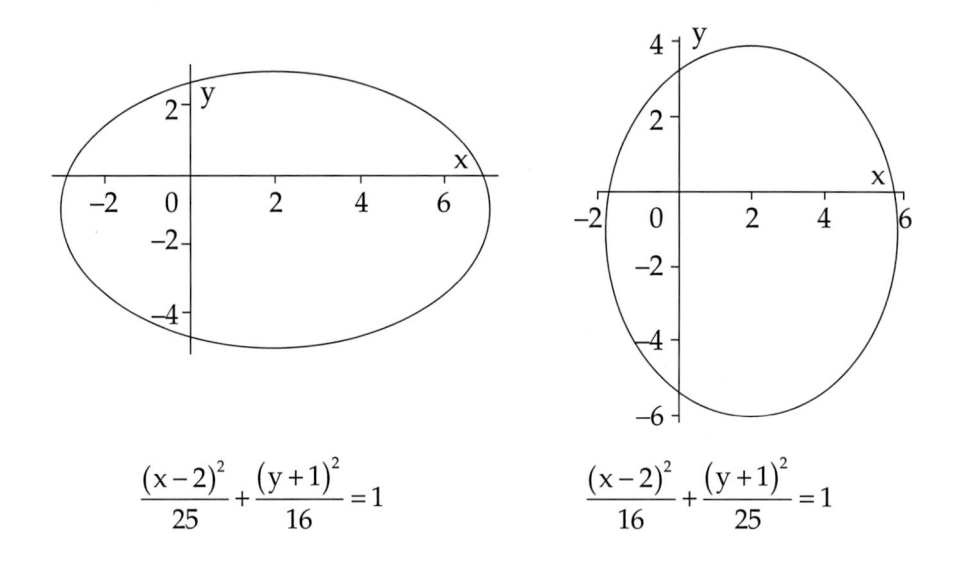

O *modelo matemático* é $Ax^2 + Cy^2 + Dx + Ey + F = 0$, com $A \neq C$, ou a curva é identificada em função de seus parâmetros por meio de $\frac{(x-h)^2}{a^2} + \frac{(y-k)^2}{b^2} = 1$, onde (h, k) é o centro e $2a$ e $2b$ são os eixos.

A elipse não vai existir se o modelo matemático não for satisfeito.

O domínio da relação é o intervalo $[h-a\,;h+a]$ e a imagem é o conjunto $[k-b\,;k+b]$.

Exemplo:

Seja a relação $x^2 + 4y^2 - 6x + 16y - 50 = 0$. Para se obter a forma reduzida, deve-se obter um produto notável em x e um produto notável em y. Logo,

$$(x^2 - 6x) + (4y^2 + 16y) = 50.$$

Como não existe produto notável que tenha uma constante multiplicando os termos quadráticos, coloca-se em evidência a constante 4 que está multiplicando o termo y^2. Para não alterar a igualdade matemática, soma-se do lado direito da equação a constante $4k_2^2$.

$$\Rightarrow (x^2 - 6x + k_1^2) + 4(y^2 + 4y + k_2^2) = 50 + k_1^2 + 4k_2^2 \Rightarrow$$

$$\Rightarrow 2k_1 = -6 \quad \Rightarrow \quad k_1 = -3 \; e \; 2k_2 = 4 \quad \Rightarrow \quad k_2 = 2.$$

Logo, $(x^2 - 6x + 9) + 4(y^2 + 4y + 4) = 50 + 9 + 16 \Rightarrow$

$\Rightarrow (x-3)^2 + 4(y+2)^2 = 25 \Rightarrow \dfrac{(x-3)^2}{25} + \dfrac{(y+2)^2}{\dfrac{25}{4}} = 1$, que é uma elipse de

centro $(3, -2)$ e semieixos $a = 5$ e $b = \dfrac{5}{2}$. O domínio da relação é o intervalo $[-2, 8]$ e a imagem é o intervalo $\left[-\dfrac{9}{2}, -\dfrac{1}{2}\right]$. O gráfico é apresentado a seguir:

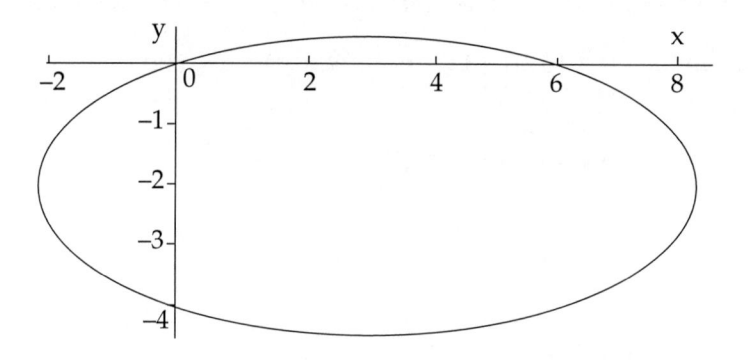

6.4 Parábola

Definição: Dados um ponto F e uma reta d, pertencentes a um plano, com $F \notin d$, seja $2p$ a distância entre F e d. Parábola é o conjunto dos pontos do plano que estão à mesma distância de F e de d.

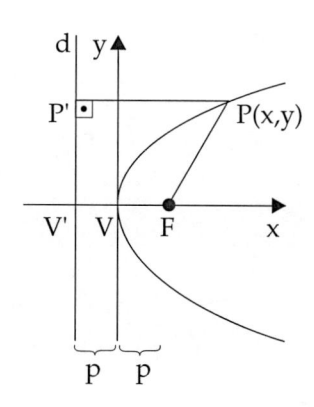

$\overline{PF} = \overline{PP'}$ e $\overline{VF} = \overline{V'V} = p$.

Sejam F o foco, d a diretriz, p o parâmetro, V o vértice e a reta VF o eixo de simetria.

Tomemos a parábola anterior, onde $V(0,0)$, $F(p,0)$ e a equação da diretriz d, sendo $x = -p$.

$$\overline{PF} = \overline{PP'} \Rightarrow \sqrt{(x-p)^2 + (y-0)^2} = \sqrt{(x+p)^2 + (y-y)^2} \Rightarrow$$

$$\Rightarrow (x-p)^2 + y^2 = (x+p)^2 \Rightarrow x^2 - 2px + p^2 + y^2 = x^2 + 2px + p^2 \Rightarrow$$

$$\Rightarrow \boxed{y^2 = 4px}, \text{ que é a } \textit{equação reduzida} \text{ (ou forma canônica) da parábola.}$$

Analogamente, se $V(0,0)$ e $F(0,p)$, a equação reduzida da parábola será $x^2 = 4py$.

Se $V(h,k)$, as equações se tornam:

$$(y-k)^2 = 4p(x-h) \text{ ou } (x-h)^2 = 4p(y-k).$$

Exemplos:

1) A parábola com parâmetro $p = 2$, vértice na origem e foco no eixo dos x tem equação:

$y^2 = 8x$, se F à direita de V. $y^2 = -8x$, se F à esquerda de V.

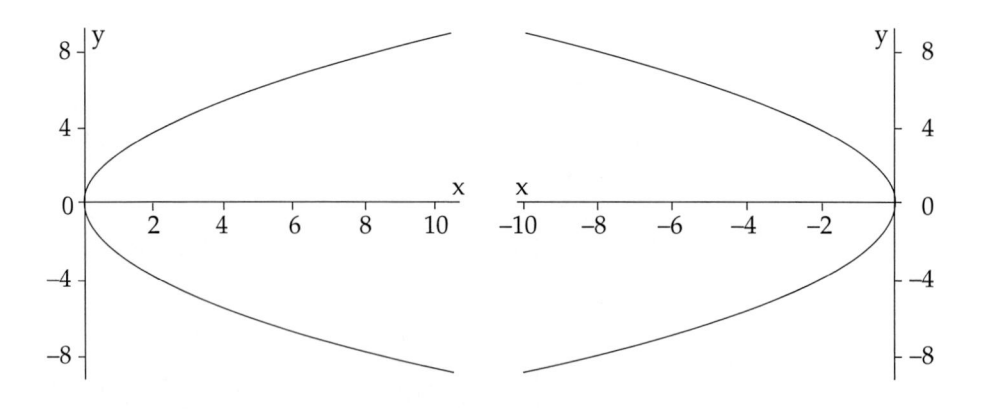

2) A parábola com parâmetro p = 2, vértice na origem e foco no eixo dos y tem equação:

$x^2 = 8y$, se F acima de V. $x^2 = -8y$, se F abaixo de V.

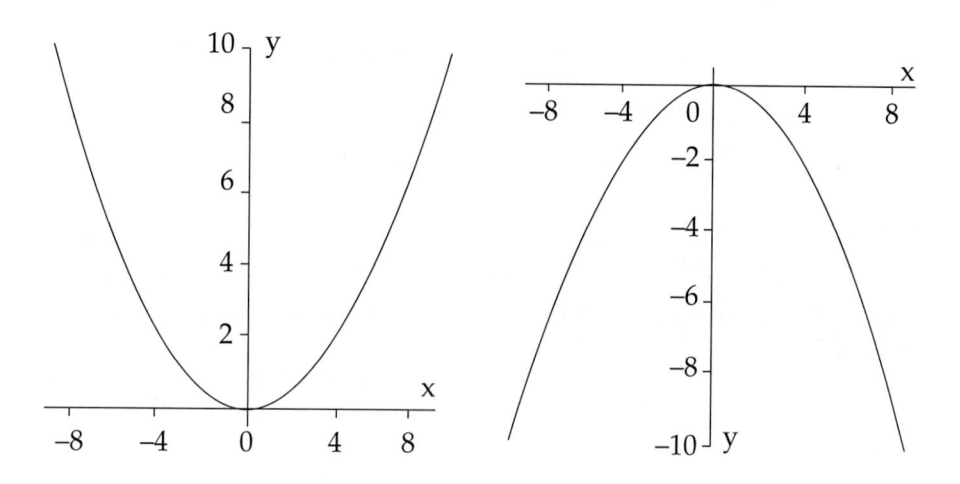

O *modelo matemático* será:
1º caso: parábola com eixo transversal paralelo ao eixo x.

$$Cy^2 + Dx + Ey + F = 0 \Rightarrow x = \frac{-Cy^2 - Ey - F}{D} \Rightarrow x = ay^2 + by + c$$

Nesse caso, o vértice é dado pelo par ordenado $\left(-\frac{b}{2a}; -\frac{b^2 - 4ac}{4a}\right)$.

Ou a curva é identificada em função de seus parâmetros por meio de $(y - k)^2 = 4p(x - h)$, onde (h, k) é o vértice *e* p a distância do foco ao vértice.

A parábola não vai existir se o modelo matemático não for satisfeito.

Se p > 0, o domínio da relação é o intervalo [h; +∞) e a imagem, o conjunto ℝ. Se p < 0, o domínio da relação é o intervalo (−∞; h] e a imagem, o conjunto ℝ.

2º caso: parábola com eixo transversal paralelo ao eixo y.

$$Ax^2 + Dx + Ey + F = 0 \Rightarrow y = \frac{-Ax^2 - Dx - F}{E} \Rightarrow y = ax^2 + bx + c$$

Nesse caso, o vértice é dado pelo par ordenado $\left(-\dfrac{b}{2a};-\dfrac{b^2-4ac}{4a}\right)$.

Ou a curva é identificada em função de seus parâmetros por meio de $(x-h)^2 = 4p(y-k)$, onde (h, k) é o vértice *e* p a distância do foco ao vértice.

A parábola não vai existir se o modelo matemático não for satisfeito.

Se $p > 0$, o domínio é o conjunto $\mathbb{R}$ e a imagem, o intervalo $[k;+\infty)$. Se $p < 0$, o domínio é o conjunto $\mathbb{R}$ e a imagem, o intervalo $(-\infty;k]$.

Exemplo:

Seja a equação $y^2 - 2x - 2y + 9 = 0$. Para se obter a forma reduzida, deve-se compor um quadrado perfeito em y, pois a equação tem um termo quadrático em y.

$(y^2 - 2y) = 2x - 9 \Rightarrow (y^2 - 2y + k_1^2) = 2x - 9 + k_1^2 \Rightarrow 2k_1 = -2 \Rightarrow k_1 = -1 \Rightarrow$

$\Rightarrow (y^2 - 2y + 1) = 2x - 9 + 1 \Rightarrow (y-1)^2 = 2(x-4) \Rightarrow 4p = 2 \Rightarrow p = \dfrac{1}{2}$, que

é uma parábola com vértice $(4, 1)$. O domínio da relação é o intervalo $[4,+\infty)$ e a imagem é $\mathbb{R}$. O gráfico é apresentado a seguir:

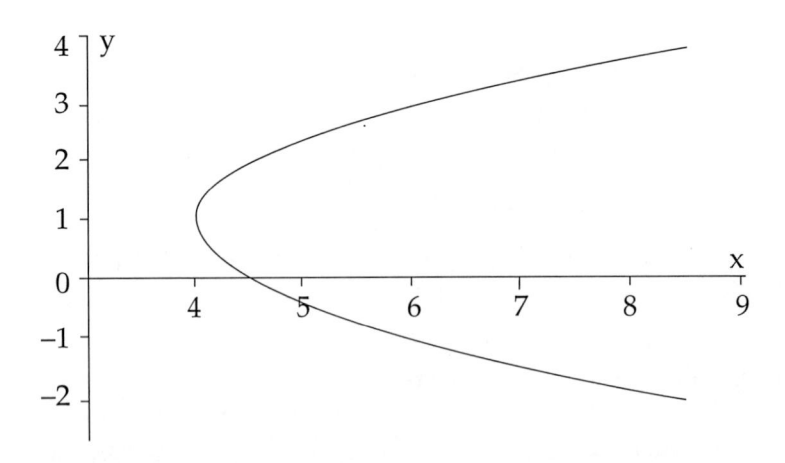

6.5 Hipérbole

Definição: Dados dois pontos distintos F_1 e F_2, pertencentes a um plano, seja $2c$ a distância entre eles. *Hipérbole* é o conjunto dos pontos P, do plano, cuja diferença (em valor absoluto) das distâncias a F_1 e F_2 é a constante $2a$ ($0 < 2a < 2c$).

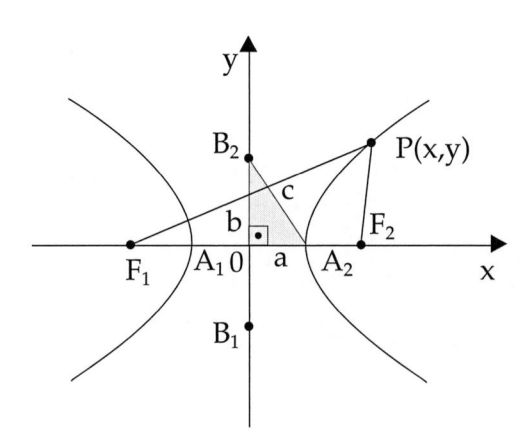

$|PF_1 - PF_2| = 2a$ e $c^2 = a^2 + b^2$.

Sejam F_1 e F_2 os focos, C o centro (nesse caso, $C = 0$), $A_1\, A_2$ o eixo real ou transverso, $B_1\, B_2$ o eixo imaginário, $2c$ a distância focal, $2a$ a medida do eixo real, $2b$ a medida do eixo imaginário e $\frac{c}{a}$ a excentricidade.

Tomemos a hipérbole anterior, onde $F_1(-c, 0)$ e $F_2(c, 0)$.

$|PF_1 - PF_2| = 2a \Rightarrow \sqrt{(x+c)^2 + (y-0)^2} - \sqrt{(x-c)^2 + (y-0)^2} = \pm 2a \Rightarrow$

$\Rightarrow \sqrt{(x+c)^2 + y^2} = \sqrt{(x-c)^2 + y^2} \pm 2a \Rightarrow$

$\Rightarrow (x+c)^2 + y^2 = (x-c)^2 + y^2 \pm 4a\sqrt{(x-c)^2 + y^2} + 4a^2 \Rightarrow$

$\Rightarrow cx - a^2 = \pm a\sqrt{(x-c)^2 + y^2} \Rightarrow (cx - a^2)^2 = a^2(x-c)^2 + a^2 y^2 \Rightarrow$

$\Rightarrow c^2 x^2 - 2a^2 cx + a^4 = a^2 x^2 - 2a^2 cx + a^2 c^2 + a^2 y^2 \Rightarrow$

$\Rightarrow (c^2 - a^2)x^2 - a^2y^2 = a^2(c^2 - a^2) \Rightarrow b^2x^2 - a^2y^2 = a^2b^2 \Rightarrow$

$\Rightarrow \boxed{\dfrac{x^2}{a^2} - \dfrac{y^2}{b^2} = 1}$, que é a *equação reduzida* (ou forma canônica) da hipérbole.

Analogamente, se $F_1(0, -c)$ e $F_2(0, c)$, a equação reduzida da hipérbole será $\dfrac{y^2}{a^2} - \dfrac{x^2}{b^2} = 1$.

Se $C(h, k)$, as equações se tornam:

$$\frac{(x-h)^2}{a^2} - \frac{(y-k)^2}{b^2} = 1 \text{ ou } \frac{(y-k)^2}{a^2} - \frac{(x-h)^2}{b^2} = 1$$

Exemplo:

Uma hipérbole que tem centro $C(2, -3)$, semieixo real $a = 4$ e semieixo imaginário $b = 3$ tem a equação:

$$\frac{(x-2)^2}{16} - \frac{(y+3)^2}{9} = 1, \text{ se } A_1A_2 \parallel x, \text{ ou } \frac{(y+3)^2}{16} - \frac{(x-2)^2}{9} = 1, \text{ se } A_1A_2 \parallel y.$$

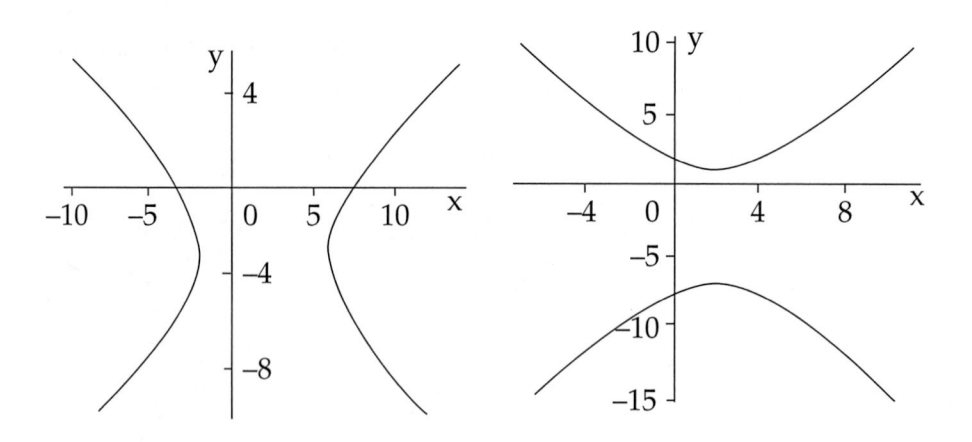

O *modelo matemático* será:

1º caso: hipérbole com eixo transversal paralelo ao eixo x.

$$Ax^2 + Cy^2 + Dx + Ey + F = 0, A \text{ e } C \text{ simétricos.}$$

Ou a curva é identificada em função de seus parâmetros por meio de $\frac{(x-h)^2}{a^2} - \frac{(y-k)^2}{b^2} = 1$, onde: (h, k) é o centro e a, a distância do centro ao vértice.

A hipérbole não vai existir se o modelo matemático não for satisfeito.

O domínio da relação é o intervalo $(-\infty; h-a] \cup [h+a; +\infty)$ e a imagem é $\mathbb{R}$.

A hipérbole tem duas assíntotas dadas por $\frac{y-k}{b} = \pm \frac{x-h}{a}$.

2º caso: hipérbole com eixo transversal paralelo ao eixo y.
$Ax^2 + Cy^2 + Dx + Ey + F = 0$, A e C simétricos.

Ou a curva é identificada em função de seus parâmetros por meio de $\frac{(y-k)^2}{b^2} - \frac{(x-h)^2}{a^2} = 1$, onde: (h, k) é o centro e a, a distância do centro ao vértice.

A hipérbole não vai existir se o modelo matemático não for satisfeito.

O domínio da relação é o conjunto $\mathbb{R}$ e a imagem é o intervalo $(-\infty, k-b] \cup [k+b, +\infty)$.

A hipérbole tem duas assíntotas dadas por $\frac{x-h}{a} = \pm \frac{y-k}{b}$.

Exemplo:

Seja a equação $3x^2 - 2y^2 - 6x - 4y + 2 = 0$. Para se obter a forma canônica, deve-se formar um produto notável em x e outro em y.

$(3x^2 - 6x) + (-2y^2 - 4y) = -2 \Rightarrow 3(x^2 - 2x) - 2(y^2 + 2y) = -2 \Rightarrow$

$\Rightarrow 3(x^2 - 2x + k_1^2) - 2(y^2 + 2y + k_2^2) = -2 + 3k_1^2 - 2k_2^2 \Rightarrow$

$\Rightarrow 2k_1 = -2 \Rightarrow k_1 = -1$ e $2k_2 = 2 \Rightarrow k_2 = 1 \Rightarrow$

$\Rightarrow 3(x^2 - 2x + 1) - 2(y^2 + 2y + 1) = -2 + 3 - 2 \Rightarrow 3(x-1)^2 - 2(y+1)^2 = -1 \Rightarrow$

$\Rightarrow \frac{(y+1)^2}{\frac{1}{2}} - \frac{(x-1)^2}{\frac{1}{3}} = 1.$

O domínio da relação é $\mathbb{R}$ e a imagem é o intervalo $\left(-\infty, -1-\dfrac{1}{\sqrt{2}}\right] \cup \left[-1+\dfrac{1}{\sqrt{2}}, +\infty\right)$.

O gráfico é apresentado a seguir:

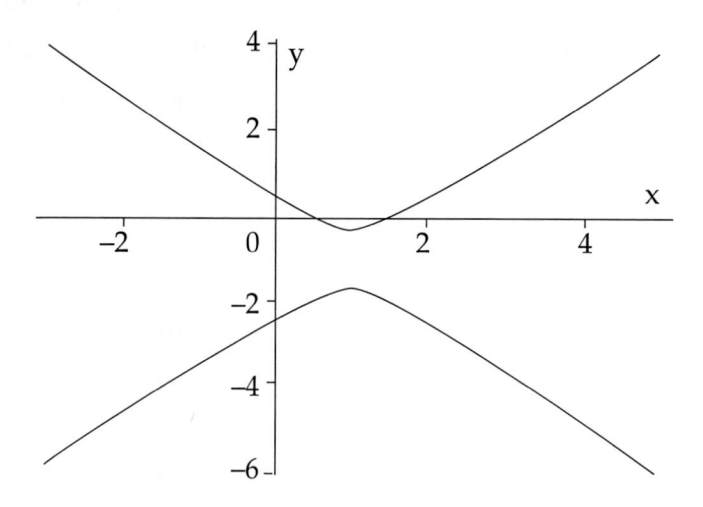

6.5.1 Hipérbole equilátera

Definição: Uma hipérbole é denominada *equilátera* quando a = b.
Suas equações canônicas são dadas por:

$$\frac{(x-h)^2}{a^2} - \frac{(y-k)^2}{a^2} = 1 \Rightarrow (x-h)^2 - (y-k)^2 = a^2$$

ou

$$\frac{(y-k)^2}{a^2} - \frac{(x-h)^2}{a^2} = 1 \Rightarrow (y-k)^2 - (x-h)^2 = a^2$$

As assíntotas são perpendiculares entre si:

$$C(0,0) \Rightarrow x = \pm y \ ou \ C(h,k) \Rightarrow (x-h) = \pm(y-k).$$

Exemplo:

Uma hipérbole equilátera com centro $C(2,-3)$, semieixo real a = 4 e semieixo imaginário b = 4, com assíntotas $(x-2) = \pm(y+3)$ tem a equação:

$$\frac{(x-2)^2}{16} - \frac{(y+3)^2}{16} = 1, \text{ se } A_1A_2 \parallel x, \text{ ou } \frac{(y+3)^2}{16} - \frac{(x-2)^2}{16} = 1, \text{ se } A_1A_2 \parallel y.$$

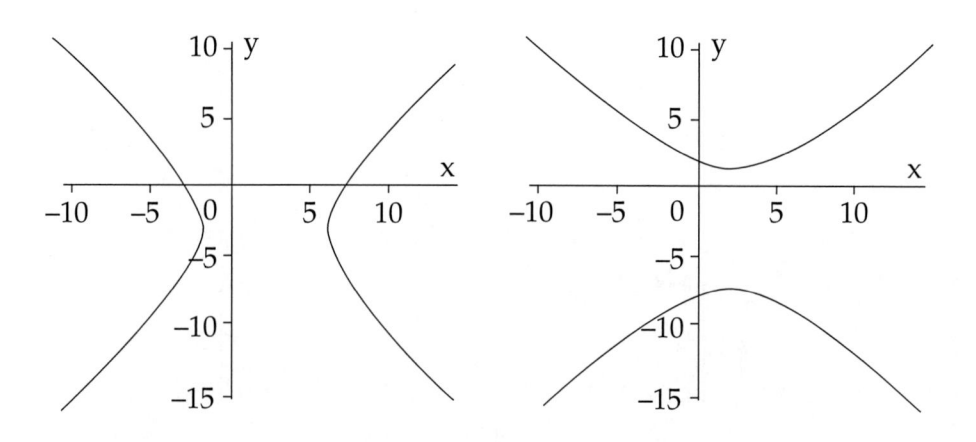

Caso Especial: As assíntotas são os eixos coordenados e o centro está na origem; sua forma canônica é xy = c.

Exemplo:

$$xy = 2 \ (c > 0) \qquad e \qquad xy = -2 \ (c < 0)$$

Se as assíntotas são paralelas aos eixos coordenados $(x = h \ e \ y = k)$ e o centro é $C(h, k)$, sua forma canônica é $(x - h)(y - k) = c$.

Exemplo:

$(x+2)(y-1) = 4$ $(c > 0)$ e $(x+2)(y-1) = -4$ $(c < 0)$

Se $(x-h)(y-k) = 0$, o lugar geométrico é formado por duas retas concorrentes, $x = h$ e $y = k$.

Exemplo:

$(x+2)(y-2) = 0$

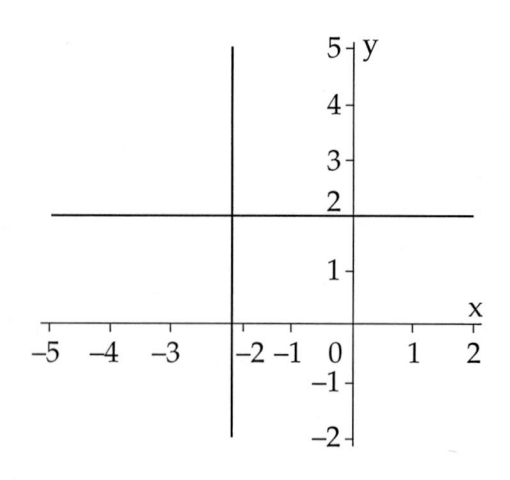

6.6 Exercícios resolvidos

Identifique o lugar geométrico, determine o domínio, a imagem e esboce o gráfico das equações:

1) $x^2 + y^2 + 8y + 6 = 0$

Solução:

Obtendo um produto notável em x e o outro em y,

$(y^2 + 8y) + (x^2) = -6 \Rightarrow (y^2 + 8y + k_1^2) + (x^2 + k_2^2) = -6 + k_1^2 + k_2^2 \Rightarrow$

$\Rightarrow 2k_1 = 8 \Rightarrow k_1 = 4 \; e \; 2k_2 = 0 \Rightarrow k_2 = 0 \Rightarrow$

$\Rightarrow (y^2 + 8y + 16) + (x^2) = -6 + 16 \Rightarrow (y+4)^2 + (x^2) = 10$, que é a forma canônica de uma circunferência com centro $(0, -4)$ e raio $r = \sqrt{10}$.

$\Rightarrow$ domínio: $\left[-\sqrt{10}; \sqrt{10}\right]$ e imagem: $\left[-4-\sqrt{10}; -4+\sqrt{10}\right]$.

Gráfico:

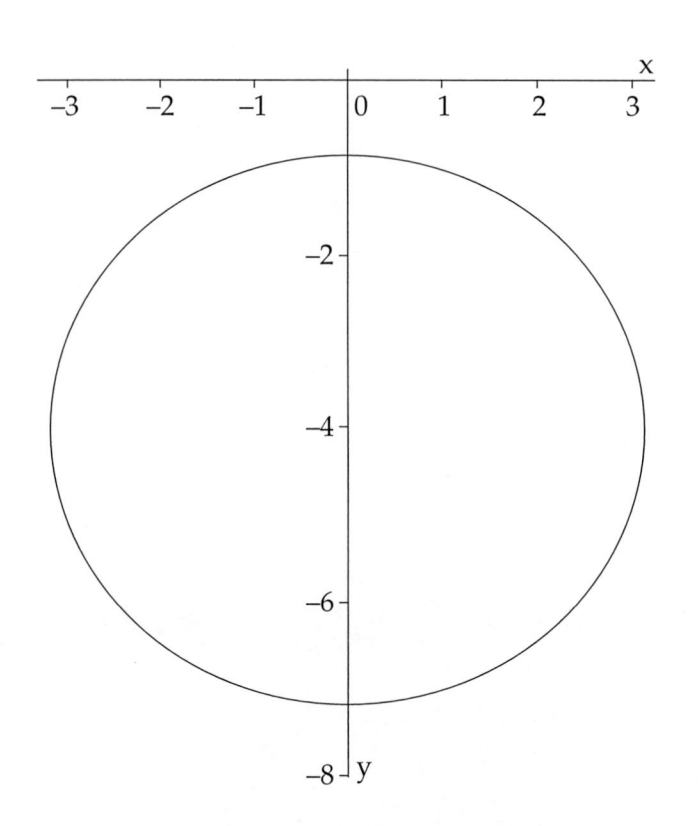

2) $x^2 + y^2 - 12x + 2y + 27 = 0$

Solução:

$(x^2 - 12x) + (y^2 + 2y) = -27 \Rightarrow$

$\Rightarrow (x^2 - 12x + k_1^2) + (y^2 + 2y + k_2^2) = -27 + k_1^2 + k_2^2 \Rightarrow$

$\Rightarrow 2k_1 = -12 \Rightarrow k_1 = -6 \; e \; 2k_2 = 2 \Rightarrow k_2 = 1 \Rightarrow$

$\Rightarrow (x^2 - 12x + 36) + (y^2 + 2y + 1) = -27 + 36 + 1 \Rightarrow (x-6)^2 + (y+1)^2 = 10$,

que é a forma canônica de uma circunferência com centro $(6, -1)$ e raio $r = \sqrt{10}$.

$\Rightarrow$ domínio: $\left[6 - \sqrt{10}; 6 + \sqrt{10}\right]$ e imagem: $\left[-1 - \sqrt{10}; -1 + \sqrt{10}\right]$.

Gráfico:

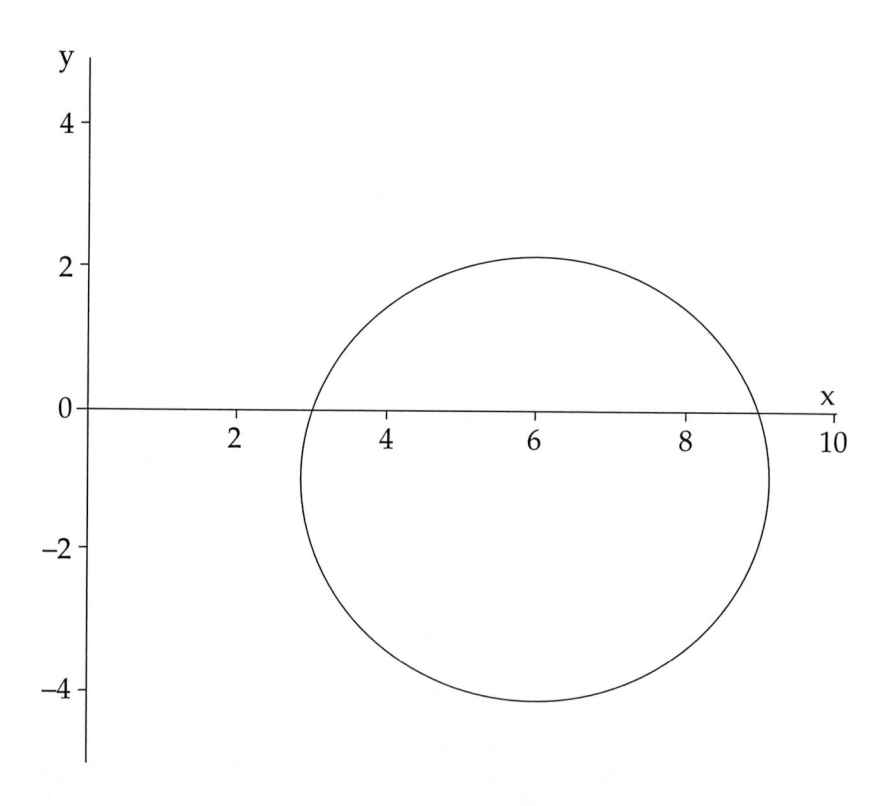

3) $x^2 + y^2 - 4x - 6y + 50 = 0$

Solução:

$(x^2 - 4x) + (y^2 - 6y) = -50 \Rightarrow$

$\Rightarrow (x^2 - 4x + k_1^2) + (y^2 - 6y + k_2^2) = -50 + k_1^2 + k_2^2 \Rightarrow$

$\Rightarrow 2k_1 = -4 \Rightarrow k_1 = -2$ e $2k_2 = -6 \Rightarrow k_2 = -3 \Rightarrow$

$\Rightarrow (x^2 - 4x + 4) + (y^2 - 6y + 9) = -50 + 4 + 9 \Rightarrow (x-2)^2 + (y-3)^2 = -37$,

logo, $r = \sqrt{-37}$, não existe a curva.

4) $x^2 + y^2 - 4x + 6y - 12 = 0$

Solução:

$(x^2 - 4x) + (y^2 + 6y) = 12 \Rightarrow$

$\Rightarrow (x^2 - 4x + k_1^2) + (y^2 + 6y + k_2^2) = 12 + k_1^2 + k_2^2 \Rightarrow$

$\Rightarrow 2k_1 = -4 \Rightarrow k_1 = -2$ e $2k_2 = 6 \Rightarrow k_2 = 3 \Rightarrow$

$\Rightarrow (x^2 - 4x + 4) + (y^2 + 6y + 9) = 12 + 4 + 9 \Rightarrow (x-2)^2 + (y+3)^2 = 25$, que é

a forma canônica de uma circunferência com centro $(2, -3)$ e raio $r = 5$.

$\Rightarrow$ domínio: $[-3; 7]$ e imagem: $[-8; 2]$.

Gráfico:

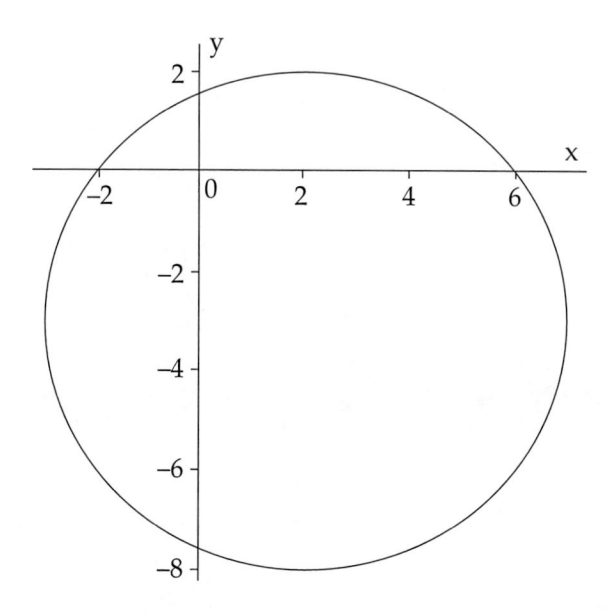

5) $x^2 + y^2 + 6x + 10y - 15 = 0$

Solução:

$(x^2 + 6x) + (y^2 + 10y) = 15 \Rightarrow$

$\Rightarrow (x^2 + 6x + k_1^2) + (y^2 + 10y + k_2^2) = 15 + k_1^2 + k_2^2 \Rightarrow$

$\Rightarrow 2k_1 = 6 \Rightarrow k_1 = 3 \; e \; 2k_2 = 10 \Rightarrow k_2 = 5 \Rightarrow$

$\Rightarrow (x^2 + 6x + 9) + (y^2 + 10y + 25) = 15 + 9 + 25 \Rightarrow (x+3)^2 + (y+5)^2 = 49$,
que é a forma canônica de uma circunferência com centro $(-3, -5)$ e raio $r = 7$.

$\Rightarrow$ domínio: $[-10; 4]$ e imagem: $[-12; 2]$.

Gráfico:

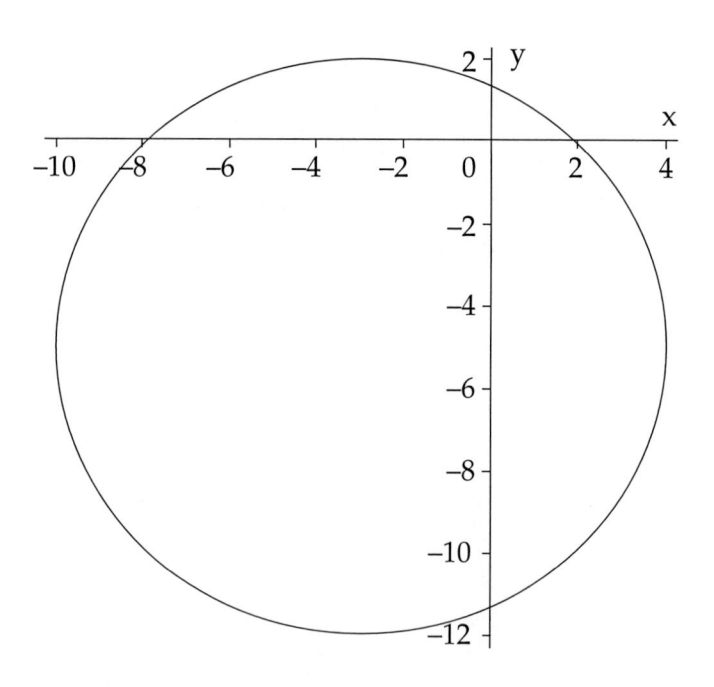

6) $x^2 + y^2 - 2x - 2y - 2 = 0$

Solução:

$(x^2 - 2x) + (y^2 - 2y) = 2 \Rightarrow$

$\Rightarrow (x^2 - 2x + k_1^2) + (y^2 - 2y + k_2^2) = 2 + k_1^2 + k_2^2 \Rightarrow$

$\Rightarrow 2k_1 = -2 \Rightarrow k_1 = -1$ e $2k_2 = -2 \Rightarrow k_2 = -1 \Rightarrow$

$\Rightarrow (x^2 - 2x + 1) + (y^2 - 2y + 1) = 2 + 1 + 1 \Rightarrow (x-1)^2 + (y-1)^2 = 4$, que é a forma canônica de uma circunferência com centro (1, 1) e raio r = 2.

$\Rightarrow$ domínio: $[-1; 3]$ e imagem: $[-1; 3]$.

Gráfico:

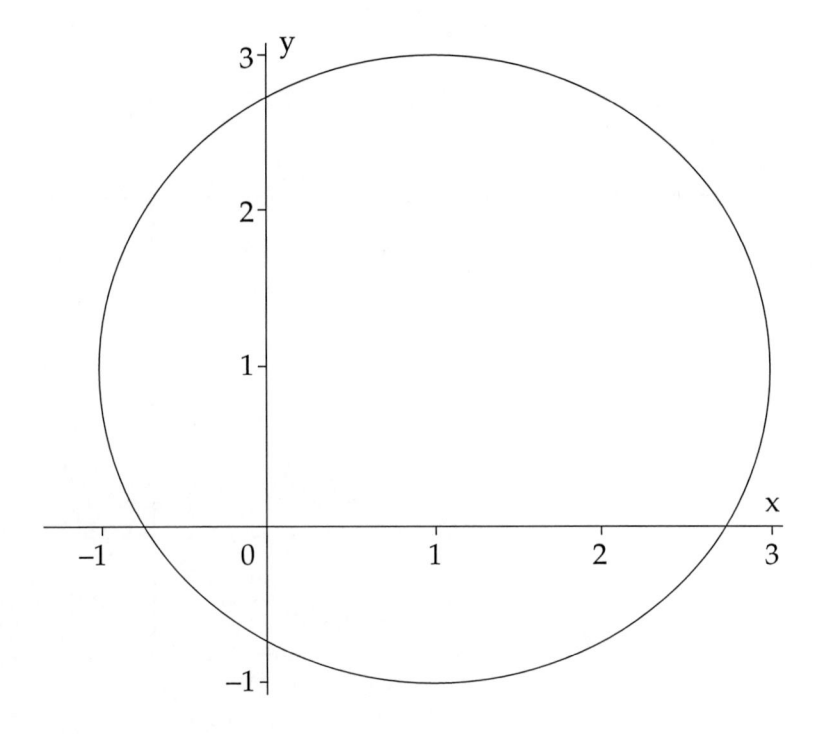

7) $x^2 + y^2 + 14x + 8y - 35 = 0$

Solução:

$(x^2 - 14x) + (y^2 + 8y) = 35 \Rightarrow$

$\Rightarrow (x^2 + 14x + k_1^2) + (y^2 + 8y + k_2^2) = 35 + k_1^2 + k_2^2 \Rightarrow$

$\Rightarrow 2k_1 = 14 \Rightarrow k_1 = 7$ e $2k_2 = 8 \Rightarrow k_2 = 4 \Rightarrow$

$\Rightarrow (x^2 + 14x + 49) + (y^2 + 8y + 16) = 35 + 49 + 16 \Rightarrow (x+7)^2 + (y+4)^2 = 100$, que é a forma canônica de uma circunferência com centro $[-7; -4]$ e raio $r = 10$.

$\Rightarrow$ domínio: $[-17; 3]$ e imagem: $[-14; 6]$.

Gráfico:

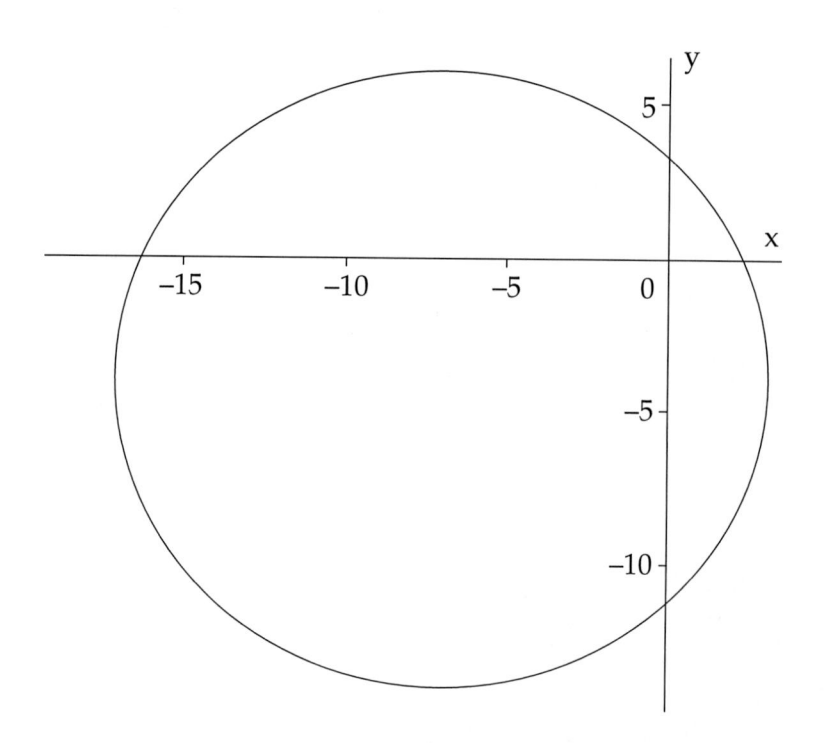

8) $x^2 + y^2 - 10y - 75 = 0$

Solução:

$(x^2) + (y^2 - 10y) = 75 \Rightarrow$
$\Rightarrow (x^2 + k_1^2) + (y^2 - 10y + k_2^2) = 75 + k_1^2 + k_2^2 \Rightarrow$
$\Rightarrow 2k_1 = 0 \Rightarrow k_1 = 0$ e $2k_2 = -10 \Rightarrow k_2 = -5 \Rightarrow$

$\Rightarrow (x^2) + (y^2 - 10y + 25) = 75 + 25 \Rightarrow (x)^2 + (y-5)^2 = 100$, que é a forma canônica de uma circunferência com centro $[0; 5]$ e raio $r = 10$.

$\Rightarrow$ domínio: $[-10; 10]$ *e* imagem: $[-5; 15]$.

Gráfico:

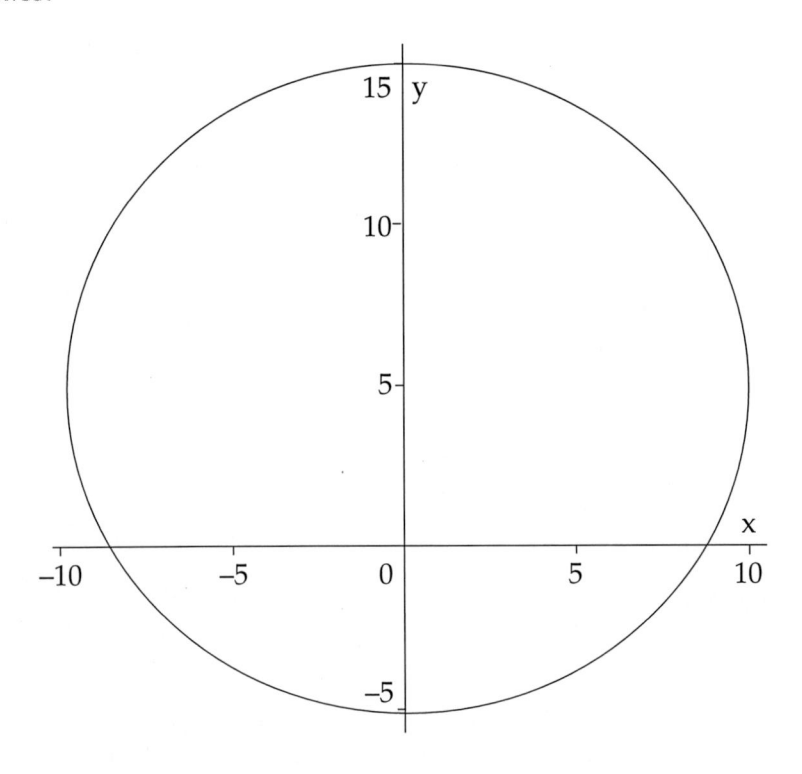

9) $9x^2 + 4y^2 - 54x - 16y + 61 = 0$

Solução:

$9(x^2 - 6x) + (y^2 - 4y) = -61 \Rightarrow$

$\Rightarrow 9(x^2 - 6x + k_1^2) + 4(y^2 - 4y + k_2^2) = -61 + 9k_1^2 + 4k_2^2 \Rightarrow$

$\Rightarrow 2k_1 = -6 \Rightarrow k_1 = -3$ *e* $2k_2 = -4 \Rightarrow k_2 = -2 \Rightarrow$

$\Rightarrow 9(x^2 - 6x + 9) + 4(y^2 - 4y + 4) = -61 + 81 + 16 \Rightarrow$

$\Rightarrow 9(x-3)^2 + 4(y-2)^2 = 36 \Rightarrow \dfrac{(x-3)^2}{4} + \dfrac{(y-2)^2}{9} = 1$, que é a forma canônica de uma elipse com centro $(3;2)$, eixo menor $a=2$ e eixo maior $b=3$.

$\Rightarrow$ domínio: $[1;5]$ e imagem: $[-1;5]$

Gráfico:

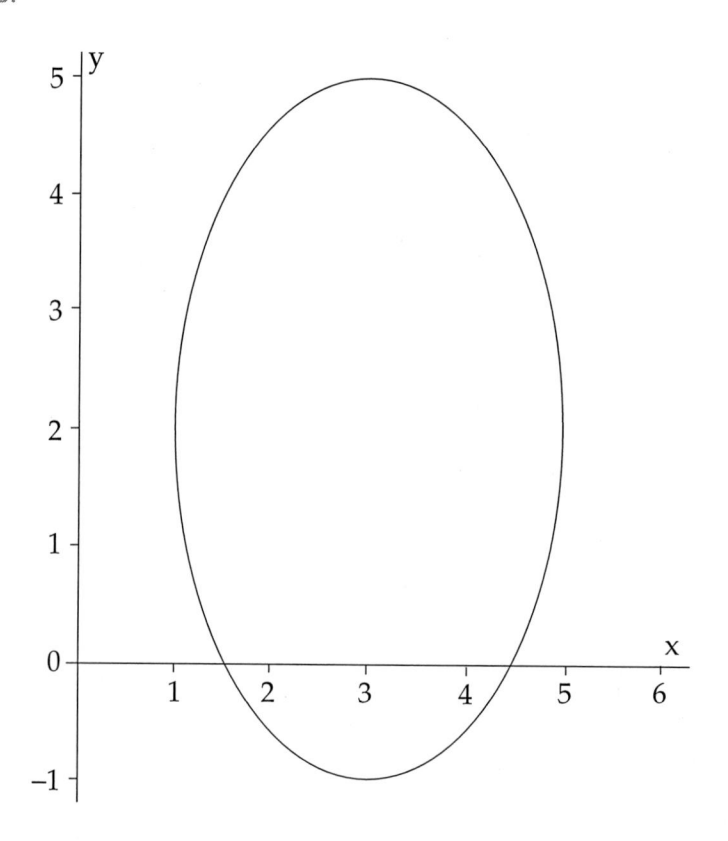

10) $16x^2 + y^2 + 6y - 7 = 0$

Solução:

$(16x^2) + (y^2 + 6y) = 7 \Rightarrow$

$\Rightarrow 16(x^2 + k_1^2) + (y^2 + 6y + k_2^2) = 7 + 16k_1^2 + k_2^2 \Rightarrow$

$\Rightarrow 2k_1 = 0 \Rightarrow k_1 = 0$ e $2k_2 = 6 \Rightarrow k_2 = 3 \Rightarrow$

$\Rightarrow 16x^2 + (y^2 + 6y + 9) = 7 + 9 \Rightarrow 16x^2 + (y+3)^2 = 16 \Rightarrow$

$\Rightarrow x^2 + \dfrac{(y+3)^2}{16} = 1$, que é a forma canônica de uma elipse com centro $(0; -3)$, eixo menor $a = 1$ e eixo maior $b = 4$.

$\Rightarrow$ domínio: $[-1; 1]$ e imagem: $[-7; 1]$

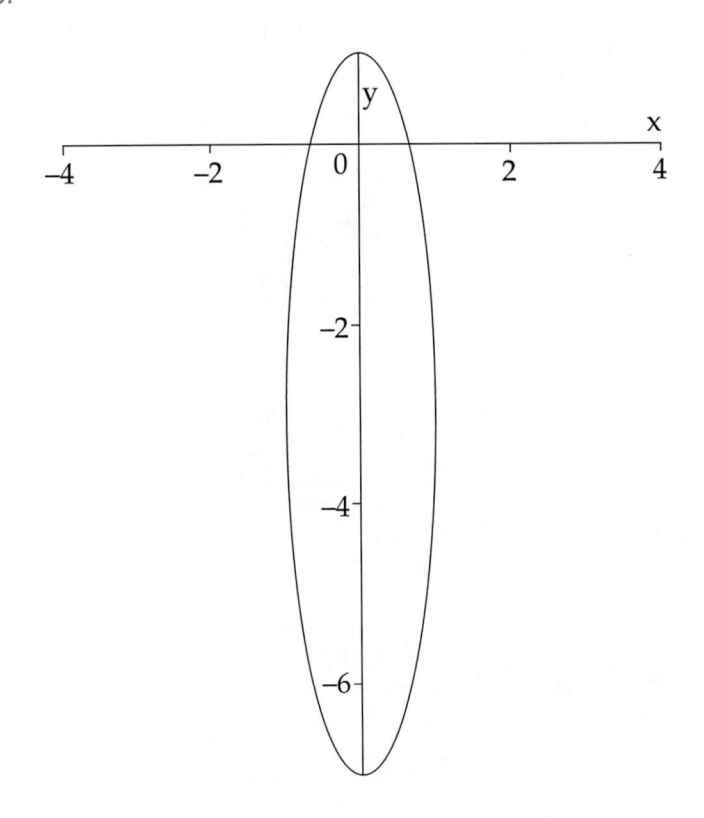

Gráfico:

11) $6x^2 + 2y^2 - 12x - 8y - 50 = 0$

Solução:

$(6x^2 - 12x) + (2y^2 - 8y) = 50 \Rightarrow$

$\Rightarrow 6(x^2 - 2x + k_1^2) + 2(y^2 - 4y + k_2^2) = 50 + 6k_1^2 + 2k_2^2 \Rightarrow$

$\Rightarrow 2k_1 = 2 \Rightarrow k_1 = 1$ e $2k_2 = -4 \Rightarrow k_2 = -2 \Rightarrow$

$\Rightarrow 6(x^2 - 2x + 1) + 2(y^2 - 4y + 4) = 50 + 6 + 8 \Rightarrow 6(x-1)^2 + 2(y-2)^2 = 64 \Rightarrow$

$\Rightarrow \dfrac{(x-1)^2}{\dfrac{32}{3}} + \dfrac{(y-2)^2}{32} = 1$, que é a forma canônica de uma elipse com

centro $(1; 2)$, eixo menor $a = \sqrt{\dfrac{32}{3}}$ e eixo maior $b = \sqrt{32}$.

$\Rightarrow$ domínio: $\left[1 - \sqrt{\dfrac{32}{3}} \,;\, 1 + \sqrt{\dfrac{32}{3}}\right]$ e imagem: $\left[2 - \sqrt{32}\,;\, 2 + \sqrt{32}\right]$.

Gráfico:

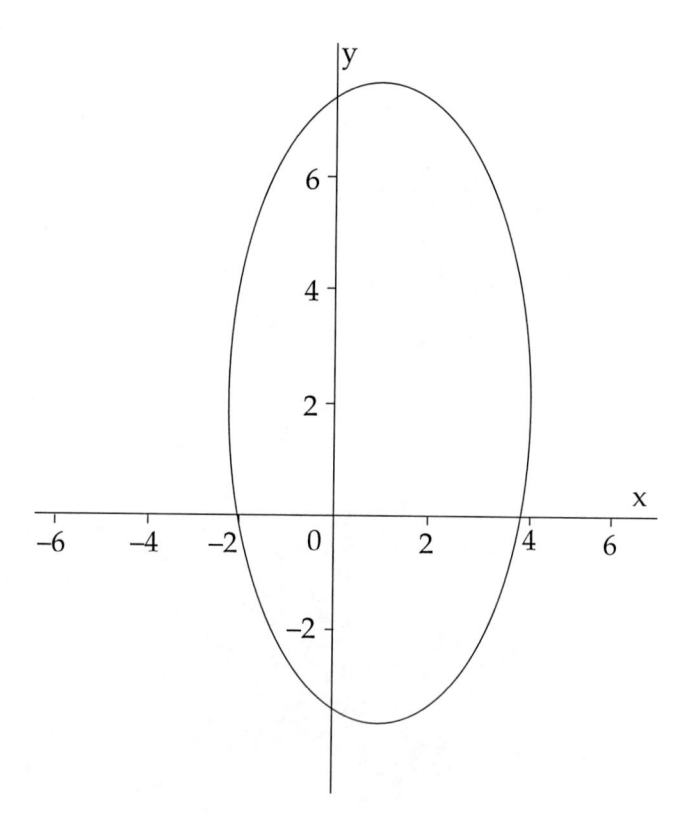

12) $x^2 - 4x - 4y + 8 = 0$

Solução:

$x^2 - 4x = 4y - 8 \Rightarrow x^2 - 4x + k_1^2 = 4y - 8 + k_1^2 \Rightarrow 2k_1 = -4 \Rightarrow k_1 = -2 \Rightarrow$

$\Rightarrow x^2 - 4x + 4 = 4y - 8 + 4 \Rightarrow x^2 - 4x + 4 = 4y - 4 \Rightarrow (x-2)^2 = 4(y-1) \Rightarrow$

$\Rightarrow 4p = 4 \Rightarrow p = 1$, que é a forma canônica de uma parábola com vértice $(2; 1)$.

$\Rightarrow$ domínio: $\mathbb{R}$ e imagem: $[1; +\infty)$

Gráfico:

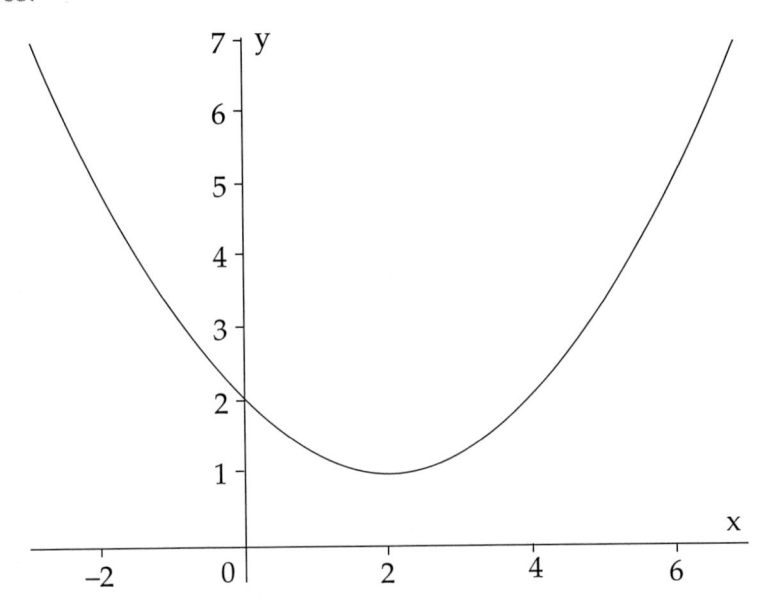

13) $x^2 - 6x - 2y + 5 = 0$

Solução:

$x^2 - 6x = 2y - 5 \Rightarrow x^2 - 6x + k_1^2 = 2y - 5 + k_1^2 \Rightarrow 2k_1 = -6 \Rightarrow k_1 = -3 \Rightarrow$

$\Rightarrow x^2 - 6x + 9 = 2y - 5 + 9 \Rightarrow x^2 - 6x + 9 = 2y + 4 \Rightarrow (x-3)^2 = 2(y+2) \Rightarrow$

$\Rightarrow 4p = 2 \Rightarrow p = \dfrac{1}{2}$, que é a forma canônica de uma parábola com vértice $(3; -2)$.

$\Rightarrow$ domínio: $\mathbb{R}$ e imagem: $[-2; +\infty)$.

Gráfico:

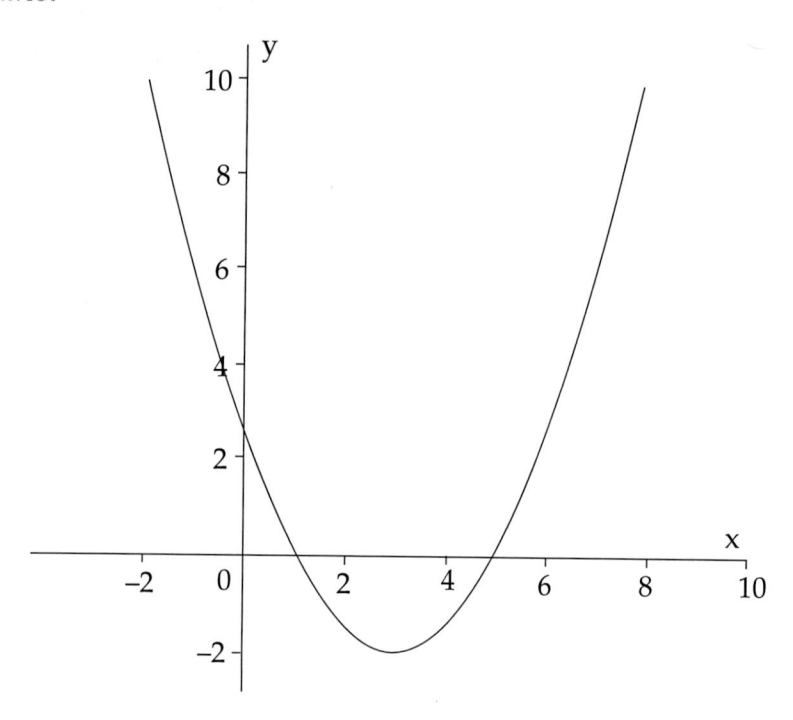

14) $x^2 + 4x - 3y + 7 = 0$

Solução:

$x^2 + 4x = 3y - 7 \Rightarrow x^2 + 4x + k_1^2 = 3y - 7 + k_1^2 \Rightarrow 2k_1 = 4 \Rightarrow k_1 = 2 \Rightarrow$

$\Rightarrow x^2 + 4x + 4 = 3y - 7 + 4 \Rightarrow x^2 + 4x + 4 = 3y - 3 \Rightarrow (x+2)^2 = 3(y-1) \Rightarrow$

$\Rightarrow 4p = 3 \Rightarrow p = \dfrac{3}{4}$, que é a forma canônica de uma parábola com vértice $(-2; 1)$.

$\Rightarrow$ domínio: $\mathbb{R}$ e imagem: $[1; +\infty)$.

Gráfico:

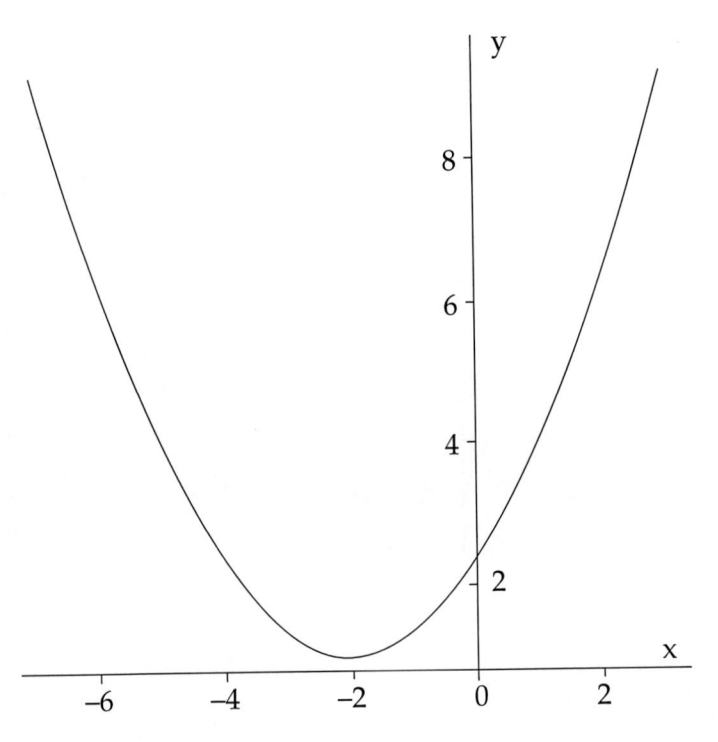

15) $x^2 - 10x - 16y - 7 = 0$

Solução:

$x^2 - 10x = 16y + 7 \Rightarrow x^2 - 10x + k_1^2 = 16y + 7 + k_1^2 \Rightarrow$

$\Rightarrow 2k_1 = -10 \Rightarrow k_1 = -5 \Rightarrow x^2 - 10x + 25 = 16y + 7 + 25 \Rightarrow$

$\Rightarrow x^2 - 10x + 25 = 16y + 32 \Rightarrow (x-5)^2 = 16(y+2) \Rightarrow 4p = 16 \Rightarrow p = \dfrac{1}{4}$,

que é a forma canônica de uma parábola com vértice $(5; -2)$.

$\Rightarrow$ domínio: $\mathbb{R}$ e imagem: $[-2; +\infty)$.

Gráfico:

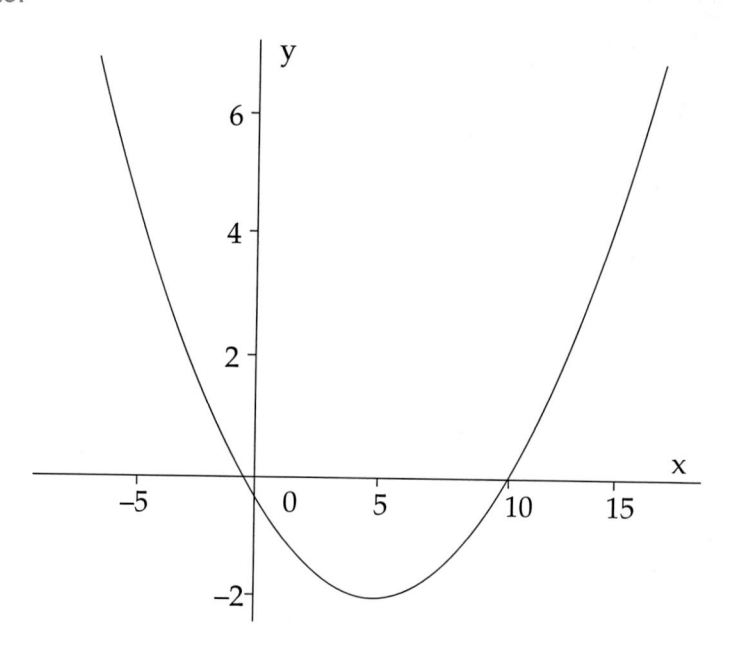

16) $x^2 + 6x - 12y + 21 = 0$

Solução:

$x^2 + 6x = 12y - 21 \Rightarrow x^2 + 6x + k_1^2 = 12y - 21 + k_1^2 \Rightarrow$

$\Rightarrow 2k_1 = 6 \Rightarrow k_1 = 3 \Rightarrow x^2 + 6x + 9 = 12y - 21 + 9 \Rightarrow$

$\Rightarrow x^2 + 6x + 9 = 12y - 12 \Rightarrow (x+3)^2 = 12(y-1) \Rightarrow 4p = 12 \Rightarrow p = \dfrac{1}{3}$, que é a forma canônica de uma parábola com vértice $(-3; 1)$.

$\Rightarrow$ domínio: $\mathbb{R}$ e imagem: $[1; +\infty)$.

Gráfico:

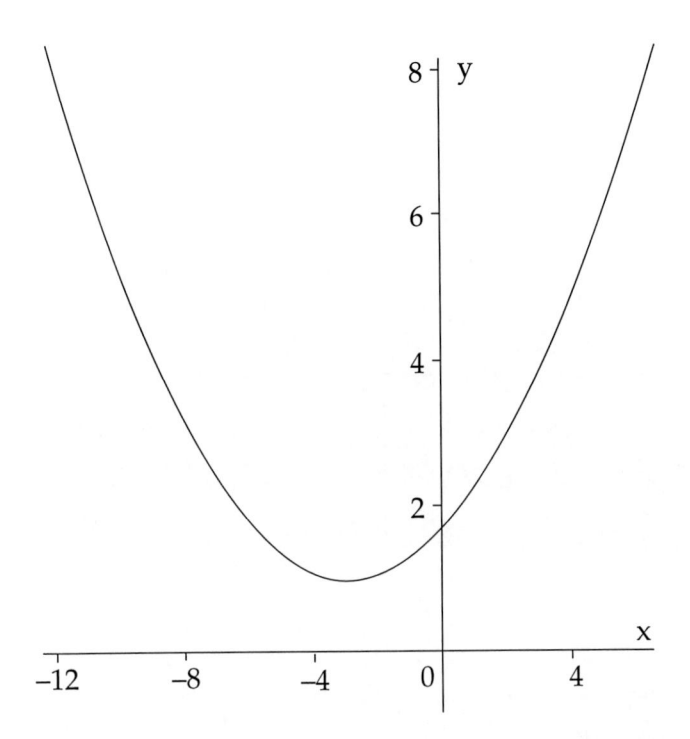

17) $x^2 - 2x + 4y + 21 = 0$

Solução:

$x^2 - 2x = -4y - 21 \Rightarrow x^2 - 2x + k_1^2 = -4y - 21 + k_1^2 \Rightarrow$

$\Rightarrow 2k_1 = -2 \Rightarrow k_1 = 1 \Rightarrow x^2 - 2x + 1 = -4y - 21 + 1 \Rightarrow$

$\Rightarrow x^2 - 2x + 1 = -4y - 20 \Rightarrow (x-1)^2 = -4(y+5) \Rightarrow 4p = -4 \Rightarrow p = -1$,

que é a forma canônica de uma parábola com vértice $(1; -5)$.

$\Rightarrow$ domínio: $\mathbb{R}$ e imagem: $(-\infty; -5]$.

Gráfico:

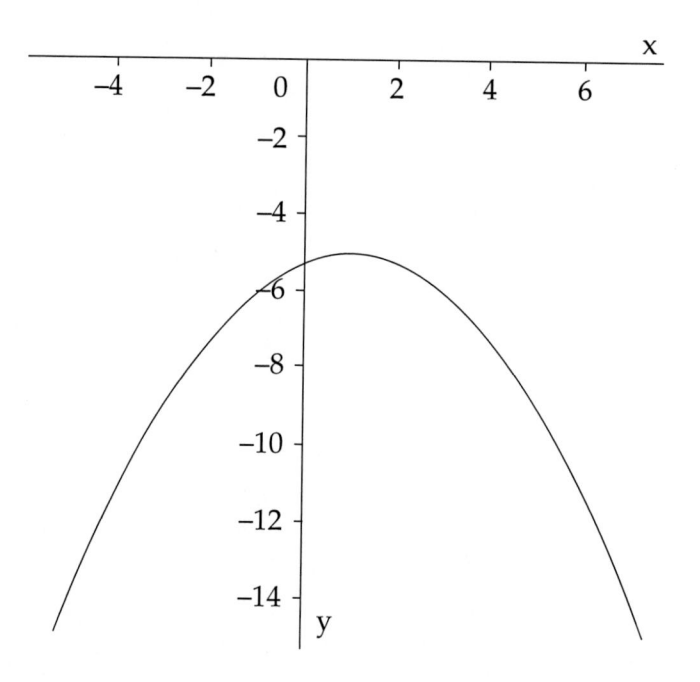

18) $x^2 + 3y + 3 = 0$

Solução:

$x^2 = -3y - 3 \Rightarrow x^2 + k_1^2 = -3y - 3 + k_1^2 \Rightarrow 2k_1 = 0 \Rightarrow k_1 = 0 \Rightarrow$

$\Rightarrow x^2 = -3y - 3 \Rightarrow x^2 = -3(y+1) \Rightarrow 4p = -3 \Rightarrow p = -\dfrac{3}{4}$, que é a forma canônica de uma parábola com vértice $(0; -1)$.

$\Rightarrow$ domínio: $\mathbb{R}$ e imagem: $(-\infty; -1]$.

Gráfico:

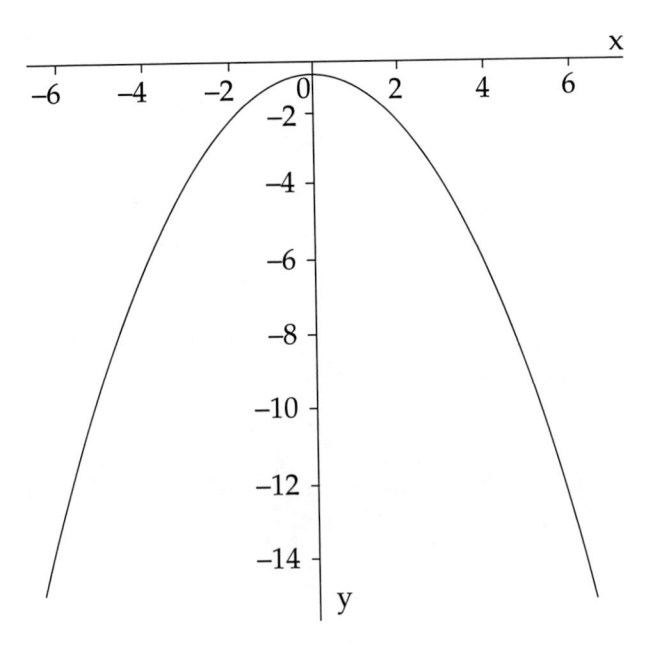

19) $x^2 + 6x + 2y + 11 = 0$

Solução:

$x^2 + 6x = -2y - 11 \Rightarrow x^2 + 6x + k_1^2 = -2y - 11 + k_1^2 \Rightarrow 2k_1 = 6 \Rightarrow k_1 = 3 \Rightarrow$

$\Rightarrow x^2 + 6x + 9 = -2y - 11 + 9 \Rightarrow x^2 + 6x + 9 = -2y - 2 \Rightarrow$

$\Rightarrow (x+3)^2 = -2(y+1) \Rightarrow 4p = -2 \Rightarrow p = -\dfrac{1}{2}$, que é a forma canônica

de uma parábola com vértice $(-3; -1)$.

$\Rightarrow$ domínio: $\mathbb{R}$ e imagem: $(-\infty; -1]$.

Gráfico:

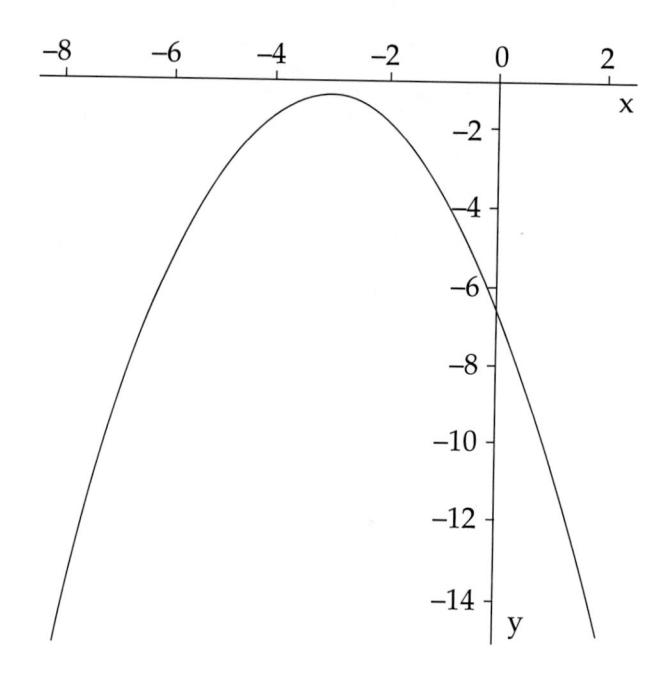

20) $y^2 + 2y - 4x - 15 = 0$

Solução:

$y^2 + 2y = 4x + 15 \Rightarrow y^2 + 2y + k_1^2 = 4x + 15 + k_1^2 \Rightarrow 2k_1 = 2 \Rightarrow k_1 = 1 \Rightarrow$

$\Rightarrow y^2 + 2y + 1 = 4x + 15 + 1 \Rightarrow y^2 + 2y + 1 = 4x + 16 \Rightarrow$

$\Rightarrow (y+1)^2 = 4(x+4) \Rightarrow 4p = 4 \Rightarrow p = 1$, que é a forma canônica de uma parábola com vértice $(-4; -1)$.

$\Rightarrow$ domínio: $[-4; +\infty)$ *e* imagem: $\mathbb{R}$.

Gráfico:

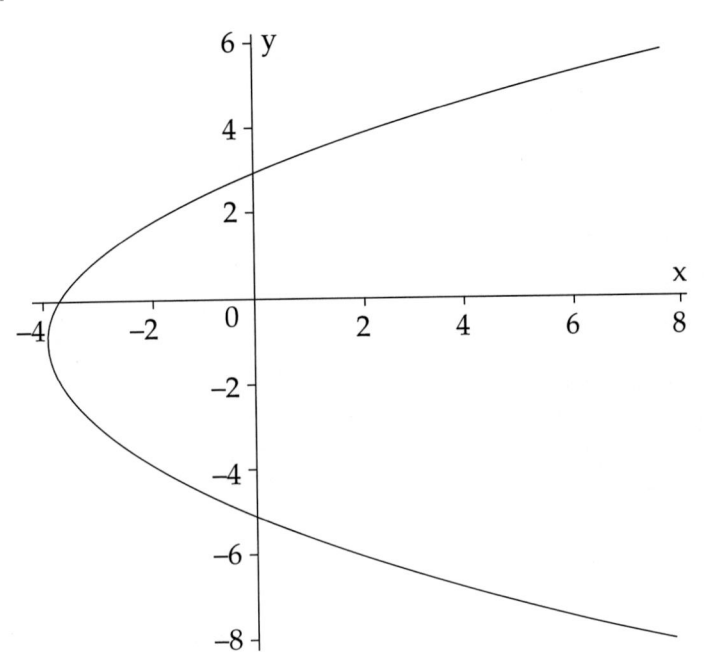

21) $y^2 - 6y - 2x + 7 = 0$

Solução:

$y^2 - 6y = 2x - 7 \Rightarrow y^2 - 6y + k_1^2 = 2x - 7 + k_1^2 \Rightarrow 2k_1 = -6 \Rightarrow k_1 = -3 \Rightarrow$

$\Rightarrow y^2 - 6y + 9 = 2x - 7 + 9 \Rightarrow y^2 - 6y + 9 = 2x + 2 \Rightarrow$

$\Rightarrow (y - 3)^2 = 2(x + 1) \Rightarrow 4p = 2 \Rightarrow p = \dfrac{1}{2}$, que é a forma canônica de uma parábola com vértice $(-1; 3)$.

$\Rightarrow$ domínio: $[-1; +\infty)$ e imagem: $\mathbb{R}$.

Gráfico:

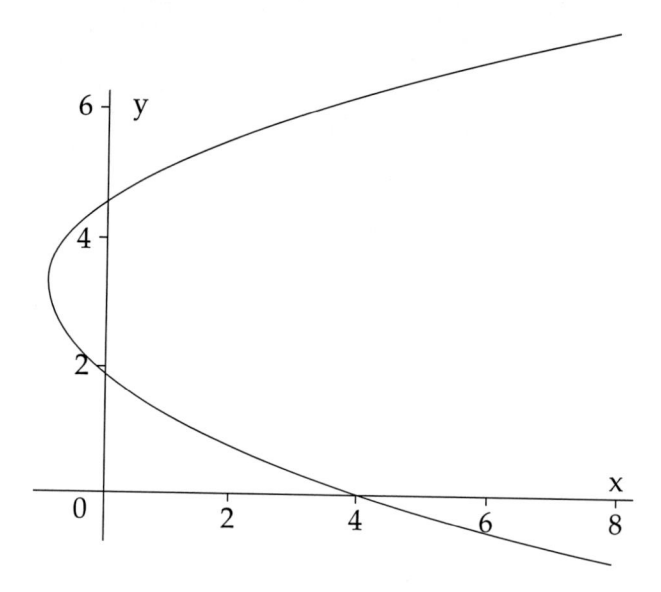

22) $y^2 + 10y - 4x + 37 = 0$

Solução:

$y^2 + 10y = 4x - 37 \Rightarrow y^2 + 10y + k_1^2 = 4x - 37 + k_1^2 \Rightarrow$

$\Rightarrow 2k_1 = 10 \Rightarrow k_1 = 5 \Rightarrow y^2 + 10y + 25 = 4x - 37 + 25 \Rightarrow$

$\Rightarrow y^2 + 10y + 25 = 4x - 12 \Rightarrow (y+5)^2 = 4(x-3) \Rightarrow 4p = 4 \Rightarrow p = 1$, que é a forma canônica de uma parábola com vértice $(3; -5)$.

$\Rightarrow$ domínio: $[3; +\infty)$ *e* imagem: $\mathbb{R}$.

Gráfico:

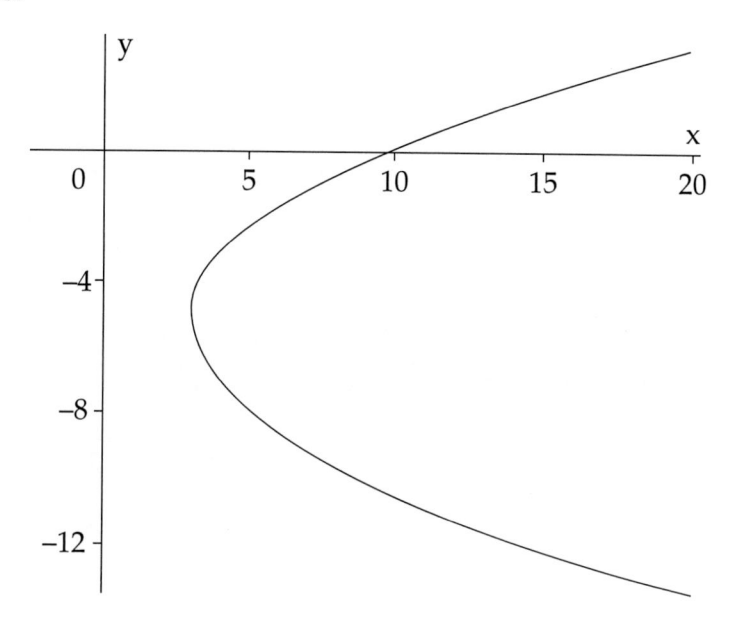

[Gráfico de uma parábola com vértice em (6; 0), abrindo para a direita, passando aproximadamente por (10, -4) e (20, -12)]

23) $y^2 - 6x + 36 = 0$

Solução:

$y^2 = 6x - 36 \Rightarrow y^2 + k_1^2 = 6x - 36 + k_1^2 \Rightarrow 2k_1 = 0 \Rightarrow k_1 = 0 \Rightarrow$

$\Rightarrow y^2 = 6x - 36 \Rightarrow y^2 = 6(x-6) \Rightarrow 4p = 6 \Rightarrow p = \dfrac{3}{2}$, que é a forma canônica de uma parábola com vértice $(6; 0)$.

$\Rightarrow$ domínio: $[6; +\infty)$ *e* imagem: $\mathbb{R}$.

Gráfico:

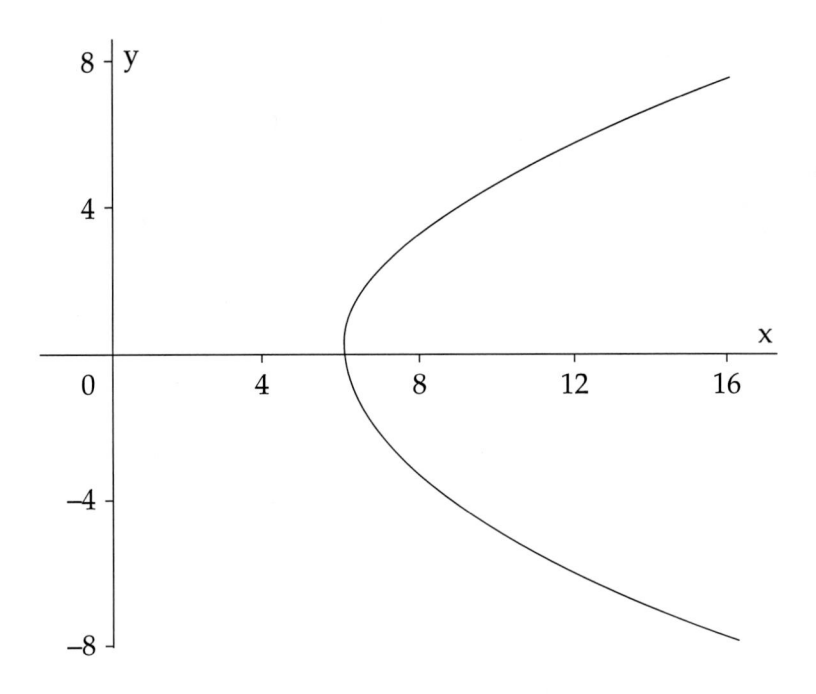

24) $y^2 + 5x + 8y + 21 = 0$

Solução:

$y^2 + 8y = -5x - 21 \Rightarrow y^2 + 8y + k_1^2 = -5x - 21 + k_1^2 \Rightarrow 2k_1 = 8 \Rightarrow k_1 = 4 \Rightarrow$

$\Rightarrow y^2 + 8y + 16 = -5x - 21 + 16 \Rightarrow y^2 + 8y + 16 = -5x - 5 \Rightarrow$

$\Rightarrow (y+4)^2 = -5(x+1) \Rightarrow 4p = -5 \Rightarrow p = -\dfrac{5}{4}$, que é a forma canônica de uma parábola com vértice $(-1; -4)$.

$\Rightarrow$ domínio: $(-\infty; -1]$ e imagem: $\mathbb{R}$.

Gráfico:

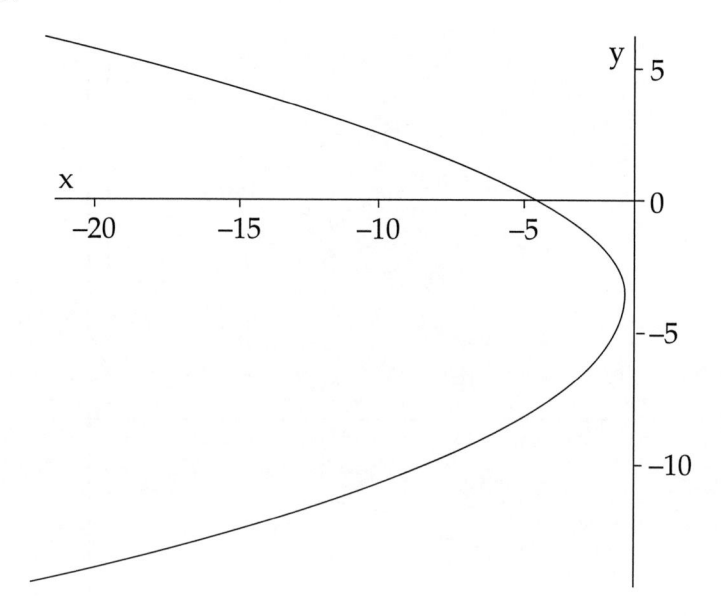

25) $y^2 - 6y + 3x + 9 = 0$

Solução:

$y^2 - 6y = -3x - 9 \Rightarrow y^2 - 6y + k_1^2 = -3x - 9 + k_1^2 \Rightarrow$

$\Rightarrow 2k_1 = -6 \Rightarrow k_1 = -3 \Rightarrow y^2 - 6y + 9 = -3x - 9 + 9 \Rightarrow$

$\Rightarrow y^2 - 6y + 9 = -3x \Rightarrow (y-3)^2 = -3x \Rightarrow 4p = -3 \Rightarrow p = -\dfrac{3}{4}$, que é a forma canônica de uma parábola com vértice $(0; 3)$.

$\Rightarrow$ domínio: $(-\infty; 0]$ e imagem: $\mathbb{R}$.

Gráfico:

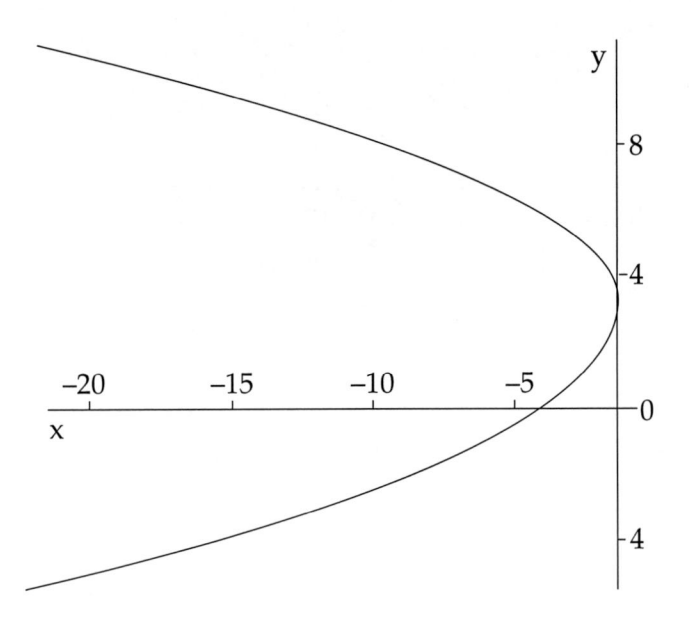

26) $y^2 + 10y + 3x + 28 = 0$

Solução:

$y^2 + 10y = -3x - 28 \Rightarrow y^2 + 10y + k_1^2 = -3x + k_1^2 \Rightarrow 2k_1 = 10 \Rightarrow k_1 = 5 \Rightarrow$

$\Rightarrow y^2 + 10y + 25 = -3x - 28 + 25 \Rightarrow y^2 + 10y + 25 = -3x - 3 \Rightarrow$

$\Rightarrow (y+5)^2 = -3(x+1) \Rightarrow 4p = -3 \Rightarrow p = -\dfrac{3}{4}$, que é a forma canônica de uma parábola com vértice $(-1; -5)$.

$\Rightarrow$ domínio: $(-\infty; 1]$ e imagem: $\mathbb{R}$.

Gráfico:

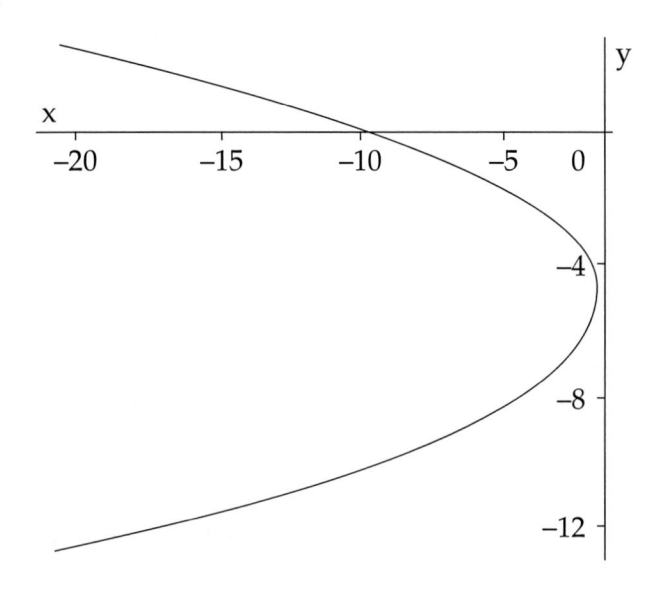

27) $4y^2 - x^2 + 2x - 56y + 191 = 0$

Solução:

$(4y^2 - 56y) + (-x^2 + 2x) = -191 \Rightarrow 4(y^2 - 14y) - (x^2 - 2x) = 191 \Rightarrow$

$\Rightarrow 4(y^2 - 14y + k_1^2) - (x^2 - 2x + k_2^2) = -191 + 4k_1^2 - k_2^2 \Rightarrow$

$\Rightarrow 2k_1 = -14 \Rightarrow k_1 = -7 \ e \ 2k_2 = -2 \Rightarrow k_2 = -1 \Rightarrow$

$\Rightarrow 4(y^2 - 14y + 49) - (x^2 - 2x + 1) = -191 + 196 - 1 \Rightarrow$

$\Rightarrow 4(y^2 - 14y + 49) - (x^2 - 2x + 1) = 4 \Rightarrow (y - 7)^2 - \dfrac{(x-1)^2}{4} = 1$, que é a

forma canônica de uma hipérbole com centro $(1; 7)$, $a = 2$ e $b = 1$.

$\Rightarrow$ domínio: $\mathbb{R}$ e imagem: $(-\infty; 6] \cup [8; +\infty)$.

Gráfico:

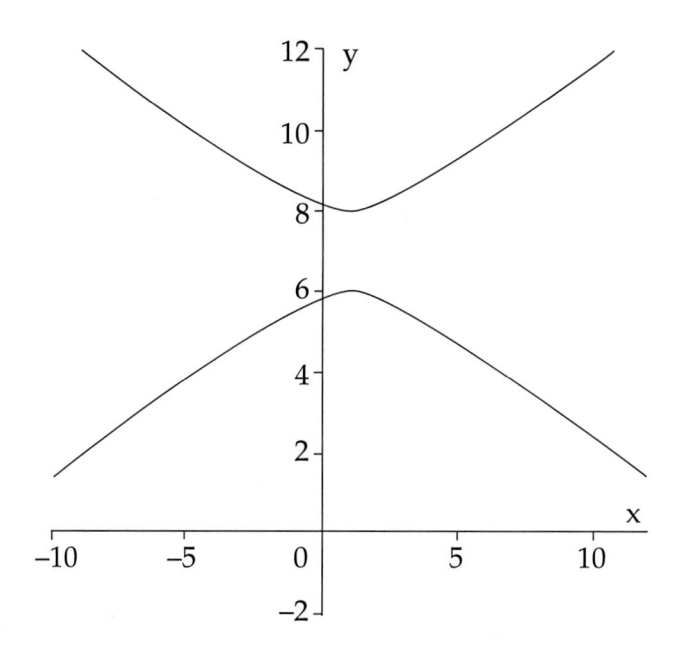

28) $4x^2 - 2y^2 + 24x - 12y + 10 = 0$

Solução:

$(4x^2 + 24x) + (-2y^2 - 12y) = -10 \Rightarrow 4(x^2 + 6x) - 2(y^2 - 6y) = -10 \Rightarrow$

$\Rightarrow 4(x^2 + 6x + k_1^2) - 2(y^2 - 6y + k_2^2) = -10 + 4k_1^2 - 2k_2^2 \Rightarrow$

$\Rightarrow 2k_1 = 6 \Rightarrow k_1 = 3 \; e \; 2k_2 = -6 \Rightarrow k_2 = -3 \Rightarrow$

$\Rightarrow 4(x^2 + 6x + 9) - 2(y^2 - 6y + 9) = -10 + 36 - 18 \Rightarrow$

$\Rightarrow 4(x^2 + 6x + 9) - 2(y^2 - 6y + 9) = 8 \Rightarrow \dfrac{(x+3)^2}{2} - \dfrac{(y-3)^2}{4} = 1$, que é a

forma canônica de uma hipérbole com centro $(-3; 3)$, $a = \sqrt{2}$ e $b = 2$.

$\Rightarrow$ domínio: $\left(-\infty; -3 - \sqrt{2}\right] \cup \left[-3 + \sqrt{2}; +\infty\right)$ e imagem: $\mathbb{R}$.

Gráfico:

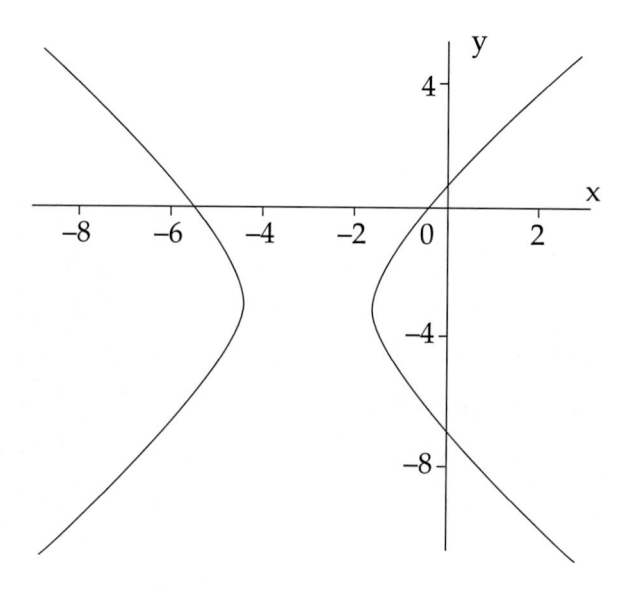

6.7 Exercícios propostos

Identifique o lugar geométrico, determine o domínio, a imagem e esboce o gráfico das equações:

1) $9x^2 + 16y^2 - 54x + 32y - 47 = 0$

2) $x^2 + y^2 - 4x - 6y - 12 = 0$

3) $xy + 5x - 3y - 18 = 0$

4) $x^2 - 6x + \dfrac{4y}{3} + \dfrac{19}{3} = 0$

5) $3x^2 - 2y^2 + 18x - 4y + 20 = 0$

6) $6x^2 - 5y^2 = 30$

7) $y^2 + 2y - 4x - 14 = 0$

8) $x^2 + y^2 + 6x + 6y + 18 = 0$

9) $x^2 - 2x - 2y + 3 = 0$

10) $2y^2 - x^2 - 2x - 4y - 2 = 0$

11) $x^2 - y^2 + 4x - 4y - 3 = 0$

12) $x^2 - y^2 + 10x - 10y - 4 = 0$

13) $2x^2 - 5y^2 + 12x - 30y - 37 = 0$

14) $3y^2 - 2x^2 - 16x + 6y - 35 = 0$

15) $x^2 + y^2 - 6x - 6y + 14 = 0$

16) $3y^2 - 2x^2 - 6 = 0$

6.8 Respostas dos exercícios propostos

1) $\dfrac{(x-3)^2}{16} + \dfrac{(y+1)^2}{9} = 1$; elipse com centro $(3, -1)$, $a = 4$, $b = 3$, $D = [-1; 7]$, $Im = [-4, 2]$.

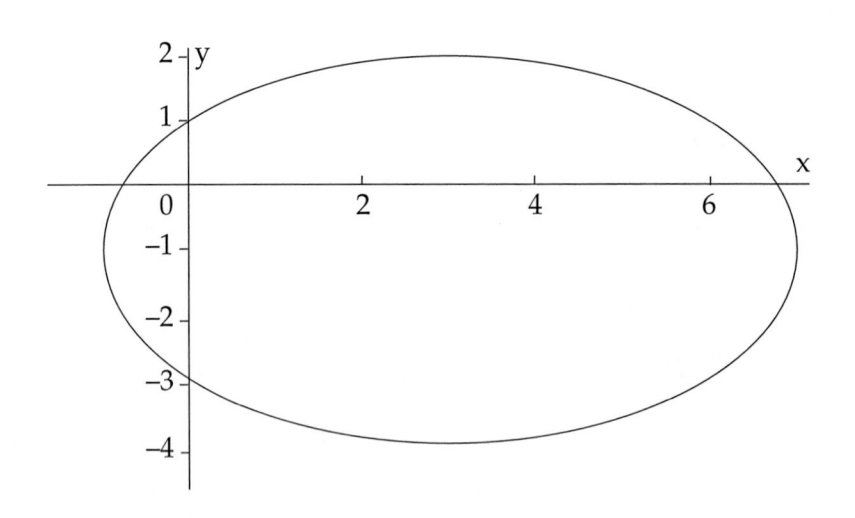

2) $(x-2)^2 + (y-3)^2 = 25$; circunferência com centro $(2,3)$ e raio $r = 5$, $D = [3;7]$, $Im = [3;8]$.

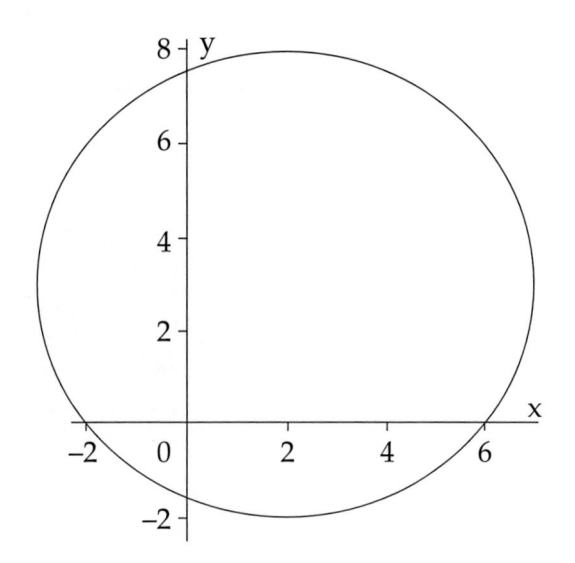

3) $(x-3)(y+5) = 3$; hipérbole equilátera com centro $(3,-5)$, $a = 1$, $b = 1$, $D = \mathbb{R} - \{3\}$, $Im = \mathbb{R} - \{-5\}$.

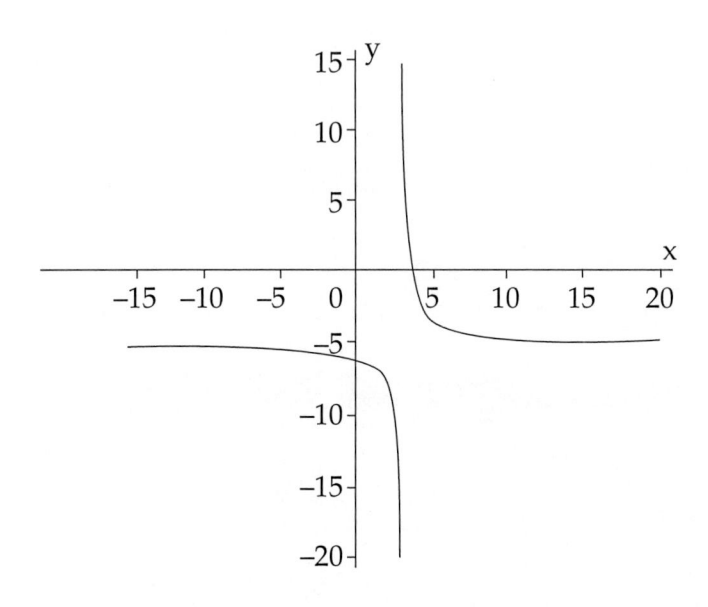

4) $(x-3)^2 + \dfrac{4}{3}(y-2) = 0$; parábola com vértice $(3; 2)$, $D = \mathbb{R}$, $\text{Im} = (-\infty; 2]$.

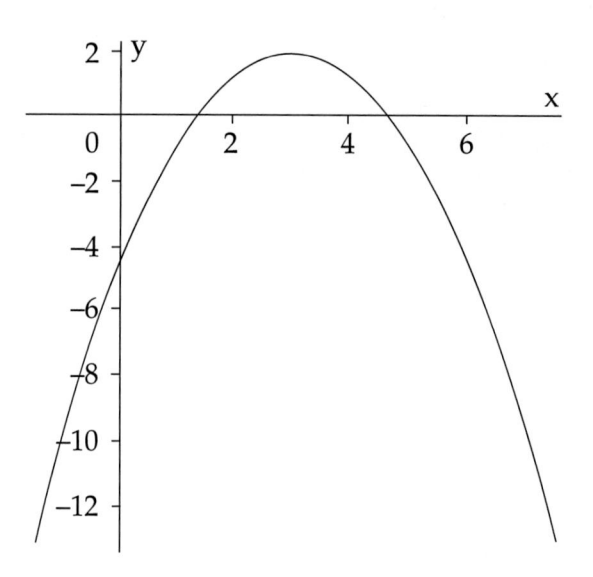

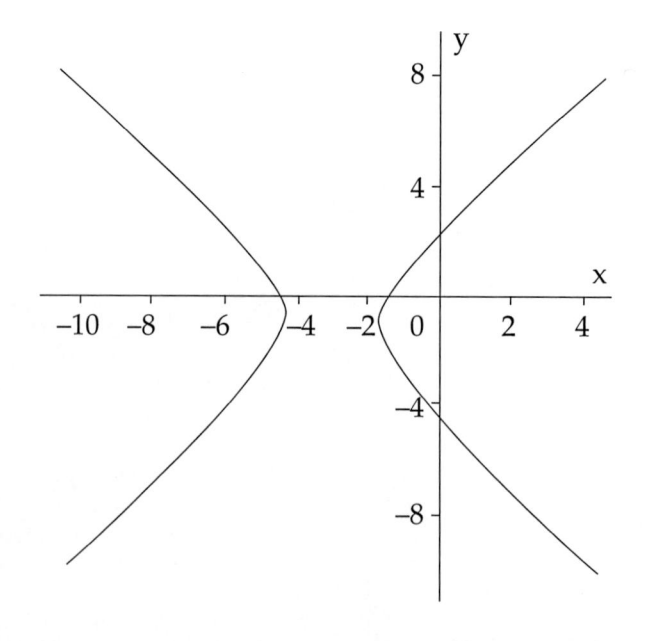

5) $\dfrac{(x+3)^2}{2} - \dfrac{(y+1)^2}{3} = 1$; hipérbole com centro $(-3, -1)$, $a = \sqrt{2}$, $b = \sqrt{3}$, $D = \left(-\infty; -3-\sqrt{2}\right] \cup \left[-3+\sqrt{2}; +\infty\right)$, $\text{Im} = \mathbb{R}$.

6) $\dfrac{x^2}{5} - \dfrac{y^2}{6} = 1$; hipérbole com centro $(0,0)$, $a = 1$, $b = 1$, $D = \left(-\infty; -\sqrt{5}\right] \cup \left[\sqrt{5}, +\infty\right)$, Im $= \mathbb{R}$.

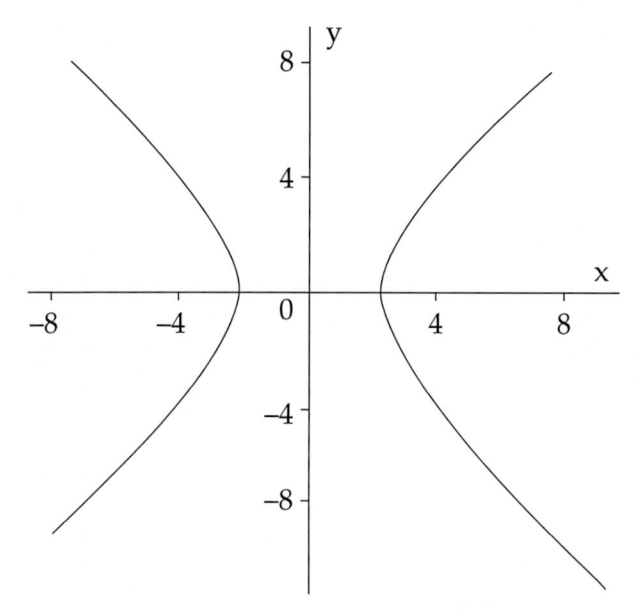

7) $(y+1)^2 = 4(x+4)$; parábola com vértice $(-4; -1)$, $D = [-4, +\infty)$, Im $= \mathbb{R}$.

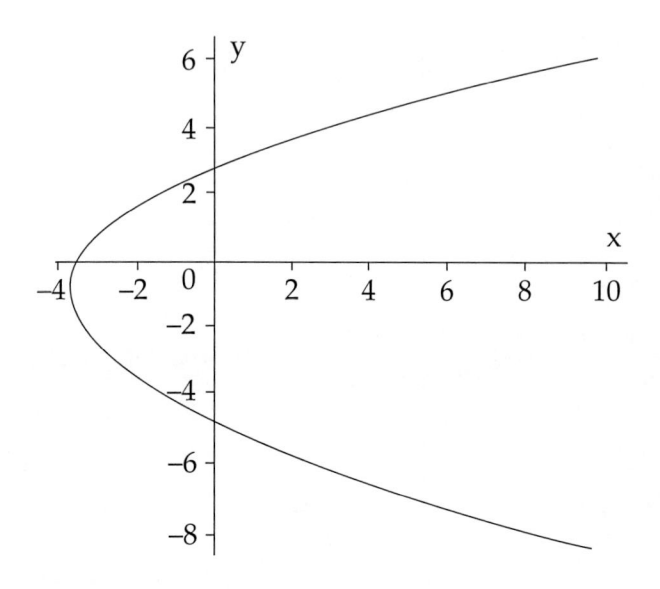

8) $(x+3)^2 + (y+3)^2 = 9$; circunferência com centro $(-3, -3)$, $r = 3$, $D = [-6, 0]$, $\text{Im} = [-6, 0]$.

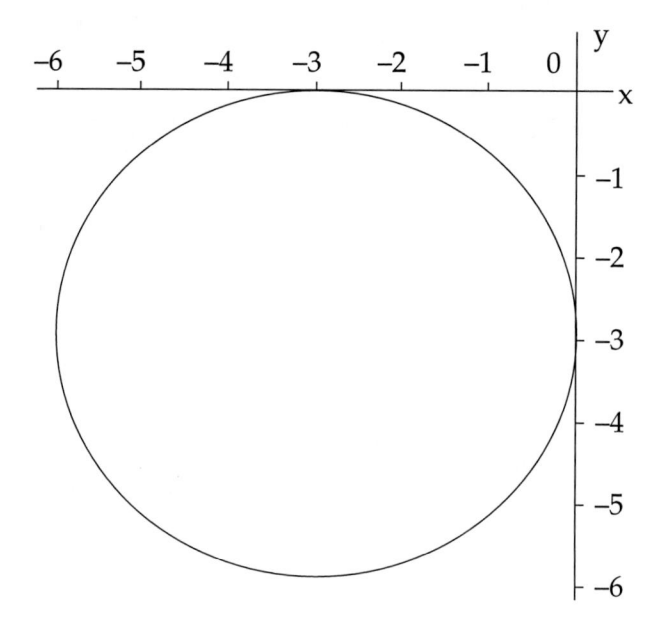

9) $(x-1)^2 = 2(y-1)$; parábola com vértice $(1, 1)$, $D = \mathbb{R}$, $\text{Im} = [1, +\infty)$.

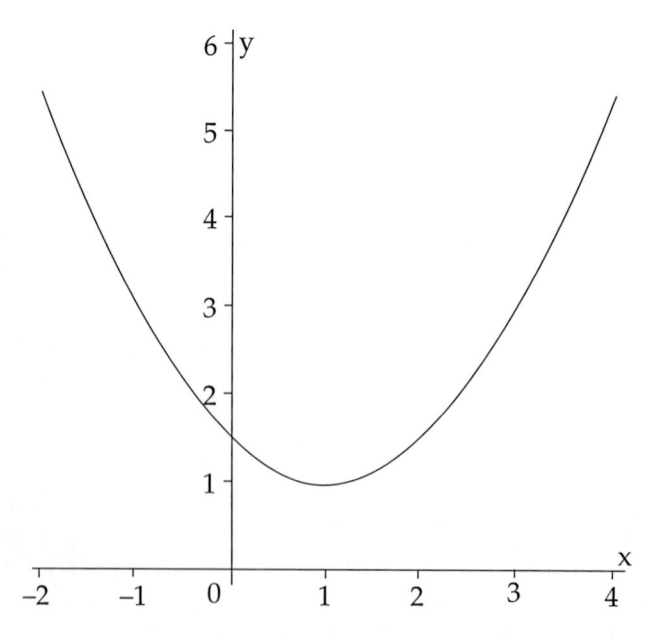

10) $\dfrac{(x+3)^2}{2}+\dfrac{(y+2)^2}{3}=1$; hipérbole com centro $(-1,1)$, $a=\sqrt{2}$, $b=2$, $D=\mathbb{R}$, $\text{Im}=\left(-\infty;1-\sqrt{2}\right]\cup\left[1+\sqrt{2};+\infty\right)$.

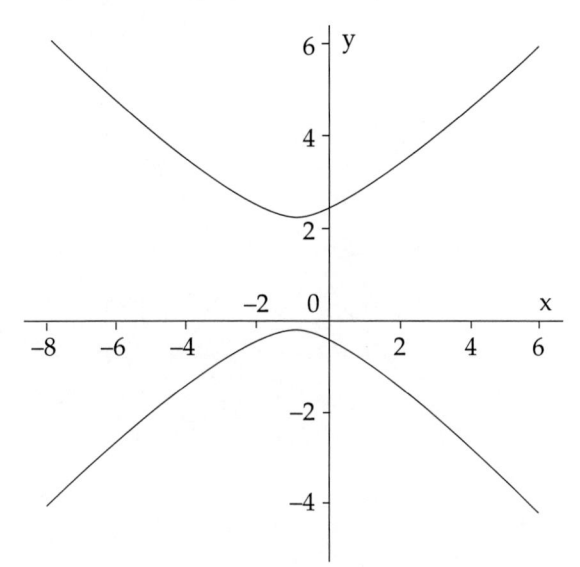

11) $\dfrac{(x+2)^2}{3}-\dfrac{(y+2)^2}{3}=1$; hipérbole com centro $(-2,-2)$, $a=b=\sqrt{3}$, $D=\left(-\infty;-2-\sqrt{3}\right]\cup\left[-2+\sqrt{3};+\infty\right)$, $\text{Im}=\mathbb{R}$.

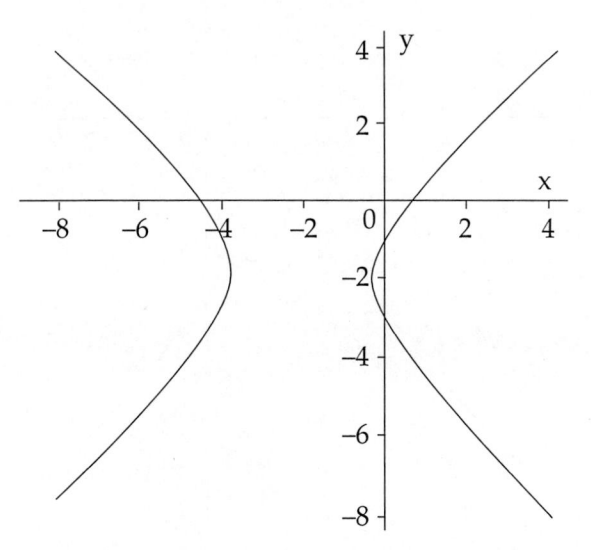

12) $\dfrac{(x+5)^2}{2} - \dfrac{(y+5)^2}{2} = 1$; hipérbole com centro $(-5,-5)$, $a = b = \sqrt{2}$,

$D = \left(-\infty; -5-\sqrt{2}\right] \cup \left[-5+\sqrt{2}; +\infty\right)$, $\text{Im} = \mathbb{R}$.

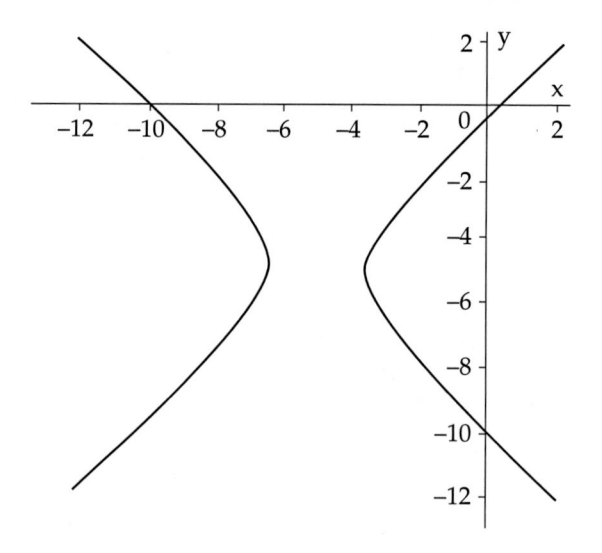

13) $\dfrac{(x+3)^2}{5} - \dfrac{(y+3)^2}{2} = 1$; hipérbole com centro $(-3,-3)$, $a = \sqrt{5}$, $b = \sqrt{2}$,

$D = \mathbb{R}$, $\text{Im} = \left(-\infty; -3-\sqrt{5}\right] \cup \left[-3+\sqrt{5}; +\infty\right)$.

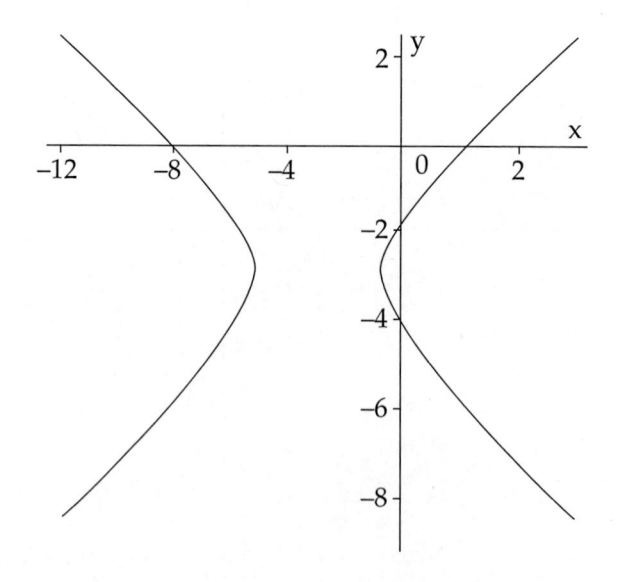

14) $\dfrac{(y+1)^2}{2} - \dfrac{(x+4)^2}{3} = 1$; hipérbole com centro $(-4,-1)$, $a = \sqrt{3}$, $b = \sqrt{2}$, $D = \mathbb{R}$, $\mathrm{Im} = \left(-\infty; -1-\sqrt{2}\right] \cup \left[-1+\sqrt{2}; +\infty\right)$.

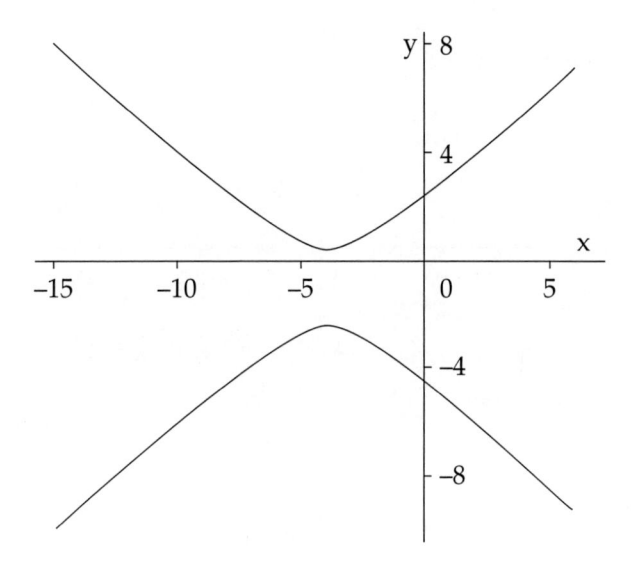

15) $(x-3)^2 + (y-3)^2 = 4$; circunferência com centro $(3,3)$, $r = 2$, $D = [1, 5]$, $\mathrm{Im} = [1, 5]$.

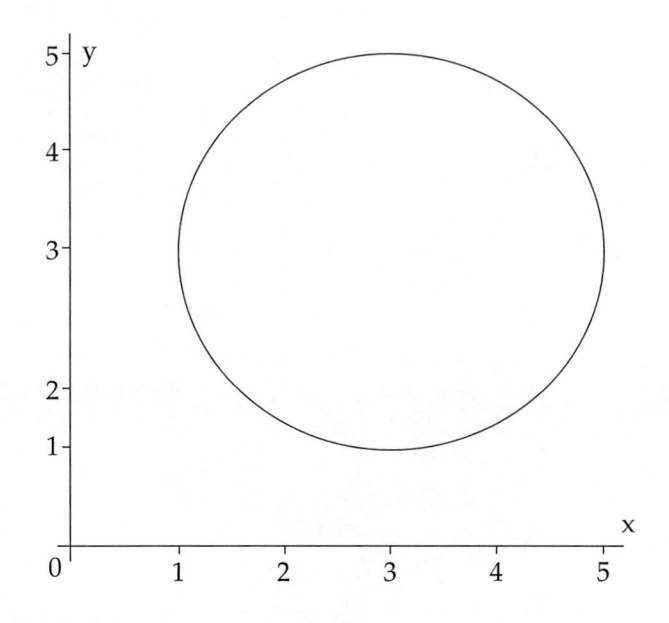

16) $\dfrac{y^2}{2} - \dfrac{x^2}{3} = 1$; hipérbole com centro $(0,0)$, $a = \sqrt{3}$, $b = \sqrt{2}$, $D = \mathbb{R}$, Im $= \mathbb{R} - \left(-\sqrt{2}; \sqrt{3}\right)$.

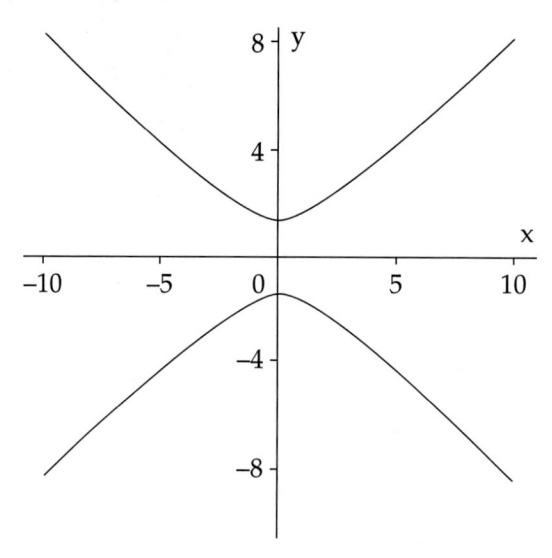

capítulo 7
Inequações do 2º grau

A primeira parte deste capítulo tem por objetivo definir e encontrar a solução de uma inequação do 2º grau, utilizando conceitos de funções do 2º grau. A segunda parte visa definir e construir gráficos da função modular.

7.1 Conceitos iniciais

Para falarmos em inequações do 2º grau, precisamos, inicialmente, estudar de forma mais aprofundada a função do 2º grau cujo gráfico é uma parábola.

A função quadrática $f : \mathbb{R} \to \mathbb{R}$, $x \mapsto f(x) = y = ax^2 + bx + c$, $a \neq 0$, tem as seguintes características:

- Concavidade:
    - Se $a > 0$, a concavidade está voltada para cima;
    - Se $a > 0$, a concavidade está voltada para baixo.

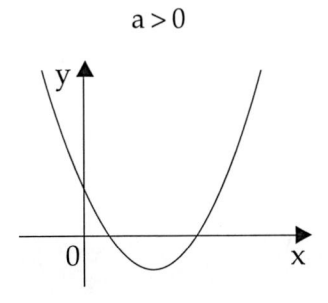

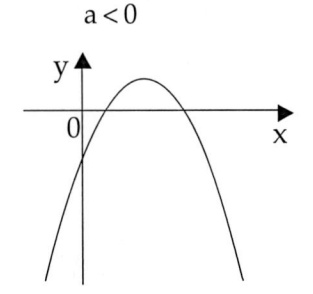

$a > 0$ $\qquad\qquad$ $a < 0$

- Onde corta o eixo y:
    - $(0, f(0)) = (0, c)$

209

- Raízes ou zeros:
  - $(x,0) \Rightarrow f(x)=0 \Rightarrow ax^2+bx+c=0$. Esse item foi visto no Capítulo 3, quando falamos em "equação do 2º grau". Concluímos que $x = \dfrac{-b \pm \sqrt{b^2-4ac}}{2a} = \dfrac{-b \pm \sqrt{\Delta}}{2a}$, isto é, $x_1 = \dfrac{-b+\sqrt{b^2-4ac}}{2a}$ e $x_2 = \dfrac{-b-\sqrt{b^2-4ac}}{2a}$.
  - Como a equação é do 2º grau, temos *exatamente* duas raízes que podem ser:

$$\begin{cases} \text{reais e distintas, se } \Delta > 0 \\ \text{reais e iguais, se } \Delta = 0 \\ \text{complexas conjugadas, se } \Delta < 0 \end{cases}$$

Como o eixo x é um eixo real, significa que:

$$\begin{cases} \text{corta o eixo x em 2 pontos distintos, se } \Delta > 0 \\ \text{tangencia o eixo x (toca em apenas um ponto), se } \Delta = 0 \\ \text{não cruza nem toca o eixo x, se } \Delta < 0 \end{cases}$$

$\Delta > 0$

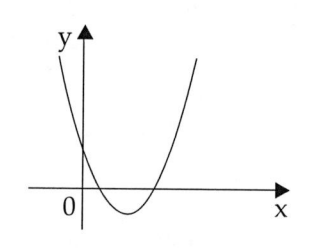

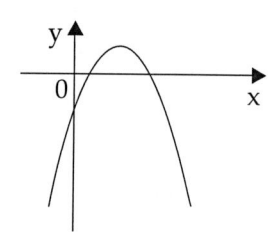

$\Delta = 0$

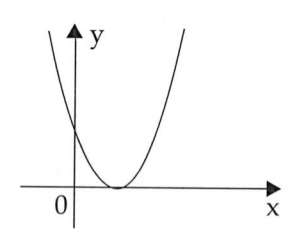

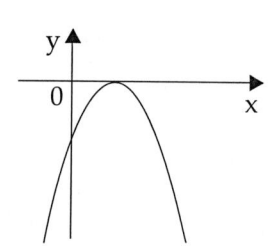

$\Delta < 0$

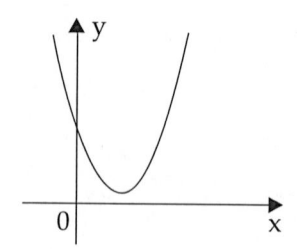

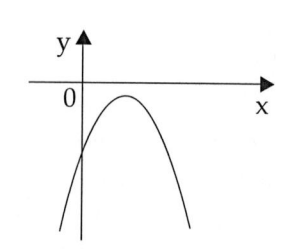

7 Inequações do 2º grau

- **Vértice:**
  - O gráfico da parábola é simétrico em relação à reta que passa pelo vértice. Significa que a abscissa do vértice é o ponto médio das abscissas das raízes da parábola.

$$x_v = \frac{x_1 + x_2}{2} \Rightarrow x_v = \frac{\frac{-b+\sqrt{\Delta}}{2a} + \frac{-b-\sqrt{\Delta}}{2a}}{2} \Rightarrow x_v = \frac{-2b}{4a} \Rightarrow$$

$$\Rightarrow \boxed{x_v = -\frac{b}{2a}}$$

Como o vértice é um ponto da parábola, ele satisfaz a sua equação.

Daí, $y_v = f(x_v) \Rightarrow y_v = f\left(-\frac{b}{2a}\right) \Rightarrow$

$$\Rightarrow y_v = a\left(-\frac{b}{2a}\right)^2 + b\left(-\frac{b}{2a}\right) + c \Rightarrow y_v = a\frac{b^2}{4a^2} - \frac{b^2}{2a} + c \Rightarrow$$

$$\Rightarrow y_v = -\frac{b^2 - 4ac}{4a} \Rightarrow \boxed{y_v = -\frac{\Delta}{4a}}$$

Logo, $V = \left(-\frac{b}{2a}; -\frac{\Delta}{4a}\right)$.

- **Sinal:**
  - $\Delta > 0$
    - $a > 0$

$$\begin{array}{c} + \quad - \quad + \\ \overline{ x_1 x_2 f} \rightarrow \end{array}$$

f é positiva em $(-\infty; x_1) \cup (x_2; +\infty)$ e f é negativa em $(x_1; x_2)$.

    - $a < 0$

$$\begin{array}{c} - \quad + \quad - \\ \overline{ x_1 x_2 f} \rightarrow \end{array}$$

f é negativa em $(-\infty; x_1) \cup (x_2; +\infty)$ e f é positiva em $(x_1; x_2)$.

- $\Delta = 0$
  - $a > 0$

  $$\xrightarrow{\quad + \quad\underset{x_1=x_2}{|}\quad + \quad}{f}$$

  f é positiva em $(-\infty; x_1) \cup (x_1; +\infty) = \mathbb{R} - \{x_1\}$.
  - $a < 0$

  $$\xrightarrow{\quad - \quad\underset{x_1=x_2}{|}\quad - \quad}{f}$$

  f é negativa em $(-\infty; x_1) \cup (x_1; +\infty) = \mathbb{R} - \{x_1\}$.

- $\Delta < 0$
  - $a > 0$

  $$\xrightarrow{\quad + \quad + \quad + \quad}{f}$$

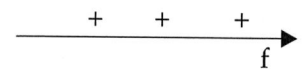

  f é sempre positiva.
  - $a < 0$

  $$\xrightarrow{\quad - \quad - \quad - \quad}{f}$$

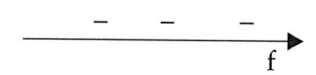

  f é sempre negativa.

Observação:

Dada a equação $f(x) = y = ax^2 + bx + c = 0$, sejam $x = x_1$ e $x = x_2$ suas raízes. Daí, $x - x_1 = 0$ e $x - x_2 = 0$. Logo, $(x - x_1) \cdot (x - x_2) = 0$.

Também poderíamos escrever:

$$\boxed{f(x) = y = ax^2 + bx + c = (x - x_1) \cdot (x - x_2) = 0 \Leftrightarrow x = x_1 \text{ ou } x = x_2}$$

Exemplos:

Seja $f : \begin{array}{c} \mathbb{R} \\ x \end{array} \begin{array}{c} \to \\ \mapsto \end{array} \begin{array}{c} \mathbb{R} \\ f(x) = y = ax^2 + bx + c \end{array}$.

1) $f(x) = y = x^2 - 4x + 3$

Se $f(x) = 0 \Rightarrow x^2 - 4x + 3 = 0$ e teremos as raízes:

$$x_1 = \frac{-b + \sqrt{b^2 - 4ac}}{2a} \text{ e } x_2 = \frac{-b - \sqrt{b^2 - 4ac}}{2a}.$$

Como $a = 1$, $b = -4$ e $c = 3$, as equações se tornam:

$$x_1 = \frac{-(-4) + \sqrt{(-4)^2 - 4 \times 1 \times 3}}{2 \times 1} = 1 \text{ e } x_2 = \frac{-(-4) - \sqrt{(-4)^2 - 4 \times 1 \times 3}}{2 \times 1} = 3.$$

Daí,
$f(x) = x^2 - 4x + 3 = (x - 1) \cdot (x - 3) = 0 \Rightarrow x - 1 = 0$ ou $x - 3 = 0 \Rightarrow$
$\Rightarrow x = 1$ ou $x = 3$.

2) $f(x) = y = x^2 + 2x - 3$

Se $f(x) = 0 \Rightarrow x^2 + 2x - 3 = 0$ e teremos as raízes:

$$x_1 = \frac{-b + \sqrt{b^2 - 4ac}}{2a} \text{ e } x_2 = \frac{-b - \sqrt{b^2 - 4ac}}{2a}, \text{ onde } a = 1, b = 2 \text{ e } c = -3.$$

Assim,

$$x_1 = \frac{-2 + \sqrt{2^2 - 4 \times 1 \times (-3)}}{2 \times 1} = 1 \text{ e } x_2 = \frac{-2 - \sqrt{2^2 - 4 \times 1 \times (-3)}}{2 \times 1} = -3.$$

Logo,
$f(x) = x^2 + 2x - 3 = (x - 1) \cdot (x + 3) = 0 \Rightarrow x - 1 = 0$ ou $x + 3 = 0 \Rightarrow$
$\Rightarrow x = 1$ ou $x = -3$.

7.2 Resolução de uma inequação do 2º grau

Definição: Chama-se *inequação do 2º grau* a toda expressão que pode ser reduzida a uma das seguintes formas:

$\boxed{ax^2 + bx + c > 0}$; $\boxed{ax^2 + bx + c \geq 0}$; $\boxed{ax^2 + bx + c < 0}$; $\boxed{ax^2 + bx + c \leq 0}$

A resolução decorre do estudo da variação de sinal de um trinômio do 2º grau, visto no item anterior.

7.3 Exercícios resolvidos

1) Dadas as funções $f: \mathbb{R} \underset{x \mapsto f(x)=y}{\rightarrow} \mathbb{R}$ a seguir, estudar seus pontos principais, esboçar seus gráficos e determinar suas imagens:

a) $f(x) = y = x^2 - 4x + 3$

b) $f(x) = y = 3x^2 - 7x + 2$

c) $f(x) = y = -x^2 + \dfrac{3}{2}x + 1$

d) $f(x) = y = -4x^2 + 12x - 9$

e) $f(x) = y = x^2 - 2x + 4$

f) $f(x) = y = -\dfrac{1}{2}x^2 - x - \dfrac{3}{2}$

Solução:

a) $a = 1, b = -4$ e $c = 3$.

Como $a = 1 > 0$, o gráfico tem a concavidade voltada para cima.
Ele corta o eixo y em $x = 0$.
Fazendo $x = 0$ em $f(x) = x^2 - 4x + 3$, teremos $f(0) = 0^2 - 4 \times 0 + 3 = 3$.
Daí, $(0, f(0)) = (0, c) = (0, 3)$.
Como $\Delta = b^2 - 4ac = (-4)^2 - 4 \cdot 1 \cdot 3 = 4 > 0$, existem duas raízes reais e distintas.

As raízes são $x = \dfrac{-b \pm \sqrt{\Delta}}{2a} = \dfrac{-(-4) \pm \sqrt{4}}{2 \cdot 1} = \dfrac{4 \pm 2}{2}$, isto é: $x_1 = \dfrac{4-2}{2} = 1$ e $x_2 = \dfrac{4+2}{2} = 3$.

O vértice da parábola é o ponto $V = \left(-\dfrac{b}{2a}; -\dfrac{\Delta}{4a}\right) = \left(-\dfrac{-4}{2.1}; -\dfrac{4}{4.1}\right) = (2; -1)$.

A partir do esboço deste gráfico, a seguir, verificamos que $\text{Im}(f) = [-1; +\infty)$.

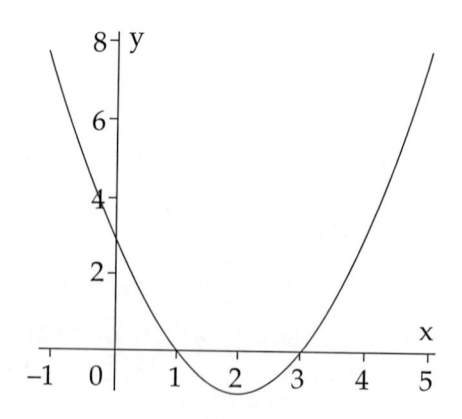

b) $a = 3$, $b = -7$ e $c = 2$.

Como $a = 3 > 0$, o gráfico tem a concavidade voltada para cima.
Ele corta o eixo y em $x = 0$.
Fazendo $x = 0$ em $f(x) = 3x^2 - 7x + 2$, teremos $f(0) = 3 \cdot 0^2 - 7 \cdot 0 + 2 = 2$.
Daí, $(0, f(0)) = (0, c) = (0, 2)$.
Como $\Delta = (-7)^2 - 4 \cdot 3 \cdot 2 = 25 > 0$, existem duas raízes reais e distintas.

As raízes são $x = \dfrac{-b \pm \sqrt{\Delta}}{2a} = \dfrac{-(-7) \pm \sqrt{25}}{2 \cdot 3} = \dfrac{7 \pm 5}{6}$, isto é:

$$x_1 = \frac{7-5}{6} = \frac{2}{6} = \frac{1}{3} \text{ e } x_2 = \frac{7+5}{6} = \frac{12}{6} = 2.$$

O vértice da parábola é o ponto $V = \left(-\dfrac{b}{2a}; -\dfrac{\Delta}{4a}\right) = \left(\dfrac{7}{2 \cdot 3}; -\dfrac{25}{4 \cdot 3}\right) = \left(\dfrac{7}{6}; -\dfrac{25}{12}\right)$.

A partir do esboço do gráfico a seguir, verificamos que $\text{Im}(f) = \left[-\dfrac{25}{12}; +\infty\right)$.

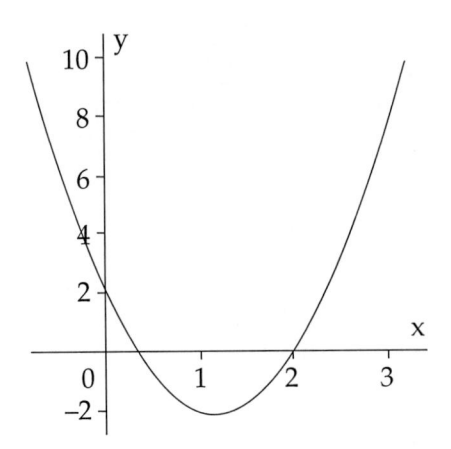

c) $a = -1$, $b = \dfrac{3}{2}$ e $c = 1$.

Como $a = -1 < 0$, o gráfico tem a concavidade voltada para baixo.
Ele corta o eixo y em $x = 0$.
Fazendo $x = 0$ em $f(x) = -x^2 + \dfrac{3}{2}x + 1$, teremos $f(0) = -0^2 + \dfrac{3}{2} \cdot 0 + 1 = 1$.

Daí, $(0, f(0)) = (0, c) = (0, 1)$.

Como $\Delta = \left(\dfrac{3}{2}\right)^2 - 4 \cdot (-1) \cdot 1 = \dfrac{25}{4} > 0$, existem duas raízes reais e distintas.

As raízes são:

$$x = \dfrac{-b \pm \sqrt{\Delta}}{2a} = \dfrac{-\dfrac{3}{2} \pm \sqrt{\dfrac{25}{4}}}{2 \cdot (-1)} = \dfrac{-\dfrac{3}{2} \pm \dfrac{5}{2}}{-2} = \dfrac{-3 \pm 5}{2} \cdot \left(-\dfrac{1}{2}\right) = \dfrac{-3 \pm 5}{-4}, \text{ isto é:}$$

$x_1 = \dfrac{-3+5}{-4} = -\dfrac{2}{4} = -\dfrac{1}{2}$ e $x_2 = \dfrac{-3-5}{-4} = \dfrac{-8}{-4} = 2$.

O vértice da parábola é o ponto:

$$V = \left(-\dfrac{b}{2a}; -\dfrac{\Delta}{4a}\right) = \left(-\dfrac{\dfrac{3}{2}}{2 \cdot (-1)}; -\dfrac{\dfrac{25}{4}}{4 \cdot (-1)}\right) = \left(\dfrac{3}{4}; \dfrac{25}{16}\right).$$

A partir do esboço do gráfico a seguir, verificamos que $\text{Im}(f) = \left(-\infty; \dfrac{25}{16}\right]$.

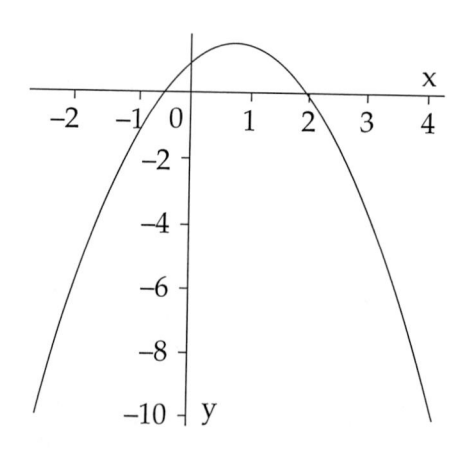

d) $a = -4, b = 12$ e $c = -9$.

Como $a = -4 < 0$, o gráfico tem a concavidade voltada para baixo. Ele corta o eixo y em $x = 0$.

Fazendo $x = 0$ em $f(x) = -4x^2 + 12x - 9$, teremos:

$f(0) = -4 \cdot 0^2 + 12 \cdot 0 - 9 = -9$.

Daí, $(0, f(0)) = (0, c) = (0, -9)$.

Como $\Delta = 12^2 - 4 \cdot (-4) \cdot (-9) = 0$, existem duas raízes reais e iguais.

As raízes são $x = \dfrac{-b \pm \sqrt{\Delta}}{2a} = \dfrac{-12 \pm \sqrt{0}}{2 \cdot (-4)} = \dfrac{-12}{-8} = \dfrac{3}{2}$, isto é:

$x_1 = x_2 = \dfrac{3}{2}$.

O vértice da parábola é o ponto $V = \left(-\dfrac{b}{2a}; -\dfrac{\Delta}{4a}\right) = \left(-\dfrac{12}{2 \cdot (-4)}; 0\right) = \left(\dfrac{3}{2}; 0\right)$.

A partir do esboço do gráfico a seguir, verificamos que $\text{Im}(f) = (-\infty; 0]$.

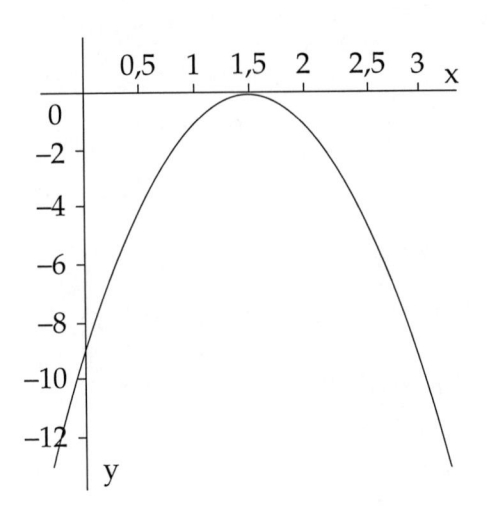

e) $a = 1, b = -2$ e $c = 4$.

Como $a = 1 > 0$, o gráfico tem a concavidade voltada para cima.
Ele corta o eixo y em $x = 0$.
Fazendo $x = 0$ em $f(x) = x^2 - 2x + 4$, teremos $f(0) = 0^2 - 2 \cdot 0 + 4 = 4$.

Daí, $(0, f(0)) = (0, c) = (0, 4)$.

Como $\Delta = (-2)^2 - 4 \cdot 1 \cdot 4 = -12 < 0$, existem duas raízes complexas conjugadas.

O vértice da parábola é o ponto $V = \left(-\dfrac{b}{2a}; -\dfrac{\Delta}{4a}\right) = \left(-\dfrac{-2}{2}; -\dfrac{-12}{4 \cdot 1}\right) = (1; 3)$.

A partir do esboço do gráfico a seguir, verificamos que $\text{Im}(f) = [3; +\infty)$.

f) $a = -\dfrac{1}{2}$, $b = -1$ e $c = -\dfrac{3}{2}$.

Como $a = -\dfrac{1}{2} < 0$, o gráfico tem a concavidade voltada para baixo.

Ele corta o eixo y em x = 0.

Fazendo x = 0 em $f(x) = -\dfrac{1}{2}x^2 - x - \dfrac{3}{2}$, teremos:

$f(0) = -\dfrac{1}{2} \cdot 0^2 - 1 \cdot 0 - \dfrac{3}{2} = -\dfrac{3}{2}$.

Daí, $(0, f(0)) = (0, c) = \left(0, -\dfrac{3}{2}\right)$.

Como $\Delta = (-1)^2 - 4 \cdot \left(-\dfrac{1}{2}\right) \cdot \left(-\dfrac{3}{2}\right) = -2 < 0$, existem duas raízes complexas conjugadas.

O vértice da parábola é o ponto:

$V = \left(-\dfrac{b}{2a}; -\dfrac{\Delta}{4a}\right) = \left(-\dfrac{-1}{2 \cdot \left(-\dfrac{1}{2}\right)}; -\dfrac{-2}{4 \cdot \left(-\dfrac{1}{2}\right)}\right) = (-1; -1)$.

A partir do esboço do gráfico a seguir, verificamos que $\text{Im}(f) = (-\infty; -1]$.

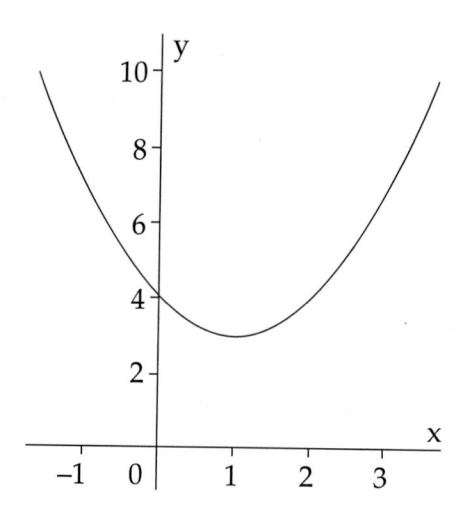

```
              x
─────────────────────
-4  -3  -2  -1  0   1   2
                -1
                -2
                -3
                -4
                -5
                 y
```

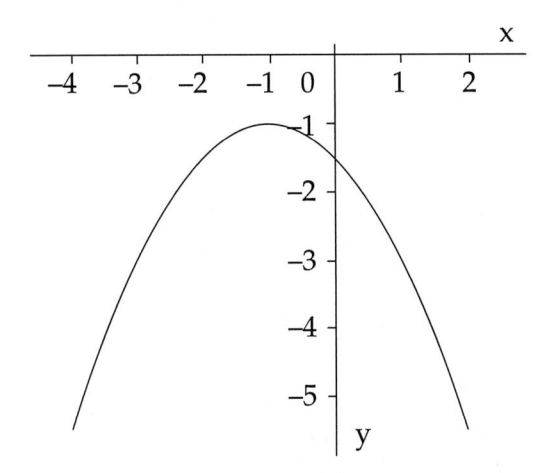

2) Dadas as funções $f : \mathbb{R} \to \mathbb{R}$, $x \mapsto f(x)=y$ a seguir, determinar suas raízes reais:

a) $f(x) = x^4 - 3x^2 - 10$

b) $f(x) = -x^6 - 4x^3 + 32$

Solução:

a) Para determinarmos as raízes, façamos $f(x) = 0$, isto é, $x^4 - 3x^2 - 10 = 0$.

Para encontrarmos a solução desta equação, substituiremos x^2 por u. Daí a equação se torna $u^2 - 3u - 10 = 0$.

Como $a = 1$, $b = -3$ e $c = -10$, as raízes são:

$$u = \frac{-(-3) \pm \sqrt{(-3)^2 - 4 \cdot 1 \cdot (-10)}}{2 \cdot 1} = \frac{3 \pm \sqrt{49}}{2} = \frac{3 \pm 7}{2}, \text{ isto é:}$$

$$u_1 = \frac{3-7}{2} = -\frac{4}{2} = -2 \text{ e } u_2 = \frac{3+7}{2} = \frac{10}{2} = 5.$$

Como $x^2 = u$, então $x = \pm\sqrt{u}$.

Para determinarmos as raízes da equação $x^4 - 3x^2 - 10 = 0$, substituiremos $u_1 = -2$ e $u_2 = 5$ na equação $x = \pm\sqrt{u}$.

Daí, para $u_1 = -2$, $x = \pm\sqrt{-2}$ não tem solução real e para $u_2 = 5$, $x = \pm\sqrt{5}$ são as duas raízes reais dessa equação.

b) Para determinarmos as raízes, façamos $f(x) = 0$, isto é, $-x^6 - 4x^3 + 32 = 0$.

Para encontrarmos a solução dessa equação, substituiremos x^3 por u.
Daí a equação se torna $-u^2 - 4u + 32 = 0$.
Como $a = -1$, $b = -4$ e $c = 32$, as raízes são:

$$u = \frac{-(-4) \pm \sqrt{(-4)^2 - 4 \cdot (-1) \cdot 32}}{2 \cdot (-1)} = \frac{4 \pm \sqrt{144}}{-2} = \frac{4 \pm 12}{-2}, \text{ isto é:}$$

$$u_1 = \frac{4+12}{-2} = -\frac{16}{2} = -8 \text{ e } u_2 = \frac{4-12}{-2} = \frac{8}{2} = 4.$$

Como $x^3 = u$, então $x = \sqrt[3]{u}$.

Para determinarmos as raízes da equação $-x^6 - 4x^3 + 32 = 0$, substituiremos $u_1 = -8$ e $u_2 = 4$ na equação $x = \sqrt[3]{u}$.

Daí, para $u_1 = -8$, $x = \sqrt[3]{-8} = -2$ e para $u_2 = 4$, $x = \sqrt[3]{4}$, são as duas raízes reais dessa equação.

3) Estudar os sinais de cada uma das funções do exercício 1.

Solução:

a) Como o gráfico tem a concavidade voltada para cima e possui duas raízes reais e distintas, a função é negativa para valores de x compreendidos entre as raízes *e* positiva para os demais valores de x. As raízes determinadas em (1a) são 1 e 3.

Logo, f é positiva em $(-\infty; 1) \cup (3; +\infty)$ e *f* é negativa em $(1; 3)$.

b) Como o gráfico tem a concavidade voltada para cima e possui duas raízes reais e distintas, a função é negativa para valores de x compreendidos entre as raízes *e* positiva para os demais valores de x. As raízes determinadas em (1b) são $\frac{1}{3}$ e 2.

Logo, f é positiva em $\left(-\infty; \frac{1}{3}\right) \cup (2; +\infty)$ e *f* é negativa em $\left(\frac{1}{3}; 2\right)$.

c) Como o gráfico tem a concavidade voltada para baixo e possui duas raízes reais e distintas, a função é positiva para valores de x compreendidos entre as raízes *e* negativa para os demais valores de x. As raízes determinadas em (1c) são $-\frac{1}{2}$ e 2.

Logo, f é negativa em $\left(-\infty; -\dfrac{1}{2}\right) \cup (2; +\infty)$ e f é positiva em $\left(-\dfrac{1}{2}; 2\right)$.

d) Como o gráfico tem a concavidade voltada para baixo e possui duas raízes reais e iguais, a função é negativa para todos os valores de x, exceto a raiz. As raízes determinadas em (1d) são $-\dfrac{3}{2}$.

Logo, f é negativa em $\mathbb{R} - \left\{\dfrac{3}{2}\right\}$.

e) Como o gráfico tem a concavidade voltada para cima e possui duas raízes complexas conjugadas, a função é positiva para todos os valores de x.

Logo, f é sempre positiva ($\forall x \in \mathbb{R}$).

f) Como o gráfico tem a concavidade voltada para baixo e possui duas raízes complexas conjugadas, a função é negativa para todos os valores de x.

Logo, f é sempre negativa ($\forall x \in \mathbb{R}$).

4) Resolva as inequações:

a) $x^2 - 3x + 4 > 0$

b) $x^2 + 2x + 1 \leq 0$

c) $-2x^2 - 4x + 6 \geq 0$

Solução:

a) Considerando $f(x) = x^2 - 3x + 4$, temos que $a > 0$, então o gráfico tem a concavidade voltada para cima.

Como $\Delta = (-3)^2 - 4 \cdot 1 \cdot 4 = -7 < 0$, existem duas raízes complexas conjugadas.

Daí, $f(x) > 0$, $\forall x \in \mathbb{R}$.

Sendo assim, $S = \mathbb{R}$.

b) Considerando $f(x) = x^2 + 2x + 1$, temos que $a > 0$, então o gráfico tem a concavidade voltada para cima.

Como $\Delta = 2^2 - 4 \cdot 1 \cdot 1 = 0$, existem duas raízes reais e iguais.

Daí, $f(x) \geq 0$, $\forall x \in \mathbb{R}$.

As raízes são $x = \dfrac{-b \pm \sqrt{\Delta}}{2a} = \dfrac{-2 \pm \sqrt{0}}{2 \cdot 1} = -\dfrac{2}{2} = -1$.

Daí, $f(x) = 0$, somente na raiz da equação, isto é, em $x_1 = x_2 = -1$.
Sendo assim, $S = \{-1\}$.

c) Considerando $f(x) = -2x^2 - 4x + 6$, temos que $a < 0$, então o gráfico tem a concavidade voltada para baixo.

Como $\Delta = (-4)^2 - 4 \cdot (-2) \cdot 6 = 64 > 0$, existem duas raízes reais e distintas.

As raízes são $x = \dfrac{-b \pm \sqrt{\Delta}}{2a} = \dfrac{-(-4) \pm \sqrt{64}}{2 \cdot (-2)} = \dfrac{4 \pm 8}{-4}$, isto é:

$x_1 = \dfrac{4+8}{-4} = -\dfrac{12}{4} = -3$ e $x_2 = \dfrac{4-8}{-4} = \dfrac{-4}{-4} = 1$.

Daí, $f(x) > 0$ para x entre as raízes e $f(x) = 0$ para as raízes ($x_1 = -3$ e $x_2 = 1$).

Sendo assim, $S = [-3; 1]$.

5) Resolva as inequações:

a) $(x^2 - x - 6) \cdot (-x^2 + 6x - 5) > 0$

b) $\dfrac{x^2 - 2x - 3}{-x^2 + 5x - 4} \leq 0$

c) $5x \leq 3 - 2x^2 < -x^2 - 1$

d) $-2x^4 + 10x^2 - 8 \leq 0$

Solução:

a) Sejam $f(x) = x^2 - x - 6$ e $g(x) = -x^2 + 6x - 5$. Queremos determinar, para que valores de x, $f(x) \cdot g(x) > 0$.

Primeiro determinaremos as raízes de $f(x)$ e $g(x)$.
Para $f(x)$, temos:

Como $\Delta = (-1)^2 - 4 \cdot 1 \cdot (-6) = 25 > 0$, existem duas raízes reais e distintas.

$x = \dfrac{-b \pm \sqrt{\Delta}}{2a} = \dfrac{-(-1) \pm \sqrt{25}}{2 \cdot 1} = \dfrac{1 \pm 5}{2}$, isto é:

$x_1 = \dfrac{1+5}{2} = \dfrac{6}{2} = 3$ e $x_2 = \dfrac{1-5}{2} = -\dfrac{4}{2} = -2$.

Como a > 0, f é positiva em $(-\infty; -2) \cup (3; +\infty)$, f é negativa em $(1; 3)$ e f é nula em $\{-2; 3\}$.

Para g(x), temos:
Como $\Delta = 6^2 - 4 \cdot (-1) \cdot (-5) = 16 > 0$, existem duas raízes reais e distintas.

$$x = \frac{-b \pm \sqrt{\Delta}}{2a} = \frac{-6 \pm \sqrt{16}}{2 \cdot (-1)} = \frac{-6 \pm 4}{-2}, \text{ isto é:}$$

$$x_1 = \frac{-6+4}{-2} = \frac{-2}{-2} = 1 \text{ e } x_2 = \frac{-6-4}{-2} = \frac{10}{2} = 5.$$

Como a < 0, g é negativa em $(-\infty; 1) \cup (5; +\infty)$ e g é positiva em $(1; 5)$ e g é nula em $\{1; 5\}$.

	-2	1	3	5
f(x) = x² − x − 6	+	−	−	+	+
g(x) = − x² + 6x − 5	−	−	+	+	−
f(x) · g(x)	−	+	−	+	−

As retas pontilhadas em x = −2, x = 1, x = 3 e x = 5 indicam que esses valores de x não farão parte da solução, pois a inequação não poderá ser nula.

Assim, $S = (-2; 1) \cup (3; 5)$.

b) Sejam $f(x) = x^2 - 2x - 3$ e $g(x) = -x^2 + 5x - 4$. Queremos determinar, para que valores de x, $\frac{f(x)}{g(x)} \leq 0$.

Primeiro determinaremos as raízes de f(x) e g(x).
Para f(x), temos:
Como $\Delta = (-2)^2 - 4 \cdot 1 \cdot (-3) = 16 > 0$, existem duas raízes reais e distintas.

$$x = \frac{-b \pm \sqrt{\Delta}}{2a} = \frac{-(-2) \pm \sqrt{16}}{2 \cdot 1} = \frac{2 \pm 4}{2}, \text{ isto é:}$$

$$x_1 = \frac{2+4}{2} = \frac{6}{2} = 3 \text{ e } x_2 = \frac{2-4}{2} = -\frac{2}{2} = -1.$$

Como a > 0, f é positiva em $(-\infty; -1) \cup (3; +\infty)$, f é negativa em $(-1; 3)$ e f é nula em $\{-1; 3\}$.

Para g(x), temos:

Como $\Delta = 5^2 - 4 \cdot (-1) \cdot (-4) = 9 > 0$, existem duas raízes reais e distintas.

$$x = \frac{-b \pm \sqrt{\Delta}}{2a} = \frac{-5 \pm \sqrt{9}}{2 \cdot (-1)} = \frac{-5 \pm 3}{-2}, \text{ isto é:}$$

$$x_1 = \frac{-5+3}{-2} = \frac{-2}{-2} = 1 \text{ e } x_2 = \frac{-5-3}{-2} = \frac{8}{2} = 4.$$

Como a > 0, g é negativa em $(-\infty; 1) \cup (4; +\infty)$, g é positiva em $(1; 4)$ e g é nula em $\{1; 4\}$.

	−1	1	3	4
$f(x) = x^2 - 2x - 3$	+	−	−	+	+
$g(x) = -x^2 + 5x - 4$	−	−	+	+	−
$\dfrac{f(x)}{g(x)}$	−	+	−	+	−

As retas pontilhadas em x = 1 e x = 4 indicam que esses valores de x não farão parte da solução, pois o denominador não poderá ser nulo. Assim, $S = (-\infty; -1] \cup (1; 3] \cup (4; +\infty)$.

c) $\begin{cases} 5x \leq 3 - 2x^2 \\ e \\ 3 - 2x^2 < -x^2 - 1 \end{cases}$.

Passando todos os termos para o lado esquerdo da desigualdade, temos:

$\begin{cases} 2x^2 + 5x - 3 \leq 0 \\ e \\ -2x^2 + x^2 + 3 + 1 < 0 \end{cases} \Rightarrow \begin{cases} 2x^2 + 5x - 3 \leq 0 \\ e \\ -x^2 + 4 < 0 \end{cases}$.

7 Inequações do 2º grau

Multiplicando a 2ª equação por (–1):
$$\begin{cases} f(x) = 2x^2 + 5x - 3 \le 0 \\ \quad e \\ g(x) = x^2 - 4 > 0 \end{cases}$$

Primeiro determinaremos as raízes de f(x) e g(x).
Para f(x), temos:
Como $\Delta = 5^2 - 4 \cdot 2 \cdot (-3) = 49 > 0$, existem duas raízes reais e distintas.
$$x = \frac{-b \pm \sqrt{\Delta}}{2a} = \frac{-5 \pm \sqrt{49}}{2 \cdot 2} = \frac{-5 \pm 7}{4}, \text{ isto é:}$$
$$x_1 = \frac{-5+7}{4} = \frac{2}{4} = \frac{1}{2} \text{ e } x_2 = \frac{-5-7}{4} = -\frac{12}{4} = -3.$$

Como a > 0, f é positiva em $(-\infty; -3) \cup \left(\frac{1}{2}; +\infty\right)$, f é negativa em $\left(-3; \frac{1}{2}\right)$ e f é nula em $\left\{-3; \frac{1}{2}\right\}$.

Para g(x), temos:
Como $\Delta = 0^2 - 4 \cdot 1 \cdot (-4) = 16 > 0$, existem duas raízes reais e distintas.
$$x = \frac{-b \pm \sqrt{\Delta}}{2a} = \frac{0 \pm \sqrt{16}}{2 \cdot 1} = \frac{\pm 4}{2}, \text{ isto é, } x_1 = \frac{4}{2} = 2 \text{ e } x_2 = \frac{-4}{2} = -2.$$

Como a > 0, g é positiva em $(-\infty; -2) \cup (2; +\infty)$, g é negativa em $(-2; 2)$ e g é nula em $\{-2; 2\}$.

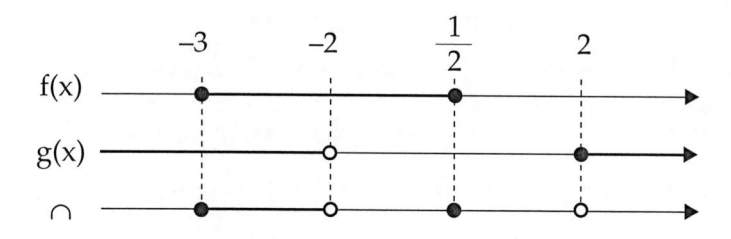

Nesse tipo de representação, a parte em negrito corresponde à solução da inequação.
A solução final deve satisfazer as duas inequações $f(x) \le 0$ e $g(x) > 0$. Dessa forma, determina-se a interseção entre as soluções encontradas para as inequações f(x) e g(x).
Assim, $S = [-3; -2)$.

d) Para encontrarmos as raízes da equação $f(x) = -2x^4 + 10x^2 - 8$, teremos de substituir x^2 por u. Daí, $g(u) = -2u^2 + 10u - 8 \leq 0$.

As raízes dessa equação são:

$\Delta = 10^2 - 4 \cdot (-2) \cdot (-8) = 36 > 0$, ou seja, existem duas raízes reais e distintas.

$x = \dfrac{-b \pm \sqrt{\Delta}}{2a} = \dfrac{-10 \pm \sqrt{36}}{2 \cdot (-2)} = \dfrac{-10 \pm 6}{-4}$, isto é:

$x_1 = \dfrac{-10 + 6}{-4} = \dfrac{-4}{-4} = 1$ e $x_2 = \dfrac{-10 - 6}{-4} = \dfrac{-16}{-4} = 4$.

Como $a < 0$, g é positiva em $(-\infty; 1) \cup (4; +\infty)$, g é negativa em $(1; 4)$ e g é nula em $\{1; 4\}$.

Daí, $u^2 - 5u + 4 \geq 0 \Rightarrow u \leq 1$ ou $u \geq 4$.

Sabendo que $u = x^2$, temos que $x^2 \leq 1$ ou $x^2 \geq 4$, isto é, $x^2 - 1 \leq 0$ ou $x^2 - 4 \geq 0$.

Determinando as raízes de $x^2 - 1 = 0$, teremos:

$\Delta = 0^2 - 4 \cdot 1 \cdot (-1) = 4 > 0$, ou seja, existem duas raízes reais e distintas.

$x = \dfrac{-b \pm \sqrt{\Delta}}{2a} = \dfrac{-0 \pm \sqrt{4}}{2 \cdot 1} = \dfrac{\pm 2}{2}$, isto é, $x_1 = \dfrac{2}{2} = 1$ e $x_2 = \dfrac{-2}{2} = -1$.

Como $a > 0$, a função é positiva em $(-\infty; -1) \cup (1; +\infty)$, negativa em $(-1; 1)$ e nula em $\{-1; 1\}$.

Determinando as raízes de $x^2 - 4 = 0$, teremos:

$\Delta = 0^2 - 4 \cdot 1 \cdot (-4) = 16 > 0$, ou seja, existem duas raízes reais e distintas.

$x = \dfrac{-b \pm \sqrt{\Delta}}{2a} = \dfrac{0 \pm \sqrt{16}}{2 \cdot 1} = \dfrac{\pm 4}{2}$, isto é, $x_1 = \dfrac{4}{2} = 2$ e $x_2 = \dfrac{-4}{2} = -2$.

Como $a > 0$, a função é positiva em $(-\infty; -2) \cup (2; +\infty)$, negativa em $(-2; 2)$ e nula em $\{-2; 2\}$.

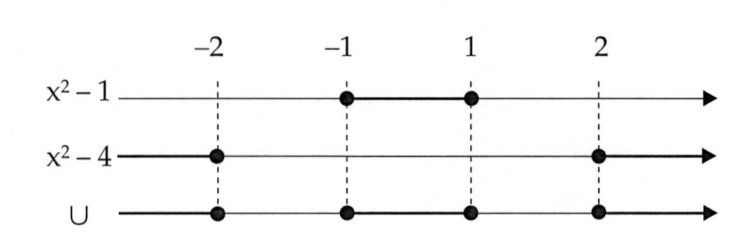

A solução final deve satisfazer pelo menos uma das duas inequações $x^2 - 1 \leq 0$ ou $x^2 - 4 \geq 0$. Nesse caso, determina-se a união entre as soluções encontradas para as duas inequações.
Assim, $S = (-\infty; -2] \cup [-1; 1] \cup [2; +\infty)$.

7.4 Exercícios propostos

1) Dadas as funções $f : \mathbb{R} \to \mathbb{R}$, $x \mapsto f(x) = y$ a seguir, estudar seus pontos principais, esboçar seus gráficos e determinar suas imagens:

a) $f(x) = 3x^2 - 3x - 6$

b) $f(x) = 4x^2 - 5x + 2$

c) $f(x) = -4x^2 - 20x - 25$

d) $f(x) = \frac{1}{3}x^2 - 2x + 3$

e) $f(x) = -3x^2 - 18x - 24$

f) $f(x) = -2x^2 + 5x - \frac{7}{2}$

2) Dadas as funções $f : \mathbb{R} \to \mathbb{R}$, $x \mapsto f(x) = y$ a seguir, determinar suas raízes reais:

a) $f(x) = -x^4 + 5x^2 + 36$

b) $f(x) = x^6 - 7x^3 - 8$

c) $f(x) = 2x^4 + 6x^2 + 4$

3) Determinar os valores de r para que a função $f(x) = rx^2 + (2r-1)x + (r-2)$ admita:

a) Duas raízes reais e distintas;
b) Duas raízes reais e iguais;
c) Duas raízes complexas conjugadas.

4) O mesmo enunciado do exercício anterior para a função $f(x) = x^2 + (3r+2)x + (r^2 + r + 2)$.

5) Determinar uma equação do 2º grau de raízes:

a) 3 e −4

b) $\dfrac{2}{3}$ e $-\dfrac{3}{2}$

c) $2+\sqrt{3}$ e $2-\sqrt{3}$

6) Estudar os sinais de cada uma das funções do exercício 1.

7) Resolva as inequações:

a) $x^2 - 5x + 6 > 0$

b) $-x^2 + 3x + 4 > 0$

c) $-2x^2 - 14x + 4 \leq 0$

d) $-2x^2 + 3x + 20 \geq 0$

e) $-4x^2 + 7x - \dfrac{3}{2} \geq 0$

f) $\dfrac{1}{4}x^2 - x + 1 > 0$

g) $\dfrac{1}{4}x^2 - x + 1 \geq 0$

h) $-\dfrac{1}{4}x^2 + x - 1 \geq 0$

i) $x^2 + 2x + 2 > 0$

j) $-3x^2 + 5x - 4 < 0$

k) $x^2 + 2x + 2 < 0$

l) $-3x^2 + 5x - 4 > 0$

8) Resolva as inequações:

a) $(x^2 - x - 6) \cdot (x^2 - 2x + 1) < 0$

b) $(4 - x^2) \cdot (x^2 - 4x + 4) > 0$

c) $(-x^2 + 7x - 10) \cdot (x^2 - 10x + 21) < 0$

d) $\dfrac{x^2 - 1}{2x - x^2} \geq 0$

e) $\dfrac{x^2 + 4x + 4}{-x^2 + 8x - 16} \geq 0$

f) $\dfrac{2x}{x+1} + \dfrac{5}{x-3} > 1$

g) $\dfrac{(x+1)^3 - 1}{(x-1)^3 + 1} \geq 1$

h) $-x \leq x^2 - 6 < -x^2 + 6x - 6$

7.5 Respostas dos exercícios propostos

1) a) côncava para cima; corta y em $(0; -6)$; duas raízes reais e distintas $x_1 = -1$ e $x_2 = 2$; $V = \left(\dfrac{3}{2}; -\dfrac{81}{12}\right)$; $\text{Im}(f) = \left[-\dfrac{81}{12}; +\infty\right)$.

b) côncava para cima; corta y em $(0; 2)$; duas raízes complexas conjugadas; $V = \left(\dfrac{5}{8}; \dfrac{7}{16}\right)$; $\text{Im}(f) = \left[\dfrac{7}{16}; +\infty\right)$.

c) côncava para baixo; corta y em $(0; -25)$; duas raízes reais e iguais $x_1 = x_2 = -\dfrac{5}{2}$; $V = \left(-\dfrac{5}{2}; 0\right)$; $\text{Im}(f) = \mathbb{R}_-$.

d) côncava para cima; corta y em $(0; 3)$; duas raízes reais e iguais $x_1 = x_2 = 3$; $V = (3; 0)$; $\text{Im}(f) = \mathbb{R}_+$.

e) côncava para baixo; corta y em $(0; -24)$; duas raízes reais e distintas $x_1 = -4$ e $x_2 = -2$; $V = (-3; 3)$; $\text{Im}(f) = (-\infty; 3]$.

f) côncava para baixo; corta y em $\left(0; -\dfrac{7}{2}\right)$; duas raízes complexas conjugadas; $V = \left(\dfrac{5}{4}; -\dfrac{3}{8}\right)$; $\text{Im}(f) = \left(-\infty; -\dfrac{3}{8}\right]$.

$f(x) = 3x^2 - 3x - 6$ $f(x) = 4x^2 - 5x + 2$ $f(x) = -4x^2 - 20x - 25$

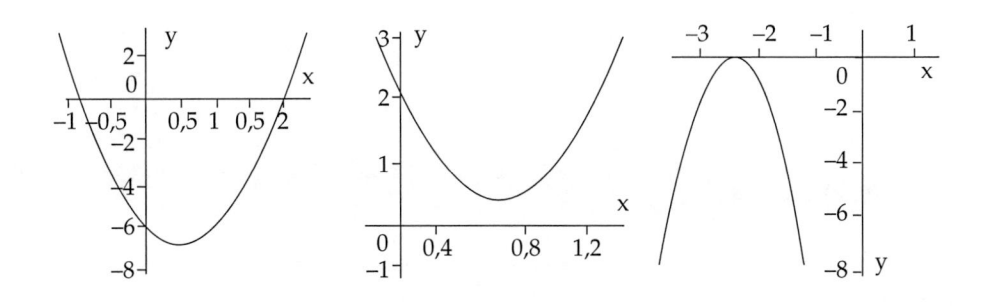

Pré-cálculo

$$f(x) = \frac{1}{3}x^2 - 2x + 3 \qquad f(x) = -3x^2 - 18x - 24 \qquad f(x) = -2x^2 + 5x - \frac{7}{2}$$

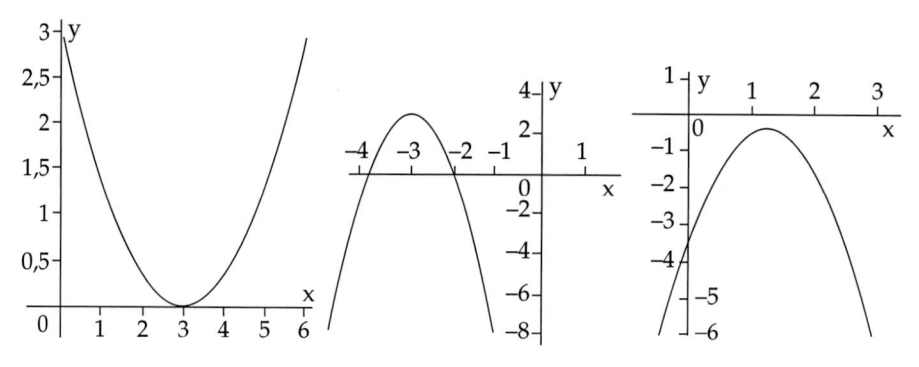

2) a) $x = 3$ ou $x = -3$
   b) $x = 2$ ou $x = -1$
   c) $\nexists x \in \mathbb{R}$

3) a) $r > -\dfrac{1}{4}$
   b) $r = -\dfrac{1}{4}$
   c) $r < -\dfrac{1}{4}$

4) a) $r \in (-\infty; -2) \cup \left(\dfrac{2}{5}; +\infty\right)$
   b) $r = -2$ ou $r = \dfrac{2}{5}$
   c) $r \in \left(-2; \dfrac{2}{5}\right)$

5) a) $f(x) = -x^2 - x + 12$
   b) $f(x) = 6x^2 + 5x - 6$
   c) $f(x) = x^2 - 4x + 1$

6) a) f é positiva em $(-\infty; -1) \cup (2; +\infty)$ e f é negativa em $(-1; 2)$.
   b) f é sempre positiva.

c) f é negativa em $\mathbb{R} - \left\{ -\dfrac{5}{2} \right\}$.

d) f é positiva em $\mathbb{R} - \{3\}$.

e) f é negativa em $(-\infty; -4) \cup (-2; +\infty)$ e f é positiva em $(-4; -2)$.

f) f é sempre negativa.

7) a) $(-\infty; 2) \cup (3; +\infty)$

b) $(-1; 4)$

c) $\left(-\infty; \dfrac{-7 - \sqrt{57}}{2} \right] \cup \left[\dfrac{-7 + \sqrt{57}}{2}; +\infty \right)$

d) $\left[-\dfrac{5}{2}; 4 \right]$

e) $\left[\dfrac{1}{4}; \dfrac{3}{2} \right]$

f) $\mathbb{R}$

g) $\mathbb{R}$

h) $\{2\}$

i) $\mathbb{R}$

j) $\mathbb{R}$

k) $\varnothing$

l) $\varnothing$

8) a) $(-2; 1) \cup (1; 3)$

b) $(-2; 2)$

c) $(-\infty; 2) \cup (3; 5) \cup (7; +\infty)$

d) $[-1; 0) \cup [1; 2)$

e) $\{-2\}$

f) $(-\infty; -1) \cup (3; +\infty)$

g) $(0; +\infty)$

h) $[2; 3]$

7.6 Função modular

7.6.1 Função definida por várias sentenças

Uma função pode ser dividida em várias sentenças, onde o domínio dela é a união dos domínios das sentenças.

Exemplos:

$$f : \underset{x}{A \subset \mathbb{R}} \to \underset{f(x)=y}{B \subset \mathbb{R}}$$

1) $f(x) = \begin{cases} -5 & \text{se} \quad x < -1 \\ 3x-2 & \text{se} \quad -1 \leq x < 2 \\ 4 & \text{se} \quad x \geq 2 \end{cases}$

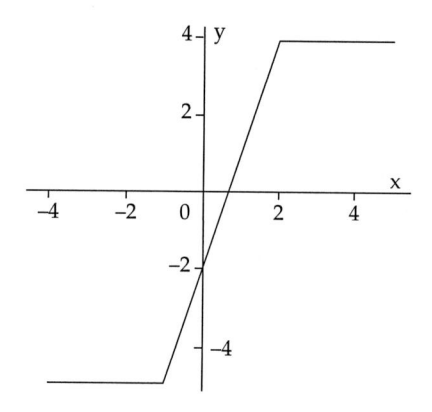

Observando o gráfico, temos: $D(f) = \mathbb{R}$ e $\text{Im}(f) = [-5; 4]$.

2) $f(x) = \begin{cases} -x & \text{se} \quad x \leq -2 \\ x^2 - 4 & \text{se} \quad -2 < x < 3 \\ 2 & \text{se} \quad x \geq 3 \end{cases}$

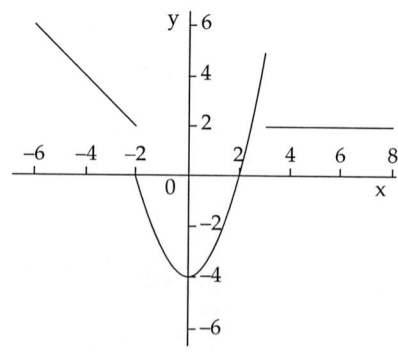

Observando o gráfico, temos: $D(f) = \mathbb{R}$ e $\text{Im}(f) = [-4; +\infty)$.

3) $f(x) = \begin{cases} x^2 + 2x - 3 & \text{se} \quad x < 0 \\ |x| & \text{se} \quad 0 \leq x < 2 \\ 6x - x^2 & \text{se} \quad 2 \leq x \leq 5 \\ 2 & \text{se} \quad x > 5 \end{cases}$

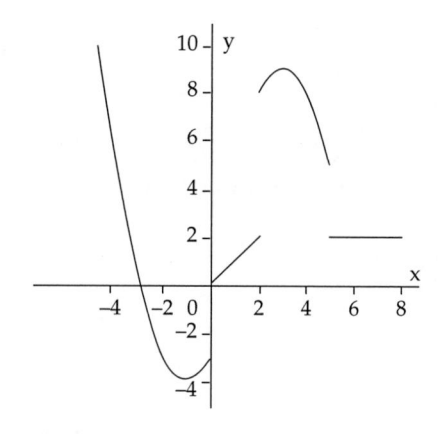

Observando o gráfico, temos: $D(f) = \mathbb{R}$ e $\text{Im}(f) = [-4; +\infty]$.

7.6.2 Função modular

Uma função de $\mathbb{R}$ em $\mathbb{R}$ recebe o nome de *função modular* ou *função módulo* se $\forall x \in \mathbb{R}$ e associarmos o elemento $|x| \in \mathbb{R}$, isto é,

$$f : \underset{x}{A \subset \mathbb{R}} \quad \to \quad \underset{f(x) = y = |x|}{B \subset \mathbb{R}}.$$

Como já definido no Capítulo 3, $f(x) = y = |x| = \begin{cases} x & \text{se} \quad x \geq 0 \\ -x & \text{se} \quad x < 0 \end{cases}$.

Notemos que o domínio da função é o conjunto $\mathbb{R}$ e a imagem da função é o conjunto $\mathbb{R}_+$.

Pré-cálculo

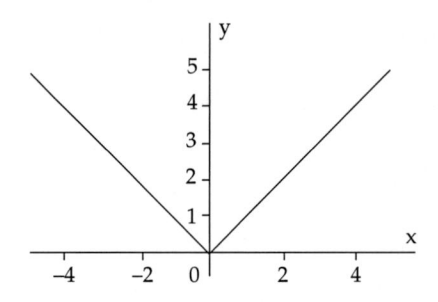

7.6.3 Exercícios resolvidos

Dadas as funções $f : \underset{x}{A \subset \mathbb{R}} \underset{\mapsto}{\rightarrow} \underset{f(x)=y}{B \subset \mathbb{R}}$ definidas a seguir, construir seus gráficos, determinar seus domínios e imagens:

1) $f(x) = y = |3x + 4|$

Solução:

Utilizando a definição de função modular, temos:

$$f(x) = |3x+4| = \begin{cases} 3x+4 & \text{se} \quad 3x+4 \geq 0 \\ -(3x+4) & \text{se} \quad 3x+4 < 0 \end{cases} = \begin{cases} 3x+4 & \text{se} \quad x \geq -\dfrac{4}{3} \\ -3x-4 & \text{se} \quad x < -\dfrac{4}{3} \end{cases}$$

$D(f) = \mathbb{R}$ e $\text{Im}(f) = \mathbb{R}_+$.

Para $x < -\dfrac{4}{3}$, traça-se o gráfico da função $f(x) = -3x - 4$ e para $x \geq -\dfrac{4}{3}$, traça-se o gráfico da função $f(x) = 3x + 4$.

O gráfico é apresentado a seguir:

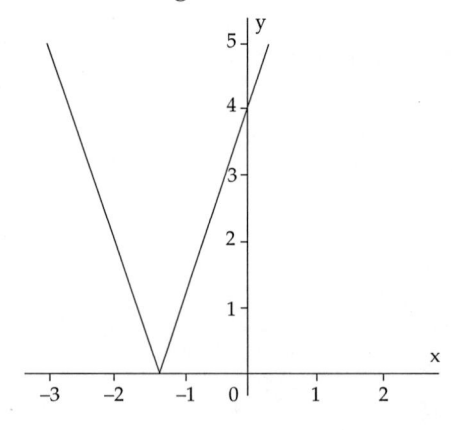

2) $f(x) = y = |-x+7|$

Solução:

Utilizando a definição de função modular, temos:

$$f(x) = |-x+7| = \begin{cases} -x+7 & \text{se} \quad -x+7 \geq 0 \\ -(-x+7) & \text{se} \quad -x+7 < 0 \end{cases} = \begin{cases} -x+7 & \text{se} \quad x \leq 7 \\ x-7 & \text{se} \quad x > 7 \end{cases}$$

$D(f) = \mathbb{R}$ e $\text{Im}(f) = \mathbb{R}_+$.

Para $x \leq 7$, traça-se o gráfico da função $f(x) = -x+7$ e para $x > 7$, traça-se o gráfico da função $f(x) = x-7$.

Gráfico:

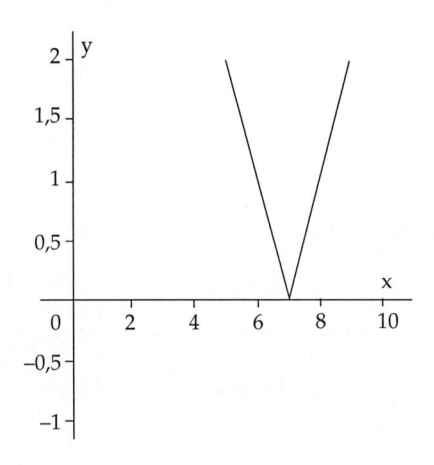

3) $f(x) = y = |5x+1|$

Solução:

Utilizando a definição de função modular, temos:

$$f(x) = |5x+1| = \begin{cases} 5x+1 & \text{se} \quad 5x+1 \geq 0 \\ -(5x+1) & \text{se} \quad 5x+1 < 0 \end{cases} = \begin{cases} 5x+1 & \text{se} \quad x \geq -\dfrac{1}{5} \\ -5x-1 & \text{se} \quad x < -\dfrac{1}{5} \end{cases}$$

$D(f) = \mathbb{R}$ e $\text{Im}(f) = \mathbb{R}_+$.

Para $x < -\dfrac{1}{5}$, traça-se o gráfico da função $f(x) = -5x-1$ e para $x \geq -\dfrac{1}{5}$, traça-se o gráfico da função $f(x) = 5x+1$.

Pré-cálculo

Gráfico:

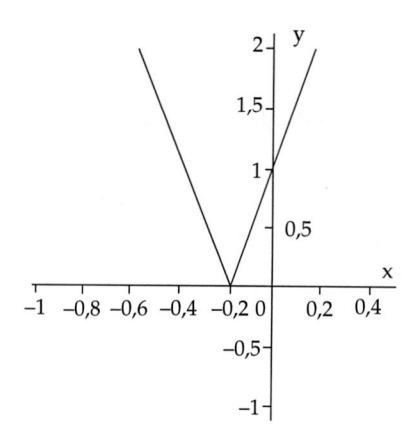

4) $f(x) = y = \left| x^2 + 3x - 10 \right|$

Solução:

Utilizando a definição de função modular, temos:

$$f(x) = \left|x^2 + 3x - 10\right| = \begin{cases} x^2 + 3x - 10 & \text{se } x^2 + 3x - 10 \geq 0 \\ -(x^2 + 3x - 10) & \text{se } x^2 + 3x - 10 < 0 \end{cases}$$

Precisamos estudar o sinal de $g(x) = x^2 + 3x - 10$.

As raízes de $g(x)$ são:

$\Delta = 3^2 - 4 \cdot 1 \cdot (-10) = 49 > 0$, ou seja, existem duas raízes reais e distintas.

$x = \dfrac{-b \pm \sqrt{\Delta}}{2a} = \dfrac{-3 \pm \sqrt{49}}{2 \cdot 1} = \dfrac{-3 \pm 7}{2}$, isto é:

$x_1 = \dfrac{-3+7}{2} = \dfrac{4}{2} = 2$ e $x_2 = \dfrac{-3-7}{2} = -\dfrac{10}{2} = -5$.

Como $a > 0$, g é positiva em $(-\infty; -5) \cup (2; +\infty)$, negativa em $(-5; 2)$ e nula em $\{-5; 2\}$.

Assim, a função se torna:

$$f(x) = \left|x^2 + 3x - 10\right| = \begin{cases} x^2 + 3x - 10 & \text{se } x \leq -5 \text{ ou } x \geq 2 \\ -x^2 - 3x + 10 & \text{se } -5 < x < 2 \end{cases}$$

$D(f) = \mathbb{R}$ e $\text{Im}(f) = \mathbb{R}_+$.

236

7 Inequações do 2º grau

Para $x \leq -5$ ou $x \geq 2$, traça-se o gráfico da função $f(x) = x^2 + 3x - 10$ e, para $-5 < x < 2$, traça-se o gráfico da função $f(x) = -x^2 - 3x + 10$.

Gráfico:

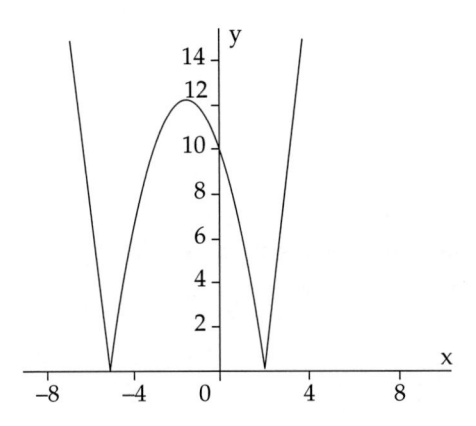

5) $f(x) = y = |x-3| + 2$

Solução:

Utilizando a definição de função modular, temos:

$$f(x) = |x-3| + 2 = \begin{cases} (x-3)+2 & \text{se} \quad x-3 \geq 0 \\ -(x-3)+2 & \text{se} \quad x-3 < 0 \end{cases} = \begin{cases} x-1 & \text{se} \quad x \geq 3 \\ -x+5 & \text{se} \quad x < 3 \end{cases}$$

$D(f) = \mathbb{R}$ e $\text{Im}(f) = [2; +\infty)$

Para $x < 3$, traça-se o gráfico da função $f(x) = -x+5$ e, para $x \geq 3$, traça-se o gráfico da função $f(x) = x-1$.

Gráfico:

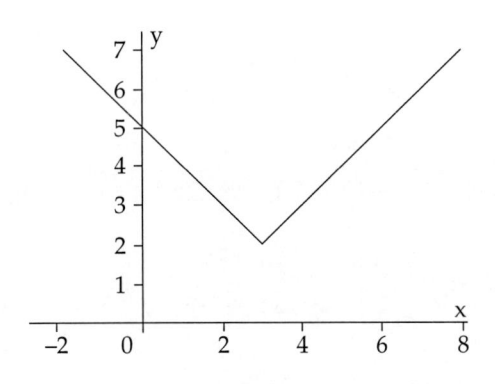

6) $f(x) = y = |x+5| + x - 2$

Solução:

Utilizando a definição de função modular, temos:

$$f(x) = |x+5| + x - 2 = \begin{cases} (x+5) + x - 2 & \text{se } x+5 \geq 0 \\ -(x+5) + x - 2 & \text{se } x+5 < 0 \end{cases} =$$

$$= \begin{cases} 2x+3 & \text{se } x \geq -5 \\ -7 & \text{se } x < -5 \end{cases}$$

$D(f) = \mathbb{R}$ e $\text{Im}(f) = [-7; +\infty)$.

Para $x < -5$, traça-se o gráfico da função $f(x) = -7$ e, para $x \geq -5$, traça-se o gráfico da função $f(x) = 2x + 3$.

Gráfico:

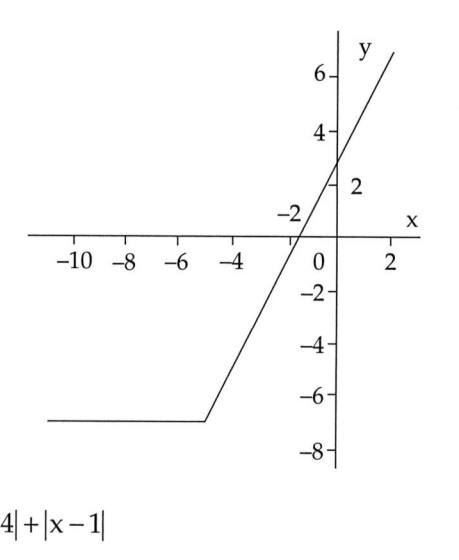

7) $f(x) = y = |2x - 4| + |x - 1|$

Solução:

Utilizando a definição de função modular, temos:

1ª parte: $f_1(x) = |2x - 4| = \begin{cases} 2x-4 & \text{se } 2x-4 \geq 0 \\ -(2x-4) & \text{se } 2x-4 < 0 \end{cases} = \begin{cases} 2x-4 & \text{se } x \geq 2 \\ -2x+4 & \text{se } x < 2 \end{cases}$

2ª parte: $f_2(x) = |x - 1| = \begin{cases} x-1 & \text{se } x-1 \geq 0 \\ -(x-1) & \text{se } x-1 < 0 \end{cases} = \begin{cases} x-1 & \text{se } x \geq 1 \\ -x+1 & \text{se } x < 1 \end{cases}$

7 Inequações do 2º grau

Somando $f_1(x)$ com $f_2(x)$, na tabela a seguir, temos:

	1	2	
$\|2x-4\|$	$-2x+4$	$-2x+4$	$2x-4$
$\|x-1\|$	$-x+1$	$x-1$	$x-1$
$\|2x-4\|+\|x-1\|$	$-3x-5$	$-x+3$	$3x+5$

Assim, a função se torna:

$$f(x)=|2x-4|+|x-1|=\begin{cases}-3x+5 & \text{se} \quad x<1\\ -x+3 & \text{se} \quad 1\leq x<2\\ 3x-5 & \text{se} \quad x\geq 2\end{cases}$$

$D(f)=\mathbb{R}$ e $\text{Im}(f)=[1;+\infty)$.

Para $x<1$, traça-se o gráfico da função $f(x)=-3x+5$; para $1\leq x<2$, traça-se o gráfico da função $f(x)=-x+3$ e para $x\geq 2$, traça-se o gráfico da função $f(x)=3x-5$.

Gráfico:

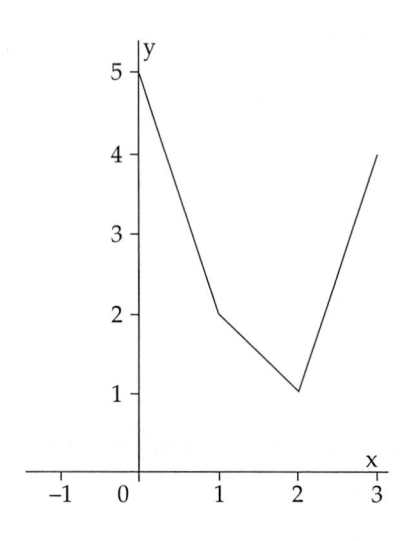

Pré-cálculo

8) $f(x) = y = ||2x - 2| + |3x + 6||$

Solução:

Utilizando a definição de função modular, temos:

a) $f_1(x) = |2x - 2| = \begin{cases} 2x - 2 & \text{se } 2x - 2 \geq 0 \\ -(2x - 2) & \text{se } 2x - 2 < 0 \end{cases} = \begin{cases} 2x - 2 & \text{se } x \geq 1 \\ -2x + 2 & \text{se } x < 1 \end{cases}$

b) $f_2(x) = |3x + 6| = \begin{cases} 3x + 6 & \text{se } 3x + 6 \geq 0 \\ -(3x + 6) & \text{se } 3x + 6 < 0 \end{cases} = \begin{cases} 3x + 6 & \text{se } x \geq -2 \\ -3x - 6 & \text{se } x < -2 \end{cases}$

Somando (a) com (b), na tabela a seguir, temos:

		−2	1
$\lvert 2x - 2 \rvert$	$-2x + 2$	$-2x + 2$	$2x + 2$
$\lvert 3x + 6 \rvert$	$-3x - 6$	$3x + 6$	$3x + 6$
$\lvert 2x - 2 \rvert + \lvert 3x + 6 \rvert$	$-5x - 4$	$x + 8$	$5x + 4$

Assim, $(f_1 + f_2)(x)$ se torna:

$(f_1 + f_2)(x) = |2x - 2| + |3x + 6| = \begin{cases} -5x - 4 & \text{se } x < -2 \\ x + 8 & \text{se } -2 \leq x < 1 \\ 5x + 4 & \text{se } x \geq 1 \end{cases}$

c) Calculemos $\bigl| (f_1 + f_2)(x) \bigr| = \bigl| |2x - 2| + |3x + 6| \bigr|$

- $|-5x - 4| = \begin{cases} -5x - 4 & \text{se } -5x - 4 \geq 0 \\ 5x + 4 & \text{se } -5x - 4 < 0 \end{cases} = \begin{cases} -5x - 4 & \text{se } x \leq -\dfrac{4}{5} \\ 5x + 4 & \text{se } x > -\dfrac{4}{5} \end{cases}$

Como $x < -2$, $|-5x - 4| = -5x - 4$;

- $|x + 8| = \begin{cases} x + 8 & \text{se } x + 8 \geq 0 \\ -x - 8 & \text{se } x + 8 < 0 \end{cases} = \begin{cases} x + 8 & \text{se } x \geq -8 \\ -x - 8 & \text{se } x < -8 \end{cases}$

Como $-2 \leq x < 1$, $|x + 8| = x + 8$;

- $|5x+4| = \begin{cases} 5x+4 & \text{se} \quad 5x+4 \geq 0 \\ -5x-4 & \text{se} \quad 5x+4 < 0 \end{cases} = \begin{cases} 5x+4 & \text{se} \quad x \geq -\dfrac{4}{5} \\ -5x-4 & \text{se} \quad x < -\dfrac{4}{5} \end{cases}$

Como $x \geq 1$, $|5x+4| = 5x+4$.

Temos, então:

$f(x) = ||2x-2|+|3x+6|| = \begin{cases} -5x-4 & \text{se} \quad x < -2 \\ x+8 & \text{se} \quad -2 \leq x < 1 \\ 5x+4 & \text{se} \quad x \geq 1 \end{cases}$

$D(f) = \mathbb{R}$ e $\text{Im}(f) = [6; +\infty)$.

Para $x < -2$, traça-se o gráfico da função $f(x) = -5x-4$; para $-2 \leq x < 1$, traça-se o gráfico da função $f(x) = x+8$ e para $x \geq 1$, traça-se o gráfico da função $f(x) = 5x+4$.

Gráfico:

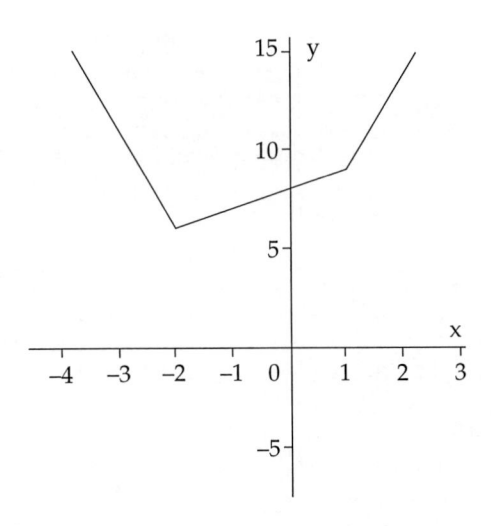

9) Dadas as funções a seguir, determine seus domínios e reescreva-as como uma função em várias sentenças (sem o módulo):

a) $f(x) = y = \left|\dfrac{x+2}{x+6}\right|$

b) $f(x) = y = \left|\dfrac{x^2 - 3x + 1}{x}\right|$

c) $f(x) = y = \left|\dfrac{x^2 + 3x - 4}{x^2 + x - 2}\right|$

Solução:

a) Primeiramente, vemos que $D(f) = \mathbb{R} - \{-6\}$, pois o denominador não pode ser nulo.

$$f(x) = \left|\dfrac{x+2}{x+6}\right| = \begin{cases} \dfrac{x+2}{x+6} & \text{se} \quad \dfrac{x+2}{x+6} \geq 0 \\ -\dfrac{x+2}{x+6} & \text{se} \quad \dfrac{x+2}{x+6} < 0 \end{cases}$$

Precisamos estudar o sinal de $\dfrac{x+2}{x+6}$. Para isso, faremos a tabela de sinais, indicada a seguir:

	−6	−2	
x + 2	−	−	+
x + 6	−	+	+
$\dfrac{x+2}{x+6}$	+	−	+

1º caso: $\dfrac{x+2}{x+6} \geq 0$

Como vemos na tabela, $x \in (-\infty; -6) \cup [-2; +\infty)$.

2º caso: $\dfrac{x+2}{x+6} < 0$

Como vemos na tabela, $x \in (-6; -2)$.

Assim, a função se torna:

$$f(x) = \left|\dfrac{x+2}{x+6}\right| = \begin{cases} \dfrac{x+2}{x+6} & \text{se} \quad x < -6 \text{ ou } x \geq -2 \\ -\dfrac{x+2}{x+6} & \text{se} \quad -6 < x < -2 \end{cases}$$

$D(f) = \mathbb{R} - \{-6\}$ e $\text{Im}(f) = \mathbb{R}_+$.

b) Primeiramente, vemos que $D(f) = \mathbb{R}^*$, pois o denominador não pode ser nulo.

$$f(x) = \left|\frac{x^2 - 3x + 1}{x}\right| = \begin{cases} \dfrac{x^2 - 3x + 1}{x} & \text{se } \dfrac{x^2 - 3x + 1}{x} \geq 0 \\ -\dfrac{x^2 - 3x + 1}{x} & \text{se } \dfrac{x^2 - 3x + 1}{x} < 0 \end{cases}$$

Precisamos estudar o sinal de $\dfrac{x^2 - 3x + 1}{x}$.

Determinando as raízes do numerador, temos:
Como $\Delta = (-3)^2 - 4 \cdot 1 \cdot 1 = 5 > 0$, existem duas raízes reais e distintas.

$$x = \frac{-b \pm \sqrt{\Delta}}{2a} = \frac{-(-3) \pm \sqrt{5}}{2 \cdot 1} = \frac{3 \pm \sqrt{5}}{2}, \text{ isto é, } x_1 = \frac{3 + \sqrt{5}}{2} \text{ e } x_2 = \frac{3 - \sqrt{5}}{2}.$$

Como $a > 0$, a função é positiva em $\left(-\infty; \dfrac{3 - \sqrt{5}}{2}\right) \cup \left(\dfrac{3 + \sqrt{5}}{2}; +\infty\right)$,

negativa em $\left(\dfrac{3 - \sqrt{5}}{2}; \dfrac{3 + \sqrt{5}}{2}\right)$ e nula em $\left\{\dfrac{3 - \sqrt{5}}{2}; \dfrac{3 + \sqrt{5}}{2}\right\}$.

Analisemos, então, a tabela de sinais indicada a seguir:

		0		$\dfrac{3 - \sqrt{5}}{2}$	$\dfrac{3 + \sqrt{5}}{2}$	
$x^2 - 3x + 1$	+		+		−	+
x	−		+		+	+
$\dfrac{x^2 - 3x + 1}{x}$	−		+		−	+

1º caso: $\dfrac{x^2 - 3x + 1}{x} \geq 0$

Como vemos na tabela, $x \in \left(0; \dfrac{3 - \sqrt{5}}{2}\right] \cup \left[\dfrac{3 + \sqrt{5}}{2}; +\infty\right)$.

2º caso: $\dfrac{x^2 - 3x + 1}{x} < 0$

Como vemos na tabela, $x \in (-\infty; 0) \cup \left(\dfrac{3-\sqrt{5}}{2}; \dfrac{3+\sqrt{5}}{2}\right)$.

Assim, a função se torna:

$$f(x) = \left|\dfrac{x^2 - 3x + 1}{x}\right| = \begin{cases} \dfrac{x^2 - 3x + 1}{x} & \text{se } 0 < x \leq \dfrac{3-\sqrt{5}}{2} \text{ ou } x \geq \dfrac{3+\sqrt{5}}{2} \\ -\dfrac{x^2 - 3x + 1}{x} & \text{se } x < 0 \text{ ou } \dfrac{3-\sqrt{5}}{2} < x < \dfrac{3+\sqrt{5}}{2} \end{cases}$$

$D(f) = \mathbb{R}^*$ e $\text{Im}(f) = \mathbb{R}_+$.

c) Primeiramente, vemos que $D(f) = \mathbb{R} - \{-2; 1\}$, pois o denominador não pode ser nulo.

$$f(x) = \left|\dfrac{x^2 + 3x - 4}{x^2 + x - 2}\right| = \begin{cases} \dfrac{x^2 + 3x - 4}{x^2 + x - 2} & \text{se } \dfrac{x^2 + 3x - 4}{x^2 + x - 2} \geq 0 \\ -\dfrac{x^2 + 3x - 4}{x^2 + x - 2} & \text{se } \dfrac{x^2 + 3x - 4}{x^2 + x - 2} < 0 \end{cases}$$

Precisamos estudar o sinal de $\dfrac{x^2 + 3x - 4}{x^2 + x - 2}$.

Determinando as raízes do numerador, temos:

Como $\Delta = 3^2 - 4 \cdot 1 \cdot (-4) = 25 > 0$, existem duas raízes reais e distintas.

$x = \dfrac{-b \pm \sqrt{\Delta}}{2a} = \dfrac{-3 \pm \sqrt{25}}{2 \cdot 1} = \dfrac{-3 \pm 5}{2}$, isto é:

$x_1 = \dfrac{-3 + 5}{2} = \dfrac{2}{2} = 1$ e $x_2 = \dfrac{-3 - 5}{2} = -\dfrac{8}{2} = -4$.

Determinando as raízes do denominador, temos:

Como $\Delta = 1^2 - 4 \cdot 1 \cdot (-2) = 9 > 0$, existem duas raízes reais e distintas.

$x = \dfrac{-b \pm \sqrt{\Delta}}{2a} = \dfrac{-1 \pm \sqrt{9}}{2 \cdot 1} = \dfrac{-1 \pm 3}{2}$, isto é:

$x_1 = \dfrac{-1 + 3}{2} = \dfrac{2}{2} = 1$ e $x_2 = \dfrac{-1 - 3}{2} = -\dfrac{4}{2} = -2$.

A fatoração de uma equação do 2º grau é dada por:

$ax^2 + bx + c = a \cdot (x - x_1) \cdot (x - x_2)$, onde x_1 e x_2 são as raízes da equação.

Logo, se fatorarmos o quociente anterior, teremos:

$$\frac{x^2+3x-4}{x^2+x-2} = \frac{(x+4)\cdot(x-1)}{(x+2)\cdot(x-1)}.$$

Como $x \neq 1$, $\dfrac{x^2+3x-4}{x^2+x-2} = \dfrac{x+4}{x+2}$.

Dessa forma, teremos a tabela:

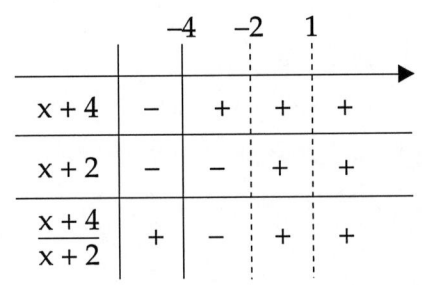

	−4		−2		1	
x + 4	−		+	+		+
x + 2	−		−		+	+
$\dfrac{x+4}{x+2}$	+		−		+	+

1º caso: $\dfrac{x^2+3x-4}{x^2+x-2} \geq 0$

Como vemos na tabela, $x \in (-\infty; -4] \cup (-2; 1) \cup (1; +\infty)$.

2º caso: $\dfrac{x^2+3x-4}{x^2+x-2} < 0$

Como vemos na tabela, $x \in (-4; -2)$.

Assim, a função se torna:

$$f(x) = \left|\frac{x^2+3x-4}{x^2+x-2}\right| = \begin{cases} \dfrac{x+4}{x+2} & \text{se } x \leq -4 \text{ ou } -2 < x < 1 \text{ ou} \\ -\dfrac{x+4}{x+2} & \text{se } \quad -4 < x < -2 \end{cases}$$

$D(f) = \mathbb{R} - \{-2; 1\}$ e $\text{Im}(f) = \mathbb{R}_+$.

7.6.4 Exercícios propostos

1) Dadas as funções $f : \underset{x}{A \subset \mathbb{R}} \underset{\mapsto}{\to} \underset{f(x)=y}{B \subset \mathbb{R}}$ definidas a seguir, construir seus gráficos, determinar seus domínios e imagens:

a) $f(x) = \begin{cases} -x-1 & \text{se} \quad x \leq -2 \\ 1 & \text{se} \quad -2 < x \leq 0 \\ x+1 & \text{se} \quad x > 0 \end{cases}$

b) $f(x) = \begin{cases} -3 & \text{se} \quad x < -2 \\ -x-2 & \text{se} \quad -2 \leq x \leq 0 \\ x^2 & \text{se} \quad x > 0 \end{cases}$

c) $f(x) = \begin{cases} |x| & \text{se} \quad x \leq -3 \\ -2 & \text{se} \quad -3 < x < 2 \\ x-2 & \text{se} \quad x \geq 2 \end{cases}$

d) $f(x) = \begin{cases} x+3 & \text{se} \quad x < -1 \\ 2 & \text{se} \quad -1 \leq x \leq 1 \\ -x & \text{se} \quad x > 1 \end{cases}$

e) $f(x) = \begin{cases} x^2 - 2x - 8 & \text{se} \quad x \leq -2 \text{ ou } x \geq 4 \\ -x^2 + 2x + 8 & \text{se} \quad -2 < x < 4 \end{cases}$

2) Dadas as funções $f : \underset{x}{A \subset \mathbb{R}} \underset{\mapsto}{\to} \underset{f(x)=y}{B \subset \mathbb{R}}$ definidas a seguir, construir seus gráficos, determinar seus domínios e imagens:

a) $f(x) = |2x+5|$

b) $f(x) = \left|-3x + \dfrac{5}{2}\right|$

c) $f(x) = \left|-x^2 - x + 6\right|$

d) $f(x) = |2x+6| - 4$

e) $f(x) = \left|x^2 - 2x - 3\right| + 5$

f) $f(x) = |3x-6| + x - 1$

g) $f(x) = \left|2x^2 + 3x - 2\right| + 3x + 2$

h) $f(x) = |4x+4| - |3x-4|$

i) $f(x) = \left|x^2 - 9\right| - |x-3|$

j) $f(x) = \left|x^2 - 2x\right| - \left|x^2 - 4\right|$

k) $f(x) = \big||3x+2| - 3\big|$

l) $f(x) = \big||x^2 - 4| - 6\big|$

m) $f(x) = \big||x-2| + x - 4\big|$

n) $f(x) = \big||x+3| - |x-3|\big|$

o) $f(x) = \big||x^2 - 1| - |x-2|\big|$

3) Dadas as funções a seguir, determine seus domínios e reescreva-as como uma função em várias sentenças (sem o módulo):

a) $f(x) = y = \left|\dfrac{2x-2}{x-3}\right|$

b) $f(x) = y = \left|\dfrac{x^2-4}{x}\right|$

c) $f(x) = y = \left|\dfrac{x^2 - 3x + 2}{x^2 + 3x - 10}\right|$

7.7 Respostas dos exercícios propostos

1) a) $D(f) = \mathbb{R}$ e $\text{Im}(f) = [1; +\infty)$.

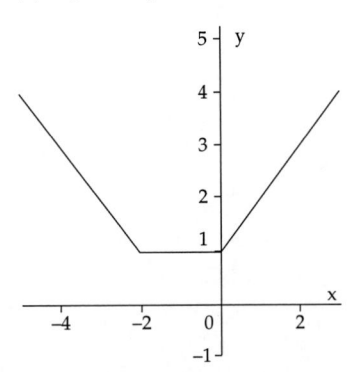

b) $D(f) = \mathbb{R}$ e $\text{Im}(f) = \{-3\} \cup [-2; +\infty)$.

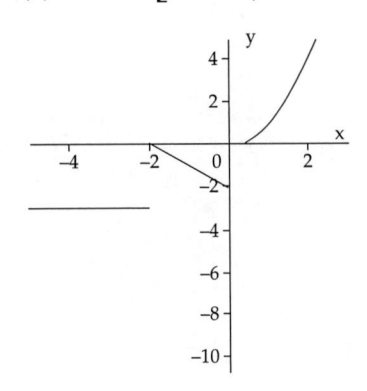

c) $D(f) = \mathbb{R}$ e $\text{Im}(f) = \mathbb{R}_+ \cup \{-2\}$.

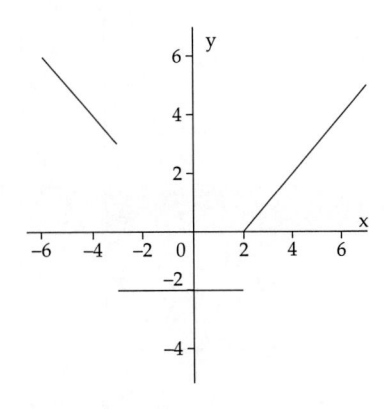

d) $D(f) = \mathbb{R}$ e $\text{Im}(f) = (-\infty; 2]$.

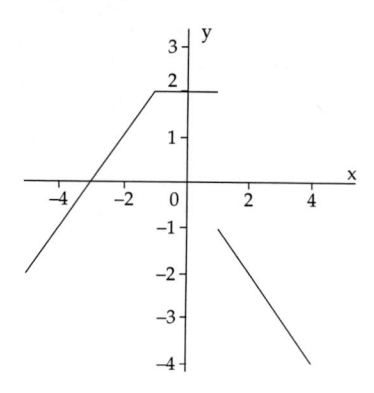

e) $D(f) = \mathbb{R}$ e $\text{Im}(f) = \mathbb{R}_+$.

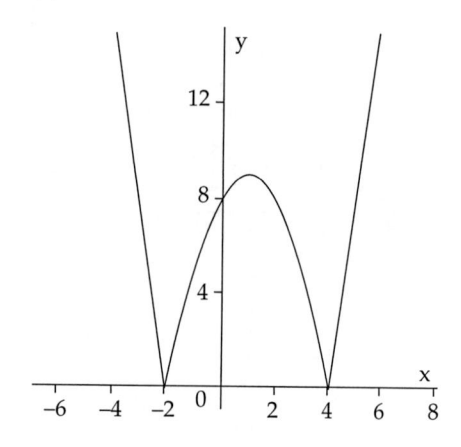

2) a) $D(f) = \mathbb{R}$ e $\text{Im}(f) = \mathbb{R}_+$.

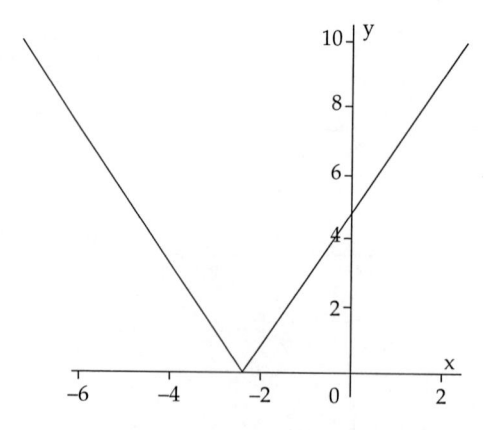

b) $D(f) = \mathbb{R}$ e $\text{Im}(f) = \mathbb{R}_+$.

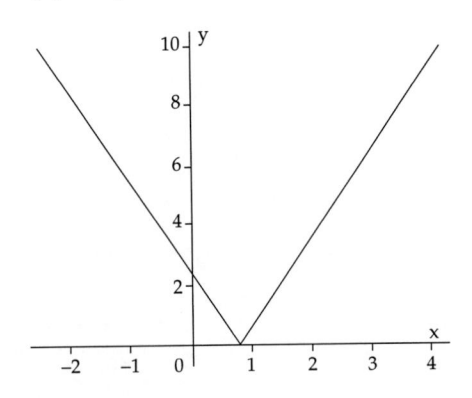

c) $D(f) = \mathbb{R}$ e $\text{Im}(f) = \mathbb{R}_+$.

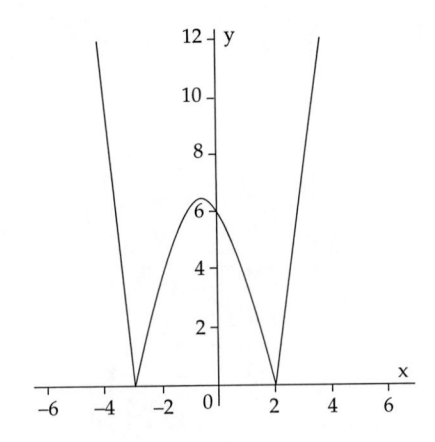

d) $D(f) = \mathbb{R}$ e $\text{Im}(f) = [-4; +\infty)$.

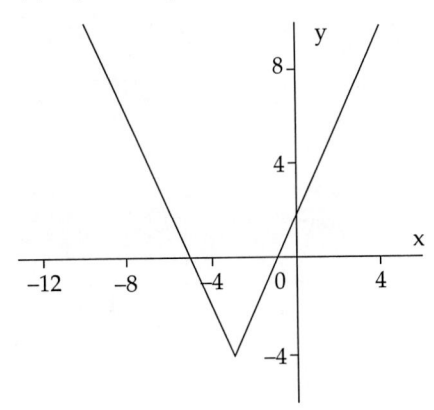

e) $D(f) = \mathbb{R}$ e $\text{Im}(f) = [5; +\infty)$.

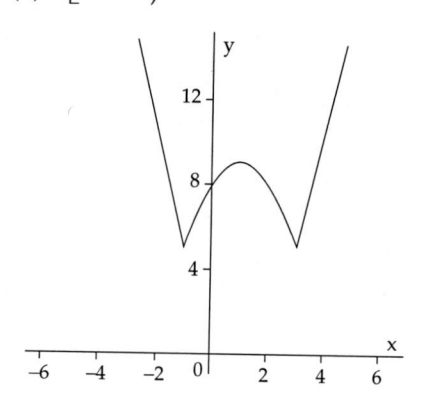

f) $D(f) = \mathbb{R}$ e $\text{Im}(f) = [1; +\infty)$.

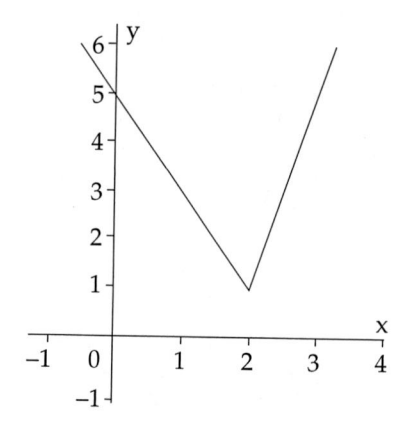

g) $D(f) = \mathbb{R}$ e $\text{Im}(f) = [-4; +\infty)$.

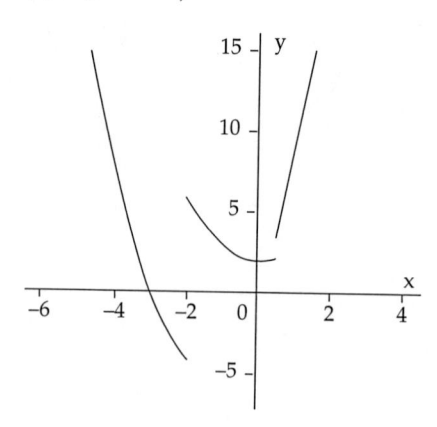

h) $D(f) = \mathbb{R}$ e $Im(f) = [-7; +\infty)$.

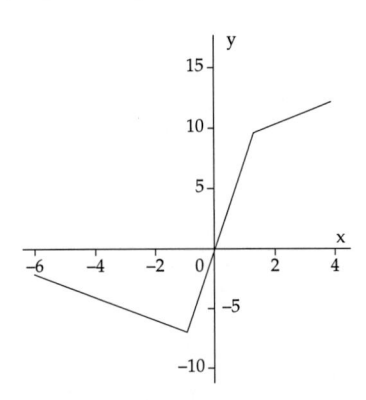

i) $D(f) = \mathbb{R}$ e $Im(f) = [-6; +\infty)$.

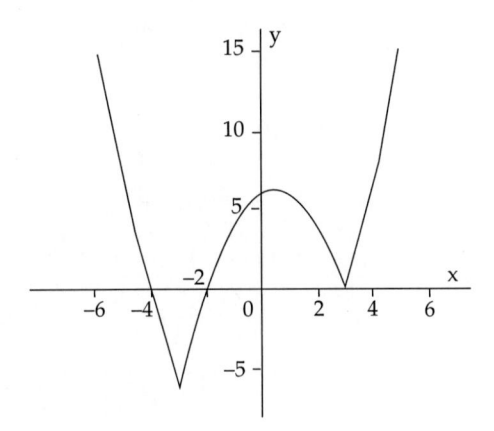

j) $D(f) = \mathbb{R}$ e $Im(f) = (-\infty; +\infty)$.

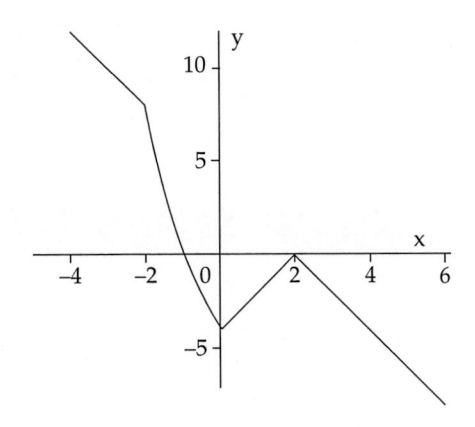

k) $D(f) = \mathbb{R}$ e $\text{Im}(f) = \mathbb{R}_+$.

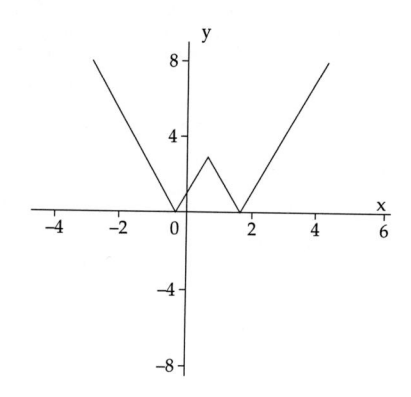

l) $D(f) = \mathbb{R}$ e $\text{Im}(f) = \mathbb{R}_+$.

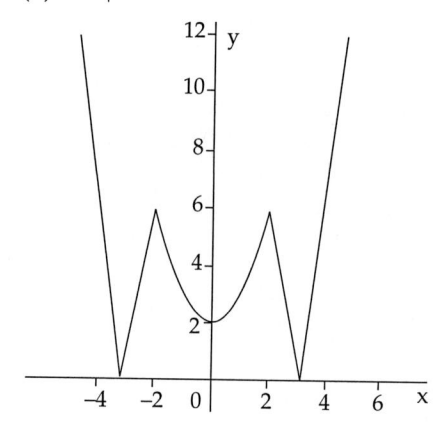

m) $D(f) = \mathbb{R}$ e $\text{Im}(f) = \mathbb{R}_+$.

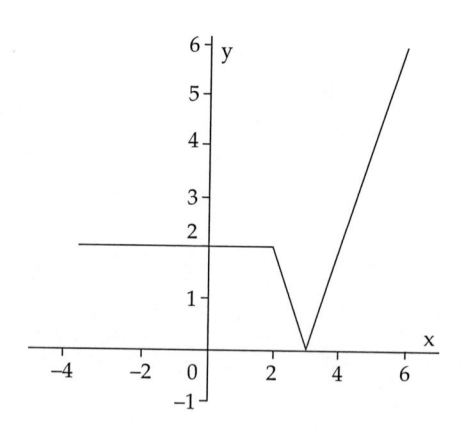

n) $D(f) = \mathbb{R}$ e $\text{Im}(f) = \mathbb{R}_+$.

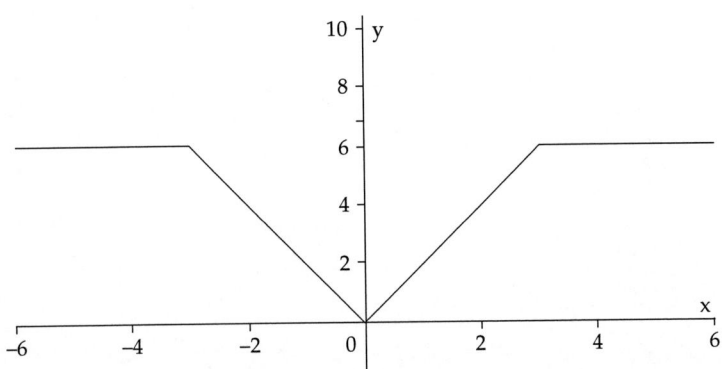

o) $D(f) = \mathbb{R}$ e $\text{Im}(f) = \mathbb{R}_+$.

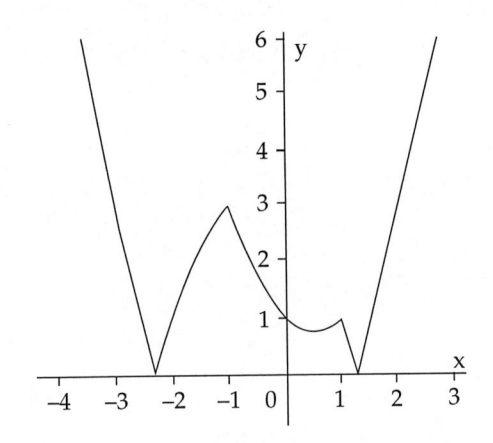

3) a) $D(f) = \mathbb{R} - \{3\}$ e $f(x) = y = \begin{cases} \dfrac{2x-2}{x-3} & \text{se} \quad x \leq 1 \text{ ou } x > 3 \\ -\dfrac{2x-2}{x-3} & \text{se} \quad 1 < x < 3 \end{cases}$

b) $D(f) = \mathbb{R}^*$ e $f(x) = y = \begin{cases} \dfrac{x^2-4}{x} & \text{se} \quad -2 < x < 0 \text{ ou } x \geq 2 \\ -\dfrac{x^2-4}{x} & \text{se} \quad x \leq -2 \text{ ou } 0 < x < 2 \end{cases}$

c) $D(f) = \mathbb{R} - \{-5; 2\}$ e $f(x) = \begin{cases} \dfrac{x^2 - 3x + 2}{x^2 + 3x - 10} & \text{se } x < -5 \text{ ou } 1 \leq x < 2 \text{ ou } x > 2 \\ -\dfrac{x^2 - 3x + 2}{x^2 + 3x - 10} & \text{se } -5 < x < 1 \end{cases}$

capítulo 8

Outras funções

Este capítulo finaliza a apresentação dos tipos de função. Aqui, serão estudados vários tipos de função e seus respectivos gráficos: funções par e ímpar, função x^3, funções recíproca e máximo inteiro. Serão introduzidos os conceitos de função composta, funções injetora, sobrejetora e bijetora e funções inversas e simétricas. Por fim, serão apresentadas as funções exponenciais e logarítmicas, que são utilizadas em várias funções econômicas, e suas respectivas representações gráficas.

8.1 Função par e função ímpar

Seja $f : \underset{x}{A \subset \mathbb{R}} \underset{\mapsto}{\to} \underset{f(x)=y}{B \subset \mathbb{R}}$.

Definição 1: Chama-se *função par* aquela em que $f(x)=f(-x)$. Geometricamente, o gráfico de uma função par é simétrico em relação ao eixo das ordenadas (y).

Definição 2: Denomina-se *função ímpar* aquela em que $f(x)=-f(-x)$. Geometricamente, o gráfico de uma função ímpar é simétrico em relação à origem do sistema.

Exemplos:

1) $f : \underset{x}{A \subset \mathbb{R}} \underset{\mapsto}{\to} \underset{f(x)=y=x^4-10x^2+9}{B \subset \mathbb{R}}$ é uma função par, pois:

$f(-x)=(-x)^4-10(-x)^2+9=x^4-10x^2+9=f(x)$

Observemos, no gráfico a seguir, a simetria em relação ao eixo y.

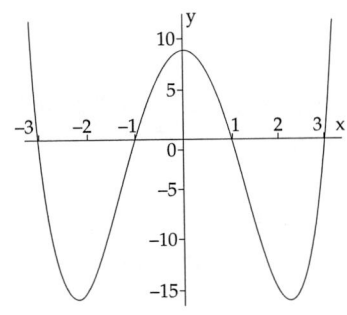

2) $f : \underset{x}{A \subset \mathbb{R}} \to \underset{f(x)=y=x^5-10x^3+9x}{B \subset \mathbb{R}}$ é uma função ímpar, pois:

$$f(-x) = (-x)^5 - 10(-x)^3 + 9(-x) = -x^5 + 10x^3 - 9x = -f(x)$$

Observemos, no gráfico a seguir, a simetria em relação à origem.

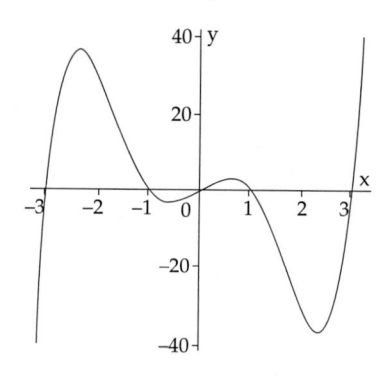

3) $f : \underset{x}{A \subset \mathbb{R}} \to \underset{f(x)=y=x^4-4x^3-7x^2+10x}{B \subset \mathbb{R}}$ não é nem par nem ímpar, pois:

$$f(-x) = (-x)^4 - 4(-x)^3 - 7(-x)^2 + 10(-x) = x^4 + 4x^3 - 7x^2 - 10x.$$

Essa expressão não é igual a $f(x)$ nem a $(-f(x))$.

Observemos, no gráfico a seguir, como não há simetria em relação ao eixo y nem à origem.

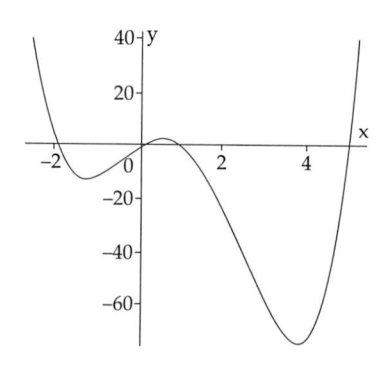

8.2 Função $f(x) = x^3$

Seja $f : \underset{x}{A \subset \mathbb{R}} \to \underset{f(x)=y=x^3}{B \subset \mathbb{R}}$.

Essa função é muito utilizada ao se estudar o cálculo. Serve de exemplo e contraexemplo em diversas situações.

Verificamos, inicialmente, que:

a) $D(f) = \mathbb{R}$.

b) $x_1 < x_2 \Rightarrow (x_1)^3 < (x_2)^3 \Rightarrow f(x_1) < f(x_2)$, o que significa que f é crescente.

c) $Im(f) = \mathbb{R}$, pois $\forall y \in \mathbb{R}, \exists x \in \mathbb{R}$, tal que $y = x^3$ $\left(\text{ou } x = \sqrt[3]{y}\right)$.

d) $f(-x) = (-x)^3 = -x^3 = -f(x)$. Portanto, ela é ímpar (simétrica em relação à origem).

Observemos, então, seu gráfico:

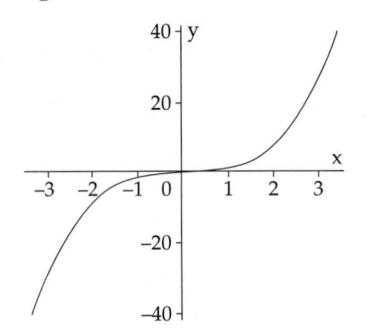

8.3 Função $f(x) = \dfrac{1}{x}$ ou função recíproca

Seja $f : \underset{x}{A \subset \mathbb{R}} \underset{\mapsto}{\to} \underset{f(x) = y = \frac{1}{x}}{B \subset \mathbb{R}}$, onde $A = D(f) = \mathbb{R}^*$. Essa função recebe o nome de *função recíproca*.

A imagem da função é $Im(f) = \mathbb{R}^*$.

A função é ímpar, pois $f(-x) = \dfrac{1}{-x} = \dfrac{1}{-x} = -f(x)$, isto é, simétrica em relação à origem.

Seu gráfico é uma hipérbole equilátera.

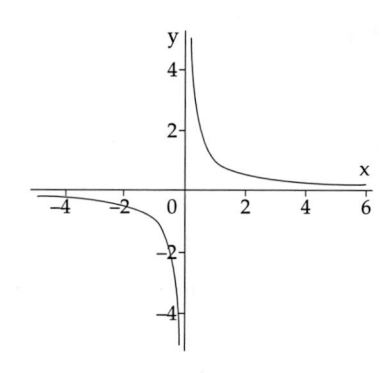

8.4 Função máximo inteiro

Seja $f : A \subset \mathbb{R} \to B \subset \mathbb{R}$
$x \mapsto f(x)=y=[x]$. Essa função recebe o nome de *função máximo inteiro* e [x] significa o maior inteiro que não supera x.

Exemplos:

1) $[4,7] = 4$
2) $[-0,8] = -1$
3) $[7] = 7$

Vamos construir o gráfico desta função $y = [x]$:
$D(f) = \mathbb{R}$

$-4 \leq x < -3 \Rightarrow [x] = -4$ $\qquad$ $0 \leq x < 1 \Rightarrow [x] = 0$

$-3 \leq x < -2 \Rightarrow [x] = -3$ $\qquad$ $1 \leq x < 2 \Rightarrow [x] = 1$

$-2 \leq x < -1 \Rightarrow [x] = -2$ $\qquad$ $2 \leq x < 3 \Rightarrow [x] = 2$

$-1 \leq x < 0 \Rightarrow [x] = -1$ $\qquad$ $3 \leq x < 4 \Rightarrow [x] = 3$

Assim, o gráfico de $f(x) = [x]$ é:

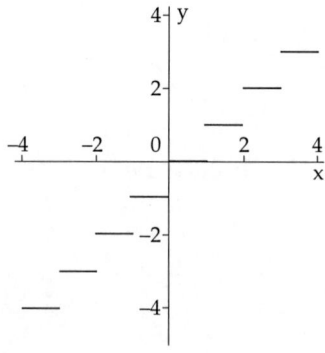

Notemos que $\text{Im}(f) = \mathbb{Z}$.

8.5 Função composta

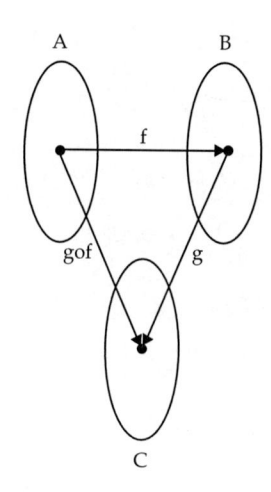

Sejam $f : \underset{x}{A \subset \mathbb{R}} \underset{\mapsto}{\to} \underset{f(x)=y_1}{B \subset \mathbb{R}}$ e $g : \underset{x}{B \subset \mathbb{R}} \underset{\mapsto}{\to} \underset{g(x)=y_2}{C \subset \mathbb{R}}$. Chama-se *função composta* de g e f à função $h : \underset{x}{A \subset \mathbb{R}} \underset{\mapsto}{\to} \underset{h(x)=g(f(x))=(g \circ f)(x)}{C \subset \mathbb{R}}$.

Observações:

1) A expressão $h(x) = (g \circ f)(x) = g(f(x))$, se lê: *g composta com f* ou *g círculo f* ou, simplesmente, g∘f.

2) A composta g∘f só está definida quando o contradomínio da *f* é igual ao domínio da *g* (conjunto B).

3) Em geral, g∘f ≠ f∘g.

Exemplos:

1) Sejam as funções $f(x) = x + 1$ e $g(x) = 2x + 1$.

$(f \circ g)(x) = f(g(x)) = f(2x + 1) = 2x + 1 + 1 = 2x + 2$

$(g \circ f)(x) = g(f(x)) = g(x + 1) = 2(x + 1) + 1 = 2x + 3$

$(f \circ f)(x) = f(f(x)) = f(x + 1) = x + 1 + 1 = x + 2$

$(g \circ g)(x) = g(g(x)) = g(2x + 1) = 2(2x + 1) + 1 = 4x + 3$

2) Sejam as funções $f(x) = x^2 - 1$ e $g(x) = -x + 1$.

$(f \circ g)(x) = f(g(x)) = f(-x+1) = (-x+1)^2 - 1 = x^2 - 2x + 1 - 1 = x^2 - 2x$

$(g \circ f)(x) = g(f(x)) = g(x^2 - 1) = -(x^2 - 1) + 1 = -x^2 + 1 + 1 = -x^2 + 2$

$(f \circ f)(x) = f(f(x)) = f(x^2 - 1) = (x^2 - 1)^2 - 1 = x^4 - 2x^2 + 1 - 1 = x^4 - 2x^2$

$(g \circ g)(x) = g(g(x)) = g(-x+1) = -(-x+1) + 1 = x - 1 + 1 = x$

3) Sejam as funções $f(x) = x - 6$ e $g(x) = -x^2 + 1$.

$(f \circ g)(x) = f(g(x)) = f(-x^2 + 1) = (-x^2 + 1) - 6 = -x^2 - 5$

$(g \circ f)(x) = g(f(x)) = g(x - 6) = -(x - 6)^2 + 1 = -(x^2 - 12x + 36) + 1 =$

$= -x^2 + 12x - 36 + 1 = -x^2 + 12x - 35$

$(f \circ f)(x) = f(f(x)) = f(x - 6) = (x - 6) - 6 = x - 12$

$(g \circ g)(x) = g(g(x)) = g(-x^2 + 1) = -(-x^2 + 1) + 1 = x^2 - 1 + 1 = x^2$

8.6 Funções injetora, sobrejetora e bijetora

Definição: Uma função $f : \underset{x}{A \subset \mathbb{R}} \to \underset{f(x)=y}{B \subset \mathbb{R}}$ pode ser *injetora* ou *injetiva* se, e somente se, $\forall x_1, x_2 \in A$ se $x_1 \neq x_2 \Rightarrow f(x_1) \neq f(x_2)$.

Analogamente, se $f(x_1) = f(x_2) \Rightarrow x_1 = x_2$.

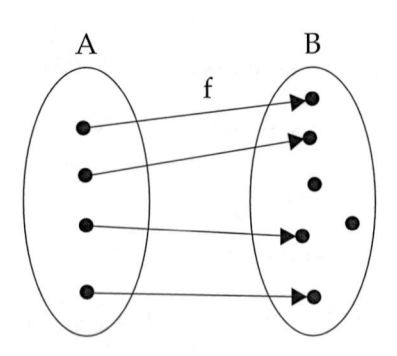

Exemplos:

Seja $f : \underset{x}{A \subset \mathbb{R}} \underset{\mapsto}{\to} \underset{f(x)=y}{B \subset \mathbb{R}}$.

1) $f(x) = 3x$ é injetora, pois:

$x_1 \neq x_2 \Rightarrow 3x_1 \neq 3x_2 \Rightarrow f(x_1) \neq f(x_2)$

$2 \neq 5 \Rightarrow 3 \cdot 2 \neq 3 \cdot 5 \Rightarrow 6 \neq 15 \Rightarrow f(2) \neq f(5)$

2) $f(x) = \dfrac{1}{2x}$ é injetora, pois:

$x_1 \neq x_2 \Rightarrow \dfrac{1}{2x_1} \neq \dfrac{1}{2x_2} \Rightarrow f(x_1) \neq f(x_2)$

$-1 \neq 3 \Rightarrow \dfrac{1}{2 \cdot (-1)} \neq \dfrac{1}{2 \cdot 3} \Rightarrow -\dfrac{1}{2} \neq \dfrac{1}{6} \Rightarrow f(-1) \neq f(3)$

3) $f(x) = x^2$ não é injetora, pois, por exemplo, se $x_1 = 2 \neq x_2 = -2$, temos que $2^2 = (-2)^2 = 4 \Rightarrow f(x_1) = f(x_2) = 4$

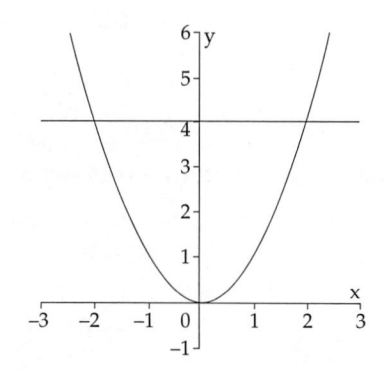

Definição: Uma função $f : \underset{x}{A \subset \mathbb{R}} \underset{\mapsto}{\to} \underset{f(x)=y}{B \subset \mathbb{R}}$ pode ser *sobrejetora* ou *sobrejetiva* se, e somente se, $\forall y \in B, \exists x \in A$, tal que $f(x) = y$.

Significa que, para ser sobrejetora, $\text{Im}(f) = \text{CD}(f)$.

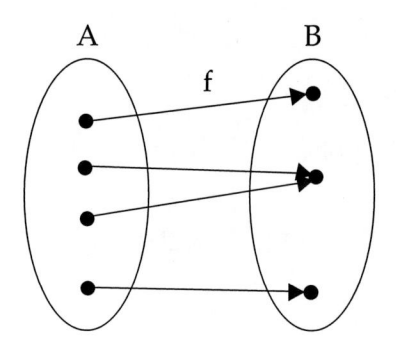

Exemplos:

Seja f : $A \subset \mathbb{R} \to B \subset \mathbb{R}$
$\quad\quad\quad\quad\; x \mapsto f(x)=y$

1) $f(x) = 3x$ é sobrejetora, pois:

$\forall y \in \mathbb{R}, \exists x \in \mathbb{R}$, tal que $f(x) = y = 3x$

2) $f(x) = x^2$ não é sobrejetora (se considerarmos o contradomínio como o conjunto dos reais), pois, por exemplo, se $y = -2$, $\nexists x \in \mathbb{R}$, tal que $f(x) = y = x^2$.

Definição: Uma função f : $A \subset \mathbb{R} \to B \subset \mathbb{R}$ pode ser *bijetora* ou
$\quad\quad\quad\quad\quad\quad\quad\quad\quad\quad\;\; x \mapsto f(x)=y$
bijetiva se, e somente se, ela for injetora e sobrejetora (ao mesmo tempo).

Diz-se que uma função é bijetora se ela tem uma relação um a um. Veja o conjunto a seguir:

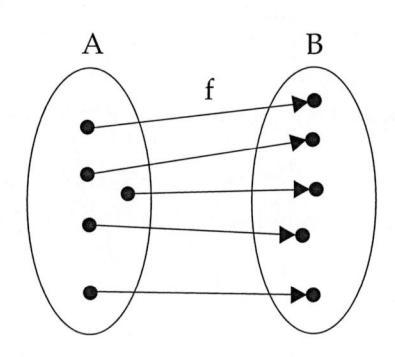

8.7 Função inversa e função simétrica

Como toda função é uma relação, podemos determinar a relação inversa de uma função, da mesma maneira que fizemos com a relação no Capítulo 4.

Essa relação inversa também será uma função, somente quando a função for bijetora (a inversa também será bijetora).

Exemplos:

1) Neste exemplo, $f: A \to B$, $D(f) = A$, $Im(f) = \{6, 7, 8, 9, 11\} \neq B$.

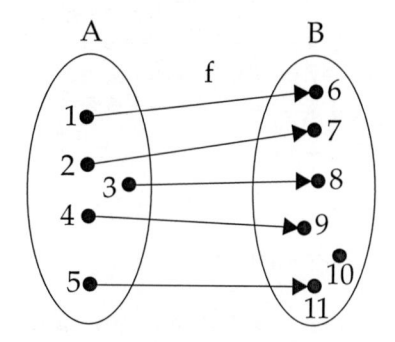

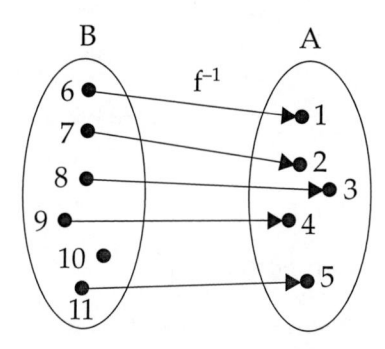

A relação inversa $f^{-1}: B \to A$, $D(f^{-1}) \neq B$, $Im(f^{-1}) = A$ não é uma função (o elemento 10 não tem imagem).

A função f é injetora, pois $\forall x_1, x_2 \in A$ se $x_1 \neq x_2 \Rightarrow f(x_1) \neq f(x_2)$. Ela não é sobrejetora, pois $\nexists x \in A$, tal que $f(x) = 10$. Logo, não é bijetora.

2) Neste exemplo, $f: A \to B$, $D(f) = A$, $Im(f) = B$.

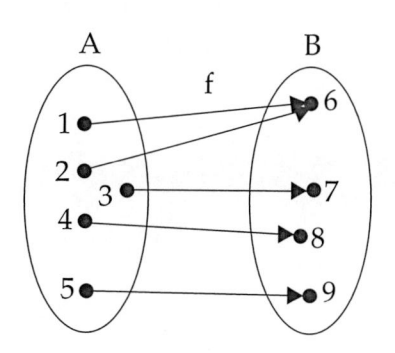

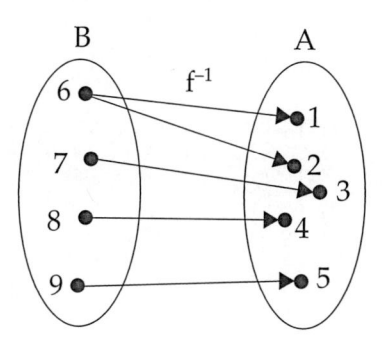

A relação inversa $f^{-1}: B \to A$, $D(f^{-1}) = B$, $Im(f^{-1}) = A$ não é uma função (o elemento 6 tem duas imagens).

A função f não é injetora, pois para $x_1 = 1$ e $x_2 = 2$, $f(x_1) = f(x_2)$. Ela é sobrejetora, pois $\forall y \in B$, $\exists x \in A$ tal, que $f(x) = y$. Logo, não é bijetora.

3) Neste exemplo, $f: A \to B$, $D(f) = A$, $Im(f) = B$.

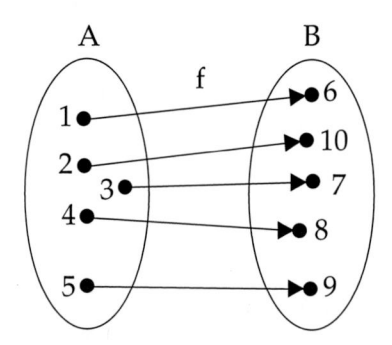

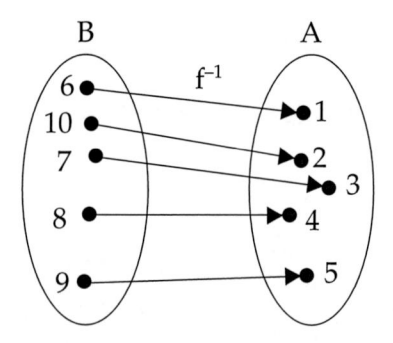

A relação inversa $f^{-1}: B \to A$, $D(f^{-1}) = B$, $Im(f^{-1}) = A$ é função.

A função f é bijetora, pois ela é injetora e sobrejetora.

Teorema: Seja $f: A \to B$ uma função. A relação $f^{-1}: B \to A$ é uma função se, e somente se, f for bijetora.

Definição: Se $f: A \to B$ é uma função bijetora, a relação inversa de f é uma função de B em A que denominamos *função inversa de f* e indicamos por f^{-1}.

Para determinarmos a função ou relação inversa, temos de explicitar x em relação a y.

Propriedades:

1) $D(f^{-1}) = Im(f) = B$

2) $Im(f^{-1}) = D(f) = A$

3) $(f^{-1})^{-1} = f$

Exemplos:

1) $f : \underset{x}{A \subset \mathbb{R}} \to \underset{f(x)=y=3x+2}{B \subset \mathbb{R}}$.

Nesse caso, a função f é bijetora com $A = B = \mathbb{R}$. Assim, ela admite uma inversa que é função.

$$f(x) = y = 3x + 2 \Leftrightarrow 3x = y - 2 \Leftrightarrow x = \frac{y-2}{3} = f^{-1}(y)$$

Daí, a inversa da função f é a função $f^{-1} : \underset{y}{B \subset \mathbb{R}} \to \underset{f^{-1}(y)=x=\frac{y-2}{3}}{A \subset \mathbb{R}}$.

2) $f : \underset{x}{A \subset \mathbb{R}} \to \underset{f(x)=y=(x-1)^2}{B \subset \mathbb{R}}$.

$$f(x) = y = (x-1)^2 \Leftrightarrow \sqrt{y} = x - 1 \Leftrightarrow x = \sqrt{y} + 1 = f^{-1}(y)$$

Para essa função, admitirmos uma inversa que seja função, temos de limitar o domínio. Assim, $f : \underset{x}{[1; +\infty)} \to \underset{f(x)=y=(x-1)^2}{\mathbb{R}_+}$ será bijetora e sua inversa será a função $f^{-1} : \underset{y}{\mathbb{R}_+} \to \underset{f^{-1}(y)=x=\sqrt{y}+1}{[1; +\infty)}$.

3) $f : \underset{x}{A \subset \mathbb{R}} \to \underset{f(x)=y=\frac{x}{-x+3}}{B \subset \mathbb{R}}$.

$f(x) = y = \dfrac{x}{-x+3} \Leftrightarrow -xy + 3y = x \Leftrightarrow xy + x = 3y$. Colocando x em evidência, temos:

$$x(y+1) = 3y \Leftrightarrow x = \frac{3y}{y+1} = f^{-1}(y).$$

Assim, $f^{-1} : \underset{y}{B \subset \mathbb{R}} \to \underset{f^{-1}(y)=x=\frac{3y}{y+1}}{A \subset \mathbb{R}}$.

Definição: Seja $f^{-1} : \underset{y}{B \subset \mathbb{R}} \to \underset{f^{-1}(y)=x}{A \subset \mathbb{R}}$ a função inversa de uma função f. Se trocarmos, nessa função, a variável x por y e a variável y por x, teremos uma nova função, que chamaremos *função simétrica*.

Exemplos:

1) Seja $f^{-1} : B \subset \mathbb{R}_y \to A \subset \mathbb{R}_{f^{-1}(y)=x=\frac{y-2}{3}}$. A simétrica dessa função é a função $g : B \subset \mathbb{R}_x \to A \subset \mathbb{R}_{g(x)=y=\frac{x-2}{3}}$.

2) Seja $f^{-1} : \mathbb{R}_+{}_y \to [1;+\infty)_{f^{-1}(y)=x=\sqrt{y}+1}$. A simétrica dessa função é a função $g : \mathbb{R}_+{}_x \to [1;+\infty)_{g(x)=y=\sqrt{x}+1}$.

3) Seja $f^{-1} : B \subset \mathbb{R}_y \to A \subset \mathbb{R}_{f^{-1}(y)=x=\frac{3y}{y+1}}$. A simétrica dessa função é a função $g : B \subset \mathbb{R}_x \to A \subset \mathbb{R}_{g(x)=y=\frac{3x}{x+1}}$.

Observação: Grande parte da literatura chama essa função g de função inversa da função f.

Geometricamente, os gráficos da função f e da função simétrica g são simétricos em relação à reta $f(x) = y = x$.

Exemplos:

1) $f : A \subset \mathbb{R}_x \to B \subset \mathbb{R}_{f(x)=y=3x+2}$ e $g : B \subset \mathbb{R}_x \to A \subset \mathbb{R}_{g(x)=y=\frac{x-2}{3}}$.

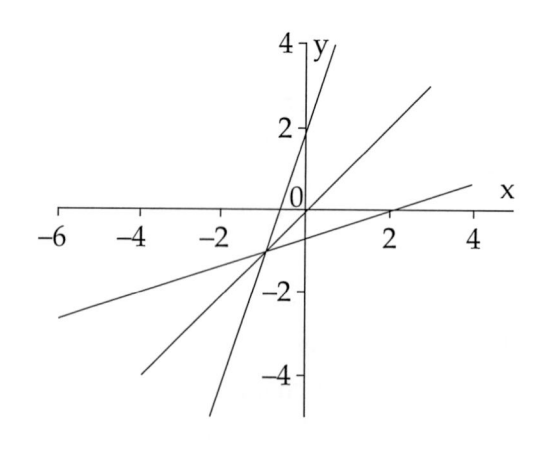

2) $f : \underset{x}{A \subset \mathbb{R}} \underset{\mapsto}{\rightarrow} \underset{f(x)=y=(x-1)^2}{B \subset \mathbb{R}}$ e $g : \underset{x}{\mathbb{R}_+} \underset{\mapsto}{\rightarrow} \underset{g(x)=y=\sqrt{x}+1}{[1;+\infty)}$.

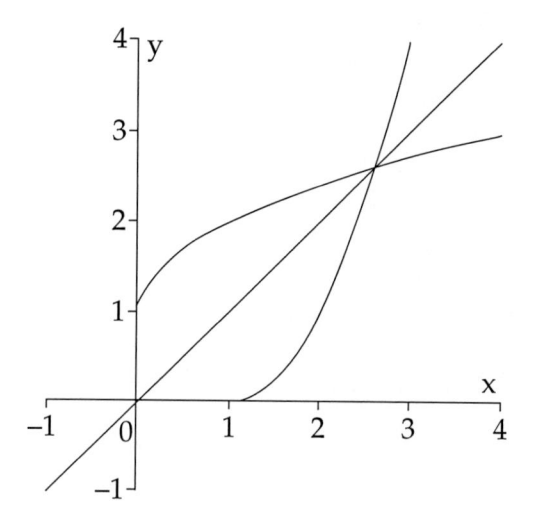

3) $f : \underset{x}{A \subset \mathbb{R}} \underset{\mapsto}{\rightarrow} \underset{f(x)=y=\frac{x}{-x+3}}{B \subset \mathbb{R}}$ e $g : \underset{x}{B \subset \mathbb{R}} \underset{\mapsto}{\rightarrow} \underset{g(x)=y=\frac{3x}{x+1}}{A \subset \mathbb{R}}$.

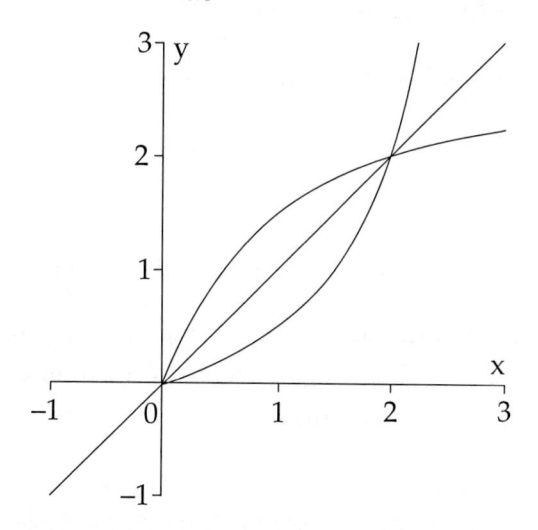

8.8 Função exponencial

Definição: Seja $a \in \mathbb{R}$, tal que $a > 0$ e $a \neq 1$. Chamamos *função exponencial de base a* a função $f : \underset{x}{A \subset \mathbb{R}} \underset{\mapsto}{\rightarrow} \underset{f(x)=y=a^x}{B \subset \mathbb{R}}$.

Exemplos:

Seja $f : \underset{x}{A \subset \mathbb{R}} \underset{\mapsto}{\to} \underset{f(x)=y}{B \subset \mathbb{R}}$.

1) $f(x) = 3^x$

2) $f(x) = \left(\dfrac{1}{3}\right)^x = 3^{-x}$

3) $f(x) = 5^x$

4) $f(x) = \left(\sqrt{5}\right)^x$

5) $f(x) = \left(\dfrac{5}{2}\right)^x$

Observações:

1) $f(x) = a^x \Rightarrow f(0) = a^0 = 1$, isso significa que o par ordenado $(0;1)$ pertence a toda função exponencial.

2) Como $a > 0$ e $a \neq 1$, então $a^x > 0, \forall x \in \mathbb{R}$. Daí, $\text{Im}(f) = \mathbb{R}_+^*$ (a função exponencial é estritamente positiva).

3) Como $a > 0$ e $a \neq 1$, temos duas possibilidades: $a > 1$ ou $0 < a < 1$.
   a) $a > 1$
   $x_1 < x_2 \Rightarrow a^{x_1} < a^{x_2} \Rightarrow f(x_1) < f(x_2)$. Daí, f é crescente.

   b) $0 < a < 1$
   $x_1 < x_2 \Rightarrow a^{x_1} > a^{x_2} \Rightarrow f(x_1) > f(x_2)$. Daí, f é decrescente.

4) Na representação gráfica da função exponencial, temos uma reta horizontal assíntota $(y = 0)$, que representa o limite inferior da função.
   Veja, a seguir, os gráficos de $f : \underset{x}{A \subset \mathbb{R}} \underset{\mapsto}{\to} \underset{f(x)=y=3^x}{B \subset \mathbb{R}_+^*}$ e
   $f : \underset{x}{A \subset \mathbb{R}} \underset{\mapsto}{\to} \underset{f(x)=y=\left(\frac{1}{3}\right)^x}{B \subset \mathbb{R}_+^*}$:

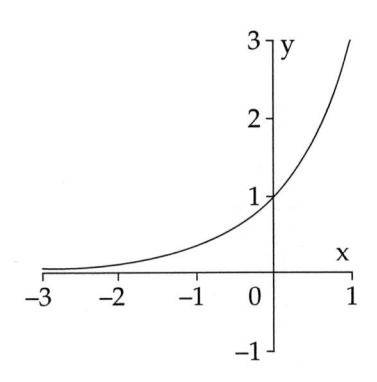

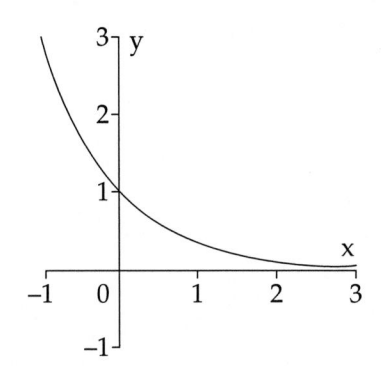

8 Outras funções

Exemplos:

Seja f : $A \subset \mathbb{R} \to B \subset \mathbb{R}$
$x \mapsto f(x)=y$

1) $f(x) = y = 3^x - 1$

$D(f) = \mathbb{R}$. Como $3^x > 0$, então $y = 3^x - 1 > -1$, isto é, $\text{Im}(f) = (-1; +\infty)$.

A função é crescente, pois $a > 1$.

A reta assíntota é a reta $y = -1$.

A seguir, veja o gráfico:

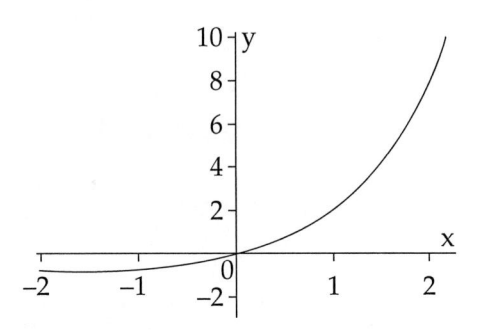

2) $f(x) = y = \left(\dfrac{3}{5}\right)^x + 7$

$D(f) = \mathbb{R}$. Como $\left(\dfrac{3}{5}\right)^x > 0$, então $y = \left(\dfrac{3}{5}\right)^x + 7 > 7$, isto é, $\text{Im}(f) = (7; +\infty)$.

A função é decrescente, pois $0 < a < 1$.

A reta assíntota é a reta $y = 7$.

A seguir, veja o gráfico:

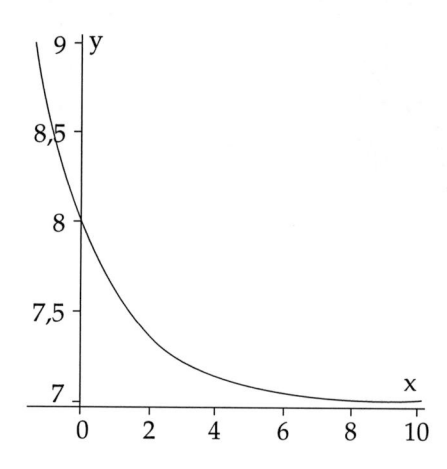

8.9 Função logarítmica

Definição: Seja $a \in \mathbb{R}$, tal que $a > 0$ e $a \neq 1$. Chamamos *função logarítmica de base a* a função $f : \underset{x}{A \subset \mathbb{R}_+^*} \to \underset{f(x)=y=\log_a x}{B \subset \mathbb{R}}$.

Exemplos:

Seja $f : \underset{x}{A \subset \mathbb{R}_+^*} \to \underset{f(x)=y}{B \subset \mathbb{R}}$.

1) $f(x) = \log_5 x$

2) $f(x) = \log_{\frac{1}{5}} x$

3) $f(x) = \log_{10} x = \log x$

4) $f(x) = \log_e x = \ln x$

Observações:

1) $y = \log_a x \Leftrightarrow a^y = x$. O significado dessa expressão é que a função logarítmica e a função exponencial são inversas uma da outra.

2) $f(x) = \log_a x \Rightarrow f(1) = \log_a 1 = 0$. Isso significa que o par ordenado $(1; 0)$ pertence a toda função logarítmica.

3) Como $a > 0$ e $a \neq 1$, temos duas possibilidades: $a > 1$ ou $0 < a < 1$.
a) $a > 1$

$x_1 < x_2 \Rightarrow \log_a x_1 < \log_a x_2 \Rightarrow f(x_1) < f(x_2)$. Daí, f é crescente.

b) $0 < a < 1$

$x_1 < x_2 \Rightarrow \log_a x_1 > \log_a x_2 \Rightarrow f(x_1) > f(x_2)$. Daí, f é decrescente.

4) Na representação gráfica da função logarítmica, temos uma reta vertical assíntota $(x = 0)$, que representa o limite esquerdo ou direito da função quando esta for decrescente ou crescente, respectivamente.

Observemos os gráficos de $y = \log_5 x$ e $y = 5^x$.

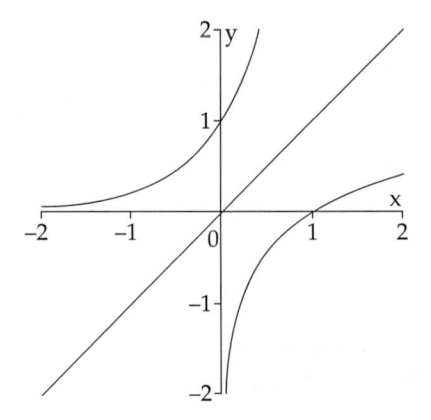

Observe, também, os gráficos de $y = \log_{\frac{1}{5}} x$ e $y = \left(\dfrac{1}{5}\right)^x$.

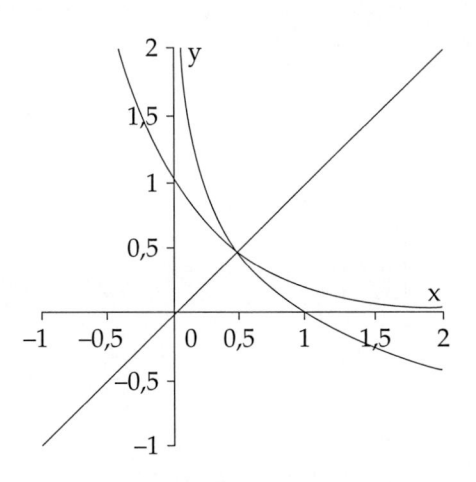

Essas funções são simétricas em relação à reta y = x.

Vejamos, a seguir, os gráficos de $f : A \subset \mathbb{R}_+^* \to B \subset \mathbb{R}$, $x \mapsto f(x) = y = \log_9 x$ e
$f : A \subset \mathbb{R}_+^* \to B \subset \mathbb{R}$, $x \mapsto f(x) = y = \log_{\frac{2}{7}} x$.

Os dois gráficos possuem a mesma reta assíntota x = 0.

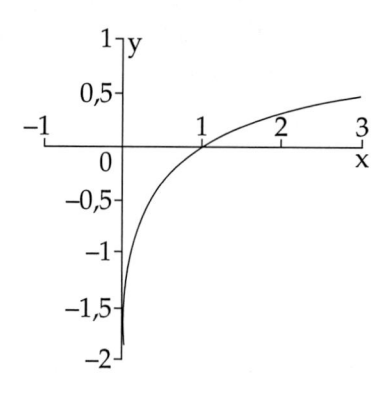

f é crescente, pois a = 9. 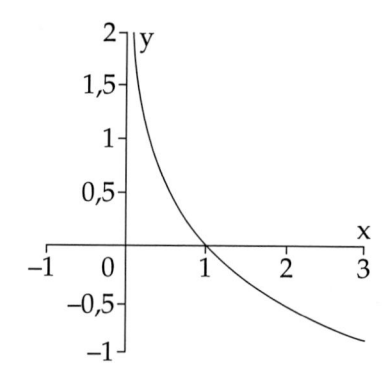   f é decrescente, pois $a = \dfrac{2}{7}$.

Exemplos:

Seja $f : A \subset \mathbb{R}_+^* \to B \subset \mathbb{R}$, $x \mapsto f(x) = y$.

1) $f(x) = y = \log_3 (7x)$

$D(f) = \mathbb{R}_+^*$, $\text{Im}(f) = \mathbb{R}$.

A função é crescente, pois a > 1. A reta assíntota é a reta x = 0.
A seguir, vejamos o gráfico:

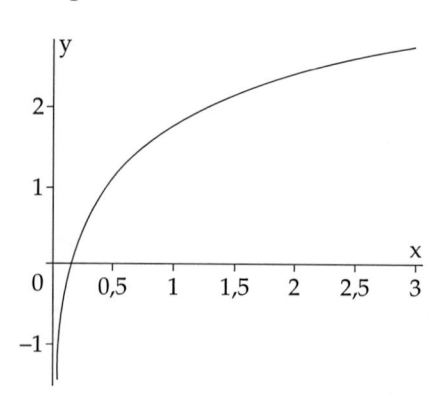

2) $f(x) = y = \ln(4x)$

$D(f) = \mathbb{R}_+^*$, $\text{Im}(f) = \mathbb{R}$.

A função é crescente, pois a > 1. A reta assíntota é a reta x = 0.
A seguir, observemos o gráfico:

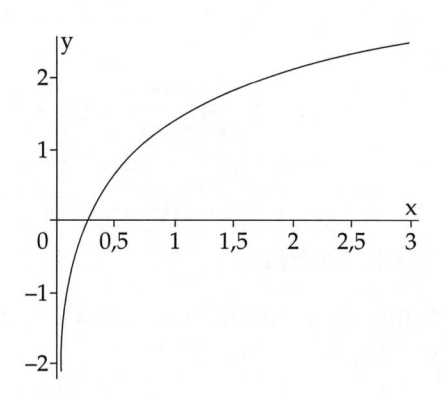

3) $f(x) = y = \log(7x)$

$D(f) = \mathbb{R}_+^*$, $\text{Im}(f) = \mathbb{R}$.

A função é crescente, pois a > 1. A reta assíntota é a reta x = 0.
A seguir, vejamos o gráfico:

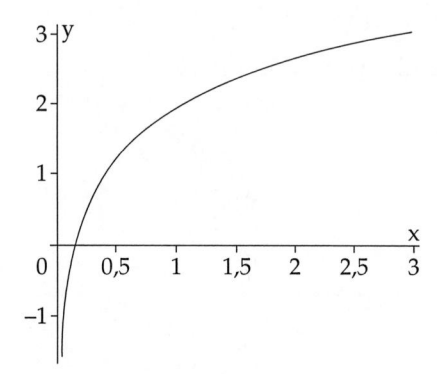

4) $f(x) = y = \log_{\frac{1}{6}} x$

$D(f) = \mathbb{R}_+^*$, $\text{Im}(f) = \mathbb{R}$.

A função é decrescente, pois 0 < a < 1. A reta assíntota é a reta x = 0.
A seguir, observemos o gráfico:

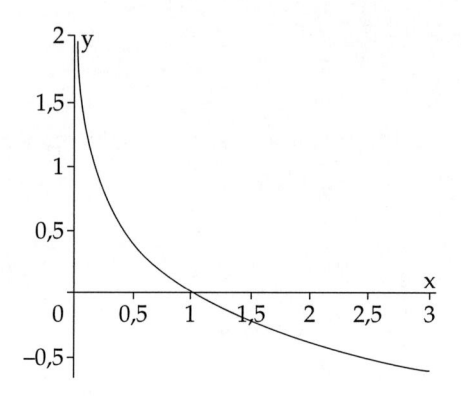

8.10 Exercícios resolvidos

1) Determine o domínio, a imagem e esboce o gráfico da função
$f : \underset{x}{A \subset \mathbb{R}} \underset{\mapsto}{\to} \underset{f(x)=y=\frac{5}{4x}}{B \subset \mathbb{R}}$.

Solução:

Como o denominador não pode ser nulo, determina-se o valor que anula a equação:

$4x = 0 \Rightarrow x = 0$.

Assim, $D(f) = \mathbb{R}^*$ e $Im(f) = \mathbb{R}^*$.

O gráfico é uma hipérbole equilátera.

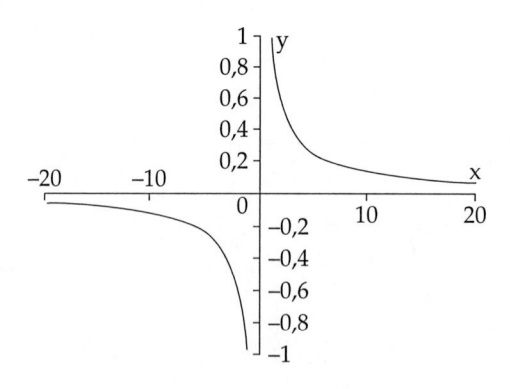

2) Determine o domínio, a imagem e esboce o gráfico da função
$f : \underset{x}{A \subset \mathbb{R}} \underset{\mapsto}{\to} \underset{f(x)=y=-\frac{7}{x+4}}{B \subset \mathbb{R}}$.

Solução:

Como o denominador não pode ser nulo, $x + 4 \neq 0 \Rightarrow x \neq -4$.

Assim, $D(f) = \mathbb{R} - \{-4\}$ e $\text{Im}(f) = \mathbb{R}^*$.

O gráfico é uma hipérbole equilátera.

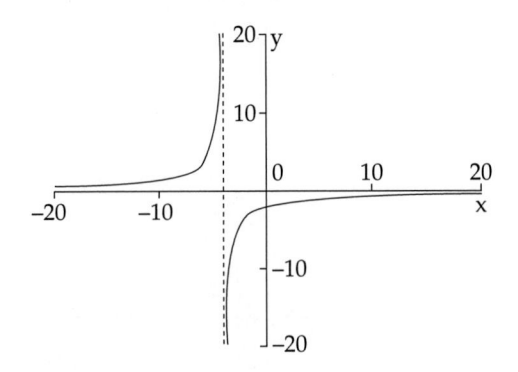

3) Determine o domínio, a imagem e esboce o gráfico da função
$f : \underset{x}{A \subset \mathbb{R}} \to \underset{f(x) = y = \frac{7}{x-6}}{B \subset \mathbb{R}}$.

Solução:

Como o denominador não pode ser nulo, $x - 6 \neq 0 \Rightarrow x \neq 6$.

Assim, $D(f) = \mathbb{R} - \{6\}$ e $\text{Im}(f) = \mathbb{R}^*$.

O gráfico é uma hipérbole equilátera.

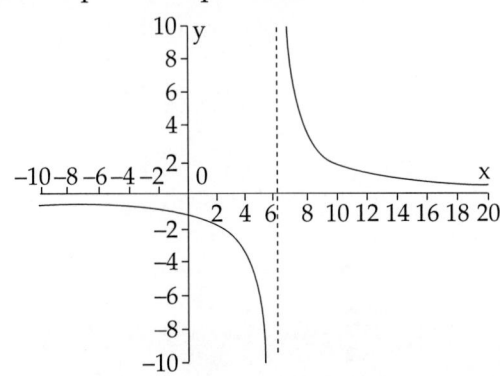

4) Determine o domínio, a imagem e esboce o gráfico da função
$f : \underset{x}{A \subset \mathbb{R}} \to \underset{f(x) = y = \frac{x}{x+1}}{B \subset \mathbb{R}}$.

Solução:

Como o denominador não pode ser nulo, $x+1 \neq 0 \Rightarrow x \neq -1$.

Além disso, $f(x) = \dfrac{x}{x+1} = \dfrac{x+1-1}{x+1} = \dfrac{x+1}{x+1} - \dfrac{1}{x+1} = 1 - \dfrac{1}{x+1}$.

Assim, $D(f) = \mathbb{R} - \{-1\}$ e $\text{Im}(f) = \mathbb{R} - \{1\}$.

O gráfico é uma hipérbole equilátera.

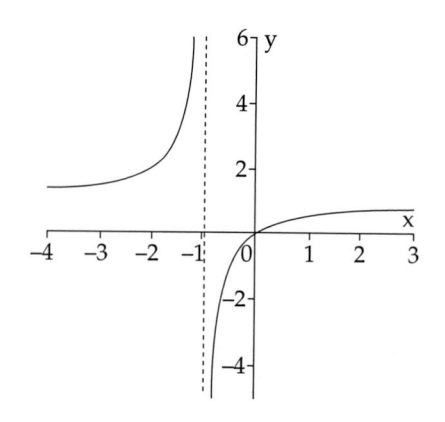

5) Determine o domínio, a imagem e esboce o gráfico das funções
$f : \underset{x}{A \subset \mathbb{R}} \to \underset{f(x)=y}{B \subset \mathbb{R}}$:

a) $f(x) = 3[x]$
b) $f(x) = [-2x]$
c) $f(x) = |[x]|$

Solução:

a) $f(x) = 3[x]$

x	[x]	y = 3[x]
$-4 \leq x < -3$	-4	-12
$-3 \leq x < -2$	-3	-9
$-2 \leq x < -1$	-2	-6
$-1 \leq x < 0$	-1	-3
$0 \leq x < 1$	0	0
$1 \leq x < 2$	1	3
$2 \leq x < 3$	2	6
$3 \leq x < 4$	3	9

$D(f) = \mathbb{R}$ e $\text{Im}(f) = \{\cdots, -12, -9, -6, -3, 0, 3, 6, 9, 12, \cdots\}$

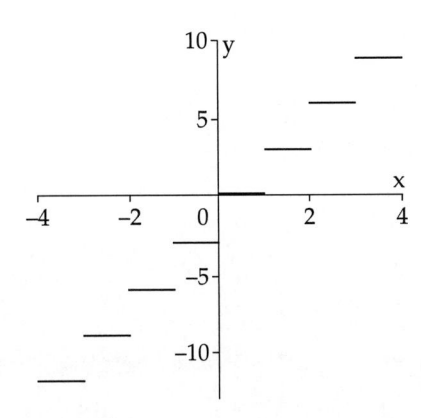

b) $f(x) = [-2x]$

x	-2x	y = [-2x]
$1,5 < x \leq 2$	$-4 \leq -2x < -3$	-4
$1 < x \leq 1,5$	$-3 \leq -2x < -2$	-3
$0,5 < x \leq 1$	$-2 \leq -2x < -1$	-2
$0 < x \leq 0,5$	$-1 \leq -2x < 0$	-1
$-0,5 < x \leq 0$	$0 \leq -2x < 1$	0
$-1 < x \leq -0,5$	$1 \leq -2x < 2$	1
$-1,5 < x \leq -1$	$2 \leq -2x < 3$	2
$-2 < x \leq -1,5$	$3 \leq -2x < 4$	3

$D(f) = \mathbb{R}$ e $\text{Im}(f) = \mathbb{Z}$.

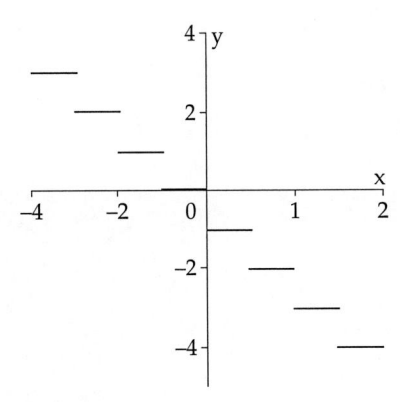

c) $f(x) = |[x]|$

x	[x]	$y = |[x]|$
$-4 \leq x < -3$	-4	4
$-3 \leq x < -2$	-3	3
$-2 \leq x < -1$	-2	2
$-1 \leq x < 0$	-1	1
$0 \leq x < 1$	0	0
$1 \leq x < 2$	1	1
$2 \leq x < 3$	2	2
$3 \leq x < 4$	3	3

$D(f) = \mathbb{R}$ e $\text{Im}(f) = \mathbb{Z}_+$.

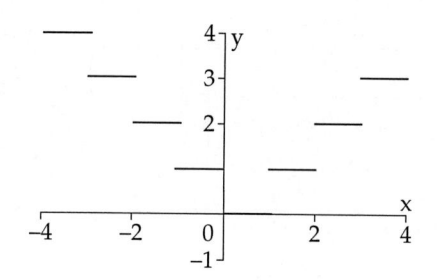

6) Sejam $f : A \subset \mathbb{R} \to B \subset \mathbb{R}$ e $g : C \subset \mathbb{R} \to D \subset \mathbb{R}$. Determine o domínio, a imagem e a expressão que representa $(f \circ g)(x)$ e $(g \circ f)(x)$:

a) $f(x) = -2x + 1$ e $g(x) = 4x - 2$.

b) $f(x) = \dfrac{x}{2} + 1$ e $g(x) = x - 4$.

c) $f(x) = 3x - 1$ e $g(x) = -3x + 5$.

d) $g(u) = -2u^2 + 10u - 8 \leq 0$ e $g(x) = |x| + 7$.

e) $f(x) = |x + 3| - 3$ e $g(x) = \dfrac{x}{2}$.

f) $f(x) = \sqrt{x}$ e $g(x) = x^2 - 4$.

g) $f(x) = x + 4$ e $g(x) = x - 1$.

h) $f(x) = \dfrac{1}{4x-1}$ e $g(x) = 2x^2$.

Solução:

a) $f(x) = -2x+1$ e $g(x) = 4x-2$

$(f \circ g)(x) = f(g(x)) = f(4x-2) = (-2)(4x-2)+1 = -8x+4+1 = -8x+5$

$D(f \circ g) = \mathbb{R}$ e $\text{Im}(f \circ g) = \mathbb{R}$.

$(g \circ f)(x) = g(f(x)) = g(-2x+1) = 4(-2x+1)-2 = -8x+4-2 = -8x+2$

$D(g \circ f) = \mathbb{R}$ e $\text{Im}(g \circ f) = \mathbb{R}$.

b) $f(x) = \dfrac{x}{2}+1$ e $g(x) = x-4$.

$(f \circ g)(x) = f(g(x)) = f(x-4) = \dfrac{x-4}{2}+1 = \dfrac{x-4+2}{2} = \dfrac{x-2}{2}$

$D(f \circ g) = \mathbb{R}$ e $\text{Im}(f \circ g) = \mathbb{R}$.

$(g \circ f)(x) = g(f(x)) = g\left(\dfrac{x}{2}+1\right) = \left(\dfrac{x}{2}+1\right)-4 = \dfrac{x}{2}-3$

$D(g \circ f) = \mathbb{R}$ e $\text{Im}(g \circ f) = \mathbb{R}$.

c) $f(x) = 3x-1$ e $g(x) = -3x+5$.

$(f \circ g)(x) = f(g(x)) = f(-3x+5) = 3(-3x+5)-1 = -9x+15-1 = -9x+14$

$D(f \circ g) = \mathbb{R}$ e $\text{Im}(f \circ g) = \mathbb{R}$.

$(g \circ f)(x) = g(f(x)) = g(3x-1) = -3(3x-1)+5 = -9x+3+5 = -9x+8$

$D(g \circ f) = \mathbb{R}$ e $\text{Im}(g \circ f) = \mathbb{R}$.

d) $f(x) = 2x+4$ e $g(x) = |x|+7$

$(f \circ g)(x) = f(g(x)) = f(|x|+7) = 2(|x|+7)+4 = 2|x|+18$

$D(f \circ g) = \mathbb{R}$ e $\text{Im}(f \circ g) = [18; +\infty)$, pois $|x| \geq 0, \forall x \in \mathbb{R}$

$(g \circ f)(x) = g(f(x)) = g(2x+4) = |2x+4| + 7$

$D(g \circ f) = \mathbb{R}$ e $\text{Im}(g \circ f) = [7; +\infty)$, pois $|2x+4| \geq 0$.

e) $f(x) = |x+3| - 3$ e $g(x) = \dfrac{x}{2}$

$(f \circ g)(x) = f(g(x)) = f\left(\dfrac{x}{2}\right) = \left|\dfrac{x}{2} + 3\right| - 3$

$D(f \circ g) = \mathbb{R}$ e $\text{Im}(f \circ g) = [-3; +\infty)$, pois $\left|\dfrac{x}{2} + 3\right| \geq 0$

$(g \circ f)(x) = g(f(x)) = g(|x+3| - 3) = \dfrac{|x+3| - 3}{2}$

$D(g \circ f) = \mathbb{R}$ e $\text{Im}(g \circ f) = \left[-\dfrac{3}{2}; +\infty\right)$, pois $|x+3| \geq 0$

f) $f(x) = \sqrt{x}$ e $g(x) = x^2 - 4$.

$(f \circ g)(x) = f(g(x)) = f(x^2 - 4) = \sqrt{x^2 - 4}$

$D(f \circ g)$ é formado pelos valores de x que satisfazem a inequação $x^2 - 4 \geq 0$.

Como foi visto no capítulo anterior, $x^2 - 4 \geq 0$ quando $x \leq -2$ ou $x \geq 2$.

Daí, $D(f \circ g) = (-\infty; -2] \cup [2; +\infty)$ e $\text{Im}(f \circ g) = \mathbb{R}_+$.

$(g \circ f)(x) = g(f(x)) = g(\sqrt{x}) = (\sqrt{x})^2 - 4 = x - 4; x \geq 0$

$D(g \circ f) = \mathbb{R}_+$ e $\text{Im}(g \circ f) = [-4; +\infty)$.

g) $f(x) = x + 4$ e $g(x) = x - 1$

$(f \circ g)(x) = f(g(x)) = f(x-1) = (x-1) + 4 = x + 3$

$D(f \circ g) = \mathbb{R}$ e $\text{Im}(f \circ g) = \mathbb{R}$.

$(g \circ f)(x) = g(f(x)) = g(x+4) = (x+4) - 1 = x + 3$

$D(g \circ f) = \mathbb{R}$ e $\text{Im}(g \circ f) = \mathbb{R}$.

h) $f(x) = \dfrac{1}{4x-1}$ e $g(x) = 2x^2$

$(f \circ g)(x) = f(g(x)) = f(2x^2) = \dfrac{1}{4(2x^2)-1} = \dfrac{1}{8x^2-1}$

$D(f \circ g)$ é formado pelos valores de x que satisfazem a inequação $8x^2 - 1 > 0$, pois o denominador não pode ser nulo.

Como foi visto no capítulo anterior, $8x^2 - 1 > 0$ quando $x < -\dfrac{1}{\sqrt{8}}$ ou $x > \dfrac{1}{\sqrt{8}}$.

Daí, $D(f \circ g) = \mathbb{R} - \left\{ -\dfrac{1}{\sqrt{8}}; \dfrac{1}{\sqrt{8}} \right\}$ e $\text{Im}(f \circ g) = (-\infty; -1) \cup (0; +\infty)$.

$(g \circ f)(x) = g(f(x)) = g\left(\dfrac{1}{4x-1}\right) = 2\left(\dfrac{1}{4x-1}\right)^2 = \dfrac{2}{(4x-1)^2}$

$D(f \circ g)$ é formado pelos valores de x que satisfazem a equação $4x - 1 \neq 0 \Rightarrow x \neq \dfrac{1}{4}$, pois o denominador não pode ser nulo.

Daí, $D(g \circ f) = \mathbb{R} - \left\{\dfrac{1}{4}\right\}$ e $\text{Im}(g \circ f) = \mathbb{R}_+^*$.

7) Dada a função $f : \begin{array}{c} A \subset \mathbb{R} \\ x \end{array} \begin{array}{c} \to \\ \mapsto \end{array} \begin{array}{c} B \subset \mathbb{R}, \\ f(x) = y \end{array}$ determine o domínio e a imagem da função e sua função simétrica:

a) $f(x) = x + 3$

b) $f(x) = 4x - 1$

c) $f(x) = 3x + \dfrac{2}{3}$

d) $f(x) = \dfrac{x-1}{x+2}$

e) $f(x) = 2x + 5$

f) $f(x) = \sqrt{x+4} - 3$

Solução:

a) $D(f) = \mathbb{R}$ e $\text{Im}(f) = \mathbb{R}$.

Como $f(x) = y = x + 3$, se isolarmos o x, temos:

$y = x + 3 \Leftrightarrow x = y - 3 = f^{-1}(y)$, que é a inversa de f.

Daí, a função simétrica é $g(x) = y = x - 3$.

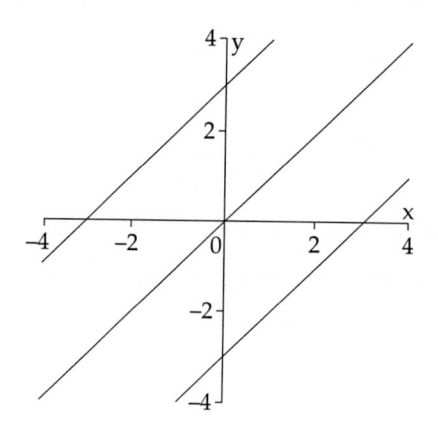

b) $D(f) = \mathbb{R}$ e $\text{Im}(f) = \mathbb{R}$.

Como $f(x) = y = 4x - 1$, se isolarmos o x, temos:

$y = 4x - 1 \Leftrightarrow 4x = y + 1 \Leftrightarrow x = \dfrac{y+1}{4} = f^{-1}(y)$, que é a inversa de f.

Daí, a função simétrica é $g(x) = y = \dfrac{x+1}{4}$.

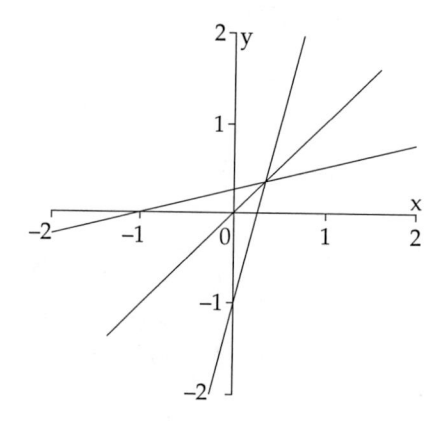

c) $D(f) = \mathbb{R}$ e $\text{Im}(f) = \mathbb{R}$.

Como $f(x) = y = 3x + \dfrac{2}{3}$, se isolarmos o x, temos:

$y = 3x + \dfrac{2}{3} \Leftrightarrow 3x = y - \dfrac{2}{3} \Leftrightarrow x = \dfrac{y}{3} - \dfrac{2}{9} = f^{-1}(y)$, que é a inversa de f.

Daí, a função simétrica é $g(x) = y = \dfrac{x}{3} - \dfrac{2}{9}$.

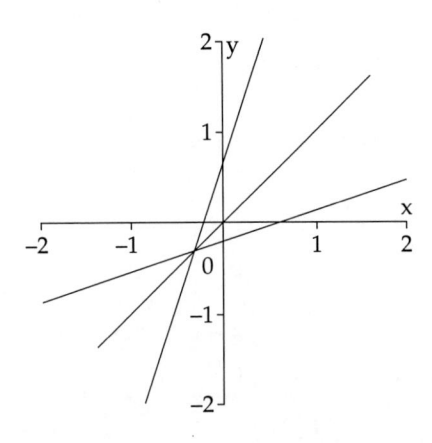

d) $D(f) = \mathbb{R} - \{-2\}$ e $\text{Im}(f) = \mathbb{R}$.

Como $f(x) = y = \dfrac{x-1}{x+2}$, se isolarmos o x, temos:

$y = \dfrac{x-1}{x+2} \Leftrightarrow xy + 2y = x - 1 \Leftrightarrow xy - x = -2y - 1$. Multiplicando por (–1), temos:

$xy - x = -2y - 1 \Leftrightarrow x - xy = 2y + 1$. Colocando x em evidência, temos:

$x - xy = 2y + 1 \Leftrightarrow x(1-y) = 2y + 1 \Leftrightarrow x = \dfrac{2y+1}{1-y} = f^{-1}(y)$, que é a inversa de f.

Daí, a função simétrica é $g(x) = y = \dfrac{2x+1}{1-x}$.

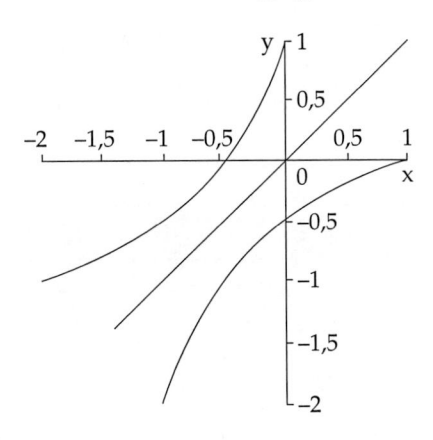

283

e) $D(f) = \mathbb{R}$ e $\text{Im}(f) = \mathbb{R}$.

Como $f(x) = y = 2x + 5$, se isolarmos o x, temos:

$y = 2x + 5 \Leftrightarrow 2x = y - 5 \Leftrightarrow x = \dfrac{y}{2} - \dfrac{5}{2} = f^{-1}(y)$, que é a inversa de f.

Daí, a função simétrica é $g(x) = y = \dfrac{x}{2} - \dfrac{5}{2}$.

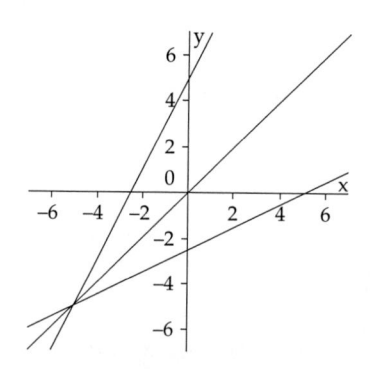

f) D(f) é formado pelos valores de x que satisfazem a inequação $x + 4 \geq 0 \Rightarrow x \geq -4$. Daí,

$D(f) = [-4; +\infty)$ e $\text{Im}(f) = [-3; +\infty)$, pois $\sqrt{x+4} \geq 0$, $\forall x \geq -4$.

Como $f(x) = y = \sqrt{x+4} - 3$, se isolarmos o x, temos:

$y = \sqrt{x+4} - 3 \Leftrightarrow \sqrt{x+4} = y + 3$. Elevando ambos os lados da igualdade ao quadrado, temos:

$\left(\sqrt{x+4}\right)^2 = (y+3)^2 \Leftrightarrow x + 4 = (y+3)^2 \Leftrightarrow x = (y+3)^2 - 4 = f^{-1}(y)$, que é a inversa de f.

Daí, a função simétrica é $g(x) = y = (x+3)^2 - 4$.

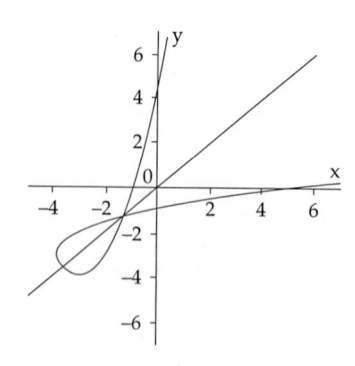

8) Sejam $f: \underset{x}{A \subset \mathbb{R}} \underset{f(x)=y_1}{\to} B \subset \mathbb{R}$ e $g: \underset{x}{C \subset \mathbb{R}} \underset{g(x)=y_2}{\to} D \subset \mathbb{R}$. Determinar $(f \circ g)(x)$ e $(g \circ f)(x)$ e suas funções inversa e simétrica:

a) $f(x) = x + 2$ e $g(x) = x - 1$

b) $f(x) = \dfrac{3}{x} - 4$ e $g(x) = x - 3$

c) $f(x) = x + 7$ e $g(x) = -\dfrac{x}{2} - 8$

Solução:

a) $(f \circ g)(x) = f(g(x)) = f(x-1) = (x-1) + 2 = x + 1 = y$.

Isolando o x, temos:

$x + 1 = y \Rightarrow x = y - 1 \Rightarrow (f \circ g)^{-1}(y) = x = y - 1$ (inversa)

$s(x) = y = x - 1$ (simétrica)

$(g \circ f)(x) = g(f(x)) = g(x+2) = (x+2) - 1 = x + 1 = y$

Isolando o x, temos:

$x + 1 = y \Rightarrow x = y - 1 \Rightarrow (g \circ f)^{-1}(y) = x = y - 1$ (inversa)

$s(x) = y = x - 1$ (simétrica)

b) $(f \circ g)(x) = f(g(x)) = f(x-3) = \dfrac{3}{x-3} - 4 = y$

Isolando o x, temos:

$\dfrac{3}{x-3} - 4 = y \Rightarrow \dfrac{3}{x-3} = y + 4 \Rightarrow 3 = (x-3)(y+4) \Rightarrow$

$\Rightarrow x - 3 = \dfrac{3}{y+4} \Rightarrow x = \dfrac{3}{y+4} + 3$

$\Rightarrow (f \circ g)^{-1}(y) = x = \dfrac{3}{y+4} + 3$ (inversa)

$s(x) = y = \dfrac{3}{x+4} + 3$. Para isolarmos o x, primeiro faremos o m.m.c.:

$y = \dfrac{3}{x+4} + 3 = \dfrac{3 + 3x + 12}{x+4} = \dfrac{3x + 15}{x+4}$ (simétrica)

$(g \circ f)(x) = g(f(x)) = g\left(\dfrac{3}{x} - 4\right) = \left(\dfrac{3}{x} - 4\right) - 3 = \dfrac{3}{x} - 7 = y$

Isolando o x, temos:

$$\frac{3}{x} - 7 = y \Rightarrow \frac{3}{x} = y + 7 \Rightarrow \frac{x}{3} = \frac{1}{y+7} \Rightarrow (g \circ f)^{-1}(y) = x = \frac{3}{y+7} \text{ (inversa)}$$

$s(x) = y = \dfrac{3}{x+7}$ (simétrica)

c) $(f \circ g)(x) = f(g(x)) = f\left(-\dfrac{x}{2} - 8\right) = -\dfrac{x}{2} - 8 + 7 = -\dfrac{x}{2} - 1 = y$

Isolando o x, temos:

$-\dfrac{x}{2} - 1 = y$. Multiplicando essa equação por (-1), temos:

$\dfrac{x}{2} + 1 = -y \Rightarrow \dfrac{x}{2} = -y - 1 \Rightarrow x = -2y - 2$

$(f \circ g)^{-1}(y) = x = -2y - 2$ (inversa)

$s(x) = y = -2x - 2$ (simétrica)

$(g \circ f)(x) = g(f(x)) = g(x+7) = -\dfrac{x+7}{2} - 8 = \dfrac{-x-7-16}{2} = \dfrac{-x-23}{2} = y$

Isolando o x, temos:

$\dfrac{-x-23}{2} = y \Rightarrow -x - 23 = 2y \Rightarrow (g \circ f)^{-1}(y) = x = -2y - 23$ (inversa)

$s(x) = y = -2x - 23$ (simétrica)

9) Seja $f : \underset{x}{A \subset \mathbb{R}} \;\underset{\mapsto}{\rightarrow}\; \underset{f(x)=y}{B \subset \mathbb{R}}$. Determine o domínio, a imagem e esboce o gráfico:

a) $f(x) = y = 7^x$

b) $f(x) = y = \left(\dfrac{1}{3}\right)^x = 3^{-x}$

c) $f(x) = y = 2^{2x}$

d) $f(x) = y = 2^{-3x}$

e) $f(x) = y = 2 \cdot (4^x)$

f) $f(x) = y = 2 \cdot (4^{-x})$

g) $f(x) = y = 5 + 5^{\frac{x}{2}}$

h) $f(x) = y = 12 - 4 \cdot (3^{0,1x})$

i) $f(x) = y = e^{-3x} + 4$

j) $f(x) = y = -3 + 4e^{\frac{-3x}{2}}$

k) $f(x) = y = e^{2x+1} + 1$

8 Outras funções

Solução:

a) Como a > 1 e o expoente é positivo, a função é crescente. A assíntota horizontal é o eixo x. Para traçarmos a curva, podemos fazer a tabela:

x	y
−2	$\frac{1}{49}$
−1	$\frac{1}{7}$
0	1
1	7
2	49

$D(f) = \mathbb{R}$ e $\text{Im}(f) = \mathbb{R}_+^*$.

Gráfico:

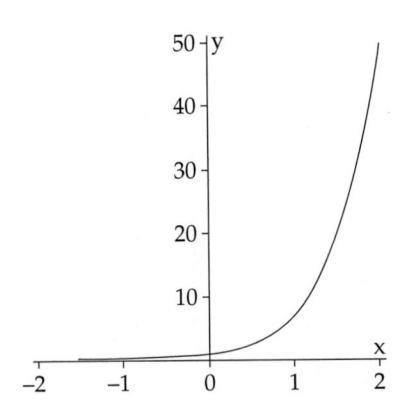

b) Como 0 < a < 1 e o expoente é positivo, a função é decrescente. A assíntota horizontal é o eixo x. Para traçarmos a curva, podemos fazer a tabela:

x	y
−2	9
1	3
0	1
1	$\frac{1}{3}$
2	$\frac{1}{9}$

$D(f) = \mathbb{R}$ e $\text{Im}(f) = \mathbb{R}_+^*$.

Gráfico:

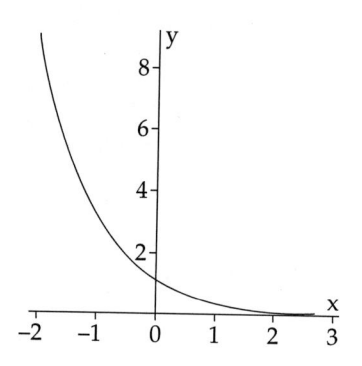

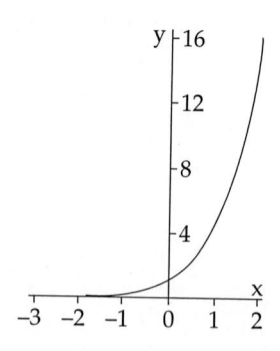

c) Como a > 1 e o expoente é positivo, a função é crescente. A assíntota horizontal é o eixo x. Para traçarmos a curva, podemos fazer a tabela:

x	y
−2	$\frac{1}{16}$
−1	$\frac{1}{4}$
0	1
1	4
2	16

$D(f) = \mathbb{R}$ e $\text{Im}(f) = \mathbb{R}_+^*$.

Gráfico:

d) Como a > 1 e o expoente é negativo, a função é decrescente. A assíntota horizontal é o eixo x. Para traçarmos a curva, podemos fazer a tabela:

x	y
-2	64
-1	8
0	1
1	$\frac{1}{8}$
2	$\frac{1}{64}$

$D(f) = \mathbb{R}$ e $Im(f) = \mathbb{R}_+^*$.

Gráfico:

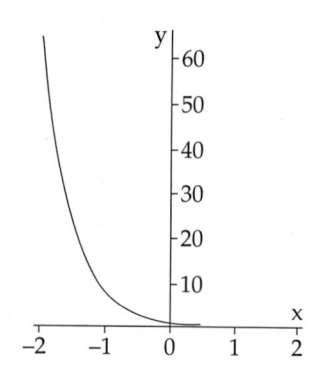

e) Como a > 1 e o expoente é positivo, a função é crescente. A assíntota horizontal é o eixo x. Para traçarmos a curva, podemos fazer a tabela:

x	y
-2	$\frac{1}{8}$
-1	$\frac{1}{2}$
0	2
1	8
2	32

$D(f) = \mathbb{R}$ e $Im(f) = \mathbb{R}_+^*$.

Gráfico:

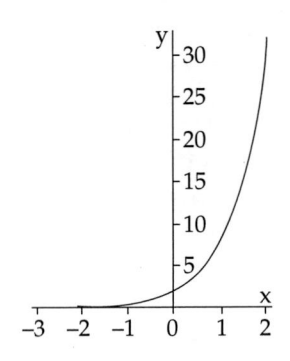

[Gráfico de função exponencial crescente, eixo y de 5 a 30, eixo x de -3 a 2]

f) Como a > 1 e o expoente é negativo, a função é decrescente. A assíntota horizontal é o eixo x. Para traçarmos a curva, podemos fazer a tabela:

x	y
-2	32
-1	8
0	2
1	$\frac{1}{2}$
2	$\frac{1}{8}$

$D(f) = \mathbb{R}$ e $\text{Im}(f) = \mathbb{R}_+^*$.

Gráfico:

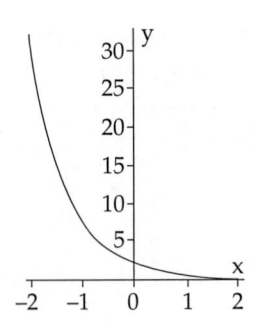

[Gráfico de função exponencial decrescente, eixo y de 5 a 30, eixo x de -2 a 2]

g) Como a > 1 e o expoente é positivo fracionário, a função é crescente. A assíntota horizontal é x = 5. Para traçarmos a curva, podemos fazer a tabela:

x	y
−2	$\dfrac{26}{5}$
−1	$5+\dfrac{1}{\sqrt{5}}$
0	6
1	$5+\sqrt{5}$
2	10

$D(f)=\mathbb{R}$ e $\text{Im}(f)=(5;+\infty)$.

Gráfico:

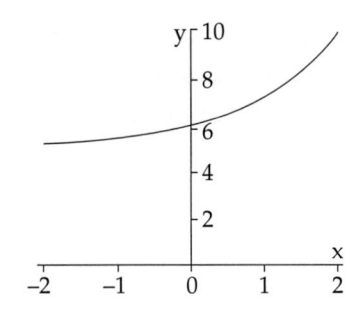

h) Como a > 1 e o expoente é positivo fracionário, a função é crescente, mas quando multiplicada por (−4), torna-se uma função decrescente. A assíntota horizontal é x = 12. Para traçarmos a curva, podemos fazer a tabela:

x	y
−10	$\dfrac{32}{3}$
0	8
10	0

$D(f)=\mathbb{R}$ e $\text{Im}(f)=(-\infty;12)$.

Gráfico:

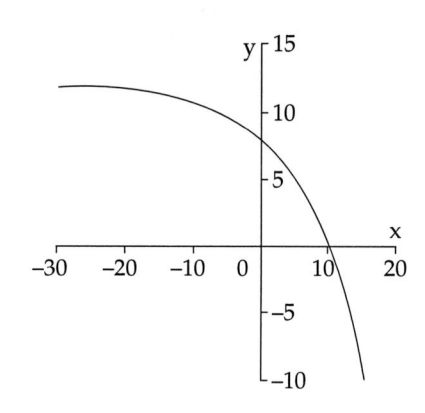

i) *e* é um número irracional, de grande importância em cursos que utilizam o cálculo, e vale, aproximadamente, 2,7182818...
Como a > 1 e o expoente é negativo, a função é decrescente. A assíntota horizontal é x = 4. Para traçarmos a curva, podemos fazer a tabela:

x	y
–2	$e^6 + 4 \cong 407,43$
0	5
2	$e^{-6} + 4 \cong 4,002$

$D(f) = \mathbb{R}$ e $\text{Im}(f) = (4; +\infty)$.

Gráfico:

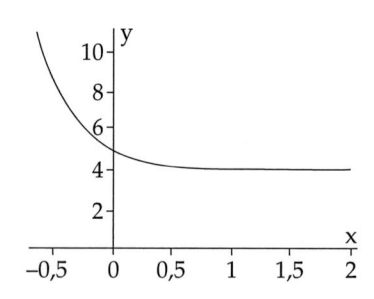

j) Como a > 1 e o expoente é negativo, a função é decrescente. A assíntota horizontal é x = –3. Para traçarmos a curva, podemos fazer a tabela:

x	y
−2	$-3+4e^3 \cong 77,34$
0	1
2	$-3+4e^{-3} \cong -2,801$

$D(f) = \mathbb{R}$ e $\text{Im}(f) = (-3; +\infty)$.

Gráfico:

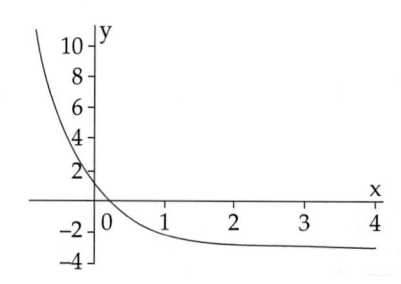

k) Como a > 1 e o expoente é positivo, a função é crescente. A assíntota horizontal é x = 1. Para traçarmos a curva, podemos fazer a tabela:

x	y
−1	$e^{-1}+1 \cong 1,37$
0	$e+1 \cong 3,72$
1	$e^3+1 \cong 21,09$

$D(f) = \mathbb{R}$ e $\text{Im}(f) = (1; +\infty)$.

Gráfico:

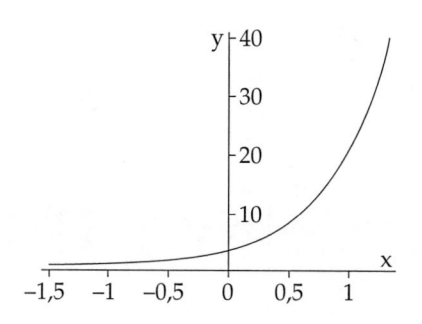

10) Seja $f : \underset{x}{A \subset \mathbb{R}} \underset{f(x)=y}{\to} B \subset \mathbb{R}$. Determine o domínio, a imagem e esboce o gráfico:

a) $f(x) = y = \log(3x+4)$
b) $f(x) = y = \log_{\frac{1}{3}}(3x+6)$
c) $f(x) = y = \ln(x+4)$
d) $f(x) = y = \log_{\frac{1}{3}}(2x-3)$
e) $f(x) = y = -\log_{\frac{1}{2}}(x-3)$
f) $f(x) = y = -3\ln(2x+1)$
g) $f(x) = y = -4\log(4x-3)$
h) $f(x) = y = 3 + \log(5x-7)$
i) $f(x) = y = -4 + \log(3x-1)$
j) $f(x) = y = 2 + 3\log(2x+5)$
k) $f(x) = y = 3 + 4\ln|5x+7|$

Solução:

a) Base $a = 10 > 1 \Rightarrow$ função crescente.
Determinaremos a assíntota vertical:
$$3x + 4 = 0 \Rightarrow x = -\frac{4}{3}.$$
Determinaremos o domínio da função:
$$3x + 4 > 0 \Rightarrow x > -\frac{4}{3}$$

x	y
−1	0
2	1

$D(f) = \left(-\frac{4}{3}; +\infty\right)$ e $\text{Im}(f) = \mathbb{R}$.

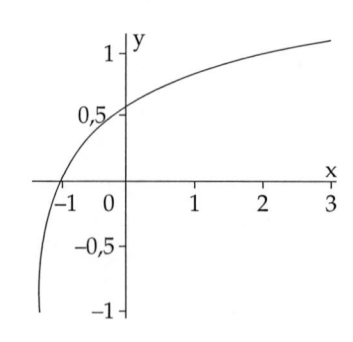

b) Base $0 < a = \dfrac{1}{3} < 1 \Rightarrow$ função decrescente.

Determinaremos a assíntota vertical:
$3x + 6 = 0 \Rightarrow x = -2$.

Determinaremos o domínio da função:
$3x + 6 > 0 \Rightarrow x > -2$.

x	y
$-\dfrac{5}{3}$	0
$-\dfrac{17}{3}$	1

$D(f) = \left(-\dfrac{5}{3}; +\infty\right)$ e $\mathrm{Im}(f) = \mathbb{R}$.

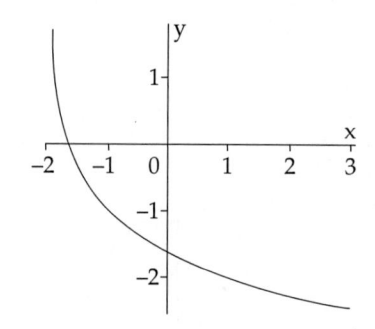

c) Base $a = e > 1 \Rightarrow$ função crescente.

Determinaremos a assíntota vertical:
$x + 4 = 0 \Rightarrow x = -4$.

Determinaremos o domínio da função:
$x + 4 > 0 \Rightarrow x > -4$

x	y
-3	0
$e - 4$	1

$D(f) = (-4; +\infty)$ e $\mathrm{Im}(f) = \mathbb{R}$.

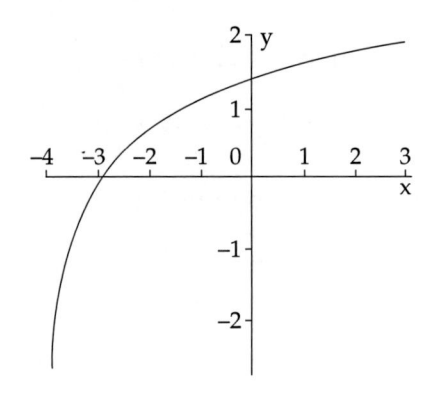

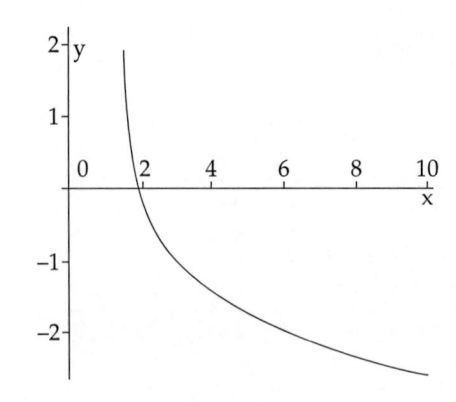

d) Base $0 < a = \dfrac{1}{3} < 1 \Rightarrow$ função decrescente.

Determinaremos a assíntota vertical:

$2x - 3 = 0 \Rightarrow x = \dfrac{3}{2}$.

Determinaremos o domínio da função:

$2x - 3 > 0 \Rightarrow x > \dfrac{3}{2}$.

x	y
2	0
$\dfrac{5}{3}$	1

$D(f) = \left(\dfrac{3}{2}; +\infty\right)$ e $\text{Im}(f) = \mathbb{R}$.

e) Base $0 < a = \dfrac{1}{2} < 1 \Rightarrow$ função decrescente. Mas ela está multiplicada por (–1). Logo, ela é crescente.

Determinaremos a assíntota vertical:
$x - 3 = 0 \Rightarrow x = 3$.

Determinaremos o domínio da função:
$x - 3 > 0 \Rightarrow x > 3$.

x	y
4	0
$\dfrac{7}{2}$	1

$D(f) = (3; +\infty)$ e $\text{Im}(f) = \mathbb{R}$.

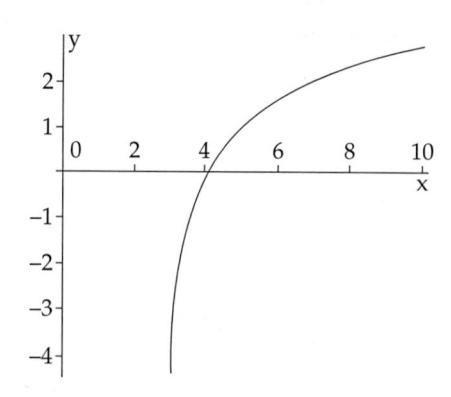

f) Base $a = e > 1 \Rightarrow$ função crescente. Mas ela está multiplicada por (–1). Logo, ela é decrescente.

Determinaremos a assíntota vertical:

$2x + 1 = 0 \Rightarrow x = -\dfrac{1}{2}$.

Determinaremos o domínio da função:

$2x + 1 > 0 \Rightarrow x > -\dfrac{1}{2}$.

x	y
0	0
$\dfrac{e-1}{2}$	1

$D(f) = \left(-\dfrac{1}{2}; +\infty\right)$ e $\text{Im}(f) = \mathbb{R}$.

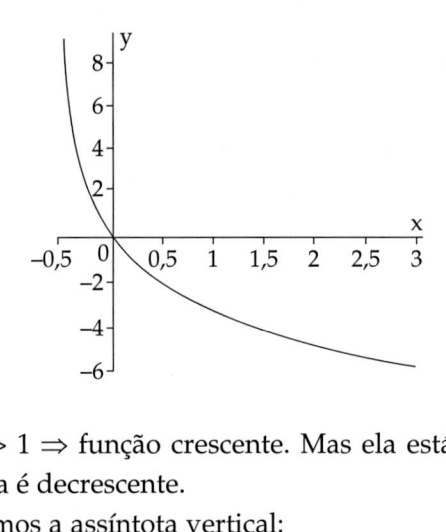

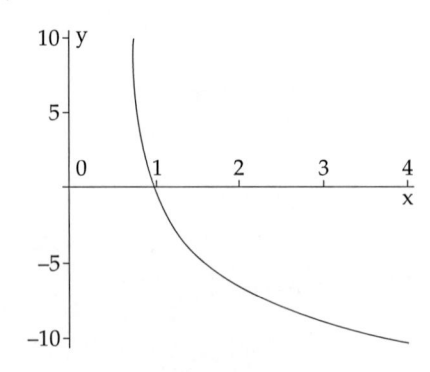

g) Base a = 10 > 1 ⇒ função crescente. Mas ela está multiplicada por (–1). Logo, ela é decrescente.

Determinaremos a assíntota vertical:

$4x - 3 = 0 \Rightarrow x = \dfrac{3}{4}$.

Determinaremos o domínio da função:

$4x - 3 > 0 \Rightarrow x > \dfrac{3}{4}$.

x	y
1	0
$\dfrac{13}{4}$	–4

$D(f) = \left(\dfrac{3}{4}; +\infty\right)$ e $\text{Im}(f) = \mathbb{R}$.

h) Base a = 10 > 1 ⇒ função crescente.
Determinaremos a assíntota vertical:

$5x - 7 = 0 \Rightarrow x = \dfrac{7}{5}$.

Determinaremos o domínio da função:

$5x - 7 > 0 \Rightarrow x > \dfrac{7}{5}$.

x	y
$\dfrac{8}{5}$	3
$\dfrac{17}{5}$	4

$D(f) = \left(\dfrac{7}{5}; +\infty\right)$ e $\text{Im}(f) = \mathbb{R}$.

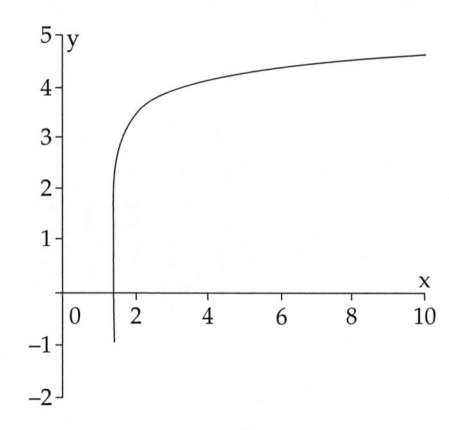

i) Base a = 10 > 1 ⇒ função crescente.
Determinaremos a assíntota vertical:

$3x - 1 = 0 \Rightarrow x = \dfrac{1}{3}$.

Determinaremos o domínio da função:

$3x - 1 > 0 \Rightarrow x > \dfrac{1}{3}$.

x	y
−2	2
$\dfrac{5}{2}$	5

$D(f) = \left(\dfrac{1}{3}; +\infty\right)$ e $\text{Im}(f) = \mathbb{R}$.

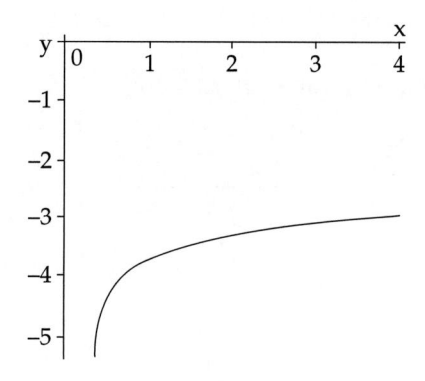

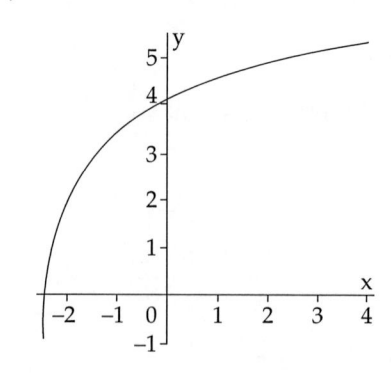

j) Base a = 10 > 1 ⇒ função crescente.
Determinaremos a assíntota vertical:

$2x + 5 = 0 \Rightarrow x = -\dfrac{5}{2}.$

Determinaremos o domínio da função:

$2x + 5 > 0 \Rightarrow x > -\dfrac{5}{2}.$

x	y
−2	2
$\dfrac{5}{2}$	5

$D(f) = \left(-\dfrac{5}{2}; +\infty\right)$ e $\text{Im}(f) = \mathbb{R}$.

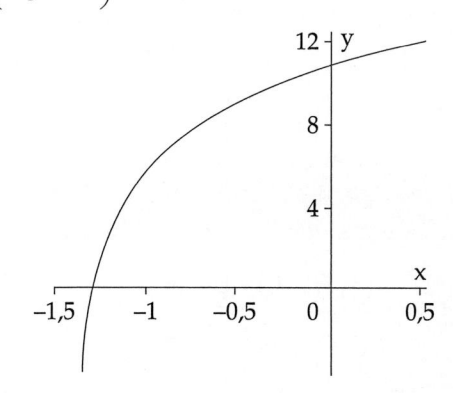

k) Base a = e > 1 ⇒ função crescente.

$$|5x+7| = \begin{cases} 5x+7 & \text{se } 5x+7 \geq 0 \\ -(5x+7) & \text{se } 5x+7 < 0 \end{cases}$$

$$|5x+7| = \begin{cases} 5x+7 & \text{se } x \geq -\dfrac{7}{5} \\ -5x-7 & \text{se } x < -\dfrac{7}{5} \end{cases}$$

1º caso: $x \geq -\dfrac{7}{5}$

$f_1(x) = y_1 = 3 + 4 \cdot \ln(5x+7)$

Determinaremos a assíntota vertical:

$5x + 7 = 0 \Rightarrow x = -\dfrac{7}{5}$.

Determinaremos o domínio da função:

$5x + 7 > 0 \Rightarrow x > -\dfrac{7}{5}$.

x	y
$-\dfrac{6}{5}$	3
$\dfrac{e-7}{5}$	7

$D(f_1) = \left(-\dfrac{7}{5}; +\infty\right)$ e $\text{Im}(f_1) = \mathbb{R}$.

2º caso: $x < -\dfrac{7}{5}$

$f_2(x) = y_2 = 3 + 4.\ln(-5x - 7)$

Determinaremos a assíntota vertical:

$5x + 7 = 0 \Rightarrow x = -\dfrac{7}{5}$.

Determinaremos o domínio da função:

$-5x - 7 > 0 \Rightarrow x < -\dfrac{7}{5}$.

x	y
$-\dfrac{5}{5}$	3
$\dfrac{-e-7}{5}$	7

$D(f_2) = \left(-\infty; \dfrac{7}{5}\right)$ e $\text{Im}(f_2) = \mathbb{R}$.

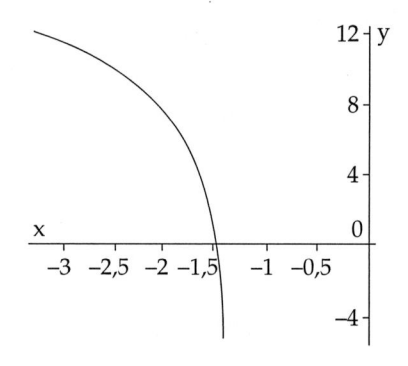

8.11 Exercícios propostos

1) Esboce os gráficos das funções $f : \underset{x}{A \subset \mathbb{R}} \underset{\mapsto}{\rightarrow} \underset{f(x)=y}{B \subset \mathbb{R}}$, determinando seu domínio e imagem e verificando se é função par ou ímpar:

a) $f(x) = -x^3$
b) $f(x) = \left|x^3\right|$

2) Determine o domínio, a imagem e esboce o gráfico da função
$f : A \subset \mathbb{R} \to B \subset \mathbb{R}$
$x \mapsto f(x) = y = \dfrac{3}{x+9}$.

3) Determine o domínio, a imagem e esboce o gráfico da função
$f : A \subset \mathbb{R} \to B \subset \mathbb{R}$
$x \mapsto f(x) = y = -\dfrac{9}{x+7}$.

4) Determine o domínio, a imagem e esboce o gráfico das funções
$f : A \subset \mathbb{R} \to B \subset \mathbb{R}$:
$x \mapsto f(x) = y$

a) $f(x) = \dfrac{x+5}{x+3}$

b) $f(x) = \dfrac{x+4}{x-4}$

c) $f(x) = \dfrac{x-2}{3-x}$

5) Determine o domínio, a imagem e esboce o gráfico das funções
$f : A \subset \mathbb{R} \to B \subset \mathbb{R}$:
$x \mapsto f(x) = y$

a) $f(x) = (-2)[x]$

b) $f(x) = [4x]$

c) $f(x) = [x-1]$

d) $f(x) = x - [x]$

6) Sejam $f : A \subset \mathbb{R} \to B \subset \mathbb{R}$ e $g : C \subset \mathbb{R} \to D \subset \mathbb{R}$. Determine o domínio, a imagem e a expressão que representa $(f \circ g)(x)$ e $(g \circ f)(x)$:

a) $f(x) = x+4$ e $g(x) = x-1$.

b) $f(x) = 3x-2$ e $g(x) = 3x + x^2$.

c) $f(x) = 4x-1$ e $g(x) = -x+3$ (x).

d) $f(x) = \sqrt{x}$ e $g(x) = x^2 - 36$.

7) Determine se cada uma das funções $f : A \subset \mathbb{R} \to B \subset \mathbb{R}$ a seguir é injetora, sobrejetora ou bijetora:

Pré-cálculo

a) A B
b) A B
c) A B
d) A B

8) Determine se cada uma das funções $f : \underset{x}{A \subset \mathbb{R}} \to \underset{f(x)=y}{B \subset \mathbb{R}}$ a seguir é injetora, sobrejetora ou bijetora:

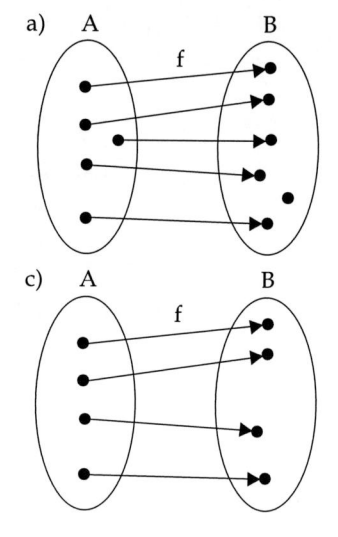

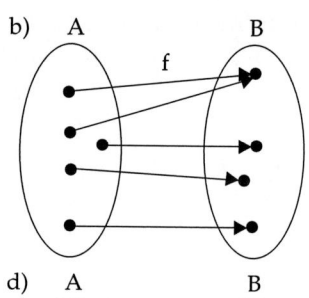

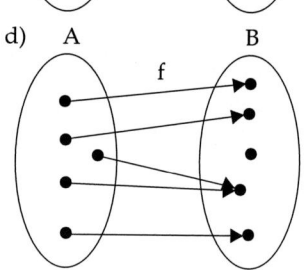

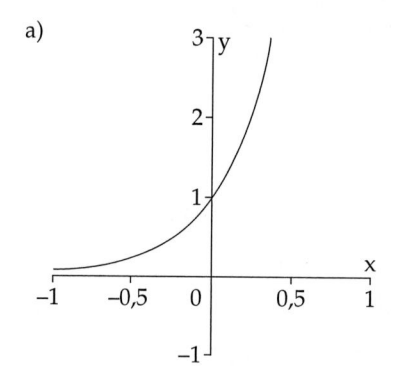

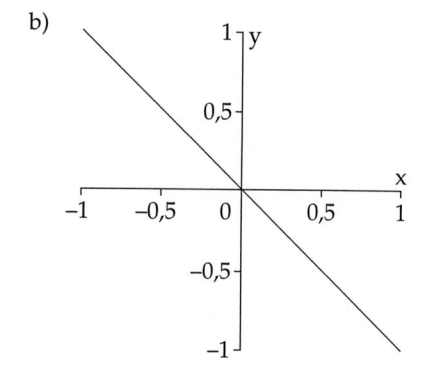

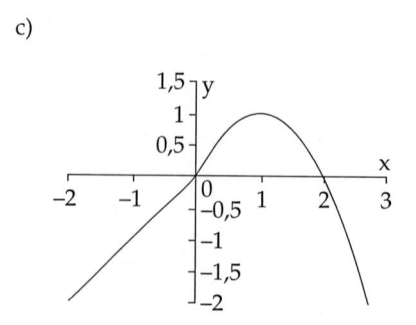

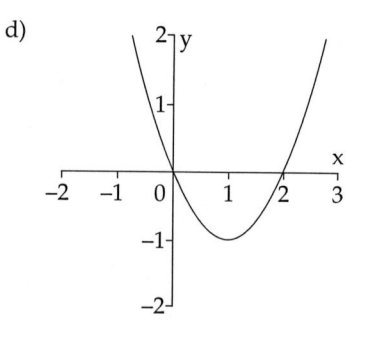

a)

b)

c)

d)

9) Dada a função $f : A \subset \mathbb{R} \to B \subset \mathbb{R}$, determine a função simétrica:
   $\quad\quad\quad\quad x \mapsto f(x)=y$

a) $f(x) = \dfrac{3x+4}{2}$

b) $f(x) = -7x + \dfrac{3}{2}$

c) $f(x) = \dfrac{x^2+3}{5}$

d) $f(x) = \dfrac{-6x+\dfrac{3}{2}}{3}$

e) $f(x) = \dfrac{\dfrac{4}{5}-7x}{8}$

10) Sejam $f : A \subset \mathbb{R} \to B \subset \mathbb{R}$ e $g : C \subset \mathbb{R} \to D \subset \mathbb{R}$. Determinar $(f \circ g)(x)$ e sua função simétrica:

a) $f(x) = \dfrac{3x+4}{2}$ e $g(x) = x-3$

b) $f(x) = -x + \dfrac{3}{2}$ e $g(x) = 2x-4$

c) $f(x) = \sqrt{x-5}$ e $g(x) = x+7$

d) $f(x) = 4x-9$ e $g(x) = x^2+4$

e) $f(x) = \dfrac{x^2+3}{5} - 1$ e $g(x) = \sqrt{x-2}$

11) Seja $f : A \subset \mathbb{R} \to B \subset \mathbb{R}$. Determine o domínio, a imagem e esboce o gráfico:

a) $f(x) = y = 9^x$

b) $f(x) = y = \left(\dfrac{8}{3}\right)^x$

c) $f(x) = y = 6^{2x}$

d) $f(x) = y = 5^{-3x}$

e) $f(x) = y = 4 \cdot (7^x)$

f) $f(x) = y = 3 \cdot (3^{-x})$

g) $f(x) = y = -8 + (2)^{\frac{x}{2}}$

h) $f(x) = y = -2 + (2)^{0,1x}$

i) $f(x) = y = e^{-9x} - 3$

j) $f(x) = y = \dfrac{3}{7} - 4e^{\frac{-3x}{2}}$

k) $f(x) = y = e^{6x-5} + 3$

12) Seja $f: A \subset \mathbb{R} \to B \subset \mathbb{R}$, $x \mapsto f(x)=y$. Determine o domínio, a imagem e esboce o gráfico:

a) $f(x) = y = \log(5x+7)$

b) $f(x) = y = \log_{\frac{1}{5}}(3x-7)$

c) $f(x) = y = \ln(6x-7)$

d) $f(x) = y = \log_{\frac{3}{7}}(-6x-3)$

e) $f(x) = y = \log(9x+10)$

f) $f(x) = y = 3.\log_{\frac{1}{2}}(7x-3)$

g) $f(x) = y = -5.\ln(4x+5)$

h) $f(x) = y = 5.\log(2x-3)$

i) $f(x) = y = 5 + \log(4x-3)$

j) $f(x) = y = -4 + \log(5x+9)$

k) $f(x) = y = -7 + 8.\log(3x+2)$

8.12 Respostas dos exercícios propostos

1) a) $D(f) = \mathbb{R}$, $\text{Im}(f) = \mathbb{R}$, função ímpar.

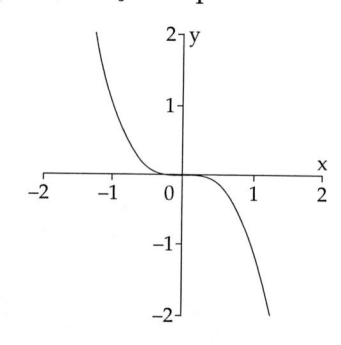

b) $D(f) = \mathbb{R}$, $\text{Im}(f) = \mathbb{R}_+$, função par.

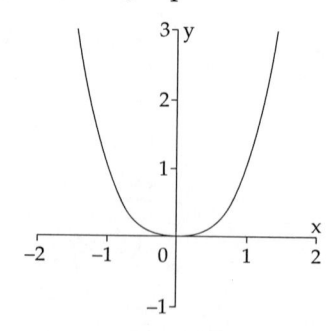

2) $D(f) = \mathbb{R} - \{-9\}$ e $\text{Im}(f) = \mathbb{R}^*$.

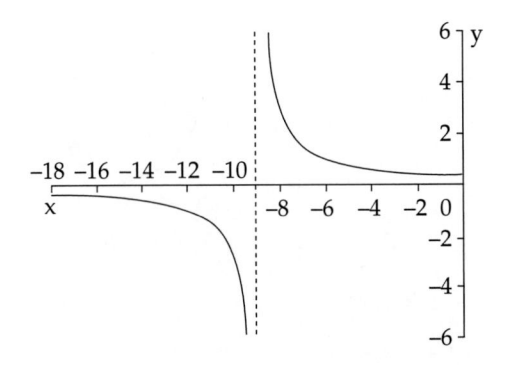

3) $D(f) = \mathbb{R} - \{-7\}$ e $\text{Im}(f) = \mathbb{R}^*$.

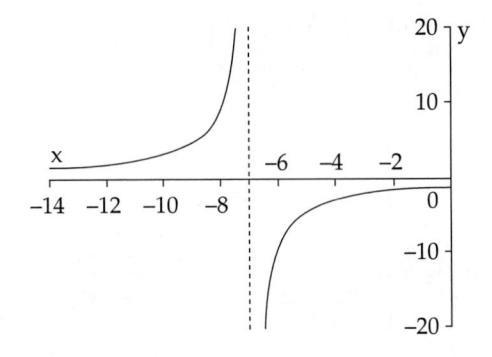

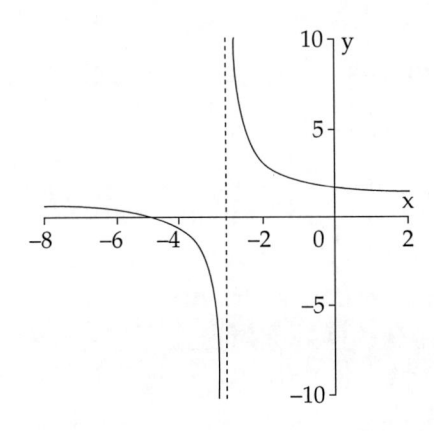

4) a) $D(f) = \mathbb{R} - \{-3\}$ e $\text{Im}(f) = \mathbb{R} - \{1\}$.

b) $D(f) = \mathbb{R} - \{\,4\,\}$ e $\text{Im}(f) = \mathbb{R} - \{\,1\,\}$.

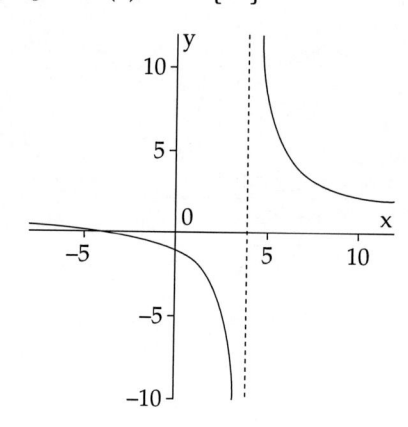

c) $D(f) = \mathbb{R} - \{\,3\,\}$ e $\text{Im}(f) = \mathbb{R} - \{\,-1\,\}$.

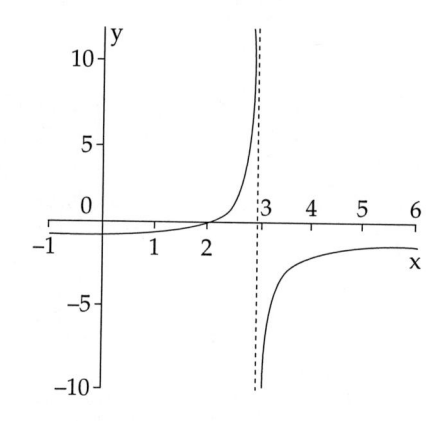

5) a) $D(f) = \mathbb{R}$, $\text{Im}(f) = \{\cdots, -6, -4, -2, 0, 2, 4, 6, \cdots\}$.

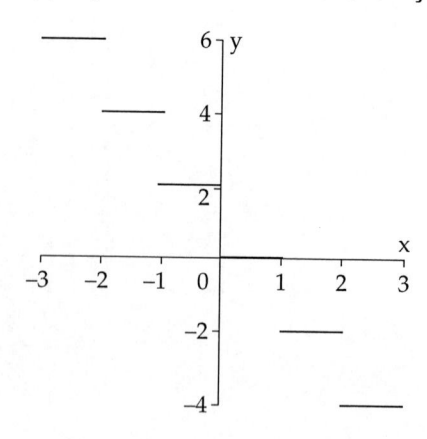

b) $D(f) = \mathbb{R}$, $\text{Im}(f) = \mathbb{Z}$.

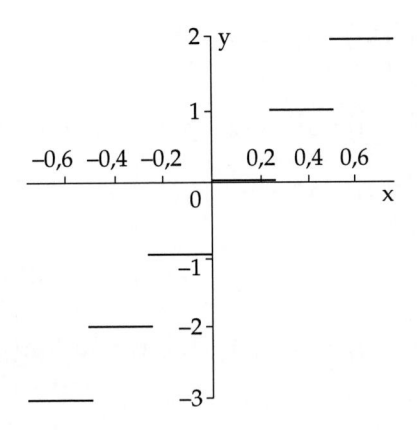

c) $D(f) = \mathbb{R}$, $\text{Im}(f) = \mathbb{Z}$.

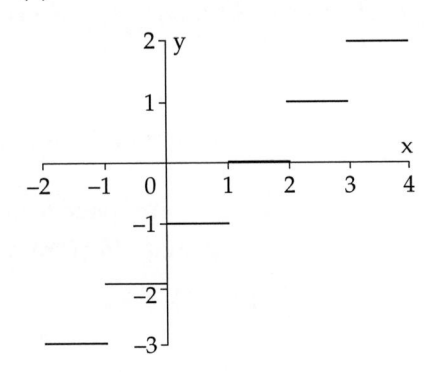

d) $D(f) = \mathbb{R}$, $\text{Im}(f) = [0; 1)$.

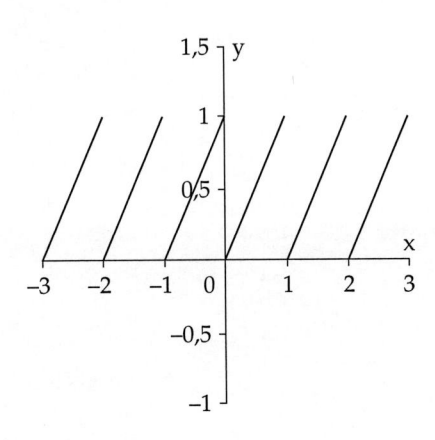

6) a) $(f \circ g)(x) = f(g(x)) = x + 3; D(f \circ g) = \mathbb{R}; \text{Im}(f \circ g) = \mathbb{R}$
$(g \circ f)(x) = g(f(x)) = x + 3; D(g \circ f) = \mathbb{R}; \text{Im}(g \circ f) = \mathbb{R}$

b) $(f \circ g)(x) = f(g(x)) = 3x^2 + 9x - 2; D(f \circ g) = \mathbb{R}; \text{Im}(f \circ g) = \mathbb{R}$
$(g \circ f)(x) = g(f(x)) = x^2 + 9x - 6; D(g \circ f) = \mathbb{R}; \text{Im}(g \circ f) = \mathbb{R}$

c) $(f \circ g)(x) = f(g(x)) = -4x + 11; D(f \circ g) = \mathbb{R}; \text{Im}(f \circ g) = \mathbb{R}$
$(g \circ f)(x) = g(f(x)) = -4x + 4; D(g \circ f) = \mathbb{R}; \text{Im}(g \circ f) = \mathbb{R}$

d) $(f \circ g)(x) = f(g(x)) = \sqrt{x^2 - 36}; D(f \circ g) = (-\infty; -6] \cup [6; +\infty); \text{Im}(f \circ g) = \mathbb{R}_+$
$(g \circ f)(x) = g(f(x)) = x - 36; D(g \circ f) = \mathbb{R}_+; \text{Im}(g \circ f) = [-36; +\infty)$

7) a) injetora
b) sobrejetora
c) bijetora
d) nem injetora nem sobrejetora

8) a) injetora
b) bijetora
c) nem injetora nem sobrejetora
d) nem injetora nem sobrejetora

9) a) $s(x) = \dfrac{2x - 4}{3}$

b) $s(x) = \dfrac{3 - 2x}{14}$

c) $s(x) = \sqrt{5x - 3}; x \geq \dfrac{3}{5}$

d) $s(x) = \dfrac{1 - 2x}{4}$

e) $s(x) = \dfrac{4}{35} - \dfrac{8x}{7}$

10) a) $y = \dfrac{2x + 5}{3}$

b) $y = \dfrac{-2x + 11}{4}$

c) $y = x^2 - 2$

d) $y = \sqrt{\dfrac{x-7}{4}}$

e) $y = 5x + 4$

11) a) $D(f) = \mathbb{R}$, $\text{Im}(f) = \mathbb{R}_+^*$.

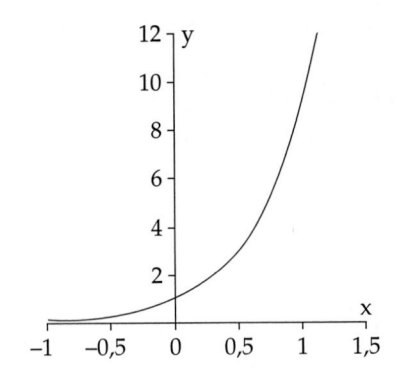

b) $D(f) = \mathbb{R}$, $\text{Im}(f) = \mathbb{R}_+^*$.

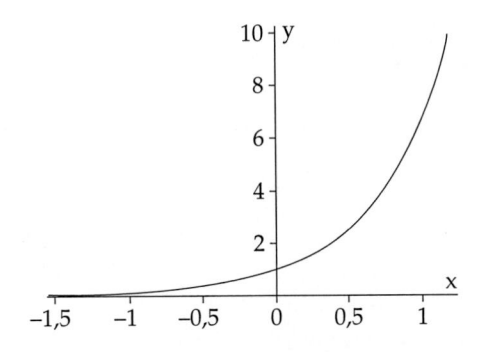

c) $D(f) = \mathbb{R}$, $Im(f) = \mathbb{R}_+^*$.

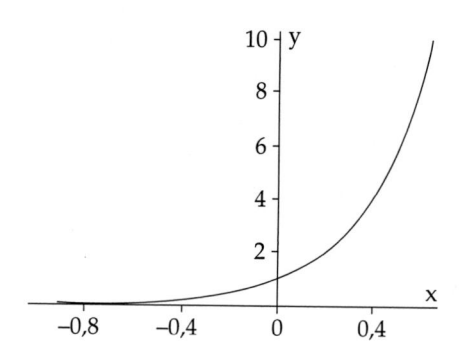

d) $D(f) = \mathbb{R}$, $Im(f) = \mathbb{R}_+^*$.

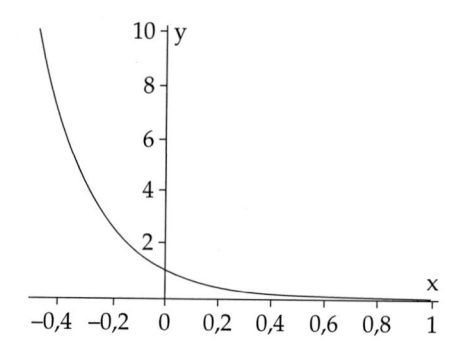

e) $D(f) = \mathbb{R}$, $Im(f) = \mathbb{R}_+^*$.

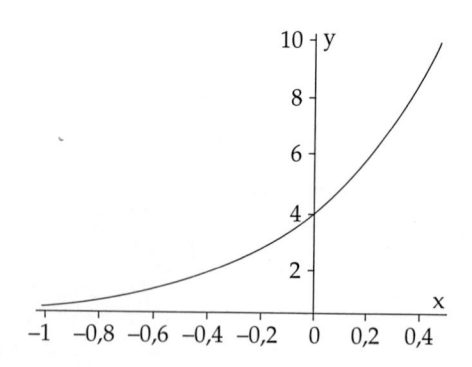

f) $D(f) = \mathbb{R}$, $\text{Im}(f) = \mathbb{R}_+^*$.

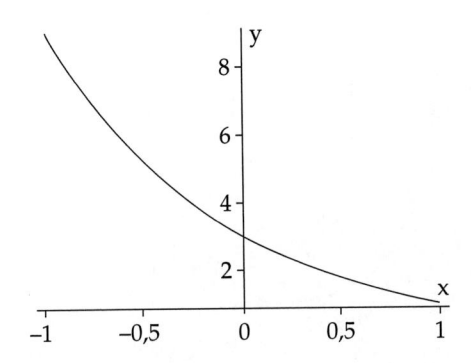

g) $D(f) = \mathbb{R}$, $\text{Im}(f) = (-8; +\infty)$.

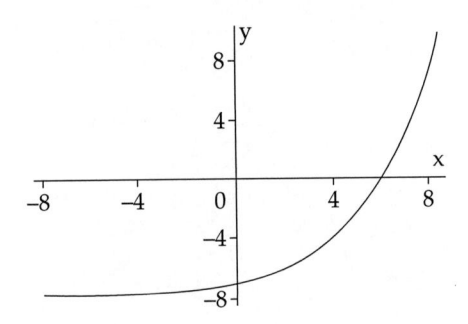

h) $D(f) = \mathbb{R}$, $\text{Im}(f) = (-2; +\infty)$.

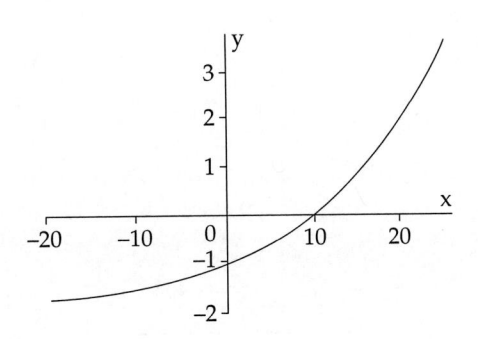

i) $D(f) = \mathbb{R}$, $\text{Im}(f) = (-3; +\infty)$.

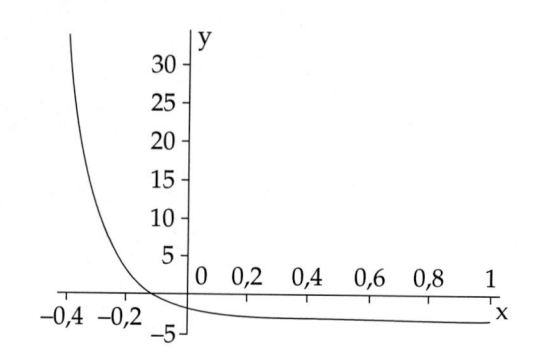

j) $D(f) = \mathbb{R}$, $\text{Im}(f) = \left(-\infty; \dfrac{3}{7}\right)$.

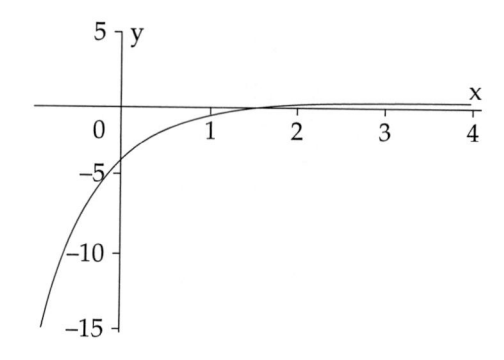

k) $D(f) = \mathbb{R}$, $\text{Im}(f) = (3; +\infty)$.

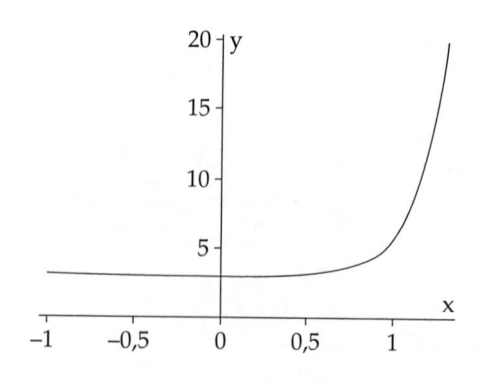

12) a) $D(f) = \left(-\dfrac{7}{5}; +\infty\right)$, $Im(f) = \mathbb{R}$.

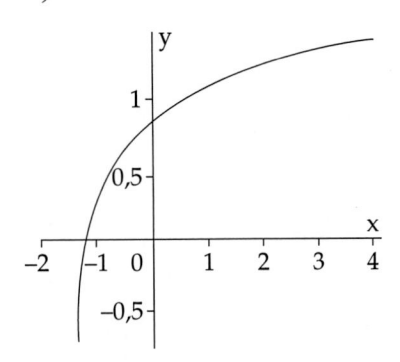

b) $D(f) = \left(\dfrac{7}{3}; +\infty\right)$, $Im(f) = \mathbb{R}$.

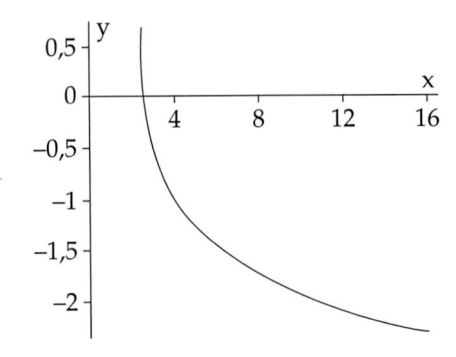

c) $D(f) = \left(\dfrac{7}{6}; +\infty\right)$, $Im(f) = \mathbb{R}$.

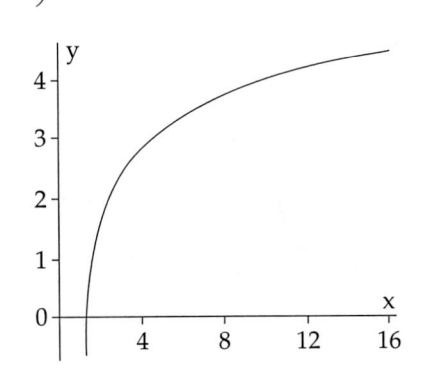

d) $D(f) = \left(-\infty; -\dfrac{1}{2}\right)$, $\text{Im}(f) = \mathbb{R}$.

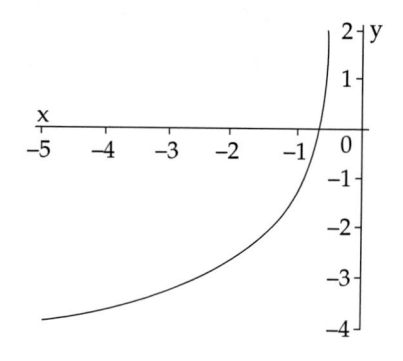

e) $D(f) = \left(-\dfrac{10}{9}; +\infty\right)$, $\text{Im}(f) = \mathbb{R}$.

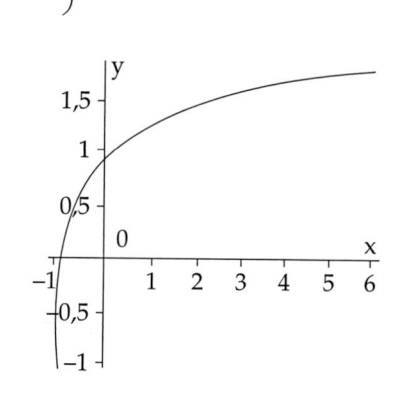

f) $D(f) = \left(\dfrac{3}{7}; +\infty\right)$, $\text{Im}(f) = \mathbb{R}$.

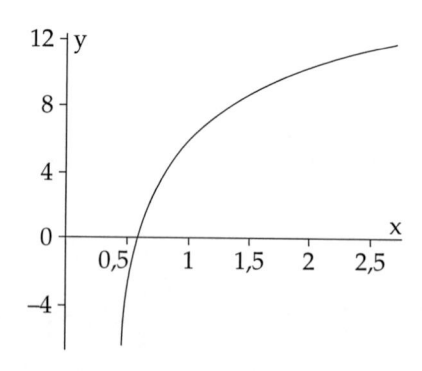

g) $D(f) = \left(-\dfrac{5}{4}; +\infty\right)$, $Im(f) = \mathbb{R}$.

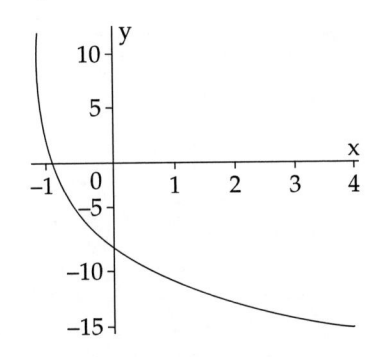

h) $D(f) = \left(\dfrac{3}{2}; +\infty\right)$, $Im(f) = \mathbb{R}$.

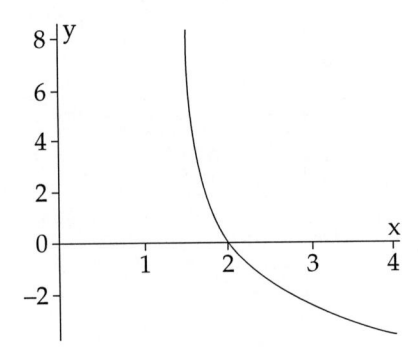

i) $D(f) = \left(\dfrac{3}{4}; +\infty\right)$, $Im(f) = \mathbb{R}$.

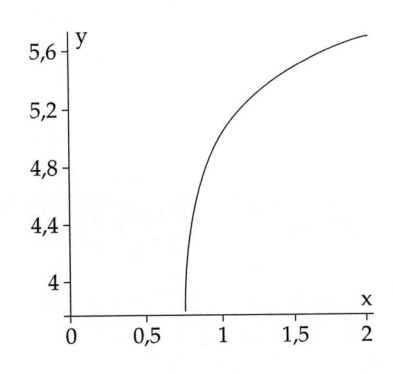

j) $D(f) = \left(-\dfrac{9}{5}; +\infty\right)$, $\text{Im}(f) = \mathbb{R}$.

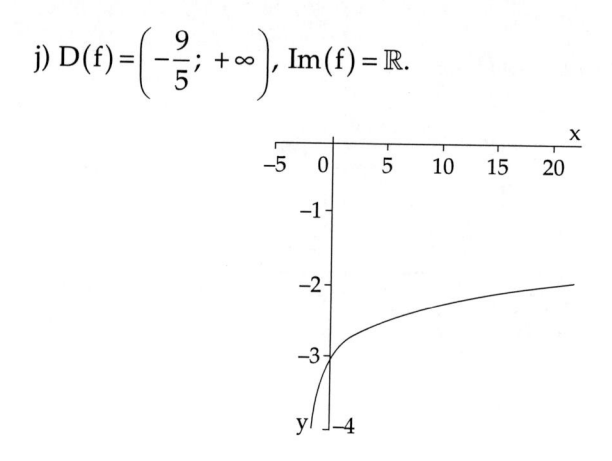

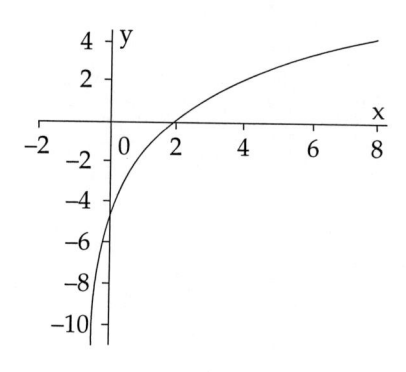

k) $D(f) = \left(-\dfrac{2}{3}; +\infty\right)$, $\text{Im}(f) = \mathbb{R}$.

capítulo 9
Trigonometria

Neste capítulo, serão estudadas as funções trigonométricas, as relações fundamentais entre elas e as funções trigonométricas inversas. Também serão exploradas as construções dos gráficos dessas funções.

9.1 Introdução

A palavra trigonometria vem do grego (*tri+gonos+metron*, que significa três+ângulos+medida) e nos remete ao estudo dos lados, ângulos e outros elementos dos triângulos.

Os primeiros estudos sobre o assunto são muito antigos. Hiparco, um grande astrônomo e matemático grego, já no século II a.C., lança alguns fundamentos de trigonometria ao construir tabelas de números para cálculos astronômicos, equivalentes às tábuas de senos (que veremos neste capítulo). Somente no século XVIII, o matemático suíço Euler conseguiu desvincular a trigonometria da astronomia, transformando-a em um ramo independente na matemática.

9.2 Arcos e ângulos

Seja uma circunferência de centro em 0 e raio r. α é chamado *ângulo central* e tem a mesma medida do arco de circunferência que ele determina.

Sendo assim, verificamos que a circunferência toda mede 360°.

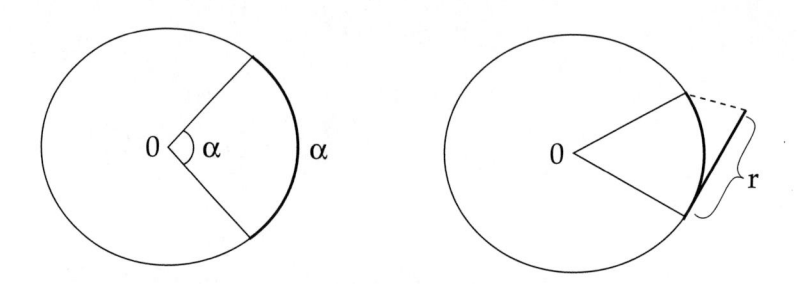

Podemos, então, definir:

Definições:

1) *Grau* (º) é um arco unitário igual a $\dfrac{1}{360}$ da circunferência que contém o arco a ser medido.

2) *Radiano* (rad) é um arco unitário cujo comprimento é igual ao raio da circunferência que contém o arco a ser medido, isto é, corresponde a $\dfrac{1}{2\pi}$ da circunferência.

3) *Grado* (gr) é um arco unitário igual a $\dfrac{1}{400}$ da circunferência.

Logo, um ângulo pode ser medido em graus ou radianos. Como existem 2π radianos em um círculo (lembre-se de que o comprimento de uma circunferência é igual a $2\pi\, r$), temos as seguintes relações:

$$2\pi = 360°;\ \pi = 180°;\ \frac{\pi}{2} = 90° \text{ e assim sucessivamente.}$$

(π é um número irracional cujo valor é 3,14159...)

Podemos então, por meio de uma simples regra de três, exprimir qualquer ângulo em radianos e vice-versa.

Exemplos:

1) Vamos exprimir 160º em radianos:

$$\begin{array}{rcl} 180° & \text{------} & \pi\ \text{rad} \\ 160° & \text{------} & x\ \text{rad} \end{array}$$

Daí, $x = \dfrac{160 \cdot \pi}{180} = \dfrac{8\pi}{9}$ rad.

2) Vamos exprimir $\dfrac{5\pi}{6}$ rad em graus:

$$180° \quad \text{——} \quad \pi \text{ rad}$$
$$x° \quad \text{——} \quad \dfrac{5\pi}{6} \text{ rad}$$

Daí, $x = \dfrac{180 \cdot \dfrac{5\pi}{6}}{\pi} = 150°$.

9.3 Ciclo trigonométrico

O conceito expresso pela palavra *ciclo* foi introduzido pelo matemático francês Laguerre. Significa uma circunferência com uma direção predefinida, isto é, orientada. Pode-se trabalhar nos sentidos horário ou anti-horário.

O *ciclo trigonométrico* é um ciclo no sentido anti-horário (sentido positivo); sua origem é o ponto *A*; o centro da circunferência coincide com a origem do sistema cartesiano ortogonal; o raio da circunferência é igual a 1 unidade; os eixos dividem o círculo em 4 quadrantes.

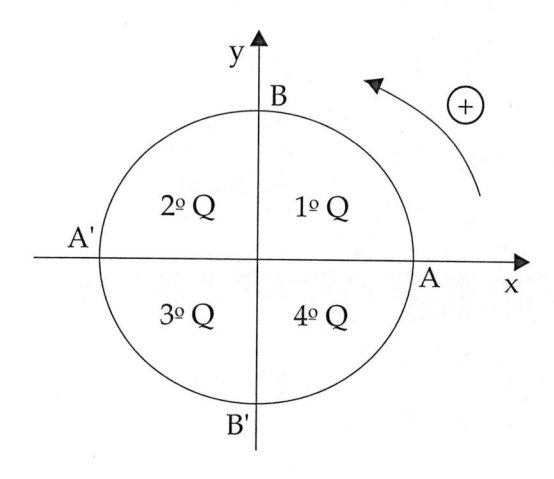

Pré-cálculo

Temos, então, os pontos da circunferência A(1,0), B(0,1), A'(−1,0) e B'(0,−1).

O comprimento da circunferência é 2π (pois r = 1).

Para cada número real x, vamos associar um ponto P na circunferência, da seguinte maneira:

a) Se x = 0, então P = A.
b) Se x > 0, partimos de A e realizamos sobre a circunferência um percurso de comprimento x, no sentido anti-horário. O ponto final do percurso é o ponto P.
c) Se x < 0, fazemos o percurso no sentido horário.

Exemplos:

Associamos ao número:

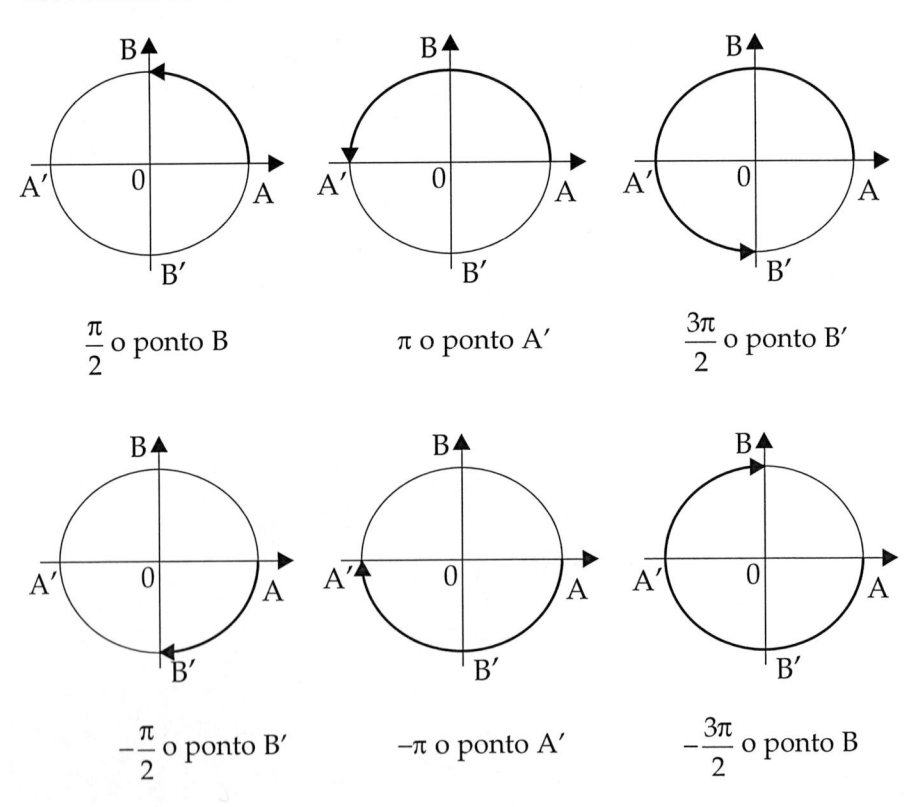

$\dfrac{\pi}{2}$ o ponto B

π o ponto A'

$\dfrac{3\pi}{2}$ o ponto B'

$-\dfrac{\pi}{2}$ o ponto B'

$-\pi$ o ponto A'

$-\dfrac{3\pi}{2}$ o ponto B

Observação: Verificamos que é possível associar a cada número real x um ponto P do ciclo trigonométrico. Observemos ainda que, se o ponto P é a imagem de um número real x_0, então, P é a imagem dos seguintes números:

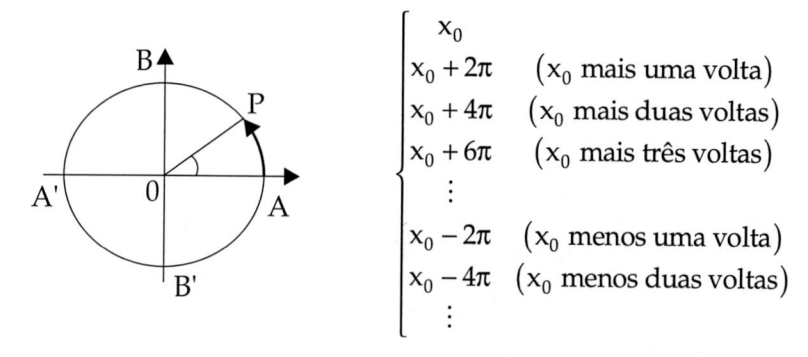

$$\begin{cases} x_0 \\ x_0 + 2\pi & (x_0 \text{ mais uma volta}) \\ x_0 + 4\pi & (x_0 \text{ mais duas voltas}) \\ x_0 + 6\pi & (x_0 \text{ mais três voltas}) \\ \vdots \\ x_0 - 2\pi & (x_0 \text{ menos uma volta}) \\ x_0 - 4\pi & (x_0 \text{ menos duas voltas}) \\ \vdots \end{cases}$$

Resumindo, P é a imagem dos números x pertencentes ao conjunto:

$$\left\{ x \in \mathbb{R} \mid x = x_0 + 2k\pi, k \in \mathbb{Z} \right\}$$

9.4 Funções periódicas

Definição: Uma função $f : \underset{x}{A \subset \mathbb{R}} \to \underset{f(x)=y}{B \subset \mathbb{R}}$ é dita *periódica* se existir um número real $p > 0$, tal que $f(x+p) = f(x)$, $\forall x \in A$. O menor valor de p que satisfaz a igualdade é chamado período de f.

De maneira simples, podemos dizer que uma função periódica é aquela cujo gráfico, a partir de certo instante, se repete. É como se fizéssemos um carimbo com um desenho e carimbássemos uma folha seguidamente. Esse carimbo é denominado período.

Exemplo:

Seja $f : \underset{x}{A \subset \mathbb{R}} \to \underset{f(x)=y}{B \subset \mathbb{R}}$, tal que $f(x) = x - n$, onde $n \in \mathbb{Z}$ e $x \leq n$.

Assim, temos:

Pré-cálculo

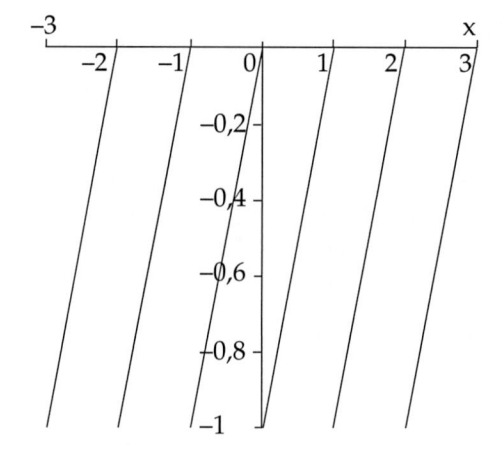

$$f(x) = \begin{cases} \cdots \\ x-(-2) = x+2 \quad ; \quad -3 \leq x < -2 \\ x-(-1) = x+1 \quad ; \quad -2 \leq x < -1 \\ \quad x-0 = x \quad ; \quad -1 \leq x < 0 \\ \quad x-1 \quad ; \quad 0 \leq x < 1 \\ \quad x-2 \quad ; \quad 1 \leq x < 2 \\ \quad x-3 \quad ; \quad 2 \leq x < 3 \\ \cdots \end{cases}$$

Observe que essa função é periódica (a cada intervalo p, ela se repete) com um período p = 1.

9.5 Funções trigonométricas ou circulares

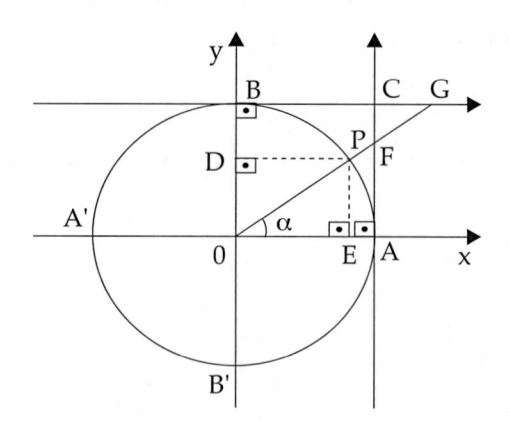

Consideremos um ciclo trigonométrico de origem A. Para estudarmos as funções circulares, daremos "nomes" aos quatro eixos desse ciclo:

a) $\vec{OB} \Rightarrow$ *eixo dos senos*;
b) $\vec{OA} \Rightarrow$ *eixo dos cossenos*;
c) $\vec{AC} \Rightarrow$ *eixo das tangentes*;
d) $\vec{BC} \Rightarrow$ *eixo das cotangentes*.

Assim sendo, definimos:

$\text{sen}(\alpha) = \vec{OD}$; $\cos(\alpha) = \vec{OE}$; $\text{tg}(\alpha) = \vec{AF}$; $\text{cotg}(\alpha) = \vec{BG}$.

9.6 Função seno

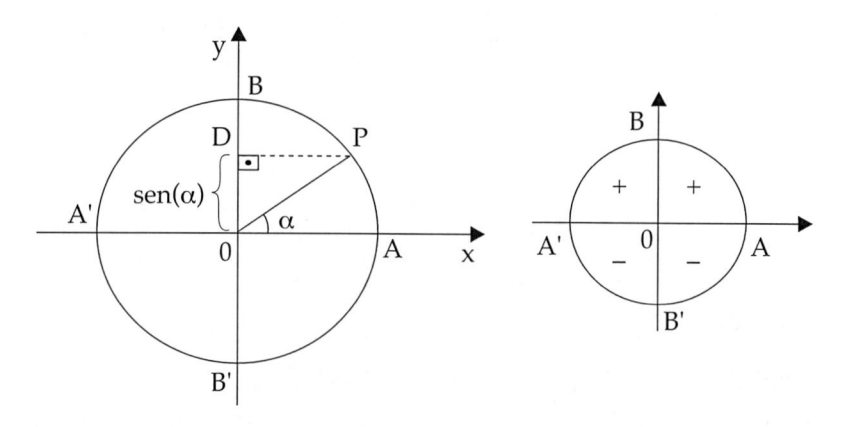

Como já foi visto, dado um ângulo α e um ponto P da circunferência, associado a α, fazemos a projeção desse ponto no eixo dos senos $\left(\vec{OB}\right)$ e encontramos o ponto D. A medida $\vec{OD}$ é o seno de α ou, simplesmente, sen(α).

Assim, verificamos que:

Pré-cálculo

α	P	Projeção no eixo dos senos	sen(α)
0	P=A	0	$\overrightarrow{OO}=0$
$\dfrac{\pi}{2}$	P=B	B	$\overrightarrow{OB}=1$
π	P=A′	0	$\overrightarrow{OO}=0$
$\dfrac{3\pi}{2}$	P=B′	B′	$\overrightarrow{OB'}=-1$
2π	P=A	0	$\overrightarrow{OO}=0$

Podemos, então, escrever:

α	sen(α)
0	0
$\dfrac{\pi}{2}$	1
π	0
$\dfrac{3\pi}{2}$	−1
2π	0

Propriedades:

a) Como a projeção do ponto P está no círculo trigonométrico, e este tem raio igual a 1, a imagem da função seno é o intervalo $[-1;1]$, isto é, $-1 \le \operatorname{sen}(\alpha) \le 1$ (significa que essa função é *limitada*).

b) Nos 1º e 2º quadrantes, como a projeção de P está acima do eixo x, o seno é positivo; equivalentemente, nos 3º e 4º quadrantes, a projeção está abaixo do eixo x, logo o seno é negativo.

c) Nos 1º e 4º quadrantes, à medida que o ângulo cresce, o seno também cresce; logo a função é crescente aí. Equivalentemente, nos 2º e 3º quadrantes, o seno é decrescente.

d) Como, a partir de 2π (uma volta inteira no ciclo), o seno se repete, a função é periódica de período 2π.

e) $D(f) = \mathbb{R}$.

Vamos, então, esboçar o gráfico da função $f : \mathbb{R} \to [-1; 1]$, chamado *senoide*.
$$x \mapsto f(x) = \text{sen}(x)$$

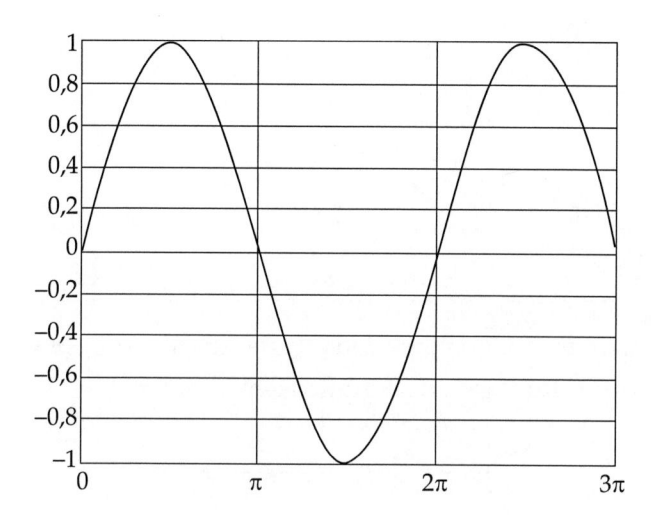

Podemos notar que a função seno é uma função *ímpar*, isto é, $\text{sen}(-x) = -\text{sen}(x)$ (seu gráfico é simétrico em relação à origem).

Exemplo:

Vamos esboçar um período da função $f : A \subset \mathbb{R} \to B \subset \mathbb{R}$, determinando sua imagem:
$$x \mapsto f(x) = y = 3 \cdot \text{sen}\left(\frac{x}{2}\right)$$

Primeiramente, sabemos que $-1 \leq \text{sen}(\alpha) \leq 1$, isto é, $-1 \leq \text{sen}\left(\frac{x}{2}\right) \leq 1$. Daí, $-3 \leq 3 \cdot \text{sen}\left(\frac{x}{2}\right) \leq 3$. Assim, $\text{Im}(f) = [-3; 3]$.

Além disso, de maneira continuada, vamos fazer a tabela dessa função:

α	sen(α)	$\alpha = \dfrac{x}{2}$	x	$\text{sen}\left(\dfrac{x}{2}\right)$	x	$3\cdot\text{sen}\left(\dfrac{x}{2}\right)$
0	0	0	0	0	0	0
$\dfrac{\pi}{2}$	1	$\dfrac{\pi}{2}$	π	1	π	3
π	0	π	2π	0	2π	0
$\dfrac{3\pi}{2}$	−1	$\dfrac{3\pi}{2}$	3π	−1	3π	−3
2π	0	2π	4π	0	4π	0

Verificamos, então, que o período dessa função é 4π $(4\pi - 0)$.
Utilizando a última tabela, o gráfico tem a forma:

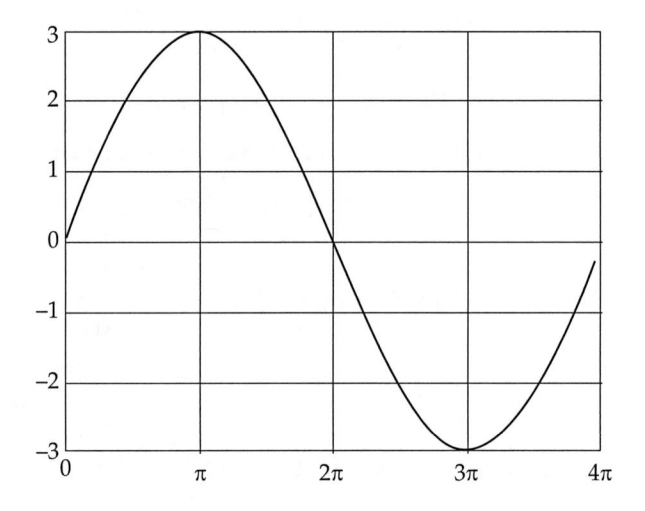

9.7 Função cosseno

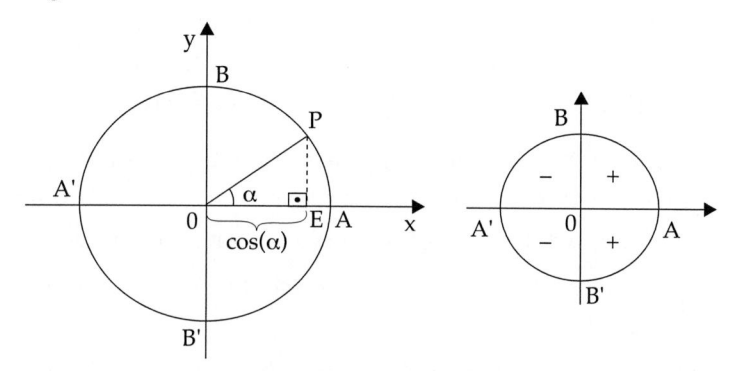

Como já foi visto, dado um ângulo α e um ponto P da circunferência, associado a α, fazemos a projeção desse ponto no eixo dos cossenos $\left(\overrightarrow{0A}\right)$ e encontramos o ponto E. A medida $\overrightarrow{0E}$ é o cosseno de α ou, simplesmente, $\cos(\alpha)$.

Assim, verificamos que:

α	P	Projeção no eixo dos cossenos	$\cos(\alpha)$
0	P=A	A	$\overrightarrow{0A}=1$
$\dfrac{\pi}{2}$	P=B	0	$\overrightarrow{00}=0$
π	P=A'	A'	$\overrightarrow{0A'}=-1$
$\dfrac{3\pi}{2}$	P=B'	0	$\overrightarrow{00}=0$
2π	P=A	A	$\overrightarrow{0A}=1$

Podemos, então, escrever:

α	$\cos(\alpha)$
0	1
$\dfrac{\pi}{2}$	0
π	-1
$\dfrac{3\pi}{2}$	0
2π	1

Propriedades:

a) Como a projeção do ponto P está no círculo trigonométrico, e este tem raio igual a 1, a imagem da função cosseno é o intervalo $[-1;1]$, isto é, $-1 \leq \cos(\alpha) \leq 1$ (significa que essa função é *limitada*).

b) Nos 1º e 4º quadrantes, como a projeção de P está à direita da origem, o cosseno é positivo; equivalentemente, nos 2º e 3º quadrantes, a projeção está à esquerda da origem, logo o cosseno é negativo.

c) Nos 3º e 4º quadrantes, o cosseno é crescente e nos 1º e 2º quadrantes, ele é decrescente.

d) Como, a partir de 2π (uma volta inteira no ciclo), o cosseno se repete, a função é periódica de período 2π.

e) $D(f) = \mathbb{R}$.

Vamos, então, esboçar o gráfico da função $f : \begin{array}{c} \mathbb{R} \\ x \end{array} \begin{array}{c} \to \\ \mapsto \end{array} \begin{array}{c} [-1;1] \\ f(x) = \cos(x) \end{array}$, chamado *cossenoide*.

Podemos notar que a função cosseno é uma função *par*, isto é, $\cos(-x) = \cos(x)$ (seu gráfico é simétrico em relação ao eixo das ordenadas).

Exemplo:

Vamos esboçar um período da função $f : \begin{array}{c} A \subset \mathbb{R} \\ x \end{array} \begin{array}{c} \to \\ \mapsto \end{array} \begin{array}{c} B \subset \mathbb{R} \\ f(x) = y = \frac{1}{4} \cdot \cos\left(2x - \frac{\pi}{4}\right) \end{array}$, determinando sua imagem:

Primeiramente, sabemos que $-1 \leq \cos(\alpha) \leq 1$, isto é, $-1 \leq \cos\left(2x - \dfrac{\pi}{4}\right) \leq 1$.

Daí, $-\dfrac{1}{4} \leq \dfrac{1}{4} \cdot \cos\left(2x - \dfrac{\pi}{4}\right) \leq \dfrac{1}{4}$. Assim, $\text{Im}(f) = \left[-\dfrac{1}{4}; \dfrac{1}{4}\right]$.

Além disso, de maneira continuada, vamos fazer a tabela dessa função:

α	$\cos(\alpha)$	$\alpha = 2x - \dfrac{\pi}{4}$	x	$\cos\left(2x - \dfrac{\pi}{4}\right)$	x	$\dfrac{1}{4} \cdot \cos\left(2x - \dfrac{\pi}{4}\right)$
0	1	0	$\dfrac{\pi}{8}$	1	$\dfrac{\pi}{8}$	$\dfrac{1}{4}$
$\dfrac{\pi}{2}$	0	$\dfrac{\pi}{2}$	$\dfrac{3\pi}{8}$	0	$\dfrac{3\pi}{8}$	0
π	-1	π	$\dfrac{5\pi}{8}$	-1	$\dfrac{5\pi}{8}$	$-\dfrac{1}{4}$
$\dfrac{3\pi}{2}$	0	$\dfrac{3\pi}{2}$	$\dfrac{7\pi}{8}$	0	$\dfrac{7\pi}{8}$	0
2π	1	2π	$\dfrac{9\pi}{8}$	1	$\dfrac{9\pi}{8}$	$\dfrac{1}{4}$

Verificamos, então, que o período dessa função é $\pi \left(\dfrac{9\pi}{8} - \dfrac{\pi}{8}\right)$.

Utilizando a última tabela, o gráfico tem a forma:

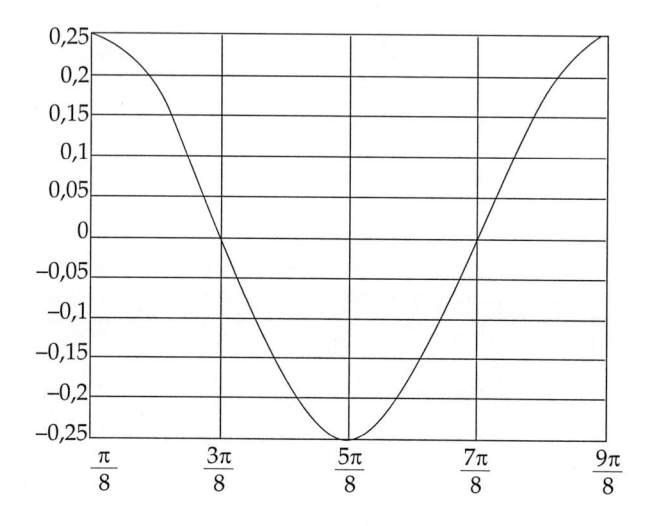

9.8 Função tangente

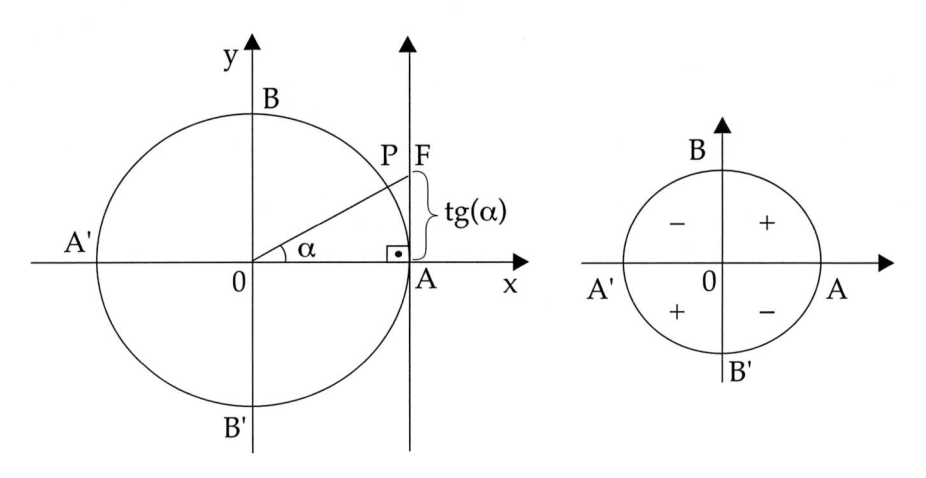

Como já foi visto, dado um ângulo α e um ponto P da circunferência, associado a α, estendemos a reta OP até encontrar o eixo das tangentes $\left(\overrightarrow{AF}\right)$ e encontramos o ponto F. A medida $\overrightarrow{AF}$ é a tangente de α ou, simplesmente, tg(α).

Assim, verificamos que:

α	P	ponto F	tg(α)
0	P=A	A	$\overrightarrow{AA}=0$
$\dfrac{\pi}{2}$	P=B	∄	∄
π	P=A′	A	$\overrightarrow{AA}=0$
$\dfrac{3\pi}{2}$	P=B′	∄	∄
2π	P=A	A	$\overrightarrow{AA}=0$

Podemos, então, escrever:

α	tg(α)
0	0
$\frac{\pi}{2}$	∄
π	0
$\frac{3\pi}{2}$	∄
2π	0

Repare que, de 0 a $\frac{\pi}{2}$, a tangente vai crescendo até a reta ficar paralela ao eixo das tangentes, o mesmo acontecendo de π a $\frac{3\pi}{2}$; de π a $\frac{\pi}{2}$, assim como de 0 a $\frac{3\pi}{2}$ (no sentido horário), a tangente é sempre negativa e vai se tornando cada vez menor, até a reta ficar paralela ao eixo das tangentes também.

Propriedades:

a) Como o eixo das tangentes é tangente ao ciclo trigonométrico, a tg(α) pode assumir qualquer valor real, isto é, Im(f) = $\mathbb{R}$ (significa que essa função é não limitada).

b) Nos 1º e 3º quadrantes, como o ponto F está acima do ponto A, a tangente é positiva; equivalentemente, nos 2º e 4º quadrantes, a tangente é negativa.

c) A função é monótona crescente, isto é, cresce em todo o seu domínio.

d) Como, a partir de π, a tangente se repete, a função é periódica de período π.

e) $D(f) = \left\{ x \in \mathbb{R} \mid x \neq \frac{\pi}{2} + k\pi; k \in \mathbb{Z} \right\}$.

Vamos, então, esboçar o gráfico da função $f : \begin{array}{c} A \subset \mathbb{R} \\ x \end{array} \begin{array}{c} \rightarrow \\ \mapsto \end{array} \begin{array}{c} \mathbb{R} \\ f(x) = tg(x) \end{array}$,

onde $A = D(f) = \left\{ x \in \mathbb{R} \mid x \neq \frac{\pi}{2} + k\pi; k \in \mathbb{Z} \right\}$, chamado *tangentoide*.

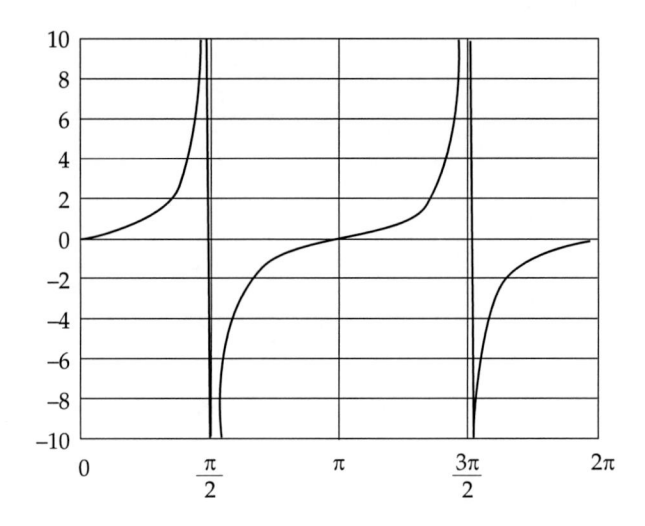

Podemos notar que a função tangente é uma função *ímpar*, isto é, tg(−x) = −tg(x) (seu gráfico é simétrico em relação à origem).

Exemplo:

Vamos esboçar um período da função f : $A \subset \mathbb{R} \to B \subset \mathbb{R}$, determinando sua imagem: $x \mapsto f(x) = y = 2 \cdot tg\left(x - \frac{\pi}{4}\right)$

Primeiramente, sabemos que $Im(f) = \mathbb{R}$.

Além disso, de maneira continuada, vamos fazer a tabela dessa função:

α	tg(α)	$\alpha = x - \frac{\pi}{4}$	x	$tg\left(x - \frac{\pi}{4}\right)$	x	$2 \cdot tg\left(x - \frac{\pi}{4}\right)$
$-\frac{\pi}{2}$	∄	$-\frac{\pi}{2}$	$-\frac{\pi}{4}$	∄	$-\frac{\pi}{4}$	∄
0	0	0	$\frac{\pi}{4}$	0	$\frac{\pi}{4}$	0
$\frac{\pi}{2}$	∄	$\frac{\pi}{2}$	$\frac{3\pi}{4}$	∄	$\frac{3\pi}{4}$	∄

Verificamos, então, que o período dessa função é π.

Utilizando a última tabela, o gráfico tem a forma:

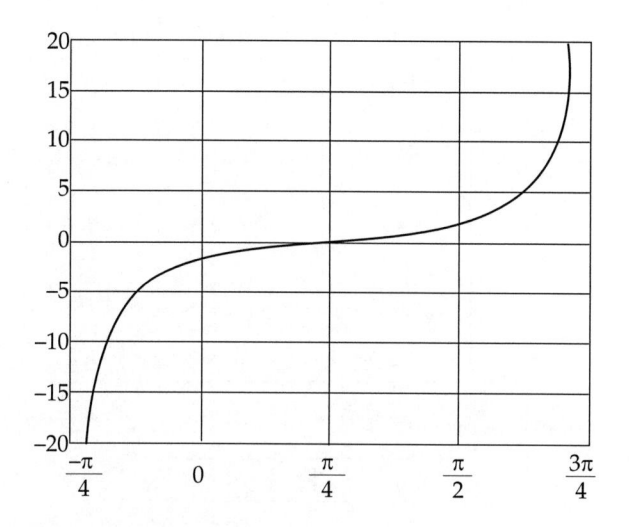

9.9 Função cotangente

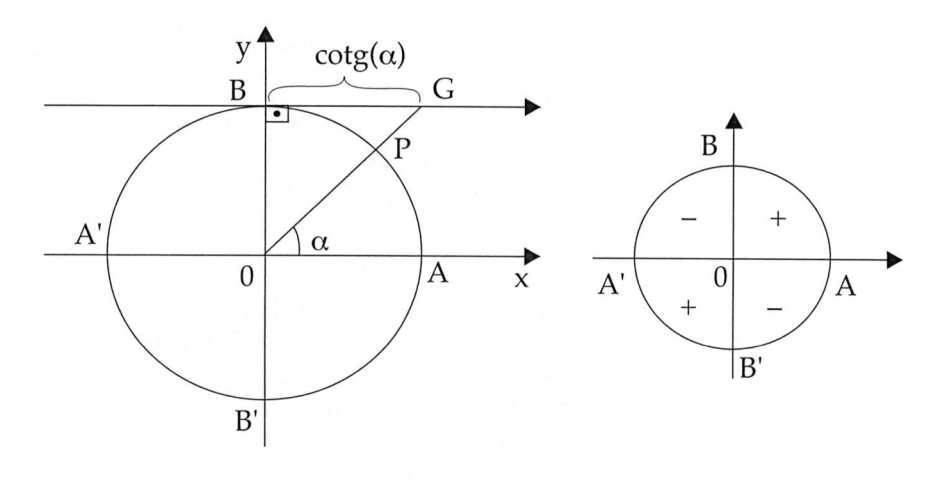

Como já foi visto, dado um ângulo α e um ponto P da circunferência, associado a α, estendemos a reta OP até encontrar o eixo das cotangentes $\left(\vec{BG}\right)$ e encontramos o ponto G. A medida $\vec{BG}$ é a cotangente de α ou, simplesmente, cotg(α).

Assim, verificamos que:

α	P	Ponto G	cotg(α)
0	P=A	∄	∄
$\frac{\pi}{2}$	P=B	B	$\vec{BB} = 0$
π	P=A′	∄	∄
$\frac{3\pi}{2}$	P=B′	B′	$\vec{B`B`} = 0$
2π	P=A	∄	∄

Podemos, então, escrever:

α	cotg(α)
0	∄
$\frac{\pi}{2}$	0
π	∄
$\frac{3\pi}{2}$	0
2π	∄

Repare que, de $\frac{\pi}{2}$ a 0, a cotangente vai crescendo até a reta ficar paralela ao eixo das cotangentes, o mesmo acontecendo de $\frac{3\pi}{2}$ a π (no sentido horário); de $\frac{\pi}{2}$ a π, assim como de $\frac{3\pi}{2}$ a 2π, a cotangente é sempre negativa e vai ficando cada vez menor, até a reta ficar paralela ao eixo das cotangentes também.

Propriedades:

a) Como o eixo das cotangentes é tangente ao ciclo trigonométrico, a cotg(α) pode assumir qualquer valor real, isto é, Im(f) = ℝ (significa que essa função é não limitada).

b) No 1º e no 3º quadrantes, como o ponto G está à direita do ponto B, a cotangente é positiva; equivalentemente, no 2º e no 4º quadrantes, a cotangente é negativa.

c) A função é monótona decrescente, isto é, decresce em todo o seu domínio.

d) Como, a partir de π, a cotangente se repete, a função é periódica de período π.

e) $D(f) = \{ x \in \mathbb{R} \mid x \neq k\pi; k \in \mathbb{Z} \}$.

Vamos, então, esboçar o gráfico da função $f : A \subset \mathbb{R} \to \mathbb{R}$, $x \mapsto f(x) = \cotg(x)$, onde $A = D(f) = \{ x \in \mathbb{R} \mid x \neq k\pi; k \in \mathbb{Z} \}$, chamado *cotangentoide*.

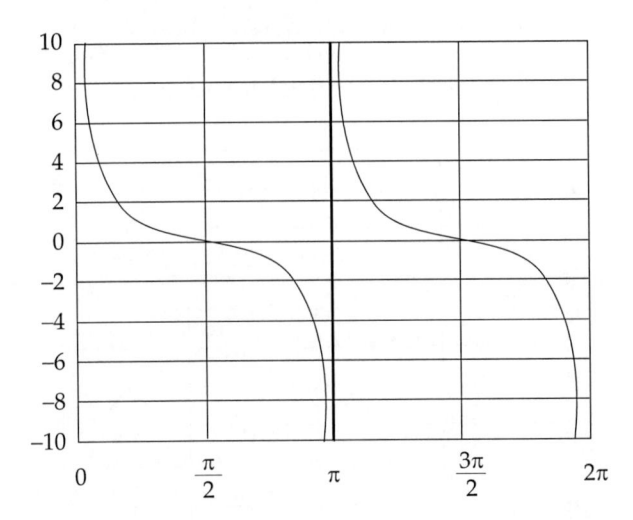

Podemos notar que a função cotangente é uma função *ímpar*, isto é, $\cotg(-x) = -\cotg(x)$ (seu gráfico é simétrico em relação à origem).

Exemplo:

Esboçar um período da função $f : A \subset \mathbb{R} \to B \subset \mathbb{R}$, $x \mapsto f(x) = y = \frac{2}{5} \cdot \cotg\left(3x + \frac{\pi}{4}\right)$, determinando sua imagem:

Primeiramente, sabemos que $\text{Im}(f) = \mathbb{R}$.

Além disso, de maneira continuada, vamos fazer a tabela dessa função:

α	cotg(α)	α = 3x + $\frac{\pi}{4}$	x	cotg$\left(3x + \frac{\pi}{4}\right)$	x	$\frac{2}{5}$cotg$\left(3x + \frac{\pi}{4}\right)$
0	∄	0	$-\frac{\pi}{12}$	∄	$-\frac{\pi}{12}$	∄
$\frac{\pi}{2}$	0	$\frac{\pi}{2}$	$\frac{\pi}{12}$	0	$\frac{\pi}{12}$	0
π	∄	π	$\frac{\pi}{4}$	∄	$\frac{\pi}{4}$	∄

Verificamos, então, que o período dessa função é $\frac{\pi}{3}$.

Utilizando a última tabela, o gráfico tem a forma:

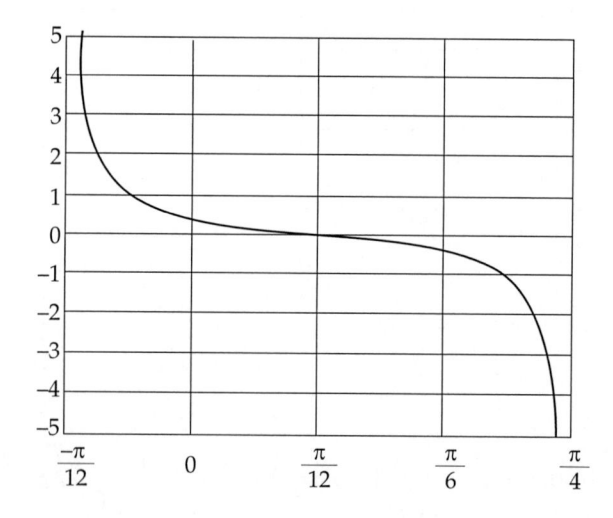

9.10 Função secante e função cossecante

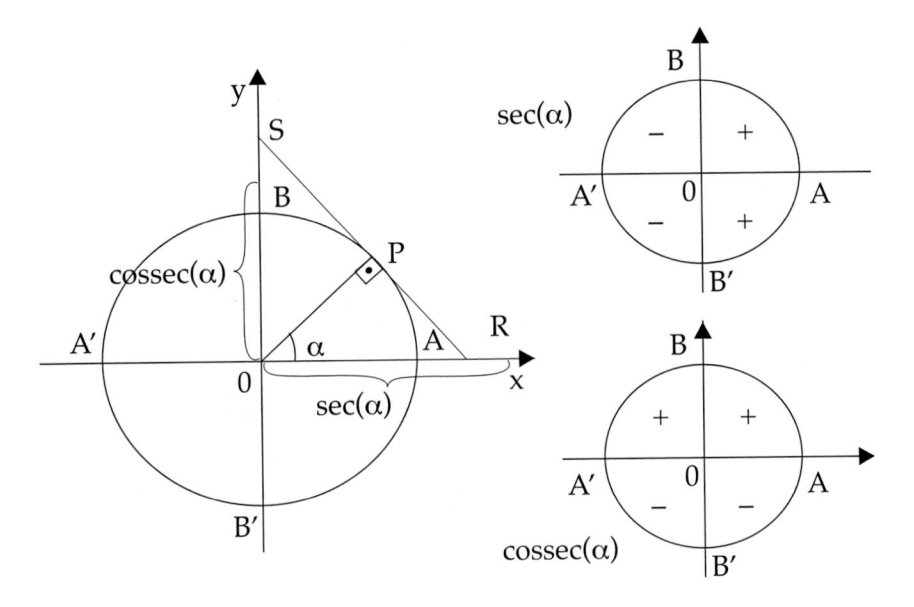

Essas duas últimas funções, diferentemente das outras funções trigonométricas, têm um eixo móvel, isto é, para cada ponto P da circunferência, traçamos a reta tangente a ela no ponto P. Essa reta corta o eixo dos cossenos no ponto R e o eixo dos senos no ponto S. A medida $\vec{OR}$ é denominada secante de α, ou simplesmente sec(α), e a medida $\vec{OS}$ é denominada cossecante de α, ou simplesmente cossec(a).

Assim, verificamos que:

α	P	Ponto R	sec(α)	Ponto S	cossec(α)
0	P=A	A	1	∄	∄
$\frac{\pi}{2}$	P=B	∄	∄	B	1
π	P=A'	A'	−1	∄	∄
$\frac{3\pi}{2}$	P=B'	∄	∄	B'	−1
2π	P=A	A	1	∄	∄

Podemos, então, escrever:

a	sec(a)	cossec(α)
0	1	∄
$\frac{\pi}{2}$	∄	1
π	−1	∄
$\frac{3\pi}{2}$	∄	−1
2π	1	∄

Repare que, de 0 a $\frac{\pi}{2}$, a secante vai crescendo até a reta ficar paralela ao eixo dos cossenos, o mesmo acontecendo de 0 a $-\frac{\pi}{2}$ (no sentido horário); de π a $\frac{\pi}{2}$ (no sentido horário), assim como de π a $\frac{3\pi}{2}$, a secante é sempre negativa e vai se tornando cada vez menor, até a reta ficar paralela ao eixo dos cossenos também.

Faça essa análise para a função cossecante.

Propriedades:

a) O domínio da função secante é $D(f) = \left\{ x \in \mathbb{R} \mid x \neq \frac{\pi}{2} + k\pi; k \in \mathbb{Z} \right\}$ e da função cossecante, $D(f) = \left\{ x \in \mathbb{R} \mid x \neq k\pi; k \in \mathbb{Z} \right\}$.

b) Ambas as funções têm como imagem $\text{Im}(f) = \mathbb{R} - (-1; 1)$.

c) As duas funções são periódicas de período 2π.

Vamos esboçar o gráfico da função $f : \underset{x}{A \subset \mathbb{R}} \underset{\mapsto}{\to} \underset{f(x)=\sec(x)}{B \subset \mathbb{R}}$, onde $A = D(f) = \left\{ x \in \mathbb{R} \mid x \neq \frac{\pi}{2} + k\pi; k \in \mathbb{Z} \right\}$, chamado *secantoide*.

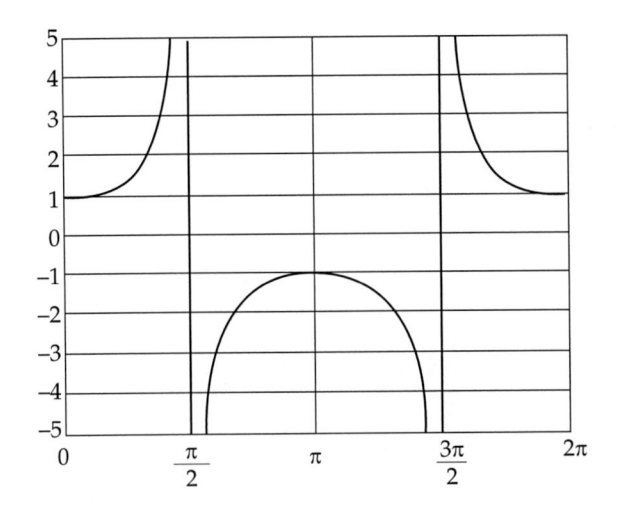

Podemos notar que a função secante é uma função *par*, isto é, $\sec(-x) = \sec(x)$ (seu gráfico é simétrico em relação ao eixo das ordenadas).

Vamos esboçar o gráfico da função $f : \underset{x}{A \subset \mathbb{R}} \underset{\mapsto}{\to} \underset{f(x)=\text{cossec}(x)}{B \subset \mathbb{R}}$, onde $A = D(f) = \{ x \in \mathbb{R} \mid x \neq k\pi; k \in \mathbb{Z}\}$, chamado *cossecantoide*.

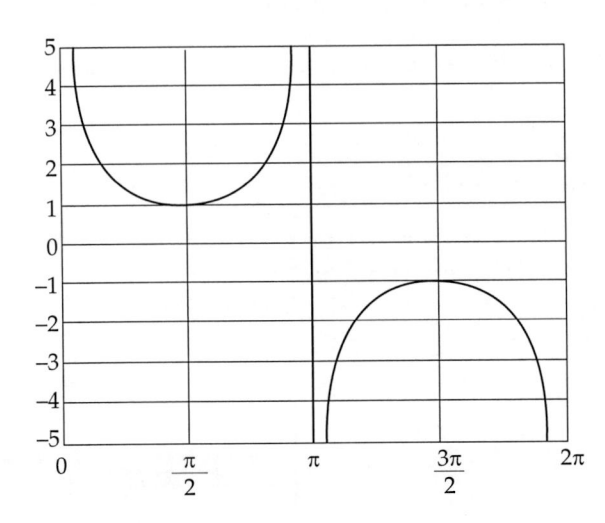

Podemos notar que a função cossecante é uma função *ímpar*, isto é, $\text{cossec}(-x) = -\text{cossec}(x)$ (seu gráfico é simétrico em relação à origem).

Exemplos:

1) Esboçar um período da função $f : A \subset \mathbb{R} \to B \subset \mathbb{R}$, determinando seu domínio e sua imagem.
$x \mapsto f(x) = y = 3 \cdot \sec\left(2x + \frac{\pi}{3}\right)$

De maneira continuada, vamos fazer a tabela desta função:

α	$\sec(\alpha)$	$\alpha = 2x + \frac{\pi}{3}$	x	$\sec\left(2x+\frac{\pi}{3}\right)$	x	$3 \cdot \sec\left(2x+\frac{\pi}{3}\right)$
$-\frac{\pi}{2}$	∄	$-\frac{\pi}{2}$	$-\frac{5\pi}{12}$	∄	$-\frac{5\pi}{12}$	∄
0	1	0	$-\frac{\pi}{6}$	1	$-\frac{\pi}{6}$	3
$\frac{\pi}{2}$	∄	$\frac{\pi}{2}$	$\frac{\pi}{12}$	∄	$\frac{\pi}{12}$	∄
π	-1	π	$\frac{\pi}{3}$	-1	$\frac{\pi}{3}$	-3
$\frac{3\pi}{2}$	∄	$\frac{3\pi}{2}$	$\frac{7\pi}{12}$	∄	$\frac{7\pi}{12}$	∄

Verificamos, então, que o período dessa função é π.

O domínio da função é $D(f) = \left\{ x \in \mathbb{R} \mid x \neq \frac{\pi}{12} + \frac{k\pi}{2}; k \in \mathbb{Z} \right\}$.

A imagem da função é $\text{Im}(f) = \mathbb{R} - (-3; 3)$.

Utilizando a última tabela, o gráfico tem a forma:

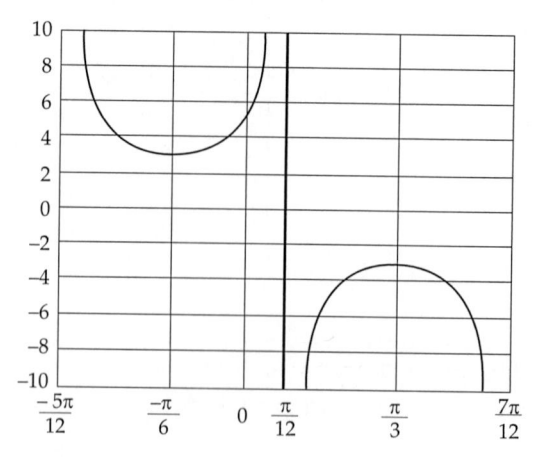

2) Esboçar um período da função $f : A \subset \mathbb{R} \to B \subset \mathbb{R}$, $x \mapsto f(x) = y = \frac{1}{5} \cdot \text{cossec}\left(3x - \frac{\pi}{6}\right)$, determinando seu domínio e sua imagem.

De maneira continuada, vamos fazer a tabela dessa função:

α	$\text{cossec}(\alpha)$	$\alpha = 3x - \frac{\pi}{6}$	x	$\frac{1}{5} \cdot \text{cossec}\left(3x - \frac{\pi}{6}\right)$
0	∄	0	$\frac{\pi}{18}$	∄
$\frac{\pi}{2}$	1	$\frac{\pi}{2}$	$\frac{2\pi}{9}$	$\frac{1}{5}$
π	∄	π	$\frac{7\pi}{18}$	∄
$\frac{3\pi}{2}$	-1	$\frac{3\pi}{2}$	$\frac{5\pi}{9}$	$-\frac{1}{5}$
2π	∄	2π	$\frac{13\pi}{18}$	∄

Verificamos, então, que o período dessa função é $\frac{2\pi}{3}$.

O domínio da função é $D(f) = \left\{ x \in \mathbb{R} \mid x \neq \frac{\pi}{18} + \frac{k\pi}{3}; k \in \mathbb{Z} \right\}$.

A imagem da função é $\text{Im}(f) = \mathbb{R} - \left(-\frac{1}{5}; \frac{1}{5}\right)$.

Utilizando a última tabela, o gráfico tem a forma:

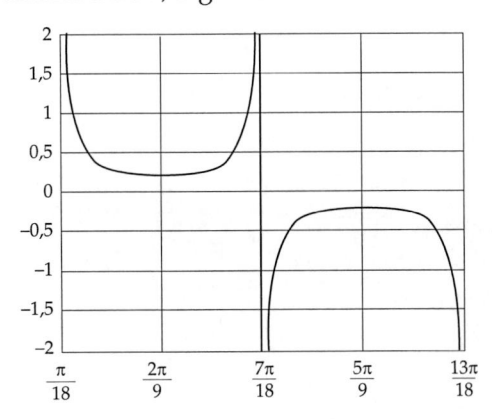

9.11 Relações fundamentais

Seja o ciclo trigonométrico a seguir:

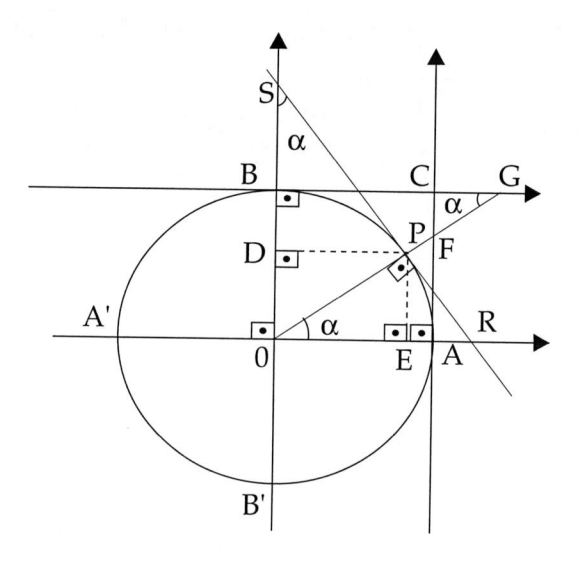

Por meio, principalmente, de semelhança de triângulos, vamos determinar as relações das funções trigonométricas.

a) $\triangle 0PE$ é um triângulo retângulo de raio $\overline{0P}=1$, $\overline{0E}=\cos(\alpha)$ e $\overline{EP}=\text{sen}(\alpha)$.
 Daí, e pelo teorema de Pitágoras,

$$\text{sen}^2(\alpha)+\cos^2(\alpha)=1$$

b) $\triangle 0PE$ e $\triangle 0FA$

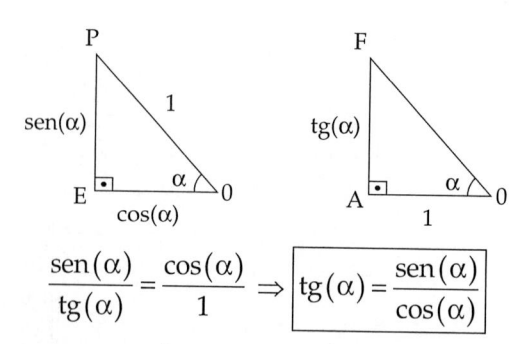

$$\frac{\text{sen}(\alpha)}{\text{tg}(\alpha)}=\frac{\cos(\alpha)}{1} \Rightarrow \boxed{\text{tg}(\alpha)=\frac{\text{sen}(\alpha)}{\cos(\alpha)}}$$

c) Δ0PE e Δ0BG

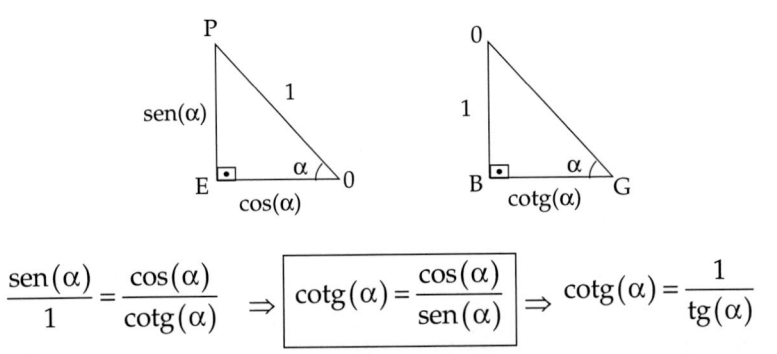

$$\frac{\text{sen}(\alpha)}{1} = \frac{\cos(\alpha)}{\text{cotg}(\alpha)} \Rightarrow \boxed{\text{cotg}(\alpha) = \frac{\cos(\alpha)}{\text{sen}(\alpha)}} \Rightarrow \text{cotg}(\alpha) = \frac{1}{\text{tg}(\alpha)}$$

d) Δ0PE e Δ0PR

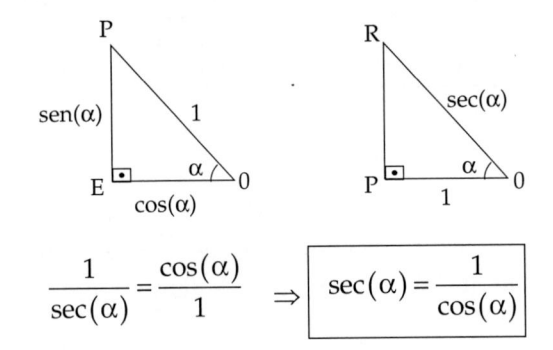

$$\frac{1}{\sec(\alpha)} = \frac{\cos(\alpha)}{1} \Rightarrow \boxed{\sec(\alpha) = \frac{1}{\cos(\alpha)}}$$

e) Δ0PE e Δ0PS

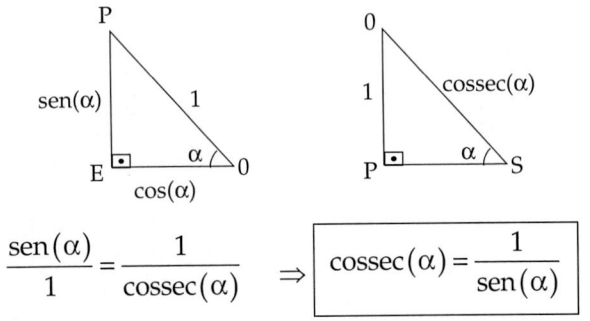

$$\frac{\text{sen}(\alpha)}{1} = \frac{1}{\text{cossec}(\alpha)} \Rightarrow \boxed{\text{cossec}(\alpha) = \frac{1}{\text{sen}(\alpha)}}$$

f) Como $\text{sen}^2(x) + \cos^2(x) = 1$, temos:

$$\frac{\text{sen}^2(x) + \cos^2(x)}{\cos^2(x)} = \frac{1}{\cos^2(x)} \Rightarrow \boxed{\text{tg}^2(x) + 1 = \sec^2(x)}$$

e

$$\frac{\operatorname{sen}^2(x)+\cos^2(x)}{\operatorname{sen}^2(x)} = \frac{1}{\operatorname{sen}^2(x)} \Rightarrow \boxed{1+\operatorname{cotg}^2(x)=\operatorname{cossec}^2(x)}$$

Existem outras fórmulas, muito utilizadas em trigonometria, que apresentamos a seguir:

g) $\boxed{\operatorname{sen}(a+b) = \operatorname{sen}(a)\cdot\cos(b)+\operatorname{sen}(b)\cdot\cos(a)}$

h) $\boxed{\operatorname{sen}(a-b) = \operatorname{sen}(a+(-b)) = \operatorname{sen}(a)\cdot\cos(b)-\operatorname{sen}(b)\cdot\cos(a)}$

i) $\boxed{\cos(a+b) = \cos(a)\cdot\cos(b)-\operatorname{sen}(a)\cdot\operatorname{sen}(b)}$

j) $\boxed{\cos(a-b) = \cos(a+(-b)) = \cos(a)\cdot\cos(b)+\operatorname{sen}(a)\cdot\operatorname{sen}(b)}$

k) $\boxed{\operatorname{sen}(2a) = \operatorname{sen}(a+a) = 2\cdot\operatorname{sen}(a)\cdot\cos(b)}$

l) $\boxed{\cos(2a) = \cos(a+a) = \cos^2(a)-\operatorname{sen}^2(a)}$

Além dessas fórmulas, existem muitas outras que poderíamos ressaltar. Basta, para isso, fazermos combinações com as fórmulas anteriores. Como exemplo, do que acabamos de citar, temos:

$$\operatorname{tg}(a+b) = \frac{\operatorname{sen}(a+b)}{\cos(a+b)} = \frac{\operatorname{sen}(a)\cdot\cos(b)+\operatorname{sen}(b)\cdot\cos(a)}{\cos(a)\cdot\cos(b)-\operatorname{sen}(a)\cdot\operatorname{sen}(b)} =$$

$$= \frac{\dfrac{\operatorname{sen}(a)\cdot\cos(b)+\operatorname{sen}(b)\cdot\cos(a)}{\cos(a)\cdot\cos(b)}}{\dfrac{\cos(a)\cdot\cos(b)-\operatorname{sen}(a)\cdot\operatorname{sen}(b)}{\cos(a)\cdot\cos(b)}} = \frac{\operatorname{tg}(a)+\operatorname{tg}(b)}{1-\operatorname{tg}(a)\cdot\operatorname{tg}(b)}$$

Daí, $\boxed{\operatorname{tg}(a+b) = \dfrac{\operatorname{tg}(a)+\operatorname{tg}(b)}{1-\operatorname{tg}(a)\cdot\operatorname{tg}(b)}}$

9.12 Propriedades trigonométricas em triângulos

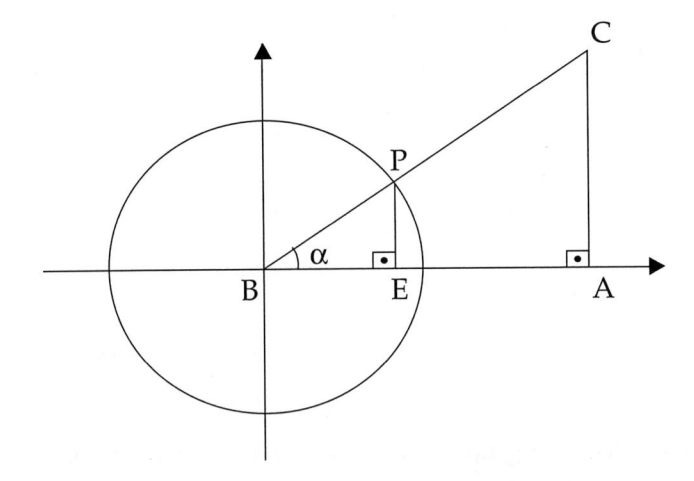

Seja o ciclo trigonométrico anterior (circunferência com raio 1) e um triângulo retângulo ABC, semelhante ao triângulo BPE.

Assim, temos:

$$\frac{\operatorname{sen}(\alpha)}{b} = \frac{1}{a} \Rightarrow \boxed{\operatorname{sen}(\alpha) = \frac{b}{a} = \frac{\text{cateto oposto}}{\text{hipotenusa}}}$$

$$\frac{\cos(\alpha)}{c} = \frac{1}{a} \Rightarrow \boxed{\cos(\alpha) = \frac{c}{a} = \frac{\text{cateto adjacente}}{\text{hipotenusa}}}$$

$$\operatorname{tg}(\alpha) = \frac{\operatorname{sen}(\alpha)}{\cos(\alpha)} = \frac{\frac{b}{a}}{\frac{c}{a}} \Rightarrow \boxed{\operatorname{tg}(\alpha) = \frac{b}{c} = \frac{\text{cateto oposto}}{\text{cateto adjacente}}}$$

A partir dessas relações entre ângulos e lados de um triângulo retângulo, vamos determinar o seno, o cosseno e a tangente dos ângulos: 30°, 45° e 60°.

Seja o triângulo equilátero a seguir:

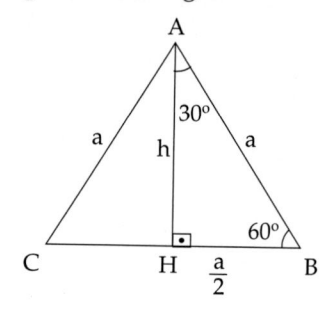

$$a^2 = \left(\frac{a}{2}\right)^2 + h^2 \Rightarrow h^2 = a^2 - \frac{a^2}{4} = \frac{3a^2}{4} \Rightarrow h = \frac{a\sqrt{3}}{2}$$

Do triângulo retângulo AHB e das relações trigonométricas vistas anteriormente, temos:

$$\boxed{\text{sen}(30°) = \text{sen}\left(\frac{\pi}{6}\right) = \frac{\frac{a}{2}}{a} = \frac{1}{2}} \quad ; \quad \boxed{\cos(30°) = \cos\left(\frac{\pi}{6}\right) = \frac{\frac{a\sqrt{3}}{2}}{a} = \frac{\sqrt{3}}{2}}$$

$$\boxed{\text{sen}(60°) = \text{sen}\left(\frac{\pi}{3}\right) = \frac{\frac{a\sqrt{3}}{2}}{a} = \frac{\sqrt{3}}{2}} \quad ; \quad \boxed{\cos(60°) = \cos\left(\frac{\pi}{3}\right) = \frac{\frac{a}{2}}{a} = \frac{1}{2}}$$

Seja o triângulo retângulo isósceles a seguir:

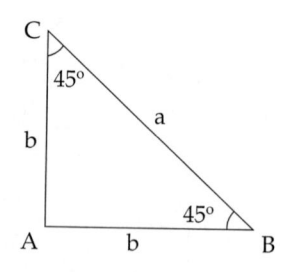

$$a^2 = b^2 + b^2 \Rightarrow b = \frac{a}{\sqrt{2}} = \frac{a\sqrt{2}}{2}$$

Logo,

$$\left|\operatorname{sen}(45°)=\operatorname{sen}\left(\frac{\pi}{4}\right)=\frac{\frac{a\sqrt{2}}{2}}{a}=\frac{\sqrt{2}}{2}\right|; \left|\cos(45°)=\cos\left(\frac{\pi}{4}\right)=\frac{\frac{a\sqrt{2}}{2}}{a}=\frac{\sqrt{2}}{2}\right|$$

Na tabela a seguir, temos alguns valores trigonométricos para ângulos específicos:

grau	radiano	seno	cosseno	tangente	cotangente	secante	cossecante
0	0	0	1	0	∄	1	∄
30	$\frac{\pi}{6}$	$\frac{1}{2}$	$\frac{\sqrt{3}}{2}$	$\frac{\sqrt{3}}{3}$	$\sqrt{3}$	$\frac{2\sqrt{3}}{3}$	2
45	$\frac{\pi}{4}$	$\frac{\sqrt{2}}{2}$	$\frac{\sqrt{2}}{2}$	1	1	$\sqrt{2}$	$\sqrt{2}$
60	$\frac{\pi}{3}$	$\frac{\sqrt{3}}{2}$	$\frac{1}{2}$	$\sqrt{3}$	$\frac{\sqrt{3}}{3}$	2	$\frac{2\sqrt{3}}{3}$
90	$\frac{\pi}{2}$	1	0	∄	0	∄	1
180	π	0	−1	0	∄	−1	∄
270	$\frac{3\pi}{2}$	−1	0	∄	0	∄	−1
360	2π	0	1	0	∄	1	∄

9.13 Funções trigonométricas simétricas (funções arco)

Como as funções trigonométricas são periódicas, significa que não são bijetoras. Sendo assim, suas inversas são apenas relações e, consequentemente, suas simétricas também.

Como queremos determinar as funções simétricas (ou funções arco), teremos de restringir o domínio das funções trigonométricas para que tenhamos funções bijetoras e, daí, funções simétricas.

Seja o ciclo trigonométrico a seguir:

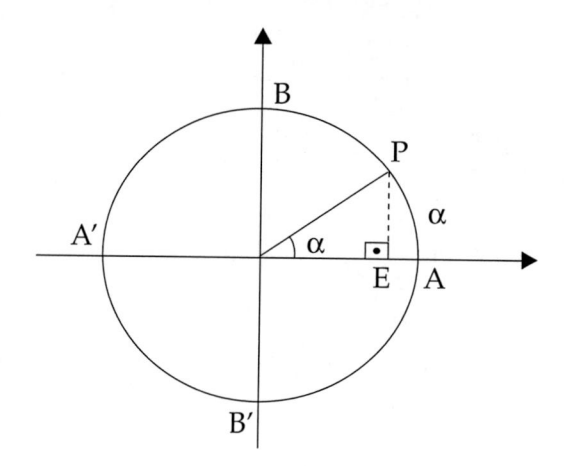

Observemos que $\text{sen}(\alpha) = \overline{EP} = y$.

Podemos dizer que α *é um arco (ou um ângulo) cujo seno dele (de α) mede y.*
Transcrevendo:

$$\text{sen}(\alpha) = y \Leftrightarrow \alpha = \text{arcsen}(y)$$

Podemos fazer essa mesma transcrição para todas as outras funções trigonométricas.

Exemplos:

1) $\text{sen}\left(\dfrac{\pi}{2}\right) = 1 \Leftrightarrow \text{arcsen}(1) = \dfrac{\pi}{2}$

2) $\cos\left(\dfrac{\pi}{4}\right) = \dfrac{\sqrt{2}}{2} \Leftrightarrow \text{arccos}\left(\dfrac{\sqrt{2}}{2}\right) = \dfrac{\pi}{4}$

3) $\text{tg}\left(\dfrac{\pi}{3}\right) = \sqrt{3} \Leftrightarrow \text{arctg}\left(\sqrt{3}\right) = \dfrac{\pi}{3}$

4) $\text{cotg}\left(\dfrac{3\pi}{2}\right) = 0 \Leftrightarrow \text{arccotg}(0) = \dfrac{3\pi}{2}$

5) $\sec(\pi) = -1 \Leftrightarrow \text{arcsec}(-1) = \pi$

6) $\text{cossec}(0) = 1 \Leftrightarrow \text{arccossec}(1) = 0$

Analisando os gráficos das funções trigonométricas, podemos, restringindo seus domínios, determinar as seguintes funções arco:

1) Seja $f : \left[-\dfrac{\pi}{2} ; \dfrac{\pi}{2}\right] \to [-1 ; 1]$.
$\qquad\qquad x \mapsto f(x) = \operatorname{sen}(x)$

A função arco será definida por $g : [-1 ; 1] \to \left[-\dfrac{\pi}{2} ; \dfrac{\pi}{2}\right]$.
$\qquad\qquad\qquad\qquad\qquad\qquad x \mapsto g(x) = \operatorname{arcsen}(x)$

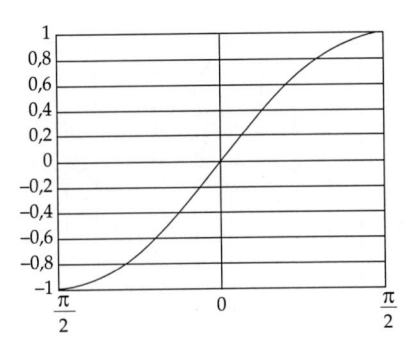

$f(x) = \operatorname{sen}(x)$ 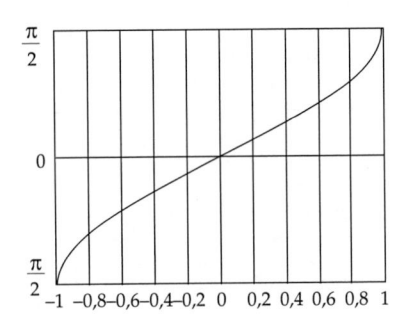 $\qquad\qquad$ $g(x) = \operatorname{arcsen}(x)$

2) Seja $f : [0 ; \pi] \to [-1 ; 1]$.
$\qquad\qquad x \mapsto f(x) = \cos(x)$

$g : [-1 ; 1] \to [0 ; \pi]$.
$\qquad x \mapsto g(x) = \arccos(x)$

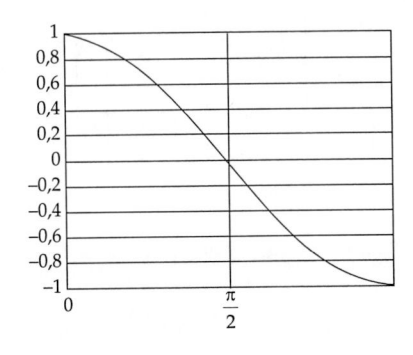

$f(x) = \cos(x)$ 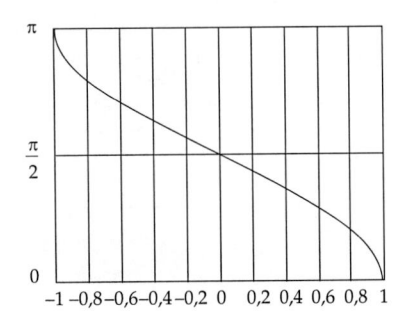 $\qquad\qquad$ $g(x) = \arccos(x)$

3) Seja f : $\left(-\frac{\pi}{2} ; \frac{\pi}{2}\right) \to \mathbb{R}$.
   x $\mapsto$ f(x) = tg(x)

   g : $\mathbb{R} \to \left(-\frac{\pi}{2} ; \frac{\pi}{2}\right)$
   x $\mapsto$ g(x) = arctg(x)

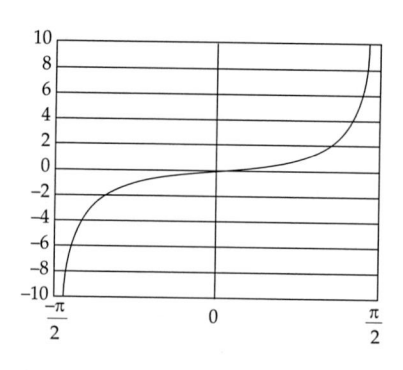

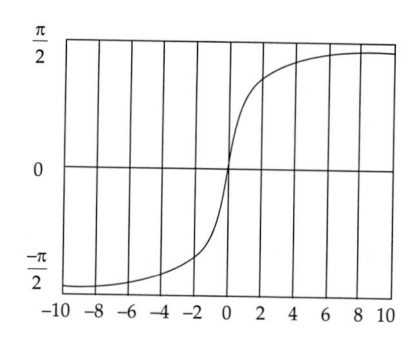

f(x) = tg(x)

g(x) = arctg(x)

4) Seja f : $(0 ; \pi) \to \mathbb{R}$.
   x $\mapsto$ f(x) = cotg(x)

   g : $\mathbb{R} \to (0 ; \pi)$
   x $\mapsto$ g(x) = arccotg(x)

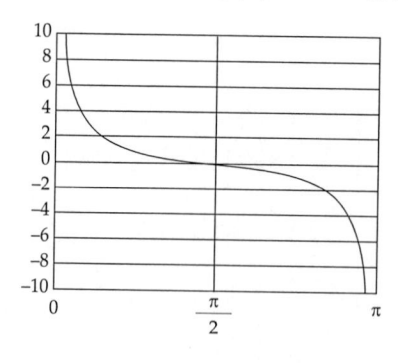

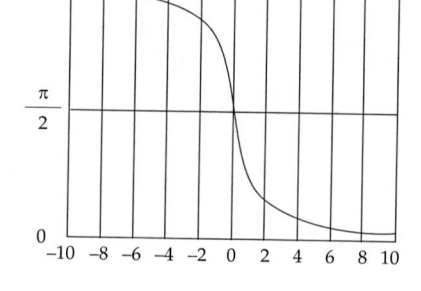

f(x) = cotg(x)

g(x) = arccotg(x)

5) Seja $f : \left[0 ; \dfrac{\pi}{2}\right) \cup \left(\dfrac{\pi}{2} ; \pi\right] \to \mathbb{R} - (-1 ; 1)$.

$\qquad x \qquad \mapsto \quad f(x) = \sec(x)$

$g : \mathbb{R} - (-1 ; 1) \to \left[0 ; \dfrac{\pi}{2}\right) \cup \left(\dfrac{\pi}{2} ; \pi\right]$.

$\qquad x \qquad \mapsto \quad g(x) = \operatorname{arcsec}(x)$

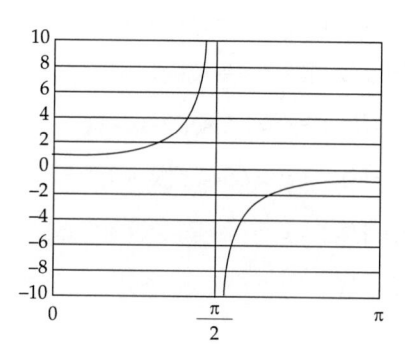

$f(x) = \sec(x)$ 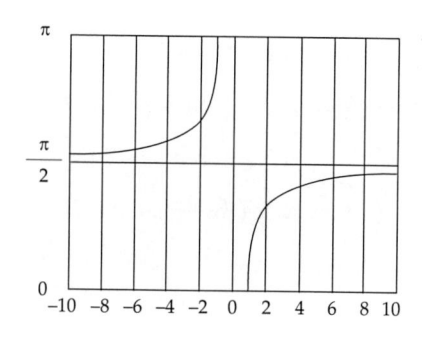 $\qquad\qquad\qquad$ $g(x) = \operatorname{arcsec}(x)$

6) Seja $f : \left[-\dfrac{\pi}{2} ; 0\right) \cup \left(0 ; \dfrac{\pi}{2}\right] \to \mathbb{R} - (-1 ; 1)$.

$\qquad x \qquad \mapsto \quad f(x) = \operatorname{cossec}(x)$

$g : \mathbb{R} - (-1 ; 1) \to \left[-\dfrac{\pi}{2} ; 0\right) \cup \left(0 ; \dfrac{\pi}{2}\right]$.

$\qquad x \qquad \mapsto \quad g(x) = \operatorname{arccossec}(x)$

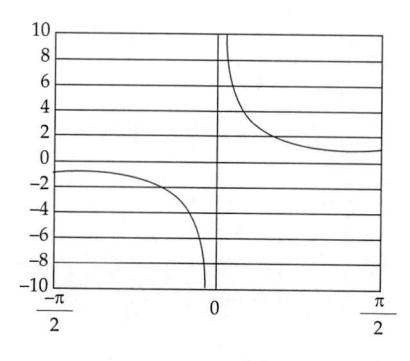

$f(x) = \operatorname{cossec}(x)$ 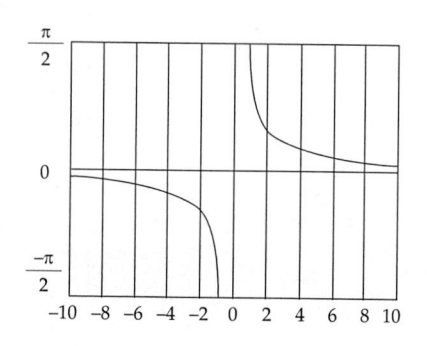 $\qquad\qquad\qquad$ $g(x) = \operatorname{arccossec}(x)$

Pré-cálculo

9.14 Exercícios resolvidos

Esboçar um período da função $f : \underset{x}{A \subset \mathbb{R}} \to \underset{f(x)=y}{B \subset \mathbb{R}}$, determinando sua imagem:

a) $f(x) = y = \text{sen}(7x - 2)$
b) $f(x) = y = \text{sen}(-2x + 3)$
c) $f(x) = y = 3 + 2\text{sen}(2x - 4)$
d) $f(x) = y = \cos(5x + 1)$
e) $f(x) = y = \cos(-8x + 5)$
f) $f(x) = y = 5 + 3\cos(4x - 7)$
g) $f(x) = y = \text{tg}(3x + 5)$
h) $f(x) = y = 3 + 4\text{tg}(-7x - 5)$
i) $f(x) = y = \text{cotg}(5x - 1)$
j) $f(x) = y = 3 + 4\text{cotg}(7x - 5)$
k) $f(x) = y = 3 + 4\sec(5x - 3)$
l) $f(x) = y = \text{cossec}(-x - 1)$
m) $f(x) = y = \text{cossec}(x - 5)$
n) $f(x) = y = 3 - \text{cossec}(3x - 5)$

Solução:

a) $f(x) = y = \text{sen}(7x - 2)$

Como a função seno varia no intervalo $[-1 ; 1]$, temos:

$-1 \leq \text{sen}(\alpha) \leq 1 \Rightarrow -1 \leq \text{sen}(7x - 2) \leq 1$. Daí, $\text{Im}(f) = [-1 ; 1]$.

α	sen(α)	$\alpha = 7x - 2$	x	sen$(7x-2)$
0	0	0	$\dfrac{2}{7}$	0
$\dfrac{\pi}{2}$	1	$\dfrac{\pi}{2}$	$\dfrac{\pi+4}{14}$	1
π	0	π	$\dfrac{\pi+2}{7}$	0
$\dfrac{3\pi}{2}$	-1	$\dfrac{3\pi}{2}$	$\dfrac{3\pi+4}{14}$	-1
2π	0	2π	$\dfrac{2\pi+2}{7}$	0

Verificamos, então, que o período dessa função é $\dfrac{2\pi}{7}\left(\dfrac{2\pi+2}{7}-\dfrac{2}{7}\right)$.

Utilizando a tabela, temos o gráfico a seguir:

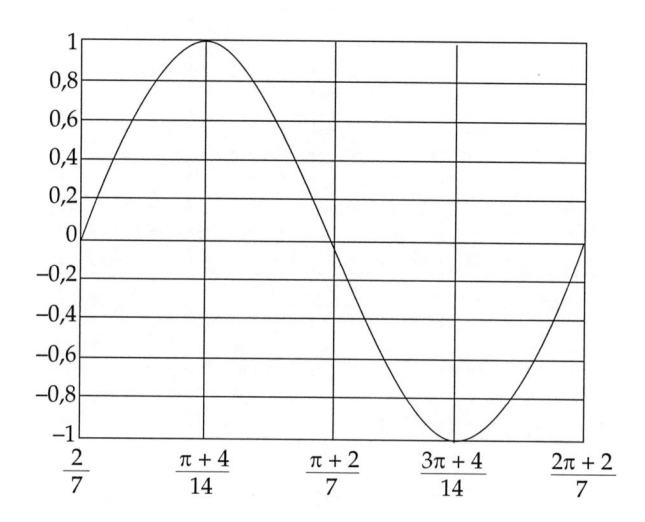

b) $f(x) = y = \text{sen}(-2x+3)$

$-1 \leq \text{sen}(\alpha) \leq 1 \Rightarrow -1 \leq \text{sen}(-2x+3) \leq 1$. Daí, $\text{Im}(f) = [-1\,;1]$.

α	$\text{sen}(\alpha)$	$\alpha = -2x+3$	x	$\text{sen}(-2x+3)$
0	0	0	$\dfrac{3}{2}$	0
$\dfrac{\pi}{2}$	1	$\dfrac{\pi}{2}$	$\dfrac{6-\pi}{4}$	1
π	0	π	$\dfrac{3-\pi}{2}$	0
$\dfrac{3\pi}{2}$	-1	$\dfrac{3\pi}{2}$	$\dfrac{6-3\pi}{4}$	-1
2π	0	2π	$\dfrac{3-2\pi}{2}$	0

Verificamos, então, que o período dessa função é π.

Utilizando a tabela, temos o gráfico a seguir:

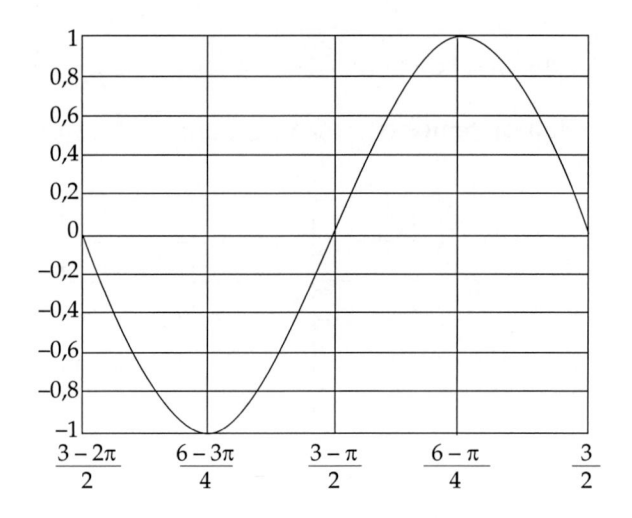

Pré-cálculo

[Gráfico: curva senoidal com eixo x marcado em $\frac{3-2\pi}{2}$, $\frac{6-3\pi}{4}$, $\frac{3-\pi}{2}$, $\frac{6-\pi}{4}$, $\frac{3}{2}$ e eixo y de -1 a 1 com marcações de $0,2$ em $0,2$.]

c) $f(x) = y = 3 + 2\text{sen}(2x - 4)$

$-1 \leq \text{sen}(\alpha) \leq 1 \ \Rightarrow \ -1 \leq \text{sen}(2x - 4) \leq 1 \Rightarrow \ -2 \leq 2\text{sen}(2x - 4) \leq 2 \Rightarrow$

$\Rightarrow \ 1 \leq 3 + 2\text{sen}(2x - 4) \leq 5.$ Daí, $\text{Im}(f) = [1 \, ; 5]$.

$\alpha = 2x - 4$	$\text{sen}(2x - 4)$	x	$3 + 2\text{sen}(2x - 4)$
0	0	2	3
$\frac{\pi}{2}$	1	$\frac{\pi + 8}{4}$	5
π	0	$\frac{\pi + 4}{2}$	3
$\frac{3\pi}{2}$	-1	$\frac{3\pi + 8}{4}$	1
2π	0	$\pi + 2$	3

Verificamos, então, que o período dessa função é π.
Utilizando a tabela, temos o gráfico a seguir:

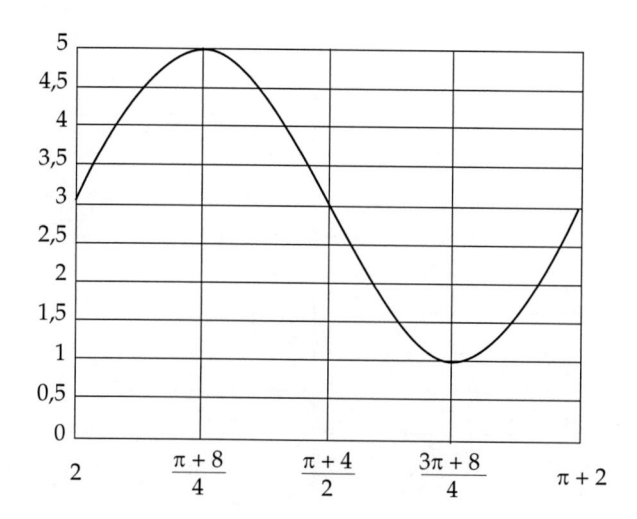

[Gráfico]

eixo x: $\dfrac{\pi+8}{4}$, $\dfrac{\pi+4}{2}$, $\dfrac{3\pi+8}{4}$, $\pi+2$

d) $f(x) = y = \cos(5x+1)$

Como a função cosseno varia no intervalo $[-1;1]$, temos:

$-1 \le \cos(\alpha) \le 1 \Rightarrow -1 \le \cos(5x+1) \le 1$. Daí, $\text{Im}(f) = [-1;1]$.

α	$\cos(\alpha)$	$\alpha = 5x+1$	x	$\cos(5x+1)$
0	1	0	$-\dfrac{1}{5}$	1
$\dfrac{\pi}{2}$	0	$\dfrac{\pi}{2}$	$\dfrac{\pi-2}{10}$	0
π	-1	π	$\dfrac{\pi-1}{5}$	-1
$\dfrac{3\pi}{2}$	0	$\dfrac{3\pi}{2}$	$\dfrac{3\pi-2}{10}$	0
2π	1	2π	$\dfrac{2\pi-1}{5}$	1

Verificamos, então, que o período dessa função é $\dfrac{2\pi}{5}$.

Utilizando a tabela, temos o gráfico a seguir:

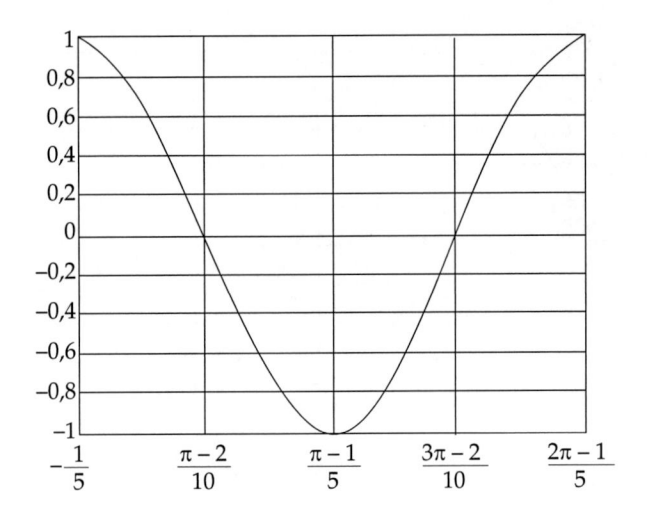

e) $f(x) = y = \cos(-8x+5)$

$-1 \leq \cos(\alpha) \leq 1 \Rightarrow -1 \leq \cos(-8x+5) \leq 1$. Daí, $\text{Im}(f) = [-1; 1]$.

α	$\cos(\alpha)$	$\alpha = -8x+5$	x	$\cos(-8x+5)$
0	1	0	$\dfrac{5}{8}$	1
$\dfrac{\pi}{2}$	0	$\dfrac{\pi}{2}$	$\dfrac{10-\pi}{16}$	0
π	-1	π	$\dfrac{5-\pi}{8}$	-1
$\dfrac{3\pi}{2}$	0	$\dfrac{3\pi}{2}$	$\dfrac{10-3\pi}{16}$	0
2π	1	2π	$\dfrac{5-2\pi}{8}$	1

Verificamos, então, que o período dessa função é $\dfrac{\pi}{4}$.

Utilizando a tabela, temos o gráfico a seguir:

[Gráfico com eixo y mostrando valores de -0,8 a 1 e eixo x com marcações $\frac{5-2\pi}{8}$, $\frac{10-3\pi}{16}$, $\frac{5-\pi}{8}$, $\frac{10-\pi}{4}$, $\frac{5}{8}$]

f) $f(x) = y = 5 + 3\cos(4x - 7)$

$-1 \leq \cos(\alpha) \leq 1 \Rightarrow -1 \leq \cos(4x-7) \leq 1 \Rightarrow -3 \leq 3\cos(4x-7) \leq 3 \Rightarrow$

$\Rightarrow 2 \leq 5 + 3\cos(4x-7) \leq 8$. Daí, $\text{Im}(f) = [2\,;8]$.

$\alpha = 4x - 7$	$\cos(4x-7)$	x	$5 + 3\cos(4x-7)$
0	1	$\frac{7}{4}$	8
$\frac{\pi}{2}$	0	$\frac{\pi + 14}{8}$	5
π	-1	$\frac{\pi + 7}{4}$	2
$\frac{3\pi}{2}$	0	$\frac{3\pi + 14}{8}$	5
2π	1	$\frac{2\pi + 7}{4}$	8

Verificamos, então, que o período dessa função é $\frac{\pi}{2}$.

Utilizando a tabela, temos o gráfico a seguir:

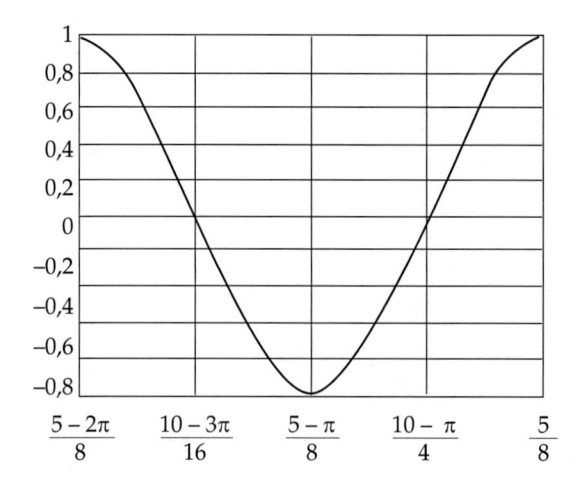

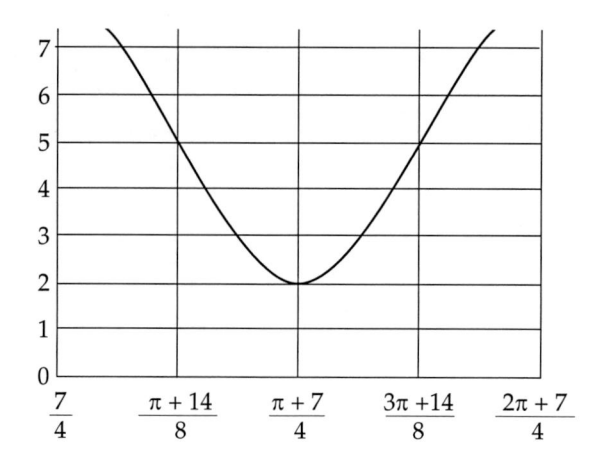

[Gráfico mostrando curva com eixo x marcado em $\frac{7}{4}$, $\frac{\pi+14}{8}$, $\frac{\pi+7}{4}$, $\frac{3\pi+14}{8}$, $\frac{2\pi+7}{4}$ e eixo y de 0 a 7]

g) $f(x) = y = tg(3x+5)$

A tabela a seguir apresenta, em sua primeira coluna, valores possíveis para o ângulo α, dado por $\alpha = 3x+5$.

Dessa equação, temos o valor de x apresentado na segunda coluna da tabela, $3x = \alpha - 5 \Rightarrow x = \dfrac{\alpha - 5}{3}$. Na terceira coluna da tabela, é calculado o valor da função tangente.

$\alpha = 3x+5$	$x = \dfrac{\alpha-5}{3}$	$tg(3x+5)$
$-\dfrac{\pi}{2}$	$\dfrac{-\pi-10}{6}$	∄
0	$-\dfrac{5}{3}$	0
$\dfrac{\pi}{2}$	$\dfrac{\pi-10}{6}$	∄

Verificamos, então, que o período dessa função é $\dfrac{\pi}{3}$.

$D(f) = \left\{ x \in \mathbb{R} \;\middle|\; x \neq \dfrac{\pi-10}{6} + \dfrac{k\pi}{3}; k \in \mathbb{Z} \right\}$ e $Im(f) = \mathbb{R}$.

Utilizando a tabela, temos o gráfico a seguir:

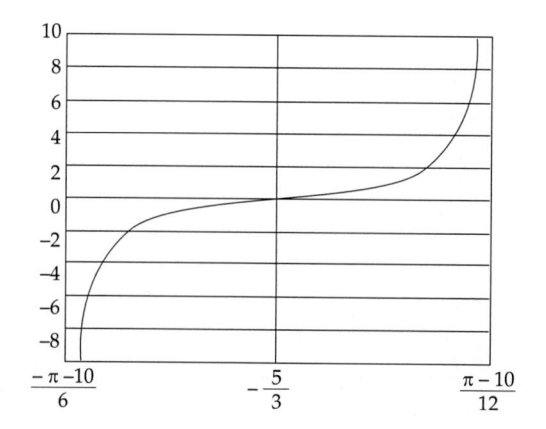

h) $f(x) = y = 3 + 4\text{tg}(-7x - 5)$

$\alpha = -7x - 5$	x	$\text{tg}(-7x-5)$	$3 + 4 \cdot \text{tg}(-7x-5)$
$-\dfrac{\pi}{2}$	$\dfrac{\pi - 10}{14}$	∄	∄
0	$-\dfrac{5}{7}$	0	3
$\dfrac{\pi}{2}$	$\dfrac{-\pi - 10}{14}$	∄	∄

Verificamos, então, que o período dessa função é $\dfrac{\pi}{7}$.

$D(f) = \left\{ x \in \mathbb{R} \;\middle|\; x \neq \dfrac{\pi - 10}{14} + \dfrac{k\pi}{7} ; k \in \mathbb{Z} \right\}$ e $\text{Im}(f) = \mathbb{R}$.

Utilizando a tabela, temos o gráfico a seguir:

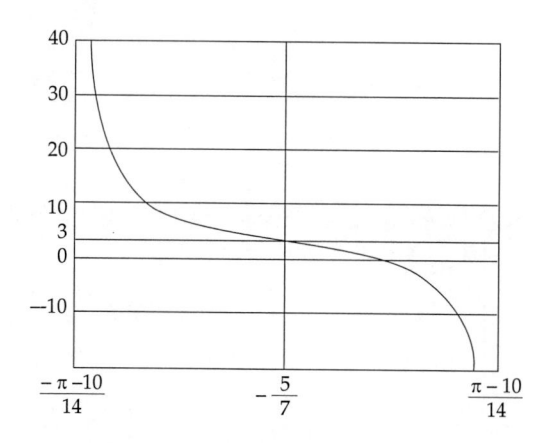

i) $f(x) = y = \cotg(5x-1)$

$\alpha = 5x-1$	x	$\cotg(5x-1)$
0	$\dfrac{1}{5}$	∄
$\dfrac{\pi}{2}$	$\dfrac{\pi+2}{10}$	0
π	$\dfrac{\pi+1}{5}$	∄

Verificamos, então, que o período dessa função é $\dfrac{\pi}{5}$.

$D(f) = \left\{ x \in \mathbb{R} \mid x \neq \dfrac{1}{5} + \dfrac{k\pi}{5}; k \in \mathbb{Z} \right\}$ e $\text{Im}(f) = \mathbb{R}$.

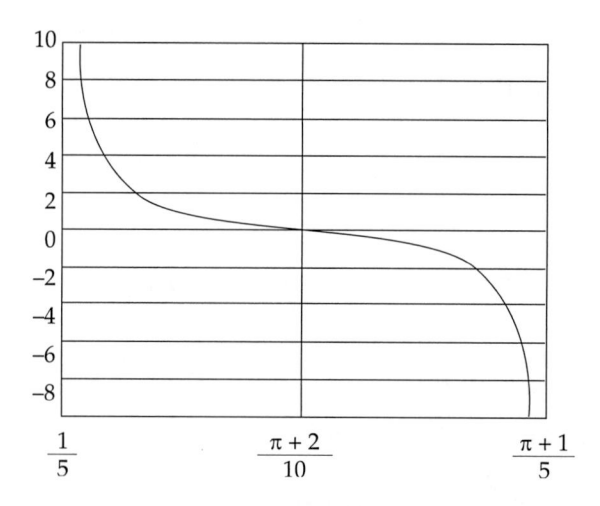

Utilizando a tabela, temos o gráfico a seguir:

j) $f(x) = y = 3 + 4\cotg(7x-5)$

$\alpha = 7x-5$	x	$\cotg(7x-5)$	$3 + 4\cotg(7x-5)$
0	$\dfrac{5}{7}$	∄	∄
$\dfrac{\pi}{2}$	$\dfrac{\pi+10}{14}$	0	3
π	$\dfrac{\pi+5}{7}$	∄	∄

Verificamos, então, que o período dessa função é $\frac{\pi}{7}$.

$D(f) = \left\{ x \in \mathbb{R} \mid x \neq \frac{5}{7} + \frac{k\pi}{7}; k \in \mathbb{Z} \right\}$ e $\text{Im}(f) = \mathbb{R}$.

Utilizando a tabela, temos o gráfico a seguir:

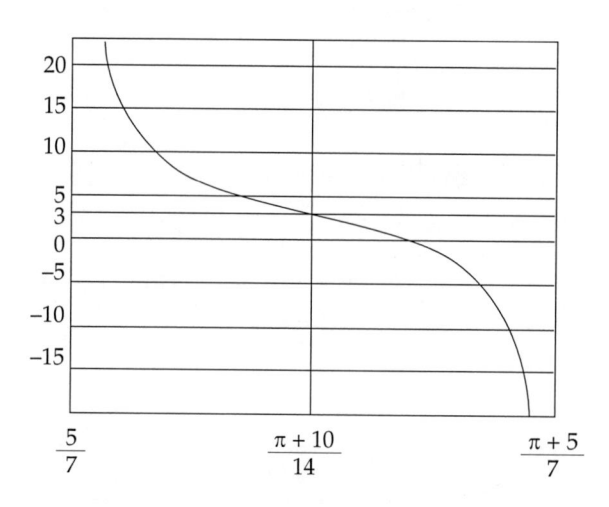

k) $f(x) = y = 3 + 4\sec(5x - 3)$

$\alpha = 5x - 3$	x	$\sec(5x-3)$	$3 + 4\sec(5x-3)$
$-\frac{\pi}{2}$	$\frac{6-\pi}{10}$	∄	∄
0	$\frac{3}{5}$	1	7
$\frac{\pi}{2}$	$\frac{\pi+6}{10}$	∄	∄
π	$\frac{\pi+3}{5}$	−1	−1
$\frac{3\pi}{2}$	$\frac{3\pi+6}{10}$	∄	∄

Verificamos, então, que o período dessa função é $\frac{2\pi}{5}$.

O domínio da função é $D(f) = \left\{ x \in \mathbb{R} \mid x \neq \frac{\pi+6}{10} + \frac{k\pi}{5}; k \in \mathbb{Z} \right\}$.

A imagem da função é $\text{Im}(f) = \mathbb{R} - (-1; 7)$.

Utilizando a tabela, temos o gráfico a seguir:

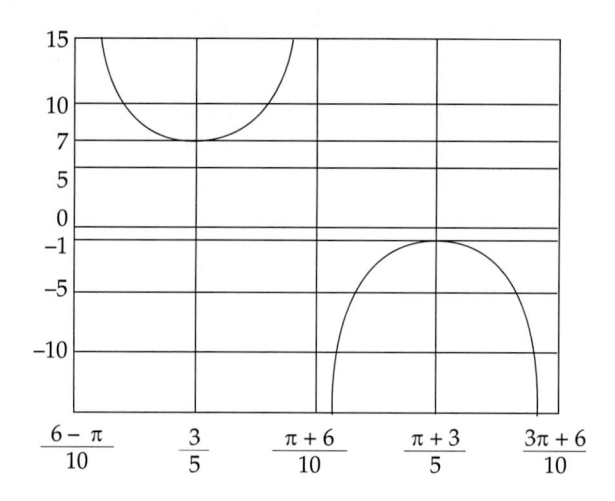

l) $f(x) = y = \text{cossec}(-x - 1)$

$\alpha = -x - 1$	x	$\text{cossec}(-x - 1)$
0	-1	∄
$\dfrac{\pi}{2}$	$\dfrac{-\pi - 2}{2}$	1
π	$-\pi - 1$	∄
$\dfrac{3\pi}{2}$	$\dfrac{-3\pi - 2}{2}$	-1
2π	$-2\pi - 1$	∄

Verificamos, então, que o período dessa função é 2π.

O domínio da função é $D(f) = \{ x \in \mathbb{R} \mid x \neq -\pi - 1 + k\pi; k \in \mathbb{Z} \}$.

A imagem da função é $\text{Im}(f) = \mathbb{R} - (-1; 1)$.

Utilizando a tabela, temos o gráfico a seguir:

[Gráfico]

m) $f(x) = y = \text{cossec}(x-5)$

$\alpha = x-5$	x	$\text{cossec}(x-5)$
0	5	∄
$\dfrac{\pi}{2}$	$\dfrac{\pi+10}{2}$	1
π	$\pi+5$	∄
$\dfrac{3\pi}{2}$	$\dfrac{3\pi+10}{2}$	−1
2π	$2\pi+5$	∄

Verificamos, então, que o período dessa função é 2π.

O domínio da função é $D(f) = \{\, x \in \mathbb{R} \mid x \neq 5 + k\pi;\, k \in \mathbb{Z}\,\}$.

A imagem da função é $\text{Im}(f) = \mathbb{R} - (-1;1)$.

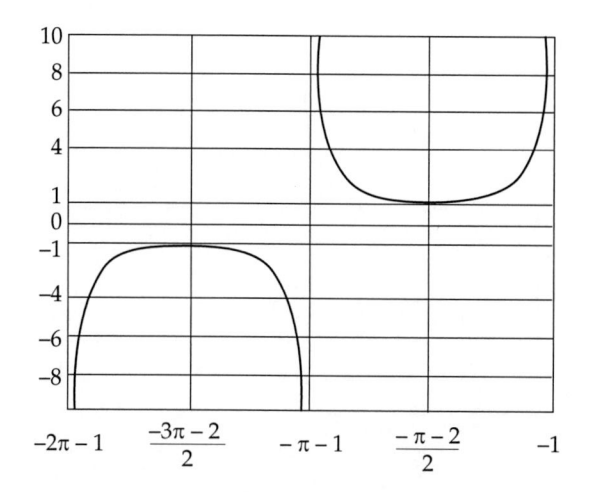

Utilizando a tabela, temos o gráfico a seguir:

Pré-cálculo

[Gráfico com eixos mostrando valores de y variando de -8 a 10, com marcações no eixo x em: 5, $\frac{\pi+10}{2}$, $\pi+5$, $\frac{3\pi+10}{2}$, $2\pi+5$]

n) $f(x) = y = 3 - \text{cossec}(3x-5)$

$\alpha = 3x-5$	x	$\text{cossec}(3x-5)$	$3 - \text{cossec}(3x-5)$
0	$\frac{5}{3}$	∄	∄
$\frac{\pi}{2}$	$\frac{\pi+10}{6}$	1	2
π	$\frac{\pi+5}{3}$	∄	∄
$\frac{3\pi}{2}$	$\frac{3\pi+10}{6}$	-1	4
2π	$\frac{2\pi+5}{3}$	∄	∄

Verificamos, então, que o período dessa função é $\frac{2\pi}{3}$.

O domínio da função é $D(f) = \left\{ x \in \mathbb{R} \mid x \neq \frac{\pi+5}{3} + \frac{k\pi}{3}; k \in \mathbb{Z} \right\}$.

A imagem da função é $\text{Im}(f) = \mathbb{R} - (2;4)$.

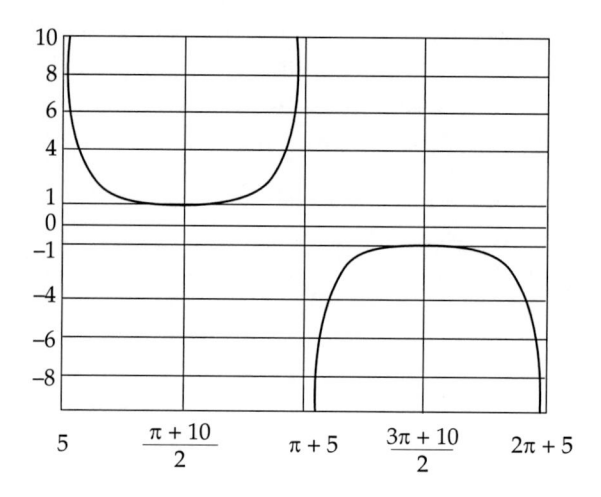

Utilizando a tabela, temos o gráfico a seguir:

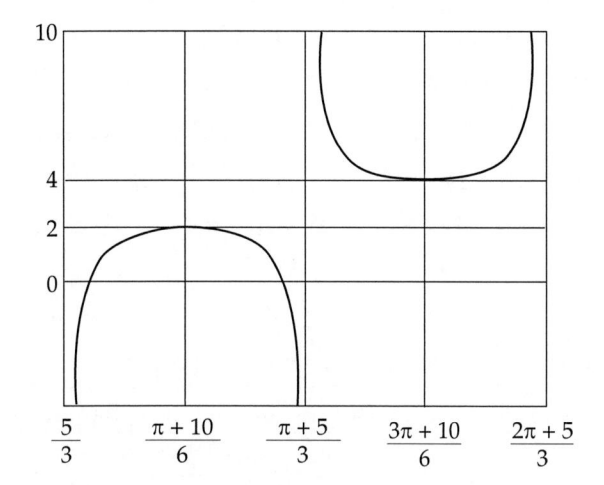

[Gráfico com eixo y marcado em 0, 2, 4, 10 e eixo x marcado em $\frac{5}{3}$, $\frac{\pi+10}{6}$, $\frac{\pi+5}{3}$, $\frac{3\pi+10}{6}$, $\frac{2\pi+5}{3}$]

9.15 Exercícios propostos

1) Exprimir em radianos:
   a) 45°   b) 135°   c) 300°

2) Exprimir em graus:
   a) $\frac{7\pi}{4}$ rad   b) $\frac{5\pi}{3}$ rad   c) $\frac{11\pi}{6}$ rad

3) Indicar o ponto do ciclo correspondente a cada número x a seguir:

   a) $x = \frac{\pi}{3}$

   b) $x = -\frac{\pi}{3}$

   c) $x = 21\pi$

   d) $x = \frac{13\pi}{4}$

   e) $x = \frac{28\pi}{3}$

   f) $x = \frac{11\pi}{6}$

   g) $x = -\frac{25\pi}{3}$

4) Esboçar um período da função $f : A \subset \mathbb{R} \xrightarrow[f(x)=y]{x \mapsto} B \subset \mathbb{R}$, determinando seu domínio e sua imagem:

   a) $f(x) = \text{sen}(3x - 7)$
   b) $f(x) = \text{sen}(-2x + 7)$
   c) $f(x) = -4 + 3\text{sen}(-x - 7)$
   d) $f(x) = \cos(-7x + 5)$

e) $f(x) = 3\cos(-2x+5)$
f) $f(x) = -6 + 5\cos(3x-4)$
g) $f(x) = \text{tg}(7x-3)$
h) $f(x) = 8 + 5\text{tg}(-3x-1)$
i) $f(x) = -3 + 4\cot g(-2x-7)$

j) $f(x) = 3 + 9\cot g(3x-5)$
k) $f(x) = -6 + \sec(3x-8)$
l) $f(x) = -3 + \text{cossec}(-x-1)$
m) $f(x) = \text{cossec}(x-5)$
n) $f(x) = -2 - 5\sec(x-5)$

9.16 Respostas dos exercícios propostos

1) a) $\dfrac{\pi}{4}$ rad b) $\dfrac{3\pi}{4}$ rad c) $\dfrac{5\pi}{3}$ rad

2) a) 315° b) 300° c) 330°

3)

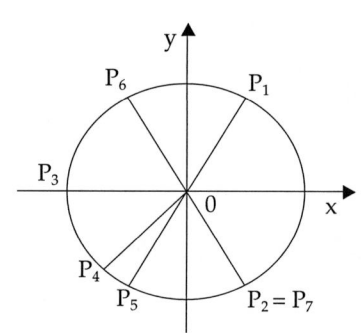

4) a) Período = $\dfrac{2\pi}{3}$; $D(f) = \mathbb{R}$; $\text{Im}(f) = [-1\,;1]$.

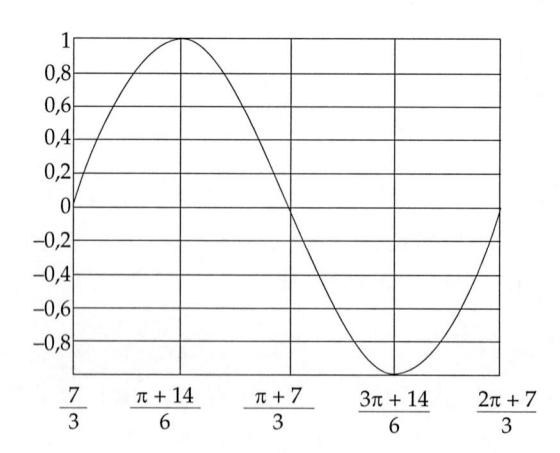

b) Período = π; $D(f) = \mathbb{R}$; $Im(f) = [-1; 1]$.

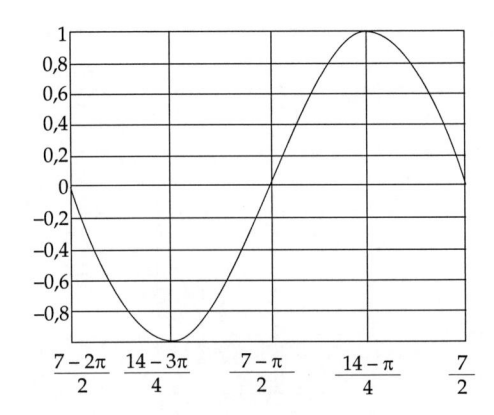

c) Período = 2π; $D(f) = \mathbb{R}$; $Im(f) = [-7; -1]$.

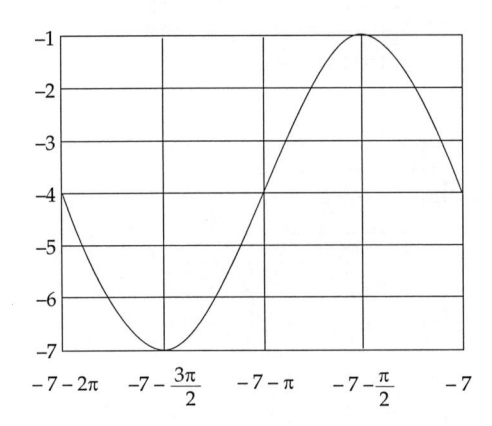

d) Período = $\dfrac{2\pi}{7}$; $D(f) = \mathbb{R}$; $Im(f) = [-1; 1]$.

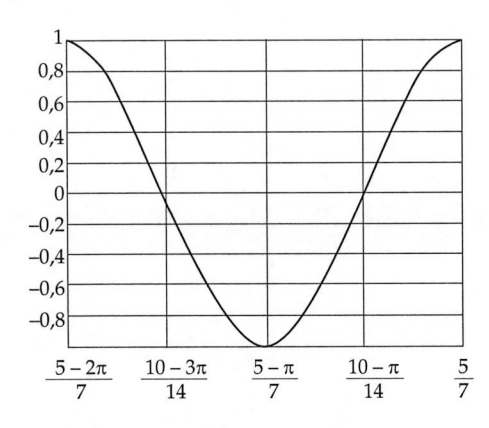

e) Período $= \pi$; $D(f) = \mathbb{R}$; $\text{Im}(f) = [-3\,;3]$.

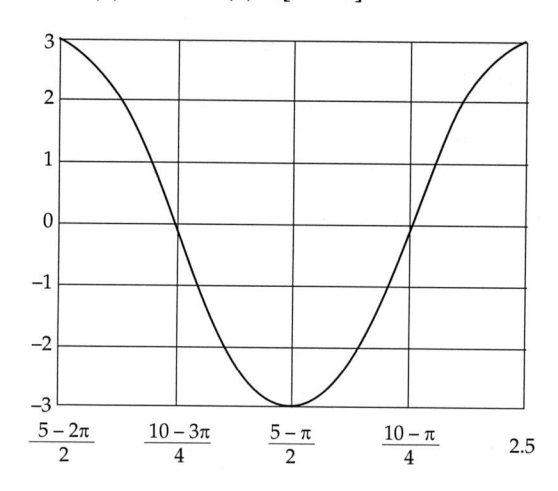

f) Período $= \dfrac{2\pi}{3}$; $D(f) = \mathbb{R}$; $\text{Im}(f) = [-11\,;-1]$.

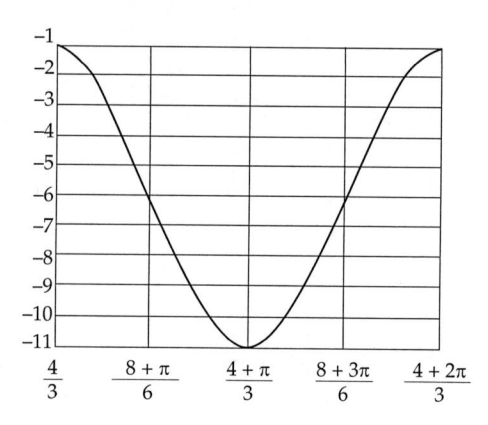

g) Período = $\dfrac{\pi}{7}$; $D(f) = \left\{ x \in \mathbb{R} \mid x \neq \dfrac{6-\pi}{14} + \dfrac{k\pi}{7}; k \in \mathbb{Z} \right\}$; $\text{Im}(f) = \mathbb{R}$.

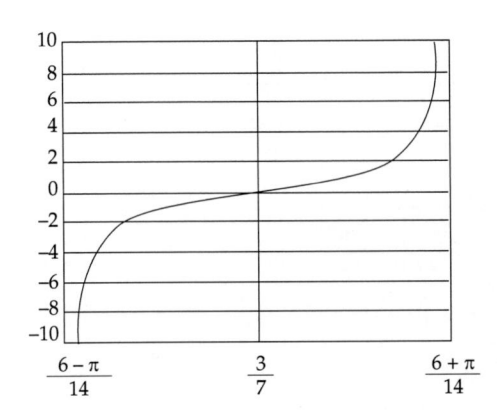

h) Período = $\dfrac{\pi}{3}$; $D(f) = \left\{ x \in \mathbb{R} \mid x \neq \dfrac{\pi-2}{6} + \dfrac{k\pi}{3}; k \in \mathbb{Z} \right\}$; $\text{Im}(f) = \mathbb{R}$.

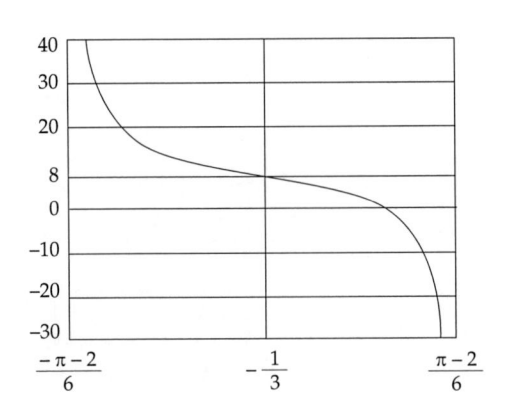

i) Período = $\dfrac{\pi}{2}$; $D(f) = \left\{ x \in \mathbb{R} \mid x \neq \dfrac{-7}{2} + \dfrac{k\pi}{2}; k \in \mathbb{Z} \right\}$; $\text{Im}(f) = \mathbb{R}$.

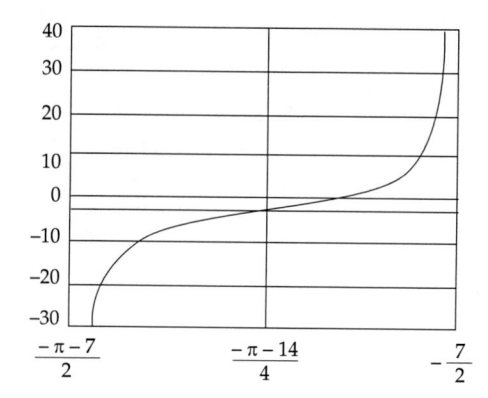

j) Período = $\dfrac{\pi}{3}$; $D(f) = \left\{ x \in \mathbb{R} \mid x \neq \dfrac{5}{3} + \dfrac{k\pi}{3}; k \in \mathbb{Z} \right\}$; $\text{Im}(f) = \mathbb{R}$.

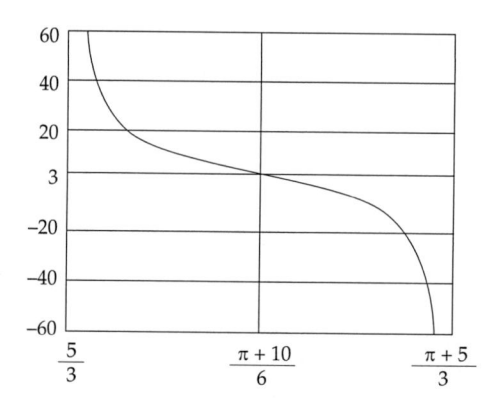

k) Período = $\dfrac{2\pi}{3}$; $D(f) = \left\{ x \in \mathbb{R} \mid x \neq \dfrac{\pi+16}{6} + \dfrac{k\pi}{3}; k \in \mathbb{Z} \right\}$; $\text{Im}(f) = \mathbb{R} - (-7; -5)$

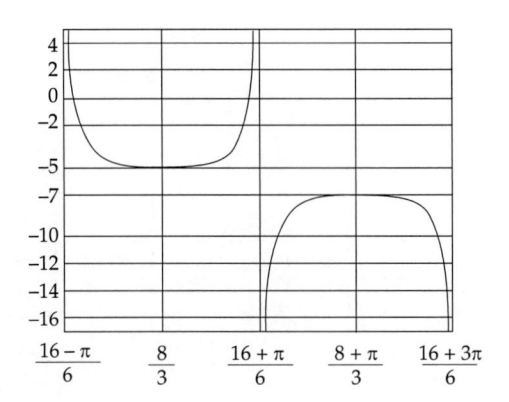

l) Período = 2π; $D(f) = \{ x \in \mathbb{R} \mid x \neq -1 + k\pi; k \in \mathbb{Z} \}$; $\text{Im}(f) = \mathbb{R} - (-4; -2)$.

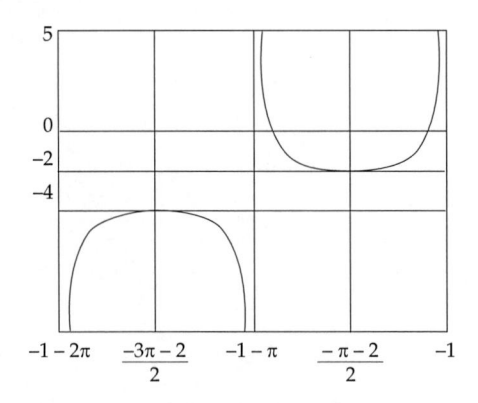

m) Período = 2π; $D(f) = \{ x \in \mathbb{R} \mid x \neq 5 + k\pi; k \in \mathbb{Z} \}$; $\text{Im}(f) = \mathbb{R} - (-1; 1)$.

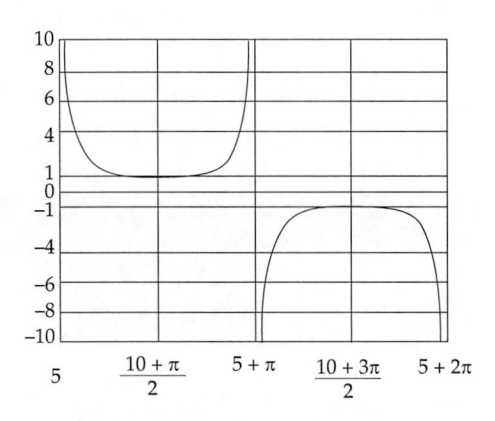

n) Período = 2π; $D(f) = \left\{ x \in \mathbb{R} \mid x \neq \dfrac{\pi+10}{2} + k\pi; k \in \mathbb{Z} \right\}$; $\text{Im}(f) = \mathbb{R} - (-7\,;3)$.

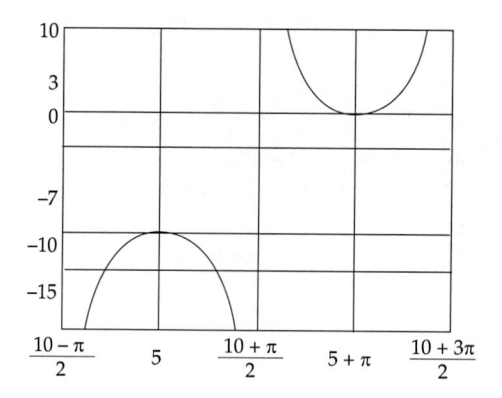

capítulo **10**

Aplicações

Neste capítulo serão apresentadas algumas aplicações de modelos matemáticos elementares e, entre eles, alguns modelos econômicos cujos conceitos serão mostrados na introdução.

10.1 Conceitos econômicos

A figura a seguir mostra uma representação geral das curvas de oferta e demanda.

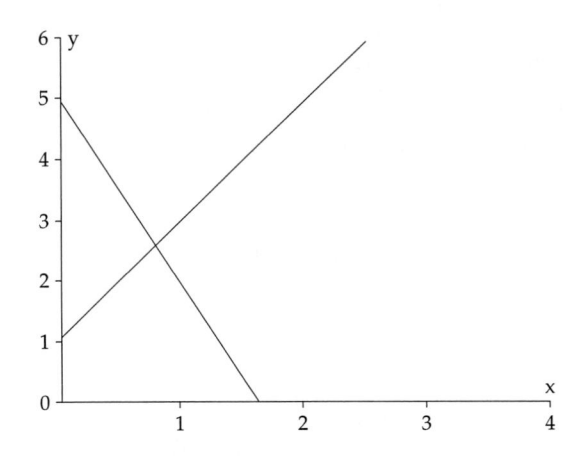

As curvas estão representadas no primeiro quadrante, pois a oferta, a demanda e o preço são positivos.

A oferta negativa significa que os produtos ainda estão em produção (ou estocados).

A demanda negativa significa que os preços são altos demais e não há consumidor.

A função demanda pode ser vista como função do preço, isto é, $y_1 = f_1(x)$, onde y_1 representa o preço e x, a quantidade. Um aumento nos preços causa um decréscimo na quantidade consumida (ou demandada). Quando os preços baixam, causam um acréscimo na quantidade consumida. Logo, a função demanda é estritamente decrescente, conforme apresentada na figura a seguir.

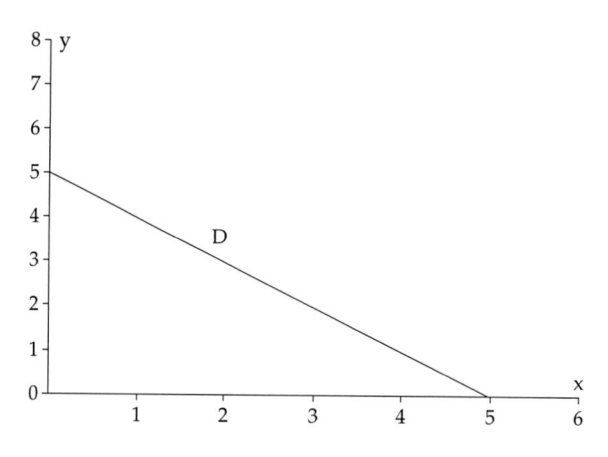

Essa reta (D) representa o gráfico da função demanda.

A função oferta pode ser vista como função do preço, ou seja, $y_2 = f_2(x)$, onde y_2 representa o preço e x a quantidade. Um aumento nos preços causa um acréscimo na quantidade disponível para aquisição (ou ofertada). Quando os preços aumentam causam um acréscimo nas quantidades disponíveis. Logo, a função oferta é estritamente crescente, conforme mostrada na figura a seguir.

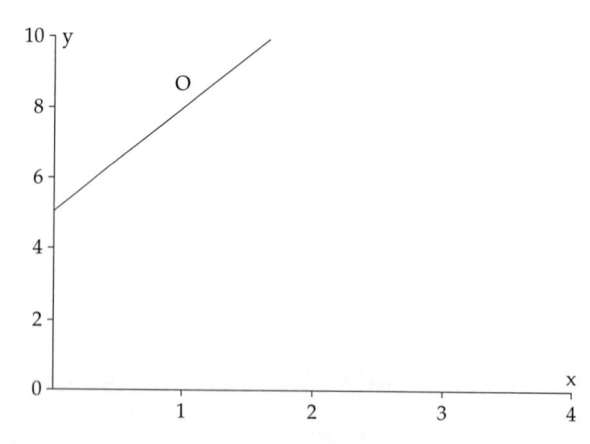

Essa reta (O) representa o gráfico da função oferta.

O objetivo aqui é ilustrar as aplicações de modelos matemáticos elementares. Usa-se como variável independente a quantidade (x) e como variável dependente o preço (y), pressupondo constantes todas as outras variáveis que influenciam o mercado.

Supondo que a economia funcione em um regime de concorrência perfeita, quando os preços são determinados pela lei de oferta e de procura, pode-se encontrar um preço que atenda aos consumidores e aos empresários, isto é, o preço de equilíbrio. Como o preço de equilíbrio é o ponto comum às curvas de oferta e de demanda, podemos escrever, então, $y_1(x) = y_2(x)$, que é a interseção das curvas de oferta e de demanda, conforme apresentada na figura a seguir.

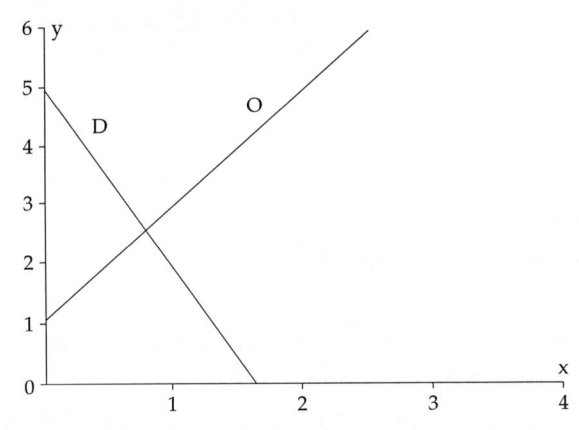

A reta (D) representa demanda e a reta (O), oferta.

O objetivo de traçar as curvas de oferta e de demanda no mesmo gráfico é a visualização do comportamento conjunto das curvas, para compará-las. Observando o gráfico a seguir, podemos afirmar:

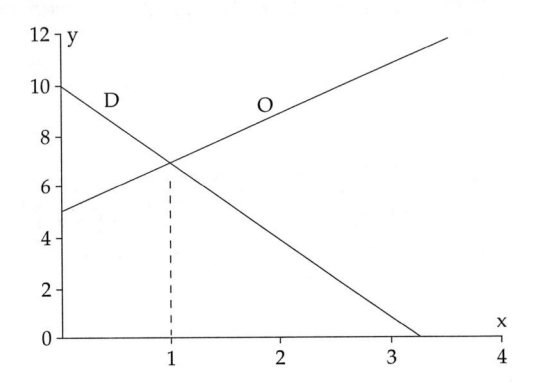

a) No intervalo $[0; x_e)$, a demanda é maior que a oferta, ou seja, temos excesso de demanda.

b) No ponto $x = x_e$, a demanda é igual à oferta, ou seja, temos o equilíbrio de mercado.

c) No intervalo $(x_e; x)$, a oferta é maior que a demanda, ou seja, temos excesso de oferta.

De modo análogo, podemos inferir as funções receita total e custo total.

A função receita total é uma função do preço unitário de venda e da quantidade vendida, dada por $R_t = f_1(x_1; p_1) = p_1 \cdot x_1$, onde:

R_t é a receita total; x_1 corresponde à quantidade vendida; p_1 refere-se ao preço unitário de venda.

A função do custo total é função dos custos fixos (ou custos indiretos, como seguro, aluguel, energia elétrica etc.), custos variáveis (os custos envolvidos diretamente na produção) e quantidades produzidas. Logo, o custo total é dado por $C_t = C_v + C_f$, onde:

C_t é o custo total; C_v compreende o custo variável; C_f refere-se ao custo fixo.

Como o custo variável é função direta da quantidade produzida, temos $C_v = f_2(x_2; p_2) = p_2 \cdot x_2$, onde:

C_v é o custo variável; x_2 é a quantidade produzida; p_2 é o custo unitário de produção.

Antes do início da produção, ou seja, quando a quantidade produzida é nula ($x_2 = 0$), tem-se $C_v = 0$ ou $C_t = C_f$ (o custo total é igual ao custo fixo).

A função lucro total é a diferença entre a função receita total e a função custo total, ou seja, $L_t = R_t - C_t$, onde:

L_t corresponde à função lucro total; R_t é a função receita total; e C_t, a função custo total.

Supondo que a quantidade produzida seja igual à quantidade vendida (ausência de estoque), as curvas de receita total e de custo total podem ser representadas e analisadas no mesmo gráfico, conforme a figura a seguir.

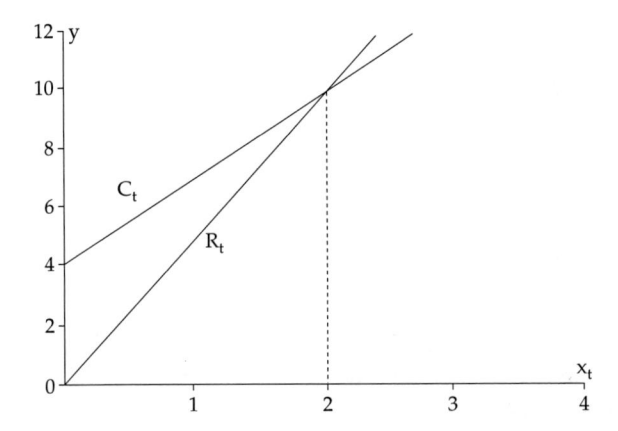

As curvas de receita total e de custo total só serão analisadas no 1º quadrante, pois a receita, o custo e a quantidade são positivos ou nulos.

A interseção das curvas R_t e C_t é o ponto onde a receita total é igual ao custo total (ponto no qual o lucro é nulo). Supondo as curvas representadas no gráfico anterior, no intervalo $[0; x_t)$, o custo é maior que a receita (existe prejuízo) e no intervalo $x > x_t$, a receita total é maior que o custo total (existe lucro).

Exemplo:

Consideremos a curva de oferta dada pela função $y = 2x + 5$ e a curva de demanda dada pela função $y = -3x + 10$, onde x representa quantidade e y o preço.

A curva de oferta é crescente, pois é uma função linear com coeficiente angular positivo. A curva de demanda é decrescente, porque é uma função linear com coeficiente angular negativo.

O ponto de equilíbrio é obtido igualando-se as curvas de oferta e de demanda.

Logo, $y = 2x + 5 = -3x + 10 \Rightarrow 5x = 5 \Rightarrow x = 1$ (em unidade de quantidade).

Para se obter o preço de equilíbrio, basta substituir x em uma das equações (de oferta ou de demanda). Substituindo x na equação de oferta, tem-se:

$$y = 2 \cdot 1 + 5 = 7 \text{ (em unidade de preço)}$$

O ponto de equilíbrio é $(1;7)$ e o gráfico a seguir ilustra as curvas de oferta e de demanda no mesmo sistema de eixos, bem como o ponto de equilíbrio para as funções dadas:

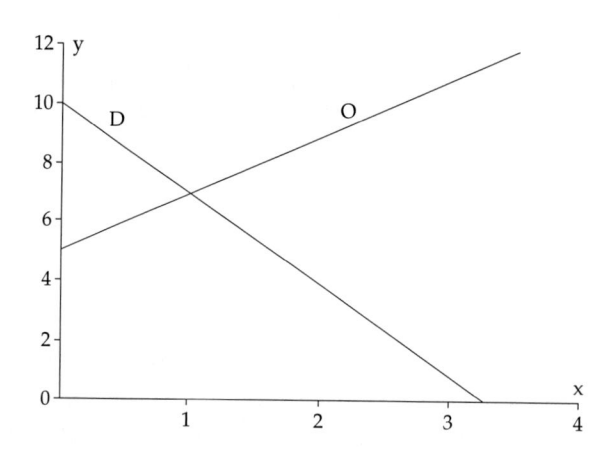

10.2 Exercícios resolvidos

1) Os produtos comercializados por uma fazenda são: arroz, feijão e soja. A tabela a seguir apresenta o modelo matemático adequado para cada produto, onde x_i (i = 1,...,3) é quantidade em toneladas.

Produto	Função custo total (em 1.000 unidades monetárias)	Função receita total (em 1.000 unidades monetárias)
Arroz (x_1)	$C_t^a = 3x_1 + 3$	$R_t^a = 7x_1 + 2$
Feijão (x_2)	$C_t^f = 2x_2 + 4$	$R_t^f = 5x_2 + 3$
Soja (x_3)	$C_t^s = 4x_3 + 15$	$R_t^s = 8x_3 + 10$

Admitindo que toda a produção é vendida, pede-se:
a) A função custo total da fazenda.
b) A função receita total da fazenda.
c) A função lucro total da fazenda.
d) O lucro total da fazenda na venda de 5 toneladas de arroz, 2 toneladas de feijão e 3 toneladas de soja.

e) O custo fixo na produção dos produtos.
f) A função lucro de cada produto.
g) O custo fixo alocado a cada produto.
h) O ponto de equilíbrio para cada um dos produtos.
i) Esboço do gráfico da funções L_t, R_t e C_t no mesmo sistema de eixos.
j) A interpretação econômica.

Solução:

a) O custo total de produção da fazenda é a soma do custo total de produção de arroz, feijão e soja, ou seja, $C_t^{fazenda} = C_t^a + C_b^f + C_t^s$.

Substituindo as expressões matemáticas, temos:
$C_t^{fazenda} = C_t^a + C_b^f + C_t^s =$
$= (3x_1 + 3) + (2x_2 + 4) + (4x_3 + 15) = (3x_1 + 2x_2 + 4x_3) + 22.$

b) A receita total de produção da fazenda é a soma da receita total de produção de arroz, feijão e soja, ou seja, $R_t^{fazenda} = R_t^a + R_t^f + R_t^s$.

Substituindo as expressões matemáticas, temos:
$R_t^{fazenda} = R_t^a + R_t^f + R_t^s =$
$= (7x_1 + 2) + (5x_2 + 3) + (8x_3 + 10) = (7x_1 + 5x_2 + 8x_3) + 15.$

c) O lucro total de produção da fazenda é a soma do lucro total de produção de arroz, feijão e soja (que é a diferença entre a receita total e o custo total), ou seja:
$L_t^{fazenda} = R_t^{fazenda} - C_t^{fazenda} =$
$= (7x_1 + 5x_2 + 8x_3 + 15) - (3x_1 + 2x_2 + 4x_3 + 22) = 4x_1 + 3x_2 + 4x_3 - 7.$

d) $L_t = 4 \cdot 5 + 3 \cdot 2 + 4 \cdot 3 - 7 = 20 + 6 + 12 - 7 = 31$ (em 1.000 unidades monetárias).

e) O custo fixo é o custo existente independentemente de produção. Logo, fazendo $x_1 = x_2 = x_3 = 0$, na expressão do custo total, tem-se:
$C_{fixo} = (3 \cdot 0 + 3) + (2 \cdot 0 + 4) + (4 \cdot 0 + 15) = 22$ (em 1.000 unidades monetárias).

f) Função lucro do arroz: $L_t^a = R_t^a - C_t^a = (7x_1 + 2) - (3x_1 + 3) = 4x_1 - 1.$
Função lucro do feijão: $L_t^f = R_t^f - C_t^f = (5x_2 + 3) - (2x_2 + 4) = 3x_2 - 1.$
Função lucro da soja: $L_t^s = R_t^s - C_t^s = (8x_3 + 10) - (4x_3 + 15) = 4x_3 - 5.$

g) Custo fixo alocado ao arroz: $x_1 = 0$ em $C_t^a = 3 \cdot 0 + 3 = 3$ (em 1.000 unidades monetárias).

Custo fixo alocado ao feijão: $x_2 = 0$ em $C_t^f = 2 \cdot 0 + 4 = 4$.

Custo fixo alocado à soja: $x_3 = 0$ em $C_t^s = 4 \cdot 0 + 15 = 15$.

h) O ponto de equilíbrio é aquele onde a receita total é igual ao custo total. Logo, o ponto de equilíbrio para o arroz é:

$R_t^a = C_t^a \Rightarrow 7x_1 + 2 = 3x_1 + 3 \Rightarrow 7x_1 - 3x_1 = 3 - 2 \Rightarrow 4x_1 = 1 \Rightarrow x_1 = \dfrac{1}{4}$.

Determinaremos o valor de y_1:

$7x_1 + 2 = 7 \cdot \dfrac{1}{4} + 2 = \dfrac{15}{4} = y_1$.

Daí, o ponto de equilíbrio é $\left(\dfrac{1}{4}; \dfrac{15}{4}\right)$.

O ponto de equilíbrio para o feijão é:

$R_t^f = C_t^f \Rightarrow 5x_2 + 3 = 2x_2 + 4 \Rightarrow 5x_2 - 2x_2 = 4 - 3 \Rightarrow 3x_2 = 1 \Rightarrow x_2 = \dfrac{1}{3}$.

Determinaremos o valor de y_2:

$5x_2 + 3 = 5 \cdot \dfrac{1}{3} + 3 = \dfrac{14}{3} = y_2$.

Daí, o ponto de equilíbrio é $\left(\dfrac{1}{3}; \dfrac{14}{3}\right)$.

O ponto de equilíbrio para a soja é:

$R_t^s = C_t^s \Rightarrow 8x_3 + 10 = 4x_3 + 15 \Rightarrow 8x_3 - 4x_3 = 15 - 10 \Rightarrow$

$\Rightarrow 4x_3 = 5 \Rightarrow x_3 = \dfrac{5}{4}$.

Determinaremos o valor de y_3:

$8x_3 + 10 = 8 \cdot \dfrac{5}{4} + 10 = 20 = y_3$.

Daí, o ponto de equilíbrio é $\left(\dfrac{5}{4}; 20\right)$.

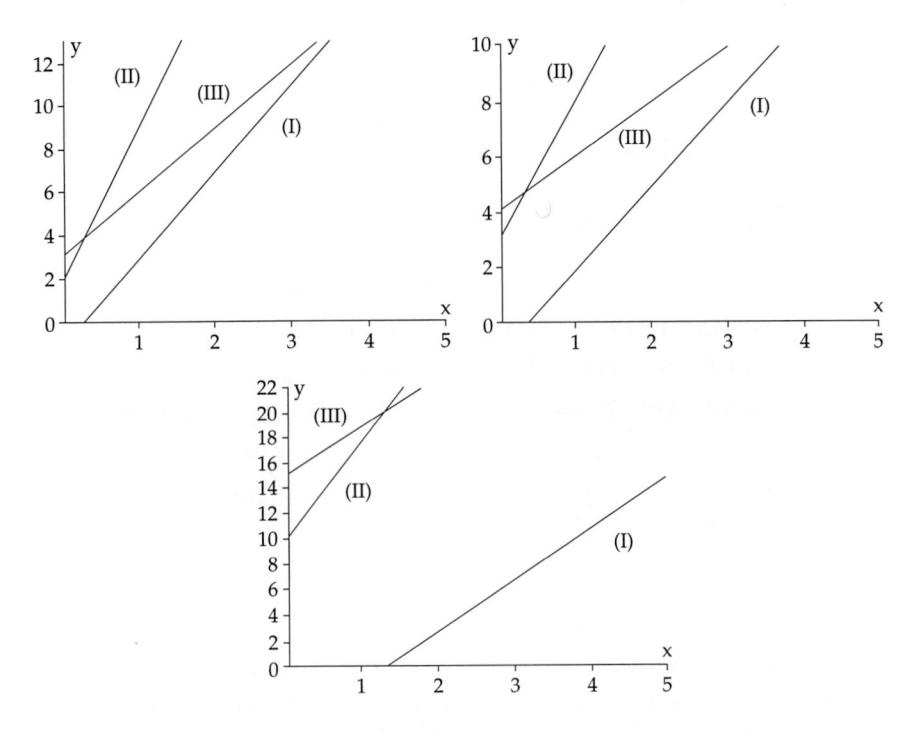

A reta (I) representa o gráfico da função lucro; a *reta (II)* corresponde ao gráfico da função receita; a *reta (III)* compreende o gráfico da função custo.

j) Para o arroz:

$0 \leq x < \frac{1}{4}$: excesso de demanda;

$x = \frac{1}{4}$: oferta = demanda;

$x > \frac{1}{4}$: excesso de oferta.

Para a soja:

$0 \leq x < \frac{5}{4}$: excesso de demanda;

$x = \frac{5}{4}$: oferta = demanda;

$x > \frac{5}{4}$: excesso de oferta.

Para o feijão:

$0 \leq x < \frac{1}{3}$: excesso de demanda;

$x = \frac{1}{3}$: oferta = demanda;

$x > \frac{1}{3}$: excesso de oferta.

2) Uma pessoa investe em dois tipos de ações, A e B. Por meio dos dados históricos das ações, o modelo matemático adequado de rentabilidade, para representar cada tipo de ação, é apresentado na tabela a seguir, onde *t* é medido em meses, com início em outubro/1993.

Tipo de ação	Modelo matemático de rentabilidade (%)
A	$y_1 = 3t + 3$
B	$y_2 = 4t + 6$

Admitindo-se o mesmo modelo antes de outubro/1993, pede-se:
a) A rentabilidade no início da aplicação em t = 0 (outubro/1993).
b) A rentabilidade após três meses de investimento.
c) Quando as ações tiveram a mesma rentabilidade.
d) O esboço do gráfico da rentabilidade das ações no mesmo sistema de eixos.
e) Um comentário sobre o investimento.
f) A previsão de rentabilidade das ações para outubro/1994.

Solução:

a) t = 0

Ação A – rentabilidade de 3%.
Ação B – rentabilidade de 6%.

b) t = 3

Ação A – $y_1 = 3 \times 3 + 3 = 12\%$.

Ação B – $y_2 = 4 \times 3 + 6 = 18\%$.

c) $y_1 = y_2 \Rightarrow 3t + 3 = 4t + 6 \Rightarrow t = -3$

As ações tiveram a mesma rentabilidade em julho/1993.

d)

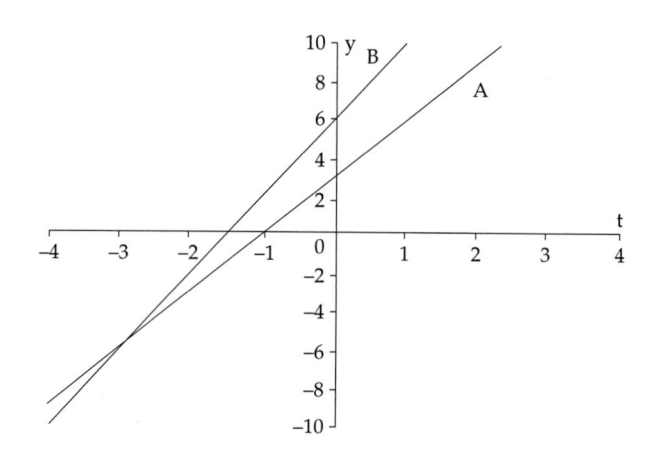

e) A ação B é mais rentável que a ação A.

f) t = 12

Ação A – $y_1 = 3 \times 12 + 3 = 39\%$.

Ação B – $y_2 = 4 \times 12 + 6 = 54\%$.

3) Após vários anos de coleta de dados, os pesquisadores concluíram que o modelo matemático adequado para representar a confiabilidade de dois tipos de sensores é dado por $y_1 = -2t + 100$ para o sensor tipo 1, e $y_2 = -t + 100$ para o sensor tipo 2, onde t é medido em anos e y, em %. Pede-se:
a) A confiabilidade inicial de cada sensor.
b) A confiabilidade após cinco anos.
c) Quando a confiabilidade dos sensores é a mesma.
d) O esboço do gráfico das curvas no mesmo sistema de eixos.
e) Um comentário.

Solução:

a) t = 0

Para o sensor tipo 1, tem-se:
$y_1 = -2 \times 0 + 100 = 100\%$

Para o sensor tipo 2, tem-se:
$y_2 = -0 + 100 = 100\%$

b) t = 5

Para o sensor tipo 1, tem-se:
$y_1 = -2 \cdot 5 + 100 = 90\%$

Para o sensor tipo 2, tem-se:
$y_2 = -5 + 100 = 95\%$

c) $y_1 = y_2 \Rightarrow -2t + 100 = -t + 100 \Rightarrow t = 0$, isto é, os sensores têm a mesma confiabilidade no início.

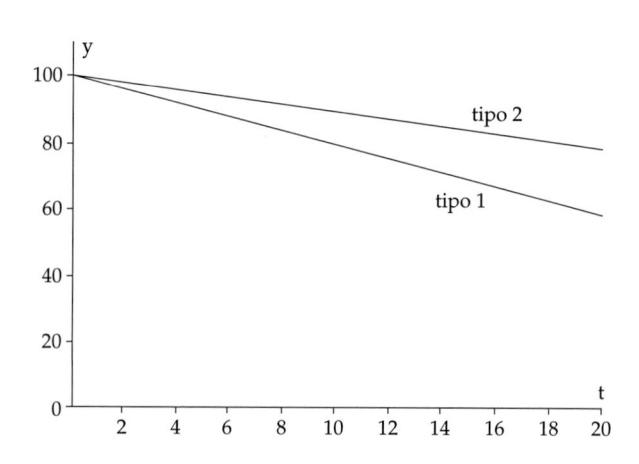

d)

e) O sensor tipo 1 tem maior degradação que o sensor tipo 2.

4) Duas bactérias são erradicadas com um produto, segundo os modelos matemáticos a seguir, onde t é medido em dias:

$$\begin{cases} y_1 = -t + 40 \text{ (milhões de bactérias do tipo 1)} \\ e \\ y_2 = -2t + 60 \text{ (milhões de bactérias do tipo 2)} \end{cases}$$

Pede-se:
a) A quantidade de bactérias no início da pesquisa.
b) A quantidade de bactérias após uma semana de pesquisa.
c) Quando as bactérias terão quantidades iguais.
d) A previsão para um mês de pesquisa.
e) O esboço do gráfico de y_1 e y_2 no mesmo sistema de eixos.
f) Um comentário.

Solução:

a) t = 0

Para a bactéria do tipo 1, tem-se:
$y_1 = 0 + 40 = 40$

Para a bactéria do tipo 2, tem-se:
$y_2 = 0 + 60 = 60$

b) t = 7

Para a bactéria do tipo 1, tem-se:
$y_1 = -7 + 40 = 33$

Para a bactéria do tipo 2, tem-se:
$y_2 = -2 \cdot 7 + 60 = 46$

c) $y_1 = y_2 \Rightarrow -t + 40 = -2t + 60 \Rightarrow t = 20$, isto é, as bactérias terão quantidades iguais após 20 dias.

d) t = 30

Para a bactéria do tipo 1, tem-se:
$y_1 = -30 + 40 = 10$

Para a bactéria do tipo 2, tem-se:
$y_2 = -2 \cdot 30 + 60 = 0$ (está erradicada)

e)

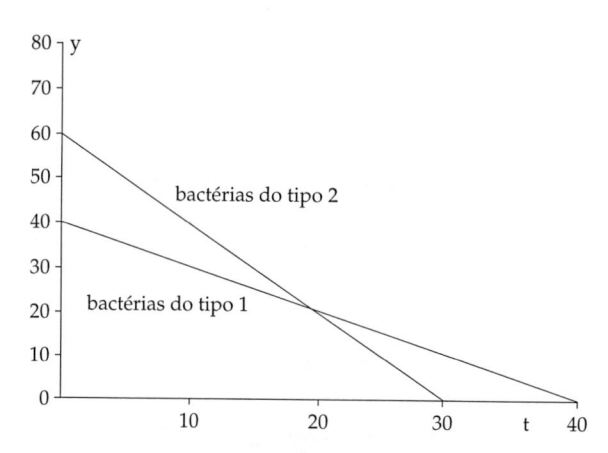

f) O produto é mais eficaz para bactérias do tipo 2.

5) Considerando-se o estoque estratégico, a soja e o feijão têm produtividade segundo os seguintes modelos matemáticos, onde *t* é medido em meses:

$y_1 = 2t + 5$ (milhões de grãos de soja)

e

$y_2 = 3t + 4$ (milhões de grãos de feijão)

Pede-se a quantidade de grãos:
a) No início do plantio.
b) Dois meses após.
c) Quando as produções terão quantidades iguais.
d) A previsão de dez meses após o início do plantio.
e) O esboço do gráfico de y_1 e y_2 no mesmo sistema de eixos.
f) Um comentário.

Solução:

a) $t = 0$
$$\begin{cases} y_1 = 2 \cdot 0 + 5 = 5 \text{ milhões de grãos de soja} \\ e \\ y_2 = 3 \cdot 0 + 4 = 4 \text{ milhões de grãos de feijão,} \end{cases}$$
que são o estoque estratégico.

b) $t = 2$
$$\begin{cases} y_1 = 2 \cdot 2 + 5 = 9 \text{ milhões de grãos de soja} \\ e \\ y_2 = 3 \cdot 2 + 4 = 10 \text{ milhões de grãos de feijão} \end{cases}$$

c) $y_1 = y_2 \Rightarrow 2t + 5 = 3t + 4 \Rightarrow t = 1$, isto é, após um mês de plantio.

d) $t = 10$
$$\begin{cases} y_1 = 2 \cdot 10 + 5 = 25 \text{ milhões de grãos de soja} \\ e \\ y_2 = 3 \cdot 10 + 4 = 34 \text{ milhões de grãos de feijão} \end{cases}$$

e)

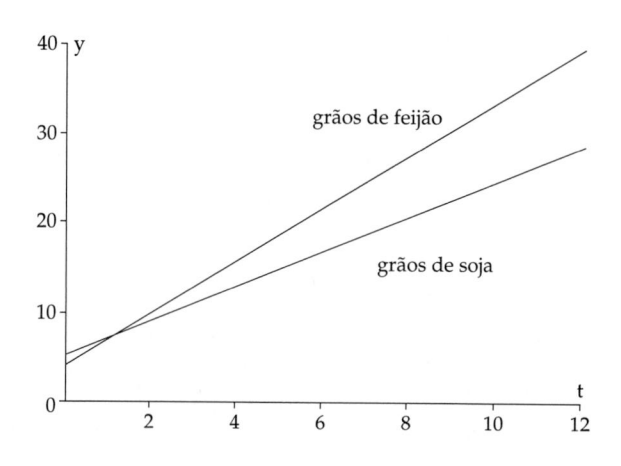

[Gráfico com eixos y (0 a 40) e t (0 a 12), mostrando duas retas: "grãos de feijão" (com maior inclinação) e "grãos de soja".]

f) Os grãos de feijão têm maior produtividade.

6) Uma empresa emprega um montante em diversas aplicações financeiras, em setembro/2001. A rentabilidade tem o comportamento segundo os modelos matemáticos apresentados na tabela a seguir, onde t representa mês e y_i, porcentual $(i = 1,...,6)$:

Tipo de investimento	Modelo matemático
A	$y_1 = 3t + 10$
B	$y_2 = 5t - 2$
C	$y_3 = \dfrac{t}{2} + 1$
D	$y_4 = -t + 1$
E	$y_5 = 3t + 2$
F	$y_6 = 2t - 3$

Pede-se:
a) A rentabilidade no início da aplicação.
b) A rentabilidade em dezembro de 2001.
c) A previsão para fevereiro de 2002.
d) Quando a rentabilidade dos investimentos A e C serão iguais.
e) O esboço do gráfico dos modelos matemáticos correspondentes aos investimentos A e C e um comentário.
f) Quando a rentabilidade dos investimentos B e E são iguais.

g) O esboço do gráfico dos modelos matemáticos correspondentes aos investimentos B e E e um comentário.
h) Quando a rentabilidade dos investimentos D e F são iguais.
i) O esboço do gráfico dos modelos matemáticos correspondentes aos investimentos D e F e um comentário.

Solução:

a) t = 0

Tipo de investimento	Rentabilidade em t = 0
A	$y_1 = 3 \cdot 0 + 10 = 10$
B	$y_2 = 5 \cdot 0 - 2 = -2$
C	$y_3 = \dfrac{0}{2} + 1 = 1$
D	$y_4 = -0 + 1 = 1$
E	$y_5 = 3 \cdot 0 + 2 = 2$
F	$y_6 = 2 \cdot 0 - 3 = -3$

b) t = 3

Tipo de investimento	Rentabilidade em dez./2001
A	$y_1 = 3 \cdot 3 + 10 = 19$
B	$y_2 = 5 \cdot 3 - 2 = 13$
C	$y_3 = \dfrac{3}{2} + 1 = \dfrac{5}{2}$
D	$y_4 = -3 + 1 = -2$
E	$y_5 = 3 \cdot 3 + 2 = 11$
F	$y_6 = 2 \cdot 3 - 3 = 3$

c) t = 5

Tipo de investimento	Rentabilidade em fev./2002
A	$y_1 = 3 \cdot 5 + 10 = 25$
B	$y_2 = 5 \cdot 5 - 2 = 23$
C	$y_3 = \dfrac{5}{2} + 1 = \dfrac{7}{2}$
D	$y_4 = -5 + 1 = -4$
E	$y_5 = 3 \cdot 5 + 2 = 17$
F	$y_6 = 2 \cdot 5 - 3 = 7$

d) $y_1 = y_3 \Rightarrow 3t+10 = \dfrac{t}{2}+1 \Rightarrow t = -\dfrac{18}{5} \cong -3{,}6.$

Aproximadamente entre junho e julho de 2001, os investimentos tiveram a mesma rentabilidade.

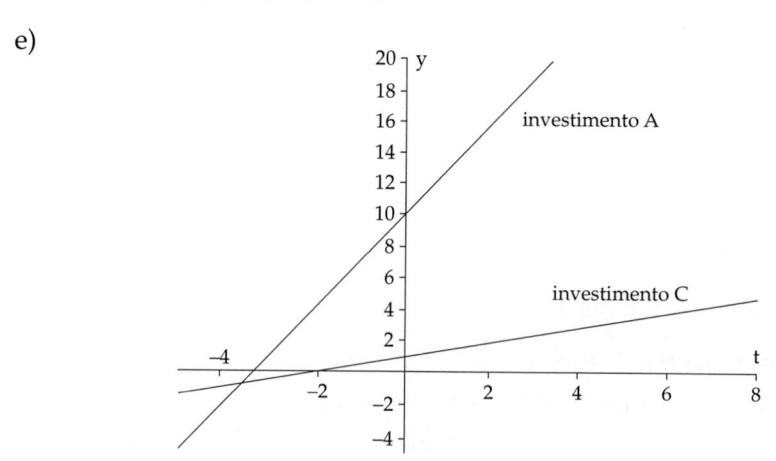

e)

O investimento A é mais rentável.

f) $y_1 = y_5 \Rightarrow 5t-2 = 3t+2 \Rightarrow t = 2$

g)

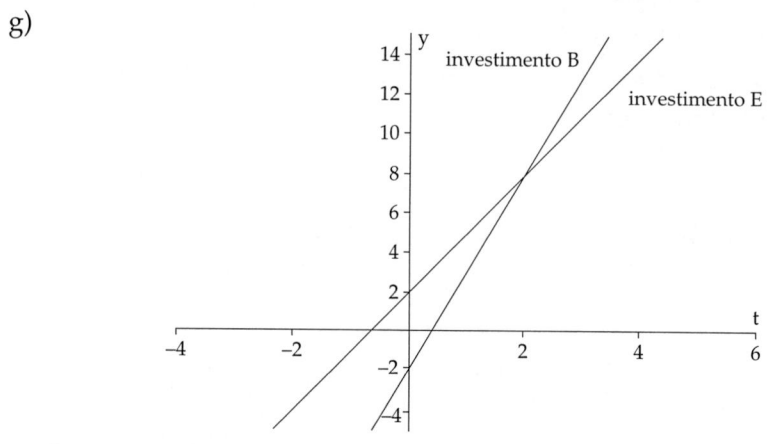

O investimento E é mais rentável até novembro/2001; a partir de então, o investimento B passa a ser mais rentável.

h) $y_4 = y_6 \Rightarrow -t+1 = 2t-3 \Rightarrow t = \dfrac{4}{3} \cong 1{,}25$ (entre outubro e novembro de 2001).

i)

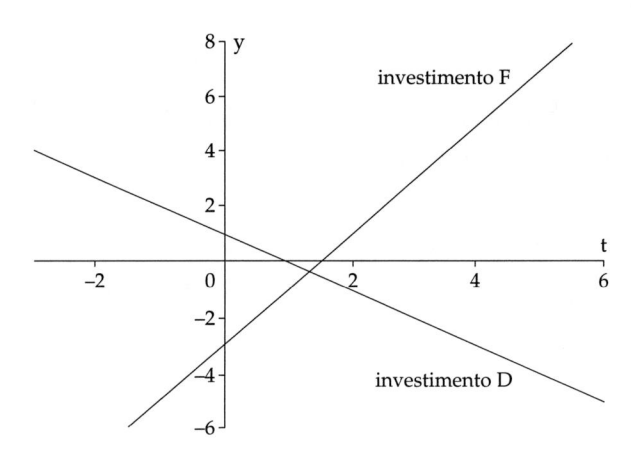

O investimento F é mais rentável.

7) Uma empresa tem a função lucro dada por $L_t = x^2 + 4x - 5$. A relação entre preço e quantidade é $y - x - 2 = 0$ (onde x é a quantidade em milhares e y é o preço em 1.000 unidades monetárias). Pede-se:

a) A função receita total.
b) A função custo total.
c) O valor do custo fixo.
d) A função do custo variável.
e) O ponto de equilíbrio.
f) A análise econômica.

Solução:

a) O preço de venda é $y = x + 2$. Logo, $R_t = (x+2) \cdot x \Rightarrow R_t = x^2 + 2x$.

b) $L_t = R_t - C_t \Rightarrow x^2 + 4x - 5 = x^2 + 2x - C_t \Rightarrow C_t = -2x + 5$.

c) $C_t = -2x + 5$ se $x = 0$ ∴ custo fixo = 5.000 unidades monetárias.

d) $C_v = -2x$.

e) $R_t = C_t \Rightarrow x^2 + 2x = -2x + 5 \Rightarrow x^2 + 4x - 5 = 0 \Rightarrow x_1 = 1$ ou $x_2 = -5$ (não tem significado econômico).

$C_t = -2x_1 + 5 = (-2) \cdot 1 + 5 = 3 = R_t$.

Assim, o ponto de equilíbrio $C_v = R_t = 3$ é alcançado para $x_1 = 1$.

f) $0 \leq x < 1 \Rightarrow$ a empresa tem prejuízo;

$x = 1 \Rightarrow$ a empresa não tem lucro nem prejuízo;

$x > 1 \Rightarrow$ a empresa tem lucro.

8) As funções de oferta e de demanda de um produto são $y_1 = 81 - 3^x$ e $y_2 = 27 + 3^x$, respectivamente, onde x é quantidade em milhares e y é o preço em 1.000 unidades monetárias. Pede-se:
a) O ponto de equilíbrio.
b) O gráfico das funções de oferta e de demanda no mesmo sistema de eixos.
c) A análise econômica.

Solução:

a) $y_1 = y_2 \Rightarrow 81 - 3^x = 27 + 3^x \Rightarrow 3^x = 27 = 3^3 \Rightarrow x = 3$

b)

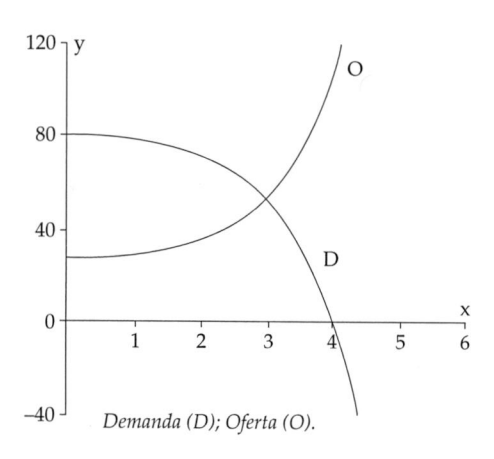

Demanda (D); Oferta (O).

c) $0 \leq x < 3 \Rightarrow$ excesso de demanda;

$x = 3 \Rightarrow$ oferta = demanda;

$x > 3 \Rightarrow$ excesso de oferta.

9) Uma empresa tem a função receita dada por $R_t = x^2 + 3x$ e a função de custo dada por $C_t = 1 + 3^x$ (onde x é quantidade em milhares e C_t o custo em 1.000 unidades monetárias). Sabendo que o equilíbrio entre a receita e o custo se dá no ponto $C_t = R_t = 10$, pede-se:

a) O valor de x no ponto de equilíbrio.
b) O valor do custo fixo.
c) A função lucro total.
d) O lucro (ou prejuízo) na venda de 4 unidades do produto.
e) Esboço dos gráficos de R_t e C_t no mesmo sistema de eixos.
f) A análise econômica.

Solução:

a) $R_t = C_t = 10 = 1 + 3^x \Rightarrow 3^x = 9 = 3^2 \Rightarrow x = 2$.

Daí, o ponto de equilíbrio é $(2; 10)$.

b) Custo fixo em x = 0:
$C_f = 1 + 3^0 = 2$.

O custo fixo é de 2.000 unidades monetárias.

c) $L_t = R_t - C_t \Rightarrow L_t = (x^2 + 3x) - (1 + 3^x)$.

d) $L_t = R_t - C_t \Rightarrow L_t = (4^2 + 3 \cdot 4) - (1 + 3^4) \Rightarrow L_t = 28 - 82 = -54$.

∴ a empresa tem prejuízo.

e)

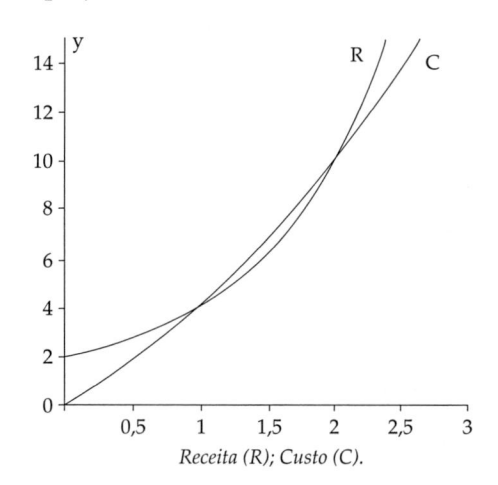

Receita (R); Custo (C).

f) $0 \leq x < 2 \Rightarrow$ a empresa tem prejuízo;

$x = 2 \Rightarrow R_t = C_t \Rightarrow$ a empresa não tem lucro nem prejuízo;

$x > 2 \Rightarrow$ a empresa tem lucro.

10) As funções de receita (R_t) e de custo (C_t) de uma empresa são $R_t = -x^2 + 8x$ e $C_t = 2^x$ (onde x representa quantidade em milhares e R_t, C_t representam 1.000 unidades monetárias). Sabendo que o ponto de equilíbrio é $R_t = C_t = 16$, pede-se:

a) A representação gráfica das curvas no mesmo sistema de eixos.
b) O valor do ponto de equilíbrio.
c) O valor do custo fixo.
d) A função lucro total.
e) O lucro (ou prejuízo) na venda de 5 e 3 unidades do produto.

Solução:

a)

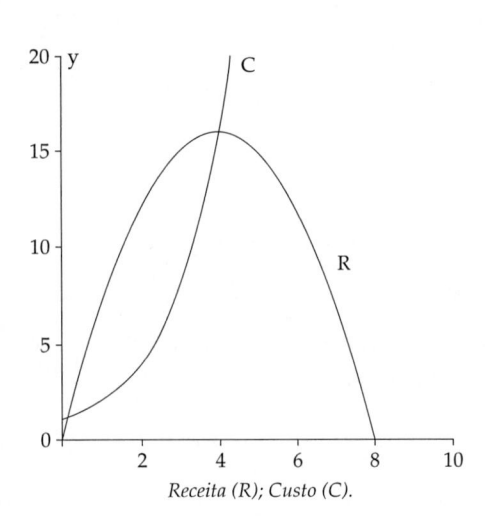

Receita (R); Custo (C).

b) $R_t = C_t = 16 \Rightarrow 2^x = 16 = 2^4 \Rightarrow x = 4$.

Logo, o ponto de equilíbrio é $(4; 16)$.

c) $C_t = 2^x$ se $x = 0 \Rightarrow C_t = 1$.

Daí, o custo fixo é de 1.000 unidades monetárias.

d) $L_t = R_t - C_t \Rightarrow (-x^2 + 8x) - (2^x) = -x^2 + 8x - 2^x$.

e) $L_t = -5^2 + 8 \cdot 5 - 2^5 = -25 + 40 - 32 \Rightarrow$ a empresa tem prejuízo;

$L_t = -3^2 + 8 \cdot 3 - 2^3 = -9 + 24 - 8 = 7 \Rightarrow$ a empresa tem lucro.

11) Uma empresa produz dois tipos de sorvetes. A demanda é sazonal e foi modelada por $y_{sorvete1} = 2\text{sen}(2x) + 40$ e $y_{sorvete2} = \text{sen}(2x) + 20$ (onde x representa quantidade em milhares e y, preço em 1.000 unidades monetárias). A função custo total é $C_{sorvete1} = 3x + 1$ e $C_{sorvete2} = 5x + 1$ (onde x representa quantidade e C, preço em milhares). Pede-se:

a) A função receita total da empresa.
b) A função lucro total da empresa.
c) O valor do custo fixo da empresa.
d) O custo variável da empresa.

Solução:

a) A função receita total do sorvete tipo 1 é:
$R_{sorvete1} = \text{preço} \times \text{quantidade}$

$R_{sorvete1} = (2\text{sen}(2x) + 40)x = 2x\text{sen}(2x) + 40x$

A função receita total do sorvete tipo 2 é:
$R_{sorvete2} = \text{preço} \times \text{quantidade}$

$R_{sorvete2} = (\text{sen}(2x) + 20)x = x\text{sen}(2x) + 20x$

A função receita total da empresa é:
$R_{empresa} = R_{sorvete1} + R_{sorvete2}$
$R_{empresa} = 3x\text{sen}(2x) + 60x$

b) A função lucro total do sorvete tipo 1 é:
$L_{sorvete1} = R_{sorvete1} - C_{sorvete1}$
$L_{sorvete1} = 2x\text{sen}(2x) + 40x - (3x + 1) = 2x\text{sen}(2x) + 37x - 1$

A função lucro total do sorvete tipo 2 é:
$L_{sorvete2} = R_{sorvete2} - C_{sorvete2}$
$L_{sorvete2} = 2x\text{sen}(2x) + 20x - (5x + 1) = 2x\text{sen}(2x) + 15x - 1$

A função lucro total da empresa é:
$L_{empresa} = L_{sorvete1} + L_{sorvete2}$
$L_{empresa} = 2x\text{sen}(2x) + 37x - 1 + 2x\text{sen}(2x) + 15x - 1 = 4x\text{sen}(2x) + 52x - 2$

c) Fazendo $x = 0$:

O custo fixo do sorvete tipo 1 é:
$C_{sorvete1} = 3x + 1 \Rightarrow C_{sorvete1} = 1$ em 1.000 unidades monetárias;

O custo fixo do sorvete tipo 2 é:
$C_{sorvete2} = 5x + 1 \Rightarrow C_{sorvete2} = 1$ em 1.000 unidades monetárias.

O custo fixo da empresa é de 2.000 unidades monetárias.

d) O custo variável do sorvete tipo 1 é $3x$.

O custo variável do sorvete tipo 2 é $5x$.

O custo variável da empresa é $8x$.

12) Uma empresa produz dois tipos de refrigerantes, guaraná e soda limonada. A demanda é sazonal e foi modelada por $y_{guaraná} = 3\cos(7x) + 50$ e $y_{soda\,limonada} = \cos(7x) + 60$ (onde x representa quantidade em milhares e y, preço em 1.000 unidades monetárias). A função custo total é $C_{guaraná} = x + 17$ e $C_{soda\,limonada} = 3x + 18$ (onde x representa quantidade e C, preço em milhares). Pede-se:

a) A função receita total da empresa.
b) A função lucro total da empresa.
c) O valor do custo fixo da empresa.
d) O custo variável da empresa.

Solução:

a) A função receita total do guaraná é:
$R_{guaraná} = $ preço $\times$ quantidade
$R_{guaraná} = (3\cos(7x) + 50)x = 3x\cos(7x) + 50x$

A função receita total da soda limonada é:
$R_{soda\,limonada} = $ preço $\times$ quantidade
$R_{soda\,limonada} = (\cos(7x) + 60)x = x\cos(7x) + 60x$

A função receita total da empresa é:
$R_{empresa} = R_{guaraná} + R_{soda\,limonada}$

$R_{empresa} = 4x\cos(7x) + 110x$

b) A função lucro total do guaraná é:
$L_{guaraná} = R_{guaraná} - C_{guaraná}$

$L_{guaraná} = 3x\cos(7x) + 50x - (x+17) = 3x\cos(7x) + 49x - 17$

A função lucro total da soda limonada é:
$L_{soda\ limonada} = R_{soda\ limonada} - C_{soda\ limonada}$

$L_{soda\ limonada} = x\cos(7x) + 60x - (3x+18) = x\cos(7x) + 57x - 18$

A função lucro total da empresa é:
$L_{empresa} = L_{guaraná} - L_{soda\ limonada}$

$L_{empresa} = 3x\cos(7x) + 49x - 17 + x\cos(7x) + 57x - 18 =$
$= 4x\cos(7x) + 106x - 35$

c) Fazendo x = 0:

O custo fixo do guaraná é:
$C_{guaraná} = x + 17 \Rightarrow C_{guaraná} = 17$ em 1.000 unidades monetárias.

O custo fixo da soda limonada é:
$C_{soda\ limonada} = 3x + 18 \Rightarrow C_{soda\ limonada} = 18$ em 1.000 unidades monetárias.

O custo fixo da empresa é:
$C_{empresa} = C_{guaraná} + C_{soda\ limonada}$

$C_{empresa} = 17 + 18 = 35$ em 1.000 unidades monetárias.

d) O custo variável do refrigerante tipo 1 é x.
O custo variável do refrigerante tipo 2 é 3x.
O custo variável da empresa é 4x.

10.3 Exercícios propostos

1) Uma empresa empregou um montante em diversas aplicações financeiras, em agosto de 1998. A rentabilidade tem o comportamento segundo os modelos matemáticos apresentados na tabela a seguir, onde t representa mês e y_i, porcentual ($i = 1,...,6$):

Tipo de investimento	Modelo matemático
A	$y_1 = 5t + 13$
B	$y_2 = t - 1$
C	$y_3 = \dfrac{t}{3} + 4$
D	$y_4 = -2t + 7$
E	$y_5 = 4t$
F	$y_6 = t + 2$

Pede-se:
a) A rentabilidade no início da aplicação.
b) Em novembro de 1998.
c) Previsão para janeiro de 1989.
d) Quando a rentabilidade dos investimentos A e C são iguais.
e) Esboço do gráfico dos modelos matemáticos correspondentes aos investimentos A e C e um comentário.
f) Quando a rentabilidade dos investimentos B e E são iguais.
g) Esboço do gráfico dos modelos matemáticos correspondentes aos investimentos B e E e um comentário.
h) Quando a rentabilidade dos investimentos D e F são iguais.
i) O esboço do gráfico dos modelos matemáticos correspondentes aos investimentos D e F e um comentário.

2) Uma empresa tem a função lucro dada por $L_t = x^2 + 3x - 2$. A relação entre preço e quantidade é $y - x - 4 = 0$ (onde x é a quantidade em milhares e y, o preço em 1.000 unidades monetárias). Pede-se:

a) A função receita total.
b) A função custo total.
c) O valor do custo fixo.
d) O valor do custo variável.
e) O esboço do gráfico de L_t, C_t e R_t, no mesmo sistema de eixos.
f) O ponto de equilíbrio.
g) A análise econômica.

3) As funções de oferta e de demanda de um produto são, respectivamente, $y_1 = 30 - 5^x$ e $y_2 = 20 + 5^x$. O ponto de equilíbrio $(K\,;25)$, onde x é quantidade em milhares e y é preço em 1.000 unidades monetárias. Pede-se:
   a) O ponto de equilíbrio.
   b) O gráfico das curvas de oferta e de demanda no mesmo sistema de eixos.
   c) A análise econômica.

4) Uma empresa tem a função receita dada por $R_t = x^2 + 5x + 7$ e a função de custo dada por $C_t = 7 + 7x$ (onde x é quantidade em milhares e R_t e C_t são representados em 1.000 unidades monetárias). O ponto de equilíbrio é $(K\,;21)$. Pede-se:
   a) O ponto de equilíbrio.
   b) O valor do custo fixo.
   c) A função lucro total.
   d) O esboço dos gráficos de R_t e C_t no mesmo sistema de eixos.
   e) A análise econômica.

5) A função de receita R_t e a função de custo de uma empresa são, respectivamente, $R_t = -3 + 3^x$ e $C_t = 2x + 2$ (onde x é quantidade em milhares e R_t e C_t são representados em 1.000 unidades monetárias). O ponto de equilíbrio é $(K\,;6)$. Pede-se:
   a) O valor do ponto de equilíbrio.
   b) O valor do custo fixo.
   c) A função lucro total.
   d) O gráfico de R_t e C_t no mesmo sistema de eixos.
   e) A análise econômica.

6) As funções de Receita (R_t) e Custo (C_t) de uma empresa são $R_t = -x^2 + 10x + 14$ e $C_t = 5^x + 5$ (onde x representa quantidade em milhares e R_t e C_t correspondem a 1.000 unidades monetárias), o ponto de equilíbrio é $(K\,;30)$. Pede-se:

a) A representação gráfica das curvas no mesmo sistema de eixos.
b) O valor do ponto de equilíbrio.
c) O valor do custo fixo.
d) A função lucro total.
e) O lucro (ou prejuízo) na venda de 5 e 3 unidades do produto.

7) Uma empresa produz dois tipos de vestuários de praia. A demanda é sazonal e foi modelada por $y_{tipo1} = 3\text{sen}(8x) + 30$ e $y_{tipo2} = \text{sen}(8x) + 90$ (onde x representa quantidade e y, preço em milhares). A função custo total é $C_{tipo1} = x + 4$ e $C_{tipo2} = x + 10$ (onde x representa quantidade em milhares e C, preço em 1.000 unidades monetárias). Pede-se:

a) A representação gráfica das curvas de receita no mesmo sistema de eixos.
b) A função receita total da empresa.
c) A função lucro total da empresa.
d) O valor do custo fixo da empresa.
e) O custo variável da empresa.

8) Uma empresa produz dois tipos de guarda-chuvas. A demanda é sazonal e foi modelada por $y_{tipo1} = 5\cos(9x) + 30$ e $y_{tipo2} = \cos(9x) + 50$ (onde x representa quantidade em milhares e y, preço em 1.000 unidades monetárias). A função custo total é $C_{tipo1} = x + 10$ e $C_{tipo2} = 2x + 14$ (onde x representa quantidade em milhares e C, preço em 1.000 unidades monetárias). Pede-se:

a) A representação gráfica das curvas de receita no mesmo sistema de eixos.
b) A função receita total da empresa.
c) A função lucro total da empresa.
d) O valor do custo fixo da empresa.
e) O custo variável da empresa.

10.4 Respostas dos exercícios propostos

1) a)

Tipo de investimento	Rentabilidade em t = 0
A	13%
B	−1%
C	4%
D	7%
E	0%
F	2%

b)

Tipo de investimento	Rentabilidade em t = 3
A	28%
B	2%
C	5%
D	1%
E	12%
F	5%

c)

Tipo de investimento	Rentabilidade em t = 5
A	38%
B	4%
C	$\frac{17}{3}$%
D	1%
E	20%
F	7%

d) A rentabilidade dos investimentos A e C serão iguais em, aproximadamente, julho de 1988.

e)

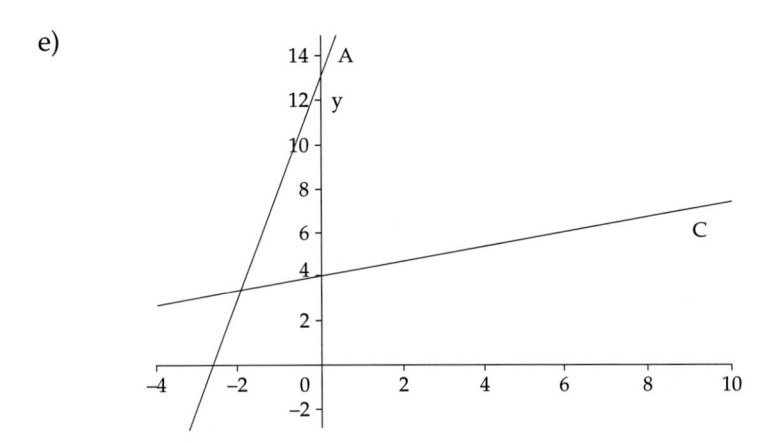

f) A rentabilidade dos investimentos B e E serão iguais em, aproximadamente, fim de julho de 1988.

g)

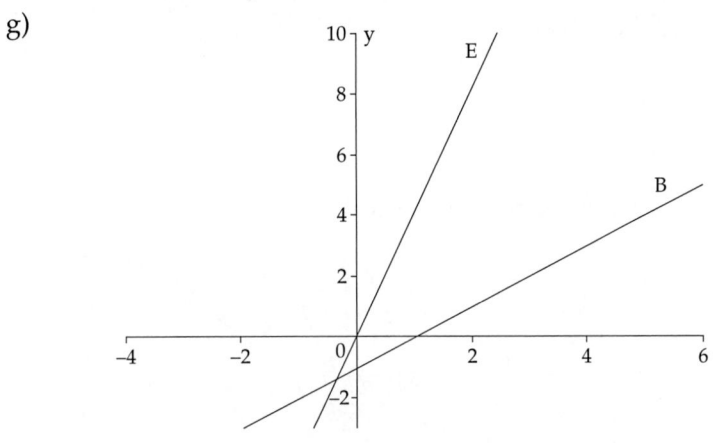

O investimento tipo E é mais rentável.

h) A rentabilidade dos investimentos D e F serão iguais em janeiro de 1989.

i)

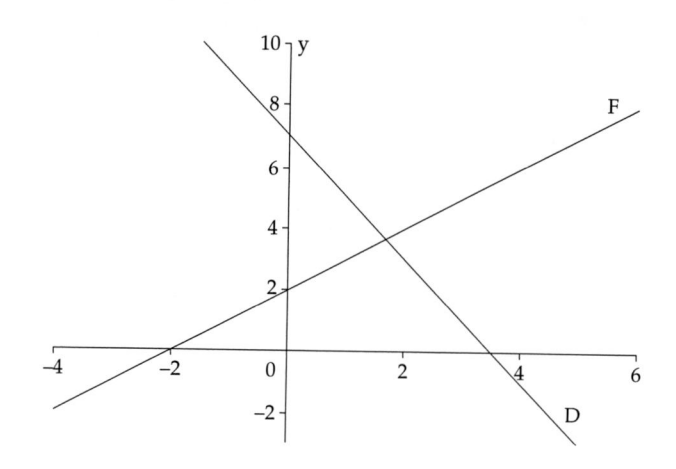

O investimento F é mais rentável.

2) a) $R_t = x^2 + 4x$.

b) $C_t = x + 2$.

c) 2.000 unidades monetárias.

d) x em 1.000 unidades monetárias.

e)

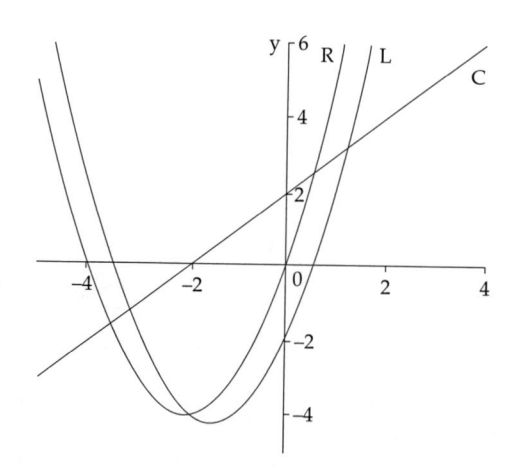

f) $(0,56 ; 2,56)$

g) $0 \leq x < 0,56 \Rightarrow$ a empresa tem prejuízo;

$x = 0,56 \Rightarrow$ a empresa não tem lucro nem prejuízo;

$x > 0,56 \Rightarrow$ a empresa tem lucro.

3) a) $(1\,;25)$.

b)

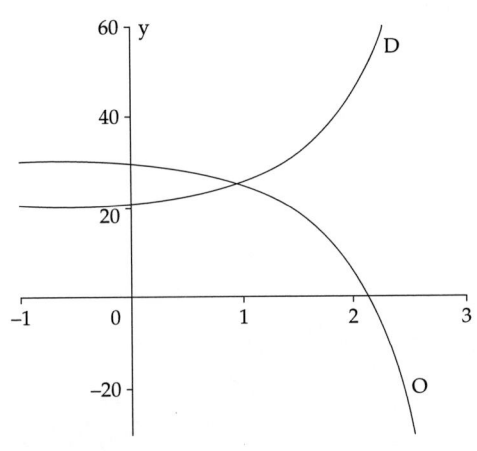

c) $0 \leq x < 1 \Rightarrow$ excesso de oferta;

   $x = 1 \Rightarrow$ oferta = demanda;

   $x > 1 \Rightarrow$ excesso de demanda.

4) a) $(2\,;21)$.

b) 7.000 unidades monetárias.

c) $L_t = x^2 - 2x$.

d)

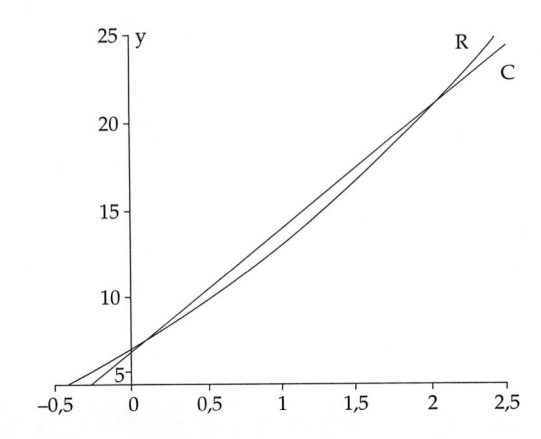

e) $0 \leq x < 2 \Rightarrow$ a empresa tem prejuízo;

   $x = 2 \Rightarrow$ a empresa não tem lucro nem prejuízo;

   $x > 2 \Rightarrow$ a empresa tem lucro.

5) a) $(2\,;6)$.
b) O custo fixo é de 2.000 unidades monetárias.
c) $L_t = (-3 + 3^x) - (2x + 2)$.
d)

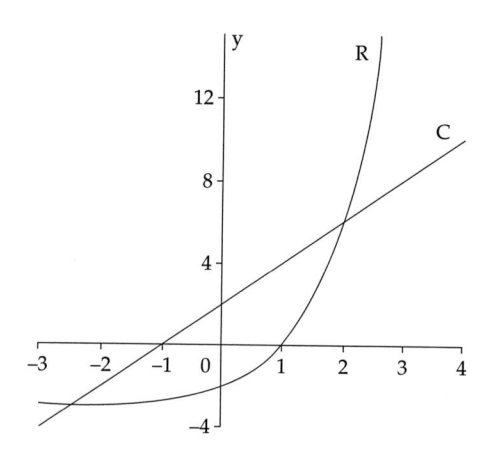

e) $0 \leq x < 2 \Rightarrow$ a empresa tem prejuízo;
$x = 2 \Rightarrow$ a empresa não tem lucro nem prejuízo;
$x > 2 \Rightarrow$ a empresa tem lucro.

6) a)

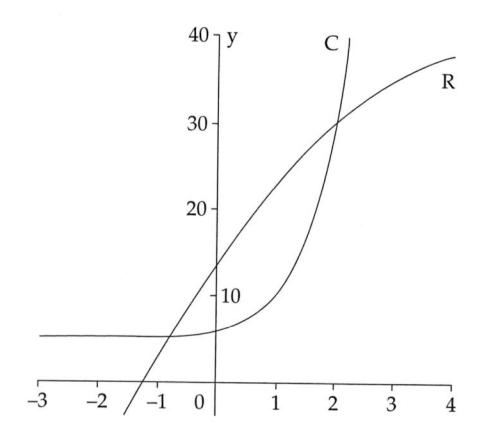

b) $(2\,;30)$.
c) O custo fixo é de 5.000 unidades monetárias.
d) $L_t = (-x^2 + 10x + 14) - (5^x + 5)$.
e) $-3.095\ e\ -95$.

7) a) $R_1 = 3x \cdot \text{sen}(8x) + 30x$ e $R_2 = x \cdot \text{sen}(8x) + 90x$.

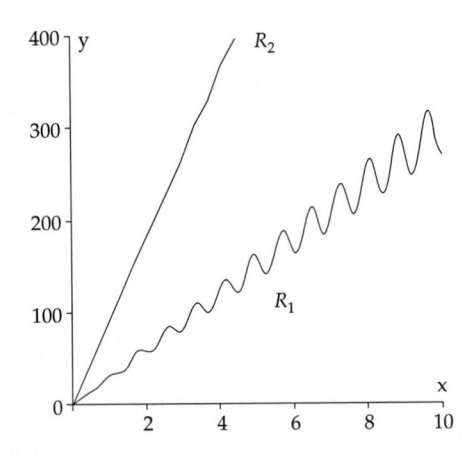

b) $R_{empresa} = 4x\text{sen}(8x) + 120x$.

c) $L_{empresa} = (4x\text{sen}(8x) + 120x) - (2x + 14)$.

d) O custo fixo é de 14.000 unidades monetárias.

e) O custo variável é $2x$.

8) a) $R_1 = 5x \cdot \cos(9x) + 30x$ e $R_2 = x \cdot \cos(9x) + 50x$

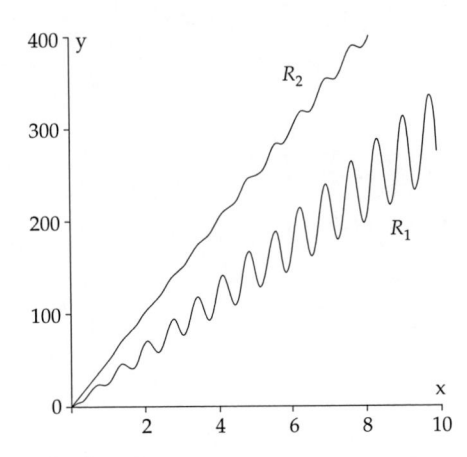

b) $R_{empresa} = 6x\cos(9x) + 80x$.

c) $L_{empresa} = (6x\cos(9x) + 80x) - (3x + 24)$.

d) O custo fixo é de 24.000 unidades monetárias.

e) O custo variável é $3x$.

capítulo 11
Álgebra matricial

O estudo das matrizes tornou-se muito importante pelas várias aplicações em diversos ramos da ciência e da tecnologia, tais como matemática, física, computação, economia etc. Neste capítulo, são definidas as matrizes e operações envolvendo essas aplicações. São considerados tipos particulares de matrizes, a transposta, a inversa e o determinante de uma matriz.

11.1 Definições iniciais

Matriz é um agrupamento retangular de elementos, dispostos em m linhas e n colunas, onde m e n são números inteiros maiores ou iguais a 1.

O *tamanho* (ou *dimensão*) de uma matriz corresponde ao número de linhas e colunas existentes na matriz, por esse motivo denominada matriz (lê-se m por n) ou matriz de *ordem* m x n.

Dada a matriz A do tipo m x n, denomina-se o *elemento* a_{ij} ao componente da matriz que ocupar a linha i e a coluna j, onde $1 \leq i \leq m$ e $1 \leq j \leq n$.

Uma matriz é representada da seguinte maneira:

$$A_{m \times n} = \begin{bmatrix} a_{11} & a_{12} & \cdots & a_{1n} \\ a_{21} & a_{22} & \cdots & a_{2n} \\ \vdots & \vdots & \vdots & \vdots \\ a_{m1} & a_{m2} & \cdots & a_{mn} \end{bmatrix} \text{ ou } A_{m \times n} = \left[a_{ij}\right]_{m \times n} \text{ ou } A_{m \times n} = \left(a_{ij}\right)_{m \times n}$$

Exemplo:

$A = \begin{bmatrix} -1 & 5 & 0 \\ 2 & -4 & 6 \end{bmatrix}$ é uma matriz 2 x 3, onde:

$\begin{cases} a_{11} = -1 & \text{elemento da linha 1 e coluna 1} \\ a_{12} = 5 & \text{elemento da linha 1 e coluna 2} \\ a_{13} = 0 & \text{elemento da linha 1 e coluna 3} \\ a_{21} = 2 & \text{elemento da linha 2 e coluna 1} \\ a_{22} = -4 & \text{elemento da linha 2 e coluna 2} \\ a_{23} = 6 & \text{elemento da linha 2 e coluna 3} \end{cases}$

11.2 Matrizes especiais

Seja a matriz $A_{m \times n}$.

a) Se $m = 1$ e $n > 1$, a matriz $1 \times n$ é chamada *matriz linha*.

$$A_{1 \times n} = \begin{bmatrix} a_{11} & a_{12} & \cdots & a_{1n} \end{bmatrix}$$

b) Se $m > 1$ e $n = 1$, a matriz $m \times 1$ é denominada *matriz coluna*.

$$A_{m \times 1} = \begin{bmatrix} a_{11} \\ a_{21} \\ \vdots \\ a_{m1} \end{bmatrix}$$

c) Se $m = n$, a matriz $m \times m$ é dita *matriz quadrada de ordem **m***.

$$A_{m \times m} = \begin{bmatrix} a_{11} & a_{12} & \cdots & a_{1m} \\ a_{21} & a_{22} & \cdots & a_{2m} \\ \vdots & \vdots & \vdots & \vdots \\ a_{m1} & a_{m2} & \cdots & a_{mm} \end{bmatrix}$$

Exemplos:

1) $\begin{bmatrix} -1 & -2 & 0 \\ 1 & \sqrt{3} & 10 \end{bmatrix}$ é uma matriz 2×3 (2 linhas e 3 colunas).

2) $\begin{bmatrix} 2 \\ 5 \end{bmatrix}$ é uma matriz coluna 2×1 (2 linhas e 1 coluna).

3) $\begin{bmatrix} 8 & -1 & 3 \end{bmatrix}$ é uma matriz linha 1×3 (1 linha e 3 colunas).

4) $\begin{bmatrix} 7 & 5 \\ -2 & 13 \end{bmatrix}$ é uma matriz quadrada de ordem 2.

d) *Diagonal principal* de uma matriz quadrada é o conjunto de elementos dessa matriz $A = \left[a_{ij}\right]_{n \times n}$, tais que $i = j$.

e) *Diagonal secundária* de uma matriz quadrada é o conjunto de elementos dessa matriz $A = \left[a_{ij}\right]_{n \times n}$, tais que $i + j = n + 1$.

Exemplo:

$$A = \begin{bmatrix} -2 & 3 & 6 \\ 7 & 4 & 0 \\ 1 & 9 & -1 \end{bmatrix}$$

→ diagonal principal
→ diagonal secundária

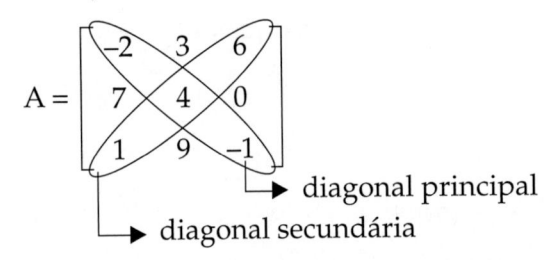

f) *Matriz diagonal* é uma matriz quadrada, onde $a_{ij} = 0$ para $i \neq j$, isto é, *todos* os elementos que não pertencem à diagonal principal são nulos.

Exemplo:

A matriz $A = \begin{bmatrix} 10 & 0 & 0 \\ 0 & 0 & 0 \\ 0 & 0 & -3 \end{bmatrix}$ é uma matriz diagonal cujos elementos da diagonal principal são: $a_{11} = 10$, $a_{22} = 0$ e $a_{33} = -3$.

g) *Matriz nula* é a matriz em que *todos* os seus elementos são nulos. Notação: $0_{m \times n}$.

Exemplo:

$$0 = \begin{bmatrix} 0 & 0 & 0 \\ 0 & 0 & 0 \end{bmatrix}$$

h) *Matriz identidade* é uma matriz diagonal cujos elementos da diagonal principal são *todos* iguais a 1 e os demais são todos nulos.

Notação: I_n, onde n indica a ordem da matriz.

Exemplo:

$$I_3 = \begin{bmatrix} 1 & 0 & 0 \\ 0 & 1 & 0 \\ 0 & 0 & 1 \end{bmatrix}$$

11.3 Igualdade de matrizes

Duas matrizes $A = \left[a_{ij}\right]_{mxn}$ e $B = \left[b_{ij}\right]_{mxn}$ são iguais quando $a_{ij} = b_{ij}$ para todo $i = 1,...,m$ e todo $j = 1,...,n$.

Exemplos:

Vamos determinar as variáveis a seguir, de forma que as matrizes A e B sejam iguais:

1) $A = \begin{bmatrix} 2 & 5 \\ x & 3 \end{bmatrix}$ e $B = \begin{bmatrix} 2 & y \\ 1 & 3 \end{bmatrix} \Rightarrow \begin{cases} 5 = y \\ x = 1 \end{cases} \Rightarrow \begin{cases} y = 5 \\ x = 1 \end{cases}$

2) $A = \begin{bmatrix} x+2 & 3 \\ 3 & 3y-1 \end{bmatrix}$ e $B = \begin{bmatrix} 7 & 3 \\ 3 & 4y+3 \end{bmatrix} \Rightarrow \begin{cases} x+2 = 7 \\ 3y-1 = 4y+3 \end{cases} \Rightarrow \begin{cases} x = 5 \\ y = -4 \end{cases}$

3) $A = \begin{bmatrix} x & 2 \\ 2 & y+2 \\ z-5 & t \end{bmatrix}$ e $B = \begin{bmatrix} -5 & 2 \\ 2 & 3y-x-1 \\ -5 & y \end{bmatrix} \Rightarrow \begin{cases} x = -5 \\ y+2 = 3y-x-1 \\ z-5 = -5 \\ t = y \end{cases} \Rightarrow$

$\Rightarrow \begin{cases} x = -5 \\ y+2 = 3y+4 \\ z = 0 \\ t = y \end{cases} \Rightarrow \begin{cases} x = -5 \\ 2y = -2 \\ z = 0 \\ t = y \end{cases} \Rightarrow \begin{cases} x = -5 \\ y = -1 \\ z = 0 \\ t = y \end{cases} \Rightarrow \begin{cases} x = -5 \\ y = -1 \\ z = 0 \\ t = -1 \end{cases}$

11.4 Adição de matrizes

Dadas duas matrizes $A = \left[a_{ij}\right]_{mxn}$ e $B = \left[b_{ij}\right]_{mxn}$, denomina-se *soma* ou *adição* da matriz A com a matriz B, e indicada por A + B, a matriz $C = \left[c_{ij}\right]_{mxn}$, tal que $c_{ij} = a_{ij} + b_{ij}$, $\forall i,j$, $i = 1,...,m$ e $j = 1,...,n$.

Exemplos:

1) Sejam $A = \begin{bmatrix} -5 & -8 & 1 \\ 4 & 0 & 3 \end{bmatrix}$ e $B = \begin{bmatrix} 2 & -4 & 4 \\ -6 & 3 & 1 \end{bmatrix}$.

Daí, $A + B = \begin{bmatrix} -5+2 & -8+(-4) & 1+4 \\ 4+(-6) & 0+3 & 3+1 \end{bmatrix} = \begin{bmatrix} -3 & -12 & 5 \\ -2 & 3 & 4 \end{bmatrix}$.

2) Sejam $A = \begin{bmatrix} 7 \\ -5 \\ -\dfrac{3}{2} \end{bmatrix}$ e $B = \begin{bmatrix} -4 \\ 1 \\ -\dfrac{1}{2} \end{bmatrix}$.

Daí, $A + B = \begin{bmatrix} 7+(-4) \\ -5+1 \\ -\dfrac{3}{2}+\left(-\dfrac{1}{2}\right) \end{bmatrix} = \begin{bmatrix} 3 \\ -4 \\ -2 \end{bmatrix}$.

Propriedades:

Se A, B e C são matrizes de mesma ordem (m x n), então valem as seguintes propriedades:

a) *Comutativa* $\Rightarrow$ $A + B = B + A$

b) *Associativa* $\Rightarrow$ $(A + B) + C = A + (B + C)$

c) *Elemento neutro* $\Rightarrow$ $A + 0 = 0 + A = A$

d) *Elemento oposto ou simétrico* $\Rightarrow$ $A + (-A) = (-A) + A = 0$

Definição: Dada a matriz $A = [a_{ij}]_{m \times n}$, chama-se *matriz oposta de A* a matriz B, tal que $A + B = 0$.

Notação: $B = -A$.

Exemplo:

Se $A = \begin{bmatrix} -4 & 13 \\ 2 & -9 \end{bmatrix}$, então $-A = \begin{bmatrix} 4 & -13 \\ -2 & 9 \end{bmatrix}$.

Definição: Dadas duas matrizes $A = \left[a_{ij}\right]_{mxn}$ e $B = \left[b_{ij}\right]_{mxn}$, denomina-se *diferença* da matriz A com a matriz B, e indicada por A − B, a matriz soma de A com a oposta de $B\left(A - B = A + (-B)\right)$.

Exemplos:

1) Sejam $A = \begin{bmatrix} 7 \\ -5 \\ -\dfrac{3}{2} \end{bmatrix}$ e $B = \begin{bmatrix} -4 \\ 1 \\ -\dfrac{1}{2} \end{bmatrix}$.

Daí, $A - B = A + (-B) = \begin{bmatrix} 7 \\ -5 \\ -\dfrac{3}{2} \end{bmatrix} + \begin{bmatrix} 4 \\ -1 \\ \dfrac{1}{2} \end{bmatrix} = \begin{bmatrix} 7+4 \\ -5+(-1) \\ -\dfrac{3}{2}+\dfrac{1}{2} \end{bmatrix} = \begin{bmatrix} 11 \\ -6 \\ -1 \end{bmatrix}$.

2) Sejam $A = \begin{bmatrix} -5 & -8 & 1 \\ 4 & 0 & 3 \end{bmatrix}$ e $B = \begin{bmatrix} 2 & -4 & 4 \\ -6 & 3 & 1 \end{bmatrix}$.

Daí, $A - B = \begin{bmatrix} -5+(-2) & -8+4 & 1+(-4) \\ 4+6 & 0+(-3) & 3+(-1) \end{bmatrix} = \begin{bmatrix} -7 & -4 & -3 \\ 10 & -3 & 2 \end{bmatrix}$.

11.5 Multiplicação de um escalar por uma matriz

O produto de um escalar (ou número real) k pela matriz $A = \left[a_{ij}\right]_{mxn}$, cuja notação é k · A, é a matriz obtida multiplicando-se cada elemento de A por k $\left(k \cdot A = \left(k \cdot a_{ij}\right)_{mxn}\right)$.

$$k \cdot A = \begin{bmatrix} ka_{11} & ka_{12} & \cdots & ka_{1n} \\ ka_{21} & ka_{22} & \cdots & ka_{2n} \\ \vdots & \vdots & \vdots & \vdots \\ ka_{m1} & ka_{m2} & \cdots & ka_{mn} \end{bmatrix}$$

Exemplos:

Seja $A = \begin{bmatrix} -5 & 2 \\ 8 & 9 \\ 7 & 1 \end{bmatrix}$. Vamos calcular $5A$ e $(-3)A$:

$5A = 5 \cdot \begin{bmatrix} -5 & 2 \\ 8 & 9 \\ 7 & 1 \end{bmatrix} = \begin{bmatrix} 5 \cdot (-5) & 5 \cdot 2 \\ 5 \cdot 8 & 5 \cdot 9 \\ 5 \cdot 7 & 5 \cdot 1 \end{bmatrix} = \begin{bmatrix} -25 & 10 \\ 40 & 45 \\ 35 & 5 \end{bmatrix}$ e

$(-3)A = (-3) \cdot \begin{bmatrix} -5 & 2 \\ 8 & 9 \\ 7 & 1 \end{bmatrix} = \begin{bmatrix} (-3) \cdot (-5) & (-3) \cdot 2 \\ (-3) \cdot 8 & (-3) \cdot 9 \\ (-3) \cdot 7 & (-3) \cdot 1 \end{bmatrix} = \begin{bmatrix} 15 & -6 \\ -24 & -27 \\ -21 & -3 \end{bmatrix}$

11.6 Matriz transposta

Dada a matriz $A = \left[a_{ij} \right]_{m \times n}$, denomina-se transposta de A a matriz $B = \left[b_{ji} \right]_{n \times m}$, tal que $b_{ji} = a_{ij}$, $\forall i,j$, $i = 1,...,m$ e $j = 1,...,n$.

Para determinar a matriz transposta da matriz A, basta trocar suas linhas por colunas ou suas colunas por linhas. A notação utilizada é A^t ou A'.

Exemplo:

Seja $A = \begin{bmatrix} -1 & 0 \\ 4 & -6 \\ 2 & 5 \end{bmatrix}_{3 \times 2}$. Daí, $A^t = \begin{bmatrix} -1 & 4 & 2 \\ 0 & -6 & 5 \end{bmatrix}_{2 \times 3}$.

Propriedades:

a) $(A + B)^t = A^t + B^t$
b) $(k \cdot A)^t = k \cdot A^t; k \in \mathbb{R}$
c) $(A^t)^t = A$
d) $(A \cdot B)^t = B^t \cdot A^t$

Observação: Essa última propriedade trabalha com produto de matrizes, um tópico que veremos adiante.

Definição: Uma matriz é dita *simétrica* se for quadrada e $A = A^t$.

Exemplo:
$$A = \begin{bmatrix} 6 & -2 & 3 \\ -2 & 5 & 9 \\ 3 & 9 & 0 \end{bmatrix} = A^t$$

Definição: Uma matriz é dita *antissimétrica* se for quadrada e $A = -A^t$.

Exemplo:
$$A = \begin{bmatrix} 0 & -2 & 3 \\ 2 & 0 & -9 \\ -3 & 9 & 0 \end{bmatrix} \Rightarrow A^t = \begin{bmatrix} 0 & 2 & -3 \\ -2 & 0 & 9 \\ 3 & -9 & 0 \end{bmatrix} = -\begin{bmatrix} 0 & -2 & 3 \\ 2 & 0 & -9 \\ -3 & 9 & 0 \end{bmatrix} = -A$$

11.7 Produto de matrizes

Dadas duas matrizes $A = [a_{ij}]_{mxn}$ e $B = [b_{jk}]_{nxp}$, chama-se *produto* de A por B a matriz $C = [c_{ik}]_{mxp}$, tal que:

$$C = [c_{ik}]_{mxp} = \begin{bmatrix} \sum_{j=1}^{n} a_{1j} \cdot b_{j1} & \cdots & \sum_{j=1}^{n} a_{1j} \cdot b_{jp} \\ \vdots & \cdots & \vdots \\ \sum_{j=1}^{n} a_{mj} \cdot b_{j1} & \cdots & \sum_{j=1}^{n} a_{mj} \cdot b_{jp} \end{bmatrix}$$

onde $c_{ik} = \sum_{j=1}^{n} a_{ij} \cdot b_{jk} = a_{i1} \cdot b_{1k} + a_{i2} \cdot b_{2k} + a_{i3} \cdot b_{3k} + \cdots + a_{i(n-1)} \cdot b_{(n-1)k} + a_{in} \cdot b_{nk}$.

Observe que só é possível multiplicar duas matrizes se o número de colunas da primeira matriz (A) for igual ao número de linhas da segunda matriz (B). A matriz resultante tem o mesmo número de linhas da matriz A e o mesmo número de colunas da matriz B.

Exemplo:

Sejam $A = \begin{bmatrix} -2 & 1 \\ 3 & -4 \end{bmatrix}_{(2 \times 2)}$ e $B = \begin{bmatrix} -6 & 2 \\ 3 & 1 \end{bmatrix}_{(2 \times 2)}$. Vamos determinar $A \cdot B$ e $B \cdot A$.

$A \cdot B = \begin{bmatrix} -2 & 1 \\ 3 & -4 \end{bmatrix} \cdot \begin{bmatrix} -6 & 2 \\ 3 & 1 \end{bmatrix} = \begin{bmatrix} (-2) \cdot (-6) + 1 \cdot 3 & (-2) \cdot 2 + 1 \cdot 1 \\ 3 \cdot (-6) + (-4) \cdot 3 & 3 \cdot 2 + (-4) \cdot 1 \end{bmatrix} = \begin{bmatrix} 15 & -3 \\ -30 & 2 \end{bmatrix}$

$B \cdot A = \begin{bmatrix} -6 & 2 \\ 3 & 1 \end{bmatrix} \cdot \begin{bmatrix} -2 & 1 \\ 3 & -4 \end{bmatrix} = \begin{bmatrix} (-6) \cdot (-2) + 2 \cdot 3 & (-6) \cdot 1 + 2 \cdot (-4) \\ 3 \cdot (-2) + 1 \cdot 3 & 3 \cdot 1 + 1 \cdot (-4) \end{bmatrix} =$

$= \begin{bmatrix} 18 & -14 \\ -3 & -1 \end{bmatrix}$

Note que $A \cdot B \neq B \cdot A$.

Propriedades:

a) *Associativa* $\Rightarrow$ $(A \cdot B) \cdot C = A \cdot (B \cdot C)$

b) *Distributiva em relação à adição* $\Rightarrow$ $A \cdot (B + C) = A \cdot B + A \cdot C$

$(A + B) \cdot C = A \cdot C + B \cdot C$

c) *Elemento neutro* $\Rightarrow$ $A \cdot I_n = I_n \cdot A = A$

d) $k \cdot (A \cdot B) = (k \cdot A) \cdot B = A \cdot (k \cdot B)$, onde k é um escalar.

Observações:

a) Em geral, $A \cdot B \neq B \cdot A$.

b) Se $A \cdot B = 0$, não necessariamente, $A = 0$ ou $B = 0$.

Exemplo:

Seja $A = \begin{bmatrix} 2 & 1 \\ -4 & -2 \end{bmatrix}$.

$A^2 = \begin{bmatrix} 2 & 1 \\ -4 & -2 \end{bmatrix} \cdot \begin{bmatrix} 2 & 1 \\ -4 & -2 \end{bmatrix} = \begin{bmatrix} 2 \cdot 2 + 1 \cdot (-4) & 2 \cdot 1 + 1 \cdot (-2) \\ (-4) \cdot 2 + (-2) \cdot (-4) & (-4) \cdot 1 + (-2) \cdot (-2) \end{bmatrix} =$

$= \begin{bmatrix} 0 & 0 \\ 0 & 0 \end{bmatrix}$

11.8 Inversa de uma matriz

Uma matriz quadrada A, de ordem n, se diz *inversível* se existir uma matriz B, tal que $A \cdot B = B \cdot A = I_n$. A matriz B é dita inversa de A. Uma matriz não inversível é denominada *singular*.

Notação: $B = A^{-1}$

Exemplo:

Se $A = \begin{bmatrix} 2 & 1 \\ 4 & 3 \end{bmatrix}$, definamos a inversa de A como $A^{-1} = \begin{bmatrix} a & b \\ c & d \end{bmatrix}$, tal que $A \cdot A^{-1} = I$.

Assim,

$$A \cdot A^{-1} = I \Rightarrow \begin{bmatrix} 2 & 1 \\ 4 & 3 \end{bmatrix} \cdot \begin{bmatrix} a & b \\ c & d \end{bmatrix} = \begin{bmatrix} 1 & 0 \\ 0 & 1 \end{bmatrix} \Rightarrow \begin{bmatrix} 2a+c & 2b+d \\ 4a+3c & 4b+3d \end{bmatrix} = \begin{bmatrix} 1 & 0 \\ 0 & 1 \end{bmatrix} \Rightarrow$$

$$\Rightarrow \begin{cases} 2a+c = 1 \\ 4a+3c = 0 \\ 2b+d = 0 \\ 4b+3d = 1 \end{cases} \Rightarrow \begin{cases} c = 1-2a & (I) \\ 4a+3c = 0 & (II) \\ d = -2b & (III) \\ 4b+3d = 1 & (IV) \end{cases}$$

Substituindo as equações (I) em (II) e (III) em (IV), temos:

$$\begin{cases} c = 1-2a & (I) \\ 4a+3 \cdot (1-2a) = 0 & (II) \\ d = -2b & (III) \\ 4b+3 \cdot (-2b) = 1 & (IV) \end{cases}$$

Da equação (II), $4a + 3 - 6a = 0 \Rightarrow 2a = 3 \Rightarrow a = \dfrac{3}{2}$.

Substituindo na equação (I), $c = 1 - 2 \cdot \dfrac{3}{2} = 1 - 3 \Rightarrow c = -2$.

Da equação (IV), $4b - 6b = 1 \Rightarrow 2b = -1 \Rightarrow b = -\dfrac{1}{2}$.

Substituindo na equação (III), $d = (-2) \cdot \left(-\dfrac{1}{2}\right) \Rightarrow d = 1$.

Logo, a inversa da matriz A é a matriz $A^{-1} = \begin{bmatrix} \dfrac{3}{2} & -\dfrac{1}{2} \\ -2 & 1 \end{bmatrix}$

11.9 Determinante de uma matriz

O *determinante* de uma matriz é um escalar obtido dos elementos da matriz, mediante operações específicas. Os determinantes são definidos somente para matrizes quadradas.

Indicamos o determinante da matriz $A = \begin{bmatrix} a_{11} & a_{12} & \cdots & a_{1n} \\ a_{21} & a_{22} & \cdots & a_{2n} \\ \vdots & \vdots & \vdots & \vdots \\ a_{n1} & a_{n2} & \cdots & a_{nn} \end{bmatrix}$ por:

$$\det A = |A| = \begin{vmatrix} a_{11} & a_{12} & \cdots & a_{1n} \\ a_{21} & a_{22} & \cdots & a_{2n} \\ \vdots & \vdots & \vdots & \vdots \\ a_{n1} & a_{n2} & \cdots & a_{nn} \end{vmatrix}$$

11.9.1 Determinante de 1ª ordem

O determinante da matriz $A = [a_{11}]$ é dado por $\det A = a_{11}$.

Exemplo:

$A = [-8] \Rightarrow \det A = -8$

11.9.2 Determinante de 2ª ordem

O determinante da matriz $A = \begin{bmatrix} a_{11} & a_{12} \\ a_{21} & a_{22} \end{bmatrix}$ é dado por:

$$\det A = \begin{vmatrix} a_{11} & a_{12} \\ a_{21} & a_{22} \end{vmatrix} = a_{11} \cdot a_{22} - a_{12} \cdot a_{21}$$

Isto é, o determinante de uma matriz de 2ª ordem é dado pela diferença entre o produto dos elementos da diagonal principal e o produto dos elementos da diagonal secundária.

Exemplo:

$$A = \begin{bmatrix} 6 & -3 \\ 5 & -1 \end{bmatrix} \Rightarrow \det A = \begin{vmatrix} 6 & -3 \\ 5 & -1 \end{vmatrix} = 6 \cdot (-1) - (-3) \cdot 5 = 9$$

11.9.3 Determinante de 3ª ordem

O determinante da matriz $A = \begin{bmatrix} a_{11} & a_{12} & a_{13} \\ a_{21} & a_{22} & a_{23} \\ a_{31} & a_{32} & a_{33} \end{bmatrix}$ é dado por:

$$\det A = \begin{vmatrix} a_{11} & a_{12} & a_{13} \\ a_{21} & a_{22} & a_{23} \\ a_{31} & a_{32} & a_{33} \end{vmatrix} =$$

$$= a_{11}a_{22}a_{33} + a_{12}a_{23}a_{31} + a_{13}a_{21}a_{32} - a_{13}a_{22}a_{31} - a_{11}a_{23}a_{32} - a_{12}a_{21}a_{33}$$

Exemplo:

Seja $A = \begin{bmatrix} 5 & -3 & -1 \\ 2 & 0 & 6 \\ -1 & 3 & -2 \end{bmatrix}$.

$$\det A = \begin{vmatrix} 5 & -3 & -1 \\ 2 & 0 & 6 \\ -1 & 3 & -2 \end{vmatrix} =$$

$$= 5 \cdot 0 \cdot (-2) + (-3) \cdot 6 \cdot (-1) + (-1) \cdot 2 \cdot 3 - (-1) \cdot 0 \cdot (-1) - 5 \cdot 6 \cdot 3 - (-3) \cdot 2 \cdot (-2) =$$

$$= 0 + 18 - 6 + 0 - 90 - 12 = -90$$

Podemos utilizar um dos dois métodos, descritos a seguir, para simplificar essa memorização:

a) Regra de Sarrus.

b) Teorema de Laplace.

Regra de Sarrus

A Regra de Sarrus é utilizada, unicamente, para determinantes de matrizes de 3ª ordem.

Repetimos, ao lado da matriz, as duas primeiras colunas dessa matriz.

Os termos precedidos pelo sinal "+" são obtidos multiplicando-se os elementos segundo as flechas situadas na direção da diagonal principal: $a_{11}a_{22}a_{33}$; $a_{12}a_{23}a_{31}$; $a_{13}a_{21}a_{32}$.

Os termos precedidos pelo sinal "−" são obtidos multiplicando-se os elementos de acordo com as setas situadas na direção da diagonal secundária: $-a_{13}a_{22}a_{31}$; $-a_{11}a_{23}a_{32}$; $-a_{12}a_{21}a_{33}$.

Observe o esquema a seguir:

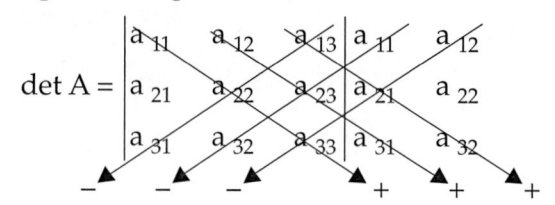

$$\det A = \begin{vmatrix} a_{11} & a_{12} & a_{13} \\ a_{21} & a_{22} & a_{23} \\ a_{31} & a_{32} & a_{33} \end{vmatrix} \begin{matrix} a_{11} & a_{12} \\ a_{21} & a_{22} \\ a_{31} & a_{32} \end{matrix}$$

Exemplo:

Seja $A = \begin{bmatrix} 5 & -3 & -1 \\ 2 & 0 & 6 \\ -1 & 3 & -2 \end{bmatrix}$.

$$\det A = \begin{vmatrix} 5 & -3 & -1 \\ 2 & 0 & 6 \\ -1 & 3 & -2 \end{vmatrix} \begin{matrix} 5 & -3 \\ 2 & 0 \\ -1 & 3 \end{matrix} = 0 + 18 - 6 + 0 - 90 - 12 = -90$$

Teorema de Laplace

O Teorema de Laplace é utilizado para determinantes de matrizes de ordem $n \geq 2$.

Para iniciarmos esse teorema, vamos definir, primeiramente, o que é um *cofator*.

Definição: Determinantes de matrizes de ordem superior a 3 serão aqui resolvidos por um procedimento conhecido como expansão de cofatores.

Pré-cálculo

Seja $A = [a_{ij}]_{n \times n}$. Eliminando-se a i-ésima linha e a j-ésima coluna da matriz, obtém-se outra matriz de ordem $(n-1) \times (n-1)$, representada por $M = [a_{ij}]_{(n-1) \times (n-1)}$. O determinante dessa matriz é denominado *menor* da matriz A. O escalar $C_{ij} = (-1)^{i+j} \cdot |M_{ij}|$ é chamado *cofator* da matriz A.

Exemplos:

1) Seja $A = \begin{bmatrix} 1 & 2 \\ 3 & 4 \end{bmatrix}$. Os cofatores relativos a todos os elementos dessa matriz são:

$C_{11} = (-1)^{1+1} \cdot |4| = 4$; $C_{12} = (-1)^{1+2} \cdot |3| = -3$;
$C_{21} = (-1)^{2+1} \cdot |2| = -2$; $C_{22} = (-1)^{2+2} \cdot |1| = 1$.

2) Seja $A = \begin{bmatrix} 1 & 2 & 3 \\ 4 & 5 & 6 \\ 7 & 8 & 9 \end{bmatrix}$. Os cofatores relativos a todos os elementos dessa matriz são:

$C_{11} = (-1)^{1+1} \cdot \begin{vmatrix} 5 & 6 \\ 8 & 9 \end{vmatrix} = 1 \cdot (43 - 48) = -3$;

$C_{12} = (-1)^{1+2} \cdot \begin{vmatrix} 4 & 6 \\ 7 & 9 \end{vmatrix} = -1 \cdot (36 - 42) = 6$;

$C_{13} = (-1)^{1+3} \cdot \begin{vmatrix} 4 & 5 \\ 7 & 8 \end{vmatrix} = 1 \cdot (32 - 35) = -3$;

$C_{21} = (-1)^{2+1} \cdot \begin{vmatrix} 2 & 3 \\ 8 & 9 \end{vmatrix} = -1 \cdot (18 - 24) = 6$;

$C_{22} = (-1)^{2+2} \cdot \begin{vmatrix} 1 & 3 \\ 7 & 9 \end{vmatrix} = 1 \cdot (9 - 21) = -12$;

$C_{23} = (-1)^{2+3} \cdot \begin{vmatrix} 1 & 2 \\ 7 & 8 \end{vmatrix} = -1 \cdot (8 - 14) = 6$;

$C_{31} = (-1)^{3+1} \cdot \begin{vmatrix} 2 & 3 \\ 5 & 6 \end{vmatrix} = 1 \cdot (12 - 15) = -3$;

$C_{32} = (-1)^{3+2} \cdot \begin{vmatrix} 1 & 3 \\ 4 & 6 \end{vmatrix} = -1 \cdot (6-12) = 6;$

$C_{33} = (-1)^{3+3} \cdot \begin{vmatrix} 1 & 2 \\ 4 & 5 \end{vmatrix} = 1 \cdot (5-8) = -3.$

O determinante de uma matriz quadrada $A = [a_{ij}]_{nxn}$, com $n \geq 2$, pode ser obtido pela soma dos produtos dos elementos de uma linha ou coluna da matriz A pelos respectivos cofatores, isto é:

a) Fixando a coluna j, temos: $\det A = \sum_{i=1}^{n} a_{ij} \cdot C_{ij}$.

b) Fixando a linha i, temos: $\det A = \sum_{j=1}^{n} a_{ij} \cdot C_{ij}$.

Exemplos:

1) Seja a matriz $A = \begin{bmatrix} 6 & 1 & 0 \\ -2 & 3 & 4 \\ 5 & 2 & -3 \end{bmatrix}$.

Primeiramente vamos escolher uma linha qualquer ou uma coluna qualquer para ser fixada (para fazermos menos cálculos, podemos determinar a linha ou coluna que tenha mais "zeros").

Fixemos, por exemplo, a 1ª linha.

$\det A = \sum_{j=1}^{3} a_{1j} \cdot C_{1j} = a_{11} \cdot C_{11} + a_{12} \cdot C_{12} + a_{13} \cdot C_{13}$, onde:

$a_{11} = 6$, $a_{12} = 1$ e $a_{13} = 0$.

Retirando a 1ª linha e 1ª coluna,

$C_{11} = (-1)^{1+1} \cdot \begin{vmatrix} 3 & 4 \\ 2 & -3 \end{vmatrix} = 1 \cdot (-9-8) = -17$.

Retirando a 1ª linha e 2ª coluna,

$C_{12} = (-1)^{1+2} \cdot \begin{vmatrix} -2 & 4 \\ 5 & -3 \end{vmatrix} = -1 \cdot (6-20) = 14$.

Retirando a 1ª linha e 3ª coluna,

$C_{13} = (-1)^{1+3} \cdot \begin{vmatrix} -2 & 3 \\ 5 & 2 \end{vmatrix} = 1 \cdot (-4-15) = -19$.

Daí,
$\det A = 6 \cdot (-17) + 1 \cdot 14 + 0 \cdot (-19) = -102 + 14 + 0 = -88$.

2) Seja a matriz $A = \begin{bmatrix} 1 & 2 & 3 & 4 \\ 0 & -1 & -2 & 5 \\ -3 & -4 & 1 & 0 \\ 6 & -5 & 0 & 2 \end{bmatrix}$.

Como essa matriz tem ordem maior que 3, só calculamos seu determinante por meio dos cofatores.

Fixemos, por exemplo, a 3ª coluna.

Assim, o determinante da matriz A será:

$\det A = \sum_{i=1}^{4} a_{i3} \cdot C_{i3} = a_{13} \cdot C_{13} + a_{23} \cdot C_{23} + a_{33} \cdot C_{33} + a_{43} \cdot C_{43}$, onde:

$a_{13} = 3$, $a_{23} = -2$, $a_{33} = 1$ e $a_{43} = 0$.

Retirando a 1ª linha e 3ª coluna,

$C_{13} = (-1)^{1+3} \cdot \begin{vmatrix} 0 & -1 & 5 \\ -3 & -4 & 0 \\ 6 & -5 & 2 \end{vmatrix} = -1 \cdot (0 + 0 + 75 - (-120 - 0 + 6)) = 189$.

Retirando a 2ª linha e 3ª coluna,

$C_{23} = (-1)^{2+3} \cdot \begin{vmatrix} 1 & 2 & 4 \\ -3 & -4 & 0 \\ 6 & -5 & 2 \end{vmatrix} = -1 \cdot (-8 + 0 + 60 - (-96 - 0 - 12)) = -160$.

Retirando a 3ª linha e 3ª coluna,

$C_{33} = (-1)^{3+3} \cdot \begin{vmatrix} 1 & 2 & 3 \\ 0 & -1 & 5 \\ 6 & -5 & 2 \end{vmatrix} = 1 \cdot (-2 + 60 - 0 - (-18 - 25 + 0)) = 101$.

Retirando a 4ª linha e 3ª coluna,

$C_{43} = (-1)^{4+3} \cdot \begin{vmatrix} 1 & 2 & 4 \\ 0 & -1 & 5 \\ -3 & -4 & 0 \end{vmatrix} = -1 \cdot (0 - 30 - 0 - (12 - 20 + 0)) = 22$.

Daí,
$\det A = 3 \cdot 189 + (-2) \cdot (-160) + 1 \cdot 101 + 0 \cdot 22 = 988$.

Propriedades:

1) Quando todos os elementos de uma linha ou coluna são nulos, o determinante dessa matriz será zero.
2) Quando duas linhas ou colunas são iguais, o determinante dessa matriz será zero.
3) Quando duas linhas ou colunas são proporcionais (uma múltipla da outra), o determinante dessa matriz será zero.
4) Quando os elementos de uma linha (coluna) forem combinações lineares dos elementos correspondentes das outras linhas (colunas), o determinante dessa matriz será zero.
5) O determinante de uma matriz e o de sua transposta são iguais.
6) Quando os elementos de uma linha (coluna) forem multiplicados por um número real, o determinante dessa matriz será multiplicado por este número.
7) Se $A = [a_{ij}]_{n \times n}$ e $B = [b_{ij}]_{n \times n}$, então $\det(A \cdot B) = (\det A) \cdot (\det B)$. Dessa propriedade conclui-se que: $\det(A^{-1}) = \dfrac{1}{\det A}$, pois $A \cdot A^{-1} = I_n$.
8) Seja $A = [a_{ij}]_{n \times n}$ e $k \in \mathbb{R}$. $\det(kA) = k^n \cdot \det(A)$.

11.10 Exercícios resolvidos

1) Escreva a matriz $A = [a_{ij}]_{4 \times 3}$, com $a_{ij} = 0$ para $i \neq j$ e $a_{ij} = -3$ para $i = j$.

Solução:

A matriz do tipo 4×3 tem 4 linhas e 3 colunas dada por:

$$A = \begin{bmatrix} a_{11} & a_{12} & a_{13} \\ a_{21} & a_{22} & a_{23} \\ a_{31} & a_{32} & a_{33} \\ a_{41} & a_{42} & a_{43} \end{bmatrix}$$

Como $a_{ij} = 0$ para $i \neq j$, os elementos $a_{12}, a_{13}, a_{21}, a_{23}, a_{31}, a_{32}, a_{41}, a_{42}$ e a_{43} são todos zero; como $a_{ij} = -3$ para $i = j$, os elementos a_{11}, a_{22} e a_{33} são (-3).

Assim, a matriz A se torna:

$$A = \begin{bmatrix} -3 & 0 & 0 \\ 0 & -3 & 0 \\ 0 & 0 & -3 \\ 0 & 0 & 0 \end{bmatrix}$$

2) Determinar x e y, tais que $A = B$, sendo $A = \begin{bmatrix} 2x + y \\ x - 3y \end{bmatrix}$ e $B = \begin{bmatrix} 4 \\ 7 \end{bmatrix}$.

Solução:

$A = B \Rightarrow \begin{bmatrix} 2x + y \\ x - 3y \end{bmatrix} = \begin{bmatrix} 4 \\ 7 \end{bmatrix} \Rightarrow \begin{cases} 2x + y = 4 \\ x - 3y = 7 \end{cases} \rightarrow x = 3y + 7.$

Resolvendo o sistema por substituição, temos:

$2(3y + 7) + y = 4 \Rightarrow \Rightarrow y = -\dfrac{10}{7} \Rightarrow x = 3\left(-\dfrac{10}{7}\right) + 7 = \dfrac{19}{7}$

3) Determinar x, y e z, tais que $A = B^t$, sendo $A = \begin{bmatrix} -1 & 2 \\ x & -5 \end{bmatrix}$ e $B = \begin{bmatrix} y & 3 \\ z & -5 \end{bmatrix}$.

Solução:

Se $B = \begin{bmatrix} y & 3 \\ z & -5 \end{bmatrix}$, então $B^t = \begin{bmatrix} y & z \\ 3 & -5 \end{bmatrix}$.

Como $A = B^t$, $\begin{bmatrix} -1 & 2 \\ x & -5 \end{bmatrix} = \begin{bmatrix} y & z \\ 3 & -5 \end{bmatrix} \Rightarrow \begin{cases} x = 3 \\ y = -1 \\ z = 2 \end{cases}$

4) Sendo $A = \begin{bmatrix} 1 & 5 \\ -2 & -4 \end{bmatrix}$ e $B = \begin{bmatrix} 0 & -3 \\ -6 & 7 \end{bmatrix}$, determine:

a) $A + B$
b) $B + A$
c) $A - B$
d) $B - A$
e) $A^t + B^t$
f) $(A + B)^t$

Solução:

a) $A+B = \begin{bmatrix} 1 & 5 \\ -2 & -4 \end{bmatrix} + \begin{bmatrix} 0 & -3 \\ -6 & 7 \end{bmatrix} = \begin{bmatrix} 1+0 & 5+(-3) \\ -2+(-6) & -4+7 \end{bmatrix} = \begin{bmatrix} 1 & 2 \\ -8 & 3 \end{bmatrix}$

b) $B+A = \begin{bmatrix} 0 & -3 \\ -6 & 7 \end{bmatrix} + \begin{bmatrix} 1 & 5 \\ -2 & -4 \end{bmatrix} = \begin{bmatrix} 0+1 & -3+5 \\ -6+(-2) & 7+(-4) \end{bmatrix} = \begin{bmatrix} 1 & 2 \\ -8 & 3 \end{bmatrix}$

c) $A-B = \begin{bmatrix} 1 & 5 \\ -2 & -4 \end{bmatrix} - \begin{bmatrix} 0 & -3 \\ -6 & 7 \end{bmatrix} = \begin{bmatrix} 1-0 & 5-(-3) \\ -2-(-6) & -4-7 \end{bmatrix} = \begin{bmatrix} 1 & 8 \\ 4 & -11 \end{bmatrix}$

d) $B-A = \begin{bmatrix} 0 & -3 \\ -6 & 7 \end{bmatrix} - \begin{bmatrix} 1 & 5 \\ -2 & -4 \end{bmatrix} = \begin{bmatrix} 0-1 & -3-5 \\ -6-(-2) & 7-(-4) \end{bmatrix} = \begin{bmatrix} -1 & -8 \\ -4 & 11 \end{bmatrix}$

e) $A^t + B^t = \begin{bmatrix} 1 & -2 \\ 5 & -4 \end{bmatrix} + \begin{bmatrix} 0 & -6 \\ -3 & 7 \end{bmatrix} = \begin{bmatrix} 1 & -8 \\ 2 & 3 \end{bmatrix}$

f) $(A+B)^t = \begin{bmatrix} 1 & -8 \\ 2 & 3 \end{bmatrix}$

5) Calcular $A + B$, sendo $A = \begin{bmatrix} a & b & c \\ m & n+1 & p \\ x-2 & y & z \end{bmatrix}$ e $B = \begin{bmatrix} 1-a & -b & -c \\ -m & -n & -p \\ -x+2 & -y & -z+1 \end{bmatrix}$.

Solução:

$A+B = \begin{bmatrix} a & b & c \\ m & n+1 & p \\ x-2 & y & z \end{bmatrix} + \begin{bmatrix} 1-a & -b & -c \\ -m & -n & -p \\ -x+2 & -y & -z+1 \end{bmatrix} =$

$= \begin{bmatrix} a+1-a & b-b & c-c \\ m-m & n+1-n & p-p \\ x-2-x+2 & y-y & z-z+1 \end{bmatrix} = \begin{bmatrix} 1 & 0 & 0 \\ 0 & 1 & 0 \\ 0 & 0 & 1 \end{bmatrix} = I_3$

6) Sejam $A = \begin{bmatrix} -1 & 2 \\ 13 & 1 \\ 4 & -6 \end{bmatrix}$, $B = \begin{bmatrix} 0 & 0 \\ 1 & 1 \\ 2 & 3 \end{bmatrix}$ e $C = \begin{bmatrix} -2 & -1 \\ 0 & 3 \\ 1 & -5 \end{bmatrix}$. Determine:

a) A − B
b) A − B + C
c) B + A
d) A matriz $X_{3\times 2}$, tal que $X+(A-B)=C$.

Solução:

a) A matriz (−B) é $B=\begin{bmatrix} 0 & 0 \\ -1 & -1 \\ -2 & -3 \end{bmatrix}$. Assim,

$$A-B=A+(-B)=\begin{bmatrix} -1 & 2 \\ 13 & 1 \\ 4 & -6 \end{bmatrix}+\begin{bmatrix} 0 & 0 \\ -1 & -1 \\ -2 & -3 \end{bmatrix}=\begin{bmatrix} -1 & 2 \\ 12 & 0 \\ 2 & -9 \end{bmatrix}.$$

b) Para determinarmos A − B + C, somaremos a matriz encontrada em (a) com a matriz C:

$$A-B+C=\begin{bmatrix} -1 & 2 \\ 12 & 0 \\ 2 & -9 \end{bmatrix}+\begin{bmatrix} -2 & -1 \\ 0 & 3 \\ 1 & -5 \end{bmatrix}=\begin{bmatrix} -3 & 1 \\ 12 & 3 \\ 3 & -14 \end{bmatrix}$$

c) $B+A=\begin{bmatrix} 0 & 0 \\ 1 & 1 \\ 2 & 3 \end{bmatrix}+\begin{bmatrix} -1 & 2 \\ 13 & 1 \\ 4 & -6 \end{bmatrix}=\begin{bmatrix} -1 & 2 \\ 14 & 2 \\ 6 & -3 \end{bmatrix}$

d) Utilizando as propriedades de matrizes, temos:

$X+(A-B)=C \Rightarrow X=-A+B+C.$

Daí, $X=\begin{bmatrix} 1 & -2 \\ -13 & -1 \\ -4 & 6 \end{bmatrix}+\begin{bmatrix} 0 & 0 \\ 1 & 1 \\ 2 & 3 \end{bmatrix}+\begin{bmatrix} -2 & -1 \\ 0 & 3 \\ 1 & -5 \end{bmatrix}=\begin{bmatrix} -1 & -3 \\ -12 & 3 \\ -1 & 4 \end{bmatrix}$

7) Se $A=\begin{bmatrix} 4 & 9 \\ -7 & 2 \end{bmatrix}$ e $B=\begin{bmatrix} -1 & 0 \\ 3 & -4 \end{bmatrix}$, determine:

a) −2A
b) 3A + 6B
c) $4A^t - 3B^t$

Solução:

a) $-2A=(-2)\cdot\begin{bmatrix} 4 & 9 \\ -7 & 2 \end{bmatrix}=\begin{bmatrix} (-2)\cdot 4 & (-2)\cdot 9 \\ (-2)\cdot(-7) & (-2)\cdot 2 \end{bmatrix}=\begin{bmatrix} -8 & -18 \\ 14 & -4 \end{bmatrix}$

b) $3A + 6B = 3 \cdot \begin{bmatrix} 4 & 9 \\ -7 & 2 \end{bmatrix} + 6 \cdot \begin{bmatrix} -1 & 0 \\ 3 & -4 \end{bmatrix} = \begin{bmatrix} 12 & 27 \\ -21 & 6 \end{bmatrix} + \begin{bmatrix} -6 & 0 \\ 18 & -24 \end{bmatrix} =$

$= \begin{bmatrix} 6 & 27 \\ -3 & -18 \end{bmatrix}$

c) Como $A^t = \begin{bmatrix} 4 & -7 \\ 9 & 2 \end{bmatrix}$ e $B^t = \begin{bmatrix} -1 & 3 \\ 0 & -4 \end{bmatrix}$, temos:

$4A^t - 3B^t = 4 \cdot \begin{bmatrix} 4 & -7 \\ 9 & 2 \end{bmatrix} - 3 \cdot \begin{bmatrix} -1 & 3 \\ 0 & -4 \end{bmatrix} = \begin{bmatrix} 16 & -28 \\ 36 & 8 \end{bmatrix} + \begin{bmatrix} 3 & -9 \\ 0 & 12 \end{bmatrix} =$

$= \begin{bmatrix} 19 & -37 \\ 36 & 20 \end{bmatrix}$

8) Se $A = \begin{bmatrix} 6 & 0 \\ 0 & 6 \end{bmatrix}$ e $B = \begin{bmatrix} 2 & 0 \\ 0 & 2 \end{bmatrix}$, determine as matrizes X e Y, tais que $X + Y = A + B$ e $2X - Y = A - B$.

Solução:

Seja o sistema $\begin{cases} X + Y = A + B \\ 2X - Y = A - B \end{cases}$. Somando-se as duas equações, temos:

$3X = 2A \Rightarrow X = \frac{2}{3}A \Rightarrow X = \frac{2}{3} \cdot \begin{bmatrix} 6 & 0 \\ 0 & 6 \end{bmatrix} \Rightarrow X = \begin{bmatrix} 4 & 0 \\ 0 & 4 \end{bmatrix}$

Da primeira equação do sistema, temos:

$Y = A + B - X \Rightarrow Y = \begin{bmatrix} 6 & 0 \\ 0 & 6 \end{bmatrix} + \begin{bmatrix} 2 & 0 \\ 0 & 2 \end{bmatrix} + \begin{bmatrix} -4 & 0 \\ 0 & -4 \end{bmatrix} \Rightarrow Y = \begin{bmatrix} 4 & 0 \\ 0 & 4 \end{bmatrix} = X$

9) Sejam $A = \begin{bmatrix} -1 & 1 \\ 3 & 0 \\ 4 & 5 \end{bmatrix}$ e $B = \begin{bmatrix} 2 & 1 & -1 \\ -3 & 4 & -4 \end{bmatrix}$. Determine $A \cdot B$ e $B \cdot A$.

Solução:

$$A \cdot B = \begin{bmatrix} -1 & 1 \\ 3 & 0 \\ 4 & 5 \end{bmatrix} \cdot \begin{bmatrix} 2 & 1 & -1 \\ -3 & 4 & -4 \end{bmatrix} =$$

$$= \begin{bmatrix} (-1) \cdot 2 + 1 \cdot (-3) & (-1) \cdot 1 + 1 \cdot 4 & (-1) \cdot (-1) + 1 \cdot (-4) \\ 3 \cdot 2 + 0 \cdot (-3) & 3 \cdot 1 + 0 \cdot 4 & 3 \cdot (-1) + 0 \cdot (-4) \\ 4 \cdot 2 + 5 \cdot (-3) & 4 \cdot 1 + 5 \cdot 4 & 4 \cdot (-1) + 5 \cdot (-4) \end{bmatrix} = \begin{bmatrix} -5 & 3 & -3 \\ 6 & 3 & -3 \\ -7 & 24 & -24 \end{bmatrix}$$

$$B \cdot A = \begin{bmatrix} 2 & 1 & -1 \\ -3 & 4 & -4 \end{bmatrix} \cdot \begin{bmatrix} -1 & 1 \\ 3 & 0 \\ 4 & 5 \end{bmatrix} =$$

$$= \begin{bmatrix} 2 \cdot (-1) + 1 \cdot 3 + (-1) \cdot 4 & 2 \cdot 1 + 1 \cdot 0 + (-1) \cdot 5 \\ (-3) \cdot (-1) + 4 \cdot 3 + (-4) \cdot 4 & (-3) \cdot 1 + 4 \cdot 0 + (-4) \cdot 5 \end{bmatrix} = \begin{bmatrix} -3 & -3 \\ -1 & -23 \end{bmatrix}$$

10) Sejam $A = \begin{bmatrix} 1 & 1 & 2 \\ 4 & -3 & 0 \end{bmatrix}$ e $B = \begin{bmatrix} 5 & 0 & -3 \\ 1 & -2 & 6 \end{bmatrix}$. Determine:

a) $A^t \cdot A$ \hspace{2cm} b) $A \cdot B^t$

Solução:

$$A^t = \begin{bmatrix} 1 & 4 \\ 1 & -3 \\ 2 & 0 \end{bmatrix} \text{ e } B^t = \begin{bmatrix} 5 & 1 \\ 0 & -2 \\ -3 & 6 \end{bmatrix}.$$

a) $A^t \cdot A = \begin{bmatrix} 1 & 4 \\ 1 & -3 \\ 2 & 0 \end{bmatrix} \cdot \begin{bmatrix} 1 & 1 & 2 \\ 4 & -3 & 0 \end{bmatrix} =$

$$= \begin{bmatrix} 1 \cdot 1 + 4 \cdot 4 & 1 \cdot 1 + 4 \cdot (-3) & 1 \cdot 2 + 4 \cdot 0 \\ 1 \cdot 1 + (-3) \cdot 4 & 1 \cdot 1 + (-3) \cdot (-3) & 1 \cdot 2 + (-3) \cdot 0 \\ 2 \cdot 1 + 0 \cdot 4 & 2 \cdot 1 + 0 \cdot (-3) & 2 \cdot 2 + 0 \cdot 0 \end{bmatrix} = \begin{bmatrix} 17 & -11 & 2 \\ -11 & 10 & 2 \\ 2 & 2 & 4 \end{bmatrix}$$

b) $A \cdot B^t = \begin{bmatrix} 1 & 1 & 2 \\ 4 & -3 & 0 \end{bmatrix} \cdot \begin{bmatrix} 5 & 1 \\ 0 & -2 \\ -3 & 6 \end{bmatrix} =$

$= \begin{bmatrix} 1 \cdot 5 + 1 \cdot 0 + 2 \cdot (-3) & 1 \cdot 1 + 1 \cdot (-2) + 2 \cdot 6 \\ 4 \cdot 5 + (-3) \cdot 0 + 0 \cdot (-3) & 4 \cdot 1 + (-3) \cdot (-2) + 0 \cdot 6 \end{bmatrix} = \begin{bmatrix} -1 & 11 \\ 20 & 10 \end{bmatrix}$

11) Seja $A = \begin{bmatrix} 7 & -5 \\ 2 & 3 \end{bmatrix}$. Determinar:

a) A^2 b) $A^2 - 3A$

Solução:

a) $A^2 = A \cdot A = \begin{bmatrix} 7 & -5 \\ 2 & 3 \end{bmatrix} \cdot \begin{bmatrix} 7 & -5 \\ 2 & 3 \end{bmatrix} = \begin{bmatrix} 49-10 & -35-15 \\ 14+6 & -10+9 \end{bmatrix} = \begin{bmatrix} 39 & -50 \\ 20 & -1 \end{bmatrix}$

b) Utilizando o resultado encontrado em (a),

$A^2 - 3A = \begin{bmatrix} 39 & -50 \\ 20 & -1 \end{bmatrix} + \begin{bmatrix} -21 & 15 \\ -6 & -9 \end{bmatrix} = \begin{bmatrix} 18 & -35 \\ 14 & -10 \end{bmatrix}$

12) Sejam $A = \begin{bmatrix} 3 & 1 \\ 0 & 2 \end{bmatrix}$ e $B = \begin{bmatrix} -1 & 1 \\ 4 & 0 \end{bmatrix}$. Determine a matriz X, tal que $X \cdot A = B$.

Solução:

Como $B_{2 \times 2}$, então X também é uma matriz 2x2. Seja $X = \begin{bmatrix} a & b \\ c & d \end{bmatrix}$.

Daí, $X \cdot A = B \Rightarrow \begin{bmatrix} a & b \\ c & d \end{bmatrix} \cdot \begin{bmatrix} 3 & 1 \\ 0 & 2 \end{bmatrix} = \begin{bmatrix} -1 & 1 \\ 4 & 0 \end{bmatrix} \Rightarrow \begin{bmatrix} 3a & a+2b \\ 3c & c+2d \end{bmatrix} = \begin{bmatrix} -1 & 1 \\ 4 & 0 \end{bmatrix} \Rightarrow$

Pré-cálculo

$$\Rightarrow \begin{cases} 3a = -1 & \text{(I)} \\ a + 2b = 1 & \text{(II)} \\ 3c = 4 & \text{(III)} \\ c + 2d = 0 & \text{(IV)} \end{cases} \Rightarrow \begin{cases} a = -\dfrac{1}{3} & \text{(I)} \\ a + 2b = 1 & \text{(II)} \\ c = \dfrac{4}{3} & \text{(III)} \\ c + 2d = 0 & \text{(IV)} \end{cases}$$

Substituindo (I) em (II) e (III) em (IV), temos:

$$\begin{cases} a = -\dfrac{1}{3} \\ b = \dfrac{2}{3} \\ c = \dfrac{4}{3} \\ d = -\dfrac{2}{3} \end{cases}$$

Assim, $X = \begin{bmatrix} -\dfrac{1}{3} & \dfrac{2}{3} \\ \dfrac{4}{3} & -\dfrac{2}{3} \end{bmatrix}$

13) Determinar a inversa das matrizes:

a) $A = \begin{bmatrix} 2 & -4 \\ 5 & 3 \end{bmatrix}$
b) $B = \begin{bmatrix} -1 & 3 & -2 \\ 2 & 5 & 0 \\ 0 & 0 & 1 \end{bmatrix}$

Solução:

a) Seja $A^{-1} = \begin{bmatrix} a & b \\ c & d \end{bmatrix}$, tal que $A \cdot A^{-1} = I$.

Assim,

$\begin{bmatrix} 2 & -4 \\ 5 & 3 \end{bmatrix} \cdot \begin{bmatrix} a & b \\ c & d \end{bmatrix} = \begin{bmatrix} 1 & 0 \\ 0 & 1 \end{bmatrix} \Rightarrow \begin{bmatrix} 2a - 4c & 2b - 4d \\ 5a + 3c & 5b + 3d \end{bmatrix} = \begin{bmatrix} 1 & 0 \\ 0 & 1 \end{bmatrix} \Rightarrow$

11 Álgebra matricial

$$\Rightarrow \begin{cases} 2a - 4c = 1 \\ 5a + 3c = 0 \\ 2b - 4d = 0 \\ 5b + 3d = 1 \end{cases} \Rightarrow \begin{cases} 2a - 4c = 1 & \text{(I)} \\ a = -\dfrac{3c}{5} & \text{(II)} \\ b = 2d & \text{(III)} \\ 5b + 3d = 1 & \text{(IV)} \end{cases}$$

Substituindo a equação (II) na equação (I), temos:

$$2 \cdot \left(-\dfrac{3c}{5}\right) - 4c = 1 \Rightarrow -6c - 20c = 5 \Rightarrow 26c = -5 \Rightarrow c = -\dfrac{5}{26}$$

Substituindo na equação (II), $a = \left(-\dfrac{3}{5}\right) \cdot \left(-\dfrac{5}{26}\right) \Rightarrow a = \dfrac{3}{26}$

Substituindo a equação (III) na equação (IV), temos:

$$5 \cdot 2d + 3d = 1 \Rightarrow 13d = 1 \Rightarrow d = \dfrac{1}{13}$$

Substituindo na equação (III), $b = 2 \cdot \dfrac{1}{13} \Rightarrow b = \dfrac{2}{13}$

Daí, $A^{-1} = \begin{bmatrix} \dfrac{3}{26} & \dfrac{2}{13} \\ -\dfrac{5}{26} & \dfrac{1}{13} \end{bmatrix}$

b) Seja $B^{-1} = \begin{bmatrix} a & b & c \\ d & e & f \\ g & h & i \end{bmatrix}$, tal que $B \cdot B^{-1} = I$.

Assim,

$$\begin{bmatrix} -1 & 3 & -2 \\ 2 & 5 & 0 \\ 0 & 0 & 1 \end{bmatrix} \cdot \begin{bmatrix} a & b & c \\ d & e & f \\ g & h & i \end{bmatrix} = \begin{bmatrix} 1 & 0 & 0 \\ 0 & 1 & 0 \\ 0 & 0 & 1 \end{bmatrix} \Rightarrow$$

$$\Rightarrow \begin{bmatrix} -a + 3d - 2g & -b + 3e - 2h & -c + 3f - 2i \\ 2a + 5d + 0g & 2b + 5e + 0h & 2c + 5f + 0i \\ 0a + 0d + 1g & 0b + 0e + 1h & 0c + 0f + 1i \end{bmatrix} = \begin{bmatrix} 1 & 0 & 0 \\ 0 & 1 & 0 \\ 0 & 0 & 1 \end{bmatrix} \Rightarrow$$

$$\Rightarrow \begin{cases} -a+3d-2g=1 \\ 2a+5d=0 \\ g=0 \\ -b+3e-2h=0 \\ 2b+5e=1 \\ h=0 \\ -c+3f-2i=0 \\ 2c+5f=0 \\ i=1 \end{cases} \Rightarrow \begin{cases} -a+3d=1 \\ 2a+5d=0 \\ g=0 \\ -b+3e=0 \\ 2b+5e=1 \\ h=0 \\ -c+3f-2=0 \\ 2c+5f=0 \\ i=1 \end{cases} \Rightarrow \begin{cases} a=3d-1 & \text{(I)} \\ 2a+5d=0 & \text{(II)} \\ g=0 & \text{(III)} \\ b=3e & \text{(IV)} \\ 2b+5e=1 & \text{(V)} \\ h=0 & \text{(VI)} \\ c=3f-2 & \text{(VII)} \\ 2c+5f=0 & \text{(VIII)} \\ i=1 & \text{(IX)} \end{cases}$$

Trabalhando as equações (I) e (II), temos:

$$2 \cdot (3d-1) + 5d = 0 \Rightarrow 11d = 2 \Rightarrow d = \frac{2}{11} \Rightarrow a = 3\left(\frac{2}{11}\right) - 1 \Rightarrow a = -\frac{5}{11}$$

Trabalhando as equações (IV) e (V), temos:

$$2 \cdot (3e) + 5e = 1 \Rightarrow 11e = 1 \Rightarrow e = \frac{1}{11} \Rightarrow b = 3\left(\frac{1}{11}\right) \Rightarrow b = \frac{3}{11}$$

Trabalhando as equações (VII) e (VIII), temos:

$$2 \cdot (3f-2) + 5f = 0 \Rightarrow 11f = 4 \Rightarrow f = \frac{4}{11} \Rightarrow c = 3\left(\frac{4}{11}\right) - 2 \Rightarrow c = -\frac{10}{11}$$

Daí, $B^{-1} = \begin{bmatrix} -\frac{5}{11} & \frac{3}{11} & -\frac{10}{11} \\ \frac{2}{11} & \frac{1}{11} & \frac{4}{11} \\ 0 & 0 & 1 \end{bmatrix}$

11.11 Exercícios propostos

1) Escreva a matriz $A = [a_{ij}]_{2 \times 2}$, tal que $a_{ij} = 5$ para $i = j$ e $a_{ij} = -1$ para $i \neq j$.

2) Determine a e b, tais que $\begin{bmatrix} a+3 & 5 \\ -2 & b-4 \end{bmatrix} = \begin{bmatrix} -4 & 5 \\ -2 & 1 \end{bmatrix}$.

3) Determine o valor de x, tal que $\begin{bmatrix} x^2 \\ x^2 + 2x \end{bmatrix} = \begin{bmatrix} 9 \\ 3 \end{bmatrix}$.

4) Sendo $A = \begin{bmatrix} -1 & 5 & 7 \\ 9 & 8 & -6 \end{bmatrix}$ e $B = \begin{bmatrix} 0 & 2 & -4 \\ -3 & 1 & -2 \end{bmatrix}$, determine:

a) $A + B$
b) $(B - A)^t$
c) $2A - B$

5) Determine x, y e z para se obter $\begin{bmatrix} x & y & z \\ 5 & 0 & 3 \\ 4 & 1 & 6 \end{bmatrix} + \begin{bmatrix} 7 & 2 & 1 \\ -5 & 1 & -3 \\ -4 & -1 & -5 \end{bmatrix} = I_3$.

6) Determine x, y e z, tais que $\begin{bmatrix} 5x & -z \\ x - 2y & 3 \end{bmatrix} - \begin{bmatrix} 2 & -6 \\ 6 & 1 \end{bmatrix} = \begin{bmatrix} 3 & 2z \\ -3 & 2 \end{bmatrix}$.

7) Dadas as matrizes $A = \begin{bmatrix} -4 & 0 \\ 1 & 3 \\ 2 & 5 \end{bmatrix}$ e $B = \begin{bmatrix} 6 & -1 \\ -2 & -3 \\ 0 & 4 \end{bmatrix}$, determine:

a) $3A$
b) $3A^t + B^t$

8) Dadas as matrizes $A = \begin{bmatrix} 2 & 1 & 0 \\ 4 & 3 & -5 \end{bmatrix}$ e $B = \begin{bmatrix} -6 & 7 \\ -1 & -3 \\ 2 & 4 \end{bmatrix}$, determine $X = 4A^t - 2B$.

9) Calcule o produto das seguintes matrizes, se existirem:

a) $\begin{bmatrix} -1 & 2 \\ 5 & 3 \end{bmatrix} \cdot \begin{bmatrix} 0 & 1 & 4 \\ -2 & 6 & 5 \end{bmatrix}$

d) $\begin{bmatrix} 2 & 3 & 4 \end{bmatrix} \cdot \begin{bmatrix} -1 \\ -2 \\ -3 \end{bmatrix}$

b) $\begin{bmatrix} -1 & 3 \\ 2 & 6 \\ 1 & 0 \end{bmatrix} \cdot \begin{bmatrix} 4 & -1 & 0 \\ 2 & 5 & -3 \end{bmatrix}$

e) $\begin{bmatrix} 5 \\ -6 \\ 2 \end{bmatrix} \cdot \begin{bmatrix} -3 & 4 & 1 \end{bmatrix}$

c) $\begin{bmatrix} -1 & 2 \\ -5 & 3 \end{bmatrix} \cdot \begin{bmatrix} 7 & 4 \\ 6 & 3 \\ 2 & 5 \end{bmatrix}$

f) $\begin{bmatrix} -3 & 2 & 4 \\ -1 & 3 & 6 \\ 0 & 5 & -2 \end{bmatrix} \cdot \begin{bmatrix} 1 & 0 & -5 \\ 2 & 3 & 4 \\ -4 & -3 & -1 \end{bmatrix}$

Pré-cálculo

10) Dadas as matrizes $A = \begin{bmatrix} -3 & 4 \\ 7 & 2 \end{bmatrix}$ e $B = \begin{bmatrix} 2 & -1 \\ 5 & 6 \end{bmatrix}$, determine:

a) $A \times B$
b) A^2
c) $A \times B \times A$
d) $(B \times A)^t$
e) $A^2 - 3B$
f) $A \times A^t$

11) Sendo $A = \begin{bmatrix} 2 & -3 \\ 1 & -1 \end{bmatrix}$, determine $A^2 + 2A - 3I_2$.

12) Dadas as matrizes $A = \begin{bmatrix} 5 & -3 \\ -4 & 1 \end{bmatrix}$ e $B = \begin{bmatrix} 2 & 6 \\ 1 & 3 \\ 0 & 4 \end{bmatrix}$, determine $A \times B^t$.

13) Determine, se existir, A^{-1} em cada caso a seguir:

a) $A = \begin{bmatrix} 1 & 2 \\ 5 & 4 \end{bmatrix}$

b) $A = \begin{bmatrix} 0 & -3 \\ 3 & 7 \end{bmatrix}$

c) $A = \begin{bmatrix} -4 & 1 \\ 2 & 3 \end{bmatrix}$

14) Determine o valor dos determinantes das seguintes matrizes:

a) $A = \begin{bmatrix} -7 & 2 \\ 3 & 5 \end{bmatrix}$

b) $A = \begin{bmatrix} 2 & 1 \\ 2 & 1 \end{bmatrix}$

c) $A = \begin{bmatrix} 10 & 3 \\ 4 & -2 \end{bmatrix}$

d) $A = \begin{bmatrix} 3 & 0 & -2 \\ 2 & 5 & -3 \\ 1 & -4 & 4 \end{bmatrix}$

e) $A = \begin{bmatrix} -5 & 2 & -4 \\ 6 & 3 & 1 \\ 0 & -2 & -3 \end{bmatrix}$

f) $A = \begin{bmatrix} -4 & 2 & 0 \\ -1 & 1 & 5 \\ 3 & -2 & -5 \end{bmatrix}$

g) $A = \begin{bmatrix} -1 & -1 & -1 & -1 \\ 3 & -2 & 4 & 5 \\ 9 & 4 & 16 & 25 \\ 27 & -8 & 64 & 125 \end{bmatrix}$

h) $A = \begin{bmatrix} 3 & -1 & 1 & 1 \\ 2 & 3 & 4 & -1 \\ 0 & 0 & 2 & 0 \\ -1 & 0 & 2 & 3 \end{bmatrix}$

i) $A = \begin{bmatrix} 0 & 2 & 0 & 4 \\ 2 & 1 & 0 & 2 \\ 0 & 0 & -3 & 1 \\ 1 & 1 & 0 & 1 \end{bmatrix}$

15) Se $\begin{bmatrix} 3 & b \\ c & -4 \end{bmatrix} = \begin{bmatrix} a & 2 \\ 5 & d \end{bmatrix}$, $A = \begin{bmatrix} a & b \\ c & d \end{bmatrix}$ e $B = A^t$, determine $\det(A \times B)$.

11.12 Respostas dos exercícios propostos

1) $A = \begin{bmatrix} 5 & -1 \\ -1 & 5 \end{bmatrix}$

2) $a = -7$ e $b = 5$

3) $x = -3$

4) a) $A + B = \begin{bmatrix} -1 & 7 & 3 \\ 6 & 9 & -8 \end{bmatrix}$

b) $(B - A)^t = \begin{bmatrix} 1 & -12 \\ -3 & -7 \\ -11 & 4 \end{bmatrix}$

c) $2A - B = \begin{bmatrix} -2 & 8 & 18 \\ 21 & 15 & -10 \end{bmatrix}$

5) $x = -6, y = -2$ e $z = -1$

6) $x = 1, y = -1$ e $z = 2$

7) a) $3A = \begin{bmatrix} -12 & 0 \\ 3 & 9 \\ 6 & 15 \end{bmatrix}$

b) $3A^t + B^t = \begin{bmatrix} -6 & 1 & 6 \\ -1 & 6 & 19 \end{bmatrix}$

8) $X = \begin{bmatrix} 20 & 2 \\ 5 & 18 \\ -4 & -28 \end{bmatrix}$

9) a) $\begin{bmatrix} -4 & -11 & 6 \\ -6 & 23 & 35 \end{bmatrix}$

b) $\begin{bmatrix} 2 & 16 & -9 \\ 20 & 28 & -18 \\ 4 & -1 & 0 \end{bmatrix}$

c) Não existe o produto

d) -20

e) $\begin{bmatrix} -15 & 20 & 5 \\ 18 & -24 & -6 \\ -6 & 8 & 2 \end{bmatrix}$

f) $\begin{bmatrix} -15 & -6 & 19 \\ -19 & -9 & 11 \\ 18 & 21 & 22 \end{bmatrix}$

10) a) $A \times B = \begin{bmatrix} 14 & 27 \\ 24 & 5 \end{bmatrix}$

b) $A^2 = \begin{bmatrix} 37 & -4 \\ -7 & 32 \end{bmatrix}$

c) $A \times B \times A = \begin{bmatrix} 147 & 110 \\ -37 & 106 \end{bmatrix}$

d) $(B \times A)^t = \begin{bmatrix} -13 & 27 \\ 6 & 32 \end{bmatrix}$

e) $A^2 - 3B = \begin{bmatrix} 31 & -1 \\ -22 & 14 \end{bmatrix}$

f) $A \times A^t = \begin{bmatrix} 25 & -13 \\ -13 & 53 \end{bmatrix}$

11) $A^2 + 2A - 3I_2 = \begin{bmatrix} 2 & -9 \\ 3 & -7 \end{bmatrix}$

12) $A \times B^t = \begin{bmatrix} -8 & -4 & -12 \\ -2 & -1 & 4 \end{bmatrix}$

13) a) $A^{-1} = \begin{bmatrix} -\dfrac{1}{6} & -\dfrac{1}{3} \\ -\dfrac{5}{6} & -\dfrac{2}{3} \end{bmatrix}$

b) $A^{-1} = \begin{bmatrix} 0 & \dfrac{2}{9} \\ -\dfrac{1}{3} & \dfrac{7}{9} \end{bmatrix}$

c) $A^{-1} = \begin{bmatrix} \dfrac{2}{7} & -\dfrac{1}{7} \\ -\dfrac{1}{14} & \dfrac{3}{14} \end{bmatrix}$

14) a) det A = −41
    b) det A = 0
    c) det A = −32
    d) det A = 18
    e) det A = 119

    f) det A = 0
    g) det A = 420
    h) det A = −70
    i) det A = −12

15) $\det(A \times B) = 484$

capítulo **12**

Sistemas lineares

No capítulo anterior, foram estudadas as matrizes e algumas de suas operações. Neste capítulo, aplicaremos matrizes para a resolução de sistemas de equações lineares, o que pode ser feito por meio da Regra de Cramer ou escalonamento de matriz.

12.1 Introdução

Seja S um sistema de m equações lineares ($m \geq 1$) e com n incógnitas x_1, $x_2, \ldots, x_n$, onde a_{ij} é o coeficiente da incógnita x_j e c_i, o termo independente. Esse sistema pode ser representado da seguinte forma:

$$S = \begin{cases} a_{11}x_1 + a_{12}x_2 + \cdots + a_{1n}x_n = c_1 \\ a_{21}x_1 + a_{22}x_2 + \cdots + a_{2n}x_n = c_2 \\ \cdots \\ a_{m1}x_1 + a_{m2}x_2 + \cdots + a_{mn}x_n = c_m \end{cases}$$

Esse sistema pode ser escrito, na forma matricial, como:

$$\begin{bmatrix} a_{11} & a_{12} & \cdots & a_{1n} \\ a_{21} & a_{22} & \cdots & a_{2n} \\ \vdots & \vdots & \vdots & \vdots \\ a_{m1} & a_{m2} & \cdots & a_{mn} \end{bmatrix} \cdot \begin{bmatrix} x_1 \\ x_2 \\ \vdots \\ x_n \end{bmatrix} = \begin{bmatrix} c_1 \\ c_2 \\ \vdots \\ c_m \end{bmatrix} \quad ou \quad A \cdot X = C$$

Exemplos:

1) $S = \begin{cases} 2x - 3y = 7 \\ 3x + y = 1 \end{cases}$ pode ser escrito, na forma matricial, como

$\begin{bmatrix} 2 & -3 \\ 3 & 1 \end{bmatrix} \cdot \begin{bmatrix} x \\ y \end{bmatrix} = \begin{bmatrix} 7 \\ 1 \end{bmatrix}$.

2) $S = \begin{cases} 2x - 3y + 2z = 5 \\ 3x + y - 7z = 2 \end{cases}$ pode ser escrito como $\begin{bmatrix} 2 & -3 & 2 \\ 3 & 1 & -7 \end{bmatrix} \cdot \begin{bmatrix} x \\ y \\ z \end{bmatrix} = \begin{bmatrix} 5 \\ 2 \end{bmatrix}$.

12.2 Matrizes de um sistema

A *matriz incompleta*, associada ao sistema anterior, é $A = \begin{bmatrix} a_{11} & a_{12} & \cdots & a_{1n} \\ a_{21} & a_{22} & \cdots & a_{2n} \\ \vdots & \vdots & \vdots & \vdots \\ a_{m1} & a_{m2} & \cdots & a_{mn} \end{bmatrix}$,

formada somente pelos coeficientes das incógnitas do sistema.

A *matriz completa* (ou *matriz ampliada*), associada ao sistema anterior, é

$B = \begin{bmatrix} a_{11} & a_{12} & \cdots & a_{1n} & c_1 \\ a_{21} & a_{22} & \cdots & a_{2n} & c_2 \\ \vdots & \vdots & \vdots & \vdots & \vdots \\ a_{m1} & a_{m2} & \cdots & a_{mn} & c_m \end{bmatrix}$, formada pelos coeficientes das incógnitas e

pelos termos independentes do sistema.

Exemplos:

1) Seja $S = \begin{cases} 2x - 3y = 7 \\ 3x + y = 1 \end{cases}$. Daí, $A = \begin{bmatrix} 2 & -3 \\ 3 & 1 \end{bmatrix}$ e $B = \begin{bmatrix} 2 & -3 & 7 \\ 3 & 1 & 1 \end{bmatrix}$.

2) Seja $S = \begin{cases} 2x - 3y + 2z = 5 \\ 3x + y - 7z = 2 \end{cases}$. Daí, $A = \begin{bmatrix} 2 & -3 & 2 \\ 3 & 1 & -7 \end{bmatrix}$ e $B = \begin{bmatrix} 2 & -3 & 2 & 5 \\ 3 & 1 & -7 & 2 \end{bmatrix}$.

12.3 Solução de um sistema linear

Denomina-se *solução do sistema* S a n-upla ordenada de números reais $(\alpha_1, \alpha_2, \ldots, \alpha_n)$, tal que:

$$\begin{cases} a_{11}\alpha_1 + a_{12}\alpha_2 + \cdots + a_{1n}\alpha_n = c_1 \\ a_{21}\alpha_1 + a_{22}\alpha_2 + \cdots + a_{2n}\alpha_n = c_2 \\ \quad\quad\quad\quad\quad \cdots \\ a_{m1}\alpha_1 + a_{m2}\alpha_2 + \cdots + a_{mn}\alpha_n = c_m \end{cases}.$$

Quando C = 0, ou seja, $\begin{bmatrix} a_{11} & a_{12} & \cdots & a_{1n} \\ a_{21} & a_{22} & \cdots & a_{2n} \\ \vdots & \vdots & \vdots & \vdots \\ a_{m1} & a_{m2} & \cdots & a_{mn} \end{bmatrix} \cdot \begin{bmatrix} x_1 \\ x_2 \\ \vdots \\ x_n \end{bmatrix} = \begin{bmatrix} 0 \\ 0 \\ \vdots \\ 0 \end{bmatrix}$, dizemos que

o sistema é *homogêneo*.

É natural observar que um sistema homogêneo admite *sempre*, como solução, a sequência $(\alpha_1, \alpha_2, \ldots, \alpha_n)$, onde $\alpha_i = 0$, $\forall i = 1, \ldots, n$.

Se um sistema S admitir uma única solução, diremos que ele é *possível (compatível) e determinado*; se ele admitir várias soluções, ele é *possível (compatível) e indeterminado*; se ele não admitir solução, ele é *impossível (incompatível)*.

Exemplos:

1) $\begin{cases} 2x + y = 7 \\ x - y = -1 \end{cases}$

é um sistema possível e determinado (única solução: x = 2 e y = 3).

2) $\begin{cases} 2x + y = 7 \\ 4x + 2y = 14 \end{cases}$

é um sistema possível e indeterminado (infinitas soluções: $y = 7 - 2x$, isto é, para cada valor diferente de *x*, *y* admite um valor diferente).

3) $\begin{cases} 2x + y = 7 \\ 4x + 2y = 2 \end{cases}$

é um sistema impossível (nenhuma solução; divida a 2ª equação por 2 e conclua você mesmo).

12.4 Determinante do sistema

Quando o número de equações de um sistema linear for igual ao número de incógnitas (m = n), então a matriz incompleta será quadrada. Daí, existe um determinante $D = \det(A)$, denominado *determinante do sistema*.

Se $D = \det(A) \neq 0$, o sistema é possível e determinado; se $D = \det(A) = 0$, o sistema ou possui infinitas soluções ou não tem solução.

Exemplos:

1) Seja $\begin{cases} 2x+y=7 \\ x-y=-1 \end{cases}$. $A = \begin{bmatrix} 2 & 1 \\ 1 & -1 \end{bmatrix}$. $D = \det(A) = \begin{vmatrix} 2 & 1 \\ 1 & -1 \end{vmatrix} = -3 \neq 0$.

Daí, o sistema possível e determinado (única solução: x = 2 e y = 3).

2) Seja $\begin{cases} 2x+y=7 \\ 4x+2y=14 \end{cases}$. $A = \begin{bmatrix} 2 & 1 \\ 4 & 2 \end{bmatrix}$. $D = \det(A) = \begin{vmatrix} 2 & 1 \\ 4 & 2 \end{vmatrix} = 0$.

Daí, ou o sistema é possível e indeterminado ou é impossível. Nesse caso, ele é possível e indeterminado (infinitas soluções: y = 7 – 2x).

3) Seja $\begin{cases} 2x+y=7 \\ 4x+2y=2 \end{cases}$. $A = \begin{bmatrix} 2 & 1 \\ 4 & 2 \end{bmatrix}$. $D = \det(A) = \begin{vmatrix} 2 & 1 \\ 4 & 2 \end{vmatrix} = 0$.

Daí, ou o sistema é possível e indeterminado ou é impossível. Nesse caso, ele é impossível.

12.5 Regra de Cramer

Na resolução de sistemas de equações, onde a matriz A é quadrada, empregamos uma regra prática conhecida pelo nome de *Regra de Cramer*, que permite encontrar facilmente a solução.

Seja o sistema $S = \begin{cases} a_{11}x_1 + a_{12}x_2 + \cdots + a_{1n}x_n = c_1 \\ a_{21}x_1 + a_{22}x_2 + \cdots + a_{2n}x_n = c_2 \\ \cdots \\ a_{n1}x_1 + a_{n2}x_2 + \cdots + a_{nn}x_n = c_n \end{cases}$.

O valor de cada incógnita (x_i) é obtido da seguinte maneira:

$$\boxed{x_i = \frac{Dx_i}{D}}$$

$x_i \Rightarrow$ variáveis do sistema;

$D \Rightarrow$ determinante formado pelos coeficientes das incógnitas (determinante do sistema);

$Dx_i \Rightarrow$ determinante que se obtém substituindo-se a coluna dos coeficientes da incógnita procurada pelos termos (independentes) conhecidos $c_1, c_2, ..., c_n$.

Em outras palavras:

$$D = \det(A) = \begin{vmatrix} a_{11} & a_{12} & \cdots & a_{1n} \\ a_{21} & a_{22} & \cdots & a_{2n} \\ \vdots & \vdots & \vdots & \vdots \\ a_{n1} & a_{n2} & \cdots & a_{nn} \end{vmatrix};$$

$$Dx_1 = \begin{vmatrix} c_1 & a_{12} & \cdots & a_{1n} \\ c_2 & a_{22} & \cdots & a_{2n} \\ \vdots & \vdots & \vdots & \vdots \\ c_n & a_{n2} & \cdots & a_{nn} \end{vmatrix}; \quad Dx_2 = \begin{vmatrix} a_{11} & c_1 & \cdots & a_{1n} \\ a_{21} & c_2 & \cdots & a_{2n} \\ \vdots & \vdots & \vdots & \vdots \\ a_{n1} & c_n & \cdots & a_{nn} \end{vmatrix}; \ldots;$$

$$Dx_n = \begin{vmatrix} a_{11} & a_{12} & \cdots & c_1 \\ a_{21} & a_{22} & \cdots & c_2 \\ \vdots & \vdots & \vdots & \vdots \\ a_{n1} & a_{n2} & \cdots & c_n \end{vmatrix}$$

Exemplos:

1) $\begin{cases} 3x - y = 4 \\ 2x + 3y = -1 \end{cases}$

$A = \begin{bmatrix} 3 & -1 \\ 2 & 3 \end{bmatrix} \Rightarrow D = \det(A) = \begin{vmatrix} 3 & -1 \\ 2 & 3 \end{vmatrix} = 9 - (-2) = 11 \neq 0 \Rightarrow$ existe solução única.

$Dx = \begin{vmatrix} 4 & -1 \\ -1 & 3 \end{vmatrix} = 11 \Rightarrow x = \dfrac{Dx}{D} = \dfrac{11}{11} = 1$

$Dy = \begin{vmatrix} 3 & 4 \\ 2 & -1 \end{vmatrix} = -11 \Rightarrow y = \dfrac{Dy}{D} = \dfrac{-11}{11} = -1$

2) $\begin{cases} 3x + y - z = 1 \\ 4x - 2y + 3z = 0 \\ -x + 3y + 2z = 3 \end{cases}$

$A = \begin{bmatrix} 3 & 1 & -1 \\ 4 & -2 & 3 \\ -1 & 3 & 2 \end{bmatrix}$

$$D = \det(A) = \begin{vmatrix} 3 & 1 & -1 \\ 4 & -2 & 3 \\ -1 & 3 & 2 \end{vmatrix} = -12 - 3 - 12 - (-2 + 27 + 8) = -60 \neq 0 \quad \Rightarrow$$

existe solução única.

$$Dx = \begin{vmatrix} 1 & 1 & -1 \\ 0 & -2 & 3 \\ 3 & 3 & 2 \end{vmatrix} = -4 + 9 - 0 - (6 + 9 + 0) = -10 \quad \Rightarrow \quad x = \frac{Dx}{D} = \frac{-10}{-60} = \frac{1}{6}$$

$$Dy = \begin{vmatrix} 3 & 1 & -1 \\ 4 & 0 & 3 \\ -1 & 3 & 2 \end{vmatrix} = 0 - 3 - 12 - (0 + 27 + 8) = -50 \quad \Rightarrow \quad y = \frac{Dy}{D} = \frac{-50}{-60} = \frac{5}{6}$$

$$Dz = \begin{vmatrix} 3 & 1 & 1 \\ 4 & -2 & 0 \\ -1 & 3 & 3 \end{vmatrix} = -18 + 0 + 12 - (2 + 0 + 12) = -20 \quad \Rightarrow \quad z = \frac{Dz}{D} = \frac{-20}{-60} = \frac{1}{3}$$

Se o sistema é homogêneo, a n-upla $(0\,;0\,;\cdots;0)$ é uma solução desse sistema S e é chamada solução trivial. As demais soluções (quando houver) são denominadas não triviais.

Se $D = \det(A) \neq 0$, então o sistema homogêneo S possui apenas a solução trivial. Se $D = \det(A) = 0$, o sistema possui a solução trivial e as soluções não triviais.

12.6 Sistemas equivalentes

Dois sistemas S e S' são equivalentes quando possuem o mesmo conjunto solução. Para indicar que S e S' são equivalentes, escreve-se: S ~ S'.

Por meio de operações matemáticas triviais, pode-se transformar um sistema complicado S em um sistema mais simples, S'.

Propriedades:

1) Trocando as posições de duas das equações de S, tem-se S ~ S'.

Exemplo:

Trocar a 1ª equação com a 3ª:

$$S = \begin{cases} 3x + y - z = 1 & (1) \\ 4x - 2y + 3z = 0 & (2) \\ -x + 3y + 2z = 3 & (3) \end{cases} \Rightarrow S = \begin{cases} -x + 3y + 2z = 3 & (3) \\ 4x - 2y + 3z = 0 & (2) \\ 3x + y - z = 1 & (1) \end{cases}$$

ou $\begin{bmatrix} 3 & 1 & -1 & | & 1 \\ 4 & -2 & 3 & | & 0 \\ -1 & 3 & 2 & | & 3 \end{bmatrix} \sim \begin{bmatrix} -1 & 3 & 2 & | & 3 \\ 4 & -2 & 3 & | & 0 \\ 3 & 1 & -1 & | & 1 \end{bmatrix}$

2) Multiplicando uma ou mais equações de S, por um número real não nulo, tem-se S ~ S'.

Exemplo:

Multiplicar a 2ª equação por 3.

$$S = \begin{cases} 3x + y = 1 & (1) \\ 4x - 5y = 3 & (2) \end{cases} \Rightarrow S = \begin{cases} 3x + y = 1 & (1) \\ 12x - 15y = 9 & 3 \cdot (2) \end{cases}$$

ou $\begin{bmatrix} 3 & 1 & | & 1 \\ 4 & -5 & | & 3 \end{bmatrix} \sim \begin{bmatrix} 3 & 1 & | & 1 \\ 12 & -15 & | & 9 \end{bmatrix}$

3) Adicionando a uma das equações de S, outra equação desse sistema, multiplicada por k, k ∈ ℝ.

Exemplo:

Adicionar a 1ª equação o produto da 2ª por (–2).

$$S = \begin{cases} -x + 2y = 1 & (1) \\ 2x - 5y = -3 & (2) \end{cases} \Rightarrow S = \begin{cases} -5x + 12y = 7 & (1) + (2) \cdot (-2) \\ 2x - 5y = -3 & (2) \end{cases}$$

ou $\begin{bmatrix} -1 & 2 & | & 1 \\ 2 & -5 & | & -3 \end{bmatrix} \sim \begin{bmatrix} -5 & 12 & | & 7 \\ 2 & -5 & | & -3 \end{bmatrix}$

12.7 Escalonamento de sistemas

Para resolver sistemas de equações lineares que tenham mais de três equações, não é indicado utilizar a Regra de Cramer, pois será muito trabalhoso. Nesse caso, usa-se a técnica do escalonamento, para facilitar a resolução do sistema.

Seja S o sistema linear, da seguinte forma:

$$S = \begin{cases} a_{11}x_1 + a_{12}x_2 + \cdots + a_{1n}x_n = c_1 \\ a_{21}x_1 + a_{22}x_2 + \cdots + a_{2n}x_n = c_2 \\ \cdots \\ a_{n1}x_1 + a_{n2}x_2 + \cdots + a_{nn}x_n = c_n \end{cases},$$

onde existe, pelo menos, um coeficiente não nulo em cada equação. Se o número de coeficientes nulos, antes do primeiro coeficiente não nulo, aumenta de equação para equação, então o sistema está escalonado.

Exemplos:

1) $S = \begin{cases} -2x + 5y = 1 \\ 7y = -4 \end{cases}$ ou $\begin{bmatrix} -2 & 5 & | & 1 \\ 0 & 7 & | & -4 \end{bmatrix}$

2) $S = \begin{cases} 2x - 5y + 3z = 1 \\ 7y - z = -6 \\ 2z = 5 \end{cases}$ ou $\begin{bmatrix} 2 & -5 & 3 & | & 1 \\ 0 & 7 & -1 & | & -6 \\ 0 & 0 & 2 & | & 5 \end{bmatrix}$

Procedimentos para escalonar um sistema:

1) Colocar como 1ª equação uma das que tenha o coeficiente da 1ª incógnita diferente de zero.
2) Anular todos os coeficientes da 1ª incógnita nas demais equações, utilizando as propriedades de sistemas equivalentes.
3) Anular todos os coeficientes da 2ª incógnita nas equações a partir da 3ª.
4) Repetir esse processo com as demais incógnitas, até que o sistema se torne escalonado.

Exemplos:

1) $\begin{cases} 3x + y = 1 \\ -x + 5y = 2 \end{cases}$ ou $\begin{bmatrix} 3 & 1 & | & 1 \\ -1 & 5 & | & 2 \end{bmatrix}$

Trocar de posição a 1ª e a 2ª equações ou $L_1 \leftrightarrow L_2$.

$\begin{cases} -x + 5y = 2 \\ 3x + y = 1 \end{cases}$ ou $\begin{bmatrix} -1 & 5 & | & 2 \\ 3 & 1 & | & 1 \end{bmatrix}$

Substituir a 2ª equação, pela soma do produto da 1ª equação por 3 com a 2ª equação, ou $L_2 \rightarrow L_2 + 3L_1$.

$\begin{cases} -x + 5y = 2 \\ 16y = 7 \end{cases}$ ou $\begin{bmatrix} -1 & 5 & | & 2 \\ 0 & 16 & | & 7 \end{bmatrix}$

Agora que o sistema está escalonado, podemos resolvê-lo:
$16y = 7 \Rightarrow y = \dfrac{7}{16}$.

Substituindo o valor de y na 1ª equação,
$-x + 5 \cdot \dfrac{7}{16} = 2 \Rightarrow x = \dfrac{3}{16}$

$(x; y) = \left(\dfrac{3}{16}; \dfrac{7}{16} \right)$.

2) $\begin{cases} x + 2y - z = 1 \\ -2x - y + 3z = 2 \\ 3x + 4y - 2z = -3 \end{cases}$ ou $\begin{bmatrix} 1 & 2 & -1 & | & 1 \\ -2 & -1 & 3 & | & 2 \\ 3 & 4 & -2 & | & -3 \end{bmatrix}$

Substituir a 2ª equação, pela soma do produto da 1ª equação por 2 com a 2ª equação, ou $L_2 \to L_2 + 2L_1$.

$\begin{cases} x + 2y - z = 1 \\ 3y + z = 0 \\ 3x + 4y - 2z = -3 \end{cases}$ ou $\begin{bmatrix} 1 & 2 & -1 & | & 1 \\ 0 & 3 & 1 & | & 0 \\ 3 & 4 & -2 & | & -3 \end{bmatrix}$

Substituir a 3ª equação, pela soma do produto da 1ª equação por (–3) com a 3ª equação, ou $L_3 \to L_3 - 3L_1$.

$\begin{cases} x + 2y - z = 1 \\ 3y + z = 0 \\ -2y + z = -6 \end{cases}$ ou $\begin{bmatrix} 1 & 2 & -1 & | & 1 \\ 0 & 3 & 1 & | & 0 \\ 0 & -2 & 1 & | & -6 \end{bmatrix}$

Substituir a 3ª equação, pela soma do produto da 2ª equação por 2 com o produto da 3ª equação por 3, ou $L_3 \to 3L_3 + 2L_2$.

$\begin{cases} x + 2y - z = 1 \\ 3y + z = 0 \\ 5z = -18 \end{cases}$ ou $\begin{bmatrix} 1 & 2 & -1 & | & 1 \\ 0 & 3 & 1 & | & 0 \\ 0 & 0 & 5 & | & -18 \end{bmatrix}$

Agora que o sistema está escalonado, podemos resolvê-lo:
$5z = -18 \Rightarrow z = -\dfrac{18}{5}$.

Substituindo o valor de y na 2ª equação,

$3y - \dfrac{18}{5} = 0 \Rightarrow y = \dfrac{6}{5}.$

Substituindo o valor de y e z na 1ª equação,

$x + 2 \cdot \dfrac{6}{5} + \dfrac{18}{5} = 1 \Rightarrow x = -5$

$(x\,;\,y\,;\,z) = \left(-5\,;\,\dfrac{6}{5}\,;\,-\dfrac{18}{5}\right).$

3) $\begin{cases} -x + y + 2z = 1 \\ 3x + y - z = 0 \\ 2x + 2y + z = 2 \end{cases}$ ou $\begin{bmatrix} -1 & 1 & 2 & | & 1 \\ 3 & 1 & -1 & | & 0 \\ 2 & 2 & 1 & | & 2 \end{bmatrix}$

Substituir a 2ª equação, pela soma do produto da 1ª equação por 3 com a 2ª equação, ou $L_2 \rightarrow L_2 + 3L_1$.

$\begin{cases} -x + y + 2z = 1 \\ 4y + 5z = 3 \\ 2x + 2y + z = 2 \end{cases}$ ou $\begin{bmatrix} -1 & 1 & 2 & | & 1 \\ 0 & 4 & 5 & | & 3 \\ 2 & 2 & 1 & | & 2 \end{bmatrix}$

Substituir a 3ª equação, pela soma do produto da 1ª equação por 2 com a 3ª equação, ou $L_3 \rightarrow L_3 + 2L_1$.

$\begin{cases} -x + y + 2z = 1 \\ 4y + 5z = 3 \\ 4y + 5z = 4 \end{cases}$ ou $\begin{bmatrix} -1 & 1 & 2 & | & 1 \\ 0 & 4 & 5 & | & 3 \\ 0 & 4 & 5 & | & 4 \end{bmatrix}$

Substituir a 3ª equação, pela soma do produto da 2ª equação por (−1) com a 3ª equação, ou $L_3 \rightarrow L_3 - L_2$.

$\begin{cases} -x + y + 2z = 1 \\ 4y + 5z = 3 \\ 0 = 1 \end{cases}$ ou $\begin{bmatrix} -1 & 1 & 2 & | & 1 \\ 0 & 4 & 5 & | & 3 \\ 0 & 0 & 0 & | & 1 \end{bmatrix}$

Esse sistema é impossível.

12.8 Exercícios resolvidos

1) Verificar se $(-1\,;\,2\,;\,3)$ é solução de $3x + 7y - 5z = -4$.

Solução:
É solução, pois $3 \cdot (-1) + 7 \cdot 2 - 5 \cdot 3 = -3 + 14 - 15 = -4$

2) Escrever, os sistemas a seguir, na forma matricial:

a) $\begin{cases} 2x + 3y = a^2 \\ -x + 5y = ab \\ 6x - 2y = b^2 \end{cases}$
b) $\begin{cases} 3x - y + 2z + 5t = 3 \\ x - 2y + 5z - t = -2 \end{cases}$

Solução:

a) $\begin{bmatrix} 2 & 3 \\ -1 & 5 \\ 6 & -2 \end{bmatrix} \cdot \begin{bmatrix} x \\ y \end{bmatrix} = \begin{bmatrix} a^2 \\ ab \\ b^2 \end{bmatrix}$

b) $\begin{bmatrix} 3 & -1 & 2 & 5 \\ 1 & -2 & 5 & -1 \end{bmatrix} \cdot \begin{bmatrix} x \\ y \\ z \\ t \end{bmatrix} = \begin{bmatrix} 3 \\ -2 \end{bmatrix}$

3) Verificar se $(2; -3; 1)$ é solução do sistema $\begin{cases} 2x + y - 2z = -1 \\ x - 3y + z = 12 \\ 3x + 4y - 3z = -9 \end{cases}$

Solução:

É solução, pois $\begin{cases} 2 \cdot 2 + (-3) - 2 \cdot 1 = -1 \\ 2 - 3 \cdot (-3) + 1 = 12 \\ 3 \cdot 2 + 4 \cdot (-3) - 3 \cdot 1 = -9 \end{cases}$.

4) Verificar se $(0; 1; -2)$ é solução do sistema $\begin{cases} 4x + 2y + 2z = -3 \\ 2x - 2y + 2z = -6 \\ 3x + 9y - z = 10 \end{cases}$

Solução:

Não é solução, pois $\begin{cases} 4 \cdot 0 + 2 \cdot 1 + 2 \cdot (-2) = -3 \\ 2 \cdot 0 - 2 \cdot 1 + 2 \cdot (-2) = -6 \\ 3 \cdot 0 + 9 \cdot 1 - (-2) = 11 \neq 10 \end{cases}$.

5) Construir as matrizes incompleta e completa dos sistemas:

a) $\begin{cases} x - y - 2z = 1 \\ -x + y + z = 2 \\ x - 2y + z = -2 \end{cases}$
b) $\begin{cases} x + 3y + 2z = 2 \\ 3x + 5y + 4z = 4 \\ 5x + 3y + 4z = -10 \end{cases}$

Solução:

Sejam A a matriz incompleta e B a matriz completa. Assim:

a) $A = \begin{bmatrix} 1 & -1 & -2 \\ -1 & 1 & 1 \\ 1 & -2 & 1 \end{bmatrix}$ e $B = \begin{bmatrix} 1 & -1 & -2 & 1 \\ -1 & 1 & 1 & 2 \\ 1 & -2 & 1 & -2 \end{bmatrix}$

b) $A = \begin{bmatrix} 1 & 3 & 2 \\ 3 & 5 & 4 \\ 5 & 3 & 4 \end{bmatrix}$ e $B = \begin{bmatrix} 1 & 3 & 2 & 2 \\ 3 & 5 & 4 & 4 \\ 5 & 3 & 4 & -10 \end{bmatrix}$

12.9 Exercícios propostos

1) Verificar se $(-1; 1; -1; 1)$ é solução de $2x - 5y - 2z + 8t = 3$.

2) Determinar uma solução para a equação linear homogênea $3x - 2y - z = 0$, diferente de $(0; 0; 0)$.

3) Escrever os sistemas a seguir na forma matricial:

a) $\begin{cases} 5x - y = 2 \\ -3x + 2y = -5 \end{cases}$
d) $\begin{cases} 2x + y - z = 0 \\ x - y + z = 3 \\ 3x - y + 2z = 6 \end{cases}$

b) $\begin{cases} -2x + 3y = 1 \\ x - 4y = -3 \end{cases}$
e) $\begin{cases} x + y + z = 7 \\ 2x + y - z = 0 \\ x - 2y + 2z = 2 \end{cases}$

c) $\begin{cases} 4x + z = 8 \\ 2x - 5z = 3 \end{cases}$
f) $\begin{cases} 3x - y + 4z = -5 \\ 2x + y + z = 0 \\ x + 2y - 3z = 9 \end{cases}$

4) Verificar se $(0; 2; -1)$ é solução do sistema $\begin{cases} x+y+z=1 \\ 2x-y+z=-3 \\ x+2y+z=3 \end{cases}$

5) Verificar se $(1; -1; 2)$ é solução do sistema $\begin{cases} 2x+y+z=3 \\ x-y+z=4 \\ x+3y-z=2 \end{cases}$

6) Construir as matrizes incompleta e completa dos sistemas:

a) $\begin{cases} 5x-y=2 \\ -3x+2y=-5 \end{cases}$

d) $\begin{cases} 2x+y-z=0 \\ x-y+z=3 \\ 3x-y+2z=6 \end{cases}$

b) $\begin{cases} -2x+3y=1 \\ x-4y=-3 \end{cases}$

e) $\begin{cases} x+y+z=7 \\ 2x+y-z=0 \\ x-2y+2z=2 \end{cases}$

c) $\begin{cases} 4x+z=8 \\ 2x-5z=3 \end{cases}$

f) $\begin{cases} 3x-y+4z=-5 \\ 2x+y+z=0 \\ x+2y-3z=9 \end{cases}$

7) Resolver, com o auxílio da Regra de Cramer, os seguintes sistemas:

a) $\begin{cases} 5x-y=2 \\ -3x+2y=-5 \end{cases}$

d) $\begin{cases} 2x+y-z=0 \\ x-y+z=3 \\ 3x-y+2z=6 \end{cases}$

b) $\begin{cases} -2x+3y=1 \\ x-4y=-3 \end{cases}$

e) $\begin{cases} x+y+z=7 \\ 2x+y-z=0 \\ x-2y+2z=2 \end{cases}$

c) $\begin{cases} 4x+z=8 \\ 2x-5z=3 \end{cases}$

f) $\begin{cases} 3x-y+4z=-5 \\ 2x+y+z=0 \\ x+2y-3z=9 \end{cases}$

8) Escalone e resolva os seguintes sistemas:

a) $\begin{cases} 2x - y = 2 \\ x + 3y = -4 \end{cases}$

c) $\begin{cases} x + 2y + z = 1 \\ 2x + 3y - z = 1 \\ 3x + y - 11z = -2 \end{cases}$

b) $\begin{cases} 2x - 3y + z = 9 \\ 3x - y + 3z = 8 \\ x + 2y - 2z = -5 \end{cases}$

d) $\begin{cases} 3x + 2y + z = -1 \\ 4x + 5y + z = 1 \\ x + 3y = 2 \end{cases}$

12.10 Respostas dos exercícios propostos

1) É solução.

2) $(1\,;1\,;1)$, por exemplo.

3) a) $\begin{bmatrix} 5 & -1 \\ -3 & 2 \end{bmatrix} \cdot \begin{bmatrix} x \\ y \end{bmatrix} = \begin{bmatrix} 2 \\ -5 \end{bmatrix}$

d) $\begin{bmatrix} 2 & 1 & -1 \\ 1 & -1 & 1 \\ 3 & -1 & 2 \end{bmatrix} \cdot \begin{bmatrix} x \\ y \\ z \end{bmatrix} = \begin{bmatrix} 0 \\ 3 \\ 6 \end{bmatrix}$

b) $\begin{bmatrix} -2 & 3 \\ 1 & -4 \end{bmatrix} \cdot \begin{bmatrix} x \\ y \end{bmatrix} = \begin{bmatrix} 1 \\ -3 \end{bmatrix}$

e) $\begin{bmatrix} 1 & 1 & 1 \\ 2 & 1 & -1 \\ 1 & -2 & 2 \end{bmatrix} \cdot \begin{bmatrix} x \\ y \\ z \end{bmatrix} = \begin{bmatrix} 7 \\ 0 \\ 2 \end{bmatrix}$

c) $\begin{bmatrix} 4 & 1 \\ 2 & -5 \end{bmatrix} \cdot \begin{bmatrix} x \\ z \end{bmatrix} = \begin{bmatrix} 8 \\ 3 \end{bmatrix}$

f) $\begin{bmatrix} 3 & -1 & 4 \\ 2 & 1 & 1 \\ 1 & 2 & -3 \end{bmatrix} \cdot \begin{bmatrix} x \\ y \\ z \end{bmatrix} = \begin{bmatrix} -5 \\ 0 \\ 9 \end{bmatrix}$

4) É solução.

5) Não é solução (é falsa a última equação).

6) a) $\begin{bmatrix} 5 & -1 \\ -3 & 2 \end{bmatrix}$ e $\begin{bmatrix} 5 & -1 & 2 \\ -3 & 2 & -5 \end{bmatrix}$

c) $\begin{bmatrix} 4 & 1 \\ 2 & -5 \end{bmatrix}$ e $\begin{bmatrix} 4 & 1 & 8 \\ 2 & -5 & 3 \end{bmatrix}$

b) $\begin{bmatrix} -2 & 3 \\ 1 & -4 \end{bmatrix}$ e $\begin{bmatrix} -2 & 3 & 1 \\ 1 & -4 & -3 \end{bmatrix}$

d) $\begin{bmatrix} 2 & 1 & -1 \\ 1 & -1 & 1 \\ 3 & -1 & 2 \end{bmatrix}$ e $\begin{bmatrix} 2 & 1 & -1 & 0 \\ 1 & -1 & 1 & 3 \\ 3 & -1 & 2 & 6 \end{bmatrix}$

e) $\begin{bmatrix} 1 & 1 & 1 \\ 2 & 1 & -1 \\ 1 & -2 & 2 \end{bmatrix}$ e $\begin{bmatrix} 1 & 1 & 1 & 7 \\ 2 & 1 & -1 & 0 \\ 1 & -2 & 2 & 2 \end{bmatrix}$ f) $\begin{bmatrix} 3 & -1 & 4 \\ 2 & 1 & 1 \\ 1 & 2 & -3 \end{bmatrix}$ e $\begin{bmatrix} 3 & -1 & 4 & -5 \\ 2 & 1 & 1 & 0 \\ 1 & 2 & -3 & 9 \end{bmatrix}$

7) a) $x = -\dfrac{1}{7}$ e $y = -\dfrac{19}{7}$

b) $x = 1$ e $y = 1$

c) $x = \dfrac{43}{22}$ e $y = \dfrac{2}{11}$

d) $x = 1, y = -1$ e $z = 1$

e) $x = 4, y = 2$ e $z = 1$

f) $x = 2, y = -1$ e $z = -3$

8) a) $x = \dfrac{2}{7}$ e $y = -\dfrac{10}{7}$

b) $x = 1, y = -2$ e $z = 1$

c) $x = -1, y = 1$ e $z = 0$

d) $x = 2, y = 0$ e $z = -7$

capítulo 13
Binômio de Newton

Neste capítulo, será demonstrada a fórmula para obtermos o desenvolvimento de potências de um binômio x + a, de uma forma geral $(x + a)^n$, onde n é um número natural qualquer.

13.1 Fatorial

Dado $n \in \mathbb{N}$, chamaremos *fatorial de n*, e indicaremos por n!, o produto de *n* fatores decrescentes de *n* a **1**.

$$\begin{cases} n! = n \cdot (n-1) \cdot (n-2) \cdot \ldots \cdot 3 \cdot 2 \cdot 1 \; ; \; n > 1 \\ 1! = 1 \\ 0! = 1 \end{cases}$$

Exemplos:

1) $5! = 5 \cdot 4 \cdot 3 \cdot 2 \cdot 1 = 5 \cdot 4! = 5 \cdot 4 \cdot 3! = 5 \cdot 4 \cdot 3 \cdot 2! = 120$

2) $10! = 10 \cdot 9 \cdot 8 \cdot 7 \cdot 6 \cdot 5 \cdot 4 \cdot 3 \cdot 2 \cdot 1 = 10 \cdot 9! = 10 \cdot 9 \cdot 8 \cdot 7! = 3.628.800$

3) $(n+2)! = (n+2) \cdot (n+1) \cdot n \cdot (n-1) \cdot (n-2) \cdot \ldots \cdot 3 \cdot 2 \cdot 1$

4) $(n-3)! = (n-3) \cdot (n-4) \cdot (n-5) \cdot \ldots \cdot 3 \cdot 2 \cdot 1$

13.2 Coeficientes binomiais

Sejam $n, p \in \mathbb{N}$, tais que $n \geq p$.

Definição: Chama-se *coeficiente binomial de classe p do número n*, e indica-se por $\binom{n}{p}$, o número $\binom{n}{p} = \dfrac{n!}{p! \cdot (n-p)!}$.

Exemplos:

1) $\binom{6}{4} = \dfrac{6!}{4!\,2!} = \dfrac{6 \cdot 5 \cdot 4!}{4!\,2} = 15$

2) $\binom{n}{0} = \dfrac{n!}{0!\,n!} = 1$

3) $\binom{n}{n} = \dfrac{n!}{n!\,0!} = 1$

4) $\binom{n}{1} = \dfrac{n!}{1!\,(n-1)!} = \dfrac{n \cdot (n-1)!}{(n-1)!} = n$

Definição: Dois coeficientes binomiais são ditos *complementares* quando são da forma:

$$\binom{n}{p} \; e \; \binom{n}{n-p}$$

Propriedade: Se dois coeficientes binomiais são complementares, então eles são iguais, isto é, $\binom{n}{p} = \binom{n}{n-p}$.

$$\binom{n}{p} = \dfrac{n!}{p!\,(n-p)!} = \dfrac{n!}{(n-p)!\,p!} = \dfrac{n!}{(n-p)!\,(n-(n-p))!} = \binom{n}{n-p}$$

Exemplos:

1) $\binom{6}{4} = \dfrac{6!}{4!\,2!} = \dfrac{6!}{2!\,4!} = \binom{6}{2}$

2) $\binom{15}{9} = \dfrac{15!}{9!\,6!} = \dfrac{15!}{6!\,9!} = \binom{15}{6}$

Propriedade: Dados $n, a, b \in \mathbb{N}$, com $n \geq a$ e $n \geq b$, se $\binom{n}{a} = \binom{n}{b}$, então $a = b$ ou $a + b = n$.

Exemplo:

Se $\binom{n}{10} = \binom{n}{7}$, vamos determinar $\binom{n}{2}$.

Pela propriedade anterior, $n = 10 + 7 = 17$. Daí, $\binom{n}{2} = \binom{17}{2} = \dfrac{17!}{2!\,15!} = 136$.

Propriedade: (*Relação de Stifel*): Dados $n, p \in \mathbb{N}$ e $p \geq 1$,
$\binom{n}{p} + \binom{n}{p+1} = \binom{n+1}{p+1}$.

Exemplo:

Verifique a igualdade $\binom{15}{7} + \binom{15}{8} = \binom{16}{8}$.

$\binom{15}{7} = \dfrac{15!}{7!\,8!} = 6.435$; $\binom{15}{8} = \dfrac{15!}{8!\,7!} = 6.435$; $\binom{16}{8} = \dfrac{16!}{8!\,8!} = 12.870$.

Logo,

$\binom{15}{7} + \binom{15}{8} = \binom{16}{8}$

13.3 Triângulo de Pascal

Uma disposição prática de números binomiais, para o cálculo de seus valores e memorização de propriedades, é o *Triângulo de Pascal*, exemplificado a seguir:

n\P	0	1	2	3	4
0	$\binom{0}{0}$				
1	$\binom{1}{0}$	$\binom{1}{1}$			
2	$\binom{2}{0}$	$\binom{2}{1}$	$\binom{2}{2}$		
3	$\binom{3}{0}$	$\binom{3}{1}$	$\binom{3}{2}$	$\binom{3}{3}$	
4	$\binom{4}{0}$	$\binom{4}{1}$	$\binom{4}{2}$	$\binom{4}{3}$	$\binom{4}{4}$

n\P	0	1	2	3	4
0	1				
1	1	1			
2	1	2	1		
3	1	3	3	1	
4	1	4	6	4	1

Observando a tabela anterior, formamos o seguinte triângulo:

$$\begin{array}{c} 1 \\ 1\ 1 \\ 1\ 2\ 1 \\ 1\ 3\ 3\ 1 \\ 1\ 4\ 6\ 4\ 1 \end{array}$$

Observemos como esse triângulo é formado:

a) A primeira coluna é toda **1**.
b) As colunas subsequentes são formadas a partir da soma dos dois elementos da linha anterior. Vejamos:

| $\boxed{1+0}$ ↓
1 1
1
1
1 | 1
$\boxed{1+1}$ ↓
1 2
1
1 | 1
1 1
$\boxed{1+2}$ ↓
1 3
1 | 1
1 1
1 2
$\boxed{1+3}$ ↓
1 4 | 1
1 $\boxed{1+0}$
1 2 1
1 3
1 4 | 1
1 1
1 $\boxed{2+1}$ ↓
1 3 3
1 4 |

13 Binômio de Newton

```
1              1              1              1
1 1            1 1            1 1            1 1
1 2 1          1 2 [1 + 0]    1 2 1          1 2 1
1 [3 + 3]         ↓           1 3 [3 + 1]    1 3 3 [1 + 0]
    ↓          1 3 3 1            ↓              ↓
1 4   6        1 4 6          1 4 6 4        1 4 6 4 1
```

A partir daí, podemos mostrar o Triângulo de Pascal com quantas linhas quisermos (ou para n qualquer).

Montemos, por exemplo, o Triângulo de Pascal com n = 8, fazendo as somas vistas anteriormente:

n \ p	0	1	2	3	4	5	6	7	8
0	1								
1	1	1							
2	1	2	1						
3	1	3	3	1					
4	1	4	6	4	1				
5	1	5	10	10	5	1			
6	1	6	15	20	15	6	1		
7	1	7	21	35	35	21	7	1	
8	1	8	28	56	70	56	28	8	1

Localizemos, por exemplo, o número 35 que se encontra assinalado. Ele é o resultado da *combinação* de 7 (n = 7), 4 a 4 (p = 4) ou $C_7^4 = \binom{7}{4} = 35$.

Outro exemplo: $28 = C_8^6 = \binom{8}{6}$. E, assim, sucessivamente.

Esse triângulo facilitará bastante o entendimento e o cálculo do Binômio de Newton.

13.4 Binômio de Newton

Seja $n \in \mathbb{N}$.

$(x+a)^0 = 1$

$(x+a)^1 = 1x + 1a$

$(x+a)^2 = 1x^2 + 2xa + 1a^2$

$(x+a)^3 = 1x^3 + 3x^2a + 3xa^2 + 1a^3$

$(x+a)^4 = 1x^4 + 4x^3a + 6x^2a^2 + 4xa^3 + 1a^4$

$(x+a)^5 = 1x^5 + 5x^4a + 10x^3a^2 + 10x^2a^3 + 5xa^4 + 1a^5$

Notemos que os coeficientes das expansões dessas potências são os números que aparecem no Triângulo de Pascal.

Assim:

$\boxed{n=0}$ $(x+a)^0 = \binom{0}{0} = 1$

$\boxed{n=1}$ $(x+a)^1 = \binom{1}{0}x + \binom{1}{1}a = 1x + 1a$

$\boxed{n=2}$ $(x+a)^2 = \binom{2}{0}x^2 + \binom{2}{1}xa + \binom{2}{2}a^2 = 1x^2 + 2xa + 1a^2$

Observações:

1) Os expoentes de x começam com n e decrescem até zero e os expoentes de a são ao contrário.
2) O número de termos do desenvolvimento será sempre igual a $n + 1$.
3) Quando n for par, existirá apenas um termo médio ou central; quando n for ímpar, existirão dois.

Observando os desenvolvimentos mostrados anteriormente, montemos uma forma geral para $(x+a)^n$, onde $n \in \mathbb{N}$ qualquer:

$$\boxed{(x+a)^n = \binom{n}{0}x^n a^0 + \binom{n}{1}x^{n-1}a^1 + \binom{n}{2}x^{n-2}a^2 + \cdots + \binom{n}{n-2}x^2 a^{n-2} + \binom{n}{n-1}x^1 a^{n-1} + \binom{n}{n}x^0 a^n}$$

Exemplos:

Desenvolva os seguintes binômios:

1) $(x+2)^7 = \binom{7}{0}x^7 + \binom{7}{1}x^6 \cdot 2 + \binom{7}{2}x^5 \cdot 2^2 + \binom{7}{3}x^4 \cdot 2^3 + \binom{7}{4}x^3 \cdot 2^4 +$

$+ \binom{7}{5}x^2 \cdot 2^5 + \binom{7}{6}x \cdot 2^6 + \binom{7}{7}2^7 = 1 \cdot x^7 + 7 \cdot x^6 \cdot 2 + 21 \cdot x^5 \cdot 4 + 35 \cdot x^4 \cdot 8 +$

$+ 35 \cdot x^3 \cdot 16 + 21 \cdot x^2 \cdot 32 + 7 \cdot x \cdot 64 + 1 \cdot 128 = x^7 + 14x^6 + 84x^5 +$

$+ 280x^4 + 560x^3 + 672x^2 + 448x + 128$

2) $(2x^2 - a^2)^4 = (2x^2 + (-a^2))^4 = \binom{4}{0}(2x^2)^4 + \binom{4}{1}(2x^2)^3(-a^2) +$

$+ \binom{4}{2}(2x^2)^2(-a^2)^2 + \binom{4}{3}(2x^2)(-a^2)^3 + \binom{4}{4}(-a^2)^4 = 1(16x^8) +$

$+ 4(8x^6)(-a^2) + 6(4x^4)(a^4) + 4(2x^2)(-a^6) + 1(a^8) =$
$= 16x^8 - 32x^6a^2 + 24x^4a^4 - 8x^2a^6 + a^8$

13.5 Termo geral

Vimos que:

$(x+a)^n = \binom{n}{0}x^n a^0 + \binom{n}{1}x^{n-1}a^1 + \binom{n}{2}x^{n-2}a^2 + \cdots + \binom{n}{n-2}x^2 a^{n-2} + \binom{n}{n-1}x^1 a^{n-1} + \binom{n}{n}x^0 a^n$

Assim:

$T_1 = \binom{n}{0}x^n a^0$ (1º termo)

$T_2 = \binom{n}{1}x^{n-1}a^1$ (2º termo)

$T_3 = \binom{n}{2}x^{n-2}a^2$ (3º termo)

$T_4 = \binom{n}{3}x^{n-3}a^3$ (4º termo)

$T_5 = \binom{n}{4}x^{n-4}a^4$ (5º termo)

Logo,

$$T_p = \binom{n}{p-1} x^{n-(p-1)} a^{p-1} \quad \text{(termo } p\text{)}$$

$$T_{p+1} = \binom{n}{p} x^{n-p} a^p \quad \text{(termo } p+1\text{)}$$

13.6 Exercícios resolvidos

1) Simplifique:

a) $\dfrac{15!}{13!}$

b) $\dfrac{15!}{10!\,5!}$

c) $\dfrac{(n+2)!}{n!}$

d) $\dfrac{(n+3)!}{(n-3)!}$

e) $\dfrac{(n-2)!}{(n+1)!}$

Solução:

Substituindo os termos fatoriais:

a) $\dfrac{15!}{13!} = \dfrac{15 \cdot 14 \cdot 13!}{13!} = 15 \cdot 14 = 210$

b) $\dfrac{15!}{10!\,5!} = \dfrac{15 \cdot 14 \cdot 13 \cdot 12 \cdot 11 \cdot 10!}{10! \cdot 5 \cdot 4 \cdot 3 \cdot 2 \cdot 1} = \dfrac{15 \cdot 14 \cdot 13 \cdot 12 \cdot 11}{5 \cdot 4 \cdot 3 \cdot 2 \cdot 1} = 7 \cdot 13 \cdot 3 \cdot 11 = 3.003$

c) $\dfrac{(n+2)!}{n!} = \dfrac{(n+2) \cdot (n+1) \cdot n!}{n!} = (n+2) \cdot (n+1)$

d) $\dfrac{(n+3)!}{(n-3)!} = \dfrac{(n+3) \cdot (n+2) \cdot (n+1) \cdot n \cdot (n-1) \cdot (n-2) \cdot (n-3)!}{(n-3)!} =$

$= (n+3) \cdot (n+2) \cdot (n+1) \cdot n \cdot (n-1) \cdot (n-2)$

e) $\dfrac{(n-2)!}{(n+1)!} = \dfrac{(n-2)!}{(n+1) \cdot n \cdot (n-1) \cdot (n-2)!} = \dfrac{1}{(n+1) \cdot n \cdot (n-1)}$

2) Resolva as equações:

a) $x! = 720$

c) $\dfrac{x!}{(x-1)!} = 3$

b) $(x-5)! = 1$

d) $[(x+2)! - (x+1)!] \cdot x! = 24^2$

Solução:

a) $x! = 720$. Como $720 = 6!$, temos:
$x! = 6! \Rightarrow x = 6$

b) Como $1! = 1$ e $0! = 1$, temos:
$(x-5)! = 1!$ ou $(x-5)! = 0! \Rightarrow x-5 = 1$ ou $x-5 = 0 \Rightarrow x = 6$ ou $x = 5$

c) $\dfrac{x!}{(x-1)!} = 3 \Rightarrow \dfrac{x \cdot (x-1)!}{(x-1)!} = 3 \Rightarrow x = 3$

d) $[(x+2)! - (x+1)!] \cdot x! = 24^2 \Rightarrow [(x+2) \cdot (x+1)! - (x+1)!] \cdot x! = 24^2 \Rightarrow$
$\Rightarrow (x+1)! \cdot [x+2-1] \cdot x! = 24^2 \Rightarrow (x+1)! \cdot (x+1) \cdot x! = 24^2 \Rightarrow$
$\Rightarrow (x+1)! \cdot (x+1)! = 24^2 \Rightarrow [(x+1)!]^2 = 24^2 \Rightarrow (x+1)! = 24 = 4! \Rightarrow$
$\Rightarrow x+1 = 4 \Rightarrow x = 3$

3) Determine o 5º termo da expansão $(x-1)^{10}$.

Solução:

$(x-1)^{10} = (x+(-1))^{10} \quad \Rightarrow \quad T_5 = ?$

Utilizando a fórmula do termo geral $T_{p+1} = \dbinom{n}{p} x^{n-p} a^p$ e, como queremos determinar o 5º termo, então:

$p+1 = 5 \Rightarrow p = 4$

$T_5 = \dbinom{10}{4} x^{10-4} (-1)^4 = 210 \cdot x^6 \cdot 1 = 210x^6$

4) Determine o 10º termo de $(y^2 - 2)^{12}$.

Solução:

$(y^2 - 2)^{12} = (y^2 + (-2))^{12} \quad \Rightarrow \quad T_{10} = ?$

Usando a fórmula do termo geral $T_{p+1} = \dbinom{n}{p} x^{n-p} a^p$ e como queremos determinar o 10º termo, então:

$$p+1=10 \Rightarrow p=9$$

$$T_{10} = \binom{12}{9}(y^2)^{12-9}(-2)^9 = 220 \cdot (y^2)^3 \cdot (-512) = -112.640y^6$$

5) Determine o coeficiente de x^5 no desenvolvimento de $(x-2)^{13}$.

Solução:

$$(x-2)^{13} = (x+(-2))^{13} \Rightarrow \quad p = ?$$

Utilizando a fórmula do termo geral $T_{p+1} = \binom{n}{p}x^{n-p}a^p$, primeiro vamos determinar o valor de p:

$$T_{p+1} = \binom{13}{p}x^{13-p}(-2)^p \Rightarrow 13-p=5 \Rightarrow p=8.$$

Como p = 8, determinaremos o 9º termo:

$$T_9 = \binom{13}{8}x^5(-2)^8 = 1.287 \cdot x^5 \cdot 256 = 329.472\, x^5$$

6) Encontre o coeficiente de x^5 na expansão de $\left(\dfrac{2}{x}+x^3\right)^7$.

Solução:

$$\left(\dfrac{2}{x}+x^3\right)^7 = (2x^{-1}+x^3)^7 \Rightarrow \quad p = ?$$

Empregando a fórmula do termo geral $T_{p+1} = \binom{n}{p}x^{n-p}a^p$, primeiro vamos determinar o valor de p:

$$T_{p+1} = \binom{7}{p}(2x^{-1})^{7-p}(x^3)^p = \binom{7}{p}2^{7-p}x^{p-7}x^{3p} = \binom{7}{p}2^{7-p}x^{4p-7}$$

$$4p-7=5 \Rightarrow p=3$$

Como p = 3, determinaremos o 4º termo:

$$T_4 = \binom{7}{3}2^4 x^5 = 560\, x^5$$

7) Calcule o termo independente de x no desenvolvimento do binômio $\left(5x^2 - \dfrac{1}{x^2}\right)^4$.

Solução:

$\left(5x^2 - \dfrac{1}{x^2}\right)^4 = \left(5x^2 - x^{-2}\right)^4 = \left(5x^2 + \left(-x^{-2}\right)\right)^4 \quad \Rightarrow \quad p = ?$ (para x^0)

$T_{p+1} = \dbinom{4}{p}\left(5x^2\right)^{4-p}\left(-x^{-2}\right)^p$.

Como $\left(5x^2\right)^{4-p} = 5^{4-p} x^{8p-2p}$ e $\left(-x^{-2}\right)^p = (-1)^p x^{-2p}$,

$T_{p+1} = \dbinom{4}{p}\left(5x^2\right)^{4-p}\left(-x^{-2}\right)^p = \dbinom{4}{p} 5^{4-p} x^{8-2p} (-1)^p x^{-2p} =$

$= \dbinom{4}{p} 5^{4-p} (-1)^p x^{8-2p} x^{-2p} = \dbinom{4}{p} 5^{4-p} (-1)^p x^{8-4p}$

$8 - 4p = 0 \Rightarrow p = 2$

Como p = 2, determinaremos o 3º termo:

$T_3 = \dbinom{4}{2} 5^2 (-1)^2 x^0 = 6 \cdot 25 \cdot 1 = 150$

8) Seja o binômio $(a+b)^n$. Determinar a soma dos coeficientes da expansão binomial, sendo a = b = 1.

Solução:

Sabemos que:

$(a+b)^n = \dbinom{n}{0} a^n b^0 + \dbinom{n}{1} a^{n-1} b^1 + \dbinom{n}{2} a^{n-2} b^2 + \cdots +$

$+ \dbinom{n}{n-2} a^2 b^{n-2} + \dbinom{n}{n-1} a^1 b^{n-1} + \dbinom{n}{n} a^0 b^n$

Se fizermos a = b = 1, teremos:

$(1+1)^n = 2^n = \dbinom{n}{0} 1^n 1^0 + \dbinom{n}{1} 1^{n-1} 1^1 + \dbinom{n}{2} 1^{n-2} 1^2 + \cdots + \dbinom{n}{n-1} 1^1 1^{n-1} + \dbinom{n}{n} 1^0 1^n =$

$= \dbinom{n}{0} + \dbinom{n}{1} + \dbinom{n}{2} + \cdots + \dbinom{n}{n-1} + \dbinom{n}{n}$.

Daí, $\binom{n}{0}+\binom{n}{1}+\binom{n}{2}+\cdots+\binom{n}{n-1}+\binom{n}{n}=2^n$.

9) Determine a soma dos coeficientes dos termos do desenvolvimento de $\left(4xy^2+7xyz-2x^2z^3\right)^{15}$, sendo $x=y=z=1$.

Solução:

Fazendo $x=y=z=1$, temos que a soma será:

$\left(4\cdot 1\cdot 1^2+7\cdot 1\cdot 1\cdot 1-2\cdot 1^2\cdot 1^3\right)^{15}=9^{15}$

13.7 Exercícios propostos

1) Determinar o valor de:
   a) 7!
   b) 8!
   c) 5! + 6!
   d) $(4!)^2 - 5\cdot 6!$

2) Mostre que:
   a) $5!+6!\neq 11!$
   b) $8!-5!\neq 3!$
   c) $3\cdot 6!\neq (3\cdot 6)!$

3) Simplifique:
   a) $\dfrac{16!}{12!}$
   b) $\dfrac{8!}{11!}$
   c) $\dfrac{14!}{11!\,3!}$
   d) $\dfrac{(n+5)!}{(n+1)!}$
   e) $\dfrac{(n-2)!}{(n+2)!}$
   f) $\dfrac{(n-1)!}{(n+2)!}$

4) Calcule:
   a) $\dfrac{1}{6!}-\dfrac{1}{5!}$
   b) $\dfrac{11!+10!}{10!-9!}$
   c) $\dfrac{1}{n!}-\dfrac{1}{(n+1)!}$
   d) $\dfrac{(n+2)!-(n+1)!}{(n+1)!-n!}$
   e) $\dfrac{n!\left(n^2-1\right)}{(n+1)!}$

5) Resolva as equações:
a) $(x+2)! = 5.040$
b) $(x-5)! = 300$
c) $\left(\dfrac{x}{2}+1\right)! = 720$
d) $\dfrac{x!}{(x-2)!} = 30$
e) $\dfrac{(x+3)! + (x+2)!}{(x+3)! - (x+2)!} = \dfrac{6}{5}$

6) Provar as seguintes igualdades:
a) $2 \cdot 4 \cdot 6 \cdot 8 \cdot 10 \cdot 12 = 6! \cdot 2^6$
b) $2 \cdot 4 \cdot 6 \cdot \ldots \cdot (2n) = n! \cdot 2^n$
c) $1 \cdot 3 \cdot 5 \cdot 7 \cdot 9 \cdot 11 = \dfrac{11!}{5! \cdot 2^5}$
d) $1 \cdot 3 \cdot 5 \cdot \ldots \cdot (2n+1) = \dfrac{(2n+1)!}{n! \cdot 2^n}$
e) $n! - (n-1)! = (n-1)! \cdot (n-1)$
f) $1^2 \cdot 2^2 \cdot 3^2 \cdot \ldots \cdot n^2 = (n!)^2$
g) $1! \cdot 1 + 2! \cdot 2 + 3! \cdot 3 + \ldots + (n-1)! \cdot (n-1) = n! - 1$

7) Calcular o valor de:
a) $\dbinom{15}{0} + \dbinom{15}{15} + \dbinom{100}{0} + \dbinom{100}{100}$
b) $\dbinom{50}{1} + \dbinom{50}{49} + \dbinom{60}{1} + \dbinom{60}{59}$

8) Determinar a solução da inequação $\dbinom{6}{4} \cdot x = \dbinom{5}{2}$ onde:
a) $x \in \mathbb{R}$
b) $x \in \mathbb{N}$

9) Resolver a equação $\dbinom{n+1}{4} = \dbinom{n-1}{2}$.

10) Resolva as seguintes equações:
a) $\dbinom{14}{6} + \dbinom{14}{7} = \dbinom{15}{x+5}$
b) $\dbinom{15}{x} = \dbinom{15}{2-x}$
c) $\dbinom{12}{2x+1} = \dbinom{12}{3}$
d) $\dbinom{19}{2x} = \dbinom{19}{x-3}$

11) Desenvolva os seguintes binômios:
a) $(x^3 + 2)^5$
b) $(x^2y - z^3)^4$
c) $\left(3x^2 + \dfrac{2}{x}\right)^6$

12) Determinar o termo do desenvolvimento de $(2x^2 - y^3)^8$ que contém x^{10}.

13) Determinar o 5º termo de $(x^2 + 5y^3)^8$.

14) Determinar o termo independente de x no desenvolvimento de $\left(x^4 - \dfrac{1}{x}\right)^{10}$.

15) No desenvolvimento de $\left(2x^4 + \dfrac{3}{x^3}\right)^{14}$, determinar o termo:
a) em x^{21};
b) independente de x;
c) médio.

16) No desenvolvimento de $(2x + 3y)^n$, segundo potências decrescentes de x, os coeficientes binomiais do 14º e do 28º termos são iguais. Calcular a soma dos coeficientes numéricos da expressão.

17) Determinar o termo independente de x no desenvolvimento de $\left(x - \dfrac{1}{x}\right)^{10}\left(x + \dfrac{1}{x}\right)^{10}$.

18) Calcular o valor de:
$\binom{40}{0}7^{40} + \binom{40}{1}7^{39} \cdot 4 + \binom{40}{2}7^{38} \cdot 4^2 + \cdots + \binom{40}{38}7^2 \cdot 4^{38} + \binom{40}{39}7 \cdot 4^{39} + \binom{40}{40}4^{40}$

19) O 4º termo do desenvolvimento de $(x + y)^6$ é 540. Sabendo-se que $(x + y)^5 = 2^{10}$, determine $|x - y|$.

20) Determine o valor numérico do polinômio $x^4 - 4x^3y + 6x^2y^2 - 4xy^3 + y^4$, quando $x = \dfrac{\sqrt{13}+4}{\sqrt[4]{2}}$ e $y = \dfrac{\sqrt{13}-4}{\sqrt[4]{2}}$.

13.8 Respostas dos exercícios propostos

1) a) 5.040
   b) 40.320
   c) 840
   d) –3.024

3) a) 43.680
   b) $\dfrac{1}{990}$
   c) 364
   d) $(n+5) \cdot (n+4) \cdot (n+3) \cdot (n+2)$
   e) $\dfrac{1}{(n+2) \cdot (n+1) \cdot n \cdot (n-1)}$
   f) $\dfrac{1}{(n+2) \cdot (n+1) \cdot n}$

4) a) $-\dfrac{1}{6 \cdot 4!}$
   b) $\dfrac{40}{3}$
   c) $\dfrac{1}{(n+1) \cdot (n-1)!}$
   d) $\dfrac{n^2 + 2n + 2}{n}$
   e) $n-1$

5) a) {5}
   b) { }
   c) {10}
   d) {6}
   e) {8}

7) a) 4
   b) 220

8) a) $\left(-\infty\,;\,\dfrac{2}{3}\right)$
   b) {0}

9) n = 3

10) a) {2}
    b) {1}
    c) {1; 4}
    d) { }

11) a) $x^{15} + 10x^{12} + 40x^9 + 80x^6 + 80x^3 + 32$
    b) $x^8y^4 - 4x^6y^3z^3 + 6x^4y^2z^6 - 4x^2yz^9 + z^{12}$
    c) $729x^{12} + 2.916x^9 + 4.860x^6 + 4.320x^3 + 2.160 + 576x^{-3} + 64x^{-6}$

12) $-1.792y^9x^{10}$

13) $43.750x^8y^{12}$

14) 45

15) a) $\binom{14}{5} \cdot 2^9 \cdot 3^5 \cdot x^{21}$

    b) $\binom{14}{8} \cdot 2^6 \cdot 3^8$

    c) $\binom{14}{7} \cdot 2^7 \cdot 3^7 \cdot x^7$

16) 5^{40}

17) $-\binom{10}{5}$

18) 11^{40}

19) 2

20) 2.048

capítulo 14
Análise combinatória

O objetivo deste capítulo é desenvolver métodos que permitam ao leitor contar, de forma indireta, o número de elementos de um conjunto, estando esses elementos agrupados sob condições predeterminadas.

14.1 Introdução

A ciência muitas vezes percorre caminhos aparentemente estranhos para desenvolver suas teorias. A partir da necessidade de se calcular o número de possibilidades existentes nos chamados jogos de azar, desenvolveu-se a Análise Combinatória (ou simplesmente *Combinatória*), que estuda os métodos de contagem. Esses estudos se iniciaram no século XVI pelo matemático italiano *Niccollo Fontana*, conhecido como *Tartaglia*, mas, como ramo da Ciência, seu início se deu no século XVII. A teoria, então, desenvolveu-se, organizou-se e sistematizou-se em vários trabalhos escritos por P. de Fermat, B. Pascal, W. Leibniz, J. Wallis, J. Bernouilli, A. De Moivre, entre outros.

Vejamos, por exemplo, o conjunto $A = \{1, 2, 3, 4\}$. Com ele podemos formar:

- Agrupamentos de um só algarismo: 1, 2, 3, 4.
- Agrupamentos de dois algarismos: 12, 21, 11, 22, 13 etc.
- Agrupamentos de três algarismos: 123, 111, 213, 321, 344, 423 etc.
- Qualquer tipo de agrupamento.

Em qualquer maneira de dispor elementos de um conjunto, podemos ter um *agrupamento simples*, no qual todos os elementos são distintos (por exemplo: 12, 21, 13, 31, 14, 41, 23, 32, 24, 42, 34, 43) ou um *agrupamento com repetição* (por exemplo: 11, 12, 13, 14, 22, 23, 24, 33, 34, 44).

A Análise Combinatória é a base primordial de várias teorias: probabilidades, determinantes, teoria dos números, teoria dos grupos, topologia etc. É a parte da álgebra que trata da formação, contagem e propriedades dos agrupamentos que se podem constituir, conforme critérios determinados, com um número finito de objetos ou elementos distintos ou repetidos.

Dois conceitos são fundamentais para a Análise Combinatória: *Fatorial* (já visto no capítulo 13) e o *Princípio Fundamental da Contagem* – PFC (também conhecido como *Princípio Multiplicativo* – PM). Temos, também, três tipos de agrupamentos: *Permutações, Arranjos* e *Combinações*.

14.2 Princípio fundamental da contagem

Consideremos os seguintes problemas:

Problema 1:

Uma lanchonete tem em seu cardápio 3 tipos de sanduíches (S_1, S_2 e S_3) e 4 tipos de bebidas (B_1, B_2, B_3 e B_4). De quantas maneiras você pode fazer um lanche nessa lanchonete se comer um sanduíche e tomar uma bebida?

Solução:

Observe o esquema a seguir, chamado diagrama de árvore:

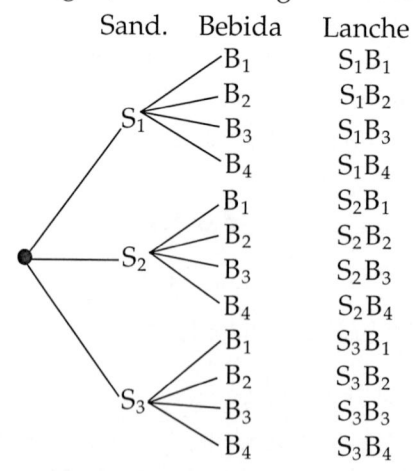

```
        Sand.    Bebida    Lanche
                  B₁       S₁B₁
                  B₂       S₁B₂
         S₁       B₃       S₁B₃
                  B₄       S₁B₄
                  B₁       S₂B₁
                  B₂       S₂B₂
    •    S₂       B₃       S₂B₃
                  B₄       S₂B₄
                  B₁       S₃B₁
                  B₂       S₃B₂
         S₃       B₃       S₃B₃
                  B₄       S₃B₄
```

O diagrama nos mostra as 12 possibilidades de lanche possíveis: S_1B_1, S_1B_2, S_1B_3, S_1B_4, S_2B_1, S_2B_2, S_2B_3, S_2B_4, S_3B_1, S_3B_2, S_3B_3 e S_3B_4.

Problema 2:

Na mesma lanchonete do problema anterior, além dos 3 tipos de sanduíches (S_1, S_2 e S_3) e 4 tipos de bebidas (B_1, B_2, B_3 e B_4), ainda há no cardápio 2 tipos de tortas (T_1 e T_2). De quantas maneiras, agora, você pode fazer um lanche nessa lanchonete?

Solução:

Observe o *diagrama de árvore*:

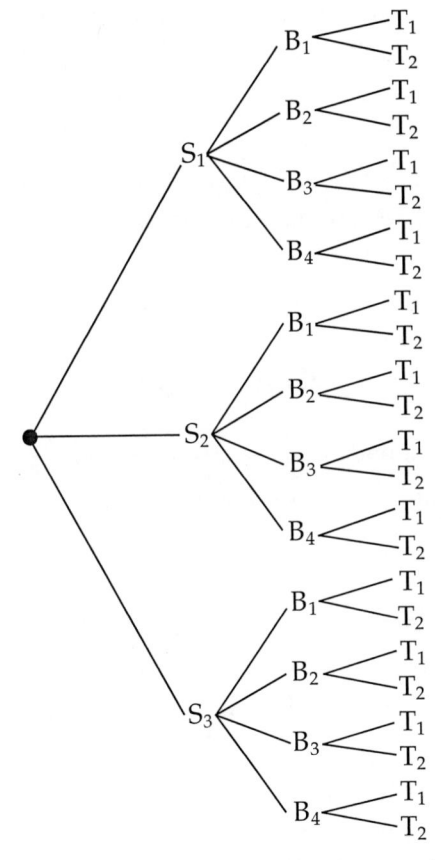

```
         ┌B₁─┬T₁
         │   └T₂
         ├B₂─┬T₁
         │   └T₂
      S₁─┤
         ├B₃─┬T₁
         │   └T₂
         └B₄─┬T₁
             └T₂
         ┌B₁─┬T₁
         │   └T₂
         ├B₂─┬T₁
         │   └T₂
•────S₂──┤
         ├B₃─┬T₁
         │   └T₂
         └B₄─┬T₁
             └T₂
         ┌B₁─┬T₁
         │   └T₂
         ├B₂─┬T₁
         │   └T₂
      S₃─┤
         ├B₃─┬T₁
         │   └T₂
         └B₄─┬T₁
             └T₂
```

O diagrama mostra 24 possibilidades de lanche possíveis.

Nos dois problemas anteriores, verificamos que a opção por um item não interfere na escolha do próximo, isto é, são escolhas independentes. No problema 1, após a escolha do sanduíche (3 possibilidades), pode-se escolher qualquer bebida (4 possibilidades), ou seja, temos $3 \times 4 = 12$ possibilidades de escolha; no problema 2, ainda temos a escolha da torta (2 possibilidades), isto é, podemos fazer $3 \times 4 \times 2 = 24$ tipos diferentes de lanches. Vamos, então, enunciar o *Princípio Fundamental da Contagem*: "Se um acontecimento é realizado por meio de duas ou mais etapas sucessivas e *independentes*, então o número total de possibilidades de ocorrer tal evento é o produto das possibilidades de cada etapa".

14.3 Exercícios resolvidos

1) Quantos pares ordenados podemos formar com os elementos do conjunto $A = \{1, 3, 5, 7, 8, 9\}$?

Solução:

Inicialmente, temos que #A=6. Para a escolha do primeiro elemento do par ordenado, temos, então, 6 possibilidades. A escolha do segundo elemento do par independe da anterior e, novamente, temos 6 possibilidades.

Daí, podemos formar $6 \times 6 = 36$ pares ordenados com estes elementos.

$$\left(\underbrace{}_{\text{6 possib}}^{1º}, \underbrace{}_{\text{6 possib}}^{2º} \right)$$

2) Quantos pares ordenados *com elementos distintos* podemos formar com os elementos do conjunto $A = \{1, 3, 5, 7, 8, 9\}$?

Solução:

Novamente, #A=6. Para a escolha do primeiro elemento do par ordenado temos, então, 6 possibilidades. Nesse caso, como os pares devem ter elementos distintos, o segundo elemento do par não pode ser o mesmo escolhido antes. Logo, sobram 5 possibilidades de escolha.

Assim, podemos formar $6 \times 5 = 30$ pares ordenados com estes elementos.

$$\left(\underbrace{}_{\text{6 possib}}^{1º}, \underbrace{}_{\text{5 possib}}^{2º} \right)$$

3) No Brasil, antigamente, as placas de veículos eram confeccionadas usando-se 2 letras (incluindo as letras K, W e Y) e 4 algarismos:
a) Qual o número máximo de veículos licenciados?

14 Análise combinatória

b) E se as placas não puderem ter letras repetidas?

c) E se as placas não puderem ter algarismos repetidos?

d) E se as placas não puderem ter nem letras nem algarismos repetidos?

e) E se não houver placa começando nem com o algarismo 0 (zero) nem com algarismos repetidos?

f) Uma pessoa chamada Maria João quer a placa de seu carro com suas iniciais. Quantas placas existiriam nesta situação?

Solução:

a) Nesse caso, como os eventos são independentes, teremos:

$$26 \times 26 \times 10 \times 10 \times 10 \times 10 = 6.760.000 \text{ veículos}$$

L_1	L_2	N_1	N_2	N_3	N_4
26	26	10	10	10	10

b) Como as letras não se repetem, a 2ª escolha tem de ser diferente da 1ª. Logo, teremos no máximo:

$$26 \times 25 \times 10 \times 10 \times 10 \times 10 = 6.500.000 \text{ veículos}$$

L_1	L_2	N_1	N_2	N_3	N_4
26	25	10	10	10	10

c) Como os algarismos não se repetem, a 2ª escolha tem de ser diferente da 1ª, a 3ª escolha diferente das duas primeiras e a 4ª escolha diferente das outras três. Assim, o número máximo será:

$$26 \times 26 \times 10 \times 9 \times 8 \times 7 = 3.407.040 \text{ veículos}$$

L_1	L_2	N_1	N_2	N_3	N_4
26	26	10	9	8	7

d) Esse caso é uma mistura dos dois anteriores, ou seja:

$$26 \times 25 \times 10 \times 9 \times 8 \times 7 = 3.276.000 \text{ veículos}$$

L_1	L_2	N_1	N_2	N_3	N_4
26	25	10	9	8	7

e) Aqui não há nenhuma restrição às letras, ou seja, teremos 26×26 possibilidades.

Quanto aos números, não podemos começar por 0 (zero). Assim, para o 1º algarismo temos 9 possibilidades (só não pode entrar o zero). Como os algarismos têm que ser distintos, para o 2º algarismo só não podemos ter o que está na 1ª casa (mas o zero, agora, entra nessa contagem). Temos, para esta casa, 9 possibilidades. Sobram, então, 8 possibilidades para a 3ª casa e 7 possibilidades para a 4ª casa. Para os números, teremos $9 \times 9 \times 8 \times 7$ possibilidades.

Juntando as letras e os números, como são eventos independentes, teremos:

$$26 \times 26 \times 9 \times 9 \times 8 \times 7 = 3.066.336 \text{ veículos}$$

L_1	L_2	N_1	N_2	N_3	N_4
26	26	9	9	8	7

f) Nesse caso, as letras só têm uma possibilidade. Quanto aos números, não há qualquer restrição. Logo, teremos:

$$1 \times 1 \times 10 \times 10 \times 10 \times 10 = 10.000 \text{ placas}$$

M	J				
1	1	10	10	10	10

4) Seja o conjunto $\{1, 2, 3, 4, 5, 6, 7, 8, 9\}$. A partir dele, determine:

a) Quantos números de 4 algarismos existem?

b) Quantos desses números têm seus algarismos distintos?

c) Quantos são os números de 4 algarismos pares?

d) Quantos são os números de 4 algarismos distintos e pares?

Solução:

a) Nesse caso, teremos $9 \times 9 \times 9 \times 9 = 6.561$ números de 4 algarismos.

9	9	9	9

b) Nesse caso, teremos $9 \times 8 \times 7 \times 6 = 3.024$ números.

9	8	7	6

c) Como a restrição é ser número par, começaremos pelo algarismo da unidade. Ele só pode ser 2, 4, 6 ou 8. As outras casas podem ser preenchidas por qualquer algarismo. Assim, temos $9 \times 9 \times 9 \times 4 = 2.916$ números.

$$\underline{9} \quad \underline{9} \quad \underline{9} \quad \underline{\text{2, 4, 6 ou 8}\atop 4}$$

d) Analogamente ao anterior, teremos 4 possibilidades para a unidade. Como os algarismos têm de ser distintos, o algarismo da unidade de milhar tem que ser diferente do da unidade (restam 8), da centena tem que ser diferente dos dois anteriores (restam 7) e da dezena diferente dos três (restam 6). Teremos, então, $8 \times 7 \times 6 \times 4 = 1.344$ números.

$$\underline{8} \quad \underline{7} \quad \underline{6} \quad \underline{\text{2, 4, 6 ou 8}\atop 4}$$

5) Seja o conjunto $\{0, 1, 2, 3, 4\}$. A partir dele, determine:

a) Quantos números de 3 algarismos existem?

b) Quantos destes números têm seus algarismos distintos?

c) Quantos são os números de 3 algarismos pares?

d) Quantos são os números de 3 algarismos distintos e pares?

Solução:

a) Como não podemos começar com 0 (zero), teremos 4 possibilidades para as centenas. Para as dezenas e unidades, o zero já é permitido. Assim, serão $4 \times 5 \times 5 = 100$ números de 3 algarismos.

$$\underline{\text{1, 2, 3 ou 4}\atop 4} \quad \underline{5} \quad \underline{5}$$

b) Novamente, não podemos começar com zero. O algarismo das centenas não pode ser repetido nas dezenas, mas o zero pode estar nesta casa. Assim teremos $4 \times 4 \times 3 = 48$ números.

$$\underline{\text{1, 2, 3 ou 4}\atop 4} \quad \underline{4} \quad \underline{3}$$

c) Como a restrição é ser número par, começaremos pelo algarismo da unidade. Ele só pode ser 0, 2 ou 4. O algarismo da centena não pode ser zero. Assim, temos $4 \times 5 \times 3 = 60$ números.

$$\frac{1, 2, 3 \text{ ou } 4}{4} \quad \frac{}{5} \quad \frac{0, 2 \text{ ou } 4}{3}$$

d) Dividiremos este exercício em duas partes: números terminados em zero e números terminados em 2 ou 4. No primeiro caso, temos uma possibilidade para a unidade e, como o zero já está na unidade, sobram 4 possibilidades (1, 2, 3 ou 4) para as centenas e três para as dezenas (é sem repetição). No segundo caso, como a unidades é 2 ou 4, o zero não pode estar nas centenas, ou seja, temos só três possibilidades para ela. Na casa das dezenas, podemos ter o zero. Logo, existem 3 possibilidades. Teremos então $(4 \times 3 \times 1) + (3 \times 3 \times 2) = 30$ números.

$$\frac{}{4} \quad \frac{}{3} \quad \frac{0}{1} \qquad \frac{}{3} \quad \frac{}{3} \quad \frac{2 \text{ ou } 4}{2}$$

6) Vinícius e Marcus querem sair com o carro do pai. Fizeram, então, uma aposta. Jogariam uma moeda, um de cada vez, e o vencedor seria quem tirasse primeiro a mesma face da moeda 2 vezes seguidas ou 3 vezes em qualquer ordem. Qual o número de possibilidades para esta competição?

Solução:

Sejam cara (C) e coroa (K) os lados da moeda, analisaremos o diagrama de árvore a seguir:

```
                                    Possib.
              C                     CC
          C
              C                     CKCC
      C       C   C                 CKCKC
          K   K
              K                     CKCKK
          K
              K                     CKK

              K                     KK
          K
              K                     KCKK
      K       K   K                 KCKCK
          K   C
              C                     KCKCC
          C
              C                     KCC
```

Assim, o número de possibilidades para esta competição é **10**.

14.4 Agrupamentos

O Princípio Fundamental da Contagem (PFC), apesar de ser um instrumento básico (mas muito importante) para a Análise Combinatória, pode se tornar muito trabalhoso na resolução de problemas. Para simplificarmos esta questão, estudaremos os três agrupamentos já falados (Permutações, Arranjos e Combinações), definidos a partir do PFC.

14.5 Arranjo simples

Definição: Dado um conjunto com n elementos distintos, chamamos *arranjo* dos n elementos tomados p a p (p≤n) a todo agrupamento *ordenado* formado por p elementos distintos escolhidos entre os n elementos dados.

Representamos o arranjo por $A_{n,p} = A_n^p$.

O número p é denominado *classe* ou *ordem* do arranjo simples.

Exemplo:

Seja o conjunto $\{1, 2, 3, 4, 5, 6, 7, 8, 9\}$, determine quantos números de 4 algarismos distintos existem, utilizando os elementos desse conjunto.

Solução:

Utilizando o PM, teremos $9 \times 8 \times 7 \times 6 = 3.024$ números.

Notemos que, na verdade, estamos fazendo um *arranjo* de 9 elementos tomados 4 a 4 (o número, por exemplo, 1.234 é diferente do número 1.243, isto é, a ordem dos elementos importa), ou seja:

$$A_9^4 = 9 \times 8 \times 7 \times 6 = \frac{9 \times 8 \times 7 \times 6 \times 5 \times 4 \times 3 \times 2 \times 1}{5 \times 4 \times 3 \times 2 \times 1} = \frac{9!}{5!} = \frac{9!}{(9-4)!}$$

Generalizando,

$$\boxed{A_n^p = \frac{n!}{(n-p)!} \; ; n \geq p}$$

14.6 Exercícios resolvidos

1) Calcule:

a) A_5^3 b) $A_6^4 + A_5^2$ c) $A_7^3 \times A_6^5$

Solução:

a) $A_5^3 = \dfrac{5!}{(5-3)!} = \dfrac{5!}{2!} = \dfrac{5 \times 4 \times 3 \times 2!}{2!} = 5 \times 4 \times 3 = 60$

b) $A_6^4 + A_5^2 = \dfrac{6!}{(6-4)!} + \dfrac{5!}{(5-2)!} = \dfrac{6!}{2!} + \dfrac{5!}{3!} = 6 \times 5 \times 4 \times 3 + 5 \times 4 = 360 + 20 = 380$

c) $A_7^3 \times A_6^5 = \dfrac{7!}{(7-3)!} \times \dfrac{6!}{(6-5)!} = \dfrac{7!}{4!} \times \dfrac{6!}{1!} = (7 \times 6 \times 5) \times (6 \times 5 \times 4 \times 3 \times 2) =$
$= 210 \times 720 = 151.200$

2) Considere o conjunto A = {F, G, H, I}. Quantas "palavras" de 2 letras distintas podemos formar utilizando os elementos desse conjunto?

Solução:

Observemos, primeiramente, que a "palavra" *FG* é diferente da "palavra" *GF*. Significa, então, que a ordem importa. Assim, temos um A_4^2, ou seja:

$A_4^2 = \dfrac{4!}{(4-2)!} = \dfrac{4!}{2!} = \dfrac{4 \times 3 \times 2!}{2!} = 4 \times 3 = 12$ "palavras".

Nesse caso, é simples a descrição de seus elementos. Vejamos:

{FG, FH, FI, GF, GH, GI, HF, HG, HI, IF, IG, IH}

3) O segredo de um cofre é marcado por uma sequência de quatro dígitos distintos, sendo utilizados os algarismos 0, 1, 2, ..., 9. Se um ladrão demora 2 segundos para fazer uma tentativa de abrir o cofre, qual o tempo máximo que ele gastará no seu roubo?

Solução:

Como a sequência é formada por quatro dígitos distintos, temos um arranjo.

Portanto, o número de sequências possíveis é:

$$A_{10}^4 = \frac{10!}{6!} = 10 \times 9 \times 8 \times 7 = 5.040$$

Como o ladrão gasta 2s em cada tentativa, o tempo máximo será de:

$$5.040 \times 2 = 10.080s = 2h48min$$

4) Quantos números distintos com três algarismos diferentes podemos formar com os dígitos 0, 1, ..., 8, 9?

Solução:

Como são algarismos distintos, temos um arranjo:

$$A_{10}^3 = \frac{10!}{7!} = 10 \times 9 \times 8 = 720$$

Na fórmula anterior, consideramos qualquer tipo de número, inclusive os que começam com o algarismo 0 (neste caso, temos números de dois algarismos). Assim, temos que retirar esses números, que são:

$$A_9^2 = \frac{9!}{7!} = 9 \times 8 = 72$$

A solução final será:

$$A_{10}^3 - A_9^2 = 720 - 72 = 648 \text{ números}$$

5) Quantos números distintos menores que 100.000 e maiores que 99 podem ser formados com os algarismos 0, 1, ..., 8, 9?

Solução:

Nesse caso, temos os números de três, quatro e cinco algarismos.

3 algarismos: $A_{10}^3 - A_9^2 = 720 - 72 = 648$

4 algarismos: $A_{10}^4 - A_9^3 = 5.040 - 504 = 4.536$

5 algarismos: $A_{10}^5 - A_9^4 = 30.240 - 3.024 = 27.216$

O número procurado é:

648 + 4.536 + 27.216 = 32.400 números

14.7 Arranjo com repetição

Definição: Dado um conjunto com n elementos distintos, chamamos *arranjo com repetição* dos n elementos tomados p a p (p≤n) a todo agrupamento *ordenado* formado por p elementos não necessariamente distintos, escolhidos entre os n elementos dados.

Representamos o arranjo com repetição por $(AR)_{n,p} = (AR)_n^p$.

Exemplo 1:

Seja o conjunto $\{6, 7, 8, 9\}$, determine quantos números de dois algarismos existem, utilizando os elementos desse conjunto.

Solução:

Observe, primeiramente, que não se falou em algarismos distintos. Significa que podemos ter repetição de algarismos. Além disso, o número 67 é diferente do número 76, ou seja, temos um arranjo. Utilizando o PM, observamos:

$$\underline{\quad 1º \quad} \quad \underline{\quad 2º \quad}$$
$$\text{4 possib} \quad \text{4 possib}$$

Assim, como as escolhas são independentes, temos $4 \times 4 = 16$ números.

Podemos, então, escrever: $(AR)_{4,2} = (AR)_4^2 = 4 \times 4 = 4^2 = 16$.

Estes 16 números são: 66, 67, 68, 69, 76, 77, 78, 79, 86, 87, 88, 89, 96, 97, 98 e 99.

Exemplo 2:

Seja o conjunto $\{6, 7, 8, 9\}$, determine quantos números de três algarismos existem, utilizando os elementos desse conjunto.

Solução:

Novamente verificamos ser um arranjo com repetição. Utilizando o PM, verificamos:

1º	2º	3º
4 possib	4 possib	4 possib

Assim, como as escolhas são independentes, temos $4 \times 4 \times 4 = 64$ números.

Podemos, então, escrever: $(AR)_{4,3} = (AR)_4^3 = 4 \times 4 \times 4 = 4^3 = 64$. Generalizando,

$$\boxed{(AR)_n^p = n^p}$$

14.8 Exercícios resolvidos

1) Quantas "palavras" com 5 letras podemos formar com as 26 letras do nosso alfabeto (não importa se a palavra faz sentido ou não)?

Solução:

Obviamente que a ordem das letras é importante, ou seja, é arranjo. Nada foi dito sobre repetição de letras. Logo, temos um arranjo com repetição de 26 letras tomadas 5 a 5, isto é,

$$(AR)_{26}^5 = 26^5 = 11.881.376 \text{ palavras}$$

2) Quantos números de 4 algarismos podemos formar com os algarismos 0, 1, 2, ..., 9?

Solução:

Temos, novamente, um arranjo com repetição. A diferença é o algarismo do milhar, pois ele não pode ser 0. Assim, para o milhar temos apenas 9 possibilidades. Independentemente do milhar, a escolha dos outros algarismos é da forma $(AR)_{10}^3 = 10^3$.

Logo, teremos $9 \times (AR)_{10}^3 = 9 \times 10^3 = 9.000$ números de 4 algarismos.

3) Quantos números menores que 100.000 e maiores que 99 podem ser formados com os algarismos 0, 1, ..., 8, 9?

Solução:

Nesse caso, temos os números de três, quatro e cinco algarismos.

3 algarismos: $9 \times (AR)_{10}^2 = 900$ (pois o zero não pode estar na casa das centenas)

4 algarismos: $9 \times (AR)_{10}^3 = 9.000$

5 algarismos: $9 \times (AR)_{10}^4 = 90.000$

Podemos formar:
$$900 + 9.000 + 90.000 = 99.900 \text{ números}$$

14.9 Permutação simples

Definição: Dado um conjunto com n elementos distintos, chamamos *permutação simples* dos n elementos ao arranjo simples particular, onde $p = n$.

Sendo assim, os agrupamentos são formados por *todos* os elementos, simultaneamente e, como no caso do arranjo, são agrupamentos ordenados.

Representamos a permutação por P_n.

Como $P_n = A_n^p$, com $n = p$, temos que $P_n = A_n^n = \dfrac{n!}{(n-n)!} = \dfrac{n!}{0!} = \dfrac{n!}{1} = n!$.

Assim, $\boxed{P_n = n!}$.

Exemplo 1:

Determine P_4.

Solução:

$P_4 = 4! = 4 \times 3 \times 2 \times 1 = 24$.

Exemplo 2:

Considere o conjunto $\{G, H, I\}$. Quantas "palavras" de 3 letras distintas podemos formar utilizando os elementos desse conjunto?

Solução:

Como a ordem importa, é arranjo. Em particular, $n = p = 3$.
Temos, então, uma permutação de 3 elementos, isto é:

$$P_3 = 3! = 3 \times 2 \times 1 = 6 \text{ "palavras"}.$$

Exemplo 3:

Anagrama é uma palavra formada pela transposição das letras de outra palavra, ou seja, é a palavra que se obtém de outra, permutando-se as letras da primeira. Por exemplo, os anagramas da palavra GOL são: GOL, GLO, OGL, OLG, LOG e LGO.

Determine:
a) Quantos anagramas podemos formar com as letras da palavra *problema*?

b) Quantos começam pela letra p?

c) Quantos terminam por a?

d) Quantos começam por p e terminam por a?

e) Quantos têm as vogais juntas?

Solução:

a) $P_8 = 8! = 40.320$ anagramas.

b) $1 \times P_7 = 7! = 5.040$ anagramas.

$$\underbrace{\dfrac{p}{1} \; \underbrace{\_ \; \_ \; \_ \; \_ \; \_ \; \_ \; \_}_{P_7}}$$

c) $P_7 \times 1 = 7! = 5.040$ anagramas.

$$\underbrace{\_ \; \_ \; \_ \; \_ \; \_ \; \_ \; \_}_{P_7} \; \dfrac{a}{1}$$

d) $1 \times P_6 \times 1 = 6! = 720$ anagramas.

$$\underbrace{\frac{p}{1} \; _____ \; \frac{a}{1}}_{P_6}$$

e) Consideremos as vogais como se fossem apenas 1 "letra". Assim teremos 6 letras: p, r, b, l, m, oea.

Independentemente da permutação dessas "letras", o grupo *oea* pode permutar entre si.

Teremos $P_6 \times P_3 = 6! \times 3! = 4.320$ anagramas.

14.10 Exercícios resolvidos

1) Resolva a equação $P_{3n+1} = 5.040$.

Solução:

$P_{3n+1} = 5.040 \Rightarrow (3n+1)! = 5.040 = 7! \Rightarrow 3n+1 = 7 \Rightarrow 3n = 6 \Rightarrow n = 2$

2) De quantas maneiras 10 pessoas podem ser dispostas em fila?

Solução:

$P_{10} = 10! = 3.628.800$ maneiras.

3) Separando a palavra *permutação* em sílabas, quantas permutações podemos formar?

Solução:

A palavra *permutação* tem 4 sílabas. Permutando-se essas sílabas, teremos $P_4 = 4! = 24$ permutações.

4) Um estudante de Engenharia tem, em uma prateleira de sua estante, 2 livros de Cálculo (C), 3 livros de Mecânica (M) e 4 livros de Eletricidade (E). De quantas maneiras ele pode dispor esses livros na prateleira:

a) Em qualquer ordem?

b) De forma que os livros de Mecânica estejam sempre juntos?

c) De forma que os livros de cada disciplina estejam sempre juntos?

Solução:

a) Como temos um total de 9 livros, $P_9 = 9! = 362.880$ maneiras.

b) Como os livros de Mecânica devem estar sempre juntos, podemos considerá-los como se fossem apenas um livro, isto é, serão 2 livros de Cálculo mais 4 livros de Eletricidade mais o livro de Mecânica, dando um total de 7 livros para permutar.

Os livros de Mecânica têm que estar sempre juntos, mas podem estar em qualquer ordem, ou seja, independentemente da permutação anterior, teremos uma permutação desses 3 livros.

Assim, teremos $P_7 \times P_3 = 7! \times 3! = 30.240$ maneiras.

c) Neste caso, teremos 3 "blocos": C, M e E.

Cada "bloco" deve permutar internamente, independentemente dos outros, ou seja, os 2 livros de Cálculo, os 3 de Mecânica e os 4 de Eletricidade.

Assim, teremos:

$$P_3 \times P_2 \times P_3 \times P_4 = 3! \times 2! \times 3! \times 4! = 1.728 \text{ maneiras.}$$

5) De quantas maneiras podemos colocar 10 pessoas em fila, entre elas Ana e Beto, se eles se recusam a ficar juntos?

Solução:

O número total de maneiras para 10 pessoas ficarem em fila é $P_{10} = 10! = 3.628.800$.

O número de maneiras para se fazer uma fila de 10 pessoas com Ana e Beto juntos (considerando os 2 como um só e permutando-os entre si) é $P_9 \times P_2 = 9! \times 2! = 725.760$.

Portanto, o número de maneiras de fazer esta fila é $3.628.800 - 725.760 = 2.903.040$.

14.11 Combinação simples

Definição: Dado um conjunto com n elementos distintos, chamamos *combinação* dos n elementos tomados p a p (p≤n) a todo agrupamento *não ordenado* formado por p elementos distintos escolhidos entre os n elementos dados.

A posição dos elementos não importa e não os distingue.

Representamos a combinação por $C_{n,p} = C_n^p = \binom{n}{p}$.

O número p é denominado *classe* ou *ordem* da combinação.

Exemplo:

Seja o conjunto {1, 2, 3, 4}, determine quantos subconjuntos de 3 elementos existem, utilizando os elementos desse conjunto.

Solução:

Inicialmente, verificamos que {a, b} = {b, a}, isto é, a ordem dos elementos no conjunto não importa.

Assim sendo, temos que os subconjuntos de 3 elementos do conjunto dado são {1,2,3}, {1,2,4}, {1,3,4}, {2,3,4} (ou seja, 4 subconjuntos).

Observemos que cada uma dessas combinações dará origem a 6 = 3! arranjos simples, de classe 3, dos elementos 1, 2, 3, 4 do conjunto, isto é:

$$\begin{cases} 123 & \Rightarrow & 123, 132, 213, 231, 312, 321 \\ 124 & \Rightarrow & 124, 142, 214, 241, 412, 421 \\ 134 & \Rightarrow & 134, 143, 314, 341, 413, 431 \\ 234 & \Rightarrow & 234, 243, 324, 342, 423, 432 \end{cases}$$

Temos, então, $3! \times C_4^3 = A_4^3$.

Portanto, $C_4^3 = \dfrac{A_4^3}{3!} = \dfrac{\dfrac{4!}{(4-3)!}}{3!} = \dfrac{4!}{3! \times (4-3)!} = \dfrac{4 \times 3!}{3! \times 1!} = 4$.

Generalizando, $C_n^p = \dfrac{A_n^p}{p!} = \dfrac{\dfrac{n!}{(n-p)!}}{p!} = \dfrac{n!}{p!(n-p)!}$; $n \geq p$.

Daí,

$$\boxed{C_n^p = \dfrac{n!}{p!(n-p)!} \; ; n \geq p}$$

14.12 Exercícios resolvidos

1) Calcule $C_4^2 + C_5^3$.

Solução:

$C_4^2 + C_5^3 = \dfrac{4!}{2! \times 2!} + \dfrac{5!}{3! \times 2!} = \dfrac{4 \times 3 \times 2!}{2 \times 2!} + \dfrac{5 \times 4 \times 3!}{3! \times 2} = \dfrac{4 \times 3}{2} + \dfrac{5 \times 4}{2} = 6 + 10 = 16$

2) Resolva a equação $C_7^3 + C_8^2 + 3 = A_6^1 \cdot x - P_3$.

Solução:

$C_7^3 + C_8^2 + 3 = A_6^1 \times x - P_3 \Rightarrow \dfrac{7!}{3! \times 4!} + \dfrac{8!}{2! \times 6!} + 3 = \dfrac{6!}{5!} \cdot x - 3! \Rightarrow$

$\Rightarrow \dfrac{7 \times 6 \times 5}{3 \times 2} + \dfrac{8 \times 7}{2} + 3 = \dfrac{6}{1} \cdot x - 3 \times 2 \Rightarrow 35 + 28 + 3 = 6x - 6 \Rightarrow$

$\Rightarrow 6x = 72 \Rightarrow x = 12$

3) Calcule $\dbinom{5}{3} \times \dbinom{4}{2}$.

Solução:

$\dbinom{5}{3} \times \dbinom{4}{2} = \dfrac{5!}{3! \times 2!} \times \dfrac{4!}{2! \times 2!} = \dfrac{5 \times 4}{2} \times \dfrac{4 \times 3}{2} = 10 \times 6 = 60$

4) Calcule $\dfrac{C_7^3}{C_6^2}$.

Solução:

$$\frac{C_7^3}{C_6^2} = \frac{\frac{7!}{3!4!}}{\frac{6!}{2!4!}} = \frac{\frac{7\times 6\times 5}{3\times 2}}{\frac{6\times 5}{2}} = \frac{35}{15} = \frac{7}{3}$$

5) Uma sala de aula tem 20 alunos, sendo 6 meninos e 14 meninas. Quantos grupos de 2 meninos e 3 meninas podem ser formados?

Solução:

Número de formas de escolha de meninos: C_6^2.

Número de formas de escolha de meninas: C_{14}^3.

Como são escolhas independentes, o número de grupos é:

$$C_6^2 \times C_{14}^3 = \frac{6!}{2!\times 4!} \times \frac{14!}{3!\times 11!} = \frac{6\times 5}{2} \times \frac{14\times 13\times 12}{3\times 2} = 15 \times 364 = 5.460.$$

6) Utilizando a mesma sala de aula do exercício anterior, quantos grupos de 4 alunos têm, pelo menos, um menino?

Solução:

O número de grupos de 4 alunos, sem restrição, é C_{20}^4.

O número de grupos que não aparecem meninos é C_{14}^4.

Logo, o número de grupos em que há pelo menos um menino é $C_{20}^4 - C_{14}^4$.

Assim temos:

$$C_{20}^4 - C_{14}^4 = \frac{20!}{4!16!} - \frac{14!}{4!10!} = \frac{20\times 19\times 18\times 17}{4\times 3\times 2\times 1} - \frac{14\times 13\times 12\times 11}{4\times 3\times 2\times 1} =$$

$$= 4.845 - 1.001 = 3.844 \text{ grupos}$$

Outra maneira, bem mais trabalhosa, de resolver este problema seria somar o grupo formado por 1 menino e 3 meninas com o grupo formado por 2 meninos e 2 meninas com o formado por 3 meninos e 1 menina com o formado só por meninos, isto é:

$$C_6^1 \times C_{14}^3 + C_6^2 \times C_{14}^2 + C_6^3 \times C_{14}^1 + C_6^4 \times C_{14}^0 =$$

$$= \frac{6!}{1!5!} \times \frac{14!}{3!11!} + \frac{6!}{2!4!} \times \frac{14!}{2!12!} + \frac{6!}{3!3!} \times \frac{14!}{1!13!} + \frac{6!}{4!2!} \times \frac{14!}{0!14!} =$$

$$= \frac{6}{1} \times \frac{14 \times 13 \times 12}{3 \times 2 \times 1} + \frac{6 \times 5}{2 \times 1} \times \frac{14 \times 13}{2 \times 1} + \frac{6 \times 5 \times 4}{3 \times 2 \times 1} \times \frac{14}{1} + \frac{6 \times 5}{2 \times 1} \times \frac{1}{1 \times 1} =$$

$$= 6 \times 364 + 15 \times 91 + 20 \times 14 + 15 \times 1 = 2.184 + 1.365 + 280 + 15 = 3.844 \text{ grupos.}$$

7) São sorteados na Mega Sena 6 números escolhidos entre os números de 1 a 60. Quantos são os resultados possíveis para este sorteio?

Solução:

O número de resultados possíveis no jogo da Mega Sena é o número de combinações de 6 números escolhidos entre os 60 existentes, isto é:

$$C_{60}^6 = \frac{60!}{6!54!} = \frac{60 \times 59 \times 58 \times 57 \times 56 \times 55}{6 \times 5 \times 4 \times 3 \times 2 \times 1} = 50.063.860 \text{ possibilidades.}$$

8) Determinar o número de comissões de 5 pessoas formadas com um grupo de 5 rapazes e 4 moças, tendo cada comissão no máximo 2 rapazes.

Solução:

Como cada comissão tem que ter, no máximo, 2 rapazes, ela pode ser formada por 1 rapaz (e 4 moças) ou por 2 rapazes (e 3 moças). Neste caso, não há comissão só de moças, pois temos 4 moças e a comissão é formada por 5 pessoas.

Assim, o número total de comissões será:

$$C_5^1 \times C_4^4 + C_5^2 \times C_4^3 = \frac{5!}{1!4!} \times \frac{4!}{4!0!} + \frac{5!}{2!3!} \times \frac{4!}{3!1!} = \frac{5}{1} \times \frac{1}{1} + \frac{5 \times 4}{2} \times \frac{4}{1} = 45 \text{ grupos.}$$

14.13 Permutação com elementos repetidos

Vamos determinar o número de anagramas possíveis com as letras da palavra TERERE.

Cada anagrama é uma permutação das letras T, E, R, E, R, E.
Temos, então, 6 posições para arrumar estas letras.

Alocaremos, inicialmente, as letras E em três posições, isto é, teremos C_6^3 possibilidades. Colocaremos as letras R nas duas das três posições restantes, isto é, C_3^2. A letra T ficará na posição restante.

Assim, o número de anagramas da palavra TERERE é:

$$C_6^3 \times C_3^2 = \frac{6!}{3! \times 3!} \times \frac{3!}{2! \times 1!} = \frac{6!}{3! \times 2! \times 1!} = 60$$

O número de anagramas da palavra TERERE é indicado por (é uma permutação com elementos repetidos) $P_6^{(3,2,1)}$, onde 3, 2 e 1 denotam, respectivamente, que existem 3 elementos E, 2 elementos R e 1 elemento T.

Daí, $P_6^{(3,2,1)} = \frac{6!}{3! \times 2! \times 1!}$.

Generalizando, consideremos n elementos dos quais $\begin{cases} n_1 \text{ são iguais a } a_1 \\ n_2 \text{ são iguais a } a_2 \\ \dots\dots\dots\dots\dots \\ n_r \text{ são iguais a } a_r \end{cases}$

e $n_1 + n_2 + \cdots + n_r = n$, o número de permutações, com estas condições, será:

$$\boxed{P_n^{(n_1, n_2, \cdots, n_r)} = \frac{n!}{n_1! \, n_2! \cdots n_r!}}$$

Observação: Se tivermos $n_1 = n_2 = \cdots = n_r = 1$, nossa permutação torna-se $P_n^{(n_1, n_2, \cdots, n_r)} = P_n^{(1,1,\cdots,1)} = \frac{n!}{1! \, 1! \cdots 1!} = n! = P_n$, que é o número de permutações com elementos distintos.

Exemplo:

Considere o conjunto $A = \{V_1, V_2, P_1, P_2\}$, onde V_1 e V_2 representam bolas vermelhas e P_1 e P_2 representam bolas pretas.

As permutações com repetição do conjunto A são: $V_1V_2P_1P_2$, $V_1P_1V_2P_2$, $V_1P_1P_2V_2$, $P_1P_2V_1V_2$, $P_1V_1P_2V_2$, $P_1V_1V_2P_2$, perfazendo um total de 6 sequências distintas.

Poderíamos determinar este número fazendo:

$$P_4^{(2,2)} = \frac{4!}{2!\,2!} = \frac{4\times 3}{2\times 1} = 6$$

14.14 Exercícios resolvidos

1) Observe o desenho a seguir:

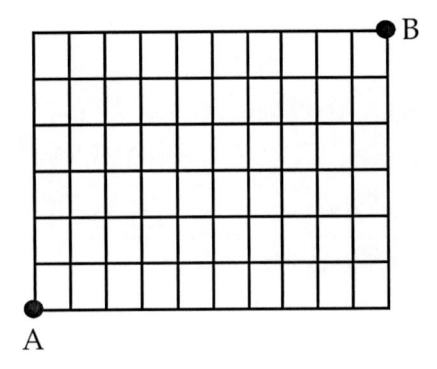

De quantas maneiras podemos ir do ponto A ao ponto B se só podemos andar para a direita ou para cima?

Solução:

Representaremos com a letra D o fato de andar para a direita e com a letra C, o fato de andar para cima.
Um dos caminhos possíveis seria DDDCCDDCDDCCDDCD, representado no desenho a seguir:

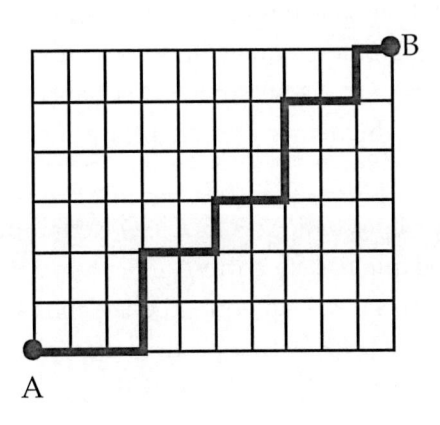

Independentemente do caminho utilizado, iremos 10 vezes para a direita e 6 vezes para cima.

Assim, o número de caminhos possíveis é:

$$P_{16}^{(10,6)} = \frac{16!}{10!\,6!} = \frac{16 \times 15 \times 14 \times 13 \times 12 \times 11}{6 \times 5 \times 4 \times 3 \times 2 \times 1} = 8.008 \text{ caminhos.}$$

2) Quantos anagramas possui a palavra PARANAPIACABA?

Solução:

Temos uma permutação com elementos repetidos.

São 2 letras P, 6 letras A, 1 letra R, 1 letra N, 1 letra I, 1 letra C e 1 letra B.

Assim, $P_{13}^{(2,6,1,1,1,1,1)} = \dfrac{13!}{2!\,6!\,1!\,1!\,1!\,1!\,1!} = \dfrac{13 \times 12 \times 11 \times 10 \times 9 \times 8 \times 7}{2} = 4.324.320$

14.15 Exercícios propostos

1) Quantos pares ordenados podemos formar com os elementos do conjunto $A = \{0, 2, 3, 5, 6, 7, 8, 9\}$?

2) Quantos pares ordenados *com elementos distintos* podemos formar com os elementos do conjunto $A = \{0, 2, 3, 5, 6, 7, 8, 9\}$?

3) Quantos pares ordenados, *com elementos distintos* e que não tenham abscissa 0, podemos formar com os elementos do conjunto $A = \{0, 2, 3, 5, 6, 7, 8, 9\}$?

4) Uma família de 8 pessoas possui um pequeno avião com capacidade para 8 lugares. Sabendo-se que somente 4 pessoas desta família têm brevê e, portanto, têm de se sentar nos bancos do piloto e do copiloto, de quantas maneiras esta família poderá se acomodar para uma viagem?

5) Certa cidade tem 4 povoados (A, B, C e D) separados por 3 rios (R_1, R_2 e R_3). Sabendo-se que R_1 está entre A e B e tem 3 pontes, R_2 está entre B e C e tem 4 pontes e R_3 está entre C e D e tem 2 pontes, de quantas maneiras diferentes uma pessoa pode sair do povoado A e chegar ao povoado D?

6) Uma criança possui 6 lápis com borracha em suas pontas. Quantas possibilidades existem para que ela escreva seu nome numa folha de papel e apague? E se ela não puder usar para apagar o mesmo lápis que usou para escrever?

7) Em uma corrida, 7 cavalos disputam o prêmio. Não havendo chance de empate, qual o número de possibilidades diferentes de colocação nos três primeiros lugares?

8) Quantos números de três algarismos podem ser formados usando-se os algarismos 2, 3, 4, 5, 6 e 7? E se os três algarismos forem distintos?

9) Quantos números de três algarismos podem ser formados usando-se os algarismos 2, 3, 4, 5, 6 e 0? E se os três algarismos forem distintos?

10) Quantos números de três algarismos distintos e múltiplos de 5 podem ser formados usando-se os algarismos 2, 3, 4, 5, 6 e 0?

11) Num orfanato, 4 meninos ainda estão sem nome. Realizou-se uma pesquisa entre os funcionários e foram votados 6 nomes. De quantas maneiras podemos distribuir estes nomes?

12) De quantos modos 5 pessoas podem sentar-se em 7 cadeiras dispostas em linha?

13) Quantos números de três algarismos, que não têm algarismos adjacentes iguais, podem ser formados utilizando-se os algarismos 1, 2, 3, 4 e 5?

14) Quantos números de três algarismos, que não têm algarismos adjacentes iguais, podem ser formados utilizando-se os algarismos 0, 1, 2, 3 e 4?

15) Quantos são os números naturais de quatro algarismos distintos, em que os dois primeiros algarismos são ímpares e os dois últimos pares existem? E os que têm os dois primeiros algarismos pares e os dois últimos ímpares?

16) Qual é o número de gabaritos possível para uma prova de 5 questões de múltipla escolha, com 4 alternativas por questão?

17) A partir dos algarismos 1, 2, 3, 4 e 5, vamos formar todos os números de 5 algarismos distintos. Se ordenarmos estes números de modo crescente, qual o lugar que ocupará o número 35.142?

18) Sabendo-se que um palíndromo é uma cadeia de caracteres que é igual quando lida normalmente ou de trás para a frente (exemplos: ANA, ERRE, SACAS etc.), e supondo nosso alfabeto com 26 letras, quantos palíndromos de 5 letras são possíveis formar?

19) Quantos números de quatro algarismos distintos e múltiplos de 2 existem?

20) Com os algarismos 1, 2, 3, 4, 5 e 6, sem repetição, quantos números maiores que 34.500 podemos escrever?

21) Uma escola tem 6 portas. De quantas maneiras podemos dizer que a escola está aberta?

22) Num grupo de 15 pessoas, cada uma aperta a mão, uma única vez, de cada uma das outras pessoas. Determinar o número total de apertos de mão.

23) Quatro dados e três moedas são lançados simultaneamente. Quantas sequências de resultados são possíveis, se considerarmos cada elemento da sequência como o número obtido em cada dado acrescentado das faces superiores das moedas?

24) Em certa cidade, os números telefônicos têm 8 dígitos e começam por 2, 3, 4 ou 5. Quantos números podem ser formados nesta cidade?

25) Calcule:

a) $A_9^6 + A_5^4$

b) $A_8^3 \times A_9^2$

c) $6! \times A_5^1 - 5! \times A_3^2$

d) $\dfrac{A_6^3 - A_5^3 + A_4^2}{A_8^2 + A_9^1}$

e) $\dfrac{A_9^n - A_5^{n-4}}{A_7^{n-2} + A_8^{n-1}}$

26) Resolva as equações:

a) $A_n^3 = 10 \times A_n^2$

b) $\dfrac{A_n^4}{A_{n-2}^4 + A_{n-3}^3} = \dfrac{8}{3}$

27) Quantos números distintos de três algarismos podemos formar com os números naturais de 1 a 8?

28) Um grupo de 4 mulheres resolveu experimentar roupas. Elas tinham, disponíveis, 6 chapéus, 7 blusas e 5 saias. Qual o número de possibilidades para se vestirem?

29) Quantos números distintos com quatro algarismos diferentes podemos formar com os dígitos 0, 1, ..., 8, 9?

30) Quantos números distintos menores que 1.000.000 e maiores que 9999 podem ser formados com os algarismos 0, 1, ..., 8, 9?

31) Em uma sala de aula encontram-se 40 cadeiras. De quantas maneiras 4 estudantes podem se sentar nessas cadeiras?

32) O partido político X tem 15 pré-candidatos à eleição presidencial. De quantas maneiras o partido pode formar a chapa de candidatos a presidente e vice-presidente do país?

33) Quantos números de 5 algarismos distintos podemos formar com os algarismos 0, 1, ..., 8, 9, de modo que:

a) Comecem com 4.

b) Terminem com 6.

c) Comecem com 4 e terminem com 6.

d) Comecem com 4, terminem com 6 e tenham o algarismo 3.

e) Sejam divisíveis por 5.

f) Sejam pares.

34) Refaça o exercício anterior considerando que possa haver repetição de algarismos.

35) Determine n que satisfaz a equação $P_n = 12 \times P_{n-2}$.

36) Calcule:

a) Quantos anagramas podemos formar com as letras da palavra *lógica*?

b) Quantos destes começam pela letra l?

c) Quantos destes começam pela letra l e terminam pela letra a?

d) Quantos têm as letras lo juntas e nesta ordem?

e) Quantos têm as letras lo juntas, mas em qualquer ordem?

f) Quantos têm as consoantes lgc juntas e nesta ordem?

g) Quantos têm as consoantes lgc juntas, mas em qualquer ordem?

37) Calcule:

a) De quantas maneiras podemos colocar em fila 3 homens, 4 mulheres e 5 crianças?

b) E se as crianças ficarem juntas?

c) E se as crianças ficarem juntas no início da fila?

d) E se cada um destes 3 grupos (homens, mulheres e crianças) ficar junto?

38) Calcule:

a) Quantas palavras diferentes podemos formar com as letras da palavra *Pernambuco*?

b) Quantas começam com a sílaba PER?

c) Quantas começam com a sílaba PER e terminam com a sílaba CO?

d) Quantas têm as letras PER sempre juntas e nesta ordem?

e) Quantas têm as letras PER sempre juntas, mas em qualquer ordem?

f) Quantas começam por consoante?

g) Quantas começam e terminam por consoante?

h) Quantas têm as vogais juntas?

39) Calcule as expressões:

a) $C_9^7 + C_4^2$

b) $C_7^5 \times C_5^3$

c) $\dfrac{C_{10}^6}{C_6^2}$

d) $\dfrac{A_9^6}{C_7^2}$

40) Dado um baralho de 52 cartas, extraímos 6 cartas sucessivamente e sem reposição para formar a mão de um jogador. Qual o número de possibilidades de formar esta mão?

41) Uma sala de aula tem 30 alunos sendo 9 meninos e 21 meninas. Quantos grupos de 3 meninos e 4 meninas podem ser formados?

42) Utilizando a mesma sala de aula do exercício anterior, determine quantos grupos de 4 alunos têm, pelo menos, um menino.

43) São sorteados na quina cinco números escolhidos entre os números de 1 a 80. Quantos são os resultados possíveis para este sorteio?

44) Numa escola há 3 salas e cada uma pode alocar 4 alunos novos. Nestas condições, determinar o número de possibilidades de colocar 12 estudantes nas 3 salas.

45) Com 8 matemáticos, 7 administradores e 6 físicos, quantas comissões de 4 matemáticos, 4 administradores e 4 físicos podemos formar?

46) A partir de um grupo de 15 pessoas, deseja-se criar uma comissão formada por 1 presidente, 2 secretários e mais 5 membros. Quantas comissões diferentes podem ser formadas com essa estrutura?

47) Num plano, marcam-se 20 pontos dos quais 10 estão em linha reta. Quantos triângulos podem ser formados unindo-se 3 quaisquer desses 20 pontos?

48) Uma urna contém 20 bolas das quais 12 são vermelhas e 8 são brancas. De quantos modos podemos tirar 10 bolas das quais 3 sejam brancas?

49) Um restaurante oferece 15 acompanhamentos de pratos diferentes e pode-se escolher até 3 acompanhamentos para cada prato. Determine a quantidade de acompanhamentos distintos que o cliente pode escolher ao pedir seu prato, sendo que ele tem de pedir pelo menos um acompanhamento.

50) Dadas duas retas paralelas, tomam-se 10 pontos sobre uma delas e 7 sobre a outra. Quantos triângulos podemos formar a partir destes 17 pontos?

51) Um tabuleiro de xadrez possui 64 casas. De quantas maneiras podemos dispor as torres (2 brancas e 2 pretas) nesse tabuleiro?

52) Um grupo consta de 30 pessoas, das quais 10 são engenheiros. Quantas comissões de 15 pessoas podemos formar de maneira que:
a) nenhum membro seja engenheiro?
b) todos os engenheiros participem?
c) pelo menos um seja engenheiro?
d) tenha exatamente um engenheiro?

53) Quantos anagramas podemos formar com as letras da palavra *alada*?

54) Quantos anagramas podemos formar com as letras da palavra *matemática*?

55) Resolva as equações:

a) $A_n^2 - C_n^3 = P_n^{(2,n-2)}$

b) $A_x^2 - 3x = C_x^{x-2} - 3$

56) Em um computador digital, um "bit" é um dos algarismos 0 ou 1, e uma "palavra" é uma sucessão de "bits". Determinar o número de "palavras" distintas, de 14 "bits", formado por 8 "zeros".

57) Quantos são os anagramas da palavra *Paranapiacaba* que têm a letra P no 1º lugar ou a letra A no 2º lugar?

14.16 Respostas dos exercícios propostos

1) 64
2) 56
3) 49
4) 8.640 maneiras
5) 24 maneiras
6) 36; 30
7) 210
8) 216, 120
9) 180, 100
10) 36
11) 360
12) 2.520
13) 80
14) 64
15) 400, 320
16) 4^5
17) 68
18) 17.576
19) 2.296
20) 1.140
21) 63
22) 105
23) 10.368
24) 4×10^7
25) a) 60.600 b) 24.192 c) 2.880 d) $\dfrac{72}{65}$ e) $\dfrac{3.023}{378}$
26) a) n = 8 b) n = 10
27) 336

28) 36.288.000 maneiras diferentes
29) 4.536 números
30) 163.296 números
31) 36.971.982.960 maneiras
32) 13.110 maneiras
33) a) 3.024   b) 3.024
    c) 336   d) 126
    e) 5.712   f) 11.088
34) a) 10.000   b) 10.000
    c) 1.000   d) 300
    e) 18.000   f) 45.000
35) n = 4
36) a) 720   b) 120
    c) 24   d) 120
    e) 240   f) 24
    g) 144
37) a) 479.001.600   b) 4.838.400
    c) 604.800   d) 103.680
38) a) 3.628.800   b) 5.040
    c) 120   d) 40.320
    e) 241.920   f) 2.177.280
    g) 1.209.600   h) 120.960
39) a) 42   b) 210
    c) 14   d) 2.880

40) 20.358.520
41) 502.740 grupos
42) 21.420
43) 24.040.016
44) 34.650
45) 36.750
46) 1.081.080
47) 1.020
48) 44.352
49) 575
50) 525
51) $\binom{64}{2} \times \binom{62}{2} = 3.812.256$
52) a) $\binom{20}{15}$ b) $\binom{20}{5}$
    c) $\binom{30}{15} - \binom{20}{15}$ d) $\binom{10}{1} \times \binom{20}{14}$
53) 20
54) 151.200
55) a) n = 5   b) x = 6
56) 3.003
57) 2.328.480

capítulo **15**

Números complexos

O objetivo deste capítulo é apresentar, representar geometricamente e algebrizar, de forma simples, os números complexos.

15.1 Introdução

As equações de 2º grau com discriminante negativo não foram o motivo do aparecimento dos números complexos. A motivação apareceu quando, em 1545, Gerónimo Cardano (1501 – 1576) tentou resolver a equação de 3º grau $x^3 = 15x + 4$, a qual ele sabia ter $x = 4$ como uma das raízes.

Aplicando uma fórmula que ele mesmo publicou, conhecida por "Fórmula de Cardano" (mas sugerida a ele por Nicolo Tartaglia [1500 – 1557]), apareceu na solução uma raiz quadrada de número negativo:

$$x = \sqrt[3]{2+\sqrt{-121}} + \sqrt[3]{2-\sqrt{-121}}$$

Ele, então, chegou ao seguinte dilema: sabia, por um lado, que $\sqrt{-121}$ não existia e, por outro, que 4 era solução da equação.

Cardano não conseguiu explicação para o fato, mas chamou muita atenção para o problema.

Após 25 anos, Raphael Bombelli (1523 – 1573), um admirador de Cardano, escreveu um livro que foi publicado em 1572 (consta como o primeiro estudo dos números complexos).

Observando a equação anterior, ocorreu-lhe uma "ideia louca" (como o próprio Bombelli e muitos outros julgaram) de operar com expressões do tipo $a + b\sqrt{-1}$, sendo $(\sqrt{-1})^2 = -1$, sob as mesmas regras dos números reais.

Assim, mostrou que as raízes cúbicas achadas por Cardano eram, respectivamente, $2+\sqrt{-1}$ e $2-\sqrt{-1}$ (que somadas resultam 4).

O símbolo $\sqrt{-1}$, introduzido por Albert Girard (1595 – 1632) em 1629, passou a ser representado pela letra i, a partir de 1777, por Leonhard Euler (1707 – 1783). Foi impresso pela primeira vez em 1794 e tornou-se amplamente aceito após seu uso por Johann Carl Friederich Gauss (1777 – 1855) em 1801.

Em 1637, René Descartes (1596 – 1650) empregou, pela primeira vez, os termos *real* e *imaginário*.

Gauss foi quem introduziu a expressão "número complexo", em 1832. John Wallis (1616 – 1703) foi quem tentou, primeiramente, dar um significado concreto aos números complexos, por meio de uma "interpretação geométrica".

Gauss e Willian Hamilton (1805 – 1865) redescobriram a representação geométrica e definiram os complexos: Gauss os definiu da forma a + bi (em 1831) e Hamilton como pares ordenados de números reais (em 1833).

Hoje, os números complexos são uma ferramenta absolutamente imprescindível em quase todos os campos da Ciência e Tecnologia.

15.2 Representação algébrica (forma de Gauss)

Definição: Um número complexo é uma expressão da forma $a+bi$, onde a e b são números reais e $i=\sqrt{-1}$ (ou $i^2=-1$).

No número complexo $z=a+bi$, a é chamada a *parte real* $(a=\text{Re}(z))$ e b é denominada a *parte imaginária* $(b=I(z))$, isto é, $z=\text{Re}(z)+I(z)i$.

Exemplos:

Número complexo	Parte real	Parte imaginária
$4+7i$	4	7
$-\dfrac{3}{5}+\dfrac{2}{8}i$	$-\dfrac{3}{5}$	$\dfrac{2}{8}$
$-\sqrt{2}-\sqrt[7]{5}\,i$	$-\sqrt{2}$	$-\sqrt[7]{5}$
$5i$	0	5
-138	-138	0

O número 5i, no qual sua parte real é zero, é denominado *imaginário puro*.
O número -138, no qual sua parte imaginária é zero, é denominado de *real*.
Assim, temos que, sendo $a, b \in \Re$ e $i = \sqrt{-1}$:

$$\begin{cases} \text{Conjunto dos números reais:} \quad \Re = \{a + bi \mid b = 0\} \\ \text{Conjunto dos imaginários puros:} \quad I = \{a + bi \mid a = 0\} \end{cases}$$

15.3 Exercícios resolvidos

1) Determine as partes real e imaginária dos seguintes números complexos:

a) $-9 + i$

b) $-4 + 4i$

c) $\dfrac{1}{2} + \dfrac{1}{8}i$

d) $-\dfrac{3}{2}i$

e) $-\dfrac{5}{8} - \dfrac{3}{11}i$

Solução:

a) Parte real: -9; parte imaginária: 1.

b) Parte real: -4; parte imaginária: 4.

c) Parte real: $\dfrac{1}{2}$; parte imaginária: $\dfrac{1}{8}$.

d) Parte real: 0; parte imaginária: $-\dfrac{3}{2}$.

e) Parte real: $-\dfrac{5}{8}$; parte imaginária: $-\dfrac{3}{11}$.

15.4 Igualdade de números complexos

Definição: Dois números complexos $z = a + bi$ e $w = c + di$ são *iguais* se, e somente se, suas partes real e imaginária são iguais, isto é:

$$a + bi = c + di \quad \Leftrightarrow \quad a = c \text{ e } b = d$$

Exemplos:

1) $7 - 8i = \dfrac{21}{3} + (-2)^3 i$

2) Sejam $z = 3 + bi$ e $w = a - \dfrac{2}{5}i$ dois números complexos. Sabendo-se que $z = w$, os valores de a e b são, respectivamente, 3 e $\left(-\dfrac{2}{5}\right)$.

15.5 Adição e subtração de números complexos

Definição: A soma de dois números complexos $z = a + bi$ e $w = c + di$ é o número complexo definido por:

$$z + w = (a + bi) + (c + di) = (a + c) + (b + d)i$$

Definição: A diferença de dois números complexos $z = a + bi$ e $w = c + di$ é o número complexo definido por:

$$z - w = (a + bi) - (c + di) = (a - c) + (b - d)i$$

Exemplos:

1) $(-2 + 3i) + (4 - 5i) = (-2 + 4) + (3 - 5)i = 2 - 2i$

2) $(-2 + 3i) - (4 - 5i) = (-2 - 4) + (3 - (-5))i = -6 + 8i$

15.6 Multiplicação de números complexos

Sejam os números complexos $z = a + bi$ e $w = c + di$. Vamos determinar, algebricamente, o produto $z \cdot w$.

$z \cdot w = (a + bi) \cdot (c + di) =$ (distributividade)

$= a \cdot (c + di) + bi \cdot (c + di) =$

$\qquad = ac + adi + bci + bdi^2 =$

$= ac + adi + bci + bd(i^2) =$ (lembre-se que $i^2 = -1$)

$= ac + adi + bci + bd(-1) =$

$\qquad = ac + adi + bci - bd =$

$\qquad = ac - bd + adi + bci =$

$= (ac - bd) + (ad + bc)i$

Assim, temos a seguinte definição:

Definição: O produto de dois números complexos $z = a + bi$ e $w = c + di$ é o número complexo definido por:

$$z \cdot w = (a + bi) \cdot (c + di) = (ac - bd) + (ad + bc)i$$

Exemplo:

Vamos multiplicar os complexos $z = -2 + 3i$ e $w = 4 - 5i$ fazendo a distributividade e usando a definição.

a) Pela distributividade:

$$(-2 + 3i) \cdot (4 - 5i) = (-2) \cdot 4 + (-2) \cdot (-5i) + 3i \cdot 4 + 3i \cdot (-5i) =$$
$$= -8 + 10i + 12i - 15i^2 =$$
$$= -8 + 10i + 12i - 15(-1) =$$
$$= -8 + 10i + 12i + 15 =$$
$$= 7 + 22i$$

b) Pela definição:

$$(-2 + 3i) \cdot (4 - 5i) = \left((-2) \cdot 4 - 3 \cdot (-5)\right) + \left((-2) \cdot (-5) + 3 \cdot 4\right)i =$$
$$= (-8 + 15) + (10 + 12)i =$$
$$= 7 + 22ii$$

15.7 O conjugado de um número complexo

Definição: O conjugado de um número complexo $z = a + bi$ é o complexo $\overline{z} = a - bi$. Os números complexos z e $\overline{z}$ são denominados *complexos conjugados*.

Exemplos:

Número complexo z	Complexo conjugado $\overline{z}$
$4 + 7i$	$4 - 7i$
$-\dfrac{3}{5} + \dfrac{2}{8}i$	$-\dfrac{3}{5} - \dfrac{2}{8}i$
$-\sqrt{2} - \sqrt[7]{5}\,i$	$-\sqrt{2} + \sqrt[7]{5}\,i$
$5i$	$-5i$
-138	-138

Observação:

Quando multiplicamos um número complexo pelo seu conjugado, obtemos um número real positivo.

Seja $z = a + bi$ e seu complexo conjugado $\bar{z} = a - bi$.

O produto $z \cdot \bar{z}$, utilizando a definição, é:

$z \cdot \bar{z} = (a+bi) \cdot (a-bi) = \left(a^2 - b \cdot (-b)\right) + \left(a \cdot (-b) + ba\right)i =$

$= \left(a^2 + b^2\right) + (-ab + ab)i =$

$= a^2 + b^2 \in \Re_+$ (lembremos que a e b são números reais)

15.8 O quociente entre números complexos

Para fazermos o quociente entre dois números complexos, utilizamos o conjugado do denominador na operação.

Assim, dados os números complexos $z = a + bi$ e $w = c + di$, $w \neq 0$, o quociente $\dfrac{z}{w}$ é determinado multiplicando-se o numerador e o denominador pelo conjugado de w $(\bar{w})$, isto é, $\dfrac{z}{w} = \dfrac{z}{w} \cdot \dfrac{\bar{w}}{\bar{w}} = \dfrac{a+bi}{c+di} \cdot \dfrac{c-di}{c-di} =$

$= \dfrac{(a+bi) \cdot (c-di)}{(c+di) \cdot (c-di)}$ transformando o denominador em um número real.

Exemplo:

Vamos dividir o complexo $z = -2 + 3i$ por $w = 4 - 5i$.

$\dfrac{z}{w} = \dfrac{-2+3i}{4-5i} = \dfrac{-2+3i}{4-5i} \cdot \dfrac{4+5i}{4+5i} = \dfrac{(-2+3i) \cdot (4+5i)}{(4-5i) \cdot (4+5i)} =$

$= \dfrac{((-2) \cdot 4 - 3 \cdot 5) + ((-2) \cdot 5 + 3 \cdot 4)i}{4^2 + 5^2} =$

$= \dfrac{(-8-15) + (-10+12)i}{16+25} =$

$= \dfrac{-23 + 2i}{41} = -\dfrac{23}{41} + \dfrac{2}{41}i$

15.9 As potências de i

Vamos desenvolver as potências naturais de i $\left(i = \sqrt{-1}\right)$.
Temos, então:

$$i^0 = 1;$$
$$i^1 = i;$$
$$i^2 = -1;$$
$$i^3 = i^2 \cdot i = -i;$$
$$i^4 = i^2 \cdot i^2 = (-1) \cdot (-1) = 1;$$
$$i^5 = i^4 \cdot i = 1 \cdot i = i;$$
$$i^6 = i^5 \cdot i = i \cdot i = i^2 = -1;$$
$$i^7 = i^6 \cdot i = -1 \cdot i = -i;$$

e assim sucessivamente.

Observemos que as variações das potências de i são: 1, i, −1, −i.
A partir daí (de 4 em 4) as potências se repetem.
Observemos, então, a tabela:

1	i^0	i^4	i^8	i^{12}	i^{16}
i	i^1	i^5	i^9	i^{13}	i^{17}
−1	i^2	i^6	i^{10}	i^{14}	i^{18}
−i	i^3	i^7	i^{11}	i^{15}	...

Para simplificarmos uma potência de i, devemos procurar, primeiramente, o maior múltiplo de 4 contido nesta potência.

Vejamos alguns exemplos.

Exemplo:

Vamos determinar o valor das seguintes potências de i:

a) $i^{18} = i^{4 \times 4 + 2} = \left(i^4\right)^4 \cdot i^2 = (1)^4 \cdot (-1) = -1$

b) $i^{2.573} = i^{4 \times 643 + 1} = \left(i^4\right)^{643} \cdot i^1 = (1)^{643} \cdot i = i$

c) $i^{4.447} = i^{4 \times 1.111 + 3} = \left(i^4\right)^{1.111} \cdot i^3 = (1)^{1.111} \cdot (-i) = -i$

15.10 Raiz quadrada de números negativos

No Capítulo 3, item 3.6.3, vimos que $x^2 = a \Rightarrow x = \pm\sqrt{a}$, desde que $a \geq 0$.

Nesse caso, trabalhávamos com o conjunto dos reais, o qual não permitia uma raiz quadrada de número negativo.

No conjunto dos complexos, a necessidade de $a \geq 0$ já não existe. Nossa definição continuará a mesma, ou seja, $x^2 = a \Rightarrow x = \pm\sqrt{a}$, para qualquer valor de a.

Primeiramente, precisamos lembrar que, por exemplo:

a) $\sqrt{-4} = \sqrt{(-1) \cdot 4} = \sqrt{-1} \cdot \sqrt{4} = i \cdot 2 = 2i$

b) $\sqrt{-12} = \sqrt{(-1) \cdot 12} = \sqrt{-1} \cdot \sqrt{12} = i \cdot 2\sqrt{3} = 2\sqrt{3}\,i$

Logo, teremos:

a) $x^2 = -4 \Rightarrow x = \pm\sqrt{-4} = \pm 2i$

b) $x^2 = -12 \Rightarrow x = \pm\sqrt{-12} = \pm 2\sqrt{3}\,i$

Observação:

Quando trabalhamos com o conjunto dos reais, a propriedade $\sqrt{a \cdot b} = \sqrt{a} \cdot \sqrt{b}$ é verdadeira, desde que $a, b \geq 0$.

Com possíveis valores para a e b negativos, temos que tomar cuidado, pois esta igualdade pode ser falsa.

Vejamos um exemplo:

$6 = \sqrt{36} = \sqrt{(-4) \cdot (-9)} = \sqrt{-4} \cdot \sqrt{-9} = 2i \cdot 3i = 6i^2 = -6$, o que é um *absurdo*!!!

O erro apareceu justamente por causa da "igualdade" $\sqrt{(-4) \cdot (-9)} = \sqrt{-4} \cdot \sqrt{-9}$ (ela é falsa).

$\sqrt{(-4) \cdot (-9)} = \sqrt{36} = 6$ e $\sqrt{-4} \cdot \sqrt{-9} = 2i \cdot 3i = 6i^2 = -6$, que nos levam a valores diferentes.

15.11 Exercícios resolvidos

1) Determine o resultado das operações a seguir:

a) $(3 - 6i) + (-6 + 5i)$

b) $\left(\dfrac{1}{3} - 2i\right) + \left(\dfrac{1}{2} - 2i\right)$

c) $(-1+i)-(4+5i)$

d) $\left(\dfrac{2}{3}-6i\right)-\left(2+\dfrac{1}{2}i\right)$

e) $\left(-\dfrac{1}{3}-3i\right)-\left(\dfrac{1}{4}-i\right)$

f) $(-1+i)\cdot(-2-4i)$

g) $(3+2i)\cdot(1-2i)$

h) $\left(\dfrac{1}{3}-i\right)\cdot\left(-\dfrac{1}{4}+\dfrac{1}{5}i\right)$

Solução:

a) $(3-6i)+(-6+5i)=(3+(-6))+((-6)+5)i=-3-i$

b) $\left(\dfrac{1}{3}-2i\right)+\left(\dfrac{1}{2}-2i\right)=\left(\dfrac{1}{3}+\dfrac{1}{2}\right)+((-2)+(-2))i=\dfrac{5}{6}-4i$

c) $(-1+i)-(4+5i)=((-1)-4)+(1-5)i=-5-4i$

d) $\left(\dfrac{2}{3}-6i\right)-\left(2+\dfrac{1}{2}i\right)=\left(\dfrac{2}{3}-2\right)+\left((-6)-\dfrac{1}{2}\right)i=-\dfrac{4}{3}-\dfrac{13}{2}i$

e) $\left(-\dfrac{1}{3}-3i\right)-\left(\dfrac{1}{4}-i\right)=\left(\left(-\dfrac{1}{3}\right)-\dfrac{1}{4}\right)+((-3)-(-1))i=-\dfrac{7}{12}-2i$

f) Como $(a+bi)\cdot(c+di)=(ac-bd)+(ad+bc)i$, temos:
$(-1+i)\cdot(-2-4i)=((-1)\cdot(-2)-1\cdot(-4))+((-1)\cdot(-4)+1\cdot(-2))i=$
$=(2+4)+(4-2)i=6+2i$

g) $(3+2i)\cdot(1-2i)=(3\cdot1-2\cdot(-2))+(3\cdot(-2)+2\cdot1)i=7-4i$

h) $\left(\dfrac{1}{3}-i\right)\cdot\left(-\dfrac{1}{4}+\dfrac{1}{5}i\right)=\left(\dfrac{1}{3}\cdot\left(-\dfrac{1}{4}\right)-(-1)\cdot\dfrac{1}{5}\right)+\left(\dfrac{1}{3}\cdot\dfrac{1}{5}+(-1)\cdot\left(-\dfrac{1}{4}\right)\right)i=$
$=\left(-\dfrac{1}{12}+\dfrac{1}{5}\right)+\left(\dfrac{1}{15}+\dfrac{1}{4}\right)i=\dfrac{7}{60}+\dfrac{19}{60}i$

2) Determine o número complexo conjugado:

a) $z=4+5i$

b) $z=-7-9i$

c) $z=-\dfrac{1}{4}-\dfrac{4}{7}i$

d) $z=-1+i$

e) $z=3i$

f) $z=8$

Pré-cálculo

Solução:

a) $z = 4 + 5i \Rightarrow \bar{z} = 4 - 5i$
b) $z = -7 - 9i \Rightarrow \bar{z} = -7 + 9i$
c) $z = -\dfrac{1}{4} - \dfrac{4}{7}i \Rightarrow \bar{z} = -\dfrac{1}{4} + \dfrac{4}{7}i$
d) $z = -1 + i \Rightarrow \bar{z} = -1 - i$
e) $z = 3i \Rightarrow \bar{z} = -3i$
f) $z = 8 \Rightarrow \bar{z} = 8$

3) Calcule:

a) i^{22}
b) i^{43}
c) i^{37}
d) $\sqrt{-7}$
e) $\sqrt{-2} \cdot \sqrt{-5}$
f) $\dfrac{6 - 2i}{2 - i}$
g) $\dfrac{-2 + 3i}{5 + 2i}$

Solução:

a) $i^{22} = i^{4 \times 5 + 2} = \left(i^4\right)^5 \cdot i^2 = (1)^5 \cdot (-1) = -1$

b) $i^{43} = i^{4 \times 10 + 3} = \left(i^4\right)^{10} \cdot i^3 = (1)^{10} \cdot (-i) = -i$

c) $i^{37} = i^{4 \times 9 + 1} = \left(i^4\right)^9 \cdot i^1 = (1)^9 \cdot i = i$

d) $\sqrt{-7} = \sqrt{(-1) \cdot 7} = \sqrt{7 \cdot (-1)} = \sqrt{7} \cdot \sqrt{-1} = \sqrt{7}\, i$

e) $\sqrt{-2} \cdot \sqrt{-5} = \sqrt{(-1) \cdot 2} \cdot \sqrt{(-1) \cdot 5} = \sqrt{-1} \cdot \sqrt{2} \cdot \sqrt{-1} \cdot \sqrt{5} =$
$= \left(\sqrt{-1}\right)^2 \cdot \sqrt{2} \cdot \sqrt{5} = -\sqrt{10}$

f) Sabendo-se que $(a + bi) \cdot (c + di) = (ac - bd) + (ad + bc)i$ e que vale a propriedade $(a + b)(a - b) = a^2 - b^2$, temos:

$\dfrac{6 - 2i}{2 - i} = \dfrac{6 - 2i}{2 - i} \cdot \dfrac{2 + i}{2 + i} = \dfrac{(6 \cdot 2 - (-2) \cdot 1) + (6 \cdot 1 + (-2) \cdot 2)i}{2^2 - i^2} =$

$= \dfrac{14 + 2i}{4 - (-1)} = \dfrac{14 + 2i}{5} = \dfrac{14}{5} + \dfrac{2}{5}i$

g) $\dfrac{-2+3i}{5+2i} = \dfrac{-2+3i}{5+2i} \cdot \dfrac{5-2i}{5-2i} = \dfrac{\big((-2)\cdot 5 - 3\cdot(-2)\big) + \big((-2)\cdot(-2) + 3\cdot 5\big)i}{5^2 - 4i^2} =$

$= \dfrac{-4+19i}{25 - 4\cdot(-1)} = \dfrac{-4+19i}{29} = -\dfrac{4}{29} + \dfrac{19}{29}i$

15.12 Representação algébrica (forma de Hamilton)

Definição: Chama-se conjunto dos números complexos, e representa-se por $\mathbb{C}$, o conjunto $\{z = (x,y) \mid x,y \in \mathbb{R}\}$, onde são satisfeitas as seguintes operações:

a) $(a,b) = (c,d) \Leftrightarrow a = c \text{ e } b = d$

b) $(a,b) + (c,d) = (a+c, b+d)$

c) $(a,b) \cdot (c,d) = (ac - bd, ad + bc)$

No número complexo $z = (x,y)$, x é chamada a *parte real* $(x = \mathrm{Re}(z))$ e y é denominada a *parte imaginária* $(y = \mathrm{I}(z))$.

$\begin{cases} \text{Conjunto dos números reais: } \mathbb{R} = \{(a,b) \mid b = 0\} = \{(a,0)\} \\ \text{Conjunto dos imaginários puros: } \mathrm{I} = \{(a,b) \mid a = 0\} = \{(0,b)\} \end{cases}$

Podemos, então, concluir que o conjunto dos reais é um subconjunto dos complexos, pois $\forall x \in \mathbb{R}, x = (x,0) \in \mathbb{C}$, isto é, $\mathbb{R} \subset \mathbb{C}$. Além disso, vemos que $i = (0,1)$.

O conjugado de um número complexo $z = (x,y)$ é o complexo $\overline{z} = (x, -y)$.

Podemos então trabalhar tanto com a notação de Gauss como com a notação de Hamilton, sem maiores problemas. A partir de agora, usaremos as duas notações, dependendo da necessidade.

15.13 Módulo de um número complexo

Definição: Chama-se *módulo* ou *valor absoluto* de um número complexo $z = x + yi = (x,y)$ ao número real positivo $|z| = \sqrt{x^2 + y^2}$.

Exemplos:

Número complexo z	Módulo $|z|$
$4+7i$	$\sqrt{4^2+7^2}=\sqrt{65}$
$-\dfrac{3}{5}+\dfrac{2}{8}i$	$\sqrt{\left(-\dfrac{3}{5}\right)^2+\left(\dfrac{2}{8}\right)^2}=\dfrac{13}{20}$
$-\sqrt{2}-\sqrt[7]{5}\,i$	$\sqrt{\left(-\sqrt{2}\right)^2+\left(-\sqrt[7]{5}\right)^2}=\sqrt{2+\sqrt[7]{25}}$
$5i$	$\sqrt{0^2+5^2}=5$
-138	$\sqrt{(-138)^2+0^2}=138$

15.14 Exercícios resolvidos

Determine o módulo dos seguintes números complexos:

a) $z=-3-5i$

b) $z=-\dfrac{1}{2}-\dfrac{1}{3}i$

c) $z=\dfrac{3}{7}-\dfrac{7}{11}i$

d) $z=-2+5i$

e) $z=2-4i$

Solução:

a) $|z|=\sqrt{(-3)^2+(-5)^2}=\sqrt{9+25}=\sqrt{34}$

b) $|z|=\sqrt{\left(-\dfrac{1}{2}\right)^2+\left(-\dfrac{1}{3}\right)^2}=\sqrt{\dfrac{1}{4}+\dfrac{1}{9}}=\sqrt{\dfrac{13}{36}}=\dfrac{\sqrt{13}}{6}$

c) $|z|=\sqrt{\left(\dfrac{3}{7}\right)^2+\left(-\dfrac{7}{11}\right)^2}=\sqrt{\dfrac{9}{49}+\dfrac{49}{121}}=\sqrt{\dfrac{3.490}{5.929}}=\dfrac{\sqrt{3.490}}{77}$

d) $|z|=\sqrt{(-2)^2+5^2}=\sqrt{4+25}=\sqrt{29}$

e) $|z|=\sqrt{2^2+(-4)^2}=\sqrt{4+16}=\sqrt{20}=\sqrt{4\cdot 5}=2\sqrt{5}$

15.15 Inverso de um número complexo

Seja o número complexo $z = a + bi$, $a,b \neq 0$. O inverso desse número complexo é o número $z^{-1} = c + di$, tal que $z \cdot z^{-1} = 1$.

Exemplo:

Vamos determinar o inverso do número complexo $z = 1 + 2i$.
Desejamos determinar um número complexo z^{-1}, tal que $z \cdot z^{-1} = 1$.
Assim, se $z^{-1} = c + di$, teremos:

$z \cdot z^{-1} = 1 \Rightarrow (1 + 2i) \cdot (c + di) = 1 \Rightarrow (c - 2d) + (d + 2c)i = 1 = 1 + 0i \Rightarrow$

$$\Rightarrow \begin{cases} c - 2d = 1 \\ d + 2c = 0 \end{cases} \Rightarrow \begin{cases} c - 2d = 1 \\ 2c + d = 0 \end{cases} \Rightarrow \begin{cases} c = 1 + 2d \\ 2(1 + 2d) + d = 0 \end{cases} \Rightarrow$$

$$\Rightarrow \begin{cases} c = 1 + 2d \\ 5d = -2 \end{cases} \Rightarrow \begin{cases} c = 1 + 2d \\ d = -\dfrac{2}{5} \end{cases} \Rightarrow \begin{cases} c = 1 + 2\left(-\dfrac{2}{5}\right) = \dfrac{1}{5} \\ d = -\dfrac{2}{5} \end{cases}$$

Daí, o inverso de $z = 1 + 2i$ é o número complexo $z^{-1} = \dfrac{1}{5} - \dfrac{2}{5}i$.

15.16 Exercícios resolvidos

Determine o inverso dos seguintes números complexos:

a) $z = -1 - i$

b) $z = 2 + 3i$

c) $z = \dfrac{1}{3} - i$

d) $z = -\dfrac{1}{2} + i$

e) $z = -1 + 3i$

Solução:

Seja o número complexo $z^{-1} = c + di$, tal que $z \cdot z^{-1} = 1$.

a) $z = -1 - i \Rightarrow (-1 - i) \cdot (c + di) = 1 \Rightarrow (-c + d) + (-d - c)i = 1 = 1 + 0i \Rightarrow$

$$\Rightarrow \begin{cases} -c + d = 1 \\ -d - c = 0 \end{cases} \Rightarrow \begin{cases} -c + d = 1 \\ -c - d = 0 \end{cases} \Rightarrow -2c = 1 \Rightarrow c = -\dfrac{1}{2} \Rightarrow$$

$$\Rightarrow d = -c \Rightarrow d = \dfrac{1}{2}$$

Então, o inverso de $z = -1 - i$ é o número complexo $z^{-1} = -\dfrac{1}{2} + \dfrac{1}{2}i$.

b) $z = 2 + 3i \Rightarrow (2+3i)\cdot(c+di) = 1 \Rightarrow (2c-3d)+(2d+3c)i = 1 = 1+0i \Rightarrow$

$\Rightarrow \begin{cases} 2c-3d=1 \\ 3c+2d=0 \end{cases} \Rightarrow \begin{cases} 4c-6d=2 \\ 9c+6d=0 \end{cases} \Rightarrow 13c = 2 \Rightarrow c = \dfrac{2}{13} \Rightarrow$

$\Rightarrow 2d = -3\cdot\dfrac{2}{13} \Rightarrow d = -\dfrac{3}{13}$

Daí, o inverso de $z = 2 + 3i$ é o número complexo $z^{-1} = \dfrac{2}{13} - \dfrac{3}{13}i$.

c) $z = \dfrac{1}{3} - i \Rightarrow \left(\dfrac{1}{3}-i\right)\cdot(c+di) = 1 \Rightarrow \left(\dfrac{c}{3}+d\right)+\left(\dfrac{d}{3}-c\right)i = 1 = 1+0i \Rightarrow$

$\Rightarrow \begin{cases} \dfrac{c}{3}+d=1 \\ -c+\dfrac{d}{3}=0 \end{cases} \Rightarrow \begin{cases} c+3d=3 \\ -3c+d=0 \end{cases} \Rightarrow \begin{cases} c+3\cdot(3c)=3 \\ d=3c \end{cases} \Rightarrow$

$\Rightarrow \begin{cases} 10c=3 \\ d=3c \end{cases} \Rightarrow \begin{cases} c=\dfrac{3}{10} \\ d=\dfrac{9}{10} \end{cases}$

Então, o inverso de $z = \dfrac{1}{3} - i$ é o número complexo $z^{-1} = \dfrac{3}{10} + \dfrac{9}{10}i$.

d) $z = -\dfrac{1}{2} + i \Rightarrow \left(-\dfrac{1}{2}+i\right)\cdot(c+di) = 1 \Rightarrow \left(-\dfrac{c}{2}-d\right)+\left(-\dfrac{d}{2}+c\right)i = 1+0i \Rightarrow$

$\Rightarrow \begin{cases} -\dfrac{c}{2}-d=1 \\ c-\dfrac{d}{2}=0 \end{cases} \Rightarrow \begin{cases} -c-2d=2 \\ c=\dfrac{d}{2} \end{cases} \Rightarrow \begin{cases} -\dfrac{d}{2}-2d=2 \\ c=\dfrac{d}{2} \end{cases} \Rightarrow$

$\Rightarrow \begin{cases} -5d=4 \\ c=\dfrac{d}{2} \end{cases} \Rightarrow \begin{cases} d=-\dfrac{4}{5} \\ c=\dfrac{-\dfrac{4}{5}}{2}=-\dfrac{4}{5}\cdot\dfrac{1}{2}=-\dfrac{2}{5} \end{cases}$

Daí, o inverso de $z = -\dfrac{1}{2} + i$ é o número complexo $z^{-1} = -\dfrac{2}{5} - \dfrac{4}{5}i$.

e) $z = -1 + 3i \Rightarrow (-1 + 3i) \cdot (c + di) = 1 \Rightarrow (-c - 3d) + (-d + 3c)i = 1 + 0i \Rightarrow$

$\Rightarrow \begin{cases} -c - 3d = 1 \\ 3c - d = 0 \end{cases} \Rightarrow \begin{cases} -c - 3 \cdot 3c = 1 \\ d = 3c \end{cases} \Rightarrow \begin{cases} -10c = 1 \\ d = 3c \end{cases} \Rightarrow \begin{cases} c = -\dfrac{1}{10} \\ d = -\dfrac{3}{10} \end{cases}$

Então, o inverso de $z = -1 + 3i$ é o número complexo $z^{-1} = -\dfrac{1}{10} - \dfrac{3}{10}i$.

Observação:

Poderíamos ter pensado em inverso de um número complexo da seguinte maneira:

$$\boxed{z \cdot z^{-1} = 1 \Rightarrow z^{-1} = \dfrac{1}{z}}$$

Dessa forma, resolveríamos os exercícios deste item da seguinte maneira:

a) $z = -1 - i \Rightarrow z^{-1} = \dfrac{1}{z} = \dfrac{1}{-1-i} \cdot \dfrac{-1+i}{-1+i} = \dfrac{-1+i}{(-1)^2 - i^2} = \dfrac{-1+i}{2} = -\dfrac{1}{2} + \dfrac{1}{2}i$.

b) $z = 2 + 3i \Rightarrow z^{-1} = \dfrac{1}{z} = \dfrac{1}{2+3i} \cdot \dfrac{2-3i}{2-3i} = \dfrac{2-3i}{4+9} = \dfrac{2-3i}{13} = \dfrac{2}{13} - \dfrac{3}{13}i$.

c) $z = \dfrac{1}{3} - i \Rightarrow z^{-1} = \dfrac{1}{z} = \dfrac{1}{\dfrac{1}{3}-i} \cdot \dfrac{\dfrac{1}{3}+i}{\dfrac{1}{3}+i} = \dfrac{\dfrac{1}{3}+i}{\dfrac{1}{9}+1} = \dfrac{\dfrac{1}{3}+i}{\dfrac{10}{9}} = \dfrac{3}{10} + \dfrac{9}{10}i$.

d) $z = -\dfrac{1}{2} + i \Rightarrow z^{-1} = \dfrac{1}{z} = \dfrac{1}{-\dfrac{1}{2}+i} \cdot \dfrac{-\dfrac{1}{2}-i}{-\dfrac{1}{2}-i} = \dfrac{-\dfrac{1}{2}-i}{\dfrac{1}{4}+1} = \dfrac{-\dfrac{1}{2}-i}{\dfrac{5}{4}} = -\dfrac{2}{5} - \dfrac{4}{5}i$.

e) $z = -1 + 3i \Rightarrow z^{-1} = \dfrac{1}{z} = \dfrac{1}{-1+3i} \cdot \dfrac{-1-3i}{-1-3i} = \dfrac{-1-3i}{1+9} = \dfrac{-1-3i}{10} = -\dfrac{1}{10} - \dfrac{3}{10}i$.

15.17 Representação geométrica – plano complexo ou plano de Argand-Gauss

Gauss associou a cada número complexo $z = x + yi = (x,y)$ um par ordenado e representou cada número como um ponto no plano. Essa representação recebe o nome de *Plano de Argand-Gauss* ou *Plano Complexo*.

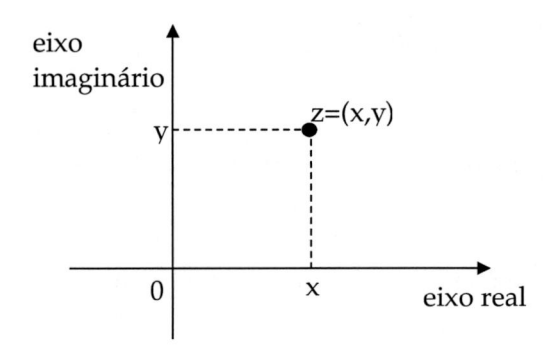

Exemplos:

Vamos marcar os complexos a seguir no plano cartesiano:
$z_1 = 3+2i$, $z_2 = -3+2i$, $z_3 = (-3,-2)$, $z_4 = (3,-2)$, $z_5 = 4i$ e $z_6 = 4$.

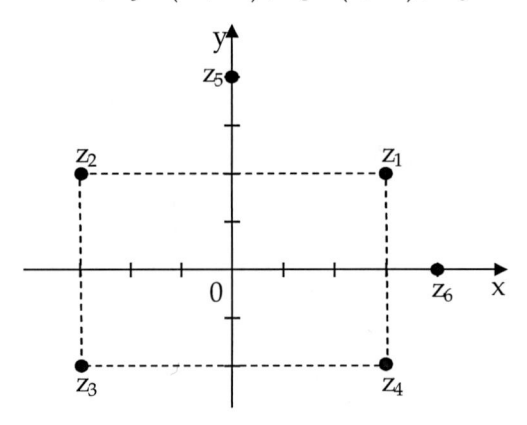

15.18 Forma trigonométrica ou polar

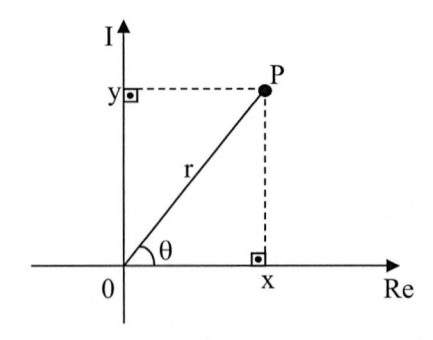

Seja P o ponto do plano relativo ao número complexo $z = x+yi = (x,y)$.

Notemos que a distância entre P(x,y) e 0(0,0) é $\vec{OP} = r = \sqrt{x^2+y^2} = |z|$.

Além disso, $\operatorname{sen}(\theta) = \dfrac{y}{r}$ e $\cos(\theta) = \dfrac{x}{r}$ $\left(\text{ou } \operatorname{tg}(\theta) = \dfrac{y}{x}\right)$, isto é, $x = r \cdot \cos(\theta)$ e $y = r \cdot \operatorname{sen}(\theta)$.

Assim, $z = x + yi = r \cdot \cos(\theta) + i \cdot r \cdot \operatorname{sen}(\theta) = r \cdot (\cos(\theta) + i \cdot \operatorname{sen}(\theta))$, isto é,

$\boxed{z = r \cdot [\cos(\theta) + i \cdot \operatorname{sen}(\theta)] = r \cdot \operatorname{cis}(\theta)}$, que é chamada de *forma trigonométrica ou polar* de z, onde $r = |z|$ é o *módulo* do complexo z e θ ($0 \leq \theta < 2\pi$) é o *argumento* deste complexo.

15.19 Exercícios resolvidos

Determine o módulo e o argumento dos seguintes números complexos:

a) $z = 4 + 3i$
b) $z = 2 - 2i$
c) $z = 3 + i$
d) $z = 3$
e) $z = 2i$
f) $z = a + bi$

Solução:

a) $r = \sqrt{4^2 + 3^2} = \sqrt{16 + 9} = \sqrt{25} = 5$

$\operatorname{tg}(\theta) = \dfrac{3}{4} \Rightarrow \theta = \operatorname{arctg}\left(\dfrac{3}{4}\right) \cong 36{,}9°$

b) $r = \sqrt{2^2 + (-2)^2} = \sqrt{4+4} = \sqrt{8} = 2\sqrt{2}$

$\operatorname{tg}(\theta) = \dfrac{-2}{2} \Rightarrow \theta = \operatorname{arctg}(-1) = -45°$

c) $r = \sqrt{3^2 + 1^2} = \sqrt{9+1} = \sqrt{10}$

$\operatorname{tg}(\theta) = \dfrac{1}{3} \Rightarrow \theta = \operatorname{arctg}\left(\dfrac{1}{3}\right) \cong 18{,}44°$

d) $r = \sqrt{3^2 + 0^2} = \sqrt{9+0} = \sqrt{9} = 3$

$\operatorname{tg}(\theta) = \dfrac{0}{3} \Rightarrow \theta = \operatorname{arctg}(0) = 0°$

e) $r = \sqrt{0^2 + 2^2} = \sqrt{0+4} = \sqrt{4} = 2$

$tg(\theta) = \dfrac{2}{0} \not\exists \Rightarrow \theta = 90°$

f) $r = \sqrt{a^2 + b^2}$

$tg(\theta) = \dfrac{b}{a} \Rightarrow \theta = \arctan\left(\dfrac{b}{a}\right)$

15.20 Produto e potenciação

Recordemos, inicialmente, as fórmulas de adição e subtração de arcos trigonométricos:

$$\begin{cases} \text{sen}(a \pm b) = \text{sen}(a) \cdot \cos(b) \pm \text{sen}(b) \cdot \cos(a) \\ \cos(a \pm b) = \cos(a) \cdot \cos(b) \mp \text{sen}(a) \cdot \text{sen}(b) \end{cases}$$

A partir dessas fórmulas e da forma polar, as operações de multiplicação, divisão, potenciação e radiciação de números complexos são facilmente efetuadas.

Consideremos os números complexos $z_1 = r_1 \cdot [\cos(a) + i \cdot \text{sen}(a)]$ e $z_2 = r_2 \cdot [\cos(b) + i \cdot \text{sen}(b)]$.

Calculemos, desta forma, $z_1 \cdot z_2$.

$z_1 \cdot z_2 = \{ r_1 \cdot [\cos(a) + i \cdot \text{sen}(a)] \} \cdot \{ r_2 \cdot [\cos(b) + i \cdot \text{sen}(b)] \} =$

$= r_1 \cdot r_2 \cdot \{ [\cos(a) + i \cdot \text{sen}(a)] \cdot [\cos(b) + i \cdot \text{sen}(b)] \} =$

$= r_1 \cdot r_2 \cdot \{\cos(a) \cdot \cos(b) + i \cdot \cos(a) \cdot \text{sen}(b) + i \cdot \text{sen}(a) \cdot \cos(b) - \text{sen}(a)\text{sen}(b)\} =$

$= r_1 \cdot r_2 \cdot \{\cos(a) \cdot \cos(b) - \text{sen}(a)\text{sen}(b) + i \cdot [\cos(a) \cdot \text{sen}(b) + \text{sen}(a) \cdot \cos(b)]\} =$

$= \boxed{r_1 \cdot r_2 \cdot \{\cos(a+b) + i \cdot \text{sen}(a+b)\} = z_1 \cdot z_2}$

Observe que, se $z_1 = z_2 = z = r \cdot [\cos(\theta) + i \cdot \text{sen}(\theta)]$, esta forma anterior se torna $z \cdot z = z^2 = r^2 \cdot \{\cos(2\theta) + i \cdot \text{sen}(2\theta)\}$.

Podemos, a partir daí, determinar z^3, z^4 etc. Utilizando um processo chamado *Indução Matemática*, provamos que, se $z = r \cdot [\cos(\theta) + i \cdot \text{sen}(\theta)]$ então, $\forall n \in \mathbb{N}$, $\boxed{z^n = r^n \cdot \{\cos(n\theta) + i \cdot \text{sen}(n\theta)\}}$, onde $0 \leq n\theta < 2\pi$.

Essa fórmula é conhecida como *Fórmula de Moivre*.

Exemplos:

1) Sendo $z_1 = \sqrt{2} \cdot \left[\cos\left(\dfrac{\pi}{4}\right) + i \cdot \text{sen}\left(\dfrac{\pi}{4}\right)\right]$ e $z_1 = 3 \cdot \left[\cos\left(\dfrac{\pi}{12}\right) + i \cdot \text{sen}\left(\dfrac{\pi}{12}\right)\right]$,

determinaremos $z_1 \cdot z_2$.

Como sabemos, $z_1 \cdot z_2 = r_1 \cdot r_2 \cdot \{\cos(a+b) + i \cdot \text{sen}(a+b)\}$.

Assim,

$z_1 \cdot z_2 = \sqrt{2} \cdot 3 \cdot \left[\cos\left(\dfrac{\pi}{4} + \dfrac{\pi}{12}\right) + i \cdot \text{sen}\left(\dfrac{\pi}{4} + \dfrac{\pi}{12}\right)\right] =$

$= 3\sqrt{2} \cdot \left[\cos\left(\dfrac{\pi}{3}\right) + i \cdot \text{sen}\left(\dfrac{\pi}{3}\right)\right] = 3\sqrt{2} \left[\dfrac{1}{2} + i \dfrac{\sqrt{3}}{2}\right]$

2) Seja $z = 1 + i$. Vamos determinar z^{16}.

$z^n = r^n \cdot \{\cos(n\theta) + i \cdot \text{sen}(n\theta)\}$, onde:

$r = \sqrt{1^2 + 1^2} = \sqrt{2}$ e $\begin{cases} \text{sen}(\theta) = \dfrac{1}{\sqrt{2}} = \dfrac{\sqrt{2}}{2} \\ \cos(\theta) = \dfrac{1}{\sqrt{2}} = \dfrac{\sqrt{2}}{2} \end{cases} \Rightarrow \theta = \dfrac{\pi}{4}$.

$z^{16} = \left(\sqrt{2}\right)^{16} \cdot \left\{\cos\left(16 \cdot \dfrac{\pi}{4}\right) + i \cdot \text{sen}\left(16 \cdot \dfrac{\pi}{4}\right)\right\} = 2^8 \cdot \{\cos(4\pi) + i \cdot \text{sen}(4\pi)\} =$

$= 256 \cdot \{1 + i \cdot 0\} = 256$

15.21 Radiciação

A operação de radiciação é uma forma de potenciação onde os expoentes são números racionais não inteiros. Dessa forma, podemos utilizar a fórmula de Moivre para calcular também as raízes enésimas de um número complexo:

$z^{\frac{1}{n}} = r^{\frac{1}{n}} \cdot \left[\cos\left(\dfrac{\theta + 2k\pi}{n}\right) + i.\text{sen}\left(\dfrac{\theta + 2k\pi}{n}\right)\right]$, onde $0 \leq \dfrac{\theta + 2k\pi}{n} < 2\pi$ e $0 \leq k < n$

Exemplos:

1) Determine as raízes quadradas de $z = 4 + 4\sqrt{3}\mathrm{ii}$.

$\sqrt{z} = \sqrt{r} \cdot \left[\cos\left(\dfrac{\theta + 2k\pi}{2}\right) + i.\mathrm{sen}\left(\dfrac{\theta + 2k\pi}{2}\right)\right]$, onde $0 \leq \dfrac{\theta + 2k\pi}{2} = \dfrac{\theta}{2} + k\pi < 2\pi$

e $0 \leq k < 2$.

$r = \sqrt{4^2 + \left(4\sqrt{3}\right)^2} = \sqrt{16 + 48} = \sqrt{64} = 8$.

$\begin{cases} \mathrm{sen}(\theta) = \dfrac{4\sqrt{3}}{8} = \dfrac{\sqrt{3}}{2} \\ \cos(\theta) = \dfrac{4}{8} = \dfrac{1}{2} \end{cases} \Rightarrow \theta = \dfrac{\pi}{3}$.

$\sqrt{z} = \sqrt{8} \cdot \left[\cos\left(\dfrac{\frac{\pi}{3} + 2k\pi}{2}\right) + i.\mathrm{sen}\left(\dfrac{\frac{\pi}{3} + 2k\pi}{2}\right)\right] =$

$= 2\sqrt{2} \cdot \left[\cos\left(\dfrac{\pi}{6} + k\pi\right) + i.\mathrm{sen}\left(\dfrac{\pi}{6} + k\pi\right)\right]$

Como k pode tomar os valores 0 e 1, temos:
$k = 0 \Rightarrow$

$\Rightarrow \sqrt{z} = 2\sqrt{2} \cdot \left[\cos\left(\dfrac{\pi}{6}\right) + i.\mathrm{sen}\left(\dfrac{\pi}{6}\right)\right] = 2\sqrt{2} \cdot \left[\dfrac{\sqrt{3}}{2} + i.\dfrac{1}{2}\right] = \sqrt{6} + \sqrt{2}\,i$

$k = 1 \Rightarrow$

$\Rightarrow \sqrt{z} = 2\sqrt{2} \cdot \left[\cos\left(\dfrac{7\pi}{6}\right) + i.\mathrm{sen}\left(\dfrac{7\pi}{6}\right)\right] = 2\sqrt{2} \cdot \left[-\dfrac{\sqrt{3}}{2} - i.\dfrac{1}{2}\right] = -\sqrt{6} - \sqrt{2}\,i$

2) Seja $z = 1$. Determine $\sqrt[6]{z}$.

$\sqrt[6]{z} = \sqrt[6]{r} \cdot \left[\cos\left(\dfrac{\theta + 2k\pi}{6}\right) + i.\mathrm{sen}\left(\dfrac{\theta + 2k\pi}{6}\right)\right]$, onde $0 \leq \dfrac{\theta + 2k\pi}{6} < 2\pi$ e

$0 \leq k < 6$.

$z = 1 = 1 + 0i$.

Assim, temos:

$r = \sqrt{1^2 + 0^2} = 1$

$\begin{cases} \text{sen}(\theta) = \dfrac{0}{1} = 0 \\ \cos(\theta) = \dfrac{1}{1} = 1 \end{cases} \Rightarrow \theta = 0.$

$\sqrt[6]{z} = \sqrt[6]{1} \cdot \left[\cos\left(\dfrac{0 + 2k\pi}{6}\right) + i.\text{sen}\left(\dfrac{0 + 2k\pi}{6}\right)\right] =$

$= \cos\left(\dfrac{2k\pi}{6}\right) + i.\text{sen}\left(\dfrac{2k\pi}{6}\right), \ k = 0,1,2,3,4,5$

$k = 0 \Rightarrow$

$\Rightarrow \sqrt[6]{z} = \cos(0) + i.\text{sen}(0) = 1 + 0i = 1$

$k = 1 \Rightarrow$

$\Rightarrow \sqrt[6]{z} = \cos\left(\dfrac{2\pi}{6}\right) + i.\text{sen}\left(\dfrac{2\pi}{6}\right) = \cos\left(\dfrac{\pi}{3}\right) + i.\text{sen}\left(\dfrac{\pi}{3}\right) = \dfrac{1}{2} + \dfrac{\sqrt{3}}{2}i$

$k = 2 \Rightarrow$

$\Rightarrow \sqrt[6]{z} = \cos\left(\dfrac{4\pi}{6}\right) + i.\text{sen}\left(\dfrac{4\pi}{6}\right) = \cos\left(\dfrac{2\pi}{3}\right) + i.\text{sen}\left(\dfrac{2\pi}{3}\right) = -\dfrac{1}{2} + \dfrac{\sqrt{3}}{2}i$

$k = 3 \Rightarrow$

$\Rightarrow \sqrt[6]{z} = \cos\left(\dfrac{6\pi}{6}\right) + i.\text{sen}\left(\dfrac{6\pi}{6}\right) = \cos(\pi) \cdot i.\text{sen}(\pi) = -1 + 0i = -1$

$k = 4 \Rightarrow$

$\Rightarrow \sqrt[6]{z} = \cos\left(\dfrac{8\pi}{6}\right) + i.\text{sen}\left(\dfrac{8\pi}{6}\right) = \cos\left(\dfrac{4\pi}{3}\right) + i.\text{sen}\left(\dfrac{4\pi}{3}\right) = -\dfrac{1}{2} + \dfrac{\sqrt{3}}{2}i$

$k = 5 \Rightarrow$

$\Rightarrow \sqrt[6]{z} = \cos\left(\dfrac{10\pi}{6}\right) + i.\text{sen}\left(\dfrac{10\pi}{6}\right) = \cos\left(\dfrac{5\pi}{3}\right) + i.\text{sen}\left(\dfrac{5\pi}{3}\right) = \dfrac{1}{2} - \dfrac{\sqrt{3}}{2}i$

15.22 Equações binômias e trinômias

Definição: Chama-se *equação binômia* toda equação redutível à forma $\boxed{ax^n + b = 0}$, onde $a,b \in \mathbb{C}$, $a \neq 0$ e $n \in \mathbb{N}$.

Definição: Chama-se *equação trinômia* toda equação redutível à forma $\boxed{ax^{2n} + bx^n + c = 0}$, onde $a,b,c \in \mathbb{C}$, $a,b \neq 0$ e $n \in \mathbb{N}$.

A partir das definições, vamos resolver algumas equações complexas.

15.23 Exercícios resolvidos

Resolva as seguintes equações:

1) $x^6 + 8 = 0$

Solução:

$x^6 + 8 = 0 \Leftrightarrow x^6 = -8 \Leftrightarrow x = \sqrt[6]{-8}$.

Caímos, então, na resolução do item anterior, onde $z = -8$ e queremos determinar sua raiz sexta.

Temos, então:

$\sqrt[6]{z} = \sqrt[6]{r} \cdot \left[\cos\left(\dfrac{\theta + 2k\pi}{6}\right) + i.\text{sen}\left(\dfrac{\theta + 2k\pi}{6}\right)\right]$, onde $0 \leq \dfrac{\theta + 2k\pi}{6} < 2\pi$ e $0 \leq k < 6$.

$z = -8 = -8 + 0i$.

Assim, temos:

$r = \sqrt{(-8)^2 + 0^2} = 8$

$\begin{cases} \text{sen}(\theta) = \dfrac{0}{8} = 0 \\ \cos(\theta) = \dfrac{-8}{8} = -1 \end{cases} \Rightarrow \theta = \pi$.

$\sqrt[6]{z} = \sqrt[6]{8} \cdot \left[\cos\left(\dfrac{\pi + 2k\pi}{6}\right) + i.\text{sen}\left(\dfrac{\pi + 2k\pi}{6}\right)\right] =$

$= \sqrt{2} \cdot \left[\cos\left(\dfrac{(2k+1)\pi}{6}\right) + i.\text{sen}\left(\dfrac{(2k+1)\pi}{6}\right)\right]$, $k = 0,1,2,3,4,5$

$k = 0 \Rightarrow$

$\Rightarrow \sqrt[6]{z} = \sqrt{2} \cdot \left[\cos\left(\dfrac{\pi}{6}\right) + i.\text{sen}\left(\dfrac{\pi}{6}\right)\right] = \sqrt{2} \cdot \left[\dfrac{\sqrt{3}}{2} + \dfrac{1}{2}i\right] = \dfrac{\sqrt{6}}{2} + \dfrac{\sqrt{2}}{2}i$

15 Números complexos

$k = 1 \Rightarrow$

$$\Rightarrow \sqrt[6]{z} = \sqrt{2} \cdot \left[\cos\left(\frac{3\pi}{6}\right) + i.\operatorname{sen}\left(\frac{3\pi}{6}\right)\right] = \sqrt{2} \cdot [0 + i] = \sqrt{2}\,i$$

$k = 2 \Rightarrow$

$$\Rightarrow \sqrt[6]{z} = \sqrt{2} \cdot \left[\cos\left(\frac{5\pi}{6}\right) + i.\operatorname{sen}\left(\frac{5\pi}{6}\right)\right] = \sqrt{2} \cdot \left[-\frac{\sqrt{3}}{2} + \frac{1}{2}i\right] = -\frac{\sqrt{6}}{2} + \frac{\sqrt{2}}{2}i$$

$k = 3 \Rightarrow$

$$\Rightarrow \sqrt[6]{z} = \sqrt{2} \cdot \left[\cos\left(\frac{7\pi}{6}\right) + i.\operatorname{sen}\left(\frac{7\pi}{6}\right)\right] = \sqrt{2} \cdot \left[-\frac{\sqrt{3}}{2} - \frac{1}{2}i\right] = -\frac{\sqrt{6}}{2} - \frac{\sqrt{2}}{2}i$$

$k = 4 \Rightarrow$

$$\Rightarrow \sqrt[6]{z} = \sqrt{2} \cdot \left[\cos\left(\frac{9\pi}{6}\right) + i.\operatorname{sen}\left(\frac{9\pi}{6}\right)\right] = \sqrt{2} \cdot [0 - i] = -\sqrt{2}\,i$$

$k = 5 \Rightarrow$

$$\Rightarrow \sqrt[6]{z} = \sqrt{2} \cdot \left[\cos\left(\frac{11\pi}{6}\right) + i.\operatorname{sen}\left(\frac{11\pi}{6}\right)\right] = \sqrt{2} \cdot \left[\frac{\sqrt{3}}{2} - \frac{1}{2}i\right] = \frac{\sqrt{6}}{2} - \frac{\sqrt{2}}{2}i$$

Daí, o conjunto solução da equação é:

$$S = \left\{\frac{\sqrt{6}}{2} + \frac{\sqrt{2}}{2}i\,;\,\sqrt{2}\,i\,;\,-\frac{\sqrt{6}}{2} + \frac{\sqrt{2}}{2}i\,;\,-\frac{\sqrt{6}}{2} - \frac{\sqrt{2}}{2}i\,;\,-\sqrt{2}\,i\,;\,\frac{\sqrt{6}}{2} - \frac{\sqrt{2}}{2}i\right\}.$$

2) $x^3 + i = 0$

Solução:

$x^3 + i = 0 \Leftrightarrow x^3 = -i \Leftrightarrow x = \sqrt[3]{-i}$.

Caímos, então, na resolução do item anterior, onde $z = -i$ e queremos determinar sua raiz cúbica.
Temos, então:

$$\sqrt[3]{z} = \sqrt[3]{r} \cdot \left[\cos\left(\frac{\theta + 2k\pi}{3}\right) + i.\operatorname{sen}\left(\frac{\theta + 2k\pi}{3}\right)\right], \text{ onde } 0 \leq \frac{\theta + 2k\pi}{3} < 2\pi \text{ e } 0 \leq k < 3.$$

$z = -i$.

Assim, temos:

$r = \sqrt{0^2 + (-1)^2} = 1$

$$\begin{cases} \operatorname{sen}(\theta) = \dfrac{-1}{1} = -1 \\ \cos(\theta) = \dfrac{0}{1} = 0 \end{cases} \Rightarrow \theta = \dfrac{3\pi}{2}.$$

$$\sqrt[3]{z} = \sqrt[3]{1} \cdot \left[\cos\left(\dfrac{\dfrac{3\pi}{2} + 2k\pi}{3} \right) + i.\operatorname{sen}\left(\dfrac{\dfrac{3\pi}{2} + 2k\pi}{3} \right) \right] =$$

$$= \cos\left(\dfrac{(4k+3)\pi}{6} \right) + i.\operatorname{sen}\left(\dfrac{(4k+3)\pi}{6} \right),\ k = 0,1,2$$

$k = 0 \Rightarrow$

$$\Rightarrow \sqrt[3]{z} = \cos\left(\dfrac{3\pi}{6}\right) + i.\operatorname{sen}\left(\dfrac{3\pi}{6}\right) = 0 + i = i$$

$k = 1 \Rightarrow$

$$\Rightarrow \sqrt[3]{z} = \cos\left(\dfrac{7\pi}{6}\right) + i.\operatorname{sen}\left(\dfrac{7\pi}{6}\right) = -\dfrac{\sqrt{3}}{2} - \dfrac{1}{2}i$$

$k = 2 \Rightarrow$

$$\Rightarrow \sqrt[3]{z} = \cos\left(\dfrac{11\pi}{6}\right) + i.\operatorname{sen}\left(\dfrac{11\pi}{6}\right) = \dfrac{\sqrt{3}}{2} - \dfrac{1}{2}i$$

Daí, o conjunto solução da equação é:

$$S = \left\{ i\ ;\ -\dfrac{\sqrt{3}}{2} - \dfrac{1}{2}i\ ;\ \dfrac{\sqrt{3}}{2} - \dfrac{1}{2}i \right\}.$$

3) $x^8 - 17x^4 + 16 = 0$

Solução:

Seja $y = x^4$.

A equação $x^8 - 17x^4 + 16 = 0$ se torna $y^2 - 17y + 16 = 0$.

Daí, $y = \dfrac{17 \pm \sqrt{17^2 - 4 \times 16}}{2} = \dfrac{17 \pm \sqrt{225}}{2} = \dfrac{17 \pm 15}{2} \Rightarrow \begin{cases} y_1 = 16 \\ y_2 = 1 \end{cases}$

Concluímos, daí, que:

$$\begin{cases} x_1 = \sqrt[4]{y_1} = \sqrt[4]{16} & \text{(a)} \\ x_2 = \sqrt[4]{y_2} = \sqrt[4]{1} & \text{(b)} \end{cases}$$

a) $\sqrt[4]{y_1} = \sqrt[4]{r} \cdot \left[\cos\left(\dfrac{\theta + 2k\pi}{4}\right) + i.\text{sen}\left(\dfrac{\theta + 2k\pi}{4}\right)\right]$, onde $0 \le \dfrac{\theta + 2k\pi}{4} < 2\pi$ e $0 \le k < 4$.

$y_1 = 16$.

$r = \sqrt{16^2 + 0^2} = 16$

$\begin{cases} \text{sen}(\theta) = \dfrac{0}{16} = 0 \\ \cos(\theta) = \dfrac{16}{16} = 1 \end{cases} \Rightarrow \theta = 0$.

$\sqrt[4]{y_1} = \sqrt[4]{16} \cdot \left[\cos\left(\dfrac{0 + 2k\pi}{4}\right) + i.\text{sen}\left(\dfrac{0 + 2k\pi}{4}\right)\right] =$

$= 2 \cdot \left[\cos\left(\dfrac{k\pi}{2}\right) + i.\text{sen}\left(\dfrac{k\pi}{2}\right)\right]$, $k = 0,1,2,3$

$k = 0 \Rightarrow$
$\Rightarrow \sqrt[4]{y_1} = 2 \cdot [\cos(0) + i.\text{sen}(0)] = 2 \cdot [1 + 0i] = 2$

$k = 1 \Rightarrow$
$\Rightarrow \sqrt[4]{y_1} = 2 \cdot \left[\cos\left(\dfrac{\pi}{2}\right) + i.\text{sen}\left(\dfrac{\pi}{2}\right)\right] = 2 \cdot [0 + 1i] = 2i$

$k = 2 \Rightarrow$
$\Rightarrow \sqrt[4]{y_1} = 2 \cdot [\cos(\pi) + i.\text{sen}(\pi)] = 2 \cdot [-1 + 0i] = -2$

$k = 3 \Rightarrow$
$\Rightarrow \sqrt[4]{y_1} = 2 \cdot \left[\cos\left(\dfrac{3\pi}{2}\right) + i.\text{sen}\left(\dfrac{3\pi}{2}\right)\right] = 2 \cdot [0 - 1i] = -2i$

$y_2 = 1$.

$r = \sqrt{1^2 + 0^2} = 1$

$\begin{cases} \text{sen}(\theta) = \dfrac{0}{1} = 0 \\ \cos(\theta) = \dfrac{1}{1} = 1 \end{cases} \Rightarrow \theta = 0$.

$$\sqrt[4]{y_2} = \sqrt[4]{1} \cdot \left[\cos\left(\frac{0+2k\pi}{4}\right) + i.\text{sen}\left(\frac{0+2k\pi}{4}\right) \right] =$$

$$= \cos\left(\frac{k\pi}{2}\right) + i.\text{sen}\left(\frac{k\pi}{2}\right), \ k = 0,1,2,3$$

$k = 0 \Rightarrow$
$$\Rightarrow \sqrt[4]{y_2} = \cos(0) + i.\text{sen}(0) = 1 + 0i = 1$$

$k = 1 \Rightarrow$
$$\Rightarrow \sqrt[4]{y_2} = \cos\left(\frac{\pi}{2}\right) + i.\text{sen}\left(\frac{\pi}{2}\right) = 0 + 1i = i$$

$k = 2 \Rightarrow$
$$\Rightarrow \sqrt[4]{y_2} = \cos(\pi) + i.\text{sen}(\pi) = -1 + 0i = -1$$

$k = 3 \Rightarrow$
$$\Rightarrow \sqrt[4]{y_2} = \cos\left(\frac{3\pi}{2}\right) + i.\text{sen}\left(\frac{3\pi}{2}\right) = 0 - 1i = -i$$

Logo, o conjunto solução da equação é:
$S = \{\ 2\ ;\ 2i\ ;\ -2\ ;\ -2i\ ;\ 1\ ;\ i\ ;\ -1\ ;\ -i\ \}$.

15.24 Exercícios propostos

1) Determine as partes real e imaginária dos seguintes números complexos:

a) $5 + 4i$

b) $-1 + 6i$

c) $-\dfrac{4}{7} + \dfrac{3}{8}i$

d) $\dfrac{6}{7}i$

e) $-\dfrac{9}{13} - \dfrac{4}{19}i$

2) Dado o número complexo $z = (x^2 - 9) + (x^2 + 2x + 1)i$, onde $x \in \Re$, determine os possíveis valores para x, tal que:

a) z é real.

b) z é imaginário puro.

3) Determine o resultado das operações:

a) $(-4 - 8i) + (-3 + 7i)$

b) $\left(\dfrac{2}{5} - 4i\right) + \left(-\dfrac{1}{2} - 4i\right)$

c) $(-8+3i)-(-4-5i)$

d) $\left(\dfrac{1}{4}-3i\right)-\left(8+\dfrac{1}{4}i\right)$

e) $\left(-\dfrac{1}{3}-\dfrac{1}{5}i\right)-\left(\dfrac{1}{6}-2i\right)$

f) $(-7+i)\cdot(-3+i)$

g) $(-3+4i)\cdot(-1-2i)$

h) $\left(\dfrac{1}{7}+i\right)\cdot\left(-\dfrac{1}{3}-\dfrac{1}{5}i\right)$

4) Determine o número complexo conjugado:

a) $z=-9+6i$

b) $z=-\dfrac{2}{7}-7i$

c) $z=\dfrac{1}{6}-\dfrac{4}{5}i$

d) $z=-6+2i$

e) $z=-\dfrac{1}{7}i$

f) $z=-10$

5) Se z é um número complexo e $\bar{z}$ o seu conjugado, qual o resultado da operação $z\cdot\bar{z}$?

6) Se $z=(3+2i)\cdot(2+i)\cdot(1+i)\cdot i$, determine $\bar{z}$.

7) Determine o complexo $w=z+zi$ tal que $z=-3+3i$.

8) Determine o número complexo z que satisfaz a equação:

$$z-3\bar{z}+i\cdot z+4+5i=0$$

9) Calcule:

a) i^{26}

b) i^{37}

c) i^{51}

d) $\sqrt{-144}$

e) $\sqrt{-3}\cdot\sqrt{-7}$

f) $\dfrac{3-4i}{5-i}$

g) $\dfrac{-1+i}{-2+4i}$

10) Determine $f(1+i)$, sabendo que $f(z)=z^2-3z+2$.

11) Determine o conjugado do complexo:

a) $z=\dfrac{4+3i}{2-4i}$

b) $z=10\cdot\dfrac{(2+2i)^2}{2-i^{111}}$

Pré-cálculo

12) Determine os possíveis valores de $a \in \Re$, tais que $\dfrac{a+i}{1+ai}$ também seja real.

13) Determine os possíveis valores de $a \in \Re$, tais que $\dfrac{2+ai}{1-i}$ seja um imaginário puro.

14) Determine o módulo dos seguintes números complexos:

a) $z = 3 + 7i$

b) $z = 4 - \dfrac{1}{3}i$

c) $z = \dfrac{2}{3} - \dfrac{1}{2}i$

d) $z = -1 + i$

e) $z = -3 - 4i$

15) Determine o módulo do complexo z, sabendo que $z \cdot \bar{z} = 121$.

16) Se o módulo de um número complexo é igual a $\sqrt{13}$ e seu argumento vale $\dfrac{7\pi}{4}$, determine sua expressão algébrica.

17) Determine o inverso dos seguintes números complexos:

a) $z = 1 + i$

b) $z = -2 + \dfrac{1}{3}i$

c) $z = 3 - 5i$

d) $z = \dfrac{1}{2} - 3i$

e) $z = 1 + 3i$

18) Represente os seguintes pontos no plano de Argand-Gauss:

a) $P_1 = 2 + 3i$

b) $P_2 = 4 - i$

c) $P_3 = -3 - 4i$

d) $P_4 = -1 + 2i$

e) $P_5 = -2i$

19) Na figura a seguir, os pontos P, Q, R e S são os afixos dos complexos z_1, z_2, z_3 e z_4, respectivamente, no plano Argand-Gauss. Determine suas formas trigonométricas.

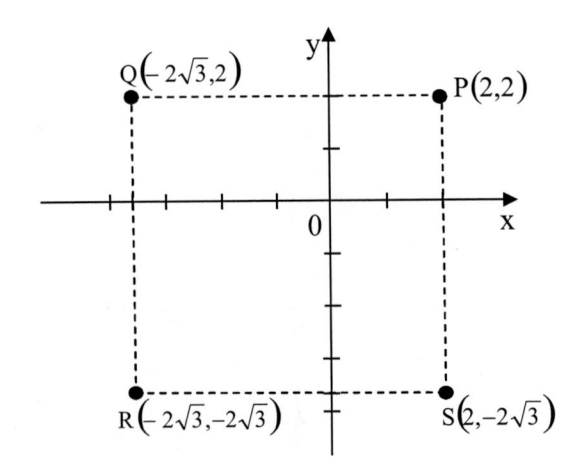

20) Determine os produtos $z_1 \cdot z_2 \cdot z_3$, dados:

a) $\begin{cases} z_1 = 3 \cdot [\cos(14°) + i \cdot \text{sen}(14°)] \\ z_2 = 4 \cdot [\cos(31°) + i \cdot \text{sen}(31°)] \\ z_3 = 6 \cdot [\cos(43°) + i \cdot \text{sen}(43°)] \end{cases}$

b) $\begin{cases} z_1 = 16 \cdot [\cos(160°) + i \cdot \text{sen}(160°)] \\ z_2 = 5 \cdot [\cos(325°) + i \cdot \text{sen}(325°)] \\ z_3 = \cos(308°) + i \cdot \text{sen}(308°) \end{cases}$

21) Dado o número complexo $z = 1 + i$, utilize a *Fórmula de Moivre* para determinar z^2, z^3 e z^4.

22) Determine o módulo e o argumento do número complexo z^4, sendo:

a) $z = 3 \cdot [\cos(125°) + i \cdot \text{sen}(125°)]$

b) $z = 2 \cdot [\cos(300°) + i \cdot \text{sen}(300°)]$

23) Representar os números complexos na forma polar (ou trigonométrica):

a) $z = 1 + \sqrt{3}\, i$

b) $z = -1 + i$

c) $z = 5$

d) $z = -2 - 2i$

24) Determinar a forma algébrica do número complexo z representado na figura abaixo:

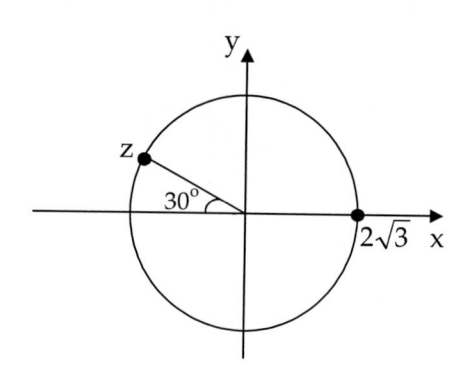

25) Determine as potências pedidas e reescreva a resposta na forma algébrica:

a) $\left(1-\sqrt{3}\,i\right)^8$

b) $\left(\sqrt{3}+i\right)^6$

c) $(-1+i)^6$

d) $\left(\sqrt{2}+\sqrt{2}\,i\right)^8$

e) $\left(-\dfrac{5\sqrt{3}}{2}+\dfrac{5}{2}i\right)^{-12}$

f) $\left(-\dfrac{1}{2}+\dfrac{\sqrt{3}}{2}i\right)^{100}$

26) Determine o módulo e a parte real do número complexo $\left(\dfrac{\sqrt{2}}{2}+\dfrac{\sqrt{2}}{2}i\right)^{109}$

27) Dado o número complexo $z = \cos\left(\dfrac{\pi}{4}\right)+i\cdot\operatorname{sen}\left(\dfrac{\pi}{4}\right)$, determine o complexo w, tal que $w = z+z^2+z^3+z^4+z^5+z^6$.

28) Escreva as expressões a seguir na forma algébrica:

a) $(4-i)+i-(6+3i)\cdot i$

b) $\dfrac{(2-i)^2}{(3+i)^2}$

c) $\overline{(4-i)}\cdot\overline{(1-4i)}$

d) $\dfrac{3-i}{4+5i}$

29) Resolva, no conjunto $\mathbb{C}$, as seguintes equações:

a) $z^2 = 2i$

b) $z^2-2z = -1+i$

c) $\dfrac{1}{z+3} = \dfrac{1}{z} + \dfrac{1}{3}$

d) $\dfrac{z^2}{6} = \dfrac{z}{2} - \dfrac{2}{3}$

30) Sabendo-se que a forma exponencial de $\cos(\theta) + i \cdot \text{sen}(\theta)$ é $e^{i\theta}$, isto é, $e^{i\theta} = \cos(\theta) + i \cdot \text{sen}(\theta)$, determine a forma exponencial dos seguintes complexos:

a) $z = 2\sqrt{15} \cdot \left[\cos\left(\dfrac{4\pi}{5}\right) + i \cdot \text{sen}\left(\dfrac{4\pi}{5}\right)\right]$

b) $z = 1 + \sqrt{3}\, i$

c) $z = \dfrac{1}{2} - \dfrac{\sqrt{3}}{2} i$

31) Dados os complexos na forma exponencial, reescreva-os na sua forma algébrica:

a) $z = 10 \cdot e^{\frac{2\pi}{3} i}$

b) $z = -\sqrt{2} \cdot e^{\frac{5\pi}{4} i}$

c) $z = \sqrt{5} \cdot e^{\frac{3\pi}{2} i}$

d) $z = 4\sqrt{3} \cdot e^{-\frac{\pi}{6} i}$

15.25 Respostas dos exercícios propostos

1) a) 5 e 4
   b) −1 e 6
   c) $-\dfrac{4}{7}$ e $\dfrac{3}{8}$
   d) 0 e $\dfrac{6}{7}$
   e) $-\dfrac{9}{13}$ e $-\dfrac{4}{19}$

2) a) $x = -1$
   b) $x = \pm 3$

3) a) $-7 - i$
   b) $-\dfrac{1}{10} - 8i$
   c) $-4 + 8i$
   d) $-\dfrac{31}{4} - \dfrac{13}{4} i$
   e) $-\dfrac{1}{2} + \dfrac{9}{5} i$

f) $20 - 10i$

g) $11 + 2i$

h) $\dfrac{16}{105} - \dfrac{38}{105}i$

4) a) $-9 - 6i$

b) $-\dfrac{2}{7} + 7i$

c) $\dfrac{1}{6} + \dfrac{4}{5}i$

d) $-6 - 2i$

e) $\dfrac{1}{7}i$

f) -10

5) $|z|^2$

6) $\bar{z} = -11 + 3i$

7) -6

8) $3 - 2i$

9) a) -1

b) i

c) $-i$

d) $12i$

e) $-\sqrt{21}$

f) $\dfrac{19}{26} - \dfrac{17}{26}i$

g) $\dfrac{3}{10} + \dfrac{1}{10}i$

10) $-1 - i$

11) a) $-\dfrac{1}{5} - \dfrac{11}{10}i$

b) $16 - 32i$

12) ± 1

13) 2

14) a) $\sqrt{58}$

b) $\dfrac{\sqrt{145}}{3}$

c) $\dfrac{5}{6}$

d) $\sqrt{2}$

e) 5

15) 11

16) $\dfrac{\sqrt{26}}{2}(1 - i)$

17) a) $\dfrac{1}{2} - \dfrac{1}{2}i$

b) $-\dfrac{18}{37} - \dfrac{3}{37}i$

c) $\dfrac{3}{34} + \dfrac{5}{34}i$

d) $\dfrac{2}{37} + \dfrac{12}{37}i$

e) $\dfrac{1}{10} - \dfrac{3}{10}i$

18)

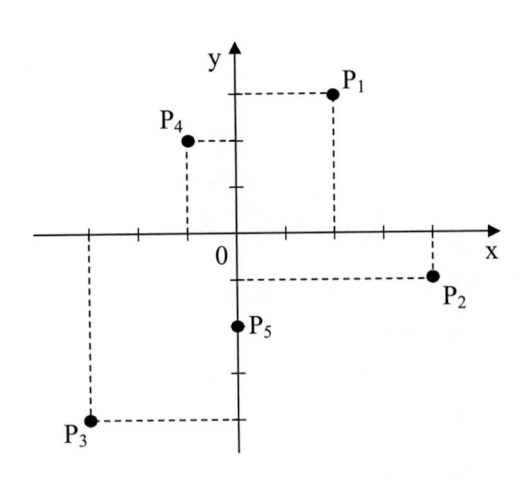

19) $z_1 = 2\sqrt{2} \cdot \left[\cos\left(\dfrac{\pi}{4}\right) + i \cdot \text{sen}\left(\dfrac{\pi}{4}\right)\right]$, $z_2 = 4 \cdot \left[\cos\left(\dfrac{5\pi}{6}\right) + i \cdot \text{sen}\left(\dfrac{5\pi}{6}\right)\right]$,

$z_3 = 2\sqrt{6} \cdot \left[\cos\left(\dfrac{5\pi}{4}\right) + i \cdot \text{sen}\left(\dfrac{5\pi}{4}\right)\right]$, $z_4 = 4 \cdot \left[\cos\left(\dfrac{5\pi}{3}\right) + i \cdot \text{sen}\left(\dfrac{5\pi}{3}\right)\right]$

20) a) $72 \cdot \left[\cos(88°) + i \cdot \text{sen}(88°)\right]$ b) $80 \cdot \left[\cos(73°) + i \cdot \text{sen}(73°)\right]$

21) $2i$, $-2 + 2i$, -4

22) a) 81 e 140° b) 16 e 120°

23) a) $2 \cdot \left[\cos\left(\dfrac{\pi}{3}\right) + i \cdot \text{sen}\left(\dfrac{\pi}{3}\right)\right]$ b) $\sqrt{2} \cdot \left[\cos\left(\dfrac{3\pi}{4}\right) + i \cdot \text{sen}\left(\dfrac{3\pi}{4}\right)\right]$

c) $5 \cdot \left[\cos(0) + i \cdot \text{sen}(0)\right]$ d) $2\sqrt{2} \cdot \left[\cos\left(\dfrac{5\pi}{4}\right) + i \cdot \text{sen}\left(\dfrac{5\pi}{4}\right)\right]$

24) $-3 + \sqrt{3}\,i$

25) a) $-128 - 128\sqrt{3}\,i$ b) -64

c) $8i$

d) 256

e) 5^{-12}

f) $-\dfrac{1}{2}+\dfrac{\sqrt{3}}{2}i$

26) $1; -\dfrac{\sqrt{2}}{2}$

27) $\left(-1-\dfrac{\sqrt{2}}{2}\right)+\dfrac{\sqrt{2}}{2}i$

28) a) $7-6i$

b) $-\dfrac{i}{2}$

c) $17i$

d) $\dfrac{7}{41}-\dfrac{19}{41}i$

29) a) $\{1+i\,;\,-1-i\}$

b) $\left\{\dfrac{2+\sqrt{2}+\sqrt{2}\,i}{2}\,;\,\dfrac{2-\sqrt{2}-\sqrt{2}\,i}{2}\right\}$

c) $\left\{\dfrac{-3+3\sqrt{3}\,i}{2}\,;\,\dfrac{-3-3\sqrt{3}\,i}{2}\right\}$

d) $\left\{\dfrac{3+\sqrt{7}\,i}{2}\,;\,\dfrac{3-\sqrt{7}\,i}{2}\right\}$

30) a) $z=2\sqrt{15}\cdot e^{\frac{4\pi}{5}i}$

b) $z=2\cdot e^{\frac{\pi}{3}i}$

c) $z=e^{\frac{5\pi}{3}i}$

31) a) $z=-5+5\sqrt{3}\,i$

b) $z=1+i$

c) $z=-\sqrt{5}\,i$

d) $z=6-2\sqrt{3}\,i$

capítulo 16
Progressão aritmética e progressão geométrica

Este capítulo possibilita ao aluno o entendimento sobre progressões aritméticas e progressões geométricas.

16.1 Sequências numéricas

Uma sequência numérica é uma sucessão de termos, numéricos ou não, que são relacionados entre si segundo uma determinada regra. Representamos uma sequência por $(a_1, a_2, ..., a_n, ...)$ onde a_1 é o primeiro termo, a_2 é o segundo termo, ..., a_n é o enésimo termo e assim por diante.

Uma sequência pode ser finita $(a_1, a_2, a_3, ..., a_n)$, quando possui um número finito de termos e infinita $(a_1, a_2, a_3, ..., a_n, ...)$, quando possui um número infinito de termos.

Exemplo:

$(3,5,7,9)$ é uma sequência numérica finita cuja relação entre os termos, a partir do segundo, é o anterior somado a dois.

$$a_1 = 3, a_2 = 3 + 2 = 5, a_3 = 5 + 2 = 7 \text{ e } a_4 = 7 + 2 = 9$$

O termo geral dessa sequência (a_n) é dado por $a_n = a_{n-1} + 2$.

16.2 Exercícios resolvidos

1) Determine a sequência numérica infinita cujo primeiro elemento é 3, o segundo elemento é 6 e o terceiro elemento é 9.

Solução:

Para determinarmos a sequência basta observar a regra entre o segundo e o primeiro termo. Como o segundo termo é 6 e o primeiro termo é 3, podemos afirmar que a regra (r) é dada por r = 6 − 3 = 3. Logo, $a_1 = 3$, $a_2 = 3 + 3 = 6$, $a_3 = 6 + 3 = 9$, $a_4 = 9 + 3 = 12$, $a_5 = 12 + 3 = 15$, ...

Usando essa regra, temos os termos da sequência numérica: (3,6,9, 12,15, ...)

2) Determine a sequência, numérica finita de cinco termos cujo primeiro termo é 10, o segundo termo é 20 e o terceiro termo é 30.

Solução:

Para determinarmos a sequência, basta observar a regra entre o segundo termo (20) e o primeiro termo (10) e verificar se a mesma regra ocorre entre o terceiro termo (30) e o segundo termo (20). Podemos afirmar que a regra (r) é dada por r = 20 − 10 = 10. Logo, $a_1 = 10$, $a_2 = 10 + 10 = 20$, $a_3 = 20 + 10 = 30$, $a_4 = 30 + 10 = 40$, $a_5 = 40 + 10 = 50$.

Usando essa regra, temos a sequência numérica: (10,20,30,40,50)

3) Dada a sequência numérica (220,110,55,...), determine o termo geral da sequência.

Solução:

A regra entre $a_2 = 110$ e $a_1 = 220$ é $r = \dfrac{220}{2} = 110$ e a regra entre $a_3 = 55$ e $a_2 = 110$ é $r = \dfrac{110}{2} = 55$. Logo, o termo geral da sequência é $a_n = \dfrac{a_{n-1}}{2}$.

4) Dada a sequência numérica (8,16,32,64,...), determine o termo geral da sequência.

Solução:

A regra entre $a_2 = 16$ e $a_1 = 8$ é r = 8 · 2 = 16, a regra entre $a_3 = 32$ e $a_2 = 16$ é r = 16 · 2 = 32 e a regra entre $a_4 = 64$ e $a_3 = 32$ é r = 32 · 2 = 64. Logo, o termo geral da sequência é $a_n = 2a_{n-1}$.

5) Dada a sequência numérica (x−1,2x−2,4x−4, 8x−8, ...), determine o termo geral da sequência.

Solução:

A regra entre $a_2 = 2x - 2$ e $a_1 = x - 1$ é $r = 2(x - 1) = 2x - 2$, a regra entre $a_3 = 4x - 4$ e $a_2 = 2x - 2$ é $r = 2(2x - 2) = 4x - 4$ e a regra entre $a_4 = 8x - 8$ e $a_3 = 4x - 4$ é $r = 2(4x - 4) = 8x - 8$. Logo, o termo geral da sequência é $a_n = 2a_{n-1}$.

16.3 Progressão aritmética

Progressão aritmética (PA) é um tipo de sequência numérica que, a partir do segundo termo, cada termo é a soma do seu antecessor por uma constante r, chamada razão da PA.

Se a sequência $(a_1, a_2, ..., a_n, ...)$ é uma PA, então $a_2 - a_1 = a_3 - a_2 = ... = a_n - a_{n-1} = r$. Ou seja, $a_n = a_{n-1} + r$ para $n \geq 2$ e $n \in \mathbb{N}$.

Exemplo:

$(5,9,13,17,21,...)$ é uma progressão aritmética, pois $a_2 - a_1 = 9 - 5 = 4$, $a_3 - a_2 = 13 - 9 = 4$, $a_4 - a_3 = 17 - 13 = 4$, $a_5 - a_4 = 21 - 17 = 4$, com razão 4 cujo termo geral é $a_n = a_{n-1} + 4$.

16.4 Exercícios resolvidos

Determine a razão das seguintes progressões aritméticas:
1) $(6,11,16,21,...)$

Solução:

$r = 11 - 6 = 16 - 11 = 21 - 16 = 5$
2) $(7,6,5,4,...)$

Solução:

$r = 6 - 7 = 5 - 6 = 4 - 5 = -1$
3) $(0,-3,-6,-9,...)$

Solução:

$r = (-3) - 0 = (-6) - (-3) = (-9) - (-6) = -3$

16.5 Tipos de progressões aritméticas

- A PA cuja razão é positiva (r>0) é denominada de progressão aritmética crescente.

Exemplo:

Dada a PA (5,11,17,23,29,...), temos: $a_1 = 5$ e $a_2 = 11$. Logo, $r = a_2 - a_1 = 11 - 5 = 6 > 0$. Como r>0, a PA é crescente.

- A PA cuja razão é negativa (r<0) é denominada de progressão aritmética decrescente.

Exemplo:

Dada a PA (7,5,3,1,-1,...), temos: $a_1 = 7$ e $a_2 = 5$. Logo, $r = a_2 - a_1 = 5 - 7 = -2 < 0$. Como r<0, a PA é decrescente.

- A PA cuja razão é nula (r=0) é denominada de progressão aritmética constante.

Exemplo:

Dada a PA (3,3,3,3,3,...), temos: $a_1=3$ e $a_2=3$. Logo, $r = a_2 - a_1 = 3 - 3 = 0$. Como r=0, a PA é constante.

16.6 Exercícios resolvidos

Determine se as seguintes progressões aritméticas são crescentes, decrescentes ou constantes:

1) (−1,−1,−1,−1,....)

Solução:

$r = a_2 - a_1 = (-1) - (-1) = 0$

A razão é nula, portanto, a progressão aritmética é constante.

2) (4,0,−4,−8,−12,...)

Solução:

$r = a_2 - a_1 = 0 - 4 = -4$

A razão é negativa, portanto, a progressão aritmética é decrescente.

3) $(9,12,15,18,...)$

Solução:

$r = a_2 - a_1 = 12 - 9 = 3$

A razão é positiva, portanto, a progressão aritmética é crescente.

16.7 Termo geral de uma progressão aritmética

Considere a progressão aritmética $(a_1, a_2,...a_n, ...)$ de razão r. Usando a definição de progressão aritmética podemos escrever:

$a_2 - a_1 = r \Rightarrow a_2 = a_1 + r$

$a_3 - a_2 = r \Rightarrow a_3 = a_2 + r \Rightarrow a_3 = (a_1 + r) + r \Rightarrow a_3 = a_1 + 2r$

$a_4 - a_3 = r \Rightarrow a_4 = a_3 + r \Rightarrow a_4 = (a_1 + 2r) + r \Rightarrow a_4 = a_1 + 3r$

......

$a_n - a_{n-1} = r \Rightarrow a_n = a_{n-1} + r \Rightarrow a_n = a_1 + (n-1)r$

O termo $a_n = a_1 + (n-1)r$ é chamado termo geral da PA.

Exemplo 1:

Determine o décimo termo da PA sabendo que $a_1 = 7$ e $r = 2$.
Sabemos que $a_n = a_1 + (n-1)r$ e que para o décimo termo $n = 10$. Logo, $a_{10} = 7 + 9 \cdot 2 \Rightarrow a_{10} = 25$. Portanto, o décimo termo dessa PA é 25.

Exemplo 2:

Determine quantos termos tem a PA finita $(15, 9,...,-81)$.
Sabemos que $a_1 = 15$, $a_2 = 9$ e $r = a_2 - a_1 = 9 - 15 = -6$.
Pelo termo geral da PA, temos:
$a_n = a_1 + (n-1)r \Rightarrow -81 = 15 + (n-1)(-6) \Rightarrow -81 = 15 - 6n + 6 \Rightarrow 6n = 60 \Rightarrow n = 10$
A PA possui 10 termos.

16.8 Exercícios resolvidos

1) Determine o vigésimo termo de uma PA sabendo que $a_1 = -3$ e $r = 6$

Solução:

Sabemos que $a_n = a_1 + (n-1)r$ e que para o vigésimo termo $n = 20$. Como r=6, temos: $a_{20} = -3 + 19 \cdot 6 \Rightarrow a_{20} = 111$. Logo, o vigésimo termo dessa PA é 111.

2) Sabendo que o nono termo de uma PA é 45 e que a razão é –1, determine o primeiro termo.

Solução:

Sabemos que $a_n = a_1 + (n-1)r$ e que para o nono termo $n = 9$. Como $a_9 = 45$ e $r = -1$, temos: $a_9 = a_1 + 8r \Rightarrow 45 = a_1 + 8 \cdot (-1) \Rightarrow 45 = a_1 - 8 \Rightarrow a_1 = 53$. Logo, o primeiro termo dessa PA é 53.

3) Sabendo que o sétimo termo de uma PA é –5 e que o primeiro termo é 3, determine a razão.

Solução:

Sabemos que $a_n = a_1 + (n-1)r$ e que para o sétimo termo $n = 7$. Como $a_1 = 3$ e $a_7 = -5$, temos: $a_7 = a_1 + 6r \Rightarrow -5 = 3 + 6r \Rightarrow -8 = 6r \Rightarrow r = -\frac{8}{6} = -\frac{4}{3}$. Logo, a razão dessa PA é $-\frac{4}{3}$.

4) Determine os três primeiros termos de uma PA de razão 2, sabendo que o vigésimo segundo termo é 53.

Solução:

Sabemos que $a_n = a_1 + (n-1)r$ e que para o vigésimo segundo termo $n = 22$. Como $r = 2$ e $a_{22} = 53$, temos:

$a_{22} = a_1 + 21r \Rightarrow 53 = a_1 + 21 \cdot 2 \Rightarrow 53 = a_1 + 42 \Rightarrow a_1 = 11$. Daí,

$a_2 = a_1 + r \Rightarrow a_2 = 11 + 2 \Rightarrow a_2 = 13$

$a_3 = a_2 + r \Rightarrow a_3 = 13 + 2 \Rightarrow a_2 = 15$

16.9 Soma dos termos de uma progressão aritmética finita

Considere a PA finita com n termos e razão r $(a_1, a_2, \ldots a_n)$. A soma de seus n termos é dada por $S_n = \dfrac{(a_1 + a_n)n}{2}$.

Exemplo 1:

Determine os termos da PA cuja soma de seus 8 primeiros termos é 324 e que o oitavo termo é 79.

Sabemos que $n = 8$, $S_8 = 324$ e $a_8 = 79$.
Como

$S_n = \dfrac{(a_1 + a_n)n}{2} \Rightarrow 324 = \dfrac{(a_1 + 79)8}{2} \Rightarrow 648 = 8a_1 + 632 \Rightarrow 8a_1 = 16 \Rightarrow a_1 = 2$.

Para determinarmos o valor da razão, utilizamos a fórmula $a_n = a_1 + (n-1)r$.
Logo, $79 = 2 + 7r \Rightarrow 7r = 77 \Rightarrow r = 11$
Sabendo o termo $a_1 = 2$ e $r = 11$, podemos determinar os termos da PA: (2,13,24,35,...,79)

Exemplo 2:

Determine a soma dos vinte primeiros termos da PA (−4,−2,0,2,4,6,...).
Sabemos que $a_1 = -4$, $n = 20$, $r = a_2 - a_1 = -2 - (-4) = 2$ e que $a_{20} = a_1 + 19r$

$\Rightarrow a_{20} = -4 + 19 \cdot 2 \Rightarrow a_{20} = 34$.

Logo, $S_{20} = \dfrac{(a_1 + a_{20})20}{2} \Rightarrow S_{20} = \dfrac{(-4+34)20}{2} \Rightarrow S_{20} = 300$

16.10 Exercícios resolvidos

1) Determine a soma dos termos de uma PA com dez termos cujo primeiro termo é 11 e o último termo é 40.

Solução:

Sabemos que $n = 10$, $a_1 = 11$ e $a_{10} = 40$.

Como $S_n = \dfrac{(a_1 + a_n)n}{2} \Rightarrow S_{10} = \dfrac{(11+40)10}{2} \Rightarrow S_{10} = 205$. Logo, a soma dos termos dessa PA é 205.

2) Suponha uma PA com cinco termos cujo primeiro termo seja −8 e o último termo 56. Determine a razão e a soma dos termos dessa PA.

Solução:

Sabemos que $n = 5$, $a_1 = -8$ e $a_5 = 56$.
Para determinarmos o valor da razão, utilizamos a fórmula $a_n = a_1 + (n-1)r$.
Logo,

$$a_5 = a_1 + 4r \Rightarrow 56 = (-8) + 4r \Rightarrow 4r = 56 + 8 = 64 \Rightarrow r = \frac{64}{4} = 16$$

Para determinarmos a soma, utilizamos a fórmula

$$S_n = \frac{(a_1 + a_n)n}{2} \Rightarrow S_5 = \frac{(-8 + 56)5}{2} \Rightarrow S_5 = 120.$$

Então, a soma dos termos dessa PA é 120.

3) Determine a soma dos termos de uma PA com vinte termos cujo primeiro termo é –30, a razão é –2 e o último termo é 60.

Solução:

Sabemos que $n = 20$, $a_1 = -30$, $r = -2$ e $a_{20} = 60$.
Como $S_n = \frac{(a_1 + a_n)n}{2} \Rightarrow S_{20} = \frac{(-30 + 60)20}{2} \Rightarrow S_{10} = 300.$

Então, a soma dos termos dessa PA é 300.

4) Determine a soma dos n primeiros números ímpares positivos.

Solução:

Sabemos que $a_1 = 1$ e $r = 2$.
Para determinarmos a_n, utilizamos a fórmula

$$a_n = a_1 + (n-1)r \Rightarrow a_n = 1 + (n-1)2 \Rightarrow a_n = 2n - 1$$

Como $S_n = \frac{(a_1 + a_n)n}{2} \Rightarrow S_n = \frac{(1 + 2n - 1)n}{2} \Rightarrow S_n = n^2$

Então, a soma dos n termos dessa PA é n^2.

5) A soma dos n primeiros termos de uma PA é $S_n = 3n(n+1)$, para todo $n \in \mathbb{N}^*$. Determine o quinto termo dessa PA.

Solução:

Sabemos que $S_n = 3n(n+1)$. Então, quando
$n = 1$, temos $S_1 = 3 \cdot 1 \cdot (1+1) = 6 = a_1$
$n = 2$, temos $S_2 = 3 \cdot 2 \cdot (2+1) = 18$, mas como
$S_2 = a_1 + a_2 = 18 \Rightarrow a_2 = 18 - a_1 \Rightarrow a_2 = 18 - 6 = 12$

A razão r é $r = a_2 - a_1 = 12 - 6 = 6$.

Para determinarmos a_5, utilizamos a fórmula

$$a_n = a_1 + (n-1)r \Rightarrow a_5 = 6 + (5-1)6 \Rightarrow a_5 = 6 + 24 \Rightarrow a_5 = 30$$

16.11 Progressão geométrica

Progressão geométrica (PG) é um tipo de sequência numérica que, a partir do segundo termo, cada termo é o produto do seu antecessor por uma constante q, chamada razão da PG.

Se a sequência $(a_1, a_2, ..., a_n, ...)$ é uma PG então

$$\frac{a_2}{a_1} = \frac{a_3}{a_2} = ... = \frac{a_n}{a_{n-1}} = q. \text{ Ou seja, } a_n = a_{n-1} \cdot q \text{ para } n \geq 2 \text{ e } n \in \mathbb{N}.$$

Exemplo

$(5, 10, 20, 40, 80, ...)$ é uma progressão geométrica, pois $a_2 = a_1 \cdot 2 = 5 \cdot 2 = 10$, $a_3 = a_2 \cdot 2 = 10 \cdot 2 = 20$, $a_4 = a_3 \cdot 2 = 20 \cdot 2 = 40$ e assim sucessivamente.

16.12 Exercícios resolvidos

Determine a razão das seguintes progressões geométricas:
1) $(6, 36, 216, 1296, ...)$

Solução:

$q = a_2/a_1 = 36/6 = 6$

2) $(44, 22, 11, ...)$

Solução:

$q = a_2/a_1 = 22/44 = 1/2$

3. $(-3, 9, -27, \ldots)$

Solução:
$q = a_2/a_1 = 9/(-3) = -3$

16.13 Tipos de progressões geométricas

- Uma PG é crescente quando q>1 e seus termos são positivos ou quando 0<q<1 e seus termos são negativos.

Exemplo 1:

$(5, 20, 80, 320, \ldots)$ é uma PG crescente, pois $q = 4 > 1$ e seus termos são positivos.

Exemplo 2:

$(-8, -6, -4, -2, \ldots)$ é uma PG crescente, pois $0 < q = 3/4 < 1$ e seus termos são negativos.

- Uma PG é decrescente quando q>1 e seus termos são negativos ou quando 0<q<1 e seus termos são positivos.

Exemplo 1:

$(7, 1, 1/7, 1/49, \ldots)$ é uma PG decrescente, pois $0 < q = 1/7 < 1$ e seus termos são positivos.

Exemplo 2:

$(-2, -4, -6, -8, \ldots)$ é uma PG decrescente, pois $q = 2 > 1$ e seus termos são negativos.

- Uma PG é constante quando $q = 1$.

Exemplo:

$(3, 3, 3, 3, \ldots)$ é uma PG constante, pois $q = 1$.

- Uma PG cuja é alternante quando $q < 0$.

Exemplo:

(2,−1,1/2,−1/4 ,...) é uma PG alternante, pois $q = -1/2 < 0$.

- Uma PG cuja é estacionária ou singular quando $q = 0$.

Exemplo:

(2,0,0,0,...) é uma PG estacionária, pois $q = 0$.

16.14 Exercícios resolvidos

Determine se as seguintes progressões geométricas são crescentes, decrescentes, constantes, alternantes ou estacionárias:

1) (4,20,100,500,....)

Solução:

(4,20,100,500,....) é uma PG crescente, pois $q = 5 > 1$ e seus termos são positivos.

2) (−2,2,−2,2,...)

Solução:

(−2,2,−2,2,...) é uma PG alternante, pois $q = -1 < 0$.

3) (5,0,0,0,...)

Solução:

(5,0,0,0,...) é uma PG estacionária, pois $q = 0$.

4) (1/4,1/16,1/64,...)

Solução:

(1/4,1/16,1/64,...) é uma PG decrescente, pois $0 < q = 1/4 < 1$ e seus termos são positivos.

5) (6,6,6,6,...)

Solução:

(6,6,6,6,...) é uma PG constante, pois $q = 1$.

16.15 Termo geral de uma progressão geométrica

Considere uma progressão geométrica $(a_1, a_2, ..., a_n, ...)$ de razão $q \neq 0$ e $a_1 \neq 0$. Usando a definição de progressão geométrica podemos escrever:

$a_2 = a_1 q$
$a_3 = a_2 q \Rightarrow a_3 = (a_1 q)q \Rightarrow a_3 = a_1 q^2$
$a_4 = a_3 q \Rightarrow a_4 = (a_1 q^2)q \Rightarrow a_4 = a_1 q^3$
......
$a_n = a_{n-1} q \Rightarrow a_n = (a_1 q^{n-2})q \Rightarrow a_n = a_1 q^{n-1}$, que é o termo geral de uma progressão geométrica.

Exemplo:

Determine o décimo termo de uma PG sabendo que $a_1 = 3$ e $q = 2$. Sabemos que $a_n = a_1 q^{n-1}$ e que para o décimo termo $n = 10$. Logo, $a_{10} = 3 \cdot 2^9 \Rightarrow a_{10} = 1.536$. Portanto, o décimo termo dessa PG é 1.536.

16.16 Exercícios resolvidos

1) Determine o décimo termo de uma PG sabendo que o primeiro termo é −8 e a razão é 2.

Solução:

Sabemos que $n = 10$, $a_1 = -8$ e $q = 2$. Como $a_n = a_1 q^{n-1}$, temos:

$$a_{10} = -8 \cdot 2^9 \Rightarrow a_{10} = -4.096.$$

Portanto, o décimo termo dessa PG é −4.096.

2) Sabendo que o oitavo e último termo de uma PG é 32 e que a razão é −2, determine o primeiro termo.

Solução:

Sabemos que $n = 8$, $a_8 = 32$ e $q = -2$. Como $a_n = a_1 q^{n-1}$, temos:

$$a_8 = 32 = a_1 (-2)^7 \Rightarrow 32 = -128 a_1 \Rightarrow a_1 = -0,25.$$

Portanto, o primeiro termo dessa PG é −0,25.

3) Sabendo que o terceiro e último termo de uma PG é 9 e que o primeiro termo é 1, determine a razão.

Solução:

Sabemos que n = 3, a_3 = 9 e a_1 = 1. Como $a_n = a_1 q^{n-1}$, temos:
$$a_3 = 9 = 1 \cdot q^2 \Rightarrow 9 = q^2 \Rightarrow q = 3.$$
Portanto, a razão dessa PG é 3.

4) Determine quantos termos tem a PG (6,18,...,1.458).

Solução:

Sabemos que a_1 = 6, a_2 = 18 e a_n = 1.458. Logo, q = a_2/a_1 = 18/6 = 3. Como $a_n = a_1 q^{n-1}$, temos:
$$1458 = 6 \cdot 3^{n-1} \Rightarrow 3^{n-1} = 243 \Rightarrow 3^{n-1} = 3^5 \Rightarrow n-1 = 5 \Rightarrow n = 6$$
Portanto, essa PG possui 6 termos.

16.17 Produto dos termos de uma progressão geométrica finita

Considere a progressão geométrica ($a_1, a_2, ..., a_n$) de razão $q \neq 0$. O produto de seus n termos é dado por $P_n = a_1^n q^{n(n-1)/2}$.

Exemplo:

Determine o produto de uma PG com 4 termos sabendo que a razão é 3 e que o primeiro termo é 3.
Sabemos que n = 4, q = 3 e $a_1 = 3$.
Como $P_n = a_1^n q^{n(n-1)/2} \Rightarrow P_n = 3^4 \cdot 3^{(4 \cdot 3)/2} = 3^4 \cdot 3^6 = 3^{10} = 59.049$.

16.18 Exercícios resolvidos

1) Determine o produto de uma PG com 7 termos sabendo que a razão é −2 e que o primeiro termo é 3.

Pré-cálculo

Solução:

Sabemos que $n = 7$, $q = -2$ e $a_1 = 3$.

Como $P_n = a_1^n q^{n(n-1)/2} \Rightarrow P_n = 3^7 (-2)^{(7 \cdot 6)/2} = 3^7 (-2)^{14} = 3^7 \cdot 2^{14}$

2) Determine o primeiro termo de uma PG com 5 termos sabendo que a razão é -1 e o produto dos 5 termos é 32.

Solução:

Sabemos que $n = 5$, $q = -1$ e $P_5 = 32$.

Como $P_n = a_1^n q^{n(n-1)/2} \Rightarrow P_5 = 32 = a_1^5 (-1)^{(5 \cdot 4)/2} = a_1^5 (-1)^{10} \Rightarrow a_1^5 = 32 = 2^5 \Rightarrow a_1 = 2$

3) Determine a razão de uma PG com 4 termos sabendo que o primeiro termo é 3 e o produto dos 4 termos é 15.552.

Solução:

Sabemos que $n = 4$, $a_1 = 3$ e $P_4 = 15.552$.

Como $P_n = a_1^n q^{n(n-1)/2} \Rightarrow P_4 = 15.552 = 3^5 q^{(4 \cdot 3)/2} \Rightarrow 15.552 = 243 q^6 \Rightarrow$
$q^6 = 64 = 2^6 \Rightarrow q = 2$

16.19 Soma dos termos de uma progressão geométrica finita

Considere a progressão geométrica $(a_1, a_2, \ldots, a_{n-1}, a_n)$ de razão $q \neq 0$ e $q \neq 1$. A soma de seus n termos é dada por $S_n = \dfrac{a_1(q^n - 1)}{q - 1}$. Quando $q = 1$, temos $S_n = n a_1$.

Exemplo:

Determine a soma dos nove primeiros termos da PG $(-3, 6, -12, 24, \ldots)$.
Sabemos que $n = 9$, $a_1 = -3$ e $q = -2$.

$$\text{Como } S_n = \frac{a_1(q^n - 1)}{q - 1} \Rightarrow S_9 = \frac{(-3)((-2)^9 - 1)}{-2 - 1} \Rightarrow S_9 = -513$$

16.20 Exercícios resolvidos

1) Determine a soma dos vinte primeiros termos da PG (−3,−3,−3,−3,...).

Solução:

Sabemos que n = 20, $a_1 = -3$ e q = 1.
Como q = 1, então $S_n = na_1 \Rightarrow S_{20} = 20(-3) = -60$

2) Determine a soma dos sete primeiros termos da PG (2,4,8,16,...).

Solução:

Sabemos que n = 7, $a_1 = 2$ e q = 2.

Como $S_n = \dfrac{a_1(q^n - 1)}{q - 1} \Rightarrow S_7 = \dfrac{2(2^7 - 1)}{2 - 1} \Rightarrow S_7 = 254$

16.21 Soma dos termos de uma progressão geométrica infinita

Considere a progressão geométrica ($a_1, a_2, ..., a_n, ...$) de razão q, −1 < q < 1 e $a_1 \neq 0$. A soma dos infinitos termos é dada por $S = \dfrac{a_1}{1-q}$.

Exemplo:

Determine a soma dos termos da PG infinita $\left(1, \dfrac{1}{3}, \dfrac{1}{9}, \dfrac{1}{27}, ...\right)$.
Sabemos que $a_1 = 1$ e q = 1/3.

Como $S = \dfrac{a_1}{1-q} \Rightarrow S = \dfrac{1}{1 - 1/3} \Rightarrow S = \dfrac{3}{2}$

16.22 Exercícios resolvidos

1) Determine a soma dos termos da PG infinita $\left(3, \dfrac{6}{5}, \dfrac{12}{25}, \dfrac{24}{125}, ...\right)$.
Sabemos que $a_1 = 3$ e q = 2/5.

Como $S = \dfrac{a_1}{1-q} \Rightarrow S = \dfrac{3}{1 - 2/5} \Rightarrow S = 5$

2) Determine o primeiro termo da PG infinita decrescente cuja razão é ½ e a soma de seus termos é 32.

Sabemos que $q = 1/2$ e $S = 32$.

Como $S = \dfrac{a_1}{1-q} \Rightarrow 32 = \dfrac{a_1}{1-1/2} \Rightarrow 32 = \dfrac{a_1}{1/2} \Rightarrow a_1 = 16$

16.23 Exercícios propostos

1) Determine a sequência numérica infinita cujo primeiro termo é 7, o segundo termo é 9 e o terceiro termo é 11.

2) Determine a sequência numérica finita com cinco termos cujo primeiro termo é −10, o segundo termo é −20 e o terceiro termo é −30.

3) Dada a sequência numérica (300,150,75,...), determine o termo geral da sequência.

4) Dada a sequência numérica (11, 33, 99, 297,...), determine o termo geral da sequência.

5) Dada a sequência numérica (x+2, 4x+8, 16x+32, 64x+128,...), determine o termo geral da sequência.

6) Determine os cinco primeiros termos da sequência cujo primeiro termo $a_1 = \dfrac{1}{3}$ e $a_{n+1} = \dfrac{a_n}{2}$, para $n \in \aleph^*$.

7) Determine os cinco primeiros termos da sequência cujo termo geral é $a_n = 3n + 2$, para $n \in \aleph^*$.

8) Determine a razão das seguintes PA:

a) (8,10,12,14,...)

b) (−4,−9,−14,−19,...)

c) (4,3,2,1,0,...)

9) Determine se as seguintes PA são crescentes, decrescentes ou constantes:

a) (7,7,7,7,....)

b) (3,8,13,18,23,...)

c) (0,−1,−2,−3,...)

10) Determine x, de modo que (4,4x,8) seja uma PA.

11) Determine x, de modo que (3x,6x+3,15x+21) seja uma PA.

12) Determine o trigésimo termo de uma PA sabendo que $a_1 = 0$ e $r = 3$.

13) Sabendo que o quarto termo de uma PA é 4 e que a razão é −1, determine o primeiro termo.

14) Sabendo que o oitavo termo de uma PA é 7 e que o primeiro termo é 2, determine a razão.

15) Determine o centésimo número ímpar positivo.

16) Determine a localização do número 16 na PA (82,76,70,...).

17) Determine a soma dos termos de uma PA com sete termos cujo primeiro termo é 21 e o último termo é 2.

18) Suponha uma PA com dez termos, cujo primeiro termo seja −15 e o último termo seja 57. Determine a razão e a soma dos termos dessa PA.

19) Determine a soma dos nove primeiros termos de uma PA cujo primeiro termo é 2 e a razão é 7.

20) Suponha uma PA com vinte termos cujo primeiro termo seja 1 e a soma de seus termos seja 590. Determine o décimo quinto termo.

21) Determine a soma dos cem primeiros termos da PA $\left(1, -\dfrac{1}{2}, -\dfrac{3}{2}, ...\right)$.

22) Determine a razão das seguintes PG:

a) (8,24,72,216,...)

b) (−5,1,−1/5,1/25,...)

c) (4,2,1,1/2,...)

23) Determine se as seguintes PG são crescentes, decrescentes, constantes, alternantes ou estacionárias:

a) (7,49,343,2401,....)

b) (−1/6,1/6,−1/6,1/6,...)

c) (1/3,1/9,1/27, 1/81,...)

d) (−1/5,−1/5,−1/5,−1/5,...)

e) (−3,−6,−9,−12,...)

f) (−2,0,0,0,...)

24) Determine o valor de x na PG (8,−6,x).

25) Determine o sexto termo de uma PG cujo primeiro termo é −7 e a razão é 6.

26) Sabendo que o sexto e último termo de uma PG finita é 42, e que a razão é 3, determine o primeiro termo.

27) Sabendo que o terceiro e último termo de uma PG é 24 e que o primeiro termo é 6, determine a razão.

28) Determine o terceiro e oitavo termos da PG (9/8,3/4,...).

29) Determine o primeiro termo da PG cujo sexto termo é 486 e a razão é 3.

30) Determine o produto de uma PG com 5 termos sabendo que a razão é 2 e que o primeiro termo é 4.

31) Determine o primeiro termo de uma PG com 4 termos sabendo que a razão é −1 e o produto dos 5 termos é 7776.

32) Determine o produto dos vinte e um primeiros termos da PG (2,6,18,...).

33) Determine a soma dos doze primeiros termos da PG (1,3,5,7,...).

34) Determine a soma dos oito primeiros termos da PG cujo primeiro termo é 1/20 e a razão é 2.

35) Determine a soma dos termos das seguintes PG infinitas:

a) (12, −6,3,...)   b) $\left(2,1,\dfrac{1}{2},\dfrac{1}{4},...\right)$ c) $(1,2x,4x^2,...)$

16.24 Respostas dos exercícios propostos

1) (7,9,11,13,15,...)

2) (−10,−20,−30,−40,−50)

3) $a_n = \dfrac{a_{n-1}}{2}$

4) $a_n = 3a_{n-1}$

5) $a_n = 4a_{n-1}$

6. $\left(\dfrac{1}{3},\dfrac{1}{6},\dfrac{1}{12},\dfrac{1}{24},\dfrac{1}{48}\right)$

7) (5,8,11,14,17)

8) a) r = 2   b) r = –5   c) r = –1

9) a) PA constante   b) PA crescente   c) PA decrescente

10) x = 3/2

11) x = –5/2

12) $a_{30} = 87$

13) $a_1 = 7$

14) r = 5/7

15) $a_{100} = 199$

16) n = 12

17) $S_7 = 80,5$

18) r = 8 e $S_5 = 168$

19) $S_9 = 210$

20) $a_{15} = 43$

21) $S_{100} = -7.325$

22) a) q = 3   b) q = –1/5   c) q = 1/2

23) a) PG crescente   b) PG alternante
    c) PG decrescente   d) PG constante
    e) PG decrescente   f) PG estacionária

24) x = 9/2

25) $a_6 = -54.432$

26) $a_1 = 14/81$

27) q = 2

28) $a_3 = 1/2$ e $a_8 = 16/243$

29) $a_1 = 2$

30) $P_5 = 2^{20}$

31) $a_1 = 6$

32) $P_{21} = 2^{21} \cdot 3^{210}$

33) $S_{12} = \dfrac{3^{12}-1}{2}$

34) $S_8 = \dfrac{51}{4}$

35) a) $S = 8$ b) $S = 4$ c) $S = \dfrac{1}{1-2x}, -\dfrac{1}{2} < x < \dfrac{1}{2}$